好看的数学故事

几何与代数卷

王雁斌 ◎ 著

华东师范大学出版社

·上海·

图书在版编目（CIP）数据

好看的数学故事. 几何与代数卷 / 王雁斌著. —上
海：华东师范大学出版社，2023
ISBN 978-7-5760-4333-4

Ⅰ.①好… Ⅱ.①王… Ⅲ.①几何-普及读物 ②代数
-普及读物 Ⅳ.①O1-49

中国国家版本馆CIP数据核字(2023)第231285号

好看的数学故事：几何与代数卷

著　　者　王雁斌
特约策划　吴　向
策划编辑　王　焰
责任编辑　王国红
特约审读　李　航　余　地　朱　茜　林小慧
责任校对　宋红广　时东明
装帧设计　卢晓红

出版发行　华东师范大学出版社
社　　址　上海市中山北路3663号　邮编 200062
网　　址　www.ecnupress.com.cn
电　　话　021-60821666　行政传真 021-62572105
客服电话　021-62865537　门市（邮购）电话 021-62869887
地　　址　上海市中山北路3663号华东师范大学校内先锋路口
网　　店　http://hdsdcbs.tmall.com

印 刷 者　浙江临安曙光印务有限公司
开　　本　787毫米×1092毫米　1/16
印　　张　39.75
字　　数　687千字
版　　次　2024年1月第1版
印　　次　2024年1月第1次
书　　号　ISBN 978-7-5760-4333-4
定　　价　128.00元

出 版 人　王　焰

（如发现本版图书有印订质量问题,请寄回本社客服中心调换或电话021-62865537联系）

目录

中篇　汇流（中古时代的故事）

下篇　汪洋（近代的故事）

附录

上篇

源头（远古时代的故事）

江河之水，非一源之水也。

——《墨子·亲士》

商高曰："数之法，出于圆方。"

……

周公曰："大哉言数！"

——《周髀算经》

把数字看成一堆堆的石头，这个想法听上去或许有点古怪，其实它跟数学一样古老。英文"计算"（calculate）这个词来自拉丁文 calculus，其本义就是一堆用来计数的鹅卵石。要享受使用数字带来的快乐，你不必非得是爱因斯坦（Einstein 在德文里的意思是一块石头），但如果你脑袋里有一堆石头的话，还是有帮助的。

——史蒂文·斯特罗加茨《x 的喜悦》

（Steven Strogatz, The Joy of x: A Guided Tour of Math,

from One to Infinity）

引　子

　　这是两万年前的一个清晨。

　　太阳还没有升起来，山谷里浓雾弥漫。四周的山峰还是黑黝黝的，而远处天空正在从绛紫色慢慢变成深蓝。小鸟已经醒来，在树丛里"叽叽喳喳"轻轻地唱。

　　浓雾中影影绰绰出现两个人影，一个瘦高，一个矮壮。每人手里抓着一根细长的竹竿，悄无声息地向山谷的河边走去。河边的雾气更重，放眼望去，四周一片白茫茫，只能看到一两竿之外的河水。河水平静得好像一面镜子，一簇簇的野草偶尔轻轻摇晃一下，在水面上摇出圆圈状的波纹，慢慢扩大，消失在远处水面的浓雾里。高个子迈开瘦长的腿，一步一步走进河水。水很冷，他忍不住打个冷战，怪叫一声，岸上的矮个子嘻嘻地笑起来。高个子手中的竹竿，一头用藤条绑着一根兽骨，打磨得光滑而尖锐。原来这是一柄标枪。他高举着兽骨，低头在水里仔细寻找。猛然，标枪"嗖"地飞入河水。眨眼之间，高个子已把兽骨枪用力挑出水面。枪头上，一条大鱼在拼命地扭曲挣扎着。矮个子跳过来，接过高个子手中的兽骨枪，顺手把自己的兽骨枪递给他。矮个子把枪尖上的鱼甩到河滩的鹅卵石上，然后拔出腰间兽骨制成的小刀，蹲下身去剖开鱼腹。

　　太阳升起来，浓雾慢慢散开，露出河边油绿的草地和山坡上茂密的森林。高个子和矮个子"哼呀哈呀"地唱着，从河岸爬上山坡，两根兽骨枪的枪杆上串满了鱼。我们虽然听不懂他们在唱什么，但看得出来，他们很高兴。

　　大约在三万年前，地球突然变得出奇的寒冷。欧洲和美洲的北部常年覆盖着厚厚的冰雪，甚至连非洲也出现了很多高山冰川。在亚洲，西伯利亚的永久冻土一直延展到今天的北京。由于雨水稀少，地球上到处风沙弥漫，沙漠肆意扩展，没有冻土的地区几乎处处干旱。这个被称为末次冰盛期的寒冷时代一直延续到大约两万年前，气候才慢慢转暖。那时候，人类已经进化到现代智人阶段，从外表看跟现代人没有太大区别。他们有了语言，学会了用火来取暖和烧煮食物，但仍然住在山洞里。高个子和矮个子居住的洞穴位于今天的江西省万年县。洞口外是一片盆地，四周都是不太高的山坡，挡住了风沙。这里阳光充足，河水滋润，是个难得的适合生存的好地方。智人在这里居住了至少有一万年，留下了很多遗物，后来的人们看到了，以为有神仙在此住过，所以取名叫仙人洞。不过这个洞穴确实有些神奇。考古专家们在这里发现了两万年前世界上最早的陶器和人工种植的水稻，所以江西万年县的仙人洞现在闻名世界。

让我们再回到这两个兴高采烈的家伙。他们扛着串满了大鱼的兽骨枪，攀上山坡，就看到了仙人洞的洞口。全家老小坐在篝火前，肥美的鱼儿在竹竿上被火烤得"嘶嘶"作响，冒出诱人的香气，多么令人垂涎的美餐哪！可在如此享受之前，他们必须先解决一个问题：这些鱼该怎么分呢？

要解决这个问题，首先要知道两个人一共抓到多少条鱼，还需要知道矮个子和高个子家里各有多少人口。然后是打算怎样分配这些鱼，是按照人口平均分呢，还是把大人孩子分开算？解决了这些前提条件以后，鱼的分配就变成了一个简单的数学问题。

可是，你有没有想过，两万年前的人类有"数"的概念吗？他们又是用什么样的符号来表达不同的数呢？

高个子捡来一堆小石子儿，按照鱼的数目，把石子摆在洞口的平地上。矮个子找来一把树枝，按照两家人口，每人用一根树枝来代表，长树枝代表大人，短树枝代表小孩。这样，两个人比比划划，就可以商量如何分配了。

这样做实在是太麻烦。慢慢地，有人想出了一个办法：在竹竿或木棍上刻下一些道道。每一条鱼对应一道刻痕，这样，计数过程不就快多了吗？

把具体事物的数量用标志（刻痕）来表达，是抽象思维的开始。人类在数学上的第一个抽象概念的飞跃，大概就是从这里开始的。数的标志可以是刻痕，也可以是其他什么办法，比如在绳子上打一个结。中国古代书籍里记载说，上古时代人们"结绳记事"。出了一件大事情，就结一个大疙瘩；出了小事情，结个小疙瘩。后来改用竹片或木片，在上面刻画痕迹，串起来保存，叫作"书契"。古代的印加人也采用结绳记事的方法。他们使用一种名叫"奇普"（Quipu）的计数工具，用许多不同颜色的绳结编成，不同的绳结有不同的含义。这个方法在16至17世纪西方人侵入美洲之前还在使用。其中计数的方法见图0.1。由于美洲文明和东亚文明有蛛丝马迹的联系，奇普跟中国古代结绳记事的渊源是一个颇令人遐想的问题。

绳子和竹片上的刻痕容易腐烂，难以保存，所以很难估计这些计数方法是何时出现的。目前考古学家发现的最早的"计数器"是兽骨。早在两三万年以前，人类就在

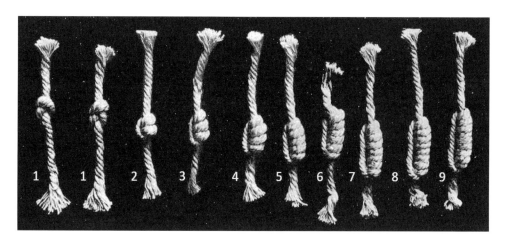

图 0.1　印加文明使用的计数绳结。注意不同绳结所代表的数字。

兽骨头上刻下痕迹，用来计数了。1960
年，一个比利时人在非洲中部、今天乌
干达和刚果之间的伊尚戈（Ishango）地
区一个被火山灰掩埋了很久的小村庄
遗迹里发现了一根狒狒的小腿骨，骨头
的顶端嵌有一块指甲盖大小棱角尖锐
的水晶石（图 0.2）。骨头上刻了三长串
凿痕，每串凿痕分成若干组，每组由 3 到
21 道“一”字形的痕迹组成。第一串凿
痕有八组，每组的痕迹数分别是 3、6、4、
8、10、5、5、7，加起来是 48。第二串有四
组，分别是 11、21、19、9，加起来是 60。
第三串也是四组，总数也是 60，不过每
组分别是 11、13、17、19。根据专家的年
代测定，这根骨头至少有两万年了。考
古学家对这根骨头的用途有各种各样
的猜测，多数认为，凿痕的组合说明骨
头可能是用来计数的。有人认为，新石

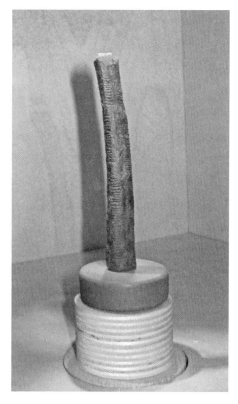

图 0.2　伊尚戈骨。现存比利时皇家自然研
究所。

器时代的智人已经对数有了相当深刻的了解,那些刻痕记载了某些数学计算的结果。但也有人说,伊尚戈骨上面的刻痕只不过是为了手握住兽骨的时候不至于滑脱而已。

由于年代久远,兽骨的实际用途我们不可能确切地知道了。不过,计数这件事对人类来说实在是太重要了。在打鱼的故事里,"有"意味着有吃的,"无"意味着饿肚子。可以想象,人类在狩猎和分配过程中逐渐产生了"有"和"无"的概念。从"有"里面自然产生出"多"和"少"的概念。在一群人中间进行分配的时候就必须要用具体数值的概念了。而在无数次利用鹅卵石或者刻痕计数的过程中,人们恐怕不无惊奇地发现,三条鱼、三个孩子、三只羊、三匹狼、三个敌人,等等,统统变成了一模一样的三条刻痕。我们可以想象早期人类的这个发现该有多么重要。他们也许还没有"数"这个总体概念,但是他们已经拥有某些具体的数的概念了,比如1、2、3等。

用得最广泛的数字概念最先有了对应的语言表达。至今在南美亚马孙河流域的土著语言里,数字"2"的语言表达是"眼睛那样的",因为眼睛总是成对出现。"5"和"手"这个词通用,其中的理由不言自明。世界上有些地方的土著人,今天仍然把大于3的数量说成是"一群"或者"一堆",很可能是因为日常生活中没有太多必要来区分它们。澳大利亚昆士兰州立图书馆收集了70多种当地土著部落语言中的数字,那里的人们长期以来只有1到5的数值概念和1、2、3这三个数字。他们把"4"叫作"2和2",把"5"叫作"2和3",5以上就统称为"多"。通过这些对土著人群的观察,我们可以大致猜想在人类的进化过程中数的概念是怎样慢慢发展起来的。而在著名的荷马史诗《奥德赛》里面,跟"数"这个动词对应的古希腊语的词根 πεμπαζω 来自数字"五",其原意是一"五"一"五"地数数,很像中国人用"正"字来计数。后来这个古希腊字就直接用来表示数数。

现在让我们再设想,高个子和矮个子打鱼的收获太多,自己吃不了;天气眼看着热起来,鱼很快就要腐烂。这些宝贵的食物得来不易,绝不能让它们浪费掉,那怎么办呢?答案很明显:用自己多余的东西跟别人换取自己所没有的东西。一条鱼也许可以换三捧稻米;五条鱼说不定可以换一只鸡,或者一件兽皮裙。早期的交易就这么开始了。考古学家告诉我们,直到公元前八千年左右,也就是一万年前,早期的贸易只是简单的以物易物。我给你两袋麦子,你给我一只羊。这种交换非常不方便,因为它需要同时满足三个条件:一、别人正好需要我的多余的物品;二、那人又正好有我想要的物品;三、我们两个人能在不同物品的相等价值上达成一致。这样的原始交易恐怕进行了很久很久，直到货币的出现，才有了早期的商品贸易。

　　人类定居下来，学会了种庄稼和繁殖牲畜以后，数变得更加重要了。一年365天，周而复始，种庄稼的必须记住播种和收割的日子，否则后果很严重。从小村落发展成为城市，集居的人们需要分工和管理，于是出现了税务。收入的记录和税收需要计算。商人从事交易，账目越来越多，就不可能单凭记忆，必须有记录。在没有文字的时代，记录靠特殊符号来进行。

　　在中东和西亚地区，也就是今天的伊拉克和伊朗的西部，出土过很多奇怪的空心黏土球罐（图0.3）。这些球罐里面又存放着一些立体的黏土块，形状各异，近似于球体、圆锥体、圆柱体、小圆盘等几何形状，少数的表面还刻有几何图形或者楔形的压痕。一些人类学家认为，这些大约在七八千年前（公元前6000年—公元前5000年）的文物是最早的货单。随着农业和狩猎技术的发展，收获的粮食和打到的猎物多起来，交易的需求就增加了。打猎的和种庄稼的都忙得很，不能花太多的时间去跟别人换东西，于是就出现了商人。他们自己不种地也不打猎，只是帮助农人和猎人做交换。当骆驼商队驮着货物从一个地方走到另一个地方，领队的带着封了口的黏土球罐，里面不同形状的黏土块记录的是发货商发出的不同货物，比如山羊、绵羊、公牛、麦子、食物油、酒等。商队到达目的地以后，领头人把封好的黏土球罐交给接货商，双方找到证人，一起到公共广场或者神庙大门前，敲碎黏土球罐，按照货单验明货物。这样接收商

图0.3　在著名的中东古城努兹（Nuzi）的王宫遗迹发现的空心卵形陶泥器（左）和里面存放的黏土块（右图的右下方）。

才会认账付账。

　　所谓付账，起初也是以物易物。买家把自己的货物作为回报交给商队，由商队带回给卖方。商队带回去的货单恐怕也是装在黏土球罐内的。随着交易范围越来越广泛，越来越频繁，人们逐渐开始直接采用黏土块来交换。刻有不同符号的黏土块慢慢有了买货卖货人双方认同的价值，这就出现了货币。近东出土的各种形状的刻着几何图形和压痕的黏土块，上面通常有孔，说明它们曾经被穿成串。考古学家最初以为是装饰品，可以戴在脖子上或手腕上。后来有证据表明，这些黏土块实际是"代币"。上面的符号和刻痕记录的是具体商品的种类和数目。它们的作用先是货单，后来慢慢就发展为货币。

　　更需要记录的是原始城邦国家的统治者。图0.3显示的古城努兹王宫遗迹出土的空心黏土球罐很可能是国王的"账簿"，里面每种不同形状的黏土块代表某种特定类型的物品。比如，有几种黏土块的形状代表王宫里饲养的牲畜。每生出一只小羊，记账人就在一个指定球罐里放进一枚特定形状的黏土块。开宴会时杀掉两只羊，他就从球罐里取出两枚同样形状的黏土块来。如果国王新建了一座宫殿，需要把一些物品转移到那里去，转移的时候，相应的账本也就搬到新宫殿里，放在特定的架子上。

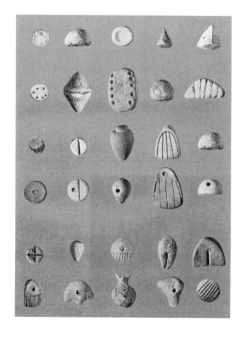

　　货单也好，账本也罢，它们的功能都是将事物分门别类，然后记录数字。

　　这些球体、圆锥体、圆柱体、小圆盘等形状的黏土块大致分为两种（图0.4）。一种是简单型，它们是随手捏出来的简单的立体形状。另外一种是复杂型，它们是在简单的立体几何形状表面增加了刻画的直线或弧线。这种复杂型的黏土块通常还带有小孔，可能可以用线穿成串，显然这是为了便于保存和携带。

图0.4　出土于伊朗境内古城苏萨（Susa）的各种形状的黏土交换物。

老百姓缴税，在货币通行以前，必须以很多不同的产品来充当税收。比如农民交的是谷物，放在特制的容器里；牧人交的是牲畜，一批一批牵到王宫门前；匠人交的是他们的产品，如酒罐、谷坛等。对税收官来讲，记录和计算税收是一件相当复杂繁琐的工作。这时候，那些黏土块的功效就显现出来了。扁圆形的代表羊，圆锥形的代表面包，卵形的代表食物油，六边形的代表酒（可能是啤酒类）。两头尖尖枣核形的和三角形的代表香料和金属，这属于奢侈品。圆柱形和透镜形（中间厚周围薄的圆片）代表特定的数目，前者指"一个"，后者指"一群"，很可能是"十个"。比如一个牧人领来很多只羊。税收官一只一只地数，每数一只就在一个坛子里丢一枚扁平的圆形黏土块。数过之后，把黏土块倒出来，在地面按照一定规律摆起来（比如每十枚一组），这样总数就很容易数出来了。

税收官把老百姓的税以实物的形式收上来以后，必须进行统计归类。这时候，如果每样东西都重新一个一个地数、一个一个地记录，实在太浪费时间。而且由于百姓上交的东西彼此很不一样，比如牧人交税，有的交的是公羊，有的是母羊，有的是小羊，税收官必须在代表羊的代算码边上刻下不同的符号来代表公羊、母羊和羊羔。设想一次收进来100只羊羔，要刻下100个羊羔的符号真是麻烦。于是就有人想出来不同的代表100的符号。数字就这样出现了。

当然这些都是后来专家们的猜测，不一定完全真实地反映当时的情况。但大致的发展规律可能还是接近的。在这个过程中，有系统的数字符号慢慢出现，数的概念也就变得越来越明确。而符号则慢慢发展成了文字。

中东地区的记录最初出现在泥板上。用黏土制成泥板，在还没有完全干硬之前用刻字笔在上面刻下符号。刻字笔通常是木头的，也可以是兽骨，讲究的甚至可以是象牙做成的。它一头扁平，用来刻压痕；另一头尖锐，用来刻画图形。在近东的另一个古老城市乌鲁克（Uruk），考古学家在那里出土的黏土泥板上收集了将近1 500个不同的符号。大多数符号至今仍然让语言学家和考古学家头疼，不过一些常用的符号已经被破译了，其中有羊、牛、衣服、面包、啤酒等，都是最普通的商品（图0.5）。

在数字概念发展的同时，"形"的概念也在发展。远古的人类在荒野狩猎，寻找食物，为了不迷失方向，必须注意周围环境的特征。自然界的现象是混乱的，没有规律的。森林里树木的分布，山坡上岩石的构成，看上去杂乱无章。为了确定方位，狩猎人必须在周围的杂乱无章里寻找有规律的标志。所谓标志就是某种可以确认的图案，比

图 0.5 乌鲁克出土的泥板。深的压痕代表数字，图案符号表示货
物的类型。

如山顶上三块巨石构成"品"字形，远远可以辨认，看到了它们，就知道了自己的方位。从发现自然界的几何图案发展到创造图案，比如把三块类似的石头摆成三角形，作为给同伴的记号。图案（pattern）抽象化以后，称为模式（英文里还是用pattern这个词）。人类在一生之中总是在不断地从混乱无序当中寻找模式，而视觉模式是最早发展起来的。伴随着视觉模式的发展，人类认识到，在日常生活中，几何形状无处不在。从图0.3到图0.5所示的代算码，我们看到，远古的人们已经在用不同的形状来表达不同的意思。这是几何的雏形。

目前考古学界发现的最古老的呈现规则几何形状的大型建筑，是位于土耳其南部的哥贝克利石镇（Göbekli Tepe）。这是一个经过上万年人工堆积构成的小山包，状如肚皮。哥贝克利在土耳其语里就是肚皮的意思。肚皮山的最底层埋藏着大约20座由石块构成的圆形建筑，直径从10到20米不等。为什么是圆形的？设想把一根木棍插入地面，在木棍上捆上一根草绳，草绳的另一端捆上一块带尖的石头。拉直草绳，以木棍为轴，用石头尖在地面上划出一道痕迹来，这是最为规整，最为容易画出的封闭型曲线，既美观又实用。每一座圆形建筑里面伫立着多至八尊丁字形的巨大石碑，其高可达四五米，上面常常刻着野兽、毒虫和鹰隼的浮雕（图0.6）。此外还有一些石凳，估计是为来访者提供的座位。根据同位素测年法的结果，这一层的建筑建于公元前9000年左右，距今有11 000多年了。有些考古学者认为，这些建筑是古人们用来祭拜神明的场所。还有人认为，先民们在建筑群的结构中暗藏了某种隐秘的信号，比如图0.6中那三个圆形建筑的圆心构成等边三角形；说不定这个等边三角形是有意为之。其实，凡是懂得一些平面几何知识的人都知道，把三个直径相等的圆紧紧靠在一起，它们的圆心必定构成等边三角形。

覆盖在圆形建筑群上面的是另一层石头建筑，它们的年龄比底层建筑大约晚1 000年，多数是长方形的，其中仍然伫立着丁字形的石碑，说明这些建筑的功用同圆形建筑相仿。为什么是长方形的？这可能是当人们聚集在一起商议事情或举行祭祀仪式时发现，圆形的建筑空间不如矩形空间使用方便。这一层被更晚近的土层所掩埋，说明大约在公元前8世纪，石头建筑逐渐失去了使用功能，后来被种上了庄稼，逐渐被人们所遗忘。

2005年前后，以色列考古人员在约旦河谷一个名叫泰尔扎福（Tel Tsaf）的地方发现了一群公元前5200到4500年的筒仓。这些筒仓的底面也是圆形，用泥砖垒成，内壁抹上白石膏，外径在2米到4米之间（图0.7）。圆形建筑能够承受比其他形状更高的内部压力，这就是为什么鸟类的蛋都具有圆形或椭圆形的截面。数学上还可以证明，在相同周长的情况下，圆形截面的建筑所包含的面积最大。换句话说，圆形截面的容器

图0.6　哥贝克利考古现场鸟瞰图。右下角的黑白标尺每一格代表一米。

图0.7　泰尔扎福出土的7 000年前的圆形筒仓的基座。

最节省材料。这说明 7 000 年前，人们已经懂得几何形状的数学和力学性质了。

在爱尔兰东北部的米斯郡（County Meath）有一条河名叫博因河（Boyne），那里有一座古老的暗道式巨型古墓纽格兰奇（Newgrange），是爱尔兰最为著名的史前遗迹，距今有 5 400 多年了。这也是一个圆形的山包，直径约 76 米，高 12 米（图 0.8）。遗迹周围本来竖立着很多巨石，由于年代久远，现在只剩下 12 尊。这些石头上刻着许多谜一般的几何图案，有平行线、弧线、螺旋线，还有圆形、正方形、三角形、菱形，等等（图 0.9）。对于这些图案，历来说法不一，有人认为是星象，也有人认为是当地的地图，还有人认为是先民在半清醒状态下梦到的图形。

几乎呈完美圆形的古墓的东侧有个入口，连接着一条约 55 米长的地下暗道，通向三个凹室。其中右侧凹室的入口最大，装饰最为华丽。在这个凹室里有两个石盆，一个套着另一个，由整块坚硬的花岗岩雕刻而成。另外两个凹室里的石盆则是用砂岩雕成的。考古学家认为这些石盆可能是祭祀使用的祭坛，先民们把死者的骨灰放在石盆

图 0.8　爱尔兰的纽格兰奇古墓的外观。

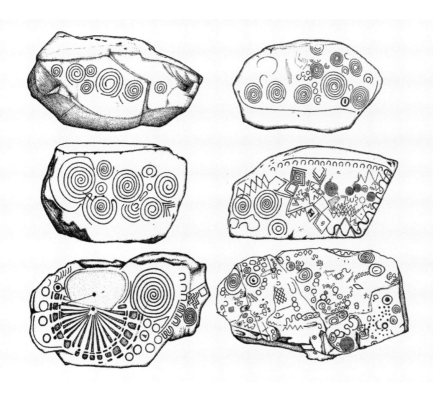

图0.9　先民在纽格兰奇人造石窟周围石头上镌刻的几何图形。有人认为左下半圆形含有放射线的图案是最古老的年历。

里祭奠。整个古墓以完整的密封的拱顶支撑。覆盖的石块加起来估计有20万吨重，由97块巨石组成的地基支撑。

建造古墓的先民可能是在当地从事农业耕作的民族，但他们的历史已不可考了。凯尔特人（Celts）到来后，把这里当作他们的神的居所。罗马人侵入后，又被用来作为崇拜罗马神的地方。再后来，基督教传入此地，这里又被改造成修道院。直到1962年，考古学家才对纽格兰奇石窟进行了第一次科学发掘。发掘期间，当地人告诉奥凯利（Michael O'Kelly）教授一个传说。每一年，偶尔会有那么几天，初升太阳的光线可以穿入石窟，照射到那三个凹室里。奥凯利教授听到这个故事以后，于1967年12月21日冬至的前夜，乘黑暗钻入凹室，在那里等待。

石窟位于北纬53度43分，冬季长夜漫漫，日照时间只有7个小时。冬至那天，太阳升起的时间最晚。奥凯利教授等到将近早上九点，太阳才姗姗升起。阳光果然穿过通道,先是把一束狭窄的光线射入凹室,落在石盆上面。随着太阳升高,光束越来越宽,最后整个凹室都充满了阳光,如同灯光聚焦的舞台。但这个景象非常短暂,仅仅17分钟左右,大约是8点58分到9点15分。这个奇异的现象令人遐想不已。奥凯利还发现,阳光不是通过石窟的出入口射入的。在出入口的上方,还有一个方形的开口。起初研究人员不明白那个开口的用途,现在真相大白,原来开口正是专门为阳光准备的。

任何一条直线只需要有两个点就可以完全确定,因为两点连起的直线段可以向两头无限延长。不仅如此,起点在地平面上的任何一条固定的直线都对应了指向空中一个特定的方向。当一个运动天体的位置恰好跟该直线重合,这个天体在重合那个时刻的方位就确定了。建造纽格兰奇石窟的先民们显然已经懂得这个道理。他们利用石窟入射口和暗室内祭坛这两个点确定了一条看不见的直线,直线在冬至时刻直指太阳的方位。

对于务农的先民来说,计算日子,掌握节气非常重要。那么,纽格兰奇的暗道会不会是先民们精准的年历呢？一天一天地数日子,三百多天,很容易出错。冬季日照时间一天天变短,等到阳光进入墓道,先民们就知道,冬至来临了。当然宗教的意义也不能忽略。可以想象,先民们在冬至到来之时,聚集在这里,拜祭祖先,庆祝新的一年的开端,或是生命对死亡的胜利。这么看来,图0.9中的那些几何图形又有了某种哲学上的意义：它们也有可能是先民们对宇宙和神明所表达的不同情绪和感受。

在纽格兰奇东北方向大约1千米处有另外一座新石器时代石墓的遗迹,叫作诺思(Knowth)。它比纽格兰奇石墓出现的时代稍晚,也有类似的暗道,但经过后人的改造。从阳光射入口和暗室的结构来看,5 000多年前的暗道可能是在夏至时间同太阳连成一条直线。

利用天体的位置来确定季节和时间肯定是一件非常重要的事情。在南美,今天秘鲁靠近大西洋海岸附近的长基罗(Chankillo),有一套比纽格兰奇更为精密复杂的"钟表"。它由山脊上13尊巨石垒成的塔楼组成,南北排列,跨度约300米。塔楼群的东西两侧各有一个观测站,从这里观察升起和下落的太阳的位置,利用两点一线的原理,根据不同塔楼的地点可以准确地确定冬夏至和春秋分的日子。图0.10标出从塔楼群西侧观测点东望的情景。夏至那天,初升的太阳恰恰位于左边第一座塔楼顶端;而秋分时,太阳正好从第7座塔楼的顶端升起。这个天文观测站估计建造于公元前4世

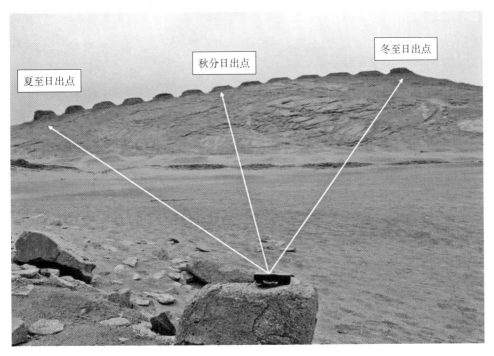

图 0.10　自西侧观测点向东观望长基罗塔楼群。白色箭头标出夏至、秋分、冬至太阳升起的位置。

纪，我们对留下遗迹的神秘文明几乎一无所知，但肯定早于印加文明。

在早期的先民们看来，数和形是两类完全不同的东西。所谓数，仅限于自然数，也就是 1，2，3，…这样的整数。数的概念在最初是离散的，因为数是从一个个具体事物抽象出来的。先民们在很长时期内认为，把一块石头细分之后得到的结果，如半块、三分之一块等，是不能叫作数的。没有分数的概念，更不要谈小数点了。这些都"不算数"。

而几何图形都是由连线条构成的，一条线段可以任意切成两段、三段等。把一根线段三等分，这比把一块石头分成相等的三份要容易理解。这种分法，最初人们用比例关系来表达。从数到形，从形到数，经过数千年无数人的思辨，数的概念才逐步完善起来。

计算方法也是一样。我们可以猜测，最初关于数的加法和乘法的概念是来自对计算形状（面积和体积）的需求。比如，把许许多多相同大小、已知面积的正方形拼成一个巨大的矩形，要想知道矩形的面积，只要数一数其中有多少个正方形就可以得到答案（图0.11）。"数"（第三声）的行为其实就是加法，只不过是一个一个地加。这样数比较费时。一列一列地数（也就是五个五个地加）就要快一些。把八个5加到一起，跟一个一个地数的结果是一样的。也就是说，在加法运算里，不管先加哪个数后加哪个数，结果是一样的。乘法是加法的快速运算：记住了八个5加起来永远等于40，这就是乘法。从图0.11我们还知道，乘法的结果也和乘数与被乘数的顺序无关。进一步，如果有一个直角三角形，它的底边和垂直边的边长和图0.11的长方形重合，那么这个直角三角形的面积就是矩形面积的一半。"一半"就是做除法。两数相除，除数与被除数之间的关系就非常重要了。在我们这个问题里，被除数一定是矩形的面积，不能是别的。

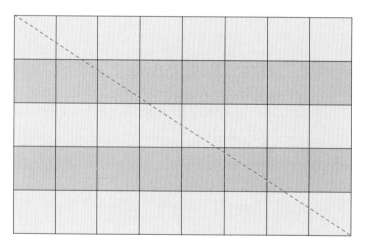

图0.11　一个由5行8列40个已知面积的正方形组成的矩形，其面积等于所有"单位"正方形面积之和。红色虚线把该矩形分为两个相等的直角三角形。

然而想要知道复杂形状的面积就没那么容易了。比如，用小圆的面积无法拼成没有缝隙的大圆。人们需要找到圆的大小和它的面积之间的比值关系。这个比值跟圆的大小有关系吗？在实际生活中，建造一座底面为圆形的谷仓很容易，想知道谷仓里能放多少粮食就有点困难。要是能把圆形折算成一个面积相等的正方形，计算起来就方便多了。可是这可能吗？这个问题以不同的方式让一代代的人们思考了数千年。另外，在没有标尺和量角器的情况下，想要制造矩形的器物，怎样才能使两边之间的夹角正好是90°呢？

数千上万年来，数与形的问题在生活中层出不穷。人们不断地探索思考，于是就有了几何学与代数学。

这本书不是教科书。这里要讲的，是把几何学与代数学不断推向更新深度的那些人的故事。这是一群不同寻常的人。无论遇到什么样的困境，饥饿、贫穷、疾病和战争，也无论遇到什么样的诱惑，钱财、地位、酒色和享乐，他们总在不屈不挠地思索和钻研。他们当中，有些人这么做是因为管理职务的要求，但更多的人在几何学与代数学中发现了一种特殊的美和奇妙感。这种美丽和奇妙使他们终其一生在数与形的思考中废寝忘食，如醉如痴。

本章主要参考文献

Barner, D. Language, procedures, and the non-perceptual origin of number word meanings. Journal of Child Language, 2017, 44: 553−590.

Dietrich, L. et al. Cereal processing at Early Neolithic Göbekli Tepe, southeastern Turkey. PLoS ONE, 2019, 14: e0215214.

Epps, P. Growing a numeral system: the historical development of numerals in an Amazonian language family. Diachronica, 2006, 23: 259−288.

Puttaswamy, T.K. Mathematical achievements of pre-modern Indian mathematicians. Elsevier, 2012: 742.

Schmandt-Besserat, D. The earliest precursor of writing. Scientific American, 1977, 238: 50−58.

Schmandt-Besserat, D. How Writing Came About. Austin: University of Texas Press, 2016: 193.

Shankar, S. A typology of rare features in numerals. South-Asian Journal of Multidisciplinary Studies, 2016, 3: 195−214.

第一章　古老而模糊的传奇 ———————————————

现在请读者设想一下，你跟高个子、矮个子属于同一个部落，也住在那个史前的仙人洞里。不过，你不喜欢捉鱼打猎，而是一位艺术家。在寒冷无聊的冬夜，当同伴们在山洞里围着篝火靠摔跤打斗、打盹闲聊打发日子的时候，你却在琢磨圆形的奥秘，心里充满了创作的冲动。冬季来临之前，你收集了不少柳枝。起初柳枝柔软，你可以把它们弯成小小的圆形。随着枝条变得干硬，弯成的圆也越来越大。直到有一天，你灵感突至，把所有的柳条圈从小到大排列在一起，再用比较粗硬的柳枝连接起来，于是一只篮子出现了！高个子和矮个子看到这个神奇的东西，忽然也来了灵感：带个篮子去打鱼，不是可以带回更多的鱼吗？两人商量之后，来到你面前，想做一笔交易，用鱼来换一只篮子。

在没有数字名称和符号的史前年代里，这笔交易怎么做呢？高个子拎着一条鱼走到你面前，指一指你的篮子，伸出一只手指；再指一指手中的鱼，伸出一个巴掌。你明白了，他想用5条鱼换一只篮子。编织这只篮子花了你差不多整整一个冬天，你觉得5条鱼太少了。于是，你也伸出一个巴掌，手心手背连续反转了三次。这是一个加法计算，高个子搞不大懂，于是抓了一把你脚边的柳枝，一五一十摆到地上，看了半天，摇了摇头。显然，15条鱼对他来说太多了。他想了想，从中拿掉三根柳条，抬头看着你。这是一个减法运算，他想用12条鱼来换篮子。你又加上一根柳条，高个子看看矮个子，两人点点头，13条鱼换一只篮子，成交。

这种交易方式太麻烦了，人类需要数的概念、名称和符号。南美亚马孙河流域的土著民族用"眼睛"代表数字2，用手代表数字5。史前的人类给数字用语言命名很可能也经过类似的阶段。后来在数字计算时，人们越来越感觉到利用语言进行计算不仅麻烦，而且容易出错，于是才有人想出利用符号表达数字的办法来。

从具体的事物到抽象的数的概念和名称是思维的一个飞跃；从抽象的数到计数的符号和计数的方法是另一个飞跃。

狭长而肥沃的美索不达米亚（Mesopotamia）平原被两条近乎平行的河流夹在中间。这两条河，一条名叫幼发拉底（Euphrates），一条名叫底格里斯（Tigris），是世界文明的发源地之一。这里本来是苏美尔人（Sumers）聚居的地方，他们在公元前40世纪结尾的时候已经有了成熟的文字——楔形文字（cuneiform）。

在苏美尔人的创世神话里面，有一段关于谷物和牛羊哪个出现在先的争论。牛津大学苏美尔文献电子文本语料库（The Electronic Text Corpus of Sumerian Literature，简称ETCSL）网站上有英文的翻译（https://etcsl.orinst.ox.ac.uk/）。其中有这么一段话：

　　　　每天晚上，你用计数杆数你的羊群，然后你把计数杆插入地面，使你的牧羊人知道有多少母绵羊，多少绵羊羔，多少山羊，多少山羊羔。

什么是计数杆（tally stick）？最早最简单的计数杆就是一根棍子。计数的人在上面刻下刻痕，帮助自己搞清计算的数目。可以想象，随着羊群越来越大，简单的一只羊一道痕的方法显然不好用，于是有人想出，用不同的刻痕来代表较大的数，比如5或10。起初，每个人的计数方法可能都不同，但慢慢地，人们就统一了用法。比如，在罗马数字里，10是X，其最初的意思是把1划掉。中文的"十"，是不是也起源于"把一划

掉"的想法呢？计数杆上的刻痕很可能是最早的"文字"或者文字的原始形态。数字先于文字。

大约在公元前2000年，亚摩利人（Amorites）来到了美索不达米亚。这个以游牧为生的民族原本住在现今叙利亚和迦南地区。公元前21世纪，一些亚摩利部落被干旱所迫而迁徙，进入美索不达米亚。强悍的牧人打败了当地的苏美尔人，在幼发拉底河边建立了人类历史上第一个帝国，名叫阿卡德（Akkadian Empire）。君主萨尔贡大帝（Sargon the Great，约于公元前2334年—公元前2315年在位）在美索不达米亚地区建立了君主集权制，结束了苏美尔地区小城邦各自为政的局面。这个帝国只维持了不到200年，覆灭以后，分裂成为两部分，北面成为亚述（Assyria），南面成为巴比伦（Babylonia）。

汉谟拉比（Hammurabi，约公元前1810年—公元前1750年）是古巴比伦王国第六任国王。他击败了周边的城邦国家，把统治区域扩展到整个两河流域，成为巴比伦尼亚帝国的第一任国王。他制定的《汉谟拉比法典》被誉为古代第一部成文的法典。他大兴土木，修建了著名的巴比伦城，这座名城的遗址在今天伊拉克首都巴格达南边大约85公里的地方。伟大的巴比伦城让当时美索不达米亚平原上苏美尔人的最重要的"众神之城"尼普尔（Nippur；在今天伊拉克首都巴格达东南160公里）黯然失色。

古巴比伦人继续采用苏美尔的楔形文字。这种文字从最初的象形文字系统，通过字形结构的逐渐简化和抽象化，一直使用到新巴比伦时期（公元前625年—公元前539年），逐渐演变为音节文字。苏美尔的数字系统把10进位制和60进位制混合起来使用。比如数字600，苏美尔人计数的方式称之为10个60。古巴比伦人继承了苏美尔人数字符号的词库，发展出一个有趣的纯粹60进位制的数字体系（图1.1）。仔细看看图1.1，你会发现古巴比伦的60进位数字系统在符号使用上非常简单，真正不同的符号只有两个：1（𒁹）和10（𒌋）。他们的数字1，是用芦苇秆制成的"笔"在泥板上按一下压出的痕迹。1字符顶端的三角形其实就是笔尖处的深坑。从2到9，只是简单地把1字符重复2到9次，所以9是三排三列的1。数字10应该是用芦苇笔斜着按两下，互相成一个角度，两笔的笔尖按在同一个地方。这个数字系统隐含了10进位，因为11到19的符号就是10加上1到9；符号20是两个10相加。50到59是五个10再加上1到9。这可能是继承了苏美尔人计数符号的结果。

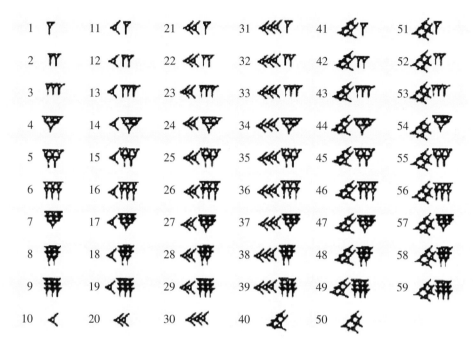

图1.1 古巴比伦的数字体系。注意它们的基本元素只有两个。

古巴比伦人已经有了原始的数位概念，也就是说，相同的数字在不同的位置上表示不同的数值。比如要表达十进位制的数字3 481，他们只需要两个数字，一个是对应于58的字符，后面加上对应于1的字符。研究古巴比伦数学的人们把这个数用阿拉伯数字记为58，1，两个数之间的逗号左边的数占有60进位制里面高一级的数位（类似于10进位制里十位和个位之间的关系）。也就是说，60进位制里的58，1相当于10进位制里的 $58 \times 60 + 1 = 3\,481$。他们把一天分成24小时，每小时60分钟，每分钟60秒。这种计时法从那时起一直沿用至今，差不多四千年了。我们今天把圆周分为360°，也是从古巴比伦人那里继承下来的。

自美索不达米亚平原西行大约1 000公里，穿过约旦和西奈半岛，就进入埃及。公元前6000年，由于地球轨道运转规律性变化的影响，间冰期高峰过去，气候发生了变化。北非茂密的草原开始退缩，先民们被迫放弃游牧，寻求固定水源，逐渐转为固定地点的耕作式生活，并建立村落。北非的土著居民同来自西亚游牧的闪米特人（Semites；亦称闪族人）融合，成为古埃及人的祖先。

古埃及的北侧和东侧濒临地中海和红海，西面是沙漠，南面是非洲屋脊乞力马扎罗山（Kilimanjaro），只有东北部与外部直接相连，通过西奈半岛进入中东，连接西亚。这个与外部相对隔绝的地理位置保证了古埃及文明的稳定，绵延数千年。他们创造了一种象形文字，由于多数镌刻在墓穴、纪念碑和庙宇的墙壁上，内容与宗教有关，被称为圣书体（hieroglyph）。与楔形文字不同，这种文字是用芦苇笔蘸着墨水画到用莎草压成的纸张上的，所以字体形状多变，经常色彩斑斓。古埃及文字也是在公元前第40个世纪快要结束的时期变为成熟。到了公元前2700年前后，古埃及已转变为利用二十几个象形文字来代表语言中的辅音，再加上一个表示词首或词尾的元音符号。这被认为是欧亚非大多数语言字母的最初起源。但古埃及人对象形文字怀有深厚的感情，不肯放弃。第一种单纯以字母组成的文字很可能是在埃及中部生活的闪族人创造的。

古埃及的数字体系也很有趣，它是十进制，但没有数位的概念，数按照10的幂次排列（图1.2）。"幂"是一个现代数学概念，简单地说就是同一个数字自己相乘的次数。比如，10的6次幂，记作10^6，是把10这个数字自己相乘6次，也就是一百万（1 000 000）。我们规定$10^0=1$。古埃及数字的符号是从一些具体的事物演化来的，比如，1的符号是一根树枝或一道划痕，10是一根绊牛腿的绳子，100是一根卷着的绳套，1 000是一朵莲花，10 000是一根弯曲的手指，100 000是一只蝌蚪，1 000 000的符号是古埃及八元神当中的一位，名叫赫（Heh），他有青蛙的头和人的身，代表无穷，兼管洪水。这个符号的另一个含义是"非常多"，这很像中国古代文学里经常使用的文字"九""千"和"万"。

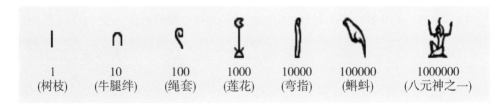

1	10	100	1000	10000	100000	1000000
(树枝)	(牛腿绊)	(绳套)	(莲花)	(弯指)	(蝌蚪)	(八元神之一)

图1.2   古埃及数字体系。它的特点是个、十、百、千、万等使用专有符号，其余用叠加的方式表达。

埃及的东北面，隔着西奈半岛，最早居住的是腓尼基人（Phoenicians），他们生活的地区大致相当于今天的黎巴嫩和叙利亚。腓尼基人约于公元前十四十五世纪定居于此，建立了许多城邦，但从未组成过近代式的国家结构，而是一味热衷于航海和贸易。后来由于地狭人稠，他们开始沿着地中海航线建立贸易殖民点，在地中海西岸，特别是西班牙和北非有许多他们的殖民地。其中有些后来发展壮大，变成强有力的城邦国家，而最著名的是同古罗马长期争夺地中海霸权的迦太基（Carthage）。

腓尼基人最初使用苏美尔人的楔形文字。后来为了提高效率，在公元前1000年左右，以原始迦南字母为基础，结合埃及的部分象形文字和简化后的楔形文字设计出22个腓尼基字母。务实的腓尼基人以牺牲前人文字华丽外形的代价来换取更高的书写效率。

腓尼基的数字系统以简洁为特色（图1.3）。数字1就是简单的一竖，2到9是把1重复相应的次数，每三个为一组。数字10像是中文笔画的横弯钩，20到90也是简单地把数字10重叠起来，重复相应的次数。这些特点都和古巴比伦数字相似，只是没有了楔形文字笔画的形状。100的符号有点像日文的假名"へ"上面加一点。腓尼基文从右向左写，所以他们的数字系统也是从右向左。腓尼基数字也是10进位制，没有数位的概念。图1.3给出腓尼基数字和一些例子。注意几百的表达方式不是把几个100的符号重复起来，而是在100的右边加相应的个位数。这似乎隐含着乘法。

1	/	1 ←		11		1 + 10 ←
2	//	2 ←		12		2 + 10 ←
3	///	3 ←		13		3 + 10 ←
4	////	1 + 3 ←		14		1 + 3 + 10 ←
5	/////	2 + 3 ←		15		2 + 3 + 10 ←
6	//////	3 + 3 ←		16		3 + 3 + 10 ←
7	///////	1 + 3 + 3 ←		17		1 + 3 + 3 + 10 ←
8	////////	2 + 3 + 3 ←		18		2 + 3 + 3 + 10 ←
9	090909	3 + 3 + 3 ←		19		3 + 3 + 3 + 10 ←
10	ㄱ	10 ←		100	へ/	100 + 1 ←
20	ʒ	20 ←		200	へ//	100 + 2 ←
30	ㄱʒ	10 + 20 ←		300	へ///	100 + 3 ←
40	ʒʒ	20 + 20 ←		400	へ/////	100 + 1 + 3 ←
50	ㄱʒʒ	10 + 20 + 20 ←		500	へ////	100 + 2 + 3 ←
60	ʒʒʒ	20 + 20 + 20 ←		600	へ//////	100 + 3 + 3 ←
70	ㄱʒʒʒ	10 + 20 + 20 + 20 ←		700	へ///////	100 + 1 + 3 + 3 ←
80	ʒʒʒʒ	20 + 20 + 20 + 20 ←		800	へ////////	100 + 2 + 3 + 3 ←
90	ㄱʒʒʒʒ	10 + 20 + 20 + 20 + 20 ←		900	へ090909	100 + 3 + 3 + 3 ←
143	///ʒʒへ	3 + 20 + 20 + 100 ←		340	ʒʒへ///	20 + 20 + 100 + 3 ←

图1.3　腓尼基数字系统和书写方法举例。腓尼基文字从右向左写，所以在读数字时也要从右向左读，如图中的箭头所示。100以上的数字是用单个数字和代表100的符号并排起来表示。

位于腓尼基西侧，隔着地中海与之相望的是希腊。这里的人们利用字母来表示数字。希腊字母是从腓尼基字母发展而来的。后者有22个字母，而希腊文则有27个字母，后来简化为24个。但是为了计数，三个废弃的字母被特意保留下来。表1.1列出这27个字母和它们对应的数值（红色字母是废弃但为了计数而保留下来的）。

表1.1　希腊采用的数值字母表示法（红色字母在语言中已经废弃，只用来表示数字）

字母	数值	字母	数值	字母	数值
Αα	1	Ιι	10	Ρρ	100
Ββ	2	Κκ	20	Σσ	200
Γγ	3	Λλ	30	Ττ	300
Δδ	4	Μμ	40	Υυ	400
Εε	5	Νν	50	Φφ	500
Ϛς	6	Ξξ	60	Χχ	600
Ζζ	7	Οο	70	Ψψ	700
Ηη	8	Ππ	80	Ωω	800
Θθ	9	Ϙϙ	90	ϡ	900

希腊计数系统也没有数位的概念，而且为了在行文中跟文字分开，需要在表示数字的字母后面加上一个字母尖音符号（′）。比如241写作σμα′，也就是简单加法200+40+1。这里字母的顺序很重要。如果代表低位数的字母出现在代表高位数的字母之前，那就意味着做减法，比如97写成γρ′，也就是100−3。要想表示很大的数字，则需要考虑乘法。字母前面倒转的尖音符号（这里用逗号"，"来代替）表示乘1 000。比如，"，β′"表示2 000，所以"，βε′"是2 000+5=2 005，而"τ，，δ′"则是4 000 000−300=3 999 700。显然，这种表示法很不方便。

走出美索不达米亚平原，沿着波斯湾与阿拉伯海海岸朝东南方向行走大约2 000公里，就到达印度河谷（Indus Valley；在今天的巴基斯坦）。这里出现了青铜时代的南亚古文明，是世界上第三大古代文明，鼎盛于公元前2600年至公元前1900年之间。考古学家在印度河（Indus River）与萨拉斯瓦蒂河（Sarasvati River）流域发现了

史苑撷英 1.2

古埃及文字是很多西方文字字母表的最初来源，但起到不可忽视的连接作用的是腓尼基文字。右表列出语言学家目前提出的英文字母 A，B，G，D 的演化途径。这些字母最初都是古埃及象形文字，各有其特有的含义。这几个象形文字逐渐转变为代表声母的字母，经过腓尼基人的简化，转变成希腊字母，之后被罗马人借去建立拉丁字母表，然后转变为今天的英文字母。整个过程经过了上千年的历史。

可能的古埃及初始字形	🐂	⊓	⌐	⊐
腓尼基字母	⪤	𐤁	𐤂	◁
希腊字母	A	B	Γ	Δ
拉丁/英文字母	A	B	G	D
最初的含义	公牛	房屋	猎棒	鱼或门

另一个有趣的比较是楔形文字、古埃及文字和中文的演变，如右图所示。从上到下，它们分别是美索不达米亚、埃及、中国文字的演变。我们看到，这三种文字最初的形态有很大的相似性，但越往后就变得越不一样了。

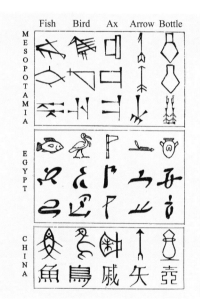

摩亨佐–达罗（Mohenjo-daro）和哈拉帕（Harappa）两个古代城市的遗址，出土大量石器、青铜器、印章和农作物遗迹，估计当时城市的人口都在4万以上。这些遗迹显示出发达的城市规划、拥有烧制砖建造的房屋、供水系统、成群的大型非住宅建筑、先进的手工艺制造和冶金（铜、青铜、铅、锡）工艺，现在称为哈拉帕文明。萨拉斯瓦蒂河又称娑罗室伐底河，在古印度先祖的心目中占有重要位置。著名的吠陀经典《梨俱

史苑撷英 1.3

两河流域与印度河谷之间，在波斯湾的西北端，紧挨着苏美尔人活动的地区，还有过另外一个古国，叫作埃兰（Elam）。这里的人们发明了一种独特的文字，现在叫作埃兰线形文（Linear Elamite）。这种文字的特点是它的所有字母和符号都采用平面几何的元素，如点、直线、圆弧、三角形、正方形、菱形等等。2022年，有人宣称破解了这个已经失传的文字，并给出它的字母及发音（见下图）。

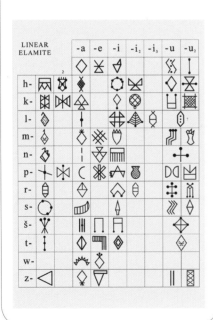

吠陀》（Rigveda）中称她是河流七姐妹中最伟大者，其他六条河流都是她的支流。而印度河的"印度"（Indus），本身就是"河"的意思，并由此成为印度（India）的代名词。这个文明在某些地方与美索不达米亚两河流域的苏美尔有相似之处。但全新世的全球气候变化，导致这里土壤退化、干旱频发。再加上同美索不达米亚和埃及贸易的衰竭，使人口从公元前18世纪起不得不向东方和南方迁徙。到了公元前10世纪，印度河流域文明基本不复存在，而在印度河东部，也就是今天的印度，各种考古遗迹从公元前19世纪起开始大量增加，可能是哈拉帕文明东迁的结果。

考古人员在哈拉帕文明遗迹发现了数百种不同的符号，但这些符号是否代表文字，语言学家们争论不休。大约在印度河谷人口被迫东迁的时期，游牧于欧亚大陆西北部的雅利安人（Aryans）也在向南向东迁徙，逐渐进入印度恒河平原。有人认为，这些外来的侵入者统治了恒河地区，把原住民控制为奴隶，从而开启了印度的种姓制度。古梵文的经典《吠陀》就是在那个时期出现的，因此相应的文化被称为吠陀文化（Vedic culture；约公元前1500年—公元前500年）。在这个时期，恒河地区的语言是吠陀梵语。婆罗米文（Brahmi）是最初的记录语言，是尚未破解的印度河符号以外，印度最为古老的字母，可能发源于北方闪族的阿拉姆字母（Aramaic alphabet，文字书写的方向也是从右向左）。现存的阿拉姆字母碑文一般都在公元前9世纪到公元前7世纪。婆罗米字母的出现应该在那个时期之后。公元前4世纪的钱币上，婆罗米文字也是从右向左书写，后来则变为从左向右。这种文字后来又被侵入两河流域的古波斯人所采纳，在阿契美尼德（Achaemenid）帝国时代广泛使用，深刻地影响了古波斯语。波斯帝国瓦解以后，分化成为西亚地区各种文字。

　　婆罗米文数字的符号如图1.4所示。这个10进位制的数字体系既没有零的概念，也没有数位的概念。大数字的表达采用加法，比如，想表达数字256，需要把对应于200、50、6的符号排列起来做加法。

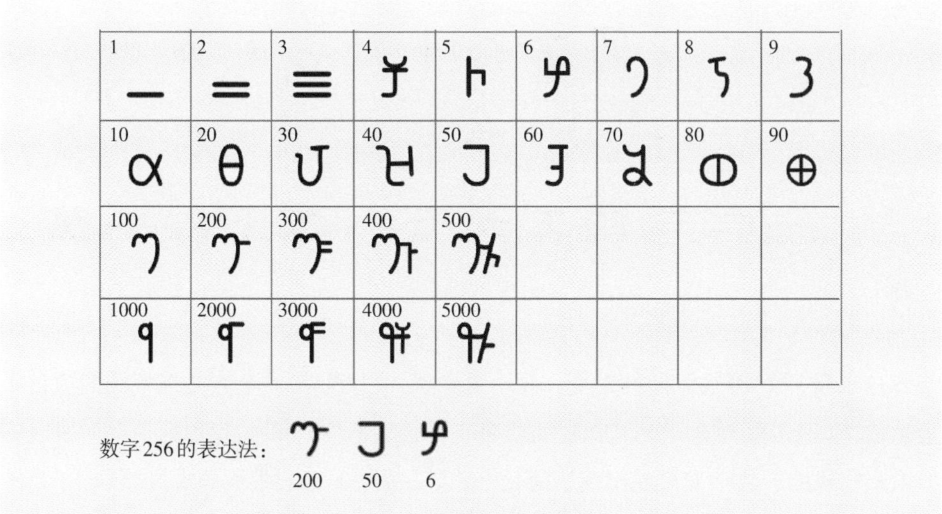

图1.4　上图：婆罗米文数字符号。下图：数字256的表达方法。

　　古印度人对大数字有特殊的兴趣，由于没有数位的概念，为了便于计算，很早就给10的不同幂次造出不同的名字来。四大吠陀经当中的第三部《夜柔吠陀》（*Yajurveda*）中记载了1，10，100，…，直到万亿（10^{12}）的数字的名称。《夜柔吠陀》估计起源于公元前12到公元前8世纪之间。它以唱诵的方式口头流传，一代传一代。而在公元前4世纪成书的著名史诗《罗摩衍那》（*Ramayana*）中，则更有幂次高达55的巨大数字的名称。不过，对于同一个数字，这两者给出的名称很不一样。

　　穿过印度的东北,越过喜马拉雅山,进入中国。1899年(光绪二十五年),晚清的国子监祭酒、金石学家王懿荣(1845年—1900年)从古董商手里高价收购了一批龟甲和兽骨,因为他在这些甲骨上面发现了一种奇古的文字。王懿荣先后收购了大约1 500片。1900年,八国联军攻打北京,王懿荣在东便门抗敌失败,投井自尽。他的好友、《老残游记》的作者刘鹗(1857年—1909年)派人到河南打探甲骨的出处。1910年,著名金石学家罗振玉(1866年—1940年)考定甲骨出土地为史称“殷墟”的河南安阳小屯村。现在认为,甲骨文是在商代和西周早期(约公元前17世纪—公元前10世纪)使用的,而在这种古老的文字里已经出现了较为完整的数字和计数系统(图1.5)。

图1.5　中文的计数数字的演化。

　　这也是一个10进位制的系统。在甲骨文里,文字数字一至三是以笔画的数目来表示数字,这跟前面介绍的其他古文明是一样的。数字四和五起初也是由四根或五根横画构成的。数字五最先出现了简化,有人认为是连写五根横画太过繁琐,于是把中间的三笔改为一个叉。但也有人说,“五”字最早的形式只有叉,后来才加上上下二横。从数字六开始,用笔画来表示文字数字显然越来越不方便,于是采用借音造字的方法。这些字从其他字借来以后,相应的“本字”便不得不重造。比如,“六”字是棚屋的形状,有人认为是“庐”字的本字。“七”最早是今天的十字形,意为斩切,有人认为是“切”的本字。“八”表示的好像是分成两半的意思。至于“九”,有人认为是胳膊的形象的简化,是“肘”的本字。“十”字很像阿拉伯数字的“1”,代表一根用于记事的绳子。古人结绳记事,一根绳子用于一个主题,所以一根绳子代表全数、满数。而“百”可能是借了“白”的音,在头顶加一杠。“白”在这里不代表颜色,而是说话,比如辩白。你看，图 1.5 中的"百"字下面的"白"不就是张开的口和立起的舌头吗？"千"这个字，有人认为从字形上理解是一个"人"字在小腿上加一横，意思是不断地走，是"迁"的本字。"万"字最有意思，它最初的形象是一只蝎子。是不是在 3 000 多年前，中原满山遍地都是蝎子，于是先民们便用蝎子的图画来表示很多很多呢？但"蝎子"画起来很麻烦，于是就出现了简化的"万"字的雏形。

　　在图 1.5 里面，除了甲骨文的数字，还列出对应的金文、小篆和隶书的文字。金文被认为是甲骨文的正体字，但出现年代应该比甲骨文稍晚。先民们在刻制甲骨文时有时比较随意，字形和笔画多变；金文是镌刻在青铜器等礼器上面的，字形和笔画就规范多了。商周时代，礼器以鼎为主，乐器以钟为代表，所以金文也叫钟鼎文。我们看到，"七"还是像今天的"十"，而"十"字已经在那一竖的中间加了一点。这是不是有点像记事的绳结？公元前 221 年秦始皇（公元前 259 年—公元前 210 年）统一中国后，听从丞相李斯（约公元前 284 年—公元前 208 年）的建议，实行"车同轨，书同文"，下令禁止使用统一前周朝诸侯各国留下的文字，以秦国当时使用的篆文为基础，加以增删，统一书写形式，称为小篆。"七"字的那一竖由直变曲，而"十"中间的那一点则变成了一横，成为今天的样子。到了东汉年间，隶书达到巅峰，而从篆书到隶书的变化称为隶变。字体的简化过程是出于加快书写速度的需要，实际上在战国时代就开始了。从那时起直到今天，中文数字的结构在 2 000 多年里基本上没有改变，成为世界上最为古老而仍在使用的数字。

　　图 1.6 是李约瑟（Joseph Needham，1900 年—1995 年）总结的公元前 1400 年前后商代的数字表示法。如果他是正确的话，那时候应该还没有数位的概念，因为这里的数字是用复合字的办法来表示的，比如 162、656 等，以 656 为例，它是复合字六百（由数字六和百构成）后面加复合字五十（由十和五构成）再加数字六。这种表示方法和前面看到的古埃及、希腊、婆罗米等文字是类似的。

　　中国的筹算出现在商周期间。所谓筹算，是使用一些小木棍摆放在平面上表示数字，按照一套规则进行计算。这些小木棍被称为"算筹"或者"算子"，所以这种算法就叫作筹算。清代数学家劳乃宣（1843 年—1921 年）说："古者席地而坐，布算于地，后世施于几案"（古时候人们坐在地上，把算筹摆在地面上进行计算；后来的人则在桌案上面进行计算）。表达数字 1 到 9 的算筹摆放方式如图 1.7 所示。其中代表 1、2、3 的符号跟婆罗米文一模一样，我们可以设想也许是从早期的刻痕计数法留下的。有人根

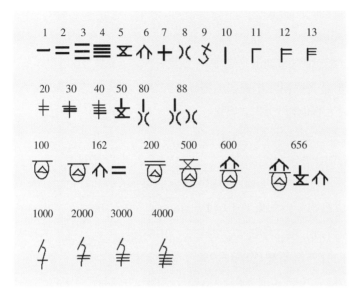

图1.6　甲骨文中数字的表达方式。这种表示方法同古埃及、希腊、婆罗米等文字很相似。

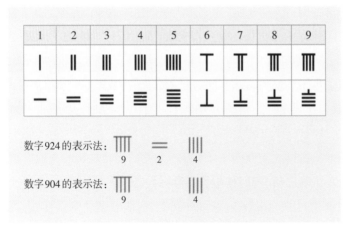

图1.7　上图：筹算中数字1至9的两种表示方法。第一行为直式（纵式），第二行为横式。下图是三位数924和904的表达。

据中文数字一、二、三断定，筹算在甲骨文出现时就已经出现，这种论断有逻辑上的问题。以"道道"为特征的文字，不能代表这种文字一定出现筹算。我们前面已经看到，大多数远古文明的计数文字都是从刻"道道"开始的，但只有在中国出现了筹算。

伴随筹算的出现是数位的概念。对比图1.7中数字924与图1.6中656的表示方法，你会发现它们不同。924的表示法不再依靠数值单位"百"和"十"，而是简单基于数字一至九所在的位置，这跟我们今天使用的数字表示法是一样的，只不过符号不同。

那时还没有表示"零"的符号，遇到"零"的地方，留一个空位。比如图1.7给出的数字904。对比924，只需要把9和4之间十数位的两根算筹拿掉，但保持空位。为了避免计算时数位出错，还把算筹按照数位摆放成水平或竖直不同的方向，所以图1.7中算筹表示的数字有横、纵两种摆法。个位、百位、万位的算筹竖着放，十位、千位、十万位的算筹横着放，也就是《孙子算经》所说的"一从（通假纵）十横，百立千僵，千十相望，万百相当"。这是一种非常科学的表达方法。十、百、千、万等符号都不需要，只要按照数位摆出，就不会出错。

从以上介绍我们看到，对于很大的数字，中国有一套科学的表达方式。古印度则给每一个10的幂次单独命名，在涉及万亿以上的数字时需要记住13个不同的名称。而中国的数字系统则以"万"为大数字的基本单位来命名，大于万的数采用十万、百万、千万、万万的方式来表示。我们不妨称这种方式为"万进制"。古书上有这么一种说法："万万曰亿，万万亿曰兆，万万兆曰京，万万京曰陔……"（《孙子算经》），这跟现代数学采用的"千进制"在原理上是一样的。不过不同时期的名称有所不同，今天我们用兆来表示百万，这是近几十年的事。

数位的概念在计数系统里占有非常重要的地位，值得简单讨论一下。进位制也称进位计数法或位值计数法。它帮助人们用有限的数字符号来表示所有的数值。一个进位制中可以使用的数字符号的数目称为基数或底数。一个基数为d的进位制，称为d进位制，简称d进制。现在最常用的进位制是10进制，由于人有十个手指，10进制最为直观。

一般说来，d进制有d个计数符号。对于10进制，$d=10$；2进制，$d=2$；16进制，$d=16$，等等，以此类推。一个任意四位数字$a_3a_2a_1a_0$意味着$a_3d^3+a_2d^2+a_1d^1+a_0d^0$。注意这里$a_3a_2a_1a_0$不是四个数相乘，而是四个数位。相应数位的$d$的幂次0、1、2、3，是$d$进制中的数字符号。数学上，定义任何一个不为零的数的零次幂都等于1。比如在10进制中，数字3 481有个、十、百、千四个数位，它的表达方式是：

$$3 \times 10^3 + 4 \times 10^2 + 8 \times 10^1 + 1 \times 10^0$$

$$= 10^3 \times \left(3 + \frac{1}{10} \times \left\{4 + \frac{1}{10} \times \left[8 + \frac{1}{10} \times \left(1 + \frac{0}{10}\right)\right]\right\}\right), \tag{1.1}$$

所以，有数位概念的数字系统意味着人们对加法、乘法和幂次计算已经很熟悉了。

在我们前面描述的上古数字系统里，除了中国，只有古巴比伦系统有数位的概念。但古巴比伦系统是60进位制，使用60进位制进行计算在今天看来也不是一件容易事。为了方便计算，古巴比伦人制作了很多泥板，在上面用楔形文字和数字记下数值的计算结果。考古人员在19世纪中期发现了两片泥板，它们列出从1到59所有整数的平方值和从1到32的立方值。这是世界上最早的平方、立方计算表。数字59平方的表示法，我们在前面已经提到了。

现在世界通用的数字系统，在中国称为阿拉伯数字。但严格说来，应该是印度 - 阿拉伯数字系统。它起源于婆罗米数字，公元1到4世纪由印度数学家们所创立，大约在9世纪传入阿拉伯，于13世纪传入欧洲，逐渐变成现在的样子（图1.8）。

0	1	2	3	4	5	6	7	8	9
•	١	٢	٣	٤	٥	٦	٧	٨	٩
०	१	२	३	४	५	६	७	८	९

图1.8 印度-阿拉伯数字的演变。上数第一行：现代国际通用数字。第二行：阿拉伯文中的阿拉伯数字。第三行：梵文天城文的数字。天城文中的数字1、2、3与婆罗米文相同，只不过是写快了以后，连笔造成外形改变，类似中文的草书。

在中国，最早引入这个数字系统的是瞿昙悉达（Gautama Siddha，生卒年不详）。此人祖籍天竺，也就是印度，但出生在中国长安。瞿昙是古印度的一个刹帝利种姓；有人说佛祖释迦牟尼的俗姓就是瞿昙。1977年5月，陕西省长安县（今西安市长安区）出土了《大唐瞿昙公墓志铭》。从墓志铭我们得知，瞿昙氏"世为京兆人"，也就是说，这个家族定居唐代首都长安已经有好几代了。瞿昙氏四代人服务于唐朝的皇家天文机构，历经高宗、中宗、睿宗、武则天、玄宗、肃宗，长达100多年。瞿昙悉达的父亲瞿昙罗（又名瞿昙跃）大约出生于唐太宗贞观初年，在高宗、武后时期任太史令长达30余年，官至太中大夫，并曾经编制天文历书。瞿昙悉达也专修数学和天文，在开元年间主持编纂《开元占经》，整理中国天文学和占星术资料，并引入翻译的印度天文历书《九执历》。所谓"九执"，指的是日、月、金、木、水、火、土七大天体以及罗睺（Rahu；月球轨道与黄道的升交点）、计都（Ketu；月球轨道与黄道的降交点），总称九曜。瞿昙悉达曾试图说服中国官员使用印度 - 阿拉伯数字系统，但遭到本地数学家的抵制，觉得不

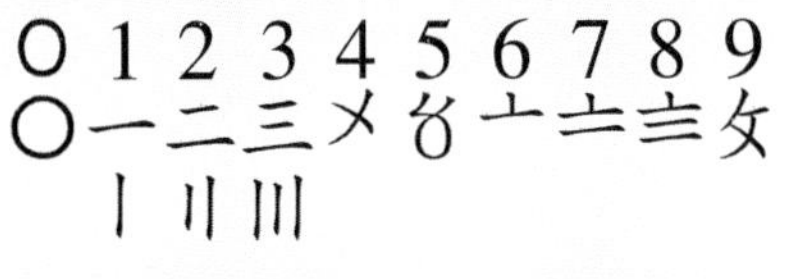

如算筹好用。这可能还跟中文书写使用毛笔和从上至下、从右到左的书写方式有关。不过他引入的印度数字"零"被人们所接受，后来在算筹计算中以圆圈（零）代替了空位。

图1.9　苏州码子的数字表达法。

中国的算筹自宋代以后发展为苏州花码，也叫苏州码子。码子和阿拉伯数字的对应关系见图1.9。其中一、二、三可以用横画也可以用竖画来写。计数时，采用"一纵十横"的表示方法，以避免误会。也就是说在个位数用纵码，十位数用横码。苏州花码主要用于商业，比如记账。因为可以用毛笔连笔书，速度很快，书写方便。采用阿拉伯数字以后，一些地方使用中文的老会计们仍然喜欢用花码，因为毛笔写出来比阿拉伯数字好看。记数时写成两行，首行用码子记数值，第二行标记量级和计量单位。比如，黍子8 500捆可以写成：

这里，第一行是数字85，第二行在数字8下面标"千"，说明8的量级是千，数字的单位是捆。后面的两个0就省去了。苏州码子一般不竖着写，而是像算筹一样的从左向右的横向记法。

苏州花码是明码，稍稍留神一下就可以记住了。为了保密起见，商人们另有一套有趣的暗语，把从一到九的明码按照特征称为旦底、月心、顺边、横目、扭丑、交头、皂脚、其尾、丸壳。通过苏州码的字形，读者应该很容易看出这些暗语的来历。

苏州码子在中国大陆已经完全绝迹，只有在港澳地区的一些老式街市、茶餐厅和中药房里偶然可见。

16世纪末，西方教会开始向中国传教。罗明坚（Michele Ruggieri，1543年—1607年）、利玛窦（Matteo Ricci，1552年—1610年）等耶稣会教士抵达澳门后，把接近于现代形式的阿拉伯数字从广东沿海逐渐传入内陆。从那时起到清末1870年前后，大约300年，进展缓慢，以宫廷中使用为多，最多的当然见于外国钟表。1800年后阿拉伯数字在汉语文献中偶有使用。

1875年，来华传教的美国长老会传教士狄考文（Calvin Wilson Mateer，1836年—1908年）在山东登州的文会馆为高等学科学生编著《笔算数学》，并在上海美华书馆印行，书中直接使用阿拉伯数字。1878年，狄考文撰文详细论述在数学书中使用中国汉字和阿拉伯数字的缺点和优点，呼吁在中文数学书中使用阿拉伯数字，还建议将数学译著的书写方式从竖排改为横排。1890年，狄考文进一步建议在中文书写中直接使用阿拉伯数字。此后，随着多种使用阿拉伯数字的算学教材的出版和使用，阿拉伯数字逐渐开始为国人所接受，正式引入汉语。不过阿拉伯数字在中国的真正普及，已经是辛亥革命以后的事了。

以上算是一部简短的人类数字发明史。我们可以想象，在发明数字之前，先人们很可能过的是懵懵懂懂的日子。太阳出来了，又下山了，一天有多长？他们不知道。月亮圆了，又缺了，一个月有多少天？他们也不清楚。冬季躲在山洞里无所事事，突然发现树枝开始发芽了，才想起要播种；秋收了，也不知道粮食够不够熬过下一个冬天。出现数字以后，世界在他们眼前突然变了个样子。太阳升起的时间虽然有早有晚，一昼夜的总长度却是一样的；月亮一圆一缺，每个循环总是30天（其实是29天半）。无论风霜雨雪，四季的变化也精确得让先人们惊奇：草木萌发，春华秋实，365天以后，又重来一遍。不仅日月，天上很多星星都有它们出现和运动的规律。有些星星的规律跟四季和节气有着比太阳和月亮更加明确的关联。有了数字，才能发现规律；规律又迫使人们去思考它们背后的原因，于是出现了各种各样的神话故事和天文学理论。

本章主要参考文献

Barner, D. Language, procedures, and the non-perceptual origin of number word meanings. Journal of Child Language, 2017, 44: 553–590.

Desset, F., Tabibzadeh, K., Kambiz, M., Bassello, G.P., Marchesi, G. The decipherment of Linear Elamite writing. Zeitschrift für Assyriologie und vorderasiatische Archäologie, 2022, 112: 11–60.

Epps, P. Growing a numeral system: the historical development of numerals in an Amazonian language family. Diachronica, 2006, 23: 259–288.

Puttaswamy, T.K. Mathematical achievements of pre-modern Indian mathematicians. Elsevier, 2012: 742.

Schmandt-Besserat, D. The earliest precursor of writing. Scientific American, 1977, 238: 50–58.

Schmandt-Besserat, D. How Writing Came About. Austin: University of Texas Press, 2016: 193.

Shankar, S. A typology of rare features in numerals. South-Asian Journal of Multidisciplinary Studies, 2016, 3: 195–214.

第二章　两河之间的沃土

1845年10月下旬的一天，一匹快马冲出土耳其北部的古城萨姆松（Samsun），翻过本都（Pontus）群山，一路向东南方向驰来。马上是一位年轻英俊的英国绅士，行装极为简单，但钱袋相当沉重。为了防身，他带了两支左轮手枪。年轻人风餐露宿，策马加鞭，以每天100多公里的速度横穿土耳其进入中东，仅仅12天就赶到了伊拉克的著名古城摩苏尔（Mosul）。

年轻人显然身份不凡。他先拿着介绍信拜访当地英国领馆的副领事，副领事读了来信之后，马上把他介绍给摩苏尔州的总督。很快，他就被安排了一名阿拉伯仆人和一头驴，可以自由出行，到城外打野猪。

从土耳其翻山越岭，风尘仆仆赶到伊拉克来打野猪？

其实，年轻人肩负着一个重大的秘密使命。

从摩苏尔沿底格里斯河南下30多公里处，有个地方名叫尼姆鲁德（Nimrud 或 Nimuroud）。我们在第一章里提到，亚述和巴比伦都是阿卡德王朝的后裔，文化紧密相通。公元前1500年前后，亚述的实力还远远不及古埃及和赫梯。可是到了公元前1200年至公元前1150年间，地中海地区好像经历了一个充满暴力的时期，文化出现巨大断层，史称青铜器晚期崩溃（Late Bronze Age collapse）。这个地区的大多数国家和文明在以后的1 000多年里仍未恢复到亚述人和赫梯人的水平，原因至今不明。其间，该地区各国以及它们东面，如伊朗西部的埃兰等地的城市和文化也都遭到严重破坏，人口骤减，最后只有埃及、亚述和埃兰在灾难中勉强维持了下来。到了公元前900年前后，赫梯也不复存在，而亚述却突然变得空前强大，横跨西亚和北非，把巴比伦和埃及这两大文明都置于自己的统治之下，成为不可一世的新亚述帝国。然而仅仅300年后，这个承先启后的强大帝国就彻底消失了，留下许许多多的谜团。

年轻的英国人名叫雷亚德（Austen Henry Layard，1817年—1894年），此行的目的地就是那个名叫尼姆鲁德的地方。

拿破仑·波拿巴（Napoléon Bonaparte，1769年—1821年）的埃及–叙利亚战争

（1798年—1801年）开启了欧洲诸国对中东古代文物的掠夺和瓜分。1820年，英国商人里奇（Claudius Rich，1787年—1821年）在从库尔德斯坦疗养返回巴格达的途中经过摩苏尔，听说有人在附近发现了古文物，引发了兴趣。摩苏尔附近有很多山包一样的古代废墟，但在地表已看不到古文物。他先去了约拿的古墓。在那里的村庄里，他找到一些刻有楔形文字的黏土砖，几个通往地下深处的洞口，然后测量了附近最大的废墟山包，确定它的周长是7 690英尺（2 344米）。这个山包在突厥语里叫作库云吉克（Kuyunjiq）。为什么伊拉克地区会使用突厥语呢？因为当时统治伊拉克的是来自格鲁吉亚的马木留克（Mamluk）贵族。关于马木留克人，读者可以在《好看的数学故事：概率与统计卷》里找到一些有趣的故事。当地的阿拉伯人则把这个遗迹称为阿姆西亚（Armousheah）。

里奇采集了一些文物以后，离开摩苏尔，在底格里斯河上行船时，注意到尼姆鲁德废墟，非常惊羡它的古老气质。当地人传说，这里正是传奇中宁录建造的城市，而且本地拥有最地道的"阿述尔"（Ashur）传统。阿述尔会不会就是亚述？里奇写了一本游记，但没来得及发表人就去世了。

此后的二十几年里，伊拉克经历了重大变化。奥斯曼帝国（Ottoman Empire）推翻了马木留克人对伊拉克的统治，把它划为三个州，归入奥斯曼的版图。1842年，法国政府任命意大利裔自然博物学家博塔（Paul-Émile Botta，1802年—1870年）为摩苏尔地区法国领馆的领事，主要任务就是在该地寻找考古发掘地点。博塔于当年年底到达摩苏尔，马上开始工作，不久就把注意力集中在库云吉克。1843年3月，考古队发现了杜尔舍鲁金（Dur-Sharrukin；英文：Khorsabad）。杜尔舍鲁金是阿卡德语，它的意思是"萨尔贡之城"，由亚述国王萨尔贡二世（Sargon Ⅱ，生卒年不详）建造于公元前717年至公元前707年。博塔发现的文物现存于法国巴黎的卢浮宫。

博塔发掘杜尔舍鲁金的初期，雷亚德正好从这里经过。二人此前就是朋友，博塔知道雷亚德对这里的文物感兴趣，后来便不断地把考古的发现通信告诉他。但不久法国二次革命爆发，博塔被派往中东的其他地区，法国的挖掘工作暂时中断。

雷亚德觉得杜尔舍鲁金不可能孤立存在，而且它也不能真正代表古代的尼尼微。他赶到君士坦丁堡（今天土耳其的伊斯坦布尔）拜见英国驻奥斯曼帝国大使坎宁（Stratford Canning，1786年—1880年），陈述亚述古迹的价值："亚述、巴比伦和迦勒底（Chaldea；巴比伦尼亚的南部地区）充满了神秘。这些名字连接着许多伟大的古国和

史苑撷英 2.1

猎杀狮子是美索不达米亚皇家的传统仪式。亚述人继承了这个传统。

亚述巴尼拔自称懂得苏美尔和阿卡德楔形文字，而且可以自己在泥板上书写。对于他的图书馆，他如此说：

> 我，亚述巴尼拔，乃宇宙之王，蒙众神赐我智慧，获得对学问最深奥细节之敏锐洞察力。为生命与灵魂之安康，我将这些泥板放在尼尼微图书馆中，以备将来使用，以为维护吾王名之基石。

这位酷爱学问的国王实际上性情残暴，杀人不眨眼。当他的弟弟、巴比伦国王沙玛什·舒姆·乌金（Shamash-Shum-Ukin）起兵挑战亚述王位，亚述巴尼拔毫不留情地镇压。重兵围困巴比伦城四年，城内粮尽，到了人吃人的地步。沦陷后，乌金自焚。亚述巴尼拔写道："我毁灭了幸存者……把他们的肢体切碎，喂狗、喂猪、喂狼、喂鹰，喂天上的鸟、水里的鱼。"在打败埃兰王国（在今天伊朗境内）以后，他把埃兰国王的头颅带回宫廷，用铁环倒挂在花园的木桩上，以便自己宴饮时观赏。这个情景被当时的宫廷艺术家制成浮雕，放置在宫廷的墙壁上。这片石灰岩的浮雕现在也藏于大英博物馆。埃兰古国的首府就是我们在《引子》里提到的古城苏萨。

古城。它们生活过的平原是犹太人和非犹太人文明的摇篮。"坎宁当即许诺丰厚的经费，任他使用。英国政府愿意出大价钱，抢在法国人之前抢到古文明宝藏。为了节省时间，尽量避开人们的注意，雷亚德单独行动，从君士坦丁堡乘船到萨姆松，然后一路快马加鞭赶到摩苏尔。

雷亚德以打野猪的名义乘筏子沿底格里斯河南下，直奔尼姆鲁德。在那里，当地人告诉他，尼姆鲁德就是宁录。在当地人的传说里，这里曾经有过一座巨大的宫殿，是"阿述尔人"为宁录修建的。后来先知易卜拉欣（Ibrahim；犹太人祖先亚伯拉罕Abraham的阿拉伯语名字）遵循上帝的教训销毁偶像，暴怒的宁录企图杀死易卜拉欣。

上帝派遣一批蚊蝇，昼夜不停地叮咬宁录。宁录建造了一个玻璃房间，企图把蚊蝇挡在外面。可是蚊蝇还是冲了进去，从他的耳朵钻入脑子。宁录痛苦万分，以至于用铁锤自己击打头部以减轻痛苦，如此折腾了四百年才终于死去。

听到这个故事，雷亚德更加相信附近的废墟就是亚述的王宫。他在当地人的帮助下雇了数名阿拉伯工人开始挖掘，头天上午就发现了一个掩埋在地下的古代宫殿入口。

雷亚德在这里苦干了三年，1849年又开始在美索不达米亚南部挖掘巴比伦遗迹。他的发现开启了后人了解尼尼微及亚述文明的大门。

在众多的发现之中，与本书关系最为密切的是亚述巴尼拔图书馆。亚述巴尼拔（Ashurbanipal，生卒年不详）是新亚述王朝最后一位君主，也是萨尔贡王朝的第四代国王，约于公元前668年—公元前631年在位。他是一位深具文化修养、热爱文献的收藏家。他曾派抄写员到亚述帝国和巴比伦各地收集古代文献。当时的文献都使用楔形文字刻写在泥板上，他的"图书馆"放满了泥板。收集的范围极其广泛，不仅有王室铭文、编年记、文化和宗教文献、契约、法令、王室书信，还包括卜辞、咒语、颂赞神明的歌谣，以及医药、天文和文学作品。对我们来说，更重要的是图书馆还包含了最古老的数学记载。目前大英博物馆收集了近31 000片泥板（图2.1），主要来自雷亚德和他的助手拉萨姆（Hormuzd Rassam，1826年—1910年）。此外，还有许多泥板散布在世界各地。

图2.1　亚述巴尼拔王宫出土的浮雕，表现的是亚述巴尼拔国王在角斗场里刺杀狮子的情景。浮雕现存大英博物馆。

亚述人对外族的统治极为残暴，嗜杀成性，残暴的统治引起激烈的反抗，各地起义不断。亚述的反应是施以更残酷的镇压，这激起更激烈的反抗，如此恶性循环。

公元前612年，巴比伦尼亚（Babylonia；巴比伦的国名）、斯基提亚（Scythia；中亚和东欧的游牧民族）和米底（Median；古波斯地区的民族）的联军攻陷了亚述的首都尼尼微，大火将王宫和图书馆一起烧掉。王宫被毁灭，可泥板却被大火烧成或金黄或橙红或钢蓝色，硬如坚陶，使上面的楔形文字得以完好地保存下来。大火之前，泥板已经经过无数双手上千年的摩挲，表面光滑如镜。大火的历练之后，再经过将近3 000年的风霜酷日，泥板变得更加珠圆玉润，闪着神秘的光泽，令无数喜欢古文物的人为之着迷。

最初，人们把泥板上的数学辉煌成果称为亚述—巴比伦数学，后来越来越多的证据表明，泥板以巴比伦出土的居多，年代比亚述还要久远，所以现在一般称之为巴比伦数学。

我们前面提到，古巴比伦采用60进位制的数字系统。在他们进入美索不达米亚之前，当地的苏美尔人的数字系统是10进位制，这对于长有10个手指的人类来说，似乎是最自然的选择。但60进位制的优点之一是分数的数值表达比10进位制更为准确，因为60可以被2、3、4、5、6、10等很多数整除。这种60进位制的数字系统其实我们今天在某些情况下仍在使用。比如时间单位就是60进位制。我们说一架航班从城市A飞到城市B花了5小时25分钟30秒，现在记成5 h25′30″。这个记法，跟古巴比伦的数字记法是一样的，只是使用的符号不同而已。如果问，折合成小时，应该是多少？在60进位制里，使用10进位制的阿拉伯数字可以记成5; 25, 30。这里的分号";"表示它后面的数是分数，分号后面的逗号表示分数的数位。把5; 25, 30用10进位制数字全部写出来就是 $5 + \frac{25}{60} + \frac{30}{60 \times 60} = 5.425$ 小时。可以看出60进位制的表达更简短。对角度的描述也类似。

他们怎样进行加减乘除这些基本运算呢？加减法比较直截了当，我们直接看乘除法。古巴比伦人计算乘法的具体步骤已不可考，但有一些泥板显然是当时人们在需要进行乘法计算时所使用的计算表格，是最古老的"计算器"。通过这些"计算器"，学者们推论，古巴比伦人是利用几何原理建立了基本数学计算甚至代数计算的规则，就像我们在引子里介绍的那样。比如，他们知道边长为a的正方形面积等于$a \times a$，长为b、宽为a的长方形面积是$a \times b$。通过类似于图2.2的几何分析，他们知道，边长为$(a+b)$的正方形面积是$(a+b)^2$，而且

$$(a+b)^2 = a^2 + a \times b + b \times a + b^2 = a^2 + 2 \times a \times b + b^2。 \tag{2.1}$$

这是最早的二阶二项式的展开。

他们还导出了$(a-b)^2$的二项式展开：

$$(a-b)^2 = a^2 - 2 \times a \times b + b^2。 \tag{2.2}$$

读者不妨循着图2.2的思路，想一想如何从平面几何的关系中导出式(2.2)来。实在想不出，再看本章后面的提示。

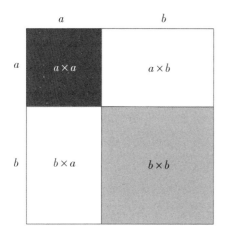

图2.2　古代巴比伦人利用几何作图得到对二项式$(a+b)^2$进行展开的表达式。这种利用几何方法解决数学问题的思路后来被古希腊人发挥到极致。左上角深灰色的正方形的边长是a，面积是$a \times a$。右下角的浅灰色正方形面积是$b \times b$。同理，两个白色的长方形的面积是$a \times b$。所以，边长为$a+b$的正方形的面积就是所有这些正方形和长方形面积的和，也就是$a^2 + 2ab + b^2$。于是就得到$(a+b)^2 = a^2 + 2ab + b^2$。

知道了$(a+b)^2$和$(a-b)^2$的二项式展开，任何两个正整数a和b的乘法就可以通过泥板来得到，比如

$$a \times b = \frac{(a+b)^2 - a^2 - b^2}{2}。 \tag{2.3}$$

式(2.1)到(2.3)所使用的现代代数符号只是为了本书表达的方便。在代数符号尚不存在的年代，古巴比伦人显然是通过几何关系如图2.2得到式(2.3)的。后人把这种通过几何学导出数学结果的方法称为"几何代数"（geometric algebra）。其实代数的概念要到3 000多年以后才会出现呢。

古巴比伦人还利用几何关系导出另外一个式子来：

$$a \times b = \frac{(a+b)^2 - (a-b)^2}{4}。 \tag{2.4}$$

有了式（2.3）和（2.4），任何两个整数 a 和 b 的乘法都可以通过 a^2、b^2、$(a+b)^2$、$(a-b)^2$ 来得到。古巴比伦人制作了很多泥板，把正整数的平方值列表。对大多数人来说，他们不需要一步一步地进行具体的60进位制的乘法计算。遇到乘法，只需要去查平方表中相关数字的平方值，按照式（2.3）或（2.4）做简单的加减法再除以2或4就可以了。当然，他们也有专门的泥板乘法表。

至于除法，巴比伦人制作了计算倒数的泥板，也就是 n 和 $\frac{1}{n}$ 的表格。这样，a 除以 b 这类问题就变成了 a 乘 $\frac{1}{b}$。先从 b 和 $\frac{1}{b}$ 的倒数表里查出 b 的倒数，再查平方值表便得到乘法结果。有些现存的泥板上列出正整数的倒数（也就是分数），整数可以大到10亿以上。

有趣的是，这些倒数表经常缺失一些倒数，比如 $\frac{1}{7}$、$\frac{1}{11}$、$\frac{1}{13}$，等等（图2.3）。为什么？因为这些数无法用有限长度的60进位制分数表达出来。而古巴比伦人没有小数点的概念。遇到这种情况，他们就做近似。比如要计算 $\frac{1}{13}$，他们会写成

$$\frac{1}{13} = \frac{7}{91} \approx \frac{7}{90} = 7 \times \frac{1}{90}。 \tag{2.5}$$

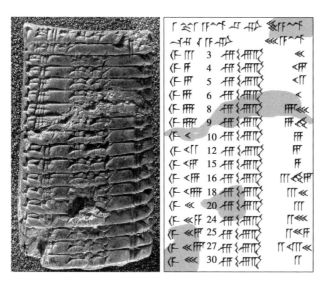

图2.3　倒数表——泥板MS 3874。序号前面的MS是Martin Schøyen的缩写。马丁·绥言（1940年—）是挪威收藏家，其藏品现存奥斯陆和大英博物馆。左图是泥板的正面，右图是楔形文字和数字的复制。右边阿拉伯数字对应左边第二列的楔形文数字。可以看到，表格中7、11、13、14等数值缺失，这是因为这些数字的倒数无法用有限的60进位制分数来表示。

然后查表找到90的倒数来近似计算结果。他们早就知道整数7是个捣蛋鬼，在60进位制里永远得不到完整的分数链，所以有时会在计算后面加一句评论：

我们只能提供一个近似结果，因为7不能做除法。

由此我们看到，在古巴比伦人的世界里，几何与计算紧密相关。在发明抽象的数学符号之前，把数学问题转换为几何问题有很大的优越性，因为几何问题很直观。虽然代数的概念还远远没有出现，但在古巴比伦人计算的方法里已经出现了代数的最初萌芽。他们不懂得区分"代数"和几何。对他们来说，只要能解决具体问题就好。

需要指出的是，为了行文的方便，我们在这里采用的是现代代数表达方式。但这并不意味着古巴比伦人也懂得这种方式的普遍含义。比如，今天我们知道，式（2.1）到（2.4）对任何实数和虚数都适用。但古人不知有负数，更别说虚数了。使用现代代数的表达方式虽然简便，但如果不小心，有可能把现代知识硬塞进古人的脑子里。这一点，在后面涉及其他古代数学问题时也请读者留心。我们不希望造成一种古人无所不知的时空倒置的印象。

古代城市的兴起，对工程建设的需求大大增加。比如，美索不达米亚东西两侧都是沙漠，对水源的问题十分关注。出于对灌溉庄稼和运送货物的需要，运河的修建很早就开始了。这不仅需要对土方的体积、劳工的数目和工人的工资有可靠的计算，还需要了解河道的深度、水的流量等等。

图2.4是著名的耶鲁大学巴比伦藏品4663号（Yale Babylonian Collection 4663；简称YBC4663）泥板正反面的照片。这是一枚巴比伦第一王朝时代（约公元前1894年—公元前1595年）的泥板。正面的文字被横线分成六段，是一个有关工程的数学问题，语言学家翻译出来的大致内容如下（括号中的内容是我们的注释）：

第一段（问题的描述）：一土沟（运河的一段？），长5宁达（Ninda；长度单位），宽 $1\frac{1}{2}$ 宁达，深 $\frac{1}{2}$ 宁达，每个工人每天挖土工方10（这里的体积单位似乎不大清楚，有人认为是"京"gin，也就是宁达的立方；也有人认为是萨尔克sark，1萨尔克 $=\frac{1}{12}$ 京），工钱是每人每天银子6舍（še；重量单位）。

第二段（要求得到的结果）：土沟的底面面积、体积、劳工人数和所需要付给的银子各是多少？你要把结果求出来。

第三段（计算底面面积）：把长和宽相乘，就得到底面7.5（单位是萨尔sar，也就是宁达平方）。

第四段（计算体积）：把底面面积7.5乘深度，得到体积45（这里先把深度的单位从宁达换成库什kuš；1宁达=12库什，所以体积等于7.5×6=45。到这里，体积单位萨尔克就是宁达平方×库什）。

第五段（计算所需工人数）：用土方的总体积45乘每个工人每天挖掘土方的体积（10体京）的倒数，得到4.5（这相当于现在我们用的除法45÷10=4.5）。

图2.4　YBC4663号泥板。左边是正面的文字，右边是反面的文字。

第六段（计算所需要付的工资即银子的数量）：把4.5人乘2，得到9京（gin：银子的重量单位。有人说1京=180舍）。

关于第六段，一般认为，在其计算过程中改换了银子的量度单位。另一个令人困惑的是，巴比伦人有两个叫作京的单位，一个表示体积，一个表示重量。我查了一些文献，但没能找到对第六段令人满意的解释。不过这对我们的故事并不重要。重要的是，要进行这样的计算需要若干重要的先决条件。古巴比伦人的记录表明，他们在差不多4000年前都具备了。

处理上述这些问题需要对一些重要的几何图形了如指掌。在平面几何中，他们对三角形、正方形、长方形、梯形等形状的边长、高和面积之间的关系已经相当明了。古巴比伦人已经懂得怎样开平方。耶鲁大学还有一块著名的泥板YBC7289，上面有一幅保存良好的几何图（图2.5）。这是一个正方形和两条对角线，正方形的边长是30。在水平的对角线上方，泥板的制作者刻下了1，24，51，10，这几个古巴比伦数字。转换成十进制，这相当于141 421 296…。在水平对角线的下方，有一组数字42，25，35，相当于十进位数42 426 388…。这实际上是一道我们熟悉的几何题：边长为30的正方形的对角线长度是多少？我们知道，对角线的长度是30 × $\sqrt{2}$ = 42.426 40…，

这是因为 $\sqrt{2}$ = 1.414 213 56… 。现在，你能看出水平对角线上下那两个数字的含义了吗？对角线上面的数字是不带小数点的 $\sqrt{2}$，下面的数字是 $30 \times \sqrt{2}$。实际上，在巴比伦的计数方法里，1，24，51，10 也可以理解为 1；24，51，10，也就是 $1 + \dfrac{24}{60} + \dfrac{51}{60 \times 60} + \dfrac{10}{60 \times 60 \times 60} \approx$ 1.414 212 96 。显然，他们能够相当精确地进行开平方计算，得到的 $\sqrt{2}$ 值已经准确到小数点后面第五位。

古巴比伦人也懂得了勾股定理。一个正方形由两个等腰直角三角形组成，三角形的底边与腰长的关系就是 $\sqrt{2}$（图2.5），这是勾股定理的一个特例。美国著名的收藏家普林顿（George Arthur Plimpton，1855年—1936年）收藏过很多巴比伦泥板，后来都捐给了哥伦比亚大学。其中有一枚泥板普林顿322号（Plimpton 322）非常著名。这是一个用楔形文字刻制的数值表，有四行十五列数字。从文字的风格上看，大约制作于公元前1800年前后。表2.1左边的四列数是把这个表格改写成10进位制阿拉伯数字以后的样子。

图2.5　左边是著名的巴比伦泥板 YBC7289，右边是泥板上古巴比伦数字的阿拉伯数字表述。

表2.1　普林顿322号泥板的数值表（表格右侧两列灰色背底的数值是本书作者后加的）

$\dfrac{s^2}{l^2}$	s	d	序号	l	α
0.983 402 8	119	169	1	120	44.760 27
0.949 158 6	3 367	4 825	2	3 456	44.252 67

$\frac{s^2}{l^2}$	s	d	序号	l	α
0.918 802 1	4 601	6 649	3	4 800	43.787 35
0.886 247 9	12 709	18 541	4	13 500	43.271 31
0.815 007 7	65	97	5	72	42.075 02
0.785 192 9	319	481	6	360	41.544 51
0.719 983 7	2 291	3 541	7	2 700	40.315 22
0.692 709 4	799	1 249	8	960	39.770 33
0.642 669 4	481	769	9	600	38.717 99
0.586 122 6	4 961	8 161	10	6 480	37.437 18
0.562 5	45	75	11	60	36.869 9
0.489 416 8	1 679	2 929	12	2 400	34.975 99
0.450 017 4	161	289	13	240	33.550 3
0.430 238 8	1 771	3 229	14	2 700	33.261 91
0.387 160 5	56	106	15	90	31.890 79

这个表格是什么意思呢？我们要一列一列地看。左边第四列的意义很明显。这个表格是从右向左按照列序排列的。从左边第三列到第一列，每一行的三个数字之间的关系是什么呢？大多数专家认为，这是一个勾股定理表。如图2.6所示，一个任意的直角三角形有三条边，长边（l）、短边（s）和斜边（d）。勾股定理告诉我们

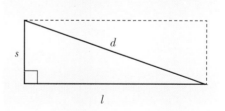

图2.6　直角三角形的三条边长遵从勾股定理 $s^2+l^2=d^2$。

$$s^2+l^2=d^2。 \qquad (2.6)$$

表 2.1 中左数第三列是 d，第二列是 s，第一列是 $\dfrac{s^2}{l^2}$。这块泥板有残缺，有人认为左侧第一列的每个数字之前应该都有一个"1"。"1"在楔形文字里就是一竖。15 个竖刻下去，几乎连在一起，使得泥板在这个地方变得脆弱，挖掘的人不小心就碰断了。真是这样的话也不要紧，只要把这一列数值理解为 $1+\dfrac{s^2}{l^2}$ 就好了。

表 2.1 最右边的两列数字对应着后人按照普林顿 322 号泥板计算出来的 l 的数值和角 α 的度数。我们看到，l 或者可被 60 整除，或者是以分母为 60 的简单的分数。而角度的范围则落在 30° 与 45° 之间。我们知道，$\alpha=30°$ 和 45° 情况下 s，d 和 l 之间的关系很简单，可能古巴比伦人以为不需要列表了。

关于普林顿 322 号泥板的解释充满了不确定性，众说纷纭。比如，也有人认为，泥板上的数字只是记录了一些随机的数字而已。这个疑团最近才被彻底揭开，因为专家们注意到另外一些泥板对于实际土地测量的记录，其中泥板 Si.427 最为著名（图 2.7）。

图 2.7　泥板 Si.427 正面的照片。

这枚属于古巴比伦时代的精品泥板 1894 年出土于西帕尔（Sipar；今天伊拉克的巴格达省；位于巴比伦以北 60 千米），100 多年来一直在伊斯坦布尔考古博物馆里收集灰尘。Si.427 的正面是一幅刻画得非常仔细的土地分块图（图 2.8）。

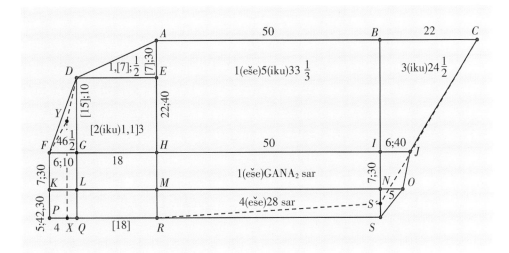

图2.8　Si.427泥板正面部分图文的复制。其中的楔形文字和数字已被换成现代字母。

　　牧场的主人名叫辛·贝尔·阿普利（Sîn-bêl-apli）。在泥板的正面，他那块生长草本植物的湿地被划分为数块矩形和直角三角形。图中有三个直角三角形（*ADE*，*DFG*，*NOS*），两个梯形（*IJON*，*BCIJ*），八个矩形。这种分割显然是为了计算面积，因为泥板的背面记录了两列数字，那是正面每一个对应的矩形和三角形的面积。研究人员按照图2.8中列出的各直线段的长度来计算面积，结果跟背面列出的数字结果基本一致。这说明在古巴比伦，大地测量工作已经是经常的行为。图2.8中水平方向的平行直线似乎显示，测量是以某种基线为水平测线的起点开始的，而直角三角形则可以用来根据勾股定理建立与水平线垂直的线段，以构成矩形。因为满足式（2.6）的三角形必定有一个直角。

　　正方形面积等于边长的平方，长方形的面积等于两条边长的乘积。直角三角形的面积等于相互垂直的边长的乘积的一半，梯形的面积通过把梯形切割成长方形和三角形再求和来得到。怎样计算圆的面积呢？大多数情况下，古巴比伦人假定半径为r的圆的面积为$3r^2$，也就是说，把圆周率近似为3。但在一片制作于大约公元前1900年的泥板上，制作者做了另一个假定。他在圆内作了一个等边六边形（图2.9），假定六边形的周长与圆的周长之比为$\frac{24}{25}$。这个六边形可以看成是由六个等边三角形构成的，每个三角形的三个边长都等于圆的半径r，圆的边长是$2\pi r$，所以我们得到

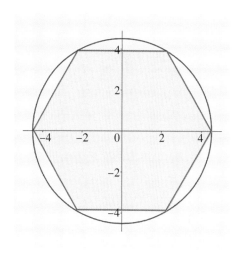

$$\frac{6r}{2\pi r} \approx \frac{24}{25}, \tag{2.7}$$

由此，古巴比伦的圆周率的近似值 $\pi \approx \frac{25}{8} = 3.125$。这个数值比真正的 π 值仅小 0.5%。

那么，这个神秘的比值 $\frac{24}{25}$ 是从哪里来的呢？我们不知道。或许它只是一个根据某个具体几何问题猜测出来的值。

图 2.9　古巴比伦人估算圆周率方法之一的示意图。

古巴比伦人对一些三维的立体图形也有相当的了解，基本上不需要作图来对面积和体积进行计算。就像图 2.5 泥板的内容，除了数字以外，连长度、面积和体积的单位都没有，计算者显然必须对这些单位有足够的了解。体积计算中，显然是假定土沟是个长、宽、深都相互垂直的三维体积。在计算了体积之后，还要计算劳工人数和所付工资的银子重量，显然，"数"已经成为非常抽象的概念了。

他们还可以利用几何关系来求解一些简单的方程。YBC6967 号泥板是一个著名的例子。这枚泥板提出的是这么一个问题：一个数比它的倒数的 60 倍大 7，这个数和它的倒数各等于多少？

如果我们把这个数称为 x，那么这个问题就等于求解方程

$$x - \frac{60}{x} = 7。 \tag{2.8}$$

要是你来求解这个问题，你会怎么做？

今天大多数人解决这个问题，是先把式（2.8）变成下式：

$$x^2 - 7x - 60 = 0, \tag{2.9}$$

然后按照一元二次方程的求根公式来求解，对不对？

YBC6967号泥板给出的具体解决步骤则是：

先把7分半，得到3.5；

1. 把3.5平方，得到12.25；

2. 把平方的结果凑入60，得到72.25；

3. 求72.25的平方根，得到8.5；

4. 把8.5切去3.5，得到5，这就是$\dfrac{60}{x}$。

5. 最后，$x=3.5+8.5=12$。

这个过程要解决的是一个几何问题：已知一个矩形的面积和两个不同的边长之差，如何求得这两个边长？回到图2.6，如果两个直角三角形拼成的矩形的面积是60，长边的边长$l=x$，那么短边的边长就是$s=x-7$。利用我们现在知道的代数表达方式，很容易得到方程（2.9）。

读者也许注意到我们在泥板内容的译文中所用的动词，比如"分半""凑入""切去"；这是因为YBC6967给出的解决方法其实是一个简单而聪明的拼图法（图2.10）。

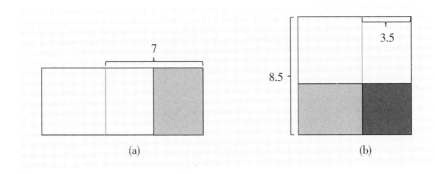

图2.10　YBC6967几何求解步骤示意图。

图2.10（a）就是那个边长不明的矩形。我们知道它的面积等于60，而且长边比短边多出7。把这个矩形分成3份，最左边（红线以左）是正方形。再把正方形右侧的部分半分，分为两个小矩形，每个小矩形的一条边等于正方形的边长，另一条边等于3.5。这是泥板中的步骤1。

把7的半宽值3.5平方，相当于得到一个小正方形，也就是图2.10（b）中的深灰色正方形，它的面积是12.25。这是步骤2。

把小正方形的面积加到大矩形的面积中去，得到72.25。这是步骤3。

把图 2.10（a）中的浅灰色矩形移到白色正方形的下面，所有的面积构成一个正方形（图 2.10（b）），其总面积我们已经知道，等于 72.25。把这个面积开平方，得到的是正方形的边长 8.5。这是步骤 4。

把 8.5 减去浅灰色矩形的短边边长 3.5，得到 5，这就是图 2.10（a）中的矩形的短边边长。这是步骤 5。

最后得到长边的边长 5＋7＝12。这是步骤 6。

这个例子相当典型地显示了古巴比伦人的数学天才：他们把许多数学问题都巧妙地转化成几何问题。在没有数学符号和变量概念的时代，几何运算是最直观、最简便的。

再举一个复杂些的例子：求解二次方程。泥板 IM67118 藏于伊拉克国家博物馆（IM 是 Iraq Museum 的简称），其年代大约在公元前 2003 年到公元前 1595 年之间。问题如下：一个矩形的面积是 0.75，对角线长为 1.25，则它的两条边长各为多少？

利用现代的代数知识，这个问题一般是这样表达的：设两条边的边长分别是 x 和 y；依题，我们有

$$xy = 0.75，\quad x^2 + y^2 = 1.25^2。 \tag{2.10}$$

利用式（2.10）的第一个式子，把 y 用 x 来表达，然后代入第二个式子，得到一个一元二次方程。对这个方程求解即可。

IM 67118 给出的解决方法则是这样的：

1. 把式（2.10）中的第一个式子乘 2，得到 $2xy = 1.5$。

2. 把上式从式（2.10）中的第二个式子减去，得到

$$x^2 + y^2 - 2xy = 0.062\,5。 \tag{2.11}$$

3. 已经知道式（2.11）式的左侧等于 $(x-y)^2$，开平方并取正值，得到

$$x - y = 0.25。 \tag{2.12}$$

4. 把式（2.11）除以 4，得到

$$\frac{x^2}{4} + \frac{y^2}{4} - \frac{xy}{2} = 0.015\,625。 \tag{2.13}$$

5. 从式（2.13）得到

$$\frac{x - y}{2} = 0.125 。 \tag{2.14}$$

6. 把式（2.10）中的第一个式子与式（2.13）的两侧相加，得到

$$\frac{x^2}{4} + \frac{y^2}{4} + \frac{xy}{2} = 0.765\,625 。 \tag{2.15}$$

将式（2.15）两侧开平方，取正值，得到

$$\frac{x + y}{2} = 0.875 。 \tag{2.16}$$

7. 将式（2.12）的两侧除以2，再与式（2.16）相加，得到 $x = 1$。

8. 将式（2.16）减去式（2.12）除以2，得到 $y = 0.75$。解毕。

在上面的步骤中，我们仍然使用的是现代的代数语言，但这个方法的基本原理还是几何（图2.11）。先看图2.11右下角的灰色矩形，其长边为 x，短边为 y，对角线是 $\sqrt{x^2 + y^2}$。把这个矩形重复3遍，按照图2.11的方式摆放，可以清楚地看出图中间那个深灰色的小正方形的边长是 $\frac{x - y}{2}$，也就是式（2.13）。最大的正方形的边长是 $x + y$，而左下角浅蓝色的正方形的边长是 $\frac{x + y}{2}$，也就是式（2.15）。

这样复杂的计算出现在4 000年之前，能不令人惊叹吗？可以想象，在泥板上刻画几何图形是一件很困难的事，所以带几何图形的泥板是少数。有人认为，除了泥板，应该还有一种辅助计算工具，比如一块平板（也许上面铺了一层细沙或是涂了蜡），用来画图，帮助计算。这种辅助算板无法永久保存，所遗留下来的只是带文字的泥板。

古巴比伦人甚至还制作了一种黏土泥板，专门用来计算正整数 n 的立方

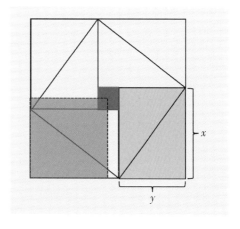

图2.11　IM 67118号泥板记载的几何求解步骤示意图。

与平方值之和，也就是 $n^3 + n^2$。通过这个表格，可以利用试错法（trial and error）得到一些特定一元三次方程的数值解。比如，想找到满足下面这个等式中 m 的值（也就是这个方程中 m 的解）：

$$2m^3 + 3m^2 = 81, \qquad (2.17)$$

先把方程的两端乘 $4 (= 2^2)$，再除以 $27 (= 3^3)$，就得到

$$\left(\frac{2 \times m}{3}\right)^3 + \left(\frac{2 \times m}{3}\right)^2 = \frac{4 \times 81}{27}。 \qquad (2.18)$$

现在把 $\dfrac{2m}{3}$ 看成是 n，就可以利用 $n^3 + n^2$ 的陶片了。一旦找到对应于 $\dfrac{4 \times 81}{27} = 12$ 的 n 数值（$n=2$），也就求出了 $m=3$。你看，他们似乎已经懂得做"变量"变换了。

表 2.2 利用 10 进制给出了 $n^3 + n^2$ 泥板的例子。为了读者的方便，我们在这里采用 10 进位制数字。这里古巴比伦人把 n^3 和 n^2 作为两个不同的变量列成纵横两列，把 $n^3 + n^2$ 的值列在表格中。比如，想要求出 $n=5$ 的结果，只需在纵列找到对应的 $5^2 = 25$，横排上找到 $5^3 = 125$，第五列和第五排相交的格子里的值 150 便是了。更重要的是，如果知道某个 $n^3 + n^2$ 的值，便可以反过来找到对应的 n。甚至当 n 不是整数的时候，我们也可以大致估计 n 的大小。比如假定有另外一个 n，使得 $n^3 + n^2 = 200$。表 2.2 里面没有这个数值，因此 n 一定是非整数。200 差不多正好在 150（$n=5$）和 252（$n=6$）之间，我们便可以猜测，对应于 200 的 n 大概接近于 5.5。而这个问题的精确解是 $n = 5.532\,982$，它同我们的猜测解（5.5）的误差只有 0.6%。

表 2.2　古巴比伦 $n^3 + n^2$ 泥板的 10 进制表述

n	1	2	3	4	5	6	7
1	1	8	27	64	125	216	343
2	4	12					
3	9		36				
4	16			80			
5	25				150		
6	36					252	
7	49						392

"变量变换"赋予一枚泥板某种普遍意义。类似的许许多多的问题，只用一枚泥板就可以了。

显然，泥板制作人假定使用者对加减乘除有熟练的掌握。列表的方法不需要对方程有任何理解，非常实用。找几个心眼灵活的工匠，经过训练就可以利用黏土陶片进行计算了。这些泥板是他们的计算器。从某种意义上来说，这是采用数值方法求解方程的雏形。

现在让我们再回到图2.4，看看这枚泥板的背面。背面被一道横线分成两段，上面一段的第一句译文是：

付9京银子挖一道土沟，宽$1\frac{1}{2}$宁达，深$\frac{1}{2}$宁达，每人每天挖土方10京，工资6舍。

下面一段的第一句译文是：

付9京银子挖一道土沟，长与宽的比例是$6\frac{1}{2}$，深$\frac{1}{2}$宁达，每人每天挖土方10京，工资6舍。

原来，这是正面问题的两个不同的反问题，一个是已知工资预算，土沟的宽与深，反过来计算能挖出多长的沟来；另一个是已知工资预算，土沟的深度和长与宽之比，计算土沟的长和宽。

人们由此推断，这枚泥板的目的很可能是用于教学。在教室里或者在施工现场，老师利用同一个工程问题，来教导学生如何通过不同的已知数来计算未知数。

在世界各地搜集的泥板中，用来教学的泥板占了很大的比例。有的是几何问题，一面画了简单图形，但没有任何数字，另一面则画着同样的图形，给出一些线段的数字。有的是数学问题，正面给出一个数字，反面告诉你如何计算该数字的倒数。这好像是给学生们复习或考试用的：先让你看问题的那一面，你计算出结果之后，反过来看你的计算是否正确。

作为例子，图2.12是另一枚泥板（Ist Ni 10241）的正反面。正面有两行数字，第一行是"0；4，26，40"，第二行是"13；30"。根据现代记录60进位制数字符号，第一个数

图 2.12　Ist Ni 10241 号泥板的正面（上图）和反面（下图）。

字相当于 $\dfrac{4}{60} + \dfrac{26}{60 \times 60} + \dfrac{40}{60 \times 60 \times 60}$，第二个数字是 $13 + \dfrac{30}{60}$。读者不难验证，第二个数是第一个数的倒数。原来，这枚泥板是用来考学生计算倒数的。

泥板的反面有三行数字：

第一行：0; 4, 26, 40　　　9

第二行：0; 40　　　　　　1; 30

第三行：13; 30

这三行数字是计算倒数的过程。计算者首先观察到，"0; 4, 26, 40" 的尾数是 "0; 6, 40"，在 60 进位制数字里，这意味着前者可以被后者除尽。要做除法的话，先要找到 "0; 6, 40" 的倒数。对于我们今天使用阿拉伯数字的人来说，"0; 6, 40" 相当于 $\dfrac{6}{60} + \dfrac{40}{60 \times 60} =$ $\dfrac{6 \times 60 + 40}{60 \times 60} = \dfrac{1}{9}$，也就是说，"0; 6, 40" 的倒数是 9。把这个结果写在 "0; 4, 26, 40" 的右边，这是第一行。

"0; 4, 26, 40" 乘 9 等于 "0; 40"（请读者自己验证），也就是说 "0; 40" 是 "0; 4, 26, 40" 除以 "0; 6, 40" 得到的商。把它写在第二行的左边。"0; 40" 的倒数是 1; 30，把它写在第二行的右边。

要想得到 "0; 4, 26, 40" 的倒数的准确值，我们需要把第一行和第二行右边的两个结果相乘，9 乘 1; 30 等于 13; 30。这就是想要得到的结果。

在分析古巴比伦计算的整个过程中，最为困难的是要搞清楚哪些数对应的是分数，哪些数对应的是整数。古巴比伦人的数字系统里，整数与分数常常很难区分，泥板 10241 中的数字可以解释为整数，也可以解释为分数。在上面的例子里，我们必须人为地加上分号来表示分数。而古巴比伦人似乎有数位的感觉，能够判断出什么时候应该是整数，什么时候应该是分数。我们用分号来标记就要困难得多。比如在上面的计算过程中，"0; 6, 40" 这种记号就很容易令人困惑。这也说明他们的数字系统是不完善的——毕竟这是 4 000 年前啊。

古巴比伦泥板的形状、大小不一，但多数形状类似今天的手机（如图2.3和2.4），一只手便可握住。当初在上面刻写数字和图形的人们，很可能是一手握住泥板坯，另一只手用笔签在上面刻画。而各色各样的人们，学生、工匠、官员则是一手握住刻满指示或数据的泥板，另一只手在助算板或地面上写写画画，进行计算。这些泥板是他们的掌中宝。依靠掌中宝，他们建起了雄伟的宫殿、繁华的城市和渔网般的运河渠道。

关于数学的泥板只是亚述"藏书"的很小一部分。而其他文献，比较著名的是 美索不达米亚史诗《吉尔伽美什》（*Epic of Gilgamesh*）。这是目前已知最早的写成文字的文学作品，其中描写的很多场景都能在其后出现的《旧约圣经》里找到，如伊甸园的记述、《传道书》的劝诫，以及《创世纪》中的大洪水。还有学者认为，古希腊诗人荷马的两部史诗也深受《吉尔伽美什》的影响。另一个重要文献是近千行的古巴比伦创世史诗《埃努玛·埃利什》（*Enuma Elis*），这是了解巴比伦人神话及其对宇宙的理解的重要文献。

雷亚德的工作为了解古代巴比伦、亚述文明做出了重大的贡献，但他和助手拉萨姆使用的挖掘方法实际上比盗墓好不了多少。他们直接挖开了古代建筑的泥墙，可能根本没有注意到它们的价值，记录也相当草率，很多有价值的遗迹都被抹掉了。挖掘出来的宫殿的墙上本来满是色彩斑斓的壁画。雷亚德和拉萨姆用笔纸匆匆临摹下来，很快墙上的颜色就因日晒而消失了。雷亚德发现亚述巴尼拔图书馆之后三年，拉萨姆在对面的土丘上发现了亚述巴尼拔王宫（图2.13），王宫内有一个跟西南王宫相似的图

图2.13　后人根据雷亚德和拉萨姆的考古报告想象出来的亚述王宫。

书馆。可惜的是，这些人不是专业考古人员，对搜集到的泥板没有做记录和标记。当发掘的文物运到欧洲时，不同地点发现的泥板都混在了一起。因此，直至今天，仍然无法分辨出哪些泥板来自哪个图书馆。

本章提示：

参考图2.2，把整个正方形的边长作为a，并将边长a划分为$a-b$和b两个线段。这样，根据式（2.1）我们就得到正方形的面积为

$$(a-b)^2 + 2b(a-b) + b^2 = a^2,$$

由此得到

$$(a-b)^2 = a^2 - 2ab + b^2 。$$

本章主要参考文献

Høyrup, J. What is "geometric algebra", and what has it been in historiography? AIMS Mathematics, 2017, 2: 128-160.

Mansfield, D.F. Perpendicular lines and diagonal triples in Old Babylonian surveying. Journal of Cuneiform Studies, 2020, 72: 87-99.

Proust, C. Numerical and metrological graphemes: from cuneiform to transliteration. Cuneiform Digital Library Journal, 2009: 1-27.

Robson, E. Neither Sherlock Holmes nor Babylon: a reassessment of Plimpton 322. Historia Mathematica, 2001, 28: 167-206.

Swetz, F. Mathematical treasure: old Babylonian area calculation. Convergence, Mathematical Association of America, 2014.

第三章 河谷两岸的辉煌

　　乞力马扎罗位于非洲大陆东部坦桑尼亚和肯尼亚的交界处，是非洲第一高峰。这座休眠的巨大火山虽然位于赤道附近，但海拔将近6 000米的主峰上终年白雪皑皑。天气晴朗的时候，酷热的骄阳烧烤着非洲的大地，也把雪山辉映得光芒四射。在斯瓦希里语里，乞力马扎罗的意思就是"灿烂发光之山"。从主峰向西下行约300公里，在海拔1 100多米的高原上，坐落着世界第二大淡水湖维多利亚湖。乞力马扎罗山顶融化的雪水在这里聚集，然后在乌干达境内的津加（Jinja）流出，经过九曲十八弯，进入地中海，总长3 700公里。这就是有名的尼罗河。

　　尼罗河的上游实际上有两条主要河流。出自维多利亚湖的那条叫作白尼罗河；另一条从乞力马扎罗山正北面的埃塞俄比亚高原流下，叫青尼罗河。青白二河在今天苏丹的喀土穆附近交汇，成为尼罗河主干。从喀土穆向北，河水湍急，经过六道瀑布，1 000多千米，到达今天的阿斯旺地区，水流变缓。阿斯旺以南属于上埃及。这里，尼罗河的两岸被沙漠紧紧夹住，只有狭长的河谷地区适合人群居住。上埃及沿着狭长的尼罗河谷向北一直延展到今天的阿特非赫（Atfih），与下埃及接壤。阿特非赫这个名字来自古埃及语，意思是"第一群牛"。大概是从这里开始，沙漠渐渐消失，很快即可看到草场和牛群了。进入下埃及，尼罗河从今天的开罗附近如扇面一般展开，分成大大小小几十条河汊，进入地中海。

　　每年五月到八月，埃塞俄比亚高原进入梅雨季节，大量的雨水从海拔4 500米的高原汹涌而下，造成尼罗河下游洪灾。洪水漫过河床，把大量的淤泥冲刷到三角洲，造就成三百多平方公里的肥沃的土地，非常适合种庄稼。这就是著名的尼罗河三角洲（图3.1）。这是北非最为富庶的地区，滋养了名扬世界的古埃及文明。

　　古代埃及人对洪水的真实来源一无所知。他们以为洪水是女神伊西斯（Isis）为哀悼死去的丈夫流下的眼泪。

　　这是一个非常古老的故事。相传古埃及的第一位法老、大地之神盖布（Geb）和掌天女神努特（Nut）的长子欧西里斯（Osiris）被兄弟赛特（Set）谋杀。欧西里斯的妻子伊西斯隐藏在尼罗河的莎草丛里，直到生下儿子荷鲁斯。草丛里蛇蝎横行，孩子遭到

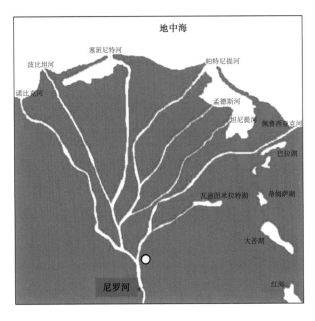

图 3.1 尼罗河三角洲的主要河汊分布示意图。现代埃及的首都开罗就坐落在河流主干分岔处黄色圆圈的位置。

蛇蝎侵伤，伊西斯就用魔法疗毒，使其免于死难。

母亲的作用在古代社会极为重要。为了保护自己的孩子，古埃及的母亲们一般都佩戴一个伊西斯看护荷鲁斯的小雕像。对伊西斯的崇拜后来传遍整个古希腊和古罗马世界。伊西斯被敬奉为理想的母亲和妻子、自然和魔法的女神、亡灵和幼童的保护神，也是奴隶、罪人、手工劳作者和受压迫者的救助者。有历史学家认为，基督教里怀抱幼儿耶稣的圣母玛利亚的形象就源自伊西斯怀抱荷鲁斯的古埃及雕像。伊西斯这个名字的意思又是"王座"。埃及法老们都宣称自己是伊西斯的儿子，坐在她提供的宝座上。在古埃及文物中，经常可以见到伊西斯头戴形状为宝座的头饰。

哭泣的伊西斯和一年一度的尼罗河泛滥成为死亡与重生的象征，对古埃及的生活、文化和宗教影响至深。洪水一来，遍地汪洋；洪水退去后，耕田的边界和标记都不见了。农夫们忙着修整农耕器具，准备播种，因为季节不等人。于是，齐腰深的青草丛里就出现了三三两两的人群，他们踏着泥水，开始重新丈量土地。

古埃及关于土地拥有者的记录，早在公元前3000年就出现了。古文献里记载了土地拥有者在不同地点拥有的土地的位置和面积。古埃及政府设有专职的勘测官员，负责丈量土地，并把结果记录在案。古埃及的土地测量是促进几何学原理发展的最主要的早期人类活动之一。

图3.2是从一座古埃及坟墓中出土的壁画的一部分。坟墓的主人名叫门纳（Menna），是古埃及第十八朝代（约公元前1549/1550年—公元前1292年）的一名重要官员，身兼卡纳克（Karnak）神庙和王宫好几个重要职位，包括负责掌管属于八元神之一阿蒙（Amun，又作Amon）神庙辖内的农田、上下埃及的主人（也就是法老）的农田，同时又是阿蒙的书吏、上下埃及农田的书吏和法老的书吏。书吏是古埃及官僚制度中的重要管理人员，他们通常利用莎草纸进行记录和计算，是最早使用文字的人。他们掌握着记录、计算、测量、检查、裁判等行政权力，是古埃及官僚政治制度中的中坚分子，还介入谷物的生产、储存、运输、烘烤、酿造、分配等一切商业活动。在古埃及，人民的口粮由国家统一分配，交易的方式是以物易物，所以书吏的管理职权非常重要，故而占有非常高的社会地位。他们同贵族来往，或者为贵族工作，而且不需要纳税和服军役。所以，在古埃及艺术作品《职业的讽刺》（*The Instructions of Dua-Khety*）中，当书吏的父亲对儿子如此说道："我会让你热爱书吏这一职业胜过爱自己的母亲，我会在你面前展现它的美好。它是所有职业中最伟大的，普天之下，没有一种职业可与之比拟。即使在他没有长大成人的时候，他就被委以重任，受人尊重，并衣锦还乡。"许多贵族也喜欢把"书吏"当成自己头衔的一部分。书吏的儿子会被送入学校，之后录取为公务员，继承父辈的职务。

在图3.2中一共有八个人物，其中三个矮小的是农民，属于次要人物，这是古埃及绘画的表现方式。五个主要人物中，最右边赤膊的人肩膀上挂着一卷绳索，手里握着第一卷。他的任务是在测量长度时把绳子拉直。右数第二人手里拿的是标杆，应该是用来帮助拉绳子的人确定绳子高度的。最左面还有一个赤膊的人，手拉绳

图3.2　门纳坟墓里描绘丈量土地活动的壁画。

子的另一端。这三名赤膊的下级官员的头衔从古埃及象形文字转换成英文字母是harpedonaptai，意思就是拉直绳子的人。绳子上系有许多绳结，相邻的两个绳结之间的距离相同。拉直的绳索上的绳结被作画人很仔细地表现出来，说明绳结的作用很重要。实际上，绳子的用途很像今天我们使用的卷尺，两个绳结之间的距离就是古埃及的一种计量长度单位。

那两个身穿白衣的官员就是书吏。他们手里拿着记录的工具，那是一块狭长的木板，板的一端刻有长方形凹槽，用来存放芦苇秆制作的写字笔，另一端有两个圆形的凹陷，用来存放墨水（图3.3）。书吏记录下绳结的个数。从壁画中的官员们的身高来看，每两个绳结之间的长度似乎是3肘（cubit）。1肘大约相当于现在的0.52到0.53米。1肘分为7掌（palm），1掌分为4指（finger）。指的下面还有更小的长度单位。这种肘称为皇家肘，是官方测量使用的。老百姓一般使用民肘，1民肘等于6掌。这是人类历史上最早的标准长度量具。

这种带有标准长度单位的绳子给测量带来很多方便。比如图3.4，甲乙丙三个拉绳子的人站在三个点上，拉直绳子之后，发现甲到乙之间绳子的长度正好是3肘，乙到丙是4肘，丙到甲是5肘。书吏根据几何知识马上就知道，乙到甲和到丙之间的夹角是90°。为什么？因为这就是著名的关于直角三角形的勾股定理：勾三、股四、弦五。关于勾股定理的故事，我们后面会细讲。

在公元前2700年左右，古埃及人就在使用10进位制了，我们在第一章里介绍了他们的数字符号。由于他们没有数位的概念，在表达一个数字的时候，就把不同的基本数字符号并排或者上下写在一起，读者在心里做加法。这使得大多数数字的表达臃肿不

图3.3　出土的古埃及书吏使用的记录工具。

图3.4　使用带绳结的绳子丈量土地。

堪，解读缓慢。比如，图3.5的下方给出258 458这个数字的表达方式。这种表达方式要求对很大的整数设立特殊的符号，但作用毕竟有限。比如，1 000 000可以用一个数字符号写出来，而999 999可就需要54个符号了。

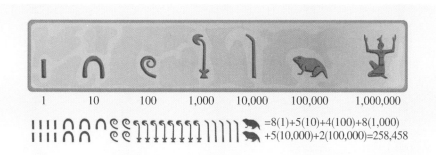

图3.5　上图：古埃及以10为幂次的数字符号。下图：阿拉伯数字258 458的古埃及表示法。注意他们阅读的文字方向是从右向左读。

与古巴比伦的泥板不同，古埃及的数学理论都记录在莎草纸上，图文并茂，色彩缤纷。莎草纸的原料来自尼罗河三角洲盛产的一种特殊的草，名字就叫纸莎草。这种草的茎部包着一层硬硬的绿色外皮。把剥皮后的浅色内茎切成40厘米左右的长条，再一片片切成薄片，在水中浸泡，除去糖分。之后把薄片并排摆放为上下两层，两层薄片互相垂直，更讲究的是把两层薄片互相编织成网格状，类似纺织物。然后将编织好的薄片摊在两层亚麻布中间，趁湿用木槌反复捶打，之后用重物压住，干燥后，再用浮石打磨光滑，就成为莎草纸。书写之前，还需要在纸面施胶，以避免书写时墨水在纸面上洇开。莎草只在尼罗河三角洲生长，无法大量生产，因此价格昂贵。水、火、霉菌等都是莎草纸的大敌，所以保留下来的古埃及莎草纸记录不多。顺便说一句，英文的纸张（paper）一词就来源于莎草纸（papyrus）。

大英博物馆里保存了一卷用僧侣体（hieratic）古埃及文记录的数学手稿。这部莎草书最初可能是在底比斯大墓园（Theban Necropolis）附近被人非法盗掘出来的。大墓园坐落在上埃及尼罗河西岸著名的古城底比斯（Thebes），是许多埃及法老坟墓的集聚地。其中以拉美西斯二世（Ramesses Ⅱ，公元前1303年—公元前1213年）的拉美西斯神庙（Ramesseum）最为著名。1858年，苏格兰收藏家莱因德（Alexander Henry Rhind，1833年—1863年）购得这部手稿，所以现在以莱因德数学手卷（Rhind

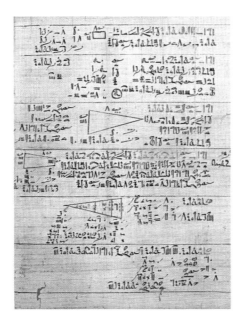

图 3.6 阿赫梅思（莱因德）数学莎草书的一部分。这里使用的文字是僧侣体，一种辅音音素文字。这种文字大约出现在公元前 3200 年—公元前 3000 年。可能是由于圣书体写起来费时费力，僧侣们发明了这种文字，可以快速书写。

图 3.7 书吏阿赫梅思雕像，现藏开罗博物馆。

Mathematical Papyrus）闻名于世。图 3.6 是莱因德手稿的一部分。

根据手稿的文字记载，我们知道这部手稿是由一位名叫阿赫梅思（Ahmes）的书吏写成的，成书年代约在公元前 1650 年。而阿赫梅思（图 3.7）在手稿中宣称，他只是抄写员；手稿的材料来自一本更为古老的抄本，大约作于公元前 2000 年。阿赫梅思因此成为有文字记载以来最早使用分数的名人。现在越来越多的人建议，这部数学手卷应该以阿赫梅思来命名。他毕竟是手卷的作者。以购买手卷的人来命名确实不大公平。

另一部著名的莎草纸卷是俄国埃及学专家戈列尼谢夫（Vladimir S. Golenishchev，1856 年—1947 年）于 1892 或 1893 年在底比斯购买的。1909 年，他把自己搜集的 6 000 多款古埃及藏品卖给了莫斯科博物馆，其中也包括这部数学手卷。这部也是用僧侣体书写的手卷大约作于公元前 1850 年，现藏于莫斯科普希金造型艺术博物馆，所以被称为莫斯科数学手卷。莫斯科手卷的年代比阿赫梅思/莱因德手卷要早 200 年左右。

通过专家们对这些幸存的莎草纸卷的研究，我们对古埃及数学有了一些了解。

先看简单的运算。古埃及人使用一种特殊的方法做乘法，实际上是重复的加法。比如要计算238×13，他们的做法是先把较大的数（238）分解为一系列2的不同整数幂（2^n；1、2、4、8、16，等等），再把每一个2^n对13做乘法，然后把结果都加起来。这很容易做，因为对于$n \geqslant 1$，$2^n \times 13 = 2 \times 2^{n-1} \times 13$，所以每一个$2^n \times 13$的结果都是前一个结果的二倍。这种做法很可能是二进位制数字系统最早的祖先。表3.1是这个方法的详细步骤。左边第一列数字代表被分解的238。先把所有可能的2的幂次都写出来，成为一列。从第一个数开始，每一个下面的数都是上面数的一倍，这可以利用加法得到。检查这一列数，使它们的和等于238，如果有些数是不需要的，就用横杠划掉（表中的红色数字）。

第二列是第一列的各个数乘13后的积。从第一行开始，逐行计算，每一行的数字是上面一行的一倍，实际上也是加法。所有第一列中划掉的数字，乘13以后的结果也划掉。最后把所有未被划掉的数都加起来，就是计算的结果。这个方法在今天世界有些地方仍然有人使用，称为农夫算法或者俄罗斯算法。

表 3.1　古埃及乘法（以 238×13 为例）

~~1~~	~~13~~
2	26
4	52
8	104
~~16~~	~~208~~
32	416
64	832
128	1 664
238	**3 094**

除法是乘法的逆运算，所以古埃及人的除法运算就是分段的乘法。以3 200除以365为例，这是阿赫梅思莎草纸卷里的一道例题：现有3 200 "络"（ro；古埃及的重量单位）脂肪，要把它分成365份，也就是一年里每天一份，应该怎么分配？草纸卷给出的做法是，对除数365做类似于表3.1的乘法，将它不断地乘2的幂次，然后把结果加起来，如表3.2。

表 3.2　古埃及除法（以 3 200 ÷ 365 为例）

~~1~~	~~365~~
~~2~~	~~730~~
~~4~~	~~1 460~~
8	2 920
$\frac{2}{3}$	243 $\frac{1}{3}$
$\frac{1}{10}$	36 $\frac{1}{2}$
$\frac{1}{2\,190}$	$\frac{1}{6}$
$8 + \frac{2}{3} + \frac{1}{10} + \frac{1}{2\,190}$	3 200

这个算法的步骤是先通过乘法找到最接近被除数 3 200 的整数，使 3 200 减去这个整数之差小于除数 365。表 3.2 显示，这个整数是 2 920。所以 3 200 除以 365 的整数部分是 8，余数小于 1。古埃及人没有小数的概念，他们使用分数。最常用的当然是 $\frac{1}{2}$、$\frac{1}{3}$、$\frac{2}{3}$，等等。运算需要不断地试算。算到左边第一列中的第一个分数以后，我们看到，2 920 + 243 $\frac{1}{3}$ = 3 163 $\frac{1}{3}$，显然下一个最大的试算分数应该是 $\frac{1}{10}$。从这里再继续，对剩下的余数寻找对应的分数。这样做除法很费力气，为了节省时间，古埃及人列出除法表，人们可以按照表格查找计算结果。

对于分数，古埃及人已经有了比较清楚的表达方法（图 3.8）。分数 $\frac{1}{2}$ 有自己单独的符号，有点像把一根树枝沿轴线方向劈成两半（图 3.8）。其他分数都是把整数放到一个形如枣核的字符的下面或左面。这个"枣核"是圣书体的"口"字，很像中国早期的象形文字。不过在古埃及文里，"口"对应着字母 R，有表示"众多当中的一个"的

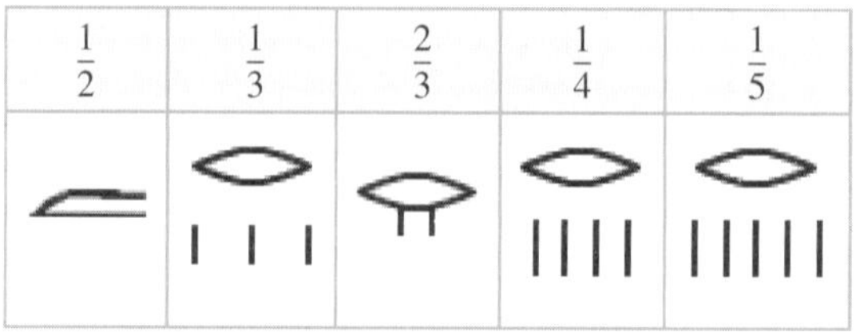

图 3.8　古埃及数字中一些分数的表示方法。

意思，所以用来表示倒数。在表达某个整数的倒数时，只要在整数旁边加一张"嘴"就好了。但这种分数表达法有很大的局限性，因为它们都是单位分数（即分子为1的分数）。其他的分数，比如 $\dfrac{3}{4}$，怎样表达呢？一个办法是做加法，把三个 $\dfrac{1}{4}$ 并排写出来。但这种写法比较啰唆，所以他们给一些常用的分子不为1的分数造出专门的符号，比如图3.8中的 $\dfrac{2}{3}$。类似于 $\dfrac{2}{3}$，$\dfrac{3}{4}$ 是紧连着"口"的"下唇"画出两短一长三道竖。

对于一般的分数，用单位分数的加法来表示。比如 $\dfrac{3}{5}=\dfrac{1}{2}+\dfrac{1}{10}$，写作 $\dfrac{1}{2}\ \dfrac{1}{10}$。古埃及没有数位的概念，并排出现的数字就意味着相加。这种方法在处理复杂的分数时，需要大量的计算才能把它们正确地表示出来。但古埃及人已经掌握了不少分数的规律。让我们看几个简单的例子。首先，任何一个数值小于1的数都可以化简成一个等值的分数，其分母的数字不能被分子的数字整除。质数（prime number）是一种特殊的整数，除了1和它自身，质数不能被任何其他整数所整除。古埃及人发现，如果一个分数的分母是质数（为方便起见，记这个质数为 p），分子是2，那么，它就可以写成如下两个单位分数之和

$$\frac{2}{p}=\frac{1}{\dfrac{p+1}{2}}+\frac{1}{p\left(\dfrac{p+1}{2}\right)}\text{。} \tag{3.1}$$

如果质数 p 太大，式（3.1）右端的两项的分母就很大，分数表达不方便，于是他们把它改写成下面的形式：

$$\frac{2}{p}=\frac{1}{A}+\frac{2A-p}{Ap}\text{，} \tag{3.2}$$

其中 A 可以选择为 $\dfrac{p}{2}$ 与 p 之间的一个实际数（practical number），使其满足 $2A>p$。所谓"实际数"是一个有许多因数（divisor）的正整数。比如12是一个实际数，因为它可以被2、3、4、6整除，而这几个数都是12的因数。选择了实际数 A 以后，式（3.2）右边的第一项就是个单位分数；第二项可以展开成一串分数，每个分数的分母为 Ap，分子是 A 的一个因数。选择这些因数，使它们的和尽可能接近于 $2A-p$。这样，每个分数都可以再简化。比如，对分数 $\dfrac{2}{113}$ 来说，先选择 $A=60$，从式（3.2）得到 $2A-p=7$。把7分成3份，$7=4+2+1$，其中4和2都是60的因数。于是我们就得到

$$\frac{2}{113}=\frac{1}{60}+\frac{4}{60\times113}+\frac{2}{60\times113}+\frac{1}{60\times113}=\frac{1}{60}+\frac{1}{1\,695}+\frac{1}{3\,390}+\frac{1}{6\,780}\text{。}$$

这样的分解过程显然不是唯一的，不过古埃及人总是尽量选择分母较小的单位分数。

古埃及人使用"实际数"来解决分数问题，这是意大利著名数学家斐波那契（Fibonacci，1175年—1250年）首先注意到的，记在他的数学名著《计算之书》（*Liber Abaci*）里。而"实际数"的真正概念要到20世纪中叶才被数论专家提出来。古埃及人的单位分数表示法至今仍然是数论的研究内容。2015年，中国数学家孙志伟提出一个猜想：任何一个正的有理数都可以用一串埃及分数（也就是单位分数）来表示，而在这串埃及分数里，所有的分母都是实际数。

古埃及人对分数的重视，充分显示在著名的"荷鲁斯之眼"上。荷鲁斯（Horus）就是伊西斯怀中的婴儿。孩子在母亲的呵护下长大，随着年龄的增长，相貌越来越古怪，最后长成鹰头人身。成年的荷鲁斯把叔父赛特告到九位天神组成的审判团，要为死去的父亲和失去的王位讨个公道，夺回"第一家庭"的地位（图3.9）。审判团设计了一系列的挑战，让他们二位决一胜负。这场官司持续了80年，其间充满了欺诈和暴力。最后的决战，其惨烈程度难以想象。不妨借用《西游记》的描述法，那是：

> 扬沙走石乾坤黑，播土飞尘宇宙昏。

惊天动地的酣战进入肉搏，荷鲁斯最终打败了赛特，因此成为有名的鹰头战神，代价是失去了左眼。后来，女神哈索尔（Hathor）把他的眼睛修复。荷鲁斯从此拥有全知全能之眼，右眼代表太阳，左眼代表月亮。后来，那只丢掉的眼睛被找到了，他便把它奉献给父亲，期望这只眼睛能使欧西里斯复活。因此，荷鲁斯之眼又是牺牲、治愈、恢复和保护的象征，在古埃及文物中屡屡出现。历代的法老都用荷鲁斯来做保护神。

图3.9 古埃及"第一家庭"，伊西斯（左）、欧西里斯（中）和他们的儿子荷鲁斯（右）。欧西里斯的肤色是绿色的，因为他已不属于人间了。

荷鲁斯终于夺回了王位，而欧西里斯的死亡则奠定了古埃及国王的安葬仪式。从那以后，每一位国王死后都等同于欧西里斯，采用同样的木乃伊安葬方式。再后来，民间安葬也采用这种方式，每一位逝去者都被称为欧西里斯。在逝者安葬的坟墓里经常有一个欧西里斯的小塑像，里面放着些麦粒和沙粒，装在小小的木棺里。

古埃及人把荷鲁斯之眼拆解为6个部分，每个部分代表一个单位分数（图3.10）。这6个分数加起来，差一点就等于1。有人认为，这是古埃及人对无穷数列

$$\sum_{n=1}^{\infty}\left(\frac{1}{2}\right)^n = 1 \qquad (3.3)$$

的近似表达。从几何的角度来看，无穷数列（3.3）是把一个面积等于1的正方形切成相等的两半（图3.11），保留一半，把另一半再切成两半，如此循环往复，不断地做下去。读者自己可以验证，把荷鲁斯之眼内的6个分数加起来，它们的和比1要小$\frac{1}{64}$。有人甚至认为缺少的$\frac{1}{64}$是有意为之，因为荷鲁斯的眼睛受过伤。如果加上缺少的$\frac{1}{64}$，结果就等于1，也就是完美无缺。

从这些莎草纸卷我们还知道，至少在数学手卷成书的年代，古埃及人就能

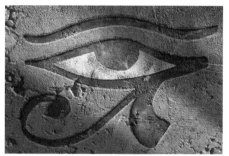

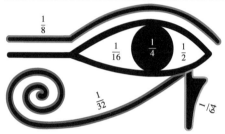

图3.10 荷鲁斯之眼。上图：森尼杰姆（Sennedjem）墓穴内壁画中的荷鲁斯之眼。森尼杰姆是拉美西斯二世统治时期的工匠艺人，负责帝王与王后墓地的装潢工作。他和妻子的墓穴在1886年被发现。下图：荷鲁斯之眼各部位的分数意义。

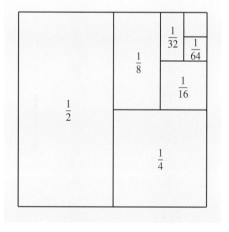

图3.11 荷鲁斯之眼的分数与无穷数列（3.3）的几何表示。

够处理一类特殊的数学问题，现在称之为"阿哈问题"。在用英文谈及"阿哈"时，容易造成误解，因为它的拼写方式跟英文的"aha"一模一样。但这不是表示惊叹、顿悟而使用的"啊哈"，而是一个专有名词，代表未知数，它的圣书体写法是：

在上述两部手卷里，共有7个阿哈问题。比如阿赫梅思/莱因德数学手卷的第26题：

阿哈（一个数）和它的四分之一（加起来）等于15——它是多少？

根据今天的代数知识，我们很可能会这么做：设阿哈=x，问题就可以写成 $x + \dfrac{x}{4} = 15$。解方程即可。

古埃及人使用的是试算法：先假定阿哈等于分母4，那么1个阿哈加上它的四分之一等于5$\left(4 + \dfrac{4}{4} = 5\right)$。这个假设的阿哈值虽然不是想要得到的结果，但它显示我们在朝着正确的方向迈进，因为它的结果是一个正整数，而且正好比题目中的结果小了三倍。那好，把阿哈的假定值4与它的四分之一的和乘3，应该就是结果了。用现在的写法就是，$4 \times 3 + \dfrac{4 \times 3}{4} = 5 \times 3 = 15$，所以阿哈等于12。

这种方法也叫错位法（false position method），在古代中国称为"盈不足术"。类似的方法至今还在数学里大量应用着。

再看另一个有趣的问题。在以物易物的社会里，不同的货物怎样进行"等价"交换呢？这在古埃及是一个非常重要的问题。无论是在阿赫梅思手卷还是在莫斯科手卷里，以面包交换啤酒的问题都占了许多篇幅。面包和啤酒都是用粮食制作的，二者之间的交换依靠一种叫作"派扶苏"（pefsu）的指标来进行。据说，派扶苏表示粮食产品的"强度"，大致可以理解为生产这些产品的有效值。古埃及用一个叫作赫卡特（heqat）的单位来计算谷物的体积，1赫卡特大约相当于今天的4.8升。至于面包和啤酒，量度的单位分别是"根"和"罐"。派扶苏的定义是

$$派扶苏 = \frac{面包的根数}{谷物的赫卡特数} = \frac{啤酒罐数}{谷物的赫卡特数}。 \tag{3.4}$$

从式(3.4)我们看到，对于一个给定谷物的赫卡特数，面包的根数越多，说明面包越小或者掺杂非麦子的成分越高；同样，啤酒的罐数越多，说明啤酒越淡，或者掺水越多。所以派扶苏在谷物与面包或啤酒的兑换中很有用。

莫斯科手卷的第八题一共有11行文字，逐行翻译出来是这样的：

1. 计算100根面包的派扶苏的例子。

2. 如果有人对你说：“你有100根面包的派扶苏，

3. 要换成啤酒的派扶苏，

4. 比如 $\frac{1}{2}$ 或 $\frac{1}{4}$ 枣子麦芽啤酒。”

5. 首先计算100根面包的派扶苏所需要的麦子，

6. 结果是5赫卡特。然后考虑制造1罐那种叫作 $\frac{1}{2}$ 或 $\frac{1}{4}$ 枣子麦芽啤酒所需要的麦子。

7. 结果是，酿制1罐啤酒需要 $\frac{1}{2}$ 赫卡特上埃及的麦子。

8. 计算5赫卡特的 $\frac{1}{2}$，结果应该是 $2\frac{1}{2}$。

9. 把这 $2\frac{1}{2}$ 乘4，

10. 结果是10。于是你就对他说：

11. “看哪！算出来的啤酒数是正确的！”

这个问题的作者把不同的测量单位体系通过一个例子有机地连在一起，使管理人员方便地交换信息，以确保货物的公平交易。作者肯定对自己想出来的问题非常满意，不然不会叫出“看哪！算出来的啤酒数是正确的！”

大地测量使古埃及人很早就产生了平面几何图形的概念，三角形、圆、正方形、长方形、梯形等，这些抽象的概念和具体的图形在古埃及莎草纸卷中屡屡出现。记载中很多数学问题涉及计算这些图形的面积，显然跟测量土地面积的实践活动密切相关。

跟古巴比伦人一样，古埃及人也已经懂得如何开平方。不但如此，他们还设立了一个非常独特的长度单位，名叫雷门(remen)。1雷门等于 $\sqrt{2}$ 肘。根据他们的规定，$\sqrt{2} \approx 1 + \frac{1}{3} + \frac{1}{13} = 1.410256\cdots$，这跟 $\sqrt{2}$ 的精确值1.41421…相差不到0.3%。这个长度单位给古埃及人计算面积带来了极大的方便。两个边长为1肘的正方形的面积等于一个边长为1雷门的正方形的面积，使得解决“二倍”正方形一类的应用问题变得易如反掌。

阿赫梅思手稿有一部分数学问题涉及计算平面几何图形的面积。这些形状包括矩形、三角形、梯形和圆形。古埃及人已经可以相当熟练而准确地计算这些图形的面积。比如，矩形的面积等于两个成直角的边长之积；直角三角形的面积等于两个成直角的边长之积的一半，等等。这些并不稀奇，因为古巴比伦人早就知道了。

怎样才能确定正方形和矩形两条直线之间的角度是90°呢？古埃及人已经发现了一个非常简便的方法：利用圆弧（图3.12）。

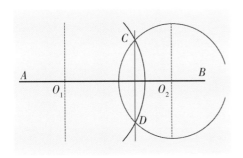

先在水平的地上画一条直线AB，然后在直线上任意选择两个点O_1和O_2。以这两个点为圆心画两条圆弧，两个圆的大小可以不一样，只要它们在直线的两侧各有一个交点就行。通过这两个交点C和D作一条直线，直线CD必定与直线AB成90°角。确定了直角以后，面积计算就容易了。

图3.12 利用相交圆的几何关系对于直线AB作与之垂直的直线CD。

跟古巴比伦人一样，古埃及人也发现计算圆形的面积非常麻烦。不同的是，古巴比伦人喜欢从圆的周长来估计面积，而古埃及人则从直径来考虑。历史上，寻找圆的半径与面积之间的比例常数，也就是圆周率，是一个漫长的过程。在还没有找到圆周率的准确值的情况下，崇尚实用的古埃及人选择近似的方法，如图3.13所示。

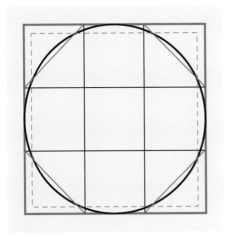

先把一个边长等于圆的直径的正方形分成9个小正方形。既然已知圆的直径，也就是大的正方形的边长，每个小正方形的面积很容易算出来。把四个角处的四个小正方形沿对角线切成一半，如图3.13中的红色对角线，正方

图3.13 古埃及人估算圆周率的方法。红色实线的八角形是圆的近似面积，红色虚线的正方形用来近似八角形面积。由此得到圆周率的近似值。

形变成一个八角形。我们看到，八角形的四条斜边有时在圆弧之内，有时在圆弧之外。古埃及人认为，用八角形来近似圆的面积应该足够好了。假设正方形的边长是 a，每个小正方形的面积是 $\left(\dfrac{a}{3}\right)^2$，那么八角形的面积，即圆的近似面积就是

$$S = a^2 - 4 \times \dfrac{\left(\dfrac{a}{3}\right)^2}{2} = \left(1 - \dfrac{2}{9}\right)a^2 。 \tag{3.5}$$

今天我们知道，圆的面积 S 与直径 a 的关系是 $S = \dfrac{1}{4}\pi a^2$。从这个关系，我们可以看到通过图 3.13 里面的八角形得到的圆周率 π 的近似值是 $\dfrac{7}{9} \times 4 \approx 3.111\,11\cdots$。这个近似值比 $\pi = 3.141\,59\cdots$ 只小了大约 1%，对大多数的计算来说，似乎足够好了。

但是，这个"足够好"的近似到底有多好？能不能找到比这更好的近似呢？

阿赫梅思莎草纸卷的第 48 个问题清晰地解释了他们的思路。由于没有代数符号的概念，第 48 题是从一个具体问题出发的，它相当于图 3.13 中的 $a = 9$。通过跟式（3.5）一样用与八角形近似的圆的面积，很容易得到 $S = 63$。下一步，莎草纸卷的作者要寻找一个正方形，其边长不一定等于 a，但面积要尽可能地接近 63。显然，平方值最接近于 63 的整数是 8。于是，他用边长为 8 的正方形来近似直径为 9 的圆的面积，找到了一个比 $3.111\,1\cdots$ 更接近于 π 的近似值 $3 + \dfrac{13}{81} = \dfrac{256}{81}$。读者可以自己验证一下，这个近似值是 $3.160\,49\cdots$，比 π 约大 0.6%。虽然这个"圆周率"是通过一个具体的圆和方的关系得到的，但他们已经知道，这个比值同圆和方的大小无关，可以用来计算各个圆形的面积。

从平面几何进入立体几何，古埃及人已经能够熟练地计算一些三维形状的体积，比如：

圆柱的体积：$V = \dfrac{256}{81}r^2 h$（r 是半径，h 是柱高）；

矩形柱体的体积：$V = wlh$，（w 和 l 是底边的宽和长，h 是柱高）；

金字塔的体积：$V = \dfrac{1}{3}a^2 h$（a 是金字塔底边的边长，h 是塔高）；

削去尖顶的金字塔的体积：$V = \dfrac{1}{3}(a^2 + ab + b^2)h$（$a$ 是底边的边长，b 是顶部的边长，h 是高）；

等等。

史苑撷英 3.1

拉美西斯二世被认为是古埃及历史上最为重要的法老之一。他活了90岁，统治埃及近70年。其间，他在国内大兴巨型建筑，在国外进行了一系列的远征，侵入阿拉伯半岛，控制迦南地区，并同另一个强大帝国赫梯在叙利亚发生重大利益冲突。经过20多年征战，双方都损失惨重，最后不得不签订和约，很可能是人类历史上第一个国际协定。和约的埃及文和赫梯文的文本都保留了下来。

赫梯人在公元前2000年兴起于小亚细亚，在今天的土耳其。这个地区是美索不达米亚文明和爱琴海文明联系的纽带。这个国家后来在公元前8世纪被亚述帝国吞并。

1881年，拉美西斯的木乃伊在底比斯的阿蒙最高祭司皮内杰姆二世（Pinedjem Ⅱ；约在公元前990年—公元前969年间统治下埃及）坟墓内被发现。根据木乃伊外面包裹的亚麻布上的文字，由于底比斯墓地一带屡遭盗挖，祭司们把拉美西斯换了好几个地方。拉美西斯长着鹰钩鼻，红头发，身高约一米七。下图左边是阿布辛贝勒神庙（Abu Simbel）外面古埃及工匠雕刻的巨型拉美西斯雕像面部的精美细节，右边是木乃伊打开后拍摄的拉美西斯的真实照片。

1974年，他的木乃伊开始滋生真菌。为了保护，埃及政府将木乃伊运送到法国进行处理和修复。为此，埃及政府专门为拉美西斯颁发公民护照。在护照的职业一栏中，标注着"国王（已殁）"。埃及以盛大军礼为他送行，法国也在巴黎的勒布尔热机场以元首待遇隆重欢迎。

古埃及人是远古时代最伟大的建筑师，他们建立了许许多多雄伟的神庙和金字塔，令今人赞叹不已。立体几何对于这些建筑至为重要。而在建筑之前的测量工作也更为复杂。图3.14是古埃及使用的水平仪。这是一个由三根直尺构成的三角形。左右两边的直尺长度相等，二者之间的夹角呈90°。中间的水平直尺带有

图3.14　古埃及的水平仪。

刻度。把一根细绳钉在直角的顶端，细绳下面拴一个尖头朝下的石坠，就构成一个水平仪。如果地面是水平的，那么，把水平仪平放到地面上，石坠的细线就对应着横尺刻度的正中间。如果地面倾斜，细线就偏离刻度的正中。记录下偏离的距离，通过已知的水平仪在地面的跨度，就可以算出地面的倾斜角度。

这种工具在建筑工程中有关键作用。我们知道，金字塔是为古埃及法老建造的坟墓。但在古埃及人看来，金字塔只是法老们的临时休憩之所。从他们的宗教信仰来设想，金字塔可能还有许多设计构思。比如，古埃及天象观察官注意到有两颗明亮的星星总是围着北极星转。这两颗星，一颗是北极二（Kochab：古代中国称它为帝星），一颗是开阳（Mizar）。古埃及人认为，在这两颗星星旋转的圈子之内，天空永远不动，那里就是"永恒"的所在。所以，他们称这两颗星为不可毁灭之星，那里是法老灵魂的最理想的归宿。

所有金字塔的底面都是几乎完美的正方形，金字塔的顶尖正对着底面方形的中心。金字塔北侧的斜面上有一条通往金字塔中心的通道，通道正对着北极星。有人甚至认为，古埃及人把金字塔看成是为法老准备的灵魂升天器，法老的灵魂在金字塔里等待着不可知的升天的那一刻。这就是为什么所有金字塔建筑的取向都一模一样，而且相互之间不可以挡住彼此遥望北极星的视线的原因。法老们在生命之后将从那里进入天堂。

修建金字塔还有另外一个作用。每年尼罗河泛滥的季节，农民们无事可做，修建金字塔为他们挣来了食物，而且多数人相信，做这件事对身后的归宿有很大好处。于是，每年洪水过后的两三个月中大约有十万名劳工从埃及各地涌来，搬运由长期工事

故事外的故事 3.1

1954年，考古人员在胡夫金字塔旁边发现了一艘拆成上千枚碎片的陪葬的古船，长达42米，重20吨。下面这幅图片是考古人员把碎片复原后的样子。埃及学专家认为，这是胡夫为自己升天而准备的旅行工具：当那一天来临，这艘大船将借着太阳神拉（Ra）的神力飞升起来，把法老带往永生之地——多么浪漫的想法啊！

先开采好的巨石，把它们一块块严丝合缝地拼起来，不用任何黏结物。劳工们住在国家提供的临时住房里，得到丰厚的报酬。手艺越好，报酬越高。在《圣经》和后来西方的电影中，经常提到法老驱使奴隶修建神庙和金字塔，但考古学者们认为那是误传。修建这些巨型建筑是一件崇高的工作，不适于奴隶。高报酬、高名望的工作产生了明显的效果：在古希腊历史学家希罗多德（Herodotus，约公元前484年—约公元425年）所描述的世界古代七大奇迹当中，只有吉萨（Giza）金字塔（即胡夫金字塔）至今仍然伫立。而且在1889年法国的埃菲尔铁塔建成之前，吉萨大金字塔一直是世界上最高的建筑。

金字塔的底面每条边的长度至少有好几十米。这么大的面积，没有一个地面是水平的。要想修建完美的金字塔，第一步是考察地面的倾斜程度，确定一个精确的水平面，然后才能确定金字塔底面的四条边。

可以想象，古埃及水平仪的直角就是按照图3.12所示的办法制作的。可是，在确定金字塔巨大的底面时，这个办法就不那么好用了。吉萨是最大的金字塔，建造于古埃及旧王国时期（约公元前2613年—公元前2181年），是为胡夫法老（Khufu；约公元前2589年—公元前2566年）的灵魂准备的等待升天的地方。它的底面的边长平均是231.31米，高146米。它有一个巨石拼成的水平底座，高将近8米。金字塔就建造在底座之上。1860年代，英国埃及学专家皮特里（Flinders Petrie，1853年—1942年）对吉萨大金字塔的底座利用当时最先进的测绘设备进行了测量，得到的结果是：北侧边长231.46米，南侧边长231.23米，西侧231.16米，东侧231.40米。四个边长最大的差别为0.30米，是平均长度的0.1%。2015年的测量显示，大金字塔西北角交点的位置精度实际上在 ±0.20 米之内。考虑到这是4 000多年以前的建筑，经年的地表风化，地下地质过程的变化，其精密度难道不够惊人吗？

像金字塔底面那样巨大的正方形，要想精确地确定基线相互垂直，还要跟北极星准确地连成直线，仅仅使用图3.12那种尺规作图法是不可能的。古埃及人采用的是什么方法，能使金字塔的方位如此精密呢？

著名的埃德夫神庙（Temple of Edfu）是祭祀鹰头战神荷鲁斯的（图3.15），那里的庙墙上记着这么一段法老的话：

> 我拿起标杆，握住把手。我把绳子拉紧。我的目光注视着星体的运动。我定睛在牧希赫图（Msihettu）之上。宣告时间的星神抵达了莫克赫特（Merkhet）的夹角；我奠定了神庙的四角。

图3.15 一面浮雕保存完好的埃德夫神庙的庙墙。

这里，"牧希赫图"应该是一颗标志方向的恒星，或许就是北极星。"莫克赫特"则是一种利用角度测量星体天空位置和计算时间的天文仪器的名字，它在古埃及文里的本意是"求知的仪器"。从这段话我们可以猜测，金字塔位置的选择和取向是根据天文观测来确定的。测量天体的工作一般是祭司们的责任。没有几颗星体的位置在地面正好成为直角，他们必须把测到的不同星体的位置利用三角学原理逐步折算成想要得到的角度，这说明他们已经具备了相当复杂的三角学知识。

后来测绘学家利用现代技术发现，金字塔东西两条边都准确地对着北极星，现存的上百座大小金字塔，它们的底边跟现在北极星方向的角度差在4′到8′角之间。而这种变化基本上可以用北极星相对于地球的方位随着时间缓慢游移来解释。不久前，英国剑桥有一位教授在测量了不少金字塔底边相对于北极星今天方位的角度以后，提出一个确定金字塔建造年代的新方案。天文学家知道北极星在过去4 000年变化的位置，如果假定古埃及人建造金字塔时的角度是完全精确的，那么通过每座金字塔相对于北极星的角度，就可以反推出金字塔建造的年代。这位教授宣称，如此确定的金字塔建造年代的误差应该不超过 ±5年。

底面确定以后，把一块块巨大的石头码放起来，以精密的角度建造起高达146米的金字塔，使塔尖的空中位置同底面正方形的中心连成的直线与底面正好垂直，这也不是一件容易的事。这需要对三维几何有相当的了解。为了测量金字塔侧面从水平面算起的角度，古埃及人专门引入了一个叫作瑟科德（Seked或Seqed）的概念。还记得古埃及的长度单位吗？ 4指等于1掌，7掌等于1肘。瑟科德是一个专门用来计算角度的长度单位。设想一个竖直立起来的直角三角形，高是1肘（7掌），从直角的交点处沿水平方向拉出1掌来，作一个点S（图3.16），那么水平直线与这条直线的夹角ψ就确定了。按照现代三角学的术语，这个角度ψ的正切等于7，记作$\tan(\psi)=7$，对应的角度$\psi \approx 81.87°$。这样水平拉出的1掌就是1瑟科德。虽然瑟科德的单位是长度，但是它实际对应的是相对于1肘高度的角度。瑟科德的值越大，角度越小。

根据皮特里的测量，吉萨大金字塔的角度是$5\frac{1}{2}$瑟科德，对应的角度大约是51.84°。金字塔内的通道的平均角度是26°31′23″，几乎正好是金字塔斜坡角度的一半（26°33′54″）。早期埃及学家们还发现，大金字塔底面的正方形的周长是925米（四舍五入到米），而如果把金字塔的高度作为半径画一个圆，并采用古埃及人的圆周率（3.160 49），那么圆的周长就是923米。这个比值跟使用的长度单位无关，无论用现

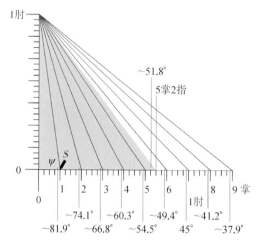

图3.16　瑟科德的意义。为了便于观看，所有垂直的红线都从其实际位置相左移动了半指到一指的距离。如～81.9°对应的是 S 点的角度，～51.8°对应的是水平轴在5掌2指处的角度，等等。

代的米，还是用古代的肘，结果都是一样的。这是有意为之吗？难道古埃及人在设计金字塔时是在用数字表示什么信息吗？还是研究人员根据现代的数学知识在解读时"穿越"了？

很多过去的事情我们恐怕永远也不会有确定的答案，但几何作为最早发展起来的数学分支确实世世代代让人们为之入迷。

本章主要参考文献

Dash, G., Paulson, J. The 2015 survey of the base of the Great Pyramid. The Journal of Egyptian Archaeology, 2017, 102: 186–196.

Paulson, J. F. Surveying in Ancient Egypt, From Pharaohs to Geoinformatics. FIG Working Week 2005 and GSDI-8, Cairo, Egypt, 2005.

Spence, K. Ancient Egyptian chronology and the astronomical orientation of pyramids. Nature, 2012, 408: 320–324.

Waziry, A. The so-called Seqed and scientific cradle of the angle θ in ancient Egypt. SCIREA Journal of Mathematics, 2018, 3: 86–105.

第四章 爱琴海畔的拂晓

公元前 7 世纪前后，世界文明的中心从巴比伦、亚述、古埃及、赫梯等区域北移，到了地中海北面的爱琴海两岸。在两河流域，尼布甲尼撒二世（Nebuchadnezzar Ⅱ，约公元前 635 年—约公元前 562 年）统治下的新巴比伦王朝大兴土木，建造华美的宫殿和伊什塔尔城门。但他去世不久，固若金汤的巴比伦城就被大流士大帝（Darius Ⅰ，约公元前 550 年—公元前 486 年）的波斯军队攻破，并入阿契美尼德王朝的版图。不久，地中海南岸的埃及也被波斯人占领。占据东岸迦南地区的腓尼基人虽然在地中海沿岸拥有众多的殖民城市，但他们没有统一的政府和军队能与波斯人抗衡，只好俯首称臣。只有古希腊人凭借科马基尼（Commagene）人和吕底亚（Lydia）王国的屏障，在四处蔓延的战火之中，在波斯人的觊觎之下，急速而顽强地兴盛起来。

希腊领土的主体由两大半岛组成。主陆是巴尔干半岛的最南端，它通过科林斯地峡与伯罗奔尼撒半岛（Peloponnese）相连。此外还有大量的岛屿，绝大部分散布在爱琴海上。从希腊语和周边各民族语言的相关性来推测，大约在公元前 3200 年，讲原始迈锡尼（Mycenae）语的最早的希腊部落进入希腊半岛。公元前 2500 年左右，巴尔干半岛的印欧人部落南下希腊半岛，与原住民融合。公元前 1200 年左右，弗利吉亚人（Phrygians）从巴尔干半岛进入安纳托利亚（Anatolia）即小亚细亚，并在赫梯帝国崩溃后短暂建国。这个民族的语言和文化跟希腊很接近，他们逐渐占据了爱琴海东岸的伊奥尼亚（Ionia），并利用"跳岛"的方式进入希腊半岛。而希腊本土的人们也"跳岛"进入小亚细亚。那是古希腊的青铜时代。迄今为止发现规模最大的考古遗迹是克里特岛（Crete）上的克诺索斯（Knossos）。到了公元前 16 世纪，希腊人在伯罗奔尼撒半岛东北的阿尔戈斯平原（Argos）上建立了迈锡尼，并在此后的 500 年里创造了辉煌的迈锡尼文明，统治着爱琴海南部的广大地区，希腊进入荷马史诗年代。之后，青铜器晚期崩溃使地中海和爱琴海地区的文化都出现巨大断层，希腊也进入"黑暗时代"（又称中古希腊时代），人口锐减，迈锡尼时代雄伟的建筑和墓葬都消失了。

与周围一个个崛起又消亡的古代帝国不同，古希腊从来不是一个统一的政治实体。公元前 9 世纪末，海上贸易再次兴盛，新的城邦国家在希腊地区纷纷建立。人们重新引入黑暗时代失去的书写语言，在工艺、科技、诗歌、戏剧、政治、哲学诸方面都发生了史无前例的巨大进步，希腊进入古风时代。城邦（polis）成为政治生活的基本单元，"城邦事务"后来变成英文中的政治（politics）一词。最有名的两个城邦国家，一个是位于主陆的雅典，一个是伯罗奔尼撒半岛上的斯巴达。后者强行实行军事化制度，前者广泛扩大公民权利。

在众多的希腊地区里面，伊奥尼亚得天独厚。首先，敢于离开本土，越过爱琴海到陌生的欧亚大陆去探索追求的，大多数是有抱负、有勇气、有能力的年轻人。而在新的地域里，脱离了传统文化与等级观念的束缚，思想更加自由。所以，伊奥尼亚的人们既有深刻的思维能力，又生活在独立思考的环境里，可谓得天独厚。

泰勒斯（Thales，约公元前624年—约公元前547/546年）就出生并成长在这样的大环境之下。他所诞生的城邦米利都（Miletus）位于伊奥尼亚海岸线的南端，属于今天土耳其的安纳托利亚西海岸。根据古希腊历史学家希罗多德的记载，泰勒斯的祖先是腓尼基人。不过他的家庭生活在米利都应该有好几代了，而且一直很受市民的尊敬。当时，一个古老的铁器时代王国吕底亚（Lydia）占据着小亚细亚的内陆，而海岸线上则是一连串的希腊殖民城邦。从米利都沿着爱琴海的海岸线北行400公里，就是希腊史诗中著名的古城特洛伊（Troy）。不过，特洛伊之战发生在公元前12世纪。之后，特洛伊在小亚细亚的势力被吕底亚王国所取代。

泰勒斯（图4.1）不但思维缜密而且精明机敏。他是历史记载中第一位试图解释世界万物本源的哲学家，是世界上最早的哲学学派伊奥尼亚学派（Ionian School）的创始人。为了解释物质的起源，他提出一个假说，不同的物质是从同一种基本物质转变过来的，而这种基本物质就是水。这个假说在今天看来很可笑，不过德意志哲学家尼采

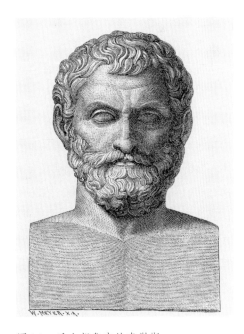

图4.1 后人想象中的泰勒斯。

（Fredrich Nietzsche，1844 年—1900 年）在他的《希腊悲剧时代的哲学》中却如此高度评价它：

> 希腊哲学似乎始于一个荒谬的观念，宣称水乃是万物的原始起源和母腹。我们真有必要认真对待这个命题吗？是的，这出于三个原因。首先，这个命题试图告诉我们有关万物原始起源的一些信息；其次，它使用的不是形象的或寓言式的语言；最后，尽管仅仅处于萌芽状态，这个观念所包含的思想就是"万物皆为一体"。

泰勒斯的"万物皆水"假说代表着人类思维的一个了不起的飞跃。这个假说今天看来不值一驳，但它的背后却涌动着一种深刻的思辨驱动力。他不再满足于简单地描述自然界的事物，而是开始探究事物发生和存在的原因。不同的物质不再被视为是相互分离、彼此无关的，他试图找出它们之间的内在联系和共同本质。这种思维方式代表着一个崭新的探究文化的崛起。人们从"想当然"的传统退出来，开始理性地探究大自然背后的真理，尽管一开始的努力显得幼稚天真。起初，只有极少数的孤独者坚持这样的思维，但随着时间的推移，越来越多的人支持并采纳这种思考方式，最终成为人类文明的主流。

有人说，泰勒斯这个名字在腓尼基语里跟"湿气"（thal）有关。若真如此，说不定泰勒斯是根据自己的假说而选择了这个名字。他对天文学也有相当的了解，不但计算过春分和秋分的时间，还预测了公元前 585 年 5 月 28 日的日食。不过这种预测采用的很可能是类似于古巴比伦人的方法，即依赖以前日食出现的记录，而不是通过计算星体运行的规律。他还为伊奥尼亚各个希腊城邦政府提供咨询，建议他们组成联盟，共同行动，以抗衡吕底亚的威胁。他说服了城邦的首脑，不跟吕底亚人结盟。这被认为是多边外交政治的开端。亚里士多德（Aristotle，公元前 384 年—公元前 322 年）在他著名的《政治学》里还讲了这么一个故事：泰勒斯预测了下一年的天气，认为橄榄会有个好收成。于是他提前出资，预定了米利都地区所有榨油机的使用权。第二年，橄榄果然大丰收，榨油机成为紧俏设备。泰勒斯把预定的榨油机提价租给别人使用，赚了一大笔钱。这是公认的人类历史上第一笔期权交易。亚里士多德说，泰勒斯这么做并非要为自己发财，而是想用事实告诉米利都人，思辨，特别是哲学思辨是有实际应用价值的，并非脑子里毫无用处的游戏。

　　泰勒斯不仅是历史上第一位自然哲学家和金融家，还是第一位数学家。他曾经到古埃及旅游，对那里的金字塔等巨型建筑印象深刻，也对当地人的几何学深感兴趣。有传闻说，他看到雄伟的金字塔，很想知道这些建筑究竟有多高。为此，他想出一个极为简单的方法，不需要直接去测量（图4.2）。图中 A 是一根参考木杆，长度已知。B 是木杆在阳光下地面阴影的长度，可以直接测量到。A 和 B 与阳光的斜线构成直角三角形。C 是金字塔阴影的长度，它包括阴影部分（虚线）和金字塔底面长度的一半。底面的长度可以直接测量，于是 C 可知。泰勒斯看到，虽然木杆与阴影构成的三角形比金字塔与阴影构成的三角形要小几百倍，但它们在本质上是同一类三角形，也就是我们今天所谓的相似三角形。知道了 B 和 C，金字塔的高度 D 就可以通过两个相似三角形之间的比值得到。

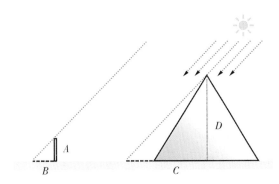

图4.2　泰勒斯通过金字塔的阴影来估算金字塔的高度。

　　泰勒斯的测量方法是基于这样一个判断：任意两个相似三角形，它们所对应的三条边的比值一定是一个常数。我们不知道泰勒斯是否证明了这个判断，但他把这个判断作为定理来使用。从这个简单的例子可以看到，泰勒斯已经不像古巴比伦人和古埃及人那样，对具体几何问题孤立地采用"算法"（arithmetic）式的方式一个一个单独处理。在希腊文里，算法这个词由两个词组成，arithmo（ἀριθμός）是数字，tike（τική）是方法或艺术。算法就是计算数字的方法。古代巴比伦人和埃及人大多满足于针对具体的几何形状，按照泥板或莎草卷的指示，一步一步进行数值计算。以算法为重点的思维方式把注意力集中在具体问题上，忽视普遍规律，严重局限了几何学的发展。一旦把具体数值推到次要地位，转而注重三角形的本质，泰勒斯用自己的研究物质起源的哲学观点来看几何学，很容易发现，许许多多看来不同的三角形实际上是同一类，而世界上无数的三角形只需要有限的几个类别就可以包括进去了。

泰勒斯还告诉人们如何用一个简单到近乎荒唐的方法来测量航行在大海里的船舰同观测者之间的距离。你只需要三根直杆，一根垂直插入地面，一根保持水平，第三根的一头指向船只，另一头交在另外两根杆子的交点处。这样，只要知道了观测点高于海平面的距离，观测者就可以利用古埃及人的瑟科德的概念（见第三章）来计算出船舰的水平距离。

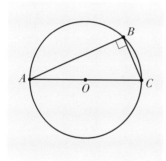

图4.3　泰勒斯定理示意图。其中 O 是圆心。

初等几何中有一个定理：如果 A、B、C 是圆周上的三个点，而且 AC 是该圆的直径，那么 $\angle ABC$ 必然是直角（图4.3）。这条定理被称为泰勒斯定理，是历史上第一条以人名来命名的定理。泰勒斯的逆定理也成立，也就是说，对任意一个直角三角形，必可作一个以斜边为直径的圆，使直角的顶点落在圆弧上。还有个故事说，泰勒斯在埃及看到人们在画出两条相交的直线时，总是不厌其烦地测量那两个对角，要确认它们是相等的。泰勒斯告诉他们，这完全没有必要；只要是对角，它们就是相等的，因为相等的东西加上或减去另外一个相等的东西必然还相等。请读者想想这句话，泰勒斯是如何证明两条相交直线的对角是相等的？（提示在本章后面）

除此之外，还有几个定理也被人归功于泰勒斯。比如，任何一条直径把圆等分为两半；等腰三角形的两个底角必然相等；如果两个三角形的一条边及其两侧的夹角都相等，那么它们必是全等三角形，等等。另一个定理有时也叫作泰勒斯定理，但是为了和前一个定理区分开来，现在一般称为截距定理。简述如下：

如果 S 是两条直线的交点，另有两条平行线，它们分别交于过 S 点的两条线于点 A、B 和 C、D（图4.4），那么以下三条定理成立：

1. $\dfrac{SA}{AB} = \dfrac{SC}{CD}$，$\dfrac{SB}{AB} = \dfrac{SD}{CD}$，$\dfrac{SA}{SB} = \dfrac{SC}{SD}$。

2. $\dfrac{SA}{SB} = \dfrac{SC}{SD} = \dfrac{AC}{BD}$。反之，如果两条相交的直线被一对任意直线所截，而且 $\dfrac{SA}{AB} = \dfrac{SC}{CD}$，那么这对任意直线一定相互平行。

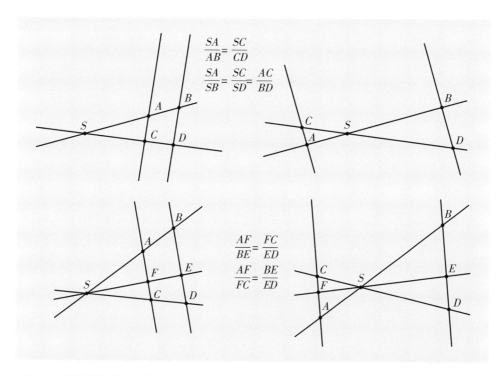

图4.4　泰勒斯截距定理的示意图。任意两条直线相交的可能性有四种，如图所示。在所有情况下，泰勒斯的三个截距定理都成立。

3. 如果有两条以上直线相交于S点，那么$\dfrac{AF}{BE}=\dfrac{FC}{ED}$。

读者可以考虑一下如何证明它们。

你有没有注意到，在图4.3和4.4所考虑的问题中，完全没有具体数值的出现？泰勒斯考虑问题的思路跟古代巴比伦和埃及人完全不同。他的目的不在于计算某一个具体问题的数值解，而是要找到同一类所有问题的普遍解。在他那里，几何问题已经被抽象到一些带有普遍性的几何元素，如直线、夹角和圆。用现代的话来说，他要寻找的是定理，也就是经过逻辑证明而为真的陈述。定理所陈述的是对给定类型的数学概念所包含的所有元素的一种普遍的不变的关系。这些元素可以有无穷多个，但它们在任何时刻、任何地点都毫无例外地遵从该定理。定理的证明从此成为数学的中心活动。

泰勒斯对整个古希腊传统乃至后来西方世界的影响十分深远。米利都是雅典人构成的移民城邦，所以泰勒斯的思想在雅典的流传最为广泛。他的学生阿那克西曼

▼

故事外的故事 4.1

关于吕底亚的国王克罗伊斯，希罗多德讲过这么一个故事。克罗伊斯邀请古希腊七贤中的梭伦（Solon，公元前638年—公元前559年）到他的王宫，炫耀自己超人的财富。之后他问梭伦，谁是世界上最幸福的人。让他大失所望的是，梭伦说至少有三个人比他幸福。第一位是雅典的特鲁斯（Tellus）。他有美满的家庭，子孙满堂，但为了抵御敌人的入侵，他英勇战死，被雅典人埋葬在他倒地之处，完满了忠和勇的一生。另外两位是克琉比斯和比同兄弟（Kleobis and Biton）。他们为了母亲能按期赶到天后赫拉（Hera）的神庙去参加一个重要节日，在拉车的牛倒地不起的情况下，靠着兄弟二人的臂膀，拉车走完了全程。由于他们的孝与诚，母亲向赫拉祷告，请求她赐给儿子最好的礼物。多年以后，兄弟俩在一场欢宴之后，躺在赫拉的神庙里，于美梦中结束了人生。

讲完了这些故事，梭伦对克罗伊斯说，你面前这些过眼即逝的财富不能带来幸福；而且在生命结束之前也无法确定一生是否幸福。

不久克罗伊斯的儿子死于意外，接着妻子在波斯人攻陷萨迪斯城后自尽，最后连自己也沦为战俘。

德（Anaximander，约公元前610年—公元前546年）继承和发展了老师的哲学体系，提出阿派朗（Apeiron）也就是无极的概念。认为"本源"（Arche；即世界万物的来源与存在的根据）的开始与终结是永恒的、无限的、无边的，不随时间而衰减。而这永恒又不断地产生新的事物，使我们从中感知到一切的变化。阿派朗产生了世界的对立（热与冷，干与湿等）。一切都从阿派朗产生，毁灭之后再回到阿派朗，如此循环，形成无限的世界。这种想法跟中国的道家思想有不少相似之处。后来几代的古希腊哲学家都是沿着类似的思路，选择不同"本源"来解释世界，比如空气、火等等。泰勒斯的另一个学生更为著名，那就是毕达哥拉斯（Pythagoras of Samos，约公元前580年—约公元前495年）。关于这位"数痴"的故事，我们后面再讲。

公元前582年，雅典执政官开始推举古希腊最有智慧的哲人，泰勒斯是第一位。最终共有七位得到这个荣誉，这就是所谓的古希腊七贤。

泰勒斯的晚年，米利都边上的大国吕底亚王朝也到了最富有、最强大的时候。吕底亚君主克罗伊斯（Croesus，公元前595年—?）开始向东西两侧同时扩张。西面，他攻击伊奥尼亚的希腊诸城邦，索取岁贡；东面，他与步步逼近的波斯帝国直接抗衡。公元前547年，克罗伊斯在同埃及与迦勒底达成协议之后，突袭波斯位于今天土耳其的卡帕多奇亚的领地。吕底亚人攻破了当地的首府特里亚（Pteria），把市民掳为奴隶。阿契美尼德国王赛鲁士二世（Cyrus Ⅱ，约公元前600年—公元前530年；旧称居鲁士二世）派遣波斯军前来报复，双方在城外激战，势均力敌，伤亡惨重。克罗伊斯的军队人数较少，在伤亡重大、冬季来临的情况下决定撤军。但赛鲁士紧追不舍，直插吕底亚腹地，追到吕底亚的首都萨迪斯（Sardis）。同年12月，双方在萨迪斯西北50公里处的提姆布拉（Thymbra）展开决战。波斯军人多势众，不惜以二比一伤亡的惨重代价击败了吕底亚－迦勒底－埃及－佛利吉亚联军。14天以后，萨迪斯沦陷，克罗伊斯本人被俘，下落不明。有人说，克罗伊斯受到赛鲁士的善待；但也有人说，他被处以极刑。

吕底亚灭亡，伊奥尼亚海岸的希腊城邦就完全暴露在波斯人面前。但由于泰勒斯建议所采取的中立政策，米利都暂时没有遭到阿契美尼德帝国的攻击。其他希腊城邦则没有那么幸运。它们被整合在一起，成为阿契美尼德帝国管辖之下的伊奥尼亚区。不久，泰勒斯离开伊奥尼亚，去了希腊本岛的雅典。有记载说，他在参加希腊的第58届古代奥林匹克运动会时因中暑而死去，享年78岁。

讲完了泰勒斯，就该说说毕达哥拉斯了（图4.5），因为他在后来的两千年里一直被认为是希腊第一位真正的数学家。不过他一生的经历和他对数学的真

图4.5 毕达哥拉斯像。现藏意大利罗马的卡比托利欧博物馆。

实贡献相当扑朔迷离。先讲我们比较清楚的事情。毕达哥拉斯出生在靠近伊奥尼亚海岸的萨摩斯岛（Samos），这里与泰勒斯的家乡米利都的直线距离只有四五十公里。他似乎是在埃及旅游时遇到了泰勒斯，后者鼓励他跟埃及人学习几何学。毕达哥拉斯比泰勒斯小四十几岁，当时年仅二十多岁。在此后的将近20年里，毕达哥拉斯默默无闻。传说他听从泰勒斯的教导去了埃及，在那里流浪汉一般到处周游，跟神庙里的祭司们学习几何。那正是阿契美尼德征战埃及的时代，波斯人经常把流窜的外来者抓去做奴隶。毕达哥拉斯也不幸被抓，送到波斯人治下的巴比伦去做苦工。这又给了毕达哥拉斯学习巴比伦几何的机会。一晃近二十年过去，他的生活习惯已经跟波斯人没有两样。因此后人在为他造像时，经常给他头上缠上特本（turban），也就是缠头巾（如图4.5）。在美索不达米亚，古代苏美尔人、巴比伦人以及后来侵入的波斯人都戴类似的头巾。

大约在"不惑之年"前后，毕达哥拉斯来到了克罗顿（Croton）。这是伊奥尼亚海西岸的古希腊城邦，今天属于意大利半岛南部的城市克罗托内（Crotone）。毕达哥拉斯在这里建立了一所学校，讲授他的哲学与宗教信仰。说是学校，实际上更像是修道院，因为他对门徒有非常严格的要求：必须集体生活、节欲、素食。此外还有一些奇怪规矩，比如不准对着太阳撒尿，不准娶戴金首饰的女人；如果遇到驴子趴在大街上，必须停下脚步，不准超越，等等。甚至对蚕豆也有禁忌，不仅不准吃蚕豆，更不准接触蚕豆苗。他把学院的成员分成两类，一类属于"数学研究生"（这个词对应于希腊文的拉丁文拼法是 mathematikoi），另一类属于"聆听者"（拉丁文拼法 akousmatikoi）。前者学习并扩展毕达哥拉斯的数学和科学研究，后者聆听他的哲学宗教教义和礼仪。学员必须严格遵守教义，否则将被驱逐出门，甚至给予严厉的惩罚。学员被驱逐时，学院举行模拟葬礼；之后，任何人不准再提起被驱逐者，他在学员的心目中已经死去。不过，两类学员之间存在严重的摩擦，最终导致双方的武力冲突，学院被焚毁，仅克罗顿一处就有几十人死亡。

毕氏学院的最高格言是"数乃一切"，或者说"数乃上帝"。毕达哥拉斯对数字推崇备至，导致对数字的崇拜。他所谓的"数"是正整数（自然数）和分数，并赋予每个自然数某种特定的意义和象征。比如，数字1代表奇点、单一性和神性，类似阿那克西曼德所说的本源；2代表由本源所派生的一切事物的对立特性，很像道家的阴和阳；3代表三种相关事物之间的和谐，如母亲、父亲和子女，身体、思想和精神，甚至还有硫、汞和盐；4代表构成万物的基本元素，如火、风、水和土，热、冷、干和湿；其他还有如 5=2+3 代表婚姻，6=2×3 代表创造，7代表当时人们所认知的7个主要行星（古希腊人称它们为"流浪之星"），等等。他认为单数属阴，双数属阳，而最为神圣的数字是10，因为它是数字1、2、3和4之和。

　　毕达哥拉斯告诫学员，凡人都会转世轮回，每个轮回不多不少正好216年。他相信自己是埃塔利得斯（Aithalides）转世。在古希腊神话中，埃塔利得斯由天神宙斯的儿子赫尔墨斯（Hermes）所生，是人间第一位凡人，类似《圣经》里的亚当。由于是天神的后代，赫尔墨斯允许他选择任何能力，只是不能选择不朽。埃塔利得斯选择了永不消退的记忆，这使得他可以在阳间与阴间往生轮回。他几经转世，成为好几代古希腊传奇中的英雄人物，最后成为毕达哥拉斯，每次转生都是216年。为什么是216？毕达哥拉斯说，因为$216=6^3$，而数字6代表创造，是第一个偶数和第一个奇数之积（在他的理念里，1是万物之本，不属于奇数）。6还有另外一种所谓"循环性"，因为6的任何幂次的个位数仍然是6。类似于轮回年数，妇女妊娠期的天数也是216（这有点勉强；正常的妊娠期应该在280天左右）。

　　毕达哥拉斯创造了一个他认为最为神圣的符号。这是一个由10个圆点构成的三角形（图4.6），叫作Tetractys。Tetra在希腊文里是"四"的意思，这里表示四层十点之间的流动。所以我们不妨把Tetractys译成"十点四流图"。毕氏宗教哲学认为，世界上的所有物质和事件都可以通过十点四流图来表示和解释，从顶行的一个点（称为本源）开始，选择第二行的两点之一，再选择第三行的三点之一，第四行的四点之一。从图4.6我们看到，从任何一个点向下走一层，可以选择的路径就增加一倍。随着每层数目的增加，可选择的路径就更多了。诸多的路径加上对各层诸点的不同理解，可以造

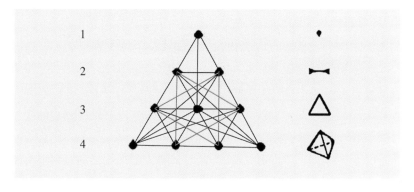

图4.6　毕达哥拉斯用十点四流图之内诸点的连接来解释世间万物的复杂性。图右端是每一层内点所构成的空间特征，从上到下依次为点、线、面、体。

成许许多多的排列组合，得到许许多多的路径，这叫作"流出论"（Emanation）。

从十点四流图的理念出发，毕达哥拉斯学派认为几何学是宇宙万物的根本（图4.6的右端）：万物从本源开始（几何中的点，也就是零维度），本源生阴阳，阴阳生万数，万数生线条（二点的连线构成一线，即一维度）。阴阳构成的线条生平面（三点构成平面三角，即二维度），平面生体积（四点构成四面体，即三维度），体积生火风水土四元素，继而生成宇宙万物。这个罕见的以数学解释宇宙起源的尝试后来被神学家和神秘论者发扬光大，不断出现各种形式的四流图。犹太教的卡巴拉（Kabbalah）以及后来的神秘哲学思想很可能都跟十点四流图有密切的关系。

于是，在不到一百年的时间里，数与形先是被泰勒斯归入一些简单的基本定理，然后又被毕达哥拉斯用来解释宇宙的起源。毕达哥拉斯跟印度佛教的释迦牟尼（约公元前558年—公元前491年）和耆那（Jaina）教的筏驮摩那（约公元前599年—公元前527年）、中国的老子（约公元前6世纪—公元前5世纪）和孔子（公元前551年—公元前479年）、犹太教最早的经文托拉（Torah；约公元前450年）差不多在同时代出现，这大概不是一个巧合。人类到了公元前5世纪前后，似乎进入一个新的时期。他们不再满足于原始宗教的神话传说，开始寻找人生的哲学意义了。这个时期被德国哲学家雅斯贝尔斯（Karl Theodor Jaspers，1883年—1969年）称为轴心时代（Axial Age）。一些人类学家认为，轴心时代的觉醒是由于农业发展创造大量富余供给所引发的，是大规模的灌溉系统和水利工程的建设为这个时代的出现提供了条件。而从前面几章的故事里，我们看到几何与计算对灌溉系统和水利工程的重要性。因此可以说，数学特别是几何学的发展是促发轴心时代的重要因素。

在所有轴心时代出现的哲学系统里面，毕达哥拉斯系统是唯一没有采用拟人的神的形象来解释世界的。流出论没能成为被广泛接受的宗教，但在很大程度上促成了后来数学和自然科学的发展。

毕达哥拉斯学派最著名的几何理论当然是毕达哥拉斯定理，也就是中国古代所说的勾股定理。最简单的实例就是我们经常听到的"勾三，股四，弦五"。图4.7显示，如果我们把直角三角形的三条边按照某种单元分成若干份，那么以斜边（弦）为边长的正方形面积等于两个以"勾"和"股"为边长的正方形面积之和。利用现代代数的表示法，那就是

$$a^2 + b^2 = c^2 \text{。} \tag{4.1}$$

满足式(4.1)关系的三个自然数称为毕达哥拉斯三数组，现在一般用(a, b, c)来表示。显然，这样的三数组有无穷多个。

毕达哥拉斯有没有利用几何学原理证明式(4.1)？我们找不到文字记载。毕达哥拉斯生活的年代正是古希腊历史从口头流传到文字记载的转折时代，很多口头流传的史实在转折期丢失了。后来人们发现，证明式(4.1)的方法有许许多多。19世纪末20世纪初，有人统计过，当时存在的证明至少有400种。其中一个证明是美国第20届总统加菲尔德(James A. Garfield, 1831年—1881年)在担任众议员期间发现的，发表在《新英格兰教育杂志》(*New England Journal of Education*)上面。现代数学分析显示，证明式(4.1)的方法可以从几何、代数、三角学原理找到各种途径，估计有无数种。当然还有人发表过一些错误的证明。仔细看看这些错误也可以从中学到不少有用的知识。我们将在本书相应的章节里介绍一些利用不同原理做出证明的例子。读者如果有兴趣，不妨自己先想一想，如何证明这个定理。

最早的有文字记载的完全依靠几何学基本原理的证明，出现在大约公元前300年。这也是历史上最为著名的证明，值得花几段话陈述一下。

考虑一个直角三角形ABC，$\angle ACB$为直角(图4.8)。先像图4.8那样，以各

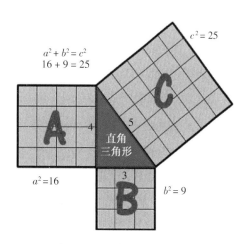

图 4.7　毕达哥拉斯定理（勾股定理）的几何含义。

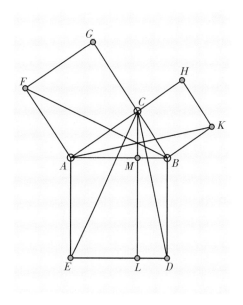

图 4.8　证明式(4.1)的几何方法之一。

边作为边长作正方形 $BCHK$、$CAFG$ 和 $ABDE$，然后把三角形的各点同距离它最远的正方形的边用直线连接起来（图4.8）。

首先，利用全等三角形定理证明 $\triangle ABF$ 和 $\triangle AEC$ 是全等三角形，记为 $\triangle ABF \cong \triangle AEC$。这个证明留给读者来做。

下一步，利用三角形面积的定理来计算 $\triangle ABF$ 的面积。如果取 AF 作为这个三角形的底边，那么，三角形的高就是 AC。所以 $\triangle ABF$ 的面积等于 $\frac{1}{2}AF \times AC = \frac{1}{2}(AC)^2$。$\triangle AEC$ 与 $\triangle ABF$ 的面积相等，因为它们是全等三角形。

现在从 C 点作 ED 的垂线 CL。这条垂线交 AB 于点 M。如果取 AE 作为 $\triangle AEC$ 的底边，它的高就是 $EL=AM$。所以 $\triangle AEC$ 的面积又等于 $\frac{1}{2}AE \times AM$。换句话说，$\triangle AEC$ 的面积等于矩形 $AELM$ 的一半。也就是说，正方形 $CAFG$ 的面积等于矩形 $AELM$ 的面积。

我们再看 $\triangle BDC \cong \triangle BAK$。利用相同方法可以证明，正方形 $CBKH$ 的面积等于矩形 $BDLM$ 的面积。

由于矩形 $AELM$ 和 $BDLM$ 的面积之和等于正方形 $ABDE$ 的面积，我们就证明了式（4.1）。

对比古巴比伦的普林顿322号泥板（表2.1），我们看到毕达哥拉斯在几何思维上的一个巨大飞跃。古巴比伦人试图用举例的方法来说明勾股定理的普遍性。表2.1给出15个例子；目前发现的泥板的记录当中最大的三数组是（12 709, 13 500, 18 541）。但毕达哥拉斯告诉我们，实际上存在着无穷多个三数组，而这些三数组都遵循同样的规律，这个规律可以通过一些公认的基本原理，不需要任何特例的方式来证明。于是真正的几何学就在泰勒斯和毕达哥拉斯的手里诞生了。

毕达哥拉斯对数字具有罕见的敏感性。他发现，有一些满足毕达哥拉斯定理也就是勾股定理（4.1）的三角形的斜边 c 的平方值有一个有趣的性质：它们只能被1和自身整除。这种数后来被称为质数。数值小于100的具有这种性质的斜边 c 的平方值是：

$$5, 13, 17, 29, 37, 41, 53, 61, 73, 89, 97。$$

这种质数被称为毕达哥拉斯质数（Pythagorean prime），它们都可以表达为两个数 a 和 b 的平方之和，因为它们都遵从式（4.1）。这是一类特殊的质数。7也是一个质数，不过它不能用两个数的平方和来表达，所以不属于毕达哥拉斯质数。

　　这是数论最古老的开端。后来，法国数学家费马（Pierre de Fermat，1601年—1665年）证明，除了2，所有非毕达哥拉斯质数都不能用两个整数的平方和来表达。人们还发现，对任意一个给定的数N，小于N的毕达哥拉斯质数与非毕达哥拉斯质数的数量大致相等。

　　最简单的毕达哥拉斯三数组是（1，1，2），它显然满足式（4.1），对应着第二章里古巴比伦人计算$\sqrt{2}$的泥板（图2.5）。读者也许会问，那么2是不是毕达哥拉斯质数呢？这个数字一般不算在毕达哥拉斯质数里面，严格的毕达哥拉斯质数p必须满足$p=4n+1，n=1，2，3，\cdots$。

　　有趣的是，（1，1，2）这个最简单的三数组给毕老师带来了意想不到的烦恼。毕老师的学生希帕索斯（Hippasus，生卒年不详）首先注意到这个三数组，并动手计算它所代表的三角形的斜边长度。他想知道，这个数值到底是哪两个整数的比值。换句话说，他假定2的平方根可以用一个分数来表示。前面讲过，尽管古巴比伦与古埃及人已经知道平方根，但他们仅满足于寻求$\sqrt{2}$的近似值。古希腊人有点"一根筋"，他们要找到$\sqrt{2}$的精确解。当时人们还不知道无理数的存在，以为任何数值都可以用分母和分子为不同整数的简单分数来表示。希帕索斯花了很长时间来计算$\sqrt{2}$，但无论怎么算，斜边的长度也无法用分数来表示。这对毕达哥拉斯来说是个沉重的打击，因为它动摇了十点四流图的神圣性。毕达哥拉斯认为，任何比例都可以用正整数来表示。用现在的语言来表达，毕达哥拉斯的比例论是说，如果$a，b，c，d$都是正整数，而且

$$\frac{a}{b}=\frac{c}{d},\tag{4.2}$$

那么必存在一个正整数n，使得

$$a=nc\quad 且\quad b=nd。\tag{4.3}$$

　　现在，希帕索斯找到一个简单到不能再简单的三角形，一下子就把毕老师的理论推翻了。这严重破坏了毕达哥拉斯以正整数来描述自然规律的哲学。所以当希帕索斯把自己的计算结果拿给老师看时，老师坚决不相信，说这绝对不可能，分数怎么可以不被上帝创造的整数所表达呢？

　　毕老师还给自己的学院设计了一枚五边形的"校徽"，这里面似乎隐藏着天大的秘密。今天我们知道，如果把五边形的五个顶点用直线连接起来，可以在五边形内构

成一个小一号的五边形［图4.9（a）］。这种做法可以不断地重复下去，做出的五边形越来越小，理论上没有止境。事实上，许许多多的多边形都具有这种性质，比如六边形、七边形、八边形，等等。不过在具有这种性质的多边形里，五边形的边数最少。三边形（三角形）和四边形（正方形）没有这种性质。这很可能是毕达哥拉斯选择五边形做校徽的最初动机。古巴比伦人已经知道五边形。在他们的泥板几何图中，五边形是由10个（3，4，5）直角三角形构成的［图4.9（b）］。其实，（3，4，5）三角形并不能构成精确的五边形，因为边长为3和5之间的角度大约是53.13°，而完美的五边形所对应的角度是54°。对刻写泥板的古人来说，小于1°的误差大概是看不出来的。古埃及人则把这样的三角形同他们崇拜的神明联系起来，（3，4，5）三角形的三条边分别代表伊西斯、荷鲁斯和欧西里斯。这些历史事实毕老师应该是知道的，所以更增加了五边形的神秘感。

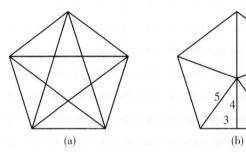

(a)   (b)

图4.9 （a）通过五边形的五角连线，可以在其中心构成另一个五边形。在这个五边形中心又可以构成更小的五边形。可以没完没了地做下去。（b）（3，4，5）直角三角形非常接近五边形的五个等腰三角形的一半。

但是"一根筋"的希帕索斯又要去研究两级五边形之间边长的比值关系。他发现，在确定了第一级五边形的边长以后，后面每一个五边形的边长同它的"父辈"的边长的比值都是相等的。用现在的语言来说，五边形的边长比值构成一个等比级数。这个比值是什么呢？经过反复计算，他发现，这个比值也不能用分数来表示。可以想象，希帕索斯该有多么激动：他又找到了一个跟$\sqrt{2}$有类似性质的数！

这个比值就是有名的"黄金率"1.618 033 99…。关于它的故事，我们后面还要讲到。这类无法用整数来表达的比值称为不可通约（或不可公度）比值（incommensurate ratios）。$\sqrt{2}$ 是正方形的对角线与边长的比值，圆周率是圆周长与直径的比值，等等，都是不可通约比值。这些比值的具体数值称为无理数（irrational number）。这个概念在当时还不为人知。

希帕索斯迫不及待地把结果拿给老师看，这一次，毕老师勃然大怒。据传说，不久希帕索斯就不见了。有谣言说，他被人沉入了海底。至于罪名，一种说法是他发现的无理数破坏了毕老师的"（整）数乃上帝"的教义；另一种说法是，毕老师把无理数的机密隐藏在校徽里，却让这个快嘴的学生泄露给世人了。

以上的故事以及毕达哥拉斯在数学上的贡献都遭到后人的质疑，主要原因是毕老师没有留下任何文字，绝大多数现存的毕氏理论来自以他的继承人菲洛劳斯（Philolaus，约公元前470年—公元前385年）为名的二十几本著作（其中大约一半是后人的伪作），还有更加晚近的毕达哥拉斯门徒的作品。在公元前5世纪以后，不同的人们按照自己的方式和意愿描述这位古代先贤，绵绵近两千年。学者们至今仍搞不清这些著作里哪些是毕达哥拉斯的"原货"，哪些是后人硬加到他头上的。所以有人说，毕达哥拉斯可以用许许多多的方式来描述，比如数学家、神秘主义者、"邪教"领袖、最早的科学家、最早的嬉皮士，甚至最早的基督徒等等。后来历代的毕达哥拉斯追随者更是五花八门。

毕达哥拉斯的死因也是众说纷纭。其中一种传闻是，在克罗顿的一场暴乱中，他的学院被暴徒焚烧。毕达哥拉斯在门徒的救助下逃离被火舌吞噬的建筑，奔向野外。可是面前出现一片蚕豆地。毕达哥拉斯不能接触蚕豆，因为他的园艺实验显示，蚕豆在发芽之前的形状酷似人类刚刚成胎的胎儿。在死亡与背弃教义面前，他选择了前者。

公元2世纪—3世纪，基督教开始在欧洲广为流传，一些希腊宗教哲学家也开始宣传毕达哥拉斯的思想。新柏拉图主义和新毕达哥拉斯派的信徒们大力宣传毕达哥拉斯的教义和人生，大有拿毕达哥拉斯与耶稣基督争锋的架势。生活在叙利亚的阿拉伯裔新柏拉图哲学的领军人物扬布里科斯（Iamblichus，约245年—325年）在研究柏拉图和亚里士多德的同时宣传毕达哥拉斯以数学为基础的神学哲学。他把毕达哥拉斯说成是神遣之魂，给人间带来光明。他的理论得到不少后人的追从，随着时间的流逝，毕达哥拉斯的真事与传奇融合到一起，越来越难分清了。

毕达哥拉斯去世以后不久，希腊世界发生了巨大的变化。公元前507年，雅典城邦对管理体制进行了一场史无前例的改革。他们在克里斯提尼（Cleisthenes，约公元前570年—？）的倡导下，建立了人类历史上第一个民主政府。雅典的改革给伊奥尼亚希腊城邦带来巨大震动，人心思变，举义反抗波斯统治。米利都虽然表面上自治，但君主由波斯人任命。古希腊人把这种未通过合法世袭或选举而获得权利的统治者叫作僭主（Tyrant）。僭主希斯提亚乌斯（Histiaeus，？—公元前494年）一直滞留在阿契美尼德皇帝大流士一世的宫廷里，米利都的事务由女婿阿里斯塔哥拉斯（Aristagoras，？—公元前497年）全权处理。这位女婿野心勃勃，企图吞并爱琴海中的基克拉泽斯（Cyclades）群岛上的纳克索斯（Naxos）。公元前499年，他趁着纳克索斯内讧的机会，说服了波斯人，组成联合舰队向其发动进攻。联军围城四个月，久攻不下，最后钱粮都用光了，不得不撤退。这时波斯人向他讨要战争所消耗的费用。阿里斯塔哥拉斯拿不出那么多钱来，又担心自己在波斯人面前失宠，开始煽动伊奥尼亚的希腊城邦起义，反抗波斯统治。为此，他联络了斯巴达和雅典，希望得到支持。斯巴达拒绝了，但雅典人坚决支持，原因之一是，根据雅典的一个古老传说，在公元前12世纪，雅典人攻入米利都，灭除了那里的男人，娶了他们的寡妇为妻，传宗接代。所以，米利都人是雅典人的后代。于是雅典人派遣20艘战船帮助伊奥尼亚人武装起义。希罗多德对此评论说："这些船成了后来希腊人与外邦人（即波斯人）之间恩怨的滥觞。"

其实，波斯人觊觎希腊半岛已久，这些船不过为他们提供了进攻的口实罢了。波斯大军残酷镇压，他们焚毁米利都，惩罚了伊奥尼亚地区的希腊城邦以后，便进军雅典。

公元前490年9月，雅典与普拉提亚（Plataea）的希腊联军与波斯大军在雅典东北面41公里处马拉松湾的平原上摆开对战的阵势。这场战役的结局大家都知道，不必细说。需要提到的是，希腊联军只有一万一千名战士，其中普拉提亚一千人。这些战士是从城邦的公民中选拔出来的。当时整个雅典的人口不到15万人，其中不同年龄的男性公民大约4万人，另外还有数量相当的奴隶，而奴隶不参加战争。普拉提亚比雅典要小很多。也就是说，两个城邦的成年公民差不多全部出战。而波斯在马拉松湾的海陆大军超过13万人，600艘战舰和200条供给船差不多把海面都铺满了。兵力大多是海军和划桨兵，登陆作战的步兵二万五千人，骑兵一千人。双方僵持5天，互相观察对方的动静。9月12日，波斯骑兵开始调动，希腊人马上发起进攻。希腊的战阵部署中间弱，两侧强。当波斯人从中路一刀一枪奋勇挺进时，完全没有注意到自己正在进入希腊人安排的"口袋"。希腊的方阵（phalanx）具有沉重的杀伤力。这种方阵由重装步兵组成，他们上身着铠甲，左手持盾，右手持枪。方阵的最前排一般由城邦里名声显赫者、最强壮者和将军组成，方阵行动犹如一人，士气越战越高，在波斯人面前所向无敌。最终，在一个宽仅1.5公里的狭长地带，希腊人左右夹击，大败波斯军。战船离岸逃窜以后，波斯人在马拉松平原上留下了五六千具尸体。而雅典方面仅200人阵亡。

　　这场战争给希腊世界带来巨大的鼓舞，雅典更是意气风发，但波斯人的威胁远远没有消失。大流士一听到马拉松的败讯便开始培养更加庞大的新军，并准备亲自率军出征。可是埃及起义打乱了他的计划。大流士镇压埃及之后不久病死，把报仇雪恨的遗愿留给了儿子薛西斯一世（Xerxes Ⅰ，约公元前518年—公元前465年）。薛西斯迅速重新启动入侵希腊的计划，于公元前480年亲率陆军30万、战舰1 200艘再度进兵希腊，号称百万大军。希腊各城邦感觉到了民族兴亡的生死关头，全面结盟，就连雅典的宿敌斯巴达也加入了反抗波斯的联盟。

　　薛西斯亲率波斯陆军主力从希腊半岛北部的马其顿出发，经过色萨利（Thessaly）南下。海军则顺着半岛的海岸线企图绕到雅典两面夹击。雅典向希腊诸城邦紧急求救，得到空前一致的支持。斯巴达国王列奥尼达斯一世（Leonidas Ⅰ，公元前508年—公元前480年）在出发前拜访德尔菲（Delphi）神庙的女先知请求神谕。据说得到的回答是一位国王将会战死。列奥尼达斯知道希腊联盟是以少抗多，此去凶多吉少。于是，他选择了已经有了儿子的斯巴达勇士同行，一共300人。列奥尼达斯统领希腊联军约六七千人，负责阻挡陆路的波斯军队，以便雅典全城撤离到海上。

　　公元前480年8月，波希双方在温泉关（Thermopylae）相遇。这里地形险要，一面是峭壁，一面是深渊，深渊下面就是大海。关隘狭窄，波斯的十几二十万大军无法施展，薛西斯每次只能派一二万人抢夺关隘。希腊人的方阵又发挥了极大的作用，眼看着波斯战士，包括他的精锐"不朽之军"一排排倒下，薛西斯数次情不自禁地从座椅上站起身来，惊诧异常。

　　战斗进行到第三天，薛西斯用重金收买了一个希腊村民给波斯人带路沿小路奔向温泉关背后突袭。第三天拂晓，疲惫的希腊人被橡树叶的巨大扰动声惊醒，才发现两万多"不朽之军"已经接近背后了。见此情况，列奥尼达斯下令希腊联军撤退，自己率领300名斯巴达勇士与400名底比斯志愿军留下殿后（这里的底比斯是希腊中部的一个被波斯人占领的城邦，不是那个同名的古埃及名城）。

天亮时，薛西斯举行总攻前的祭奠仪式，同时给希腊人背后的"不朽之军"一些时间列阵。希腊勇士在一片开阔地带列成方阵，准备最后一次尽量多地杀死敌人。这是一场极为惨烈的战斗，希腊人杀到长矛折断，盾牌开裂，改用短剑近距离搏斗。薛西斯的两个弟弟在阵前战死，列奥尼达斯也在混战中中箭而亡。面对数百倍于己的强敌，底比斯人放弃了战斗。但斯巴达人仍然不屈。他们固守在列奥尼达斯的两侧，决不让敌人夺走尸体，撤到一道短墙后面继续战斗。短剑废弃了，改为徒手搏斗，最终全部倒在箭雨之下。

列奥尼达斯及希腊联军的壮举为希腊联军赢得了宝贵的时间。波斯军拿下温泉关后继续挺进，到达雅典后只见到一座空城。他们便把雅典城焚毁，以泄一时的怒气。

一个月后，300多艘雅典战船在萨拉米斯海湾（Strait of Salamis）集结，成功地把薛西斯的海军600多艘巨型战舰引诱进入海湾。萨拉米斯湾极为狭窄，波斯的巨舰调动笨拙，而雅典的战船小巧灵活，船头还都装有包了金属的撞角。雅典战船不断撞击波斯舰船的侧面，使波斯舰队乱作一团，最终一溃千里。

第二年，斯巴达联合了希腊几乎所有的力量，同残留在希腊半岛的波斯陆军进行决战，击毙波斯主将。波斯军大败，只得撤回东方。同年，以雅典为首的希腊海军又展开总反攻，深入小亚细亚，解放了那里的希腊城邦。最终，希波战争以双方签订和约而告结束，波斯帝国被迫把军队撤出爱琴海与黑海地区，承认小亚细亚希腊城邦的独立地位。

强大得似乎不可一世的阿契美尼德帝国在两次希波战争后彻底失败。胜利确保了希腊各城邦的独立和安全，为希腊世界的经济、政治、社会和文化的飞速发展创造了条件，也使得希腊继续称霸地中海东部长达数百年。

对雅典城邦来说，希波战争的进程和结局对城邦制度的发展和对外扩张影响极为深刻，并促进了民主政治制度和奴隶制的改变。雅典进入黄金时期，涌现出大量政治、艺术、哲学、数学、自然科学等方面对后世有深刻影响的人物。他们的思想先是传遍整个希腊世界，之后传到希腊化的诸国（Hellenic countries），再到阿拉伯半岛，继而进入欧洲，成为后来西方文明的重要基础。希波战争2 000多年后，意大利文艺复兴时期的著名画家拉斐尔（Raphael，1483年—1520年）在梵蒂冈使徒宫里面的"拉斐尔房间"内绘制了著名的壁画《雅典学院》，为与雅典传统密切相关的历代著名人物造像（图4.10）。在这幅壁画的左前方，就坐着我们这里提到的阿那克西曼德和毕达哥拉斯。而后面的故事，则必须从台阶最上方的几位讲起。

图4.10 拉斐尔《雅典学院》(局部)。

本章提示：

证明两条相交直线的对角相等。

如图4.11所示，直线段AB和CD相交于点O。从直线的定义，我们知道

$$\angle AOB = \alpha + \beta = 180°。$$

同理，

$$\angle COD = \alpha + \delta = 180°。$$

所以，$\beta = \delta$。同理可证$\alpha = \gamma$。

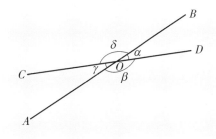

图4.11 两条相交的直线所构成的对角：α对γ，β对δ。

本章主要参考文献

Fossa, J.A. On the pentagram as Pythagorean emblem. Revista Brasileira de História da Matemática, 2006, 6: 127-137.

Pennington, B. The death of Pythagoras. Philosophy Now, 2010, 78: 1-7.

Stanford Encyclopedia of Philosophy: Pythagoras. https://plato.stanford.edu/entries/pythagoras/.

第五章 溯古达今的航道 ————————————

希波战争之后20年，雅典城邦在执政官伯里克利（Pericles，公元前495年—公元前429年）长达30年的任期内达到了巅峰。他在废墟上重建雅典，锐意政体改革，同时扶植文化艺术。雅典现存的许多古希腊建筑都是在他执政期内建造的。他培育了在当时看来非常激进的民主力量，使雅典蒸蒸日上，进入最为辉煌的年代，出现了一大批承先启后的思想家。雅典的黄金时代因此也被称为伯里克利时代。可惜好景不长，雅典与斯巴达之间的争端逐日升级，变成著名的希腊内战，史称伯罗奔尼撒战争。公元前430年，斯巴达人兵临雅典城下，城内瘟疫蔓延，伯里克利死于瘟疫之中。伯里克利的故事还跟一个著名的几何问题连在一起，那就是二倍立方。传说中，雅典人为了战胜瘟疫，曾经到阿波罗神庙请求神谕。得到的回复是，必须把神庙中立方形的祭坛加大一倍。这个问题，直到雅典被斯巴达人攻破，也没有得到解决。我在《数学现场：另类数学史》里对这些故事有比较详细的介绍。

苏格拉底（Socrates，公元前470年—公元前399年）和他的学生柏拉图（Plato，公元前427年—公元前347年）都是雅典人，而马其顿人亚里士多德（Aristotle，公元前384年—公元前322年）则是柏拉图的学生，在雅典生活了20多年。这师生三代是西方哲学的主要奠基人，以"西方三贤""希腊三哲"之名流芳百世。他们的科学哲学思想也为后来数学的发展指明了方向。

苏格拉底（图5.1）没有留下直接的文字记录，他的思想主要以对话的形式出现在学生的著作里。柏拉图说，老师曾说过，自己的一生只能贡献给最重要的职业，那就是哲学。苏格拉底对西方哲学最重要的贡献是他的辩证法（dialectics）。这是一种化解不同意见的论证方法，旨在站在理性（接近于逻辑）的基础上说服别人，而不是靠情感。一个典型的例子是学生色诺芬（Xenophon of Athens，约公元前440年—公元前355年）在《回忆录》（Memorabilia）中记录的苏格拉底与欧迪德莫（Euthydemus）关于哪些行为是属于正确、正义、符合道德规范的讨论。用中文来翻译，这可以说是关于"义"与"不义"的对话：

亚历山大大帝　色诺芬　　　　　　苏格拉底

图5.1　苏格拉底（右）和学生色诺芬。拉斐尔名画《雅典学院》局部。

苏格拉底（以下简称苏）：谎话到处存在，是不是？

欧迪德莫（以下简称欧）：确实。

苏：谎话属于哪一类？

欧：不义。

苏：欺骗也非罕见，是不是？

欧：肯定的。

苏：欺骗属于哪一类？

欧：欺骗显然属于不义。

……

苏：如果把自由人强迫为奴呢？

欧：也是不义。

苏：所以在"义"这一方，我们不允许任何谎话，对吗？欧迪德莫。

欧：否则罪恶滔天。

苏：很好。可是对于那些极大损害国家利益的敌人，一个将军惩罚了他们，并对他们加以奴役，我们能说将军是不义吗？

欧：当然不能。

苏：如果他在战争中欺骗敌人呢？

欧：那是合情合理的。

苏：他偷走或掠夺敌军的财物呢？

欧：当然属于义，但我们原来是在说如何对待朋友。

苏：那么，我们本来归入不义的东西，在这种情况下都变成义了，是吗？

欧：显然。

苏：很好。现在让我们重新定义——对敌人来说是义的事，对朋友来说是不义；对于朋友来说，我们应该越直截了当越好。

欧：我非常同意。

苏：可是一位将军，当他看到部下士气不振，编造了"援军很快到来"的谎言来激励士气，这是义还是不义呢？

欧：应该是义。

苏：如果一个生病又不肯服药的孩子，父亲为了孩子的健康，假装药是好吃的东西，让孩子吃药。这属于义还是不义？

欧：按照我的判断应该也是义。

苏：假设你有一个心情极其沮丧的朋友。为了防止他自残，你抢走了他的刀子和其他器具，这属于义还是不义？

欧：是，应属正义。

苏：你不是说，朋友之间不能欺骗吗？

欧：天哪！请允许我收回我刚说的话。

在通篇对话里，苏格拉底从不直接对欧迪德莫直接灌输自己的观点，而是采用反诘法，不断指出欧迪德莫的看法在逻辑上的漏洞和自相矛盾之处，最终迫使他放弃自己的观点。苏格拉底的方法对后来逻辑学的发展产生了深远的影响。而要学习数学，就必须讨论逻辑思维的方法。本章的故事主要就是谈谈古希腊的逻辑，因为逻辑对数学至关重要。

柏拉图（图5.2）出生在伯里克利去世后两年。根据传说，柏拉图这个名字可能是他的外号，因为在希腊文里，柏拉图是平坦、宽阔的意思。有人说，这是因为他身材粗壮，胸宽肩阔（传说他做过摔跤手）；有人说是来自他的口才，滔滔如江海奔流，宽广无边；还有人说，这是因为他的额头，宽大扩展，暗喻其思想无所不包，无远弗届。

公元前399年，雅典在伯罗奔尼撒战争中大败。雅典人对城邦的未来忧心忡忡。人们普遍认为，雅典战败是守护神雅典娜对他们的惩罚，因为城邦中有些人士对神明不够尊敬。苏格拉底的教育理念使他成为不敬神的代表人物，雅典人顺理成章地把他当作雅典战败的替罪羊，以亵渎神明、腐蚀青年的罪名把他判处死刑。那一年，柏拉图28岁。但苏格拉底之死并没有挽救雅典的颓势。几年后，雅典被迫向斯巴达投降。斯巴达指定了一个三十人僭主集团（The Thirty Tyrants）统治雅典。他们随意没收民产，驱逐和镇压支持民主的人士，差不多有5%的雅典人口被处死。雅典人奋起反抗，8个月以后推翻了

图5.2　柏拉图（左）与亚里士多德。拉斐尔名画《雅典学院》局部。

三十人僭主集团。不过雅典的颓败之势已经不可遏制了。

　　苏格拉底的审判和死刑对柏拉图产生了极大的震撼，他对雅典的政治制度彻底失望，于是离开希腊半岛，到意大利、西西里、埃及和昔兰尼（Cyrene，在今天的利比亚）等各地周游，寻求知识。12年后，他回到雅典，在城外西北角创立了自己的学院。学院坐落于古代传奇英雄阿加德摩斯（Academus）的故地，所以取名为Academy。这个名字后来以"科学院"和"研究机构"的意思使用至今。

　　柏拉图所教授和研究的范围极为广泛。可以说，对当时人类的知识领域来说，没有他不感兴趣的，也很少有他不曾探讨过的。他把学问分成两大部分，第一部分包括三类：语法、逻辑和修辞。这一部分从中世纪起被称为三学（拉丁文：Trivium）。第二部分包括四类：算法、几何、天文和音乐。这第二部分被称为四术（拉丁文：Quadrivium）。三学四术合称文理七艺，后来成为中世纪大学的主要科目。我们在这里只能简单介绍他对数学的影响。

　　柏拉图不是专业数学家，但他非常看重数学，也研读数学。他把数学分为四个分支：算法，平面几何，立体几何，天文学。柏拉图认为真正的天文学并不在于观察天体的运动，而是发现描述它们运动的数学规律；而观察到的真实天体运动只是对完美的数学天堂的并不完美的时空表达。他不断地强调几何对于思维训练的重要性，甚至在自己的门上刻下这么一句话："不懂几何的人不准推开我的门。"他在晚年的名著《法律篇》里，用对话的方式表达了他对建立国家法律的看法。他借用一位来自雅典的陌生人的口说，国家应该对自由人的孩子们实行教育，在寓教于乐的前提下，不仅要求他

们学习读和写,还要学习算法和几何。

在教育过程中,柏拉图极力强调数学思维的抽象性。拿圆做例子,他说,存在四种不同的圆。首先有一种东西,人们把它叫作圆;它只是一个名字,带有随意性。其次是数学定义的圆,它是一条曲线,其上所有的点到中心的距离都相等。第三是我们画出来、现实存在的圆,这种圆最终会消失掉。最后是终极的圆,也就是思维中的圆。他说,正是因为有了这第四种圆,其他三种圆才能存在,也才能分辨出其他三种圆的区别。柏拉图的第四种圆大概最接近我们今天所说的抽象的"圆的概念"。其他任何抽象的概念,比如善、美、直、曲等,也是如此。显然,柏拉图倾向于把概念当作是独立于物质而单独存在的东西。

从概念出发,柏拉图试图找到数学分析的思维规律。他找到两种分析方法,二者都必须从假定或假说出发。第一种把假说作为最基本的原理(今天称为第一性原理或公理),利用逻辑和图表的帮助,逐步推出后面的结论。整个分析过程都建立在基本原理之上,没有任何结论可以超过假说。假说成立,则所有分析过程必然成立,反之皆错。这是大多数数学所用的方法。第二种方法是把假说仅仅当成假说,在假说的基础上利用逻辑一步步外推,达到从该假说所能穷尽的所有推论,以验证其正确性,然后再一步步反推回来。这种方法就是所谓的辩证法。大多数辩论使用的都是这种方法。显然,逻辑的正确和严密性在两种方法中占有同样重要的地位。

故事外的故事 5.1

荷马史诗《奥德赛》故事的起因,是斯巴达的王后、全世界最美丽的女人海伦。海伦被特洛伊人帕里斯拐走,她的兄弟们出来寻找妹妹。正是阿加德摩斯告诉了他们海伦的所在。于是斯巴达人发誓,世世代代都要对阿加德摩斯表示感谢。在后来的战争中,每当斯巴达军队打到一个阿加德摩斯住过的地方,他们就会加以保护,不伤害那里的一草一木。雅典也有这么一块保护地。雅典人打不过斯巴达,就跑到保护地去避难。日久天长,人们在雅典城外的阿加德摩斯住地建立寺庙顶礼膜拜女神雅典娜,并种植了很多悬铃木和橄榄树。这个地方的名字就叫作阿加德米亚(Academia)。

柏拉图十分重视对数学概念的定义。比如，什么是几何意义的直线？柏拉图的定义是，一种线段，如果从它的一端沿着线段看过去，它的两个终点与中点重合，这就是直线。那么，什么是点呢？毕达哥拉斯认为，点是占据空间一个位置的"1"（也就是十点四流图中的顶点）。柏拉图不同意，但也找不出令人满意的定义。他认为，点是一种几何"幻想"，是没有长度的、无法再切割的线段。这就出现了逻辑上的循环：线是在某个方向上点的投影的重合，而点又是线的无限缩短。这个问题要等到柏拉图身后100多年才能解决。

大约就在这个时期，二倍立方成为希腊几何学家所共同关注的一个难题。依靠近似的数值解来把阿波罗的祭坛体积放大一倍已经不是难事，但从泰勒斯时代起，希腊几何学家们就已经不屑

于这种简单的计算了，他们要找到一个一劳永逸的普遍解，不论立方体有多大或多小。为了几何学的"纯净"，他们坚持采用尺规作图的方法处理问题。所谓尺规作图，是从现实中具体的直尺和圆规运作抽象出来的数学问题。尺规作图的所谓"直尺"，是指一条无穷长的直线，没有刻度，也无法标识刻度，使用的时候，只能考虑这条直线没有具体长度的一部分或者它的全部。所谓"圆规"，只是两个相互之间距离可以移动的端点。将一个端点围绕另一个端点移动，可以作出圆或圆的一部分（圆弧）。两个端点之间的距离仍然没有具体的量度。在这些"直尺"和"圆规"的特定要求下，所有的作图步骤只能有五种，构成所谓作图公法：

1. 通过两个已知点，作一直线；

2. 已知圆心和半径，作圆；

3. 如两直线相交，可确定其交点；

4. 如已知直线与已知圆相交，可确定其交点；

5. 如两已知圆相交，确定其交点。

根据这些要求，二倍立方的问题就是：

给定一任意线段(l_1)，在有限次数的五种尺规作图公法的框架内，能否找到另一个长度的线段(l_2)，使得以l_2为棱构成的立方体的体积正好是以l_1为棱构成的立方体体积的2倍？

雅典战败多年之后，人们仍然无法解决这个问题，于是求助于柏拉图。柏拉图自己不是数学专家，就把这个问题托付于阿奇塔斯（Archytas，约公元前410年—公元前350年）和欧多克斯（Eudoxus of Cnidus，约公元前408年—公元前355年）。在一个平面里，二倍正方形的问题很容易解。我们在介绍古巴比伦和古埃及人的两章里已经给出足够的理论。乍看起来，二倍立方的问题不过是把平面问题变成立体问题而已，可是，这个问题实际上很难解决。历史学家普鲁塔克（Plutarch，约46年—120年）说，这两位当时顶尖的数学家在花费了大量时间采用尺规作图失败以后，发明了一个机械装置来解决问题。柏拉图知道以后很不高兴，说他们破坏了几何的纯洁与神圣。阿奇塔斯后来采用一种极为复杂的三维立体几何结构，试图利用比值关系找到解决办法。欧多克斯的学生蒙纳埃齐姆（Menaechmus，约公元前380年—公元前329年）则考虑采用平面切割立体圆锥的方式在立体空间寻找解决途径。对这些故事感兴趣的读者请参见《数学现场：另类世界史》。

除了二倍立方，还有两个重要的几何问题，一是化圆为方，二是三等分角。所谓化圆为方就是把任意一个圆转化为面积相等的正方形。三等分角，顾名思义，是把任意一个角分成度数完全相等的三个角。当然前提都是只能使用尺规作图法。这三大几何问题困扰了人们将近两千年，也大大促进了数学的发展。

柏拉图60多岁的时候，收了一个18岁的学生，他就是亚里士多德。亚里士多德（图5.2）从小在优越的环境里长大，父母显然对他寄予厚望，因为他的名字的意思是"最佳目的"。"最佳目的"的父亲是马其顿国王的御医，从小给予他良好的教育。可是大约在他13岁的时候，父母先后亡故，亚里士多德由王宫指定的监护人抚养长大，并送到柏拉图那里接受教育。

马其顿地处希腊北部边陲，血缘混杂，偏僻落后。在雅典人看来，这里的人们是"土包子"。公元前359年，腓力二世（Philip Ⅱ of Macedon，公元前382年—公元前336年）登上马其顿王位。他借鉴希腊南方城邦的经验，改革体制，同时充实军备，向外扩张。他所创建的马其顿作战方阵比传统的希腊方阵更为强大，所向无敌。公元前357年，马其顿征服了希腊半岛西北部的伊利里亚（Illyria）和东北部的安菲波利斯（Amphipolis），开始同雅典争夺霸权。雅典城邦内反对马其顿的情绪愈演愈烈，亚里士多德感到不安全。所以柏拉图去世不久，他就离开雅典，去了伊奥尼亚地区。不久，腓力二世邀请他回到马其顿，为当时年仅13岁的王子做家庭教师。这位王子就是后来震惊世界的亚历山大大帝（Alexander the Great，公元前356年—公元前323年）。

公元前337年，马其顿重创以雅典与底比斯为首的希腊联军，迫使斯巴达之外的所有希腊城邦结成联盟，承认马其顿的霸主地位。两年以后，腓力二世遇刺身亡，亚历山大登基。亚里士多德结束了亚历山大的教育，回到雅典。雅典城外，有一座祭祀"狼神"阿波罗的神庙（Apollo Lyceus），旁边建有"体育馆"（gymnasium）。这种体育馆是古希腊人进行体育竞赛的培训设施，也是从事智力辩论的地方。亚里士多德租下这里的一部分建筑，建立了自己的学院，称为吕克昂（Lyceum）。亚里士多德讲课有个习惯，要一边讲，一边漫步于游廊和花园，后人因此称他的哲学为"逍遥哲学"或"漫步哲学"，他的追随者也就因此得到了一个有点类似武侠小说中武学流派的名字，叫逍遥学派。亚里士多德一边授课，一边写作，著作大多以讲课笔记为基础，一般认为是他给学生准备的课本。

亚里士多德著作的内容几乎无所不包，堪称古希腊知识的百科全书，但他从不专讲数学。用喜欢吃炸鱼配薯条的人的俗话（英文）来讲，亚里士多德找到了更大的鱼来炸（he had bigger fish to fry）。所谓"更大的鱼"就是数学（实际上是所有科学）研究的思维方法和规律。

亚里士多德用"自然哲学"来概括所有关于自然界的研究，宣称他的哲学是"研究真实宇宙的原因的科学"。对比之下，柏拉图把自己的哲学定义为"理念的哲学"。亚里士多德认为，应该通过各种特定事物的实质来研究宇宙；也就是通过研究特定的现象来了解事物的本质。他认为可通过归纳法或演绎法来达到研究目的，从具体到一般，从后验到先验。柏拉图则认为，宇宙和特定事物之间没有直接的联系；事物只是宇宙树立的样本,哲学思维是从研究一个普世理念降为研究这些理念所转化的特定样本。换句话说,柏拉图的研究方法是从一般到具体,从先验到后验。

两个人的哲学分歧早在柏拉图学院时期就已经存在,据说柏拉图因此不大喜欢这个"关门弟子"。不过亚里士多德始终对老师充满敬意。他有一句流传极广的名言:"吾爱吾师,吾更爱真理。"这句话很可能是后人的附会,不过它很准确地表达了亚里士多德对师尊和真理的态度。据说,拉斐尔在壁画上也显示了两个人的分歧(图5.2)。画中柏拉图右手高指于天,象征普世的理念先于一切;而亚里士多德则挥手涵盖身前万物,意味着从自然之中悟出法则。

亚里士多德把哲学分成三类,它们是:

1. 理论的科学,包括数学、自然科学、形而上学(亦称第一哲学);

2. 实践的科学,包括伦理学、政治学、经济学、战略学、修辞学;

3. 创造的科学,即诗学。

第一类大致属于我们现在定义的自然科学,第二类属于社会学、人类学,第三类则是艺术。

亚里士多德首次提出一套系统的逻辑理论,他认为逻辑学是所有科学的工具。他在吕克昂教授学生时,逻辑是其中一个重要部分。亚里士多德去世以后,学生把他的教材整理出版,名为《工具论》($Organon$)。这部著作成为后来形式逻辑学的基石。亚里士多德力图把思维形式和存在联系起来,按照客观实际来阐明逻辑的范畴,并把自己的发现运用到科学理论上。作为例证,他选择了数学学科,特别是几何学,因为从泰勒斯开始,几何学已经从早期土地测量的经验规则过渡到具有相对完备的演绎形式的阶段。

在亚里士多德的逻辑体系中,对后世影响最大的是三段论(Syllogism)。这个逻辑推理模式由三个命题(proposition;以下简记为P)组成,分别是大前提(major premise;以下简记为M)、小前提(minor premise;简记为S)和结论(conclusion)。三个命题之间的关系一般来说有四种形式。为了便于叙述,亚里士多德使用符号来表达这些形式。考察两个对象X和Y,这四种形式代表了它们之间可能的四种关系,分别是:

1. 所有X都是Y,记为XaY。比如:"所有的人都会死。"

2. 所有X都不是Y,记为XeY。比如:"没有人能永远活着。"

3. 某些 X 是 Y，记为 XiY。比如："有些人是哲学家。"

4. 某些 X 不是 Y，记为 XoY。比如："有些人不是哲学家。"

这个今天看来并不复杂的分类，在逻辑发展史上却是个里程碑般的飞跃。亚里士多德可能没有明确使用变量（variable）这个现代的词汇，但他把庞杂繁复的逻辑关系归纳分类，简化成四种形式，并且用符号的形式表达出来，这是一个非同小可的进展。为了更加简洁起见，我们将这四种逻辑形式统一表示为 $X@Y$，其中 X 和 Y 代表两个命题，@代表上面四种关系中 a，e，i，o 这四个所谓的"函子"（functor）当中的任何一个。

三段论作为一种逻辑推理形式，它的三个命题必须存在关联，而且命题两两共享同一个变量。比如大前提 $M@P$，小前提 $S@M$，结论 $S@P$ 就符合关联要求。这里，大前提与小前提共享变量 M，大前提与结论共享变量 P，小前提与结论共享变量 S。对于结论为 $S@P$ 的三段论来说，依据大小前提中变量顺序的不同，关联要求可以有以下四种形式，又称为四种格（figure）（表5.1）。

表5.1　三段论的四种格

	第一格	第二格	第三格	第四格
大前提	$M@P$	$P@M$	$M@P$	$P@M$
小前提	$S@M$	$S@M$	$M@S$	$M@S$
结　论	$S@P$	$S@P$	$S@P$	$S@P$

对于表中的每种形式，也就是每一格所表达的三段论，由于每个 @ 代表 a、e、i、o 四者之一，我们可以进一步简化表达形式，把大前提、小前提和结论中的 @ 所代表的字母按顺序排在一起。比如第一格中的一种三段论是 aaa，它表示大前提是"所有 M 都是 P"（MaP），小前提是"所有 S 都是 M"（SaM），结论是"所有 S 都是 P"（SaP）的三段论。

那么，三段论总共有多少种论证方式呢？这个问题可以按照组合的数学规律来计算。关于组合与排列的介绍和其中的故事，请见《好看的数学故事：概率与统计卷》。对一个给定的格来说，每个 @ 代表 a、e、i、o 四者之一；那么将大前提、小前提、结论中的每个@替换成 a、e、i、o 四者之一，共有 $4 \times 4 \times 4 = 64$ 种方式。再将四个格合计起来，我们就得到 $64 \times 4 = 256$ 种不同的组合方式。但既然是逻辑分析，那么大前提、小前提和结论的顺序就十分关键，因此需要考虑排列。考察排列的顺序，消除不符合逻辑的组合以后，又有若干虽然有效但是没有价值的所谓弱推理的组合。比如aai是有效推理组合，但跟aaa相比，二者含有相同的大前提和小前提，aai的结论"某些 S 是 P"（SiP）比aaa的结论"所有 S 都是 P"（SaP）要弱。换句话说，SaP 里已经包含了 SiP；在这种情况下 SiP 虽然成立，但不完整。去掉这些不完整的弱推理，真正的有效推理就只剩下15种（表5.2）。

表5.2　四种格所包括的15种有效推理

第一格（4种）	第二格（4种）	第三格（4种）	第四格（3种）
aaa, eae, aii, eio	eae, aee, eio, aoo	iai, aii, oao, eio	aee, iai, eio

在英语世界，为了便于记忆和表达，英格兰逻辑学家舍伍德的威廉（William of Sherwood，约1200年—1270年）建议采用含有3个韵母a的女性名字"芭芭拉"（Barbara）来表示第一格中的aaa。类似地，"赛拉伦"（Celarent）表示eae，"达丽伊"（Darii）表示aii，"斐丽奥科"（Ferioque）表示eio，等等。不过随着年代的变迁，很多这里的名字今天已经很少有人使用了。

以上是三段论的简短概述。这是现代"加强版"的转述，因为它包括了后人的一些完善（如第四格），但其主要框架没有改变。在长达两千多年的时间里，亚里士多德的逻辑以近乎完美的姿态统治了整个逻辑世界。数学和其他科学的研究基本上是按照这种逻辑思路进行的。就连两千多年后的著名德国哲学家康德（Immanuel Kant，1724年—1804年）也相信，亚里士多德的逻辑是完美的。他说，"到目前为止，亚里士多德的逻辑连一步也未能前行，因而从各方面看来都已完成和终结。"［Aristotle formal logic thus far (1787) has not been able to advance a single step, and hence is to all appearances closed and completed.］

可以说，通观古希腊众多先贤，没有一个人能在任何领域的技术性层面上像亚里士多德逻辑这样如此系统地逼近现代研究。直到19世纪中叶英国数学家和逻辑学家布尔（George Boole，1815年—1864年）出版《逻辑的数学分析》和《思维的法则》，引进符号逻辑和布尔代数，亚里士多德逻辑的"霸主"地位才开始动摇。逻辑学从强调

"论证形式"（亚里士多德逻辑或形式逻辑）转化为对内容的组合研究（数理逻辑）。

亚里士多德认为，科学知识（包括数学）就是借助于证明而获得的知识，而这种证明就是科学证明或科学推理。他指出，科学知识不能由感性直接得到，而必须通过科学证明获得。"我们不可能借助于感觉而获得知识，因为感官得到的东西必定是个别的，而知识所要知道的东西却是普遍的东西"。科学研究的目的就是寻找事物所以然的原因。逻辑在科学证明中占有重要的地位。

科学证明怎样开始呢？如果科学的解释在于按照逻辑演绎从必然的前提导向结论，我们怎样才能知道，推论所依赖的前提是可靠的呢？想要得到这些前提，必须再建立一套演绎系统来，那就需要另外一套更高的前提。如此一步步反推，变成一个无限逆推的问题，那是没有尽头的。另一方面，如果能从结论反过来解释前提，那么结论就成为前提，前提则成为结论，论证就陷入了逻辑循环的怪圈。为了排除这些逻辑上的困难，亚里士多德断言，科学证明所依赖的基本前提（他称之为第一原理，first principle）必须是依靠理性直接把握到的，而这些基本前提是无法证明的。任何可证明的科学论证必须从不可证明的第一原理出发，否则论证的步骤就没有止境。不可证明的第一原理有两类，一类是适用于所有科学的，称为公理（axioms，也叫 common notions）；另一类适用于某一类科学，这里面包括定义和公设（postulate），后者也可以称为假说。

这样讲读者可能觉得比较抽象。后面我们在介绍一些几何理论时，读者可以看到具体的例子。

公元前323年，亚历山大大帝死于正在建造之中的新帝国首都巴比伦。这位年仅33岁的军事奇才在短短12年间几乎征服了整个世界。他在各地安置希腊殖民地，大力弘扬希腊文化，开启了希腊化时代（Hellenistic period），其影响一直延续到今天。他建立了至少20座以自己名字命名的城市，其中最著名的就是埃及的亚历山大城（Alexandria）。可是他刚刚断气，手下的将军们就开始内讧，争夺至高无上的权位。而被他征服的各民族更是迫不及待地奋起反抗，争取独立。于是这个几乎是转瞬间建立起来的庞大帝国又在转瞬间灰飞烟灭。亚里士多德一直不赞成亚历山大大帝采用的中央集权的帝国统治方式，认为那是野蛮人的发明。由于跟亚历山大大帝的特殊关系，亚里士多德决定离开雅典。他说："我不想让雅典人犯下第二次毁灭哲学的罪孽。"第一次罪孽当然是指雅典人处决他的师祖苏格拉底。次年，亚里士多德在距离雅典不远的卡尔基斯（Chalcis）去世。

亚历山大大帝去世后，七大护卫之一托勒密争得埃及地区并在那里称王，史称托勒密一世（Ptolemy I Soter，公元前367年—公元前282年）。托勒密和亚历山大从小一起长大，很可能陪着他接受过亚里士多德的教育。托勒密建都亚历山大城，经过几代人的努力，把埃及建成了一个欣欣向荣的希腊化王国。

亚里士多德死后约20年，也就是公元前300年前后，一部旷世奇书在亚历山大城问世，这就是《几何原本》（The Elements）。可是，尽管这本书的作者欧几里得（Euclid，约公元前330年—公元前270年）名满天下，实际上我们对他的生平所知甚少。他生活在埃及的亚历山大城，可能在雅典柏拉图的学院里学习过。有人说他的老师是欧多克斯和泰阿泰德（Theaetetus of Athens，约公元前417年—公元前369年）。这两个人是当时希腊最有名的数学家，对欧几里得影响甚大，尤其是欧多克斯。所以在介绍欧几里得之前，有必要先讲讲欧多克斯。

我们在前面提到过欧多克斯（图5.3）。他出生于伊奥尼亚海岸的尼多斯（Cnidus，现作Knidos，在今天土耳其）。这个城邦在泰勒斯出生的米利都南面不到100公里的海岸线上。欧多克斯曾经是阿奇塔斯的学生。大约23岁的时候，他随一位医生渡海来到雅典，在柏拉图的学院旁听。他那时很穷，付不起雅典昂贵的住房租金，只能在毗邻的港口城市比雷埃夫斯（Piraeus）租一间简陋的泥屋。这里距离雅典大约10公里，每天步行去听课，来回至少要两三个小时。听了两个月的课以后，他似乎对柏拉图的哲学不以为然。之后，他便渡海到埃及去学习天文，不久又回到小亚细亚，开办了自己的学校，讲授神学、宇宙论、数学、天文学。很快，他的周围就出现了一大批学生。我怀疑，他到柏拉图那里听课是假，刺探办学方法才是真。

图5.3　欧多克斯。

大约公元前368年，欧多克斯在一大群学生的簇拥下再次访问雅典，今非昔比，连柏拉图都有点忌羡了。欧多克斯被尊为古希腊时代第二伟大的数学家。第一位是谁呢？我们后面再讲。欧多克斯是数学中两个重要理论的创始人。这两个理论是比例论（Theory of proportionality）和穷竭法（Method of exhaustion）。我们在前一章看到，毕达哥拉斯最早利用自然数来定义比例[见第四章式（4.2）和（4.3）]。当时的数学还没有小数点的概念，所有的非整数都是用分数来表示的。既然自然数有无穷多个，似乎任何数都可以用分数来表达。可是发现无理数以后，毕达哥拉斯恍然意识到，竟然有一些怪数，它们不可能用分数来准确表达（即使是用小数也无法准确表达）。这些"怪数"能算是数吗？怎样对待它们？这是数学史上最早出现的关于数的理论危机之一。

史苑撷英 5.2

欧多克斯在天文学方面也有非常重要的贡献。他提出过一个天体模型，将每个当时已知的星体相对于地球的运动用若干圆周运动来描述。他还进行过大量的天文观测。他制作的日晷至今还能在尼多斯看到（下图）。

可能是出于绝望，毕达哥拉斯采用了宗教里对付"邪教"的方式来压制新发现，才导致希帕索斯的悲剧。

为了摆脱这个困境，欧多克斯以几何量度为基础来定义比例。这从 $\sqrt{2}$ 与正方形的关系来看是最自然不过的了。选择两条直线段，长度为 a 和 b，如果存在第三条很短的线段 c，使得 a 和 b 都可以用 c 的长度的整数倍来精确地表示（即 $a=nc$，$b=mc$，其中 m 和 n 都是整数），那么 $\frac{a}{b}$ 就是个有理数（或者说 a 和 b 的比值可通约）。否则这个比值就是无理数（或者说，比值不可通约）。这个定义避免了采用自然数来定义比例，无论 a 和 b 是有理数还是无理数，比例的定义是统一的。这个理论后来被欧几里得直接收入《几何原本》。

既然无理数无法用有理数的比值来表达，那怎么知道一个无理数确实是存在的呢？我们在《引子》里提到过，在人们对"数"的概念局限于正整数的时代，几何的线段对理解分数更为直接。欧多克斯采用几何方法来定义无理数。他说，一条线段的长度值，无论是有理数还是无理数，总可以用比它长和比它短的线段来定义。他还说，对两条线段 l_1 和 l_2，并不需要用有理数来定义它们是否相等。只要满足下述条件，必然有 $l_1 = l_2$：

对任何有理数给出的长度 L_1 和 L_2，只要 $L_1 < l_1$，必然 $L_1 < l_2$ 也成立，而且只要 $L_2 > l_1$，必然 $L_2 > l_2$ 也成立。

类似地，只要有一对有理数给出的长度 L_1 和 L_2，在 $L_1 > l_1$ 时有 $L_1 < l_2$，那么，必然有 $l_1 < l_2$。这个定义也跟 l_1 和 l_2 是否为有理数无关。

我们今天看来，他的比例论非常简单。可是在 2 000 多年前，这是一种崭新的思想，具有几个方面的重要意义。首先，欧多克斯首次采用公理化的思维方式，开创了《几何原本》中数学方法的先河。其次，他的比例论严格定义了实数，这使得由于局限于整数和分数而陷于瘫痪的数论跳出自然数的框框，开始大步向前发展。第三，古希腊人发现，无理数虽然无法用数值来精确表达，但用几何来表达却毫无困难，比如用正方形的对角线一定无比精确地对应着 $\sqrt{2}$。并且，从这个新概念出发，所有的正实数就对应着一条从原点向正方向无限延伸的直线。这使人们看到几何学的优势，促进了这门学科的发展。

欧多克斯的另一个贡献是开启了穷竭法。最初，这是一种通过构造一个内接 n 边的多边形系列计算图形面积的方法。如果这个多边形序列构造得当，那么随着 n 的增加，多边形的面积与所求图形的面积之差就逐渐减小，以至于在 n 足够大的时候，两者之差便可以小于任意给定的正数。由于这个面积差可以任意小，那么它就可以被"穷竭"掉。也就是说，在 n 无穷大时，多边形的面积就精确地等于想要计算的图形的面积。关于这个理论的内容和使用，我们在后面的故事里详谈。

欧多克斯大约在公元前 355 年离世，而《几何原本》要在 50 年后才问世，那时候，他的学生欧几里得（图 5.4）也已经垂垂老矣。大约在欧多克斯离世后不久，欧几里得回到亚历山大城，在那里开学收徒。有个故事说，一次，托勒密一世国王问欧几里得，能不能为他简明地讲一讲那些复杂的证明，以便自己不必读《几何原本》也可以搞明白几何理论。欧几里得回答说："陛下，在几何面前，不存在皇家大道。"所谓皇家大道

图5.4 拉斐尔的著名壁画《雅典学院》中描绘的欧几里得（弓腰画图者）。

是波斯王大流士一世下令修建的从波斯通往小亚细亚的快速通道，曾经对波斯人的统治起过重要的作用。欧几里得的话成为西方的一句有名的习语，"There is no royal road to learning"（意思是，掌握知识无捷径）。还有一个故事说，曾经有个学生问欧几里得："学习几何对我能有什么好处呢？"欧几里得没有直接回答，而是转身对仆人说："给他几个小钱，让他走路吧。"

《几何原本》共有13卷，是欧几里得集前人工作之大成，再加上自己的研究，悉心整理而成。它囊括了从公元前7世纪到公元前4世纪这300多年里所有数学的发展的结晶，把几何学凝聚成一门独立的、演绎的科学，现称欧氏几何。这部著作遵从亚里士多德的科学证明理论，实现了第一个以公理为基础，利用演绎逻辑推导出结论（定理），从而建立系统化知识体系的方法。这种方法就叫作公理化方法，它是欧几里得身后2 000多年建立任何知识体系都必须遵守的严密思维的范式。它有多么重要呢？这么说吧，古登堡（Guttenberg，约1400年—1468年）发明活字印刷机不久的1482年，第一部印刷的《几何原本》出现于威尼斯。从那时以来，这本书已经出现了一千多种各种语言的版本，其发行量仅次于《圣经》。牛顿（Isaac Newton，1643年—1727年）在撰写他的名著《自然哲学的数学原理》时，严格按照《几何原本》的格式，也就是亚里士多德的三段论格式成文。美国总统林肯在担任参议员期间，经常秉烛夜读《几何原

史苑撷英 5.3

几何（geometry）这个词来自希腊文 γεωμετρία，它由两个词根组成。Γεω（geo）的意思是大地，μετρία（metria）的意思是测量。所以，几何最初的意思是测量大地，很可能来自第三章介绍的古埃及人的活动。但是埃及人的应用几何到希腊人那里变成了理论性学问，成为当时最严密完善的数学。此后很多年里，当人们称某一位为几何学家（geometer），意味着该人在数学（不仅仅是几何）上颇有造诣。这种叫法一直延续到16、17世纪。利玛窦到中国传教时，带来了古希腊名著《几何原本》。参加翻译的包括明末著名学者徐光启。在确定基本术语的译名时，徐光启建议采用"几何"这个词，因为它在明朝官话里的发音跟geo很接近。"几何"本来是古代常用语，意思就是"多少"。比如曹操在长江上醉酒横槊所赋的《短歌行》：

对酒当歌，人生几何？

由此看来，徐光启和利玛窦也认为几何是数学的主要内容。至于数学（mathematics）这个词，它来自希腊词根 μάθημα，最初的含义十分广泛，泛指研究或指导的内容。所以毕达哥拉斯学院里搞研究的学生叫作 mathematikoi（希腊文 μαθηματικος）。大概因为古希腊人认为最高的研究是几何一类的数学，所以渐渐地采用 mathematics 来泛指数学了。

本》，直到能够自如地证明前六卷里面所有的命题。他并非要读通几何学，而是要通过这种训练来加强自己的逻辑思维能力。

有一位中国的"国家领导人"也学习过《几何原本》。此人名叫爱新觉罗·玄烨，也就是清朝第四位皇帝康熙（1654年—1722年）。康熙是中国历史上罕见的对科学非常感兴趣的皇帝，著有《几暇格物编》，顾名思义，就是在日理万机的空隙时间里思考科学问题所做的笔记。他还下令把《几何原本》翻译成满文，供自己阅读。康熙当然懂汉语，但可能在休息时读满文更为容易些吧。不过陈寅恪（1890年—1969年）怀疑满文译本是经过删节和简化的。

爱因斯坦则对欧几里得的思维范式称道不已，他说：

> 假如连欧几里得都不能燃起你年轻激情的火花，那么恐怕你天生就无法成为有科学思想的人。
>
> (If Euclid failed to kindle your youthful enthusiasm, then you were not born to be a scientific thinker.)

既然这么重要，我们就花一些篇幅介绍一下这部名著的大致结构和思路。

《几何原本》的前4卷讨论平面几何问题，第5卷专门处理比例论问题，其内容公认来自欧多克斯。第6卷讨论平面直线图形（三角形、四边形、多边形）的相似性及其有关性质。第7—9卷讨论数论问题。第10卷讨论可公度与不可公度量，据说主要来自欧几里得另外一个老师泰阿泰德的研究结果。这是最长的一卷，它从定义推导出引理，一共引出115个命题。数学史专家希思（Sir Thomas L. Heath，1861年—1940年）认为这是全书中最为精彩的一卷。第11、12卷涉及空间几何问题。最后一卷讨论几何问题中线段、面积和体积的比值。以下引用的英文翻译均来自希思。

第一卷开卷劈头给出23条定义（definitions），一句废话也没有。定义是关于一个概念的内涵和外延的简要而确切的说明。它们不仅清晰地界定所有要解决的问题，其明确的描述对后面行文中的推理判断也有所帮助。比如，什么是点，什么是线，什么是面，什么是角？这些看似简单的基本概念，其实在大多数读者心目中是含糊不清的。古人说，"名不正，则言不顺"，道理相通。在1607年刊印的利玛窦与徐光启（1562年—1633年）翻译的中文《几何原本》里（以下简称为利徐版《原本》），使用"界说"这个词来表示定义，并加说明如下："凡造论，先当分别解说论中所用名目，故曰'界说'。"又说："凡论几何，先从一点始。自点引之为线，线展为面，面积为体，是名三度。"这里，"展""积""名"均为动词，大意是，从点引出为线，线扩展为面，面积累起来成为体积，这就是三种不同维度的称呼。

实际上，对一些最基本的概念给出精确的定义常常是很困难的。比如，什么是点？《几何原本》的定义是："点是没有'部分'的东西"（定义中的单引号是我所加）。这话听起来有点别扭。这里"部分"应该作为名词来理解。英文的翻译是：A point is that which has no part。定义中所谓"没有'部分'"是指几何中的点没有大小，无法再分割。为了把数学中的点的概念同现实生活中的点（spot）区分开来，欧几里得使用了一个特殊的希腊词来表示数学中的点，其原意是"标识"。这个关于点的定义比起前面提到的毕达哥拉斯以及柏拉图的定义又前进了一步。在利徐版《原本》里，这句话仅仅用四个汉字来翻译："点者无分"，十分精到。后面加注释："无长短、广狭、厚薄。"但是，点必须占据空间或平面中某个位置，这在《几何原本》的定义里没有提到。随着几何知识的深入，对定义的要求也越来越苛刻。希思在他的《几何原本》译文后面花了大量篇幅来介绍定义随着时间的演进。实际上，基本概念的定义直到今天仍需要不断地改进。

什么是线呢？《几何原本》的定义2是："线只有长度而没有宽度"（A line is breadthless length）。古代的数学家们很早就注意到欧几里得在下定义时使用的语法规律。从空间的三个维度出发，点的定义是全否定式：它属于0维度，既没有长度也没有厚度和宽度。线的定义是两个否定一个肯定，因为线只有长度。面的定义则是一个否定两个肯定，因为面没有厚度。定义常常是不唯一的。不同的定义侧重不同的方面，也就促成了不同的数学思想的发展。比如，线也可以看成是点在空间所经过的轨迹。这种思维方式后来促进了函数的发展。

定义4值得单独拿出来看看。在定义了广义的"线"以后，欧几里得特意把直线从"线"里面提出来，专门给出它的定义：直线是其上各点均匀分布的线（A straight line is a line which lies evenly with the points on itself）。显然，最后一个"线"字指的是定义2所界定的线。这条定义的语义相当模糊。人们认为，它主要是试图界定"直"这个性质。所以利徐版《原本》把它翻译为："直线止（只）有两端。两端之间，上下更无一点。"后面注曰："两点之间，至径者（即最短距离），直线也。稍曲则绕而长矣。"这实际上就是前面提到的柏拉图关于直线的定义。

但我觉得欧几里得的定义4还有另外的目的。德国数学史专家西蒙（Max Simon，1844年—1918年）认为，这个定义隐含着方向和距离，我很赞同。这个定义似乎隐含着实数轴概念的早期萌芽，因为在第5卷和第10卷中讨论比例和可公度性的命题时，欧几里得全部都是采用直线段来进行证明的。当时古希腊人没有小数的概念，无理数更是无法用数值来表达。在所有这些命题的证明里，直线段直接对应着数值为正的实数。

定义之后，紧接着列出5条公设（postulates）。所谓公设，是从理性角度看来不证自明的基本事实，这些事实可能还无法利用逻辑从某个前提推断出来，但必须作为基石接受下来，否则理论便无法建立。这些公设等同于亚里士多德说的"第一原理"，它们是：

公设1：从一点到另外一点可以引一条直线；

公设2：任意有限的直线可以继续无限延伸；

公设3：给定任意线段，可以以一个端点为圆心，以该线段为半径作一个圆；

公设4：所有直角必都相等；

公设5：如果两条直线都与第三条直线相交，而且在同一侧的两内角之和小于二直角之和，则这二直线在无限延长后必在这一侧相交。

前四条公设极为简洁而且不言而喻。第五条看上去则似乎不那么显而易见，这个所谓"平行公设"后来发展出一大堆故事来。

几何量需要有量度，定量的计算也必须遵照一定的规矩。所以，紧接着五条公设是五条公理（axioms），它们是：

公理1：与同一事物相等的事物都必相等。

公理2：相等的事物加上相等的事物仍然相等。

公理3：相等的事物减去相等的事物仍然相等。

公理4：若一个事物与另一事物重合，则它们相等。

公理5：整体大于局部。

这是一种崭新的发展科学理论的方式。这种逻辑思维方式和我们前面介绍的亚里士多德的逻辑理念有密切的关系。它以公理和公设为基石，一旦接受了这五条公理和五条公设，平面几何的定理就如同繁花一般，沿着逻辑的枝蔓不断地开花结果。这本书在当时对数学界的影响是名副其实的振聋发聩。从几个简单的定义和几条看起来自明的公理、公设出发，竟然能够推导出大量根本无法直观并且正确的复杂结论。这种数学演绎因此成为西方思想中最能体现理性的清晰性和确定性的思维方式，它的巨大成功对自然科学乃至一切人类文化领域都产生了极其深远的影响。

顺便说一句，关于公理和公设的概念的使用常常被混淆，因为两者都可以用来表示不需（或不可）证明的假设。我们在这里用公理来表示更加广义上的不需（或不可）证明的假设，而用公设来表示与几何问题直接相关的不需（或不可）证明的假设。

还记得第四章里关于勾股定理的证明吗？那个证明就来自《几何原本》第一卷第47命题。欧几里得还有一个证明（第六卷命题31）。著名数学家波利亚（G. Polya，1887年—1985年）极力推荐研习数学的学生仔细琢磨。我们在这里做一个简要的介绍。

第六卷讨论的是平面几何图形的相似性和对应的比值。对于勾股定理的证明，主要依据是该卷第19、20两个命题，它们是：

命题Ⅵ.19：相似三角形的面积之比如同其对应边的二次比（即边长比值的平方）。

命题Ⅵ.20：将两个相似多边形分成数目相同的相似三角形，而且对应的三角形的比值具有与原多边形相同的比值，则两个多边形的面积之比等于其对应边与对应边的二次比。

三角形和正方形都属于特殊的多边形。图4.7和4.8说明，勾股定理等于是说由勾和股的长度定义的两个正方形面积之和等于由弦长构成的正方形的面积（图5.5–Ⅰ）：

$$b^2 + c^2 = a^2。 \tag{5.1}$$

而根据命题Ⅵ.20，我们可以把式（5.1）大大推广。如果我们按照三角形 BAC 的三条边长的比例以其各边为底线作任意相似的多边形，如图5.5–Ⅲ所示，那么对应的三个任意多边形的面积与图5.5–Ⅰ中的对应的正方形面积具有相同的比例关系。让我们把这个比值计做λ。于是，图5.5–Ⅲ中三个多边形的面积具有类似于式（5.1）的关系：

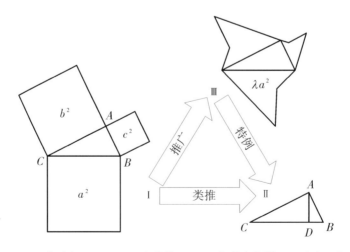

图5.5   △CAB 的边长 AB，CA，BC 分别是 c，b，a。根据命题Ⅵ.20，以这三条边长所作的任何相似多边形，其面积之比对应于三角形边长的平方之比，也就是式（5.2）。

$$\lambda b^2 + \lambda c^2 = \lambda a^2 。 \qquad (5.2)$$

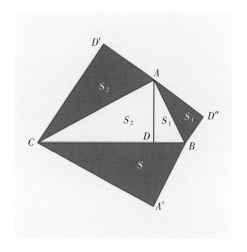

图 5.6　△ $AD'C$ 是 △ ADC（面积为 S_2）的镜像，△ $AD''B$ 是 △ ADB（面积为 S_1）的镜像，△ $CA'B$ 是 △ CAB（面积为 S）的镜像。

现在我们考虑式（5.2）的一个特例（图 5.5-Ⅱ）：从点 A 作弦 BC 的垂线，交于点 D，则 △ ABD 和 △ CDA 都与 △ CAB 相似。而且 △ ABD 以 AB 为弦（斜边），△ CBA 以 AC 为弦，△ CAB 当然以 BC 为弦。为了便于读者思考，我们把这三个三角形以它们的弦为对称线作镜像，再作三个三角形（即图 5.6 中蓝色的三角形）。这里，△ $AD'C$ 是 △ ADC（面积为 S_2）的镜像，△ $AD''B$ 是 △ ADB（面积为 S_1）的镜像，△ $CA'B$ 是 △ CAB（面积为 S）的镜像。我们看到，后作的三个蓝色三角形与图 5.5-Ⅰ中正方形相对于 △ CAB 的关系是一样的。因为 $S_1 + S_2 = S$，而根据命题 Ⅵ.20，这三个蓝色的三角形具有相同的比值 λ，且式（5.2）成立，因此式（5.1）必然成立。

值得指出的是，以上所给出的思路不是欧几里得在第六卷命题 31 的具体证明方法。在证明命题 31 时，欧几里得以三角形的三条边为基础作矩形，然后利用命题 Ⅵ.19 和 20 得到必然结论。据一篇文章宣称，图 5.6 的证明方法是爱因斯坦 11 岁那年在研读《几何原本》时得到的。

读者不妨考虑一下，如何从相似三角形的性质，利用图 5.6 的帮助，直接推出式（5.2）。

欧几里得可能是最早大量使用反证法（proof by contradiction）来进行证明的数学家。反证法的基础是古典逻辑中的无矛盾律（law of noncontradiction），也称矛盾律（law of contradiction）。按照亚里士多德的话说："不能同时生成某事物，使其在同一方面既是又不是。"更明确地说，在同一时刻、同一意义上，相互矛盾的命题不能同时为真。与无矛盾律类似，而且常常被混淆的是排中律（law of excluded middle）。后者是说，任何命题或者是真，或者是伪，没有其他选择。无矛盾律与排中律和同一律属于三大传统思维规律。

作为例子，我们看看《几何原本》第10卷命题9的证明。这个命题的内容是：

命题 X.9：两个长度为可公度的线段构成的正方形之比等于一个平方数比
另一个平方数；如果两个正方形的比等于一个平方数比另一个平方数，那么这两
个正方形的边长就是长度可公度的。两个长度不可公度的线段构成的正方形之
比不等于一个平方数比另一个平方数；如果两个正方形之比不等于一个平方数
比另一个平方数，那么两个正方形的边长就不是长度可公度的。

▼

故事外的故事 5.2

1250年前后，一个名叫扎马鲁丁（Jamal ad-Din Bukhari）的波斯裔伊斯兰教
徒加入忽必烈大汗的麾下。忽必烈在元大都（今北京）登基以后，扎马鲁丁被任
命为元上都（在今天内蒙古正蓝旗五一牧场境内）"回回司天台"的提点，也就是
天文台台长，主要负责编纂"回回历法"。扎马鲁丁引入了大量阿拉伯和波斯文
献，其中就包括欧几里得的《几何原本》。《几何原本》的希腊文本大约在公元760
年传入阿拉伯世界，并在公元800年前后出现了阿拉伯译本。扎马鲁丁把《几何
原本》带到元朝的年代比拉丁文译本出现在欧洲（1482年）要早将近200年。可
是他带入元朝的阿拉伯文本没有被翻译成中文，也没有引起人们的注意。最早
的中文译本是意大利传教士利玛窦和中国学者徐光启根据德国耶稣会神父克
拉维斯（Christopher Clavius，1538年—1612年）校订增补的15卷本《欧几里得
原本》，从拉丁文译成中文的，刊于1607年，当时只译了前6卷（也就是涉及几何
的所有内容）。后9卷在250年后由英国传教士伟烈亚力（Alexander Wylie，1815
年—1887年）和中国数学家李善兰（1811年—1882年）译出。李善兰时任曾国
藩（1811年—1872年）的幕僚，曾国藩还出资三百金，赞助李善兰刻印。欧几里
得名著的原名是《原本》（Elements），"几何"二字是利玛窦和徐光启翻译时加上
去的。

所谓长度可公度性，是指如果两个长度量可以合并计算，那么总可以找到一个长度单位，使这两个量可被同一个单位整除。而不可公度的长度则意味着无论选择什么样的单位，该长度都不能被整除。因此，不可公度的长度实际上就是一个无理数。

为了叙述简便，我们用代数的表达方式来解释欧几里得的证明。

先证明命题的第一句断言。假设有两个长度可公度的线段 A 和 B，也就是说长度 a 可以用长度 b 来公度。两条线段之比为 $\frac{a}{b}$。不失普遍性，我们可以假定 a 和 b 都是整数（即长度单位为1）。那么，以 A 和 B 为边长的正方形的面积分别为 a^2 和 b^2，它们的面积之比是 $\frac{a^2}{b^2}$。

既然 a 可以被 b 公度，那么它们之比可以被简化到最简分数 $\frac{c}{d}$，也就是

$$\frac{a}{b} = \frac{c}{d},\tag{5.3}$$

这里 c 和 d 是能够表达式（5.3）的两个最小的正整数。利用代数知识，我们从式（5.3）立刻得到

$$\frac{a^2}{b^2} = \frac{c^2}{d^2}。\tag{5.4}$$

这就证明了"两个长度为可公度的线段构成的正方形之比等于一个平方数比另一个平方数"。但欧几里得时代没有代数。他把数 c 和 d 对应为两条较短的线段 C 和 D 的长度。分别以线段 A, B, C, D 作正方形，然后根据命题Ⅵ.20，得到式（5.4）。

为了简洁起见，后面我们直接采用代数语言来表述欧几里得的证明。要证明"如果两个正方形的比等于一个平方数比另一个平方数，那么这两个正方形的边长就是长度可公度的"，我们从式（5.4）出发，把它改写为

$$\frac{c^2}{d^2} = \frac{a^2}{b^2}。\tag{5.5}$$

既然已知 c 和 d 是可公度的，把式（5.5）两侧开方，取正值，就得到

$$\frac{c}{d} = \frac{a}{b},\tag{5.6}$$

由于 c 和 d 是可公度的，可知 a 和 b 也是可公度的。

以上所要证明的结论看上去是显而易见的，但这是很重要的一步。有了这一步才能推出命题X.9的第二个断言。

这里欧几里得采用反证法：在a和b不可公度的情况下，如果假设式(5.4)成立，那么因为c和d是可公度的，根据前面的证明，a和b必然也可公度。因此我们得出结论，式(5.4)对不可公度的a和b来说不能成立。这就证明了"两个长度不可公度的线段构成的正方形之比不等于一个平方数比另一个平方数"。

史苑撷英 5.4

一个流传最广的故事说，欧几里得利用反证法证明$\sqrt{2}$是无理数。证明的大致内容如下（为了简洁起见，我们还是采用代数的描述方法）：

设边长为1的正方形的对角线为d。假定d为有理数（即可公度数），那么

$$d = \frac{\alpha}{\beta},$$

这里，α和β是两个有理数，它们构成最简分数，且$\alpha > \beta$。将上式两侧平方，得到

$$d^2 = \frac{\alpha^2}{\beta^2}。$$

由于d是正方形边长为1的对角线，我们知道，$d^2 = 2$，所以得到$\alpha^2 = 2\beta^2$，也就是说，α^2是偶数，α也必然是偶数，它应该可以被表达成$\alpha = 2\gamma$的形式。由于我们选择的$\frac{\alpha}{\beta}$是最简分数，那么β必须是奇数。但如果我们把$\alpha = 2\gamma$两端平方，就得到

$$4\gamma^2 = \alpha^2 = 2\beta^2,$$

也就是说，$\beta^2 = 2\gamma^2$。这与β为奇数矛盾，所以d不可能是有理数。

但希思早在1910年就指出，这个证明其实早在欧几里得之前就有了，很可能来自亚里士多德。这个证明只能用于$\sqrt{2}$，而欧几里得的证明则可以用于任何无理数。

　　下面证明在式（5.4）不成立的情况下，a 和 b 一定是不可公度的。因为如果假设 a 和 b 是可公度的，则必有式（5.4）成立。这就证明了"如果两个正方形之比不等于一个平方数比另一个平方数，那么两个正方形的边长就不是长度可公度的"。

　　英国数学家哈代（G. H. Hardy，1877年—1947年）在《一个数学家的辩白》（*A Mathematician's Apology*）里这样评价欧几里得的反证法：

　　　　欧几里得最喜欢用的反证法，是数学家最精良的武器。它比起棋手所用的弃子战术还要好：棋手可能需要牺牲一个兵甚至更多，但数学家却是牺牲整个棋局来获得胜利。

　　　　(The proof by *reductio ad absurdum*, which Euclid loved so much, is one of a mathematician's finest weapons. It is a far finer gambit than any chess gambit: a chess player may offer the sacrifice of a pawn or even a piece, but a mathematician offers the game.)

　　利用类似的证明方法，欧几里得在第10卷里系统地讨论了不可公度长度（也就是无理数）的问题。他从头到尾用的都是几何方法，但处理的结果最终都可以归结为代数。他考虑的线段长度在代数里具有 $a \pm \sqrt{b}$，$\sqrt{a} \pm \sqrt{b}$，$\sqrt{a \pm \sqrt{b}}$，$\sqrt{\sqrt{a} \pm \sqrt{b}}$ 的形式。我们后面将看到，这些其实都是代数中一元二次方程的不尽根（surds）。

　　我们在第二、三章里看到，古巴比伦和古埃及人在处理数学问题时，还没有刻意分辨几何还是算术，比如古巴比伦人是用几何方法来分析乘除法的［图2.2，式（2.1）至（2.4）］。从欧多克斯开始到《几何原本》，几何研究的巨大成功似乎给人一种印象，那就是任何数学问题都可以（甚至必须）通过几何途径来解决。这导致研究数学理论的人们对算术的轻视。几何成为以后2 000多年里研究数学的基石，同时也使代数的出现延迟了很多年。不过这是后面的故事了。

　　欧几里得利用几何方法首次研究最大公约数（greatest common divisor；简称GCD），给出一套寻找最大公约数的算法。所谓最大公约数，是指给定一堆整数，它们可以被一些整数 n 所整除；而 n 当中最大的整数就是最大公约数。在几何学里，在考虑不同长短的直线段时，寻找两条线段所存在的最大共有长度是一个重要问题。同样，对面积和体积也存在类似的问题。这类问题还具有很大的实用价值，比如石匠全墙建屋,木匠制造家具门窗等都需要这类知识。设想我们打算给一块宽15米、长25米的场地铺上瓷砖。为了节省开支,我们只用一种尺寸的瓷砖。这需要我们计算瓷砖的最大长度,使选用的瓷砖正好把这块地面铺满,而不需要切割瓷砖。我们用长度单位米来考虑问题,这实际上就是问:15和25的最大公约数是多少? 图5.7给出这个问题的几何直观图。如图中圆圈所标出的,最大公约数是5(米)。也就是说,采用边长为5米的方砖可以完全铺满给定的地面,使用的方砖数目最少。当然,任何小于5米边长的方砖也可以使用,只要小方砖的边长可以整除5米。

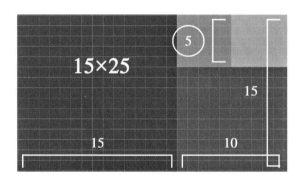

图5.7　寻求最大公约数的几何例子。

　　欧几里得的最大公约数算法对数论产生了极为深远的影响。大约2 000年后,一位年仅21岁的哥廷根大学(University of Göttingen)学生把欧几里得的理论跟当时最先进的代数理论结合起来,使数论成为一门独立的科学。这位大学生就是后来赫赫有名的高斯(Carl Friedrich Gauss,1777年—1855年)。我们在《好看的数学故事:概率与统计卷》介绍了几个高斯的故事,本书的后面还有更多的故事要讲。高斯之后的数论专家们根据因数分析把自然数分成很多类,还为每一类取了相当有趣的名字,比如:

　　完全数或完美数(perfect number)——完美数的真因子之和正好等于该数本身。所谓真因子,是除去该数本身以外的所有约数。比如,第一个完美数是6;它的约数是1,2,3,6;除掉它本身,把其他三个约数加起来正好等于6。欧几里得通过表达式$2^{n-1} \times (2^n - 1)$发现了3个完美数,它们是6,28,496,对应着$n=2,3,5$。到2018年为止,一共只发现了51个完美数;最大的已知完美数有497 240 965位。

　　亲和数或相亲数、友爱数(amicable number)——两个自然数互为亲和数,当一个数的真因子之和(除去它本身)正好等于另一个亲和数。比如,220和284是一对亲和数。

220的因子是1，2，4，5，10，11，20，22，44，55，110，220。除去220，其他所有因子之和是284。而284的因子是1，2，4，71，142，284。除去284本身，其他所有因子之和等于220。毕达哥拉斯就已经注意到这个事实，他说："朋友是你灵魂的倩影，如同220与284一样亲密。"显然，"相亲"在这里是相亲相爱的意思，而不是考察未婚夫或未婚妻的意思。

婚约数或准亲和数（betrothed number）——类似于亲和数，但因子1不考虑在内。比如，48和75是一对婚约数，因为除去1和本身以外，48的因子是2，3，4，6，8，12，16，24，其和等于75。而除去1和本身以外，75的因子是3，5，15，25，其和等于48。所有已知的婚约数对都是一个奇数配上一个偶数，这大概是"婚约"这个名称的来历吧。

高合成数（highly composite number）——这是另一类自然数，任何小于高合成数的自然数的因子的数目都小于这个高合成数。比如数字6。在小于等于6的自然数里，因子数目最多的是数字4，有3个因子（1，2，4），而6有4个因子（1，2，3，6），所以6是前6个自然数当中的高合成数。高合成数这个概念出现于20世纪，但是人们注意到，柏拉图在其名著《理想国》里声称，一个城市的理想人口数应该是5 040。而5 040正是一个高合成数，它有60个因子。人们猜测，柏拉图选择这个数字的根据很可能就是因为它是高合成数，因为这样的城市人口有最多的分组结队的方式。你看，很多数学上的发现最初都来自古希腊。

本章主要参考文献

Boyer, C.B., Merzbach, U.C. A History of Mathematics. 2nd edition. New York: Willey, 1991: 116−117.

De Morgan, A. Short supplementary remarks on the first six books of Euclid's Elements, in the Companion to the Almanac, Part I, 1849: 5−20.

Heath, T.L. The Thirteen Books of Euclid's Elements. Cambridge: Cambridge University Press, 1908: 554.

Huxley, G.L. Biography in Dictionary of Scientific Biography, New York 1970−1990.

Xenophon: The Memorabilia: Recollections of Socrates. English translation by H.G. Dakyns, first published in 1897 by Macmillan and Co. 本章的中文引文为作者所译。

第六章 "科学数学"的诞生

从公元前5世纪起，古希腊的目光一直密切注视着东方和南方，那里有来自赫梯、巴比伦、埃及和波斯的威胁。但另外一个民族已经在希腊的身后挺立起来，那就是罗马人。自公元前753年建城开始，罗马从意大利半岛上一个弹丸小城不断发展壮大。据说，起初罗马城里聚集了许多来自世界各地的闯荡江湖的单身汉，缺少女人。为了增加人口，第一任国王罗慕路斯（Romulus，约公元前771年—公元前717年）派人到周围的部落提议结盟联姻，但遭到冷落。于是罗慕路斯以海神节的名义举办盛大宴会，极力邀请附近的萨宾（Sabines）、拉丁（Latins）各部落携带眷属参加。客人酒足饭饱之际，罗马人突然袭击，绑架了外族人的女儿，强娶她们为妻。为此，几个遭害的部落分头攻打罗马，要讨回人口，但都失败了。最后一次战争，萨宾人集结了全部兵力，双方在今天罗马城内的古罗马广场（Roman Forum）附近拉开架势。经过数日激战，萨宾人的首领两次跌进泥塘，险些送命；罗慕路斯头上也挨了一石头，半天爬不起来。最后，罗马人总算占了上风，正准备大开杀戒时，成群的萨宾女人突然冲出罗马城，奔向她们的父兄。这个场面震惊了两军，不由自主地为女人们让开道路。在女人们的劝说下，罗马人和萨宾人和解，最终融合成为一个民族。

罗马从这个不光彩的开端起家，逐渐吞并了周围的部落。多部落的融合促使他们建立了一个颇不寻常的王国，没有世袭制。一个国王死去，由罗马元老院指定下一届候选人，而且候选人必须通过元老院的面试。元老院由300名元老组成，代表三个主要部落，拉丁人、萨宾人、伊特拉斯坎（Estruscans）人各100名。元老院通过人选之后，还要把获选人的名字通知民众，公民投票决定元老院的推荐。但公民不包括女性。民众通过以后，还要请求神谕。让获选人坐在石凳上，由大祭司审视，看能否得到神明的首肯。一旦上任，国王直接与神交通，终身掌握神权和王权。

公元前509年，罗马公民选择放弃王政，改为共和制。执政官、元老院及公民大会三权分立。掌握国家实权的元老院由贵族组成。执政官由百人队会议从贵族中选举产生，行使最高行政权力。公民大会由平民和贵族构成，议会领袖称首席元老，七年为一期，由公民大会选出。每个元老一生最多只能做三期。

共和国大力向外进行军事扩张。执政官有权征召年龄在27至65岁之间的公民入伍，凡是拥有土地的公民都必须从军，进行严格的军事训练。征召按照"克拉西斯"（拉丁文：Classis）制度进行，第一征召令下达给那些有能力购置全套金属铠甲的公民；能够买得起两匹战马的则召为重骑兵。后面再征召比较贫穷的公民。克拉西斯因此成为英文里"阶级"这个名词的来源。起初，罗马军队模仿希腊的法兰克斯战阵，作战时最富有的公民站在最前排，因为他们有最好的装备，越往后排装备越差。经过几个世纪征战的经验和改革，演变成军团制，每个军团5 000人，其中包括重装和轻装步兵，另外配备300名骑兵和一个辅助团队，随时补充人员伤亡造成的空缺。

罗马军团逐渐成为世界上最有战斗力的军事组织。进入公元前3世纪时，罗马共和国已经统治了整个意大利半岛，并开始同北非腓尼基人的城邦迦太基争夺地中海霸权。从公元前264年起直到公元前146年，在一个多世纪里，罗马与迦太基之间先后进行了三次战争，史称布匿战争（Punic Wars；布匿是拉丁文对迦太基人的祖先腓尼基人的称呼）。其中最长的第一次战争持续了23年。旷日持久的战争最后以迦太基灭亡而宣告结束。

西西里处于地中海的中心，战略位置十分重要。如果说意大利半岛的形状像一只长筒靴，西西里就是靴子脚尖处的第一块石头。这个岛形如三角，西部长期由迦太基人控制，东部则主要是希腊的殖民地，其政治文化中心是叙拉古（Syracuse），也就是公元前413年雅典海军惨败之处。叙拉古奉行远交近攻，依靠罗马共和国的援助保持独立。可是到了第二次布匿战争时期（公元前218年—公元前201年），罗马人打算直接统治叙拉古。公元前215年，叙拉古国王希罗二世（Hiero Ⅱ，公元前308年—公元前215年）去世，孙子希罗尼姆斯（Hieronymus，公元前231年—公元前214年）即位。这位不到16岁的少年在两个叔父的鼓动下与迦太基结盟。一年后，希罗尼姆斯遇刺身亡，罗马战舰开进叙拉古港湾。共和国执政官、征讨大军统帅马塞卢斯（Marcus Claudius Marcellus，约公元前270年—公元前208年）亲自率领水军从叙拉古东边的港湾处强攻，另遣陆军从西西里岛的北部登陆，绕到叙拉古西侧，企图两面夹击，于是出现了下面历史上有名的场面（图6.1）。

马塞卢斯站在船头，抬头望去，眼前是一座固若金汤的城池。巨石构筑的高大城墙上排满了各式各样奇形怪状的机械装置，希腊战士在一位白袍老人的指导下按部就班地部署战阵。罗马战舰还没有接近城墙，巨石就从天空如雪片飞来，砸落到船上，砸

图6.1　阿基米德（下方穿红袍昂头站立的老者）指挥叙拉古保卫战。作者为英国画家斯彭斯（Thomas Ralph Spence，1855年—1903年），作于1895年。

破船帆，砸断桅杆，砸漏了甲板，有些甚至落到罗马水兵身上，把他们砸成肉饼。不大的工夫，差不多三分之一的罗马水军便失去了战斗能力。

马塞卢斯喝令剩下的战船加速行驶，靠近城墙。城上出现了一种小型投石机。石头小了，但飞行的速度却更快，射击密度也越发大了。飞石如冰雹般倾泻，马塞卢斯身边的罗马水兵被石块击中，连人带盾牌飞落海中。

马塞卢斯调出八艘怪模怪样的战船。这些战船事先经过改造，两艘为一组，各把左侧或右侧的船桨撤掉，由几块登舱板从侧面连在一起，变成一艘很宽的大船，上面安装着一种名叫桑布查耶（Sambucae）的攻城机。攻城机操纵着三四尺宽的梯子，很长，足够把另一端搭在城墙顶上。梯子的两侧装有齐胸高的防护墙，还有一个由藤条编制的护顶，遮挡流矢。四个士兵坐在防护墙里，靠近梯子的顶头。攻城时，先把梯子平放在连接两艘船的登舱板上，梯子的顶端远远伸出船头。攻城机上装有滑轮，滑轮的绳索拴住梯子顶端。划船手在盾牌的掩护下把船靠近城墙，靠近船尾的士兵抓住绳索的另一端，三吆四喝把梯子斜立起来，靠向城墙。躲在桑布查耶里面的士兵这时已经接近城头，一跃跳上城墙，立刻全面投入战斗。其他的士兵趁势蜂拥而上，给予援助。这种攻城机械在罗马人进攻其他希腊城池的战斗中非常有效。

可是，八艘桑布查耶还没有靠近城墙，守军已经推出十几部形状诡异的机器来。一根根又粗又长的木梁远远伸出城墙，顶端挂着巨石和沉重的沙袋。木梁的顶端装有一种万向接头，可以自由地转来转去。守城士兵把重物对准桑布查耶，一按机关，重物就飞落而下，把桑布查耶里的士兵砸成肉饼，梯子折断，甲板破碎，甚至把船砸翻了。另外一些木梁顶端挂了铁爪，由铁链控制着，可以抓住敌人的船头。守军在城头转动杠杆，木梁就高高抬起，把船头拉得朝天直立，悬在空中，船上的水兵惊恐万状，失声尖叫，纷纷落水。其他战船上的罗马士兵仰头看着死鱼一般挂在空中的船只，嘴巴大张，呆若木鸡。突然，铁爪张开，空中的船失重落水，不是底朝天，就是头朝下。一只只罗马战船灌满了海水，只好退出战斗。

这时候，城头的弓箭手们抄起一种绰号"蝎子"的快弩，居高临下发射短而尖利的铁钉。铁钉雨点般倾泻，没有片刻停息。甲板上很快就躺倒一片尸体，剩下的士兵被迫躲在盾牌后面，不敢抬头。

几个月的攻坚战，罗马人毫无进展。马塞卢斯望着城头上那位清癯的老人，仰天长叹："这场战争是罗马舰队同阿基米德一个人之间的战争——他简直就是神话中的百手巨人。"

那一年，阿基米德（Archimedes，约公元前287年—公元前212年）（图6.2）已经73岁了，其声名在希腊世界如日中天。阿基米德出生在叙拉古，父亲是一位天文学家，因此从小受到良好教育。大约9岁的时候，父亲把他送到亚历山大城去读书。那里学者云集，阿基米德可能跟随许多数学家学习过，其中说不定还包括欧几里得。求学多年以后，他

图6.2　阿基米德画像。作者为意大利巴洛克画家费迪（Dominico Fetti，1589年—1623年）。

回到故乡。据说阿基米德同国王有血缘关系，而希罗二世非常尊敬学者，准许阿基米德自由出入宫廷，同国王和大臣讨论国事家常。著名的测量金冠含金量的故事就发生在希罗二世身上。希罗二世为阿基米德提供了优厚的环境，使他能够悉心研究。阿基米德醉心于几何理论研究，经常心无旁骛。国王则鼓励他把理论应用到实践当中去，给人民以福祉。国王提出不少工程上的难题，阿基米德知难而进，设计出精巧的机械来解决。据说，希罗二世曾经委托阿基米德设计一条长达110米的三桅大船，可载1 600吨货物，近2 000人，单单甲板上就能容纳200名水兵和许多投石机。巨船建成以后，无法拖出码头入海。于是阿基米德又设计了另一套器具，请国王来剪彩。希罗二世一只手轻拉绳子，巨船就被拖出船坞。希罗二世赞叹不已，随即宣布："从今天起，无论阿基米德做出什么设计，我们都该相信他。"在希罗二世的倡议和鼓励下，阿基米德所设计的战争器械在叙拉古保卫战中发挥了不可估量的作用，留下许许多多的传奇故事。其中一个传说，他制造了巨大的光学透镜，把阳光聚焦在罗马战船的桅帆上，战船还没靠近城墙就自动起火焚烧起来。

然而，阿基米德自己却对这些发明嗤之以鼻，因为这些杀人的工具同科学的目的背道而驰。关于这些发明，他没有留下任何文字，他的真正兴趣在于数学、力学和天文学。

化圆为方是一个著名的古希腊尺规作图几何难题。按照欧几里得几何的定理，圆的周长C和直径D的比值跟圆的大小无关，这个比值就是圆周率π：

$$\pi = \frac{C}{D}。 \tag{6.1}$$

化圆为方在本质上就是寻找π。既然找不到尺规作图的最终方法，阿基米德决定采用另外的办法来处理这个问题。

我们今天知道，圆周率π是一个超越数（a transcendental number），也就是一个非代数数的无理数。所谓代数数（algebraic number）是任何整系数多项式

$$a_n x^n + a_{n-1} x^{n-1} + a_{n-2} x^{n-2} + \cdots a_1 x^1 + a_0 = 0 \tag{6.2}$$

的根，其中x可以是实数变量也可以是复数变量，$a_i (i=0, 1, \cdots, n)$是系数。$\sqrt{2}$和π都是无理数，但它们有所不同：诸如$\sqrt{2}$一类的无理数可以是式（6.2）在某些特殊情况下的根，所以属于代数数，而π不可能是任何式（6.2）所代表的多项式的根。也正因为π不可能是任何多项式的根，纯粹的尺规作图是无法把圆化为方的。

阿基米德构造了两套正多边形，一套正多边形内接于圆周，另一套外切于圆周，如图6.3。随着正多边形边数的增加，外切多边形与内接多边形的周长越来越接近，而这也就越来越逼近圆的周长。

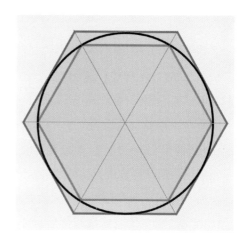

图6.3　内接和外切正六边形的周长与圆周长的关系。

附录一给出我们现在计算多边形周长的方法。利用这个方法，从原理上说，具有中学数学程度的人都应该有能力计算。但这种计算依靠的是我们现在的几何与三角知识，以及开平方的运算，这在2 300年前实际上是不可能的。

英国数学史专家希思介绍了阿基米德在《圆的测量》（*Measurement of a Circle*）一书中给出的计算方法，简述如下。

圆的周长是《圆的测量》这本书里的第三个命题。一上来，阿基米德首先给出一个"假定"：

$$\frac{265}{153} < \sqrt{3} < \frac{1\,351}{780}。\tag{6.3}$$

这第一步就让后人大惑不解：为什么是个假定？我们现在都知道，$\sqrt{3} = 1.732\,050\,8\cdots$，读者可以很容易地验证不等式（6.3）确实成立，并非假定。况且，阿基米德是怎么得到它的呢？有人认为，阿基米德故意不给出计算过程，目的是想看看别的数学家的能力。这倒是很符合他的个性。他经常把一些数学问题的答案寄给朋友，看他们是否能解决。一个比较合理的猜测是这样的：阿基米德可能是从下面这个不等式出发的：

$$a \pm \frac{b}{2a} > \sqrt{a^2 \pm b} > a \pm \frac{b}{2a\,\pm\,1},\tag{6.4}$$

其中a^2是最接近$a^2 \pm b$的平方数，而且b比起a^2来要小得多。这个不等式当时已经被人证明了。求$\sqrt{3}$的问题，相当于最初取$a=2, b=1$，于是$\sqrt{3} = \sqrt{2^2 - 1}$。根据式（6.4），取减号，我们得到$2 - \frac{1}{4} > \sqrt{3} > 2 - \frac{1}{3}$，也就是$\frac{7}{4} > \sqrt{3} > \frac{5}{3}$。

下一步，考虑$\sqrt{27} = \sqrt{3 \times 3^2}$。取$a=5$为最接近这个根的整数，这相当于$b=2$，且

在不等式(6.4)中取加号，得到 $5 + \dfrac{2}{10} > 3\sqrt{3} > 5 + \dfrac{2}{11}$，也就是 $\dfrac{26}{15} > \sqrt{3} > \dfrac{19}{11}$。

再下一步，考虑 $\sqrt{3 \times 15^2} = \sqrt{675}$。最接近这个平方根的整数是 $a = 26$。$26^2 = 676$，所以 $b = 1$，不等式(6.4)中取减号，得到 $26 - \dfrac{1}{52} > 15\sqrt{3} > 26 - \dfrac{1}{51}$。从这里，我们就得到了不等式(6.3)。

为什么要花这么大力气来界定 $\sqrt{3}$ 呢？从附录一我们知道，如果正多边形的边数是 3 的偶数倍（如 6、12、24 等），计算中一定会出现 $\sqrt{3}$。然而，阿基米德没有也不可能采用附录一的计算方式。他的计算方法如下。

首先考虑外切多边形。设圆的直径为 AB，如图 6.4 所示。过 A 点作 AB 的垂线（图 6.4 中圆弧左侧的竖直红线），然后从圆心 O 向垂线作一条直线，交垂线于点 C，使得角 $AOC(\angle AOC)$ 等于 30 度。读者应该已经看到，AC 是外切正六边形一条边的半边长。下一步，作直线 OD，使 $\angle AOD$ 等于 $\angle AOC$ 的一半；作直线 OE，使 $\angle AOE$ 等于 $\angle AOD$ 的一半；再作直线 OF，使 $\angle AOF$ 等于 $\angle AOE$ 的一半；最后作直线 OG，使 $\angle AOG$ 等于 $\angle AOF$ 的一半。这里，AD、AE、AF、AG 分别是正 12、24、48 和 96 边多边形一条边的半边长。将垂线向下延长至点 H 使得 $\angle AOH$ 等于 $\angle AOG$。这样，$\angle GOH = \angle AOF = \dfrac{90°}{24}$。以 HG 为边长的正 96 边多边形外切于给定的圆。

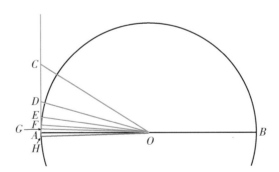

图 6.4　阿基米德计算外切正多边形边长示意图。

正六边形的边长很容易计算。现在需要找到 AD 与 OA 的关系，也就是计算外切正 12 边形一条边的半边长。利用当时的三角学知识和式(6.3)，我们得到

$$\frac{OA}{AC} = \frac{\sqrt{3}}{1} > \frac{265}{153}。 \tag{6.5}$$

类似地，

$$\frac{OC}{CA} = \frac{2}{1} = \frac{306}{153}。$$ (6.6)

因为 OD 半分 $\angle AOC$，从《几何原本》的证明，可知 $\frac{CO}{OA} = \frac{CD}{DA}$（读者不妨自己证明）。把这个等式两边加 1，得到 $\frac{CO}{OA} + 1 = \frac{CO + OA}{OA} = \frac{CD}{DA} + 1 = \frac{CD + DA}{DA} = \frac{CA}{DA}$，所以 $\frac{CO + OA}{CA} = \frac{OA}{AD}$。根据式（6.5）和（6.6），我们得到

$$\frac{OA}{AD} > \frac{571}{153}。$$ (6.7)

有了上面的结果，便得到

$$\frac{OD^2}{AD^2} = \frac{OA^2 + AD^2}{AD^2} > \frac{571^2 + 153^2}{153^2} = \frac{349\,450}{23\,409}。$$

计算 $\frac{OD}{DA}$ 需要开平方。我们今天知道 $\sqrt{349\,450} = 591.142\,96\cdots$，但 2\,300 年前是没有小数的，只有分数。而在无法得到 $\sqrt{349\,450}$ 的精确值的情况下，想要用外切多边形来界定圆的周长，我们需要考虑比精确值稍大的情况。于是阿基米德选择最接近这个根而且稍大的分数来计算 $\frac{OD}{DA}$ 的临界值，得到下述结果：

$$\frac{OD}{DA} > \frac{591\frac{1}{2}}{153}。$$ (6.8)

当然，他也可以选择 $591\frac{1}{4}$ 甚至 $591\frac{1}{8}$。对任意已知半径 AO 的圆，通过式（6.8）可以得到外切正 12 边多边形的周长的上界。

按照跟上面类似的步骤，阿基米德一步一步地从式（6.8）计算 $\frac{OE}{EA}$ 的上界，也就是正 24 边形周长的上界值，等等，最终得到 $\frac{OG}{GA}$ 的上界值。

为了计算内接多边形边长的下界值，阿基米德采用图 6.5 所示的方式。作 $\angle BAC = 30°$，交圆弧于点 C，然后将 $\angle BAC$ 半分，分角线 AD 交 BC 于点 d。再将 $\angle BAD$ 半分，仿此逐步做下去，得到一系列圆弧上的直角三角形 ABC、ABD、ABE、ABF、ABG。线段 BG 就是正 96 边多边形的边长。

从 $\angle BAC = 30°$ 出发，阿基米德给出一串长长的等式：

$$\frac{AD}{DB} = \frac{BD}{Dd} = \frac{AC}{Cd} = \frac{AB}{Bd} = \frac{AB + AC}{Bd + Cd} = \frac{AB + AC}{BC}。$$ (6.9)

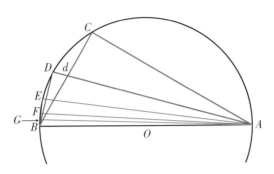

图 6.5　阿基米德计算圆内接正多边形边长示意图。

这里，前两个等式来自相似三角形 $\triangle ADB$、$\triangle BDd$ 和 $\triangle ACd$ 之间的比例关系。第三个等号是根据《几何原本》第六卷命题 3："若（以直线）等分三角形的一角，将其对角边截成两线段，则这两线段的比如同其他二边之比。" 在目前的问题中，$\triangle ABC$ 的 $\angle BAC$ 被线段 AD 二等分，且交点在对角边 BC 上 d 点。按照这个命题，就有 $\dfrac{Cd}{Bd}=\dfrac{AC}{AB}$，这就是式 (6.9) 中第三个等号的关系。至于第四个等号，令 $\dfrac{AC}{Cd}=\dfrac{AB}{Bd}=k$，也就是 $AC=k \times Cd$，$AB=k \times Bd$，两式相加，$AB+AC=k(Bd+Cd)$，即 $\dfrac{AB+AC}{Bd+Cd}=k=\dfrac{AC}{Cd}=\dfrac{AB}{Bd}$。有了这些关系，已知 $\dfrac{AC}{BC}=\sqrt{3}<\dfrac{1\,351}{780}$，而 $\dfrac{BA}{BC}=\dfrac{2}{1}=\dfrac{1\,560}{780}$，所以

$$\frac{AD}{DB}<\frac{2\,911}{780}。 \tag{6.10}$$

由此，我们得到

$$\frac{AB^2}{BD^2}=\frac{AD^2+BD^2}{BD^2}<\frac{2\,911^2+780^2}{780^2}=\frac{9\,082\,321}{608\,400}。 \tag{6.11}$$

$\sqrt{9\,082\,321}=3\,013.688\,935\,5\cdots$，阿基米德选择分数 $3\,013\dfrac{3}{4}$，得到 $\dfrac{AB}{BD}$ 的下界

$$\frac{AB}{BD}<\frac{3\,013\dfrac{3}{4}}{780}。 \tag{6.12}$$

下面的工作，就是重复类似式 (6.9) 至 (6.12) 的计算，得到 $\dfrac{AB}{BE}$、$\dfrac{AB}{BF}$、$\dfrac{AB}{BG}$ 的下界值。

从这里，阿基米德对外切和内接多边形分别得到两个数列，$a_0, a_1, a_2, \cdots, a_m$ 和 b_0，$b_1, b_2, \cdots, b_m$，它们之间有统一而规律的关系，那就是

$$a_1 = a_0 + b_0, \quad a_2 = a_1 + b_1, \cdots, \tag{6.13}$$

其中，

$$b_1 = \sqrt{a_1^2 + c^2}, \quad b_2 = \sqrt{a_2^2 + c^2}, \cdots。 \tag{6.14}$$

对于外切多边形，$a_0 = 265$，$b_0 = 306$，$c = 153$，而对于内接多边形，$a_0 = 1\,351$，$b_0 = 1\,560$，$c = 780$。按照式（6.13）和（6.14）就可以逐步算出边长的值来。表6.1中给出阿基米德预期的结果，其中红色数字是利用小数点表达的 a 的数值（仅保留小数点后三位）。大多数的 b 的数值，我们给出根号表达式，其中 a 的数值是阿基米德的近似值。对于内接多边形，由于随着 m 的增加，a 的数值会变得很大，不容易处理。阿基米德在计算 a 和 b 值时相对于 c 值进行了简化。比如当 $m=2$，取 $c=780$ 时，$a=5\,924.689$。阿基米德把780减小为原来的 $\frac{4}{13}$ 变成240，相应地 a 也要减小为原来的 $\frac{4}{13}$，变成 $1\,822.981$。之所以可以这么做，是因为以上的计算都是比值关系。而之所以必须这么做，很可能是由于古希腊的计数体系在处理大数时很不方便（见第一章）。

表6.1 利用式（6.13）和（6.14）计算6，12，24，48，96条边的正多边形边长的结果

m值	外切多边形			内接多边形		
	a	b	c	a	b	c
0	265	306	153	1 351	1 560	780
1	571	$\sqrt{571^2 + 153^2}$	153	2 911	$\sqrt{1\,351^2 + 780^2}$	780
2	1 162.143	$\sqrt{\left(1\,162\frac{1}{8}\right)^2 + 153^2}$	153	5 924.689 或 1 822.981	$\sqrt{\left(5\,924\frac{1}{8}\right)^2 + 780^2}$ 或 $\sqrt{1\,823^2 + 240^2}$	780 或 240
3	2 334.314	$\sqrt{\left(2\,334\frac{1}{4}\right)^2 + 153^2}$	153	11 900.502 或 3 661.693 或 1 006.966	$\sqrt{\left(3\,661\frac{9}{11}\right)^2 + 240^2}$ 或 $\sqrt{1\,007^2 + 66^2}$	780 或 240 或 66
4	4 673.637		153	23 826.538 或 2 016.092	$\sqrt{\left(2\,016\frac{1}{6}\right)^2 + 66^2}$	66

另外，外切多边形的最终比值 $\dfrac{a_4}{c}$ 对应的是图6.4中的 $\dfrac{OA}{AG} = 2\,\dfrac{OA}{GH}$，其中 GH 是正96边外切多边形的边长，所以对应 $m=4$ 的 b 值就不必计算了。对 $m=4$ 的 a 值，阿基米德得到的近似值是 $4\,673\,\dfrac{1}{2}$。

对于内接多边形，$m=4$ 的比值 $\dfrac{b_4}{c}$ 对应的是图6.5中的 $\dfrac{AB}{BG}$，其中 BG 是正96边内接多边形的边长。采用类似式（6.3）和（6.4）那样界定 $\sqrt{3}$ 的方法，阿基米德得到 b_4 的范围：

$$2\,016\,\frac{1}{6} < \sqrt{\left(2\,016\,\frac{1}{6}\right)^2 + 66^2} < 2\,017\,\frac{1}{4}。$$

这样，阿基米德得到下面的不等式：

$$\frac{96 \times 153}{4\,673\,\frac{1}{2}} > \pi > \frac{96 \times 66}{2\,017\,\frac{1}{4}}。$$

最后，他把这个不等式简化为

$$3\,\frac{1}{7} > \pi > 3\,\frac{10}{71}。 \tag{6.15}$$

$3\,\dfrac{1}{7} \approx 3.142\,857\,14$，$3\,\dfrac{10}{71} \approx 3.140\,845\,07$，而我们今天知道，$\pi \approx 3.141\,592\,654$。建议读者把阿基米德的这个算法同附录一的现代算法对照来看，你将会更清楚地看到阿基米德的聪明之处。

阿基米德的计算根据是所谓的穷竭法，其宗旨是把实际计算的结果不断外推，直到极限。穷竭法最早由欧多克斯加以严格化，用以计算长度、面积和体积。穷竭法被认为是微积分方法的先导，一直在几何学发挥着重要作用。附录一列出6，12，24，48，96边正多边形的周长。用 C_n 和 c_n 来分别代表外切多边形和内接多边形的周长，我们看到，随着 n 的增加，C_n 和 c_n 的差异越来越小。这个变化在图6.6中可以更加直观地观察到。但是，$c_n<C<C_n$ 这个不等式永远成立。阿基米德可以不断地做下去，以至于在 n 足够大的时候，C_n-c_n 这个差就可以小于任意一个给定的小的正数。换句话说，在 n 无穷大时，多边形的周长就精确地等于圆的周长。穷竭法背后的逻辑支撑是归谬法（Reduction to absurdity）。假设有一个 N 边内接多边形的周长大于圆的周长，那么从图6.5我们可以推断，这个多边形的边一定在圆周以外，所以它不是内接多边形。这说明我们的假设是

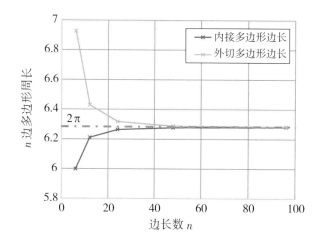

图 6.6　随着 n 的增加，n 条边的正多边形的周长很快逼近半径 $R=1$ 的圆周周长。这里，蓝线和红线分别对应着内接和外切多边形的周长。水平红虚线是圆周长的精确值（也就是二倍圆周率）。从这里可以看出，随着 n 的增加，三个周长的差别迅速减小。数据来自附录一。

谬误的。同理可以论证外切多边形的边一定在圆周以外。也就是说，$c_n < C < C_n$ 这个不等式永远成立。而要证明当 n 趋于无穷大时 $c_n = C = C_n$，则需要极限的理论。

　　请注意穷竭法和穷举法（Proof by exhaustion）的不同。对于后者（也称完全归纳法），读者会在《好看的数学故事：概率与统计卷》里遇到，它的意思是把同一类事件内所有的可能性都考虑进来，一个也不剩。比如，同时投掷三个骰子，得到总点数为 11 的概率是多少？这需要把三个骰子可能出现的所有点数（从出现 3 个 1 到 3 个 6）的组合数都考虑进来（也就是穷举），然后考虑出现总点数为 11 的情况有几种组合。出现总点数 11 的概率等于出现 11 点的组合数除以出现所有点数的组合数。

　　在阿基米德身后的 1 000 多年里，多边形逼近一直是最主要的计算圆周率的方法。公元 265 年，三国时期北魏数学家刘徽（约 225 年—约 295 年）计算到有 3 072 条边的多边形，也就是 3×2^{10}，得到 π ≈ 3.141 6。480 年，南北朝时期的祖冲之（429 年—500 年）计算到 12 288 条边的多边形，相当于 3×2^{12}，把圆周率的数值扩展到小数点后第 7 位，即 3.141 592 6 < π < 3.141 592 7。为了计算方便，他建议使用分数 $\frac{355}{113}$ = 3. 141 592 920 35… 来近似圆周率，称之为"密率"；另外一个分数 $\frac{22}{7}$ = 3. 142 857… 作为"约率"使用。祖冲之的圆周率在后来的 900 多年里一直是最精确的。1424 年，波斯天文学家卡西（Jamshid al-Kashi，约 1380 年—1429 年）计算到 3×2^{28} 条边的多边形，圆周率精确到小数点后面 16 位。1596 年，荷兰数学家科伊伦（Ludolph van Ceulen，1540 年—1610 年）达到小数点后 20 位，稍后又推进到 35 位。1630 年，奥地利天文学家格林伯格（Christoph Grienberger，1561 年—1636 年）达到小数点后 38 位，他计算到了 2^{40} 条边的

多边形。17世纪以后，随着数学理论的迅速发展，各种计算方法层出不穷。再后来，电子计算机问世，圆周率的数值长度从1970年代的小数点后面一百万位（10^6）急速增加到今天的约10^{13}位。

　　找到了π，阿基米德接着寻找球体的体积公式。他的做法仍然极富创造力，我在《数学现场——另类世界史》中有过介绍。但为了本书内容的完整性，还是值得在这里花些篇幅。

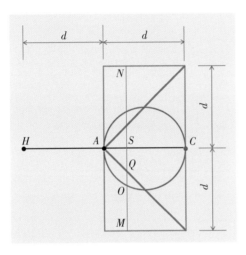

图6.7　三个物体的剖面图。注意这三个物体对于轴HC具有轴对称性。

　　考虑一个圆柱，一个圆球，一个圆锥。圆柱的高和圆球的直径（d）相等，圆锥底面的直径与圆柱的直径相等，都是$2d$。阿基米德已经知道，圆柱的体积是πd^3，圆锥的体积是$\frac{\pi}{3}d^3$。他把三个物体重叠画出来，如图6.7所示。现在他作一个任意的垂直于轴线AC的截面MN。由于轴对称性，他看到，只需要把图6.7当作平面几何来处理，然后绕着HC轴旋转就能得到三维的解。

　　在图6.7的平面上，根据相似三角形和勾股定理可知

$$(AS)(SC)=(SO)^2, \tag{6.16a}$$

然后，他利用几何知识进行下面的代数运算。阿基米德采用语言来描述他的运算结果，非常繁复，用现代的代数符号来表达要容易多了。

　　在等式（6.16a）两边同时加上$(AS)^2$，再注意到$[(SC)+(AS)]=(AC)$，得到

$$(SO)^2+(AS)^2=(AS)(SC)+(AS)^2$$
$$=(AS)[(SC)+(AS)]$$
$$=(AS)(AC),$$

也就是

$$(SO)^2+(AS)^2=(AS)(AC)。 \tag{6.16b}$$

现在考虑到这三个物体的轴对称性，在等式（6.16b）两边同时乘$(AC)\pi$，得到

$$(AC)\left[\pi(SO)^2+\pi(AS)^2\right]=(AS)\pi(AC)^2。 \tag{6.16c}$$

我们注意到，$(AS)=(SQ)$，$(AC)=(SM)$，所以等式（6.16c）就变成了

$$(AC)\left[\pi(SO)^2+\pi(SQ)^2\right]=(AS)\pi(SM)^2。 \tag{6.16d}$$

这个式子里包含了通过截面MN的球体、圆锥和圆柱的截面面积$\pi(SO)^2$、$\pi(SQ)^2$和$\pi(SM)^2$。

下一步，阿基米德做了一件令后人意想不到的事情。他说，让我们假设这三个物体是同样的材料做成的，具有同样的密度（或比重）ρ，再假设这三个截面具有同样的厚度Δ。在式（6.16d）两侧同时乘$\rho\Delta$，

$$(AC)\left[\pi(SO)^2\rho\Delta+\pi(SQ)^2\rho\Delta\right]=(AS)\pi(SM)^2\rho\Delta。 \tag{6.16e}$$

沿轴线AC作延长线AH，使$AH=AC$，于是式（6.16e）可改写成

$$(AH)\left[\pi(SO)^2\rho\Delta+\pi(SQ)^2\rho\Delta\right]=(AS)\pi(SM)^2\rho\Delta。 \tag{6.16f}$$

因为$\pi(SO)^2$、$\pi(SQ)^2$和$\pi(SM)^2$是通过截面MN的球体、圆锥和圆柱的截面面积，把它们都乘Δ以后就变成了厚度为Δ的三个圆盘（或非常短的圆柱体）的体积。体积乘比重是重量（更精确地说，我们今天叫作质量）。(AH)和(AS)是距离。现在，让我们回想一下普通物理中的杠杆原理，式（6.16f）的物理含义是什么？

阿基米德的思路从几何跳到代数，又跳到物理。他指出，式（6.16f）对应着一个物理问题：如果把一个半径为AC、厚度为Δ的圆盘挂在S点，那它必定跟同时挂在H点的两个厚度为Δ的圆盘达到平衡。这两个圆盘的半径分别是SO和SQ。我们不妨想象，HC是一根杠杆，支点在A。半径为SM的圆盘悬挂在S点；在H点用一根长线，拴住两个半径分别是SO和SQ圆盘的中心，一上一下，杠杆就达到平衡。至于这两个圆盘哪个在上哪个在下，并不重要。这个问题对于阿基米德来说，太熟悉了。他曾经讲过一句非常有名的话："给我一个支点，我就能移动地球！"

由于S点是在AC线段上的任意一点，所以式（6.16f）对AC线段上的每一点都成立。阿基米德进一步论证说，现在我们把AC线段切割成若干相等的小段，每一段的长

度是Δ。既然式（6.16f）对每个小段都适用，我们把所有的小段从$S=0$（A点）到$S=d$（C点）都加起来也应该适用。这个过程，我们叫作求和，后来叫作积分。对于式（6.16f）中的三个圆盘来讲，求和的结果是得到圆球、圆锥和圆柱的近似体积。我们可以想象把AC线段分割成越来越多的小段来求和，直到Δ小到使求和的近似体积完全等于三个立体的真正体积。由于圆柱的对称性，求和的结果相当于把整个圆柱悬挂在线段AC的中点。于是我们得到圆球（$V_{球}$）、圆锥（$V_{锥}$）和圆柱（$V_{柱}$）之间的体积关系

$$（V_{球}+V_{锥}）=\frac{1}{2}V_{柱}。 \tag{6.16g}$$

有了这个关系，圆球的体积就可以求出来了。不仅如此，知道了球的体积，球面的面积也可以得到。读者可以自己想一想如何得到球面的面积。

以上是阿基米德为了验证自己的结果而采取的思路。他的完整的几何证明方法我们就不详细介绍了。他的切割、求和的思路包含了微分和积分思想的萌芽，这要到将近2 000年以后才被牛顿、莱布尼茨（Gottfried Wilhelm Leibniz，1646年—1716年）等人发现并发扬光大。

阿基米德的思路，至少有两点是前无古人的，并且对后人的科学研究产生了深远的影响。第一，他把数学（主要是几何学）和科学（主要是物理学）融合起来，看到数学背后的物理问题，和物理背后的数学问题。既然科学规律（如物理）是采用数学方式表达出来的，所以物理也可以用来分析数学问题。我们不妨把阿基米德的分析方法称为科学的数学。这种融会贯通的思维方式使他的思路极为开阔。第二，他是人类历史上第一位采用"思维实验"的方式来解决数学和物理问题的。所谓思维实验，就是在脑子里利用已知的物理定律来构筑一种实验。这种实验在现实中可能由于实验条件的限制是无法达到的，但是在原理上完全符合物理规律，就像上面他的杠杆平衡实验。这一点，一千八九百年后被伽利略、牛顿等人发挥到极致。阿基米德是公认的古希腊最伟大的数学家。

据说，阿基米德特意留下遗嘱，希望死后在墓碑前竖立一个自己设计的纪念碑，那是一个圆柱，里面放着一个圆球。显然这是他最为骄傲的发现：球体的体积是外切圆柱（球的直径与圆柱的直径相等，圆柱的长度等于球的直径）的体积的三分之二。

在常人眼里，阿基米德一定是个名副其实的怪人。他离群索居，经常陷入深思，以至忘记吃饭，忘记洗澡，忘记往身上涂油（古希腊祭祀活动的要求）。人们不得不强迫他吃饭，抬着他去洗澡或者涂油，而这时阿基米德仍在不停地蘸着水或油在自己身上涂画几何图形，继续思索。他是一个特立独行的人，一辈子只用叙拉古的当地土话多利克语（Doric）写作，然后以书信的方式寄给朋友和同好。亚历山德里亚和雅典是当时影响最大的城市，人们都以讲雅典话或者亚历山德里亚话为荣。阿基米德的文字就好像今天的中国人用河南或山东土话写文章。可是他的文章追随者极多，因为其内容丰富，才华横溢。

阿基米德的好友之一是埃拉托西尼（Eratosthenes，约公元前275年—公元前193年），两个人经常书信来往，交流研究心得。埃拉托西尼住在亚历山大城，也是一位丰富多彩的人物。

传说当年亚历山大骑着那匹乌黑的宝马布西发拉斯（Buchephalus，意为牛头），在马背上挂了一只切开了口、装满面粉的口袋。随着骏马的飞驰，面粉流出来，飘落在地上，画出一条白线。白线所勾勒出的轮廓，就是亚历山大城。托勒密一世掌控埃及之后，大兴土木，要把这座城市建成希腊文明的新

史苑撷英 6.1

托勒密的希腊化埃及是一个奇妙而令人疑惑的王国。希罗多德在他的名著《历史》中对亚历山德里亚有这样的描述：

"在这里，人们的礼节和习惯同其他地方完全相反。比如，妇女参与买卖生意，而男人却待在家里的坐垫上……妇女站着小便，而男人却坐下去……"

我们不知道这个描述的真实性。但在托勒密的埃及妇女地位比当时世界其他任何地方都要高，这似乎是不争的事实。女王经常出现，妇女的地位高于男人。

亚历山大城是一个真正国际化的大城市。历史学家、地理学家斯特拉波不无偏见地如此描述那个时代的亚历山大城：

"这座城市里住着三类人：首先是埃及人或当地土著，他们脾气暴躁，不大喜欢文明的生活；第二类是雇佣军人，他们人数众多，严厉可怕，难以控制……第三类是亚历山德里亚城的居民，他们也不大喜欢文明生活，但比前两类人好得多，因为他们虽然也是混血，但他们的根来自希腊，故而认同希腊的习俗。"

的中心。公元前322年底，亚历山大大帝的灵柩从叙利亚运往马其顿。托勒密一世出马抢到先王的尸体，暂时停放在孟菲斯（Memphis），之后把它迁到亚历山大城。他在城中修建亚历山大陵墓，把遗体安葬于内。后来托勒密王朝历代的国君都埋葬在亚历山大的陵墓附近。为了用希腊文化统治埃及，他把亚历山大神化，尊为崇高的大祭司。他自封为法老，并引入希腊人与埃及人共同信奉的神明塞拉比斯（Serapis）。塞拉比斯的原型是牛头形象的欧西里斯，希腊人认为他兼有大地之神克托尼俄斯（Chthoic 或 Khthnios）的力量和酒神狄俄倪索斯（Dionysus）的慈悲。希腊人将塞拉比斯进化成人形并在亚历山大城里兴建塞拉比斯神庙。

为了加强希腊文化对埃及的影响，托勒密一世计划修建一座前所未有的图书馆，并投入大量人力物力搜集古希腊以及周围世界的文字信息和记录。这项工程相当浩大，直到他的儿子托勒密二世（Ptolemy Ⅱ Philadelphus，公元前308年—公元前246年）在位期间才完工。从那以后，历代国王都投入大量人力和财力搜集文字记录，包括到雅典和罗德岛（Rhodes）等地的书市去购买珍本、古本。托勒密二世甚至下令，所有出海的船只，必须把书目的原本留在亚历山大城，原书主人只能带着复制本离港。

图书馆是所谓缪斯神殿的一部分。很久以来，古希腊人就以神祇的名义建立庙堂，作为学术研究中心，我们前面提到过柏拉图的学院和亚里士多德的会馆，此外还有芝诺（Zeno of Elea，约公元前490年—约公元前430年）的柱廊（Stoa）和伊壁鸠鲁（Epicurus，公元前341年—公元前270年）的学校等等。托勒密家族以艺术女神缪斯（Muses）为主神，修建缪斯神殿，于是就有了缪斯殿（Museum）这个词。这个词后来特指博物馆。缪斯神殿坐落在城市的东北角，紧连着王宫。图书馆的中心是一座巨大的厅堂，鼎盛时期藏书多达六七十万卷。据说书架上还刻有这样的文字："此为疗灵处"（The place of the cure of the soul）。可惜这座图书馆早就被毁掉了，我们只能从前人的描述里面想象它的雄伟和辉煌：大厅的石板地磨得平滑如镜，穹顶和四周墙壁上都是壁画，色彩灿烂，造型精美。大厅内纵横交错排满了高大的书架，上面的方格子里，分门别类存放着一卷一卷的"书"（图6.8）。多数是书写在莎草纸上，卷成卷，存放在书架上。后来逐渐有了羊皮纸。小羊皮经石灰炮制，去毛处理后再用浮石软化，然后拉平晾干，数次防腐处理之后，才能制成书卷或装订成册，供抄写员书写画图。这种"纸"制作昂贵、费时耗工，每一部书都是珍贵的艺术品。

图 6.8 后人想象中的亚历山大图书馆之一角。

除了图书馆，缪斯殿堂还有几十位学者长期住在这里，吃喝拉撒睡全由国家负担。地理学家斯特拉波（Strabo，公元前63年—约公元23年）说，那里的学者们享受着丰厚的薪水、无偿的食宿，而且免税。这里有拱形圆顶的餐厅，周围是教室、会议室、阅读室。花园里是高大的希腊石柱和散步游廊，总之其结构类似今天的大学校园。国王相信，只有毫无生活压力，学者们才能全身心地进行研究。托勒密二世本人对动物极有兴趣，所以这里还有一个饲养珍禽异兽的动物园。这是世界上最早的科学院，也是当时最为先进的研究中心，研究范围囊括文学、历史、法律、天文、地理、物理、数学，解剖、医药、病理，机械、工程，几乎无所不包，为世界文明的早期发展做出了不可磨灭的贡献。

图6.9　埃拉托西尼(左)在亚历山大城教学。这幅油画作于1625年，作者为意大利画家斯特罗奇(Bernardo Strozzi，约1581年—1644年)。

公元前245年，埃拉托西尼出任亚历山大图书馆的负责人(图6.9)。埃拉托西尼的老家是昔兰尼，这是一个位于北非的希腊城邦，在今天的利比亚境内。昔兰尼在伯罗奔尼撒战争中是斯巴达的盟友，在亚历山大大帝去世以后，被托勒密一世占领，归入埃及。这里盛产好马和一种今天已经绝迹的香草，相当富有。埃拉托西尼在昔兰尼受到良好的教育，成年后赴雅典，进入柏拉图创建的阿卡德米学院(Academy)，研习哲学和历史，还花了大量时间写诗。他不赞同亚里士多德把人类分成希腊人和野蛮人的观点，强调任何一个民族都有长处也有短处，也不赞成维护所谓希腊人种的纯洁性。托勒密三世(Ptolemy Ⅲ Euergetes，约公元前280年—公元前222年；于公元前246年—公元前222年在位)听到埃拉托西尼的名声，专门把他请到亚历山大城来管理图书馆，并负责法老的儿子托勒密四世(Ptolemy Ⅳ Philopator，公元前244年—公元前204年)的教育。

埃拉托西尼精力充沛，才干惊人。他既是首屈一指的哲学家和诗人，又是出类拔萃的数学家和天文学家。他编纂了一个包括44个星座的目录，其中不仅描述了这些星座的天文信息，还记载了每个星座的神话和传说。此外，目录中还有475颗恒星，被后人称为最富有诗意的科学文献。他计算过地球与太阳之间的距离，并且发明了闰日。他最早通过观测太阳在冬至和夏至的高度差求出黄道倾角为23°51′19.5″。他还首创了年代学的科学方法，着手确定重大历史和文学事件的时间。公元前255年，也就是21岁的时候，他发明了世界上第一台浑天仪(armillary sphere)。在西方，人们在2 000多年的时间里一直使用这种天文仪器，直到公元19世纪。这还不算，他还是一位运动家，撰写过一部奥林匹克运动会的编年史。

在从事这些研究的同时，埃拉托西尼一直在心里酝酿着一个更大的计划：他要测量地球的大小。这个雄心勃勃的计划是前人无法设想的，但埃拉托西尼觉得时机已经成熟。首先，从哲学理论到实际观察，他坚信大地是球形的。古希腊人具有独特的科学思辨，早在公元前6世纪，毕达哥拉斯就对天地有了非同寻常的认识，他从美学的观念出发，断言既然宇宙是完善的，宇宙中所有天体的形状和它们的运动轨道也必定都是完美的。什么形状是最完美的呢？这当然因人而异，有人说是圆柱体，有人说是立方体。不过在古希腊，占主导地位的观念认为，所有立体形状当中最完美的是球体，一切平面形状当中最完美的是圆形；因此，宇宙必定是圆球形的，天体也必定是球形的，它们的运动轨道必定是圆周。大哲学家柏拉图学习了毕达哥拉斯派的数学以后回到雅典，建立了自己的学院。他在名著《斐多篇》（*Phaedo*）里面借用老师苏格拉底之口这样说：

> 我认为是这样的。首先，如果大地是球形的，并且位于宇宙的中心，那么它就不需要空气或任何其他东西对它施力，以使它不致下坠。天空的均匀和地球的平衡足以支持它……从空中看去，地球的真实表面很像由十二块皮子缝制的皮球，每块皮子具有不同的颜色。

2 000多年以后，柏拉图想象的地球形状基本上被阿波罗宇航船的照片所证实。

其次，经常从一个海岛跳到另一个海岛的希腊人有丰富的航海经验和知识。他们很早就观察到，从远处驶来的帆船，总是桅顶先从海面探出来，看不到船身。这种观察不是局限在一个方向上，从四面八方驶来的帆船都有这种现象。而这个现象又跟观察者的具体位置无关，各地的海面上都能观察到。显然，这个现象符合球形大地的"理论"。

埃拉托西尼又是一位地理学家。实际上，是他在历史上提出了地球的经纬度的概念，创造了地理学这个名词，制作了第一幅世界地图。由于这些工作，人们称他为地理学之父。根据这些知识，他确信，地球的周长是可以量度的。

怎样测量呢？依靠天文和几何知识。

亚历山大城坐落在尼罗河三角洲的出海口。南面，在上埃及和下埃及交界处有个城市赛伊尼（Syene），也就是今天的阿斯旺（Aswan）。那里有一口深井，每逢夏至正午，太阳的影像恰好出现在井底水面的正中（图6.10）。也就是说，这时的太阳位于正

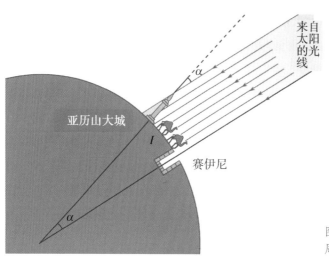

图6.10 埃拉托西尼计算地球
周长的方法示意图。

天顶。这个奇景闻名已久，埃拉托西尼把它选为第一个观测点。第二个观测点在亚历山大图书馆外面，这里有一座高高的方尖塔，埃拉托西尼把它当作日晷，用来测量夏至时分塔影的长度，由此得到尖塔与太阳光线之间的倾角为7°12′，也就是整个圆周的五十分之一。如果地球是完美的圆球形，而且亚历山德里亚位于赛伊尼的正北，那么两地之间的距离就应该是地球周长的五十分之一。埃拉托西尼测出两个城市之间的距离是5 000斯塔迪亚（Stadia，古希腊和古埃及的长度单位）。这个距离是相当可靠的，多少年来，古埃及"拉绳子"的专业测量人员每年都要重新测量一次，进入托勒密王朝后也不例外。于是他宣布，地球的周长是250 000个斯塔迪亚。一个斯塔迪亚大约相当于157米，那么他测到的地球周长就是39 250千米。作为比较，今天我们知道，地球的平均半径是6 371千米，平均周长40 076千米。

　　这个故事在细节上存在几个问题。第一，在夏至那一刻，只有在北回归线上（北纬23°26′）太阳才真正位于天顶。阿斯旺处于北纬24°05′，这说明夏至时阳光不会跟阿斯旺的大地水平面垂直。当然，阿斯旺的深井可能打得不直，半度的误差是可以理解的。第二，阿斯旺与亚历山大城不在同一条经度线上。前者在东经32°54′，而后者在东经29°55′，它们之间有三度的经度误差。这意味着两者之间的圆弧不是所谓的大圆线（great circle；也就是球面上直径最大的圆）。第三，长度单位缺乏明确的定义。后人认为，测量旅途距离的斯塔迪亚大约相当于157米。但当时还有几种不同的斯塔迪亚。比如，奥林匹克竞赛中的斯塔迪亚是176米，雅典的斯塔迪亚是185米，等等。

但这些都属于技术细节，不很重要。重要的是，埃拉托西尼能够把一个庞大到难以想象的实际问题抽象到一个简单的几何问题，利用几尺长的日晷的影子来测量地球这个庞然大物的周长。这需要何等浩阔的眼光、深邃的思考和强大的信心啊！

埃拉托西尼的这项工作大约完成于他36岁的时候，也就是公元前240年。阿基米德对好友的工作应该了如指掌。十几年后，阿基米德呈送给叙拉古国王一份研究报告，研究的问题是：宇宙之间究竟能容纳多少颗沙粒？我猜测，这个研究有可能是给好友埃拉托西尼一个回应。

古往今来，人们普遍认为天下的沙子数不清，也或者干脆说是无穷多。中文常用"多如牛毛""浩若繁星"来表达类似的意思。作为科学家，阿基米德质疑沙粒无穷多的说法，决定去估计一下宇宙间究竟能容纳多少颗沙粒。

当时希腊文的词汇里，最大的数字是一万（myriad）。我们在第一章里看到，希腊人利用字母来表达数字，这个系统在处理巨大数字时非常不方便。为了解决这个问题，阿基米德设计了一套新的数字系统。他的系统跟中国的以万为单位的计数系统很相像。比如他以万为单位，定义新的单位万万（myriad myriads，即10^8），也就是一亿。但是他要考虑的数比亿要大很多，于是建立了一个阶梯式的计数系统。他把从1到10^8之间的数统称为"第一阶数"。第一阶数以上的数，他仍然以万万为基本单位，把从10^8到10^{16}之间的数统称为"第二阶数"，以此类推，直到"第万万阶数"，也就是$10^{8\times10^8}=10^{800\,000\,000}$。这个数已经大得惊人了，但他觉得还不够用，又把第1阶到第10^8阶的数定义为"第一周数"，把该周数中最大的数当作第二周数第一阶的单位。由此一直往上推，推到第万万周数第万万阶数的第万万个单位。按照现代计数法，这最后一个数是$10^{80\,000\,000\,000\,000\,000}$。如果你不愿用幂指数把这个数写出来，那么必须在1后面写下8×10^{16}个0。

有了这个计数系统以后，他着手估计宇宙有多大。按照当时希腊天文学的观点，宇宙以地球为中心，是一个巨大的球体，所有的星球都在该球体的球面上运行。我们跳过阿基米德估计星球的体积等过程，只讲他的结论，那就是宇宙大球的半径小于10^{10}斯塔迪亚。

现在，阿基米德可以估计宇宙间可能放置的沙粒的数目了。他首先假定一万粒沙粒构成罂粟籽大小的体积，40粒罂粟籽相当于一指宽，那么一个直径为一指的立方体可容纳$10\,000\times40^3=640\,000\,000$颗沙粒。具体的数值在这个问题里没有意义，按照数量级来看，一立方指的空间大致可存沙 10^9 粒。如果 10 000 指宽为一个斯塔迪亚，那么 1 立方斯塔迪亚就可容纳沙粒 10^{21} 粒。由此，阿基米德得出结论：宇宙间可容纳 10^{51} 粒沙。这个数字属于阿基米德计数系统中第七周数中的第一阶。显然，他的计数系统比宇宙间可容纳的沙粒数目要大得多。

Myriad 这个词是希腊文的英文表示法。这个词如今在英文里经常用到，意思就是很多很多。阿基米德挑战那种动不动就声称无穷大的说法，认为那是偷懒的表述。他指出，再大的数都是可数的、有限的，跟无穷是两个完全不同的概念。

以阿基米德和埃拉托西尼为代表的希腊学者们从假定出发，利用观察和几何学理论来计算和解释世界，这是科学的开端，对后来科学理论的发展起到了不可估量的重大影响。

罗马人围困叙拉古整整两年。据历史学家波利比乌斯（Polybius，公元前 200 年—公元前 118 年）的《历史》中记载，罗马士兵对叙拉古保卫战出现的诡异器械吓得如同惊弓之鸟，只要城上悬下一根绳子或伸出一段木梁，士兵们就会大叫："又来了！又来了！"并转头逃窜。波利比乌斯还说，马塞卢斯几次起心撤兵。他私下里说："我们是不是该结束跟这位几何的布里亚瑞斯的战斗了？他拿我们的战船像勺子一样从海里舀水，拿大粗棍子可耻地驱赶我们的桑布查耶，还一次性向我们投掷大量的石弹来战胜我们。"布里亚瑞斯（Briareus）是早期希腊神话中的怪人，长有 100 只手 50 个头，极为凶猛，而且比泰坦（Titans）和独眼巨人还要巨大而恐怖。

保卫战的成功也使叙拉古城内的人们渐渐松弛。公元前 212 年 6 月，叙拉古全城狂欢，这是庆祝月亮、狩猎和处女之神阿忒密斯（Artemis）的节日。完全松懈的防卫终于给了罗马人可乘之机。叙拉古被攻破，阿基米德也在城破之日遭到杀害，享年 75 岁。

英国数学家怀特赫德（A. N. Whitehead，1861 年—1947 年）在《数学引论》中对此评论说：

> 阿基米德死在罗马士兵手中，这个事件对世界的变化具有头等的象征意义：热爱抽象科学的古希腊人被现实而实际的罗马人赶下欧洲领袖的位置。古罗马人是个伟大的民族，但他们因遭到诅咒而不育（按：指在科学上没有成就）。他们没有增进父辈的知识，他们的成就仅限于工程上的微小技术细节。他们不是梦想家，没能为更加根本地控制自然力量提供一个新的视角。没有一个罗马人由

于深深陷入对数学图象的思索而丢掉性命。

　　埃拉托西尼一直保持着活跃的研究生命，直到80岁。他是公认的地理学之父，制作了第一幅世界地图，其中包括欧洲和非洲的全部以及亚洲的大部。在他的地图上，亚洲的东南止于印度，而东北的广袤地带尤其是中国对他来说是不存在的。公元前195年，他患了眼疾，双目失明。无法读书和研究观察自然是他无法忍受的，于是，他拒绝进餐，于公元前193年去世，享年82岁。

　　埃拉托西尼的著作很可能都存放在亚历山大图书馆内。可是，罗马人的铁蹄不久就越过了地中海，抵达埃及。公元前48年，恺撒大帝（Julius Caesar，公元前100年—公元前44年）率军包围了亚历山大城。为了阻止托勒密十四世（Ptolemy XIV Philopator；也就是埃及女王克利奥帕拉的弟弟）的海军出战，恺撒下令放火点燃停泊在港湾的埃及战舰（图6.11）。大火蔓延后不可收拾，城市遭到严重破坏，图书馆也没

图6.11　亚历山大城在罗马入侵时遭焚。1876年木刻版画，作者不详。引自德国语言学家郭尔（Hermann Göll，1822年—1886年）。

能幸免。据估计，大约40 000卷珍本被焚毁，埃拉托西尼的著作也在其中。关于他测量地球的故事主要来自天文学家克雷奥米德（Cleomedes，生卒年不详，约生活在公元4世纪）的记载，很可能是经过大大简化的。

本章主要参考文献

Heath, T. A History of Greek Mathematics. Vol. 1: From Thales to Euclid. Now York: Dover Publications, 1921: 446.

王雁斌:《数学现场：另类世界史》,桂林：广西师范大学出版社,2018年,第318页。

第七章　两千年无人超越的曲线论

> 阿波罗尼乌斯致尤德穆斯阁下，问安。
>
> 　　若您身体安康，诸事遂意，那就甚好。我也还凑合。上次在帕加马遇到阁下时，知道您对我的圆锥曲线研究深感兴趣，愿一睹为快。今特意奉上经我修改的第一卷。其余各卷将继续修改，待我满意后奉上。恐怕您还记得我提起过，我的研究是在几何学家诺克拉特的敦促下进行的。当时他在亚历山大城访问，就住在我处。我完成八卷文稿以后，马上交给了他，然而时间仓促（他当时正要离港），没有完整地校对，但已经决定稍后要完成校对工作。现在我利用这个机会把八卷分别校对后，逐步发表……

这封信的作者名叫阿波罗尼乌斯（Apollonius of Perga，约公元前262年—约公元前190年），他所提到的八卷本《圆锥曲线论》（*Conics*），是一部令后人赞叹不已的著作。著名数学史专家希思在1896年把它翻译成英文，写了长达170页的引言和评论。在前言里，他如此评论说：

> 　　这部完成于约2 100年前的著作，用沙勒（Michel Chasles，1793年—1880年，法国数学家）的话来说，包含了"圆锥曲线最为有趣的性质"，更不要说作者对圆锥曲线渐开线的完整确定，而这些研究完全是通过几何手段精彩地完成的。

在古希腊男性当中，阿波罗尼乌斯是一个非常普通的名字，它来自太阳神阿波罗，就像英美男性的名字约翰来自《圣经》里的使徒约翰一样。我们这位阿波罗尼乌斯出生在小亚细亚南岸，濒临地中海的希腊古城泊尔迦（Perga），它与埃及的亚历山大城隔海遥望。亚历山大大帝去世以后，帝国分崩离析。他的卫队指挥官塞琉古（Seleucus，约公元前358年—公元前281年）占据了小亚细亚东部、叙利亚和伊朗，自立为国王。塞琉古用自己的名字命名这个国家，又把父亲安条克（Antiochus，生卒年不详）的名字给了首都（Antioch，在今天土耳其的安塔基亚Antakya附近）。亚历山大的另一个将军菲雷泰罗斯（Philetaerus，约公元前343年—公元前263年）占据小亚细亚最西端的伊奥尼亚海岸，建立了帕加蒙王国（Kingdom of Pergamon）。公元前3世纪前后，泊尔迦是小亚细亚重要的希腊化文化中心之一，所以塞琉古和帕加蒙都想得到它。泊尔迦被轮番占领，没有安生日子，于是阿波罗尼乌斯离开这里，搬到地中海对面的亚历山大城去了。他在那里跟从欧几里得的门生学习数学（那时欧几里得已不在人世了），学成之后，可能在同一个学校里担任教师，很快成为当时公认的伟大几何学家。

帕加蒙跟希腊化的埃及之间也存在激烈的竞争，不过竞争的中心不在领土而在藏书。帕加蒙和托勒密帝国一样，重视弘扬文化。为了争夺图书馆的头筹，埃及当局下令严控莎草的出口，这极大地限制了帕加蒙的藏书量。帕加蒙被迫改用羊羔皮来制作羊皮纸，这种羊皮纸非常贵重，后来在欧洲中世纪的书籍中普遍使用。英文里羊皮纸（parchment）这个名词就是帕加蒙的变体。亚历山大城的图书馆遭劫以后，帕加蒙的图书馆成为世界上藏书最多的地方，这大概是阿波罗尼乌斯经常出现于帕加蒙的主要原因。后人认为，阿波罗尼乌斯那封信的对象尤德穆斯（Eudemus，生卒年不详）就是当时帕加蒙图书馆的负责人。至于诺克拉特（Naucrates）究竟是何许人也，已经无法得知了。

对圆锥曲线最早的研究源自二倍立方这个著名的古希腊数学难题。在尺规作图的努力失败以后，人们转而考虑其他研究途径。希波克拉特（Hippocrates of Chios，约公元前470年—约公元前410年）首先给出一个论断，用现代代数语言来表述，大致是这样的：给定两条已知的直线段，它们的长度分别是a和b，现在需要找出另外两条直线段，长度是x和y，使得a与x之比既等于x与y之比，又等于y与b之比，也就是

$$\frac{a}{x} = \frac{x}{y} = \frac{y}{b} \text{。} \tag{7.1a}$$

用现在的数学语言来说，x是a和y的比例中项，y是x和b的比例中项。从式（7.1a）可得，$x^2=ay$，$y^2=xb$。换句话说，x是a和y的几何平均值，y是x和b的几何平均值。于是可以得到两套数值(a, x, y)和(x, y, b)，它们具有相等的比例中项，这叫作双比例中项（two mean proportionals）。显然，对于任意给定的两条线段a和b，且$b=2a$，如果能找出它们之间的双比例中项x和y，使它们满足式（7.1a），那么就有$y^3=2x^3$，也就是说两个立方体的体积正好相差2倍。

看到这个二倍立方问题的可能突破口，几何学家们蜂拥而上，想出五花八门的办

法来寻找等值几何比。有的发明机械装置来绘制运动轨迹，有的构造复杂的三维几何形状，我在《数学现场——另类世界史》中对这些创意丰富的工作做了简略的介绍。在这些人当中，有一位名叫梅内克缪斯（Menaechmus，公元前380年—公元前320年）。在有文字的记载中，是他第一个采用在圆锥上截取平面的方法来寻找那对神圣的比例中项。

所谓圆锥（或圆锥体），可看成是平面上一个圆上面所有的点与平面外的一个定点之间的直线所构成的三维形体（图7.1）。平面上的圆形是圆锥的底面（又叫准面，directrix），平面外的定点是圆锥的顶点，从顶点到底面的垂直距离是圆锥的高。从准面上任何一点到顶点的直线连线叫作母线（generatrix）。顶点在准面的投影正好在圆心的圆锥叫正圆锥（如图7.1的左图）。正圆锥的高线，也是圆锥的对称轴，所以正圆锥可以看成是任何一条母线围绕对称轴旋转一周而形成的。顶点的投影不落在底面圆心的圆锥叫斜圆锥（如图7.1的右图）。如果用一个平面沿着与底面平行的方向来切割圆锥，正圆锥在该平面上的切痕（几何上称为轨迹）是大小不同的圆，而斜圆锥切出的轨迹也是圆。如果不加说明，通常"圆锥"指的就是正圆锥。

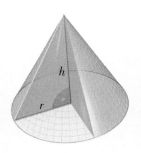
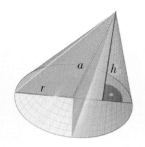

图7.1　左图为正圆锥，右图为斜圆锥。两个圆锥的底面都是圆而且半径相等，顶点离圆平面的距离（高）也相同，但顶点到圆心的连线位置不同。

早期古希腊人研究的圆锥比较简单，都是从直角三角形产生出来的。从类似于图2.6的直角三角形出发，把它以一条直角边（如图2.6中的s边）为轴旋转360°，斜边d（也就是母线）就在空间构成一个圆锥。这种圆锥的底面一定是圆，旋转轴必与这个圆垂直。锥角的大小取决于直角三角形两条边（图2.6中s和d）的夹角。如果这个夹角等于45°，旋转出来的圆锥锥角是90°，这叫直角圆锥体。夹角小于或大于45°旋转出

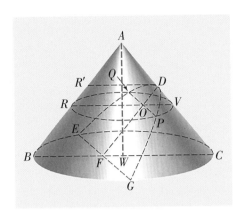

图7.2　梅内克缪斯考虑的锥角 *BAC* 为90°的圆锥。*EDG* 是把一个平面插入到圆锥中得到的圆锥曲面在平面上的截痕。

来的圆锥就叫锐角或钝角圆锥体。

　　梅内克缪斯用一个平面去截一个直角圆锥体（图7.2），该平面垂直于圆锥面上的母线 *ADC*，在圆锥的表面得到一道截痕 *EDG*（这种截痕在几何里称为轨迹）。在这条轨迹上的任意一点，比如 *P*，作一个与圆锥的旋转对称轴（*AW*）垂直的平面，圆锥表面同这个平面形成的轨迹是圆 *PVQR*。由于曲线 *EDG* 相对于直线 *DF* 对称，圆 *PVQR* 上的点 *Q* 也落在曲线 *EDG* 上。根据对称性，直线 *PQ* 与 *RV* 相互垂直并交于点 *O*。很容易证明，*OP* 是 *RO* 和 *OV* 的比例中项，即 $\frac{RO}{OP}=\frac{OP}{OV}$。又因为三角形 *OVD* 和 *BCA* 相似，所以 $\frac{OV}{DO}=\frac{BC}{AB}$。同理，三角形 *R'DA* 与 *ABC* 相似，所以 $\frac{R'D}{AR'}=\frac{BC}{AB}$，于是我们就找到了一个满足式（7.1a）的关系

$$\frac{R'D}{AR'}=\frac{BC}{AB}=\frac{OV}{DO}。 \tag{7.1b}$$

　　我们看到，虽然问题是三维的，梅内克缪斯处理问题的方法实际上是平面几何，并且成功地找到了双比例中项。不仅如此，很容易看出，曲线 *EDG* 上任意一点 *P* 可以用下述关系来表述：

$$R'D \times OV = AR' \times \frac{BC}{AB} \times OD \times \frac{BC}{AB} = AR' \times \left(\frac{BC}{AB}\right)^2 \times OD。 \tag{7.2a}$$

　　因为 *DF* ∥ *AB*，所以 *R'D* = *RO*；于是 *R'D* × *OV* = *RO* × *OV* = *OP*²。*AR'* 的长度完全取决于事先选定的点 *D*；选定以后，它跟曲线上的点无关。$\frac{BC}{AB}$ 只跟平面与圆锥的截面有关（对锥角为90°的圆锥，它等于 $\sqrt{2}$），而与曲线无关。那么，如果把变量 *OP* 叫作 *y*，*OD* 叫作 *x*，式（7.2a）就是

$$y^2 = Lx。 \tag{7.2b}$$

这是一条抛物线，其中的常数L后来有了自己的名字，它是对抛物线聚焦性能的描述。

　　根据现代代数知识，我们看到，梅内克缪斯的抛物线里确实隐藏着二倍立方的解。考虑两个抛物线方程，一个是式（7.2b），另一个是

$$x^2 = 2Ly。 \tag{7.2c}$$

这两条曲线如图7.3所示。显然，二者的交点，也就是方程组（7.2b）和（7.2c）的解，$x = \sqrt[3]{4}\,L$，$y = \sqrt[3]{2}\,L$。找到了$\sqrt[3]{2}$，二倍立方问题就解决了，但可惜这个方法满足不了尺规作图的要求，所以古希腊几何学家认为它还不能算是最终的答案。

　　图7.4显示，用平面从不同的角度切割一个正圆锥体，可以得到不同的曲线。从抛物线，梅内克缪斯究竟走了多远？我们不知道，因为他的著作没有留传下来。实际上，几乎所有完成于亚历山大大帝之前的古希腊数学著作都消失了。他的工作是在后人的著作中记录下来的。

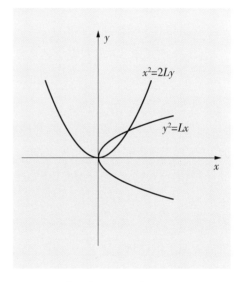

图7.3　两条主轴相互垂直的抛物线可以用来寻找三次方根。

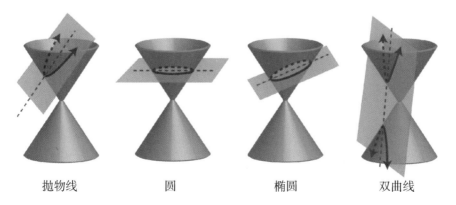

抛物线　　　　　圆　　　　　椭圆　　　　　双曲线

图7.4　用平面切割正圆锥所产生的圆锥曲线示意图。这是今天圆锥曲线教科书里最常见的演示法。

在梅内克缪斯身后的近百年时间里，有不少人在研究圆锥的切割。从阿基米德到欧几里得，对圆锥曲线都是这么分析的。即使在今天，介绍圆锥曲线的通俗读物仍然采用正圆锥来解释不同平面的切割所产生的轨迹曲线（图 7.4）。阿波罗尼乌斯集所有研究结果之大成，把圆锥曲线理论推到了前所未有的高度。他最先明确指出，不必把自己限制在正圆锥里，更不必对不同曲线考虑不同角度的圆锥，用平面去切割同一对顶尖的斜圆锥就可以得到全部三类不同的曲线，至于结果属于哪一类曲线，那要取决于切面相对于圆锥轴线的角度。

《圆锥曲线论》的格式完全遵从欧几里得《几何原本》，从公设出发，建立命题。阿波罗尼乌斯直接从斜圆锥开始他的研究，首先证明，用平面来切割同一个斜圆锥，可以得到两种不同的圆形截面。

图 7.5 是从图 7.1 复制得到的斜圆锥，让我们考察通过锥顶和底面直径的三角形 ABC（这种三角形叫作轴三角形，axial triangle）。设想用一个与 ABC 垂直的平面去截斜圆锥，截出一条轨迹，它与 ABC 相交的直线段是 HK，而且角 AKH 等于角 ABC。显然，三角形 ABC 与三角形 AKH 相似。在图 7.5 中，这个平面与斜圆锥表面截出的轨迹用红色虚线画出，它是一条落在与纸面垂直的平面内的曲线。我们考虑其上任意一点 P 和圆锥底面圆上的任意一点 F。从 P 和 F 分别作 HK 和 BC 的垂线，交 HK 和 BC 于点 M 和 L，线段 PM 和 FL 都与平面 ABC 垂直，那么 PM 与 FL 平行。

通过点 M 在 ABC 平面内作 BC 的平行线，该平行线交 AB 和 AC 于 D 和 E。由于 P 点在 ABC 面之外，而且 PM 与 ABC 面内的 HK 垂直，所以通过线段 DE 和 PM 可以作一个平面，它与斜圆锥的底面平行。可以证明，用这个平面截取斜圆锥，得到的曲线是圆（图中黑色虚线所示）。根据泰勒斯定理，这个圆内的角 DPE 是直角。由于 MP 垂直于直径 DE，很容易证明

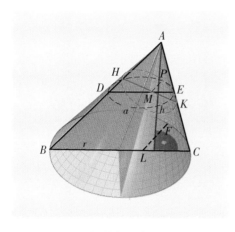

图 7.5　用平面切割底面为圆的斜圆锥，可得到两种不同的圆形截面。

$$MD \times ME = PM^2 \text{。} \tag{7.3}$$

这是众所周知的分割圆内接直角三角形之弦的定理。又因为 $DE /\!/ BC$，角 ADE 等于角 ABC 等于角 AKH，所以角 HDM 等于角 EKM，所以三角形 HDM 与三角形 EKM 相似。两个三角形的这种关系叫作"副反"（subcontrary）全等。由此得到 $\dfrac{HM}{MD} = \dfrac{EM}{MK}$。根据式（7.3），有

$$HM \times MK = DM \times ME = PM^2。$$

也就是说，在红色轨迹上的 P 点满足圆内截线的定理。由于 P 是红色虚线上的任意一点，这就证明了红色轨迹也是圆。结论：用平面截取斜圆锥，可以得到两类圆形截面 EPD 和 HPK。每一对副反全等三角形对应的两个圆形轨迹有两个交点，一个是 P，另一个是 P 相对于平面 ABC 的镜像。

　　阿波罗尼乌斯一共列出387条有关圆锥曲线的命题，全部采用陈述—证明—结论的格式。这里我们看看阿波罗尼乌斯对抛物线的分析，对照他和梅内克缪斯的分析思路的异同。

　　图7.6（a）来自《圆锥曲线论》的希思英文译本。为了简明起见，这里的斜圆锥用 AB 和 AC 两条母线以及代表底面的状如椭圆的曲线 $CEBD$ 来表示。它是图7.5的简化形式，参考图7.5有助于理解图7.6中的三个简图。在轴三角形 ABC 上任意一点 P 做平面切割，平面垂

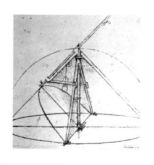

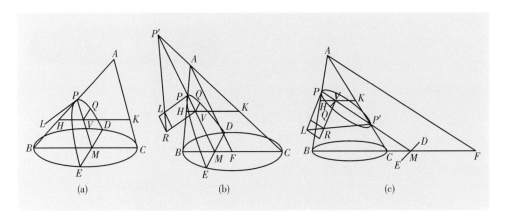

图7.6　阿波罗尼乌斯分析抛物线（a）、双曲线（b）、椭圆（c）的演示图（取自希思1896年的译本）。

直于纸面而且平行于母线 AC，切出的轨迹是曲线，与圆锥底面圆的交点是 D 和 E。这个平面与 ABC 的交点构成直线 PM，M 与 D 和 E 在同一条直线上。PM 是切割出来的轨迹在轴三角 ABC 上的长度，阿波罗尼乌斯把它叫作轨迹的直径（diameter），不过"直径"后来只限用于圆。这里的 diameter 似乎可以译作径线。

《圆锥曲线论》第一卷命题1说，考虑轨迹上任意一点 Q。从 Q 作 PM 的垂线，交 PM 于点 V。再在 ABC 的平面内作直线 PL，使之垂直于 PM。如果选择 PL 的长度，使它满足

$$\frac{PL}{PA} = \frac{BC^2}{BA \times AC},$$

那么就有

$$QV^2 = PL \times PV。 \tag{7.4}$$

阿波罗尼乌斯的证明大致是这样的：先在 ABC 平面内过 V 点作 BC 的平行线，分别交 AB 和 AC 于点 H 和 K。因为 $QV /\!/ DE$，所以点 H、Q、K、V 在一个平面内，而且该平面平行于圆锥的底面。于是我们知道，这个平面切割圆锥后的轨迹是一个圆。又因为 QV 垂直于 HK，应用分割圆内接直角三角形线之弦的定理（7.3），有 $QV^2 = HV \times VK$。

下一步，根据相似三角形和平行线的性质，可得 $\dfrac{HV}{PV} = \dfrac{BC}{AC}$，$\dfrac{VK}{PA} = \dfrac{BC}{BA}$。从这里就可以证明式（7.4）了。

阿波罗尼乌斯指出，曲线（7.4）的几何意义是，其上任何一点 Q 到对称线 PM 的距离 QV 所构成的正方形的面积 QV^2 等于一个矩形的面积，该矩形的长等于 PL，宽等于 PV。$PL = \dfrac{BC^2 \times PA}{BA \times AC}$ 是一个只跟平面切入点 P 位置和斜圆锥形状有关的量。两个几何形状的面积相等，这在古希腊几何学里有个专门的术语，叫 paraboli，中文译作"齐"或"贴合"。所以阿波罗尼乌斯把这一类曲线叫作"齐线"（parabola）。

采用类似的证明方式，阿波罗尼乌斯证明，如果切面不平行于圆锥的母线，如图 7.6（b），那么就有

$$QV^2 = PV \times VR。 \tag{7.5a}$$

阿波罗尼乌斯指出，对这类曲线，QV 所构成的正方形的面积 QV^2 也等于一个矩形的面积。矩形的宽仍然是 PV，但长度 VR 超出了式（7.4）的 PL。"超出"在希腊文里是 hyperballein。于是他把这类曲线命名为 hyperbola，意思是"盈线"。采用现代代数符号，如果令 $QV = y$，$PV = x$，$PL = L$，$PP' = d$，那么式（7.5a）就可以写作

$$y^2 = Lx + \frac{L}{d}x^2。 \tag{7.5b}$$

今天，我们称这类曲线为双曲线。PL 称为半焦弦（拉丁文：latus rectum），它的意义我们后面会谈到。

对于图 7.6（c）那样的切法，阿波罗尼乌斯证明式（7.5a 和 7.5b）仍然成立，QV 所构成的正方形的面积 QV^2 也等于一个矩形的面积。矩形的宽还是 PV，但长度 VR 短于半焦弦 PL。把一个东西当中的一部分去掉，希腊文是 élleipsis；据此，他把这类曲线命名为 ellipse，意思是"亏线"。采用现代代数符号，如果令 $QV = y$，$PV = x$，$PL = L$，$PP' = d$，那么式（7.5a）在这种情况下可以写作

$$y^2 = Lx - \frac{L}{d}x^2。 \tag{7.6}$$

今天，我们称这类曲线为椭圆。

这三种曲线的中文名字抛物线、双曲线、椭圆都是意译，是清代数学家李善兰（1811年—1882年）在 1859年倡议的。

我们看到，阿波罗尼乌斯的证明方法也是平面几何的，但他的论证是在三个相

互垂直的平面上进行的。他在与平面垂直的方向上寻找基线，比如图7.5中的*FL*、图7.6(c)中的*DE*等，以帮助确立第三维度的几何关系。不少数学史家认为，他的分析方法里已经孕育了直角坐标系的萌芽。实际上，坐标系的雏形在希腊化时代的早期就开始孕育了。比如，埃拉托西尼在历史上第一次把地中海周边地区分成经度和平行线（parallel，相当于今天的纬度）。虽然他已经知道地球表面是个球面，但在处理地中海局部地区时，他采用平面网格的方式定义经度和平行线，规定通过亚历山大城和罗德岛的经线为基准线（即中国所谓的子午线），在与经度线垂直的方向定义平行线。这在本质上是一个平面上的直角坐标系。但他的平行线是用当时的主要城市的位置来定义的，相邻平行线之间的距离不相等。阿波罗尼乌斯的"坐标系"已经上升到三维空间，不过只考虑零和正数，相当于现代直角坐标系的第一象限。

用统一的方式引出三种圆锥曲线以后，阿波罗尼乌斯展开了对它们性质的广泛讨论，内容涉及圆锥曲线的直径、共轭直径、切线、中心、双曲线的渐近线、椭圆与双曲线的焦点，其中许多即使在今天看来仍然是相当深奥的结果。特别是第5卷中关于从定点到曲线上一点连线的最长值和最短值的讨论，实际上涉及了圆锥曲线的法线包络，也就是渐屈线的问题，是近代微分几何的内容。这里我们只简单介绍几个几何证明。

先看一个切线的例子，还是选择抛物线（图7.7）。《圆锥曲线论》第一卷命题33是这样的：已知抛物线*COT*上一点*C*，作*CD*与抛物线的对称轴*OD*垂直，延长*DO*到点*A*，使*AO*=*OD*，那么*AC*是抛物线的切线，*C*是切点。

用现代代数表达法，令*DC*=*y*，*OD*=*x*，*AO*=*t*，这个命题是说，如果*t*=*x*，则*AC*是抛物线过*C*点的切线。阿波罗尼乌斯继承古希腊的传统（如欧几里得），把切线看成是与曲线相交但不切割该曲线的直线。他使用反证法。假设*AC*与曲线有另一交点*K*，那么直线段*CK*肯定落在曲线内部。我

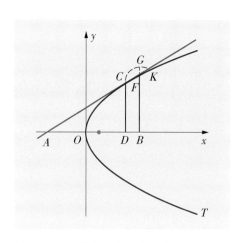

图7.7 证明抛物线上任意一点*C*的切线定理的示意图。

们用图7.7中的虚线曲线来代表抛物线落在直线CK外面的部分。在这种情况下，在直线ACK上取一点F，过F作轴线AOD的垂线，交轴线于点B。且满足切线的条件，即$AO=OB$。现在延长FB，使其交曲线于点G，则显然有$\dfrac{BG^2}{CD^2} > \dfrac{BF^2}{CD^2} = \dfrac{AB^2}{AD^2}$。考虑到图7.7中抛物线上任意一点满足式（7.2b）的形式，也就是$BF^2 = L \times OB$，$CD^2 = L \times OD$，得到$\dfrac{BF^2}{CD^2} = \dfrac{OB}{OD}$。由于$BG>BF$，所以$\dfrac{BG^2}{CD^2} > \dfrac{BF^2}{CD^2} = \dfrac{AB^2}{AD^2}$。最后这个等式来自相似三角形$ABF$和$ADC$对应边的比值关系。考虑到$AB=AO+OB$，$AD=AO+OD$，可知$\dfrac{OB}{OD} > \dfrac{AB^2}{AD^2}$，也就是$\dfrac{4OB \times OA}{4OD \times OA} > \dfrac{AB^2}{AD^2}$。最后这个不等式可以改写为

$$\frac{4OB \times OA}{AB^2} > \frac{4OD \times OA}{AD^2}。 \tag{7.7}$$

为什么要写成（7.7）那样的形式呢？因为根据《几何原本》第二卷的命题5，对任意长度a和b的线段，当且仅当$a=b$时，式$4ab \leq (a+b)^2$中的等号才成立。在本问题中，已知$AO=OD$，所以必有$4DO \times OA = AD^2$。这意味着不等式（7.7）的右侧等于1，即$4BO \times OA > AB^2$，而根据《几何原本》第二卷命题5，这说明$AO \neq OB$。这显然跟前提的切线条件矛盾，所以AC与曲线只能交于一个点。也就是说，当$AO=OD$时，C是抛物线的切点。

还可以进一步考虑抛物线上两条切线之间的关系（图7.8）。给定一个抛物线和其上两个点A和B，如果过A的切线与过B的切线交于同一点C，而D是AB的中点，E是直线CD与抛物线的交点，那么可以证明，CD平行于抛物线的对称轴，而且E是CD中点。

对于双曲线和椭圆，阿波罗尼乌斯用类似的证明方法给出命题34：设C为椭圆或双曲线上一点，CB是点C到轴线的垂线，而G和H是轴线与曲线的两个交点（图7.9）。在GH或其延长线上取点A，使得$\dfrac{AH}{AG} = \dfrac{BH}{BG}$，则$AC$就是曲线上点$C$的切线。

紧跟在命题33和34后面，命题35

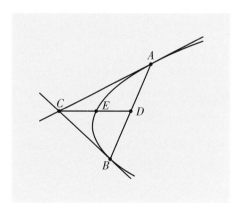

图7.8 关于抛物线上两点A和B的切线关系定理。

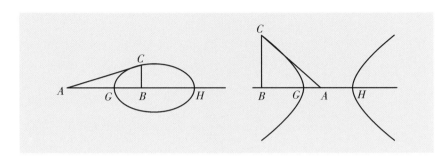

图7.9　证明椭圆和双曲线上任意一点的切线的示意图。

和36证明命题33和34的逆命题也成立，从而完整地解决了圆锥曲线上的切线问题。

顺便说一下，今天在直角坐标系里，最简单的抛物线的表达式跟阿波罗尼乌斯的一样，也是以曲线的端点为坐标原点，如式（7.2b）。双曲线和椭圆的表达式一般以它们的对称中心为坐标原点（见图7.10）：

双曲线：
$$\frac{x^2}{a^2} - \frac{y^2}{b^2} = 1 \; ; \tag{7.8a}$$

椭圆：
$$\frac{x^2}{a^2} + \frac{y^2}{b^2} = 1 \; 。 \tag{7.8b}$$

这三种曲线又都可以用一两个特征长度（a和b）加上一两个特殊的点来描述。抛物线只有一个特殊点，也就是焦点（图7.10a中的黑点），它到抛物线顶点的距离c等于顶点到准线（directrix）的距离a。准线与曲线的对称轴垂直，通过准线上的任一点可以作抛物线的两条切线，而且两条切线相互垂直，这叫正交切线（orthoptic）。抛物线上任意一点到焦点的距离等于该点到准线的垂直距离。

椭圆有两个特殊的点。阿波罗尼乌斯证明，椭圆上任意一点到这两个特殊点的距离之和是一个常数。他没有用焦点来称呼这两个点，焦点的概念是德国天文学家开普勒（Johannes Kepler，1571年—1630年）在1604年发现行星运行轨道可用椭圆来描述时才提出来的。c是任何一个焦点到椭圆中心的距离。a和b是椭圆的长半轴和短半轴。在椭圆上的任意一点作椭圆的切线，切点到两个焦点的连线与切线的交角相等。这给予椭圆形镜面一个光学性质：一束发自一个焦点的射线在椭圆镜面上反射到另一个焦点。从焦点作轴线的垂线，交椭圆上一点。垂线的长度就叫椭圆的半焦弦$l = \dfrac{b^2}{a}$（图7.10b）。另外，如果在椭圆外以椭圆的圆心为中心作一个圆，其半径平方

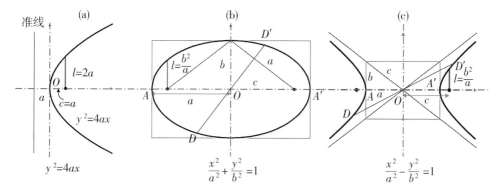

图7.10　三种圆锥曲线在直角坐标系中的代数表示。对椭圆和双曲线，一般选择它们的对称中心为坐标系原点，这样它们的代数形式最为简单。

等于 a^2+b^2，那么这个圆上任意一点都可以对椭圆作一对正交切线。这个圆称为圆准线（circular directrix）。

　　式（7.8b）和（7.6）看上去形式不同，那只是因为在椭圆上选取的 x 的起点不同。式（7.6）把 x 的起点选在椭圆的一个顶点上，而式（7.8b）选在椭圆的中心。如果选在椭圆的顶点，那么，式（7.8b）就变成

$$\frac{(x-a)^2}{a^2}+\frac{y^2}{b^2}=1 \, ,$$

把这个式子改写为式（7.6）的形式，就是 $y^2=\frac{2b^2}{a}x-\frac{b^2}{a^2}x^2$。对照式（7.6），这相当于式（7.6）中的 $L=\frac{2b^2}{a}$，$d=2a$。显然，$L=2l$。L 叫作正焦弦。

　　双曲线有一对渐近线，它们的斜率等于 $\pm\frac{b}{a}$。双曲线被限制在渐近线所定义的夹角之内（图7.10c）。a 是对称中心到两条双曲线分支顶点的距离。从任意一个分支的顶点作对称轴的垂线，交该分支的渐近线于两点。b 是顶点到这两点中任意一点的距离。c 则是 a 和 b 构成的直角三角形的弦。双曲线也有两个特殊点即焦点，双曲线上任意一点到这两个焦点距离之差恒等于一个常数，其绝对值等于 $2a$。发自一个焦点的射线从双曲线的镜面反射后看起来好像是出自另一个焦点。双曲线的半焦弦也等于 $\frac{b^2}{a}$。如果以这对双曲线的对称中心为圆心作圆，使其半径等于 a^2-b^2（假定 $a>b$），那么这个圆上任意一点都可以对双曲线作一对正交切线。这个圆也叫作圆准线。跟椭圆类似，式（7.8a）也可以改写为式（7.5b）的形式。

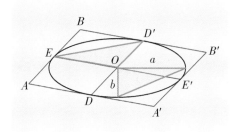

图7.11　椭圆内共轭径线的关系，以及它们端点处切线的关系。

椭圆和双曲线也有径线，如图7.10b和c中的线段DD'。它们是通过曲线对称中心抵达曲线上两点的距离。跟圆的直径不同，椭圆和双曲线径线的长度随着不同点的选择而变化，不过这种变化是有规律的。以椭圆为例，阿波罗尼乌斯证明，给定任何一条径线，如图7.11中的DD'，存在另一条径线EE'，使它们构成的三角形EOD'面积等于$\frac{1}{2}ab$。径线DD'和EE'互为共轭径线（conjugate diameter）。过径线的两点的切线相互平行，而共轭径线的四条切线在椭圆外构成平行四边形（图7.11）。

阿波罗尼乌斯还从三线、四线轨迹的角度研究圆锥曲线，这是《圆锥曲线论》第三卷的主要内容。三线轨迹是这样一类问题：在平面内给定三条直线，寻找一个点P的轨迹，使得P到一条直线的距离的平方与它到其他两条直线的距离的乘积呈比值关系。类似地，四线轨迹是这样的：在平面内给定四条直线，寻找一个点P的轨迹，使得P到其中两条直线的距离的乘积与它到其他两条直线的距离的乘积呈比值关系。这里点到直线的距离不一定是垂直距离，可以是任何给定的角度。

阿波罗尼乌斯对三线、四线轨迹的研究结果最为引以为傲，因为他在这方面超过了师祖欧几里得。他在给尤德穆斯的前言里是这样说的：

> 第三卷里包含了许多有用而非同凡响的定理，用来构造三维体的轨迹和极限的确定。其中大多数最漂亮的定理是新的；当我发现它们的时候，我注意到欧几里得没有计算出关于三线和四线的轨迹的全部；他只考虑了其中的一部分，尚不完全成功。理论的合成不可能在没有我的这些发现的情况下完成。

三线、四线轨迹问题一直到牛顿的时代仍然是很多几何学家研究的重要题目。

阿波罗尼乌斯找到了圆锥曲线许许多多有趣的特征，让后人敬佩不已。可他单单没有提到抛物线也有焦点，以及半焦弦和聚焦的作用！根据现有史料，最早证明抛物线聚焦作用的人名叫迪奥克雷斯（Diocles，约公元前240年—约公元前180年），跟阿波罗尼乌斯是同时代人。迪奥克雷斯也是一个非常普通的古希腊男人名字，它也来自古希腊神话，一般是故事中大祭司的名字。这里提到的迪奥克雷斯不仅是几何学家，应该还是工程师。他写了一本书名叫《论火镜》（*On Burning Mirrors*），在前言里讲述了自己研究抛物线形镜面的起因：

> 萨索斯岛（Thasos）几何学家彼西安（Pythian，生卒年不详）曾经给柯农（Conon，公元前444年—公元前395年；雅典将军）写信，询问如何找到一个镜面，使得当它正对着阳光时，反射光刚好构成一个圆周。后来天文学家芝诺多鲁斯（Zenodorus，约公元前200年—约公元前140年）来到阿卡迪亚（Arcadia）并结识了我们，询问如何找到一个镜面，使得当它正对着阳光时，所有反射光线汇聚到一点，造成燃烧。

按照他的说法，至晚在公元前5世纪，古希腊人就已经注意到几何学中的曲面在光学中的应用，催生了几何光学。

历史上最著名的几何光学的实际应用是阿基米德在叙拉古保卫战中使用的"火镜"。传说中，阿基米德制造了表面接近于旋转抛物线形状曲面的镜子，把西西里强烈的阳光聚焦到罗马战船上，产生局部高热，以致船帆甚至船板都燃烧起来（图7.12）。这个故事代代相传，人们对阿基米德的"死光"充满了好奇和敬畏。

图7.12 16世纪意大利画家帕里奇所作的壁画，描述阿基米德利用"火镜"打击入侵叙拉古的罗马海军战船。

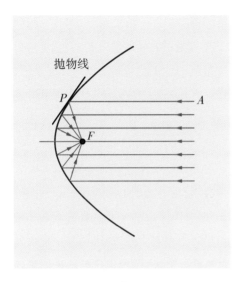

抛物线

图7.13 抛物线聚焦功能的几何原理。

《论火镜》没有提到阿基米德，但它的第一部分利用几何方法证明了抛物线的聚焦原理。如果把一束相互平行的光线沿抛物线的对称轴投射到抛物面上，那么所有光线都被折射到抛物线的焦点（图7.13）。这是因为抛物线上任何一点P的切线（图7.13中的黑色线段）跟线段PA和PF的夹角相等，所以满足入射光与反射光在切线处夹角相等的几何光学定律。这也是为什么我们使用的电视接收天线大多是抛物线的旋转面的原因，它具有信号放大作用。

图7.12是意大利历史名城佛罗伦萨乌菲茨美术馆（Uffizi Gallery）中一幅壁画的一部分，是建筑设计师帕里奇（Gieulio Parigi，1571年—1635年）的作品。它所描述的就是阿基米德的"死光"。作者显然对镜面的聚焦作用缺乏理解。我们看到，反射到罗马战船上的阳光是发散的。城头只有一面反光镜，它与罗马战船之间的距离相当远。如果镜面的截面是抛物线形的，弯曲的曲率一定要很大，也就是接近于平面才能把阳光聚焦到远处的罗马战船上。所以这种镜子没有很好的远距离聚焦作用。如果阿基米德的故事是真实的，那么他需要用许多镜子在城头凑成接近于旋转抛物线形的巨大的"镜阵"，才能把阳光聚焦到海面的战船上。

几百年后，一个名叫安赛米乌斯（Anthemius of Tralles，约474年—约558年）的希腊人开始认真研究这个问题。他明确指出，用一面镜子达不到远距离聚焦的效果。他用7个正六角形的平面镜组成一个巨大的正六角形镜阵。每个镜子用杠杆和转轴来控制，使7面镜子各自对应抛物面上7个点的切线。这可能是现代巨型天文望远镜最早的雏形。安赛米乌斯无法达到燃烧的效果，但他说，既然阿基米德可以烧掉罗马战船，他的想法应该是可以实现的。

《论火镜》有可能稍早于《圆锥曲线论》，但阿波罗尼乌斯和迪奥克雷斯似乎完全不了解对方的工作。现存古籍中关于阿基米德"死光"的记载最早出现于公元2世纪。尽管如此，能找到将近400条圆锥曲线定理的阿波罗尼乌斯没有讨论抛物线的聚焦特征，还是非常奇怪的。

更让人惊奇的是，《圆锥曲线论》在后来的两千年里几乎没有人能读懂。这位当时公认的"伟大的几何学家"身后遭到完全的忽视，其境遇跟他的师祖欧几里得形成鲜明的对照。《几何原本》在近两千年里一直是几何学的范本，是最被人重视的教科书，而《圆锥曲线论》则无人提及，所以希思在1896年翻译这本书时，说它对当代圆锥曲线教科书的影响"几乎是零"。

希思揣测，其中至少有一部分原因来自阿波罗尼乌斯本人。作者对欧几里得的《几何原本》烂熟于心，信手拈来，于是在推理证明过程和图示里随意变换符号。同一类的点和线，在不同命题里符号不同，这给读者造成很大的不必要的困惑。这部书差一点就消失了。它的希腊原文没有流传下来，前四卷有几种希腊文的手抄本和后人评论，大致可信；五到七卷只有10世纪阿拉伯文的转译或意译本，第八卷逸失。有人怀疑，抛物线的理论可能存在于第八卷。这部书问世将近1 800年后的1566年，《圆锥曲线论》的前四卷第一次以希腊文和拉丁文的形式印刷出版。1675年，出现了数学家巴罗（Isaac Barrow，1630年—1677年）的拉丁文译本，仍然只有前四卷。1706年，著名天文学家哈雷（Edmond Halley，1656年—1742年）根据牛津大学博德利图书馆（Bodleian Library）发现的两部阿拉伯文手稿以及前四卷希腊文本重新翻译编译了新的拉丁文版，其中加入不少他自己理解得到的内容。对于不懂希腊文、阿拉伯文和拉丁文的人来说，这部书可以说直到19世纪都不存在。直到19世纪末，希思才第一次把它译成英文。

除了《圆锥曲线论》，阿波罗尼乌斯的其他研究成果都是只鳞片甲地出现在后人的著作里。其中有一个问题至今人们还在研究，那就是所谓的"阿波罗尼乌斯垫片"（Apollonian gasket）。

阿波罗尼乌斯提出的问题是这样的：从三个互切的圆开始（如图7.14中的黑圆），它们的大小可以不同，也不必一定外切，内切也可以，只要三个圆不具有共同的切点即可（即三个圆不能环环相套并相切）。阿波罗尼乌斯证明，在这种情况下，总可以找到另外两个圆，它们与三个黑圆各有一个切点（如图7.14中的红圆）。这五个圆构成阿波罗尼乌斯环。五个圆被六个切点和弧线构成的近似于三角形的区域分开，这些区域内又可以填入六个小圆，并与三角形的边界相切。这构成18个新的接近于三角形

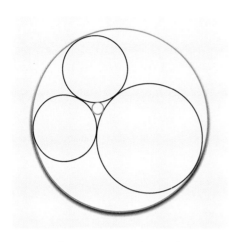

图 7.14　构造"阿波罗尼乌斯垫片"的起始步骤。

的区域，里面又可填入更小的圆。这个过程在理论上可以无穷无尽地做下去。第 n 步可添加 2×3^n 个新圆，得到总共 $3^{n+1} + 2$ 个圆。这一组无数个圆所构成的图形就是"阿波罗尼乌斯垫片"。

图 7.15 是用三个直径相等的圆起始而形成的"阿波罗尼乌斯垫片"。这个"垫片"内的图案显然可以向更小的尺度无限地发展开去。实际上，想象复制图中最大的外圆，把三个圆用类似的相切方式搭建起来，在缝隙中填上与之

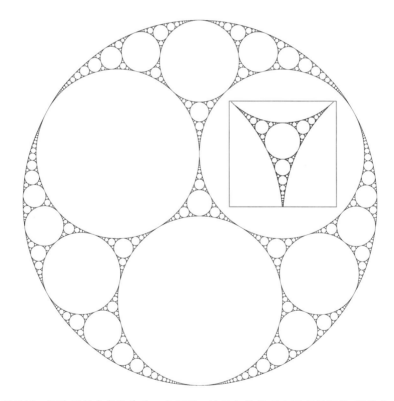

图 7.15　阿波罗尼乌斯垫片的一个例子。这里初始的三个圆直径相等，所以构成的图案具有有趣的对称性。红色方框里是局部放大的细节。

相切的稍小的圆，你会发现，这个"垫片"也可以向无穷大不断地扩展。换句话说，"阿波罗尼乌斯垫片"可以填满一个无边无界的平面。这是一个零碎的几何形状，它可以分成数个部分，每一部分都可以至少近似地看成是整体缩小后的形状，这种特性叫作自相似性。具有自相似性的几何形状在现代几何学中称为"分形"（fractal）。分形是数学中的一种抽象，但可以用来描述自然界中存在的事物。

分形与其他几何图形相似但又有所不同。缩放一个一般的几何图形和一个分形，可以明显看出二者的区别。把一个平面多边形的边长加倍，它的面积变为原来的 $4=2^2$ 倍。平面内的多边形在二维空间中，幂指数 2 刚好是多边形所在的二维空间的维数。类似地，对于三维空间中的立方体，如果它的半径加倍，则它的体积变为原来的 $8=2^3$ 倍，其幂指数 3 是立方体所在空间的维数。但如果把分形的长度加倍，比如把"阿波罗尼乌斯垫片"初始圆的直径加倍，分形空间的内容也可以变为 2^α 倍，但这里 α 不是个整数。幂指数 α 称为分形的维数，而且 $1<\alpha<2$。

阿波罗尼乌斯的工作跟阿基米德、欧几里得有类似的重要性。这三个人生活的年代相差不到百年，他们的著作是希腊化时代世界数学的顶峰。《圆锥曲线论》反映了希腊演绎几何的最高成就，阿波罗尼乌斯用纯几何的手段得到了今天解析几何的一些重要结论，令人惊叹。所以著名数学家莱布尼茨说：

> 懂得阿基米德和阿波罗尼乌斯，对后来重要人物的成果就不会过于钦佩。
>
> (He who understands Archimedes and Apollonius will admire less the achievements of the foremost men of later times.)

本章主要参考文献

Boyer, C.B. History of Analytic Geometry. Scripta Mathematica. New York: Yeshiva University, 1956: 291.

Heath, T.L. Apollonius of Perga: Treatise on Conic Sections. Cambridge: Cambridge University Press. 1961: 254.

Knorr, W. The geometry of burning-mirrors in antiquity. Isis, 1983, 74: 53−73.

第八章　飞鹰祭坛的奥秘

　　在时空扭曲、人神不分的遥远的年代，有一位英俊睿智、年轻骁勇的国王。他治理下的王国人人安居乐业、年年物产丰足。一天，他在森林中打猎，意外来到一座仙人的住所。在那里，他不期遇见一位少女。少女是仙人的养女，清纯美丽，温柔善良。两人一见钟情，不顾礼节与等级的限制，自愿结合，生下一子，取名婆罗多（Bharata）。这男孩成年以后，继承父业，建立了一个更加伟大的帝国。至今印度北部很多地区的人们仍然自称是婆罗多的后代。这个故事初见于古代印度著名梵文史诗《摩诃婆罗多》（*Mahābhārata*）。后来剧作家兼诗人迦梨陀娑（Kālidāsa；约公元4世纪—5世纪）制成千古名剧，以善良女子的名字命名，叫作《沙恭达罗》（*Śakuntalā*）。

　　古代印度对历史似乎不是很重视，过去的事情没有文字记录，基本上依靠口口相传。《摩诃婆罗多》的原始版本以口头吟诵的形式不知流传了多少代，后来才被人用文字记录下来。一些印度史学者把它看作是古代印度历史的录音带。故事是幸存者讲述的，他们的立场属于胜利的一方，讲述的所谓史实如同戴着滤色镜来看哈哈镜中的影像，观看者必须依靠自己的分析来消除扭曲，除去滤色镜的影响，回复真实色彩。

　　一些历史学家认为，大约在公元前15世纪前，中亚地区的部分雅利安人开始向外迁徙，一支向西进入伊朗，成为伊朗雅利安人；另一支向东，进入印度，成为印度雅利安人。雅利安人的东迁可能是造成古印度河流域文明（见第一章）消亡的原因。进入印度的雅利安人带来早期的吠陀教，那时人们过着部落生活。每个部落由若干村落组成，每个村落又由若干父权的大家庭组成。那是印度吠陀时代的早期（Early Vedic period），其间部落之间战争频繁，先是雅利安人征服以"达娑"（Dasa）或"达休"（Dasyu）为代表的被妖魔化的印度土著居民，后来是雅利安人各部落之间展开互相掠夺吞并。"瓦尔纳"（Varna）这个名词最早出现于《梨俱吠陀》（*Rig Veda*；约始于公元前16世纪—公元前11世纪），其最初的含义是肤色。《梨俱吠陀》用"雅利安"色和"达娑"色来区分雅利安人和印度土著居民，并没有种姓的含义。瓦尔纳被用来表达种姓的概念是在很长的历史时期内逐渐形成的。种姓制度把人分成四种，第一种是婆罗门（Brahmin），也就是僧侣；第二种名为刹帝利（Kshatriya），意为统治者和武士；第三种叫吠舍（Vaishya），是雅利安人的中下阶层，包括农人、畜牧业者和商人；第四种为首陀罗（Shudra），由普通农民、高级佣人和工匠组成。有学者认为，首陀罗是由被雅利安人征服的原住民达罗毗荼人（Dravidas）构成的。这些种姓之外，还有从事污秽卑贱工作者。他们是各种贱民，从事除粪、屠夫、刽子手等职业，这些人属于"不可接触者"，被禁止与其他种姓的人通婚。吠陀时代后期出现的《原人颂》（Purusha Sukta）将种姓的起源神话化，说众神举行祭祀时，拿"原人"（即原始巨人）补卢婆（Purusha）当作祭品。众神分割补卢婆，"他的嘴变成婆罗门，双臂变成罗阇尼耶（即刹帝利），双腿变成吠舍，双脚生出首陀罗"。古梵文的经典《吠陀》就是在那个时期出现的，因此相应的文化被称为吠陀文化（Vedic culture；约公元前1500年—公元前500年）。后期的吠陀教被西方称为婆罗门教或印度教。

到了公元前6世纪初，印度雅利安人的部落大部分过渡到国家结构，社会政体也逐渐由原始共和制演变为君主制。当时有十六个大国和许许多多的小国，印度进入列国纷争和帝国统一的时代，很像中国的春秋战国时代。从公元前6世纪至公元4世纪，印度大小王国林立，互相争霸。其间出现过统一规

史苑撷英 8.1

沙恭达罗的故事最早应该是苏曼殊（1884年—1918年）介绍到中国来的。他还根据伊斯特维克（E. B. Eastwick，1814年—1883年）的英文译文翻译了歌德颂赞《沙恭达罗》的诗：

春华瑰丽，亦扬其芬；
秋实盈衍，亦蕴其珍。
悠悠天颢，恢恢地轮，
彼美一人，沙恭达纶。

沙恭达纶是沙恭达罗的旧译。伊斯特维克的英文译文如下：

Wouldst thou the young year's blossoms and the fruits of its decline.

And all by which the soul is charmed, enraptured, feasted, fed,

Wouldst thou the earth and heaven itself in one sole name combine?

I name thee, O Sakuntala! And all at once is said.

模较大的难陀王朝、孔雀王朝和笈多王朝，但大多不超出北印度范围。

在这样的历史背景之下，《沙恭达罗》浪漫爱情之后的故事相当血腥。为了争夺王权，婆罗多后代的两支主脉班度（Pandu）族和俱卢（Kuru）族在俱卢之野展开了长期的征战。《摩诃婆罗多》说，印度地区所有的王国都参与了这场战争。这部史诗极长，号称有十万颂（shloka；音译为"输洛伽"），每颂二行共32个音节，是世界上第三长史诗，仅次于藏族的《格萨尔王传》和柯尔克孜族的《玛纳斯》（Manas）。以20万句的长诗来描述这场为期18天的战争，可见俱卢战争的历史意义。同室操戈，煮豆燃萁；神魔纷纷站队，以各种"下凡"的方式参与其中。战场上尸骸遍地，血流成河（图8.1）。双方不再遵从战斗的规则，竞相祭起法力无边的法宝，摆出奇形怪状的战阵，施展各种阴谋诡计，不择手段地消灭对方，其战争的描写令人想起中国的《封神演义》。杀红了眼的骨肉，竟然可以恨到把对方开胸饮血。18天后，作战双方只有十名主要勇士幸存。婆罗多妇女们来到战场，满目一片惨绝人寰的情景。俱卢国王的一百个儿子全部阵亡。作为班度首领的五兄弟失去了他们所有的儿子，所幸其中一个儿子留下一个遗腹子。由于诞生于婆罗多族濒临灭绝之时，这孩子取名为继绝（Parikshit）。长兄坚战（Yudhishthira）统治王国36年后，让位给孙子继绝，带着四个兄弟和他们共同的妻

图8.1　印度著名的岩凿寺庙凯拉萨神庙（Kailasa Temple）中描述《摩诃婆罗多》战争场面的浮雕。这座神庙是埃洛拉石窟（Ellora Caves）中的30多座岩凿寺庙之一。

子舍弃世间一切，进入喜马拉雅深山。坚战通过了天神的各种考验之后，把众人带入天堂。

从宗教和哲学意义上来看，《摩诃婆罗多》是一部比《封神演义》深刻得多的警世之作。它饱含印度古代有识之士们对人类生存困境的洞察和对权利与欲望追求的警告。这种追求一旦失控，就会陷入无休止的争斗，直至自相残杀、自我毁灭。它借用天王因陀罗（Indra，即佛教中的帝释天）之口说："所有的国王都应该见见地狱。"

这个民族对历史的兴趣似乎远不如诗歌和乐舞。《摩诃婆罗多》的绝大部分内容采用一种简单易记的阿奴湿图朴（anustubh）诗律，每颂四个音步，每个音步八个音节。

▼

故事外的故事 8.1

1976年，苏联考古学家在巴尔赫（Balkh；今天阿富汗北部）地区发现了一个存在于公元前2400年到公元前1900年的古代文明。由于它分布在奥克瑟斯河（Oxus River）两岸，故称为奥克瑟斯文明。这条河现名阿姆河（Amu Darya），中国古代称之为乌浒水，元明时期改称暗木河、阿木河。这里的人们早在公元前6000年就开始定居，饲养牲畜，种植小麦和大麦。不仅如此，他们已经懂得用泥砖建筑房屋，并建造了规模相当可观的要塞、城市和宫殿。这说明奥克瑟斯文明比美索不达米亚文明晚不了多少，只是到目前为止还没有发现系统的文字记录。

苏联解体以后，西方学者开始研究奥克瑟斯文明。有人认为，这个欧亚大陆的古文明很可能是古代印欧人的祖先。印欧文化从这里向西传到小亚细亚，开启了古希腊文明；向南跨过印度河谷，成为吠陀文化的先河。这个假说的主要根据是语言特征。语言学家认为，梵语同古伊朗语和古希腊语有很多相似之处，三者有可能来自同一种更古老的语言。我们知道，古希腊苏格拉底之前的哲学发源地也不在希腊本岛，而是在小亚细亚，特别是伊奥尼亚海岸，比如泰勒斯生活过的米利都。这样看来，希腊文化真是得天独厚，它源自欧亚，又受到美索不达米亚和古埃及文化的滋养，故而独秀一枝。

每个音步的第五个音节必须是短音，第六个音节必须是长音，第七个音节长短交替。此外其他音节的长短自由。有学者认为，梵语语法和音律的研究和发展对古印度数学产生的影响极为深刻，可以同欧几里得的《几何原本》对古希腊数学发展的影响相比。波你尼（Pānini，约公元前4世纪）收集了约1 700个古代梵语的基本元素，参考大约4 000条口头流传的契经，建立了经典梵语的基本语法结构。宾伽罗（Piṅgala，约公元前3世纪至公元前2世纪）作《诗律经》（Chandahsūtra），研究梵文的韵律。由于梵文发音有长音短音之别，宾伽罗采用类似二进制数字的方式，利用组合数学的理论，导出贾宪/杨辉三角的系数。关于宾伽罗的工作，读者可以在《好看的数学故事：概率与统计卷》里找到详细的内容。有趣的是，印度人好像从未意识到贾宪三角的系数就是二项式展开的系数。

但古印度人对数字有极大的兴趣。比如在《摩诃婆罗多》里，每一次厮杀，交战双方射箭的数目一定要不厌其烦地交代清楚，因为弓箭是主要武器。至于两大阵营参战的兵力，则经常是这么描述的（引自黄宝生、金克木、赵国华、习必庄等译《摩诃婆罗多》）：

> 一车、一象、五步兵、三马，智者称之为一波底。三倍波底，智者称之为一兵口。三兵口称之为一兵集。三兵集名为一兵群。三兵群为一兵聚。三兵聚，智者称之为一团。三团为一旅。三旅为一师。十倍于师，智者称之为一大军……一大军中的战车数目，精通算数的人认为，是两万一千，加八百，加七十。象的数目也是一样……人的数目是十万九千三百五十。马的数目是六万五千六百一十……这是知道算数的人们说的一个大军……照这数目计算，俱卢族和班度族的大军总数是十八支。

这里，"车"指的是战车，通常由两匹马拉着，外加一个驾车手。"象"指的是战象，我们在一些描写古代战争的电影里面有时可以看到。车、象和马都是大将骑乘的作战工具。主将乘坐战象，周围通常有步兵围绕掩护，以避免象腿遭到攻击。按照上面的"数据"，十八支大军总共有将近二百万人（1 968 300人）。而战争结束之后，坚战清点人数，说阵亡者多达十六亿六千零二万人，另外还有24 165位英雄失踪。这大概是口头文学的问题之一吧：某人在讲述故事时做了些临场发挥，结果前后数字就对不上了。

若干世纪之后，当亚历山大大帝带着马其顿大军来到印度边界的时候，面对的印度军团大概跟《摩诃婆罗多》里面描述得差不多，其战斗力之强超出意料。亚历山大大帝在战斗中负伤，将军和士兵们拒绝再战，最后只好撤兵。

这个民族对宇宙的起源充满了好奇之心。在古老的《梨俱吠陀》里，第十曼荼罗（10th mandala）的第129首颂歌《创世颂》（*Nasadiya Sukta*；也叫作《有无歌》）如此唱道：

> 谁真正知道？谁将在这里宣告，
> 这创造生于何处，来自何方？
> 众神灵出现在它的创造以后，
> 那么，谁知道它最早出自何方？
> 这创造出自何方？
> 是缔造出来的，抑或不是？
> 位于最高天界者乃洞察者，
> 他乃唯一知者，抑或他亦不知？

史苑撷英 8.2

在中国古籍里，对印度的最早记载可能是《史记·大宛传》，其中把印度称为"身毒国"。到了唐代，则一般称之为"天竺"，玄奘在《大唐西域记》中说："详夫天竺之称，异议纠纷，旧云身毒，或曰贤豆，从今正音，宜云印度。"这可能是"印度"这个中文名称最早出现的地方。

天竺、身毒、天毒、贤豆等等，都是对波斯语"Hindu"这个名词的同音异译。而波斯语中的 Hindu 是从梵语的 Sindhu 变音而来，希腊人又将波斯语变音为 Indu。这个词的本义是"信度河"（即印度河），后来延伸为印度河流域或印度河流经的国度。从发音的角度看，玄奘可能依据的是 Indu 而不是 Sindhu。

颂歌中的"它"指的是宇宙。吠陀教认为众神灵是宇宙创造的一部分。既然众神灵的出现比世界的创造要晚，那么他们对于宇宙的起源也应该一无所知。即使那位最高的天神可能也搞不清宇宙的起源。这是一个复杂的认知论问题。

这个能歌善舞、热衷于射箭打斗的游牧民族在印度次大陆定居下来以后，与当地土著文化融合，开始考虑人生归宿等哲学问题。他们在公元前5世纪左右创立了一系列新宗教，如佛教、耆那教等，反对杀生，主张非暴力，吠陀教也逐渐发生了演变。为了使教义向各地传播，有必要把祭祀的方法和礼仪记录下来，供传教者研习。这些文献成为了解早期印度数学的重要来源。《吠陀支》（*Vedānga*）对吠陀内容进行了补充，汇总了六类文献：语言学、韵律学、语法学、词源学、天文学和宗教规仪。我们已经谈到韵律学对印度数学的影响。天文学和宗教规仪部分的数学成分就更多了。天文知识用来判断节气和时间，以决定一年当中哪天进行祭祀和牺牲——这需要数学。他们以360天为一年，把一年分为6季，并以6天为一周。《吠陀支》的规仪给出祭坛的形状和尺寸是根据他们的天文知识建立的。经文的内容通常用"契经"（sutra）的形式来表达。这是一种印度独特的写作方式，极为简短，用诗的语言来概括一个论点或结果的主旨。作者尽量避免使用动词，把不同的名词组合起来，造出很长的新词来，使得内容容易背诵。吠陀经文一般都是用这种方式保存下来的。

到了约公元前2世纪，伴随着不同宗教教义之间的辩论和哲学的发展，人们对认知的来源已经有了相当深刻的认识。比如佛教大师足目仙人（Aksapada Gautama，约公元前2世纪）在《正理经》（*Nyaya Sutras*；或音译为《涅耶亚经》）里明确指出，一切知识均来源于感知，不过路径不同（图8.2）。通过感觉和知觉，可以直接达到系统的知识，但更多情况下是再通过比较、推理以及来源可靠的根据来达到。

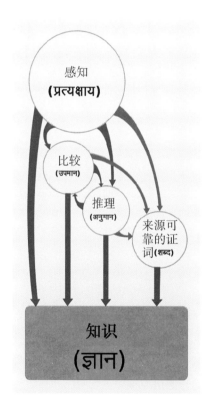

图8.2　足目仙人的认知理论示意图。知识可通过感知直接得到，也可以通过对感知的考察（利用比较、推理和来源可靠的证词或已有的知识），通过几种不同的过程来得到。

对认知论的思考和教义之间的辩论逐渐演化出古印度的逻辑体系，其中最有代表性的是佛教的因明学（Hetuvidiya；音译为醯都费陀）。"醯都（hetu）为因，费陀（vidiya）云明"。这里，"因"指的是推理的根据、理由、原因；"明"指的是阐明、知识、学问。中国唐代僧人、玄奘法师（602年—664年）的高徒窥基（632年—682年）在其所著《因明入正理论疏》（简称《因明大疏》）里解释中文的翻译说："明此因义，故曰因明。"佛教强调五明：因明（逻辑学）、声明（语言文字学）、工巧明（工艺历算学）、医方明（医学）、内明（各学派自己的学说，在佛教指佛学）。这五明可以同古希腊的七艺来比较。足目仙人建立了因明学的纲要十六谛，也就是16种认识和推理论证的方式，分别是：

1. 正理的量：对事物的认识，有现量（知觉）、比量（推理）、声量（类比）、譬喻量（证言）四种。

2. 正理的所量：被认识的对象，其中包含我、身、根、境、觉、意、作业、烦恼、彼有、果、苦、解脱等十二种。

3. 疑：疑惑，对事物的性质尚未认清时的心理状态。

4. 用（即目的）：对疑惑的消解，即认识的目的。

5. 喻或见边：实例。

6. 悉檀（siddhanta）：即宗义、学派或个人的学说主张。

7. 支分即论式（也就是论证的要素）：五支作法，即由宗（论题）、因（理由）、喻（例证）、合（应用）、结（结论）五个方面组成的推理形式。

8. 思择：归谬法推理，即通过指明假设的反题的悖谬而显示正题的正确。

9. 决即决断：对事物性质的判定。

10. 论议：依据逻辑规则对论题展开的讨论。

11. 诡异论或纷义：为坚守自说所作的诡辩。

12. 坏义（破坏性批评）：只在驳倒对方的立论而自己并不立论的辩论。

13. 似因：似是而非的理由，有不定、相违、问题相似、所立相似、过时等五种。

14. 难难（曲解）：故意曲解对方的言论，再作驳难。

15. 诤论（倒难）：用错误的理由推出错误的结论去反对和破坏辩论中的敌方。

16. 堕负：导致辩论失败的种种情况。

按照佛教的说法，因明分为内道因明和外道因明两种。由佛教发展起来的因明，称为"内道因明"；由其他学派发展起来的因明，称为"外道因明"。起初是外道因明的成果为多，内道因明的成果为少。到了后来，这种现象发生了逆转。内道因明的成果远远超出外道因明，成了古印度因明学的主要推进者，著名的因明大师几乎全出自佛教。因明也就从古印度一般的逻辑学的泛称逐渐变成了佛教逻辑学的专有名词。

　　随便说一下，这位"足目仙人"与佛祖释迦牟尼的俗姓（Gautama；音译乔达摩）相同，不知是不是佛祖的远亲。另外，玄奘法师把《正理经》译成《因明入正理论》后，对"足目"这个名字给出两个解释，第一个说，"足"就是多，"目"代表智慧；第二个说，"足目"就是连脚上都长着眼睛。

　　我们这里还是用因明原来的意义来表示古印度的逻辑学。十六谛中的第七谛给出古印度逻辑体系的五个基本要素，又称五支：

　　1. 宗（论题）；

　　2. 因（理由）；

　　3. 喻（例证）；

　　4. 合（应用）；

　　5. 结（结论）。

　　把五支同古希腊的三段论（见第五章）来比较，可以看出二者的相似性。这里举个例子，见表8.1。

表8.1　古印度因明逻辑与古希腊三段论逻辑对比

因明逻辑			三段论逻辑	
宗	山上着火了	对结论的陈述	大前提	凡燃烧之物必有烟
因	因为山上在冒烟	导致结论的理由和根据	小前提	山上在冒烟
喻	有火的东西就冒烟，厨房是个例子	举实例来支持陈述的普遍规则	结　论	山上着火了
合	山上有烟	将规则用到此处的个例上		
结	所以我说山上着火了	达成结论		

　　因明逻辑强调辨别五种似是而非的"因"：不确定的因，矛盾的因，有争议的因，抗衡的因，不合时宜的因（没有在它有效的时间内应用的因）。因明逻辑的另一个特征是对例证的坚持，也就是"喻"和"合"。这些或许同人们对宗教教义的辩论和传播有密切关系。在宗教方面，要想说服一个人，"喻"与"合"产生的效果常常比枯燥的逻辑更为有效。在表8.1中，我们看到，因明逻辑先陈述结论（宗），再给出根据和理由

（因），之后举例（喻），"合"因。而"结"基本上是重复"宗"。后来，"结""合"都融于"喻"，佛教逻辑演变成为因明三支（宗、因、喻）。

再看两者之间的差异。对比三段论，因明逻辑的思维进程正好是反向的。而这恰恰是推理和论证的区别：推理是从前提到结论；论证则是先有论题，然后引用论据加以确证。三段论显然是从前提到结论的推理过程；其推理规则只限于推理形式的正确性。而因明论则是先示论题宗，然后采用论据（因、喻）去进行论证。这个区别同古希腊和古印度使用逻辑推理工具的对象有关：三段论的目的全在于逻辑的合理性，对于前提的内涵不做任何规定，其侧重点在于形式。而因明论的目的在于辩论宗教教义的实质性和逻辑合理性，显然必须在给定的宗教教义的框架里才能进行。

通过文献中对吠陀教规仪的描述，我们知道，古印度人已经能够处理一些相当复杂的几何学问题。《百道梵书》（*Shatapatha Brahmana*）据说起源于约3 000年前，其中详细描述了祭祀活动的规则和祭坛的建筑方法。吠陀宗教崇尚火（有人认为它与古波斯的拜火教同源），祭品必须通过火才能为神所享用。有一种大型火祭仪式，需要连续进行12天。仪式开始之前，人们必须先准备祭祀场所。图8.3是吠陀祭祀场所的格局之一，上东下西。祭祀场所的最西边是旧堂，这是一个棚屋，其中放置三个火坛，分别祭地、祭空、祭天。所谓空，指的是大地与天堂之间的空间。地、空、天对应的似乎应该是阴界、阳界和仙界。祭地的火坛是圆形，祭天的火坛是方形，祭空的火坛是半圆形，三者面积必须相等。读者也许还记得古希腊化圆为方的难题吧？靠近祭大火坛

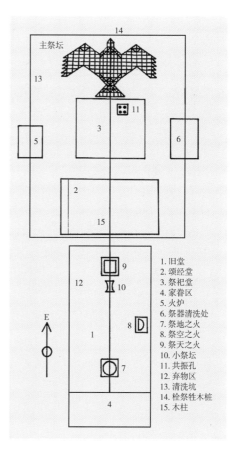

1. 旧堂
2. 颂经堂
3. 祭祀堂
4. 家眷区
5. 火炉
6. 祭器清洗处
7. 祭地之火
8. 祭空之火
9. 祭天之火
10. 小祭坛
11. 共振孔
12. 弃物区
13. 清洗坑
14. 栓系牲木桩
15. 木柱

图8.3 一个典型的吠陀祭坛平面示意图。

处,有一个类似腰鼓形的区域,那是一小片草坪,为众神准备的座位,据说他们在那里享用烤熟的肉。

怎样构建形状不同但面积相等的火坛呢?

《绳法经》(*Sulbasutras*)是吠陀经典文献的附录部分,专门讨论祭坛的建造问题。"绳法"这个名称似乎暗示着古代印度几何学的特征:以直尺和带有长度单位标定的绳子为主要工具来处理几何问题。这似乎类似于古埃及的牵绳测绘,而同古希腊的尺规作图很不一样,主要目的在于实际应用而不是纯理论研究。化圆为方是构筑祭坛的核心问题之一。为了便于人们构建祭坛,经文给出一些确定圆周率的近似方法。比如,对于一个给定半径的圆,可以选择一个正方形,使其边长等于圆半径的 $\frac{13}{15}$。由于圆的面积等于圆周率乘半径的平方,这相当于用 $4 \times \left(\frac{13}{15}\right)^2 = \frac{676}{225} \approx 3.00444$ 来近似圆周率。这个圆周率的近似值与简单使用数值3没有多大区别。

另一种近似圆周率的方法是反过来,化方为圆。如图8.4所示,考虑一个黑色正方形 $ABCD$。首先确定其中点 O,这很容易做到,比如作对角线 AC 和 BD,它们的交点就是 O。通过 O 点和 DC 的中点 P 作正方形的中线,延长到正方形外;然后以 O 为圆心,OD 为半径作圆弧,交中线于点 E。在 EP 线段上取点 Q,使得 $PQ = \frac{1}{3}PE$。《绳法经》说,以 OQ 为半径作图中黑色的圆,它的面积就等于正方形 $ABCD$ 的面积。

为了考察这个估计圆周率的方法,让我们设正方形的边长为 $2a$,那么 $OD = OE = \sqrt{2}\,a$,$OP = a$,$PQ = \frac{1}{3}(OE - OP) = \frac{1}{3}a(\sqrt{2}-1)$,所以,$OQ = r = OP + PQ = a + \frac{1}{3}a(\sqrt{2}-1) = \frac{a}{3}(\sqrt{2}+2)$。读者可以自己验证,如果这个圆与正方形的面积相等,那么圆周率的近似值是 $\frac{36}{(\sqrt{2}+2)^2} \approx 3.08831$。这个圆周率的近似值似乎是建造吠陀祭坛时最常用的,尽管《绳法经》还提出很多不同的数值,从3.0到3.2

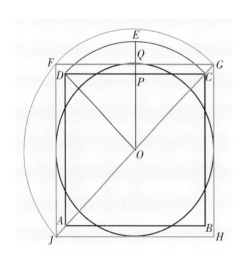

图8.4 《绳法经》里化方为圆的计算方法示意图。

不等。最为接近的近似值$\frac{25}{8}$ = 3.125出现在公元前6世纪。这正好也是古巴比伦人找到的近似值，见式（2.7）。

那么，怎样作半圆，使它的面积也等于正方形$ABCD$呢？解决这个问题的方法和二倍正方形是一样的，因为圆的面积也正比于半径或直径的平方。通过图8.4中已知的黑色的圆，作一个边长等于此圆直径的红色正方形$FGHJ$，从圆心O到红色正方形的任何一个交角点，比如G，作直线OG，以OG为半径作半圆GFJ，它的面积就与黑色圆、也就是正方形$ABCD$的面积近似相等。

在具体计算时，上述化方为圆的近似过程需要计算平方根，这就需要两种知识，一是几何学，也就是勾股定理，它给出计算的途径；二是算法学，用它求出平方根的具体数值来。在大约公元前8世纪到公元前6世纪的《绳法经》经文里提到过勾股定理的一个特例：由正方形对角线构成的较大正方形，其面积是第一个正方形的二倍。而在公元前2世纪的经文里，表述已经变得普遍化了：

> 用以矩形对角线等长的绳子段所构成的正方形，其面积是矩形水平边和垂直边构成的两个正方形面积之和。

这是对第四章讨论勾股定理时图4.8所表达的意思的推广。《绳法经》给出一系列满足勾股定理的三数组，如$(5,12,13)$，$(12,16,20)$，$(8,15,17)$，$(15,20,25)$，$(12,35,37)$，$(15,36,39)$，$\left(\frac{5}{2},6,\frac{13}{2}\right)$，$\left(\frac{15}{2},10,\frac{25}{2}\right)$等。利用勾股定理，《绳法经》给出通过一个已知矩形面积来构建与之等面积的正方形的方法（图8.5）：

设给定的矩形为$ABCD$。在AD上先取点L，使得$AL=AB$，并根据AL作正方形$ABML$。将线段LD平分为二，其二分点为X。作线段XY，使其将矩

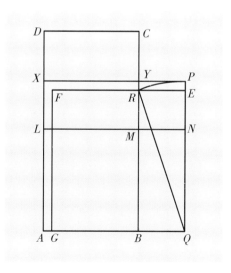

图8.5　《绳法经》里化矩形为正方形的几何方法。

*LMCD*二等分。现在把矩形*XYCD*移到矩形*ABCD*的右下角，占据位置*MBQN*。通过线段*AX*和*AQ*可以构建一个新的正方形*AQPX*。以*Q*为圆心，*QP*为半径作圆弧，交线段*BC*于点*R*（这种圆弧形的旋转是《绳法经》里典型的绳法操作之一）。通过*R*点作直线与*AQ*平行，直线交*QP*于点*E*。利用线段*QE*构建正方形*QEFG*，它的面积就等于矩形*ABCD*的面积。这种做法的理论依据是勾股定理，因为：

$$EQ^2 = QR^2 - RE^2 = QP^2 - YP^2 = S_{ABYX} + S_{BQNM} = S_{ABYX} + S_{XYCD} = S_{ABCD}。$$

如何计算平方根的具体数值呢？把祭坛的面积放大一倍，这跟古希腊的二倍神坛体积问题的来源很类似，都是出于祭祀的需要。《绳法经》里给出2的平方根的数值是：

$$\sqrt{2} \approx 1 + \frac{1}{3} + \frac{1}{3 \times 4} - \frac{1}{3 \times 4 \times 34}。 \tag{8.1}$$

这个结果是怎么得来的呢？还是几何。设想有两个面积为1的正方形，我们需要把它们切碎拼接起来，得到一个大的正方形，不能多也不能少。怎样解决这个拼图游戏呢？先把一个正方形切成相等的三条，如图8.6（a），每一条的面积就是$\frac{1}{3}$。把其中的第三条分成三个小的正方形，每一正方形的面积是$\frac{1}{3^2}$。保留一个小正方形（图8.6（a）中的3），把另外两个小正方形切成四条面积相等的长条，每个小长条的面积是$\frac{1}{3^2 \times 4}$，宽度为$\frac{1}{3 \times 4}$。现在，把所有这些切碎的小面积跟第二个面积等于1的正方形拼在一起，如图8.6（b）所示，得到一个不完整的正方形，它的边长是$1 + \frac{1}{3} + \frac{1}{3 \times 4} = \frac{17}{12}$，这正是式（8.1）右边的前三项。但这不是完整的正方形，因为它的右上角缺了一小块（图8.6（b））。换句话说，如此构成

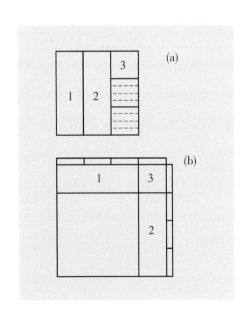

图8.6 《绳法经》中二倍正方形面积计算方法示意图。

的完美的面积为 2 的正方形，其边长肯定小于 $\frac{17}{12}$。

《绳法经》从未给出具体计算过程。人们的猜测是这样的：从图 8.6（b）可以看出，不完全正方形所缺失的那个最小的正方形的面积是 $\left(\frac{1}{12}\right)^2$。只要把边长等于 $1 + \frac{1}{3} + \frac{1}{3 \times 4} = \frac{17}{12}$ 的正方形的两个相互垂直的边剪去相同的长度，使得剪去的面积等于 $\left(\frac{1}{12}\right)^2$，不就可以了吗？利用现代的代数知识，设需要剪去的长度为 x，那么，减去的总面积就是

$$2 \times x \times \frac{17}{12} - x^2 = \left(\frac{1}{12}\right)^2 \text{。（8.2）}$$

式（8.2）中的 x^2 是摆放两条相互垂直的长为 $2 \times x \times \frac{17}{12}$ 的矩形重叠的地方。如果忽略掉 x^2 的影响，式（8.2）就给出 $x = \frac{1}{3 \times 4 \times 34}$。这个 x 值很小，约等于 0.002 45，因此忽略式（8.2）中 x^2 对结果的影响应该不大，于是就得到 $\sqrt{2} \approx$

史苑撷英 8.3

读者可能注意到古印度文献的名称里经常出现 sutra 这个字。sutra 的本义是绳子、线索。它的字根是 siv，表示用来把东西缝连或固定起来的工具。在古印度的语境里面，sutra 是指对音节和字词精炼地收集：将任何形式的"格言、规则、方向"如绳索般串联起来，构成仪式、哲学、文法或任何范畴的知识，都可以称为 sutra。sutra 文本精炼的特征对人们记住要点很有帮助，但是也为不同的诠释留出很大的空间，常常造成不同的理解，对本章数学问题的解释也就有较大的不唯一性。有兴趣的读者不妨看看能否通过不同的途径抵达同样的结果。

$1 + \frac{1}{3} + \frac{1}{3 \times 4} - \frac{1}{3 \times 4 \times 34} = \frac{577}{408} \approx 1.414\ 215\ 69$。这个结果跟 $\sqrt{2}$ 的精确值的差别出现在小数点后面第六位上。

这种依靠几何学进行计算的方法可以称为几何代数，在欧几里得的《几何原本》里也经常出现。几何代数流行了近千年以后，引入变量的真正的代数学才开始出现。代数学的故事将是中篇的主要内容之一。

让我们回到图 8.5，利用现代代数的方法来看看这个化矩形为正方形的等面积问题。设矩形的两条边长为 $AB = a$，$BC = b$。于是矩形的面积等于 $a \times b$，而跟这个面积相

等的正方形的边长就是 $\sqrt{a \times b}$。所以，把 a 和 b 的乘积开平方就得到正方形的边长。从这里我们看到，在计算方面，代数要比几何方便很多。不过，这种抽象的思考方式还要等数百年才会出现呢。

现在可以看看图8.3中旧堂东边的主要祭祀区了。按照《绳法经》的规则，主要祭祀区的周长必须等于90步（prakrama），象征一年的四分之一 $\left(\text{即}\dfrac{360}{4}\right)$。它构成一个梯形，最东面边长为24步，西面边长30步，两侧各为36步。图8.3把这个梯形简化成矩形了。在梯形区域最东边的外面安装一根八角的柱子（标号14所在处），拴住用于祭祀神明的牲畜。主要祭祀区内有三个部分，最东边的祭坛造型是一只飞鹰，代表时间，对应旧堂区里代表空间的祭坛。飞鹰后面是祭祀堂，那里的地面挖有四个孔，孔孔相连，据说对乐声有共鸣作用，或许是最古老的音响设备。祭祀者把一种名叫苏摩（soma）的神奇植物盖在上面。祭祀的时候，祭司把植物榨成汁，兑上牛奶给男人们喝，产生幻象，据说使人感到可以不朽。古伊朗拜火教祭祀时也饮用这种植物制作的饮料，称其为豪麻（haoma）。祭祀堂的西侧是诵经堂。从几何学的角度，我们的主要兴趣在鹰坛。

鹰坛由砖块筑成。作为例子，图8.7是一种六尖鹰翅的形状。此外还有五尖和四尖的，形状稍有不同。印度河谷是世界上最早使用窑烧砖来建造房屋的文明，而且已经在造砖的标准化上达到某种默契。无论是窑烧砖还是日晒的泥砖，不同大小的砖的长宽厚之比都是 $4:2:1$，这使得砌墙垒砖变得很容易。吠陀祭坛使用砖的要求显然是继承了印度河谷的传统。

鹰坛的坛体一般由五层砖构成。图8.7显示的是第一层（最底层）的结构，每块砖上的号码是摆放它们的顺序。没有号码的砖可以在建造过程的任意时候摆放。至于确定这个顺序的理由，现在已经无法知道。这些砖共有五种不同的形状，但其基本形状均开始于一个正方形。如果把这个正方形的边长作为长度单位，其他四种形状可以根据正方形演变出来。对于更多的祭坛来说，一般有九种不同形状的砖，它们同正方形的关系如图8.8所示。单位正方形的长度不可随便选取，它必须是雇佣祭司举行祭祀的主人身长的五分之一。这意味着，每一个祭祀仪式之前，这些砖必须单独准备。图8.7的鹰坛一共用了38个正方形，58个矩形（其中56个面积是 $1\dfrac{1}{2}$，2个面积为 $1\dfrac{1}{4}$——见图8.7），60个从正方形得到的三角形和44个从矩形得到的三角形，共200块砖。鹰坛的第三、第五层与第一层相同。第二层与第四层的建筑方法相同，由11个

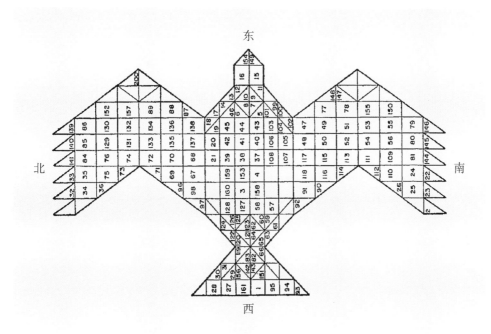

图 8.7　六尖鹰翅祭坛第一层 200 块砖的安放方式。

正方形、88 个矩形（两种不同尺寸）和 201 个三角形组成，每层 300 块砖。这些三角形包含六种不同尺寸，五种不同的形状（图 8.8）。

　　以上是六尖鹰翅祭坛的构造。对于五尖鹰翅祭坛来说，构造大同小异，也是五层建筑，不过每层都必须是 200 块砖。

　　但对于砖的几何与数学问题还没有结束。祭祀时，把主人设想为原始巨人，也就是前面提到的《原人颂》中的原人。鹰坛每一层的面积，要求必须等于原人身高平方的 7.5 倍。这可以通过图 8.7 中各种砖的面积来验证，见表 8.2（正方形边长的选择是主人身高的 $\frac{1}{5}$，所以 5 个正方形的长度是主人的身高）。

　　利用简单的几何知识，所有不同形状的砖都可以从一个标准的单位正方形演化出来，而这个单位正方形的边长由祭祀主人的身高来确定。图 8.8 给出最常使用的九种非正方形，它们的面积可通过勾股定理和三角形的特征来计算。比如，在正方形的一侧加上半个正方形，构成图中最上方的矩形，其面积为正方形的 1.5 倍。将该矩形沿对角线切开，构成右上角的直角三角形，面积是 $\frac{3}{4}$。再将这个三角形从斜边的中点向

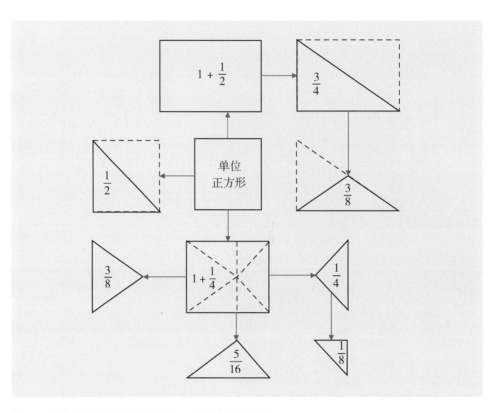

图8.8　从单位正方形衍化出来的10种砖的几何形状。

表8.2　六尖鹰翅祭坛第一层的面积计算

	数量	每块砖的面积	合计面积
正方形	38	1	38
矩　形	2	$1\frac{1}{4}$	2.5
矩　形	56	$1\frac{1}{2}$	84
三角形	60	$\frac{1}{2}$	30
三角形	44	$\frac{3}{4}$	33
总　计	200		$187.5 = 7.5 \times 5^2$

两条垂直边的交点作直线，沿直线切开，得到两个等面积 $\left(\dfrac{3}{8}\right)$ 的三角形。正方形的下方是它加上 $\dfrac{1}{4}$ 个正方形构成的面积为 $\dfrac{5}{4}$ 的矩形。用竖直虚线将它分成两部分，面积分别为 $\dfrac{1}{2}$ 和 $\dfrac{3}{4}$。找到该虚线的中点，向矩形的四个角作连线，可以得到四种不同的三角形。由于这些形状都是以正方形为基本形演化出来的，不同的砖块拼接起来，中间没有缝隙，面积很容易计算。

印第安纳州鲍尔州立大学（Ball State University）数学系的印度裔荣誉退休教授普达司伐密（T. K. Puttaswamy）指出，吠陀文献里还有一种祭坛，叫作迦楼罗鹰坛（Garuda Chayana）。伽楼罗在汉语里有各种各样的翻译法，如迦留罗、伽楼罗、迦娄罗等，其实就是中国民间广为流传的大鹏金翅鸟。根据《摩诃婆罗多》的故事，婆罗多族最早的祖先是"世界之祖"大梵天（Brahma）的儿子迦叶波（Kasyapa）仙人。迦叶波娶了两个妻子，而且都怀了孕。名叫迦德卢的夫人生下 1 000 只蛋，而毗娜达夫人只生下两枚。至于为什么她们都只生蛋而不是直接生婴儿，故事里没有讲。500 年后，迦德卢的蛋孵出来，1 000 个儿子都是蛇；毗娜达见自己的孩子没有动静，着急了，打破一只蛋壳，赫然发现孩子还没有发育完全，只有半个身子。发育不全的儿子飞向天空，变成了日出之前的曙光。又过了 500 年，毗娜达与迦德卢打赌输掉，成为后者的奴隶。恰在这时，第二只蛋自动破壳，飞出一只大鸟。他以蛇为食，并成为毗湿奴（Vishnu，又名黑天）的坐骑。这个故事通过佛教传入中国，大鸟演变成了大鹏金翅鸟，是天龙八部众神之一，并且产生了金翅鸟吃龙的典故，"日食一龙王及五百小龙"（《观佛三昧经》）。其实，这些所谓的小龙应该是蛇，因为在印度的神话里没有龙。

迦楼罗鹰坛也是五层，每层 200 块砖。不同的是，这座祭坛的每一块砖都是正方形。按照建筑规则，必须用 200 块砖，4 种不同大小的正方形拼成大鹏金翅鸟的形状，总面积同样必须等于原人身高平方的 7.5 倍。

如果说六尖鹰翅祭坛的问题可以通过几何形状的特征采用试错法找出结果，这个问题可就要复杂多了。采用现代代数知识，我们可以假定四种不同大小的方块砖的数目分别是 x, y, z, w，它们对应的砖的面积是 $\dfrac{1}{m}, \dfrac{1}{n}, \dfrac{1}{p}, \dfrac{1}{q}$，于是得到下面两个方程

$$x+y+z+w=200，\tag{8.3a}$$

$$\frac{x}{m}+\frac{y}{n}+\frac{z}{p}+\frac{w}{q}=7\frac{1}{2}。\tag{8.3b}$$

即使在不少现代读者的眼里，这恐怕也是一个令人望而生畏的问题：两个方程，8个未知数，怎么求解呢？在数学上，这一类不定方程组，理论上可以有很多不同的答案。令人惊奇的是，公元前8世纪的古印度数学家宝多衍那（Baudhayana，约公元前800年—公元前740年）给出了一对正确答案：如果 $m=16$，$n=25$，$p=36$，$q=100$，则有 $x=24$，$y=120$，$z=36$，$w=20$ 或者 $x=12$，$y=125$，$z=63$，$w=0$。没有人知道他是如何得到这个结果的。普达司伐密教授给出式（8.3a 和 b）的一种解法（见附录二），但这显然不可能是3000年前数学知识所能想到的。处理不定方程组是一类很重要的数学问题，因为在实际的应用问题中，很多问题都没有唯一解。关于这类问题，我们后面还会提到。

在吠陀时代晚期（约公元前1000年—公元前600年），雅利安人的文化相较以前有了很大发展，并从早期主要居住的旁遮普移入恒河流域地区。崇拜梵天、毗湿奴、湿婆（Shiva）三大神的婆罗门教替代了敬奉自然神灵的早期吠陀信仰，祭司阶层（婆罗门）的地位得到了空前的提升。在这个时期，雅利安人分成不同的部落集团，开始有被称为"罗阇"（Raja；即王）的领导者出现。敌对的部落集团之间进行频繁的战争，最终形成为数众多的早期印度国家。公元前600年前后，印度出现了不少于20个这样的国家，吠陀时代接近尾声。这就是所谓的列国时期，它很像中国的战国时代。又因为佛教产生于这一时期，所以也被称为佛陀时期。列国时代的印度精神生活十分活跃，出现了许多哲学和宗教流派，其中影响最为久远的是佛教和耆那教。在此期间，16个大国并立争霸，其中摩揭陀国（Magadha）实力最强。

公元前6世纪末期，波斯阿契美尼德王朝国王大流士一世征服印度河平原一带，印度河平原被波斯人分割成几个省（satrapy）。公元前4世纪，亚历山大大帝灭了波斯帝国，长驱直入，进入亚洲，抵达印度西北部。亚历山大大帝的军队撤退以后，摩揭陀国的月护王（Candrá-gupta Maurya，公元前340年—公元前298年）抓住时机，率领当地人民揭竿而起，打败留守的马其顿驻军，建立孔雀王朝（Maurya），并于公元前317年统一了整个印度西北部地区。到了阿育王（Aśoka Maurya，约公元前304年—公元前232年）时期，孔雀王朝控制了几乎整个印度次大陆，成为名副其实的大帝国，其时代与中国的秦王朝很接近。

佛教与耆那教在波斯人入侵期间迅速发展。耆那教教义含有很多同吠陀教义相近的内容，但更加强调数学的重要性。耆那教文献的一部分取名叫作 Ganitanuyogi，意思就是"计算体系"。在公元前4世纪出现的《萨那纳加经》（*Sthananga Sutra*）中，耆那教把数学分为10种，其中已知的7种为：

Parikarma：　　　基本运算法则，即加减乘除；

Vyavahara：　　　算法，即对应用问题的计算；

Kalasa varma：分数；

Rajju：　　　　几何；

Rasi：　　　　　对平面和立体形状的测量；

Yavat-tavat：　寻求未知数、未知量；

Vikalpa：　　　排列与组合。

乌玛斯伐蒂（Umaswati，约公元前2世纪）是一位著名的耆那教传教者。他的《谛义证得经》(*Tattvārtha Sūtra*，又作 *Tattvarthadhigama-sutra*)是最早期、最权威的耆那教经典。乌玛斯伐蒂本人并不是数学家，但是他在经文中提到一系列几何测量的公式，这些公式很可能是耆那教数学家们在乌玛斯伐蒂之前发现的。比如，他们用 $\sqrt{10}$ 来近似圆周率。另外还有一种算法，假定圆的面积等于该圆的周长与直径之积的四分之一。这种面积计算方法不需要知道圆周率，不过要想精确测量圆周长比测量直线的长度可要困难多了。

除此之外，《谛义证得经》里还提到一些跟测量圆上弦与圆弧有关的公式。图8.9给出这些公式所涉及的几何量：AB 为直径为 d 的圆上的一条弦，它交圆于点 A 和 B。圆的直径和弦有如下关系：

1. 弦长 $AB = \sqrt{4 \times CD \times (d - CD)}$；

2. 弦 AB 的高 $CD = \dfrac{1}{2}\big[d - \sqrt{d^2 - AB^2}\,\big]$；

3. $d = \dfrac{CD^2 + \dfrac{1}{4}AB^2}{CD}$。

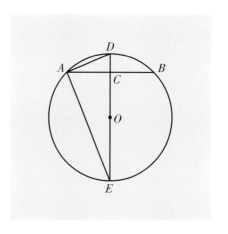

图8.9 《谛义证得经》里描述弦与圆弧关系的一些几何量。

用现在的平面几何知识，应该不难证明这几个公式。对第一个公式，只要证明了三角形 EAC 与三角形 ACD 相似，再利用这两个三角形对应边的比值相等原理即可证明。第二个公式的证明也可以从相似三角形 EAC 与 ACD 边长的比例关系开始，然后利用简单的代数规则得到一个一元二次方程，取正数解。第三个公式的证明则需要勾股定理的知识。这似乎说明，在公元前古印度的几何与代数知识同古希腊颇为相近，只是没有完整的证明记录。

阿育王去世不久，孔雀王朝迅速衰败。摩揭陀的势力退缩回它本来占据的地区，印度又回到列国时代的分裂状态。从公元前2世纪起，印度遭到一系列的外族入侵，如中亚希腊化的国家巴克特里亚王国（Greco-Bactrian Kingdom；《史记》中称之为大夏）、游牧的塞迦人或塞克人（Sakas；简称塞人）和安息帝国（Parthian or Arsacid Empire）。塞迦人的侵略尤其广泛，他们在整个西印度建立许多公国。大月氏人从北方进入印度，在北印度建立了强大的贵霜帝国（Kushan Empire）。接连不停的动乱使古印度的逻辑学发展中断，数学的发展也被迫中断，很多很多年以后才重新焕发了一些活力，不过这些都是后面的故事了。

本章主要参考文献

（印）毗耶娑著，金克木、赵国华、席必庄译：《摩诃婆罗多-1》，北京：中国社会科学出版社，2005年，第4580页。

吴新民：《古代中国与印度和希腊语言及逻辑思维比较研究》，载《江南大学学报（人文社会科学版）》2008年第7卷第1期，第12—16页。

Joseph, G.G. The Crest of the Peacock: Non-European Roots of Mathematics. 3rd edition. New Jersey: Princeton University Press, 2011: 561.

Staal, F. Greek and Vedic geometry. Journal of Indian Philosophy, 1999, 27: 105–127.

Kulkatni, R.P. The value of π known to Sulbasutrakaras. Indian Journal of History of Science, 1976, 13: 32–41.

Puttaswamy, T.K. Mathematical achievements of pre-modern Indian mathematicians. Elsevier, 2012: 742.

第九章 "东方希腊"的星火

现在让我们看看印度北面的近邻——中国。秦国本是西周建国后西部边陲的一个附庸小国，由于善于养马，在周孝王姬辟方（约公元前960年—公元前896年）执政的时期得到了几十里封地。后来西戎（周王朝西部的一个少数民族部落）反叛，西周第十一代天子宣王姬静（约公元前862年—公元前782年）于公元前824年正式封秦嬴为周臣。大约50年后，周幽王姬宫湦（公元前795年—公元前771年）遭到申侯（周幽王废后的父亲，生卒年不详）与犬戎联军的袭击，被杀死于骊山下，西周覆亡。周幽王死后，周平王姬宜臼（公元前781年—公元前720年）把都城从镐京东迁到洛邑（今河南省洛阳市），是为东周的开端。周平王为了嘉奖秦襄公嬴开（约公元前833年—公元前766年）一路派兵护送，封其为诸侯。秦穆公嬴任好（公元前683年—公元前621年）征服了东周西部的二十几个狄戎小国，辟地千里，疆土南至秦岭，西达洮河（今甘肃临洮），北至朐衍戎（今宁夏盐池），东抵黄河。这正是在古希腊先哲泰勒斯出生的前后（约公元前622年）。

周朝迁都后，王室势力衰微，诸侯纷纷雄起，企图取而代之。齐、宋、晋、秦、楚先后称霸，形成春秋时期的霸政。根据清末民初的历史学家柳诒徵（1880年—1956年）的统计："周初千八百国，至春秋之初，仅存百二十四国。"而在春秋时期二百多年的时间里（公元前770年—约公元前476年），有人说共有36名君主被杀，52个诸侯国被灭，大小战事480余次，诸侯的朝聘和盟会450余起。

为了争霸，诸侯急需人才，学问突然得到前所未有的重视。从春秋时期进入战国，一个百花齐放的学术局面在中国全面展开，其规模似乎远远大于当时的古希腊。各国君主与有野心和财力的个人都大力收集人才，为己所用。比如齐国设立稷下学宫，供养了很多思想家和学者。《史记》说："宣王喜文学游说之士，自如邹衍、淳于髡、田骈、接舆、慎到、环渊之徒七十六人，皆赐列第，为上大夫，不治而议论。是以齐稷下学士复盛，且数百千人。"稷下学宫采用官方主办、私人主持的办学模式，不问学术派别、思想观点、政治倾向，以及国别、年龄、资历，自由讲学，著书辩论。于是，儒、道、法、名、兵、农、阴阳等百家学者纷纷汇聚于此，成为当时中国最重要的学术中心。稷下学宫的规模应该比大约同时代亚里士多德在公元前335年所创吕克昂学院要大很多。

在稷下学宫的众多学者当中，有一个人名叫貌辩（又作倪说，生卒年不详）。他同时又是齐宣王田辟疆（约公元前350年—公元前301年）的弟弟靖郭君田婴（生卒年不详）的门客（也就是私人豢养的谋士）。貌辩的人缘很差，门客们都不喜欢他。田婴的儿子、以招贤纳士闻名于世的孟尝君田文（？—公元前279年）甚至劝父亲把他扫地出门。这似乎说明他不仅仅是不拘小节，很可能有些品质问题。但他能言善辩，是中国最早考虑逻辑问题的学者之一。

貌辩最著名的论点是所谓"白马非马"。据说，持"白马非马"论点的貌辩把稷下学宫所有的学者都驳得哑口无言。这个论题后来被公孙龙（公元前320年—公元前250年）进一步阐发，详细记载于《公孙龙子》一书里："马者，所以命形也；白者，所以命色也。命色者非命形也。故曰：'白马非马'。"对公孙龙的论证有一种解释是这样的："马"这个概念只有一个特征，就是作为动物的马；而"白马"这个名词则有两种特征，一是作为动物的马，二是它白色的毛色。有一种特征的概念跟有两种特征的概念不是一回事。在说"马"时，所有颜色的马都包括在内；而在说"白马"时，不能包括黄马、黑马等其他颜色的马，所以白马不是广泛意义之下的马。

一个区分从属和等同关系的简单方法是所谓的维恩图（Venn diagram），发明者是英国数学家、逻辑学家维恩（John Venn，1834年—1923年）。图9.1给出白马非马论的韦恩图。最大的圈表示马的总概念，其中每个小圈代表带有某种特征的马，比如白马、黑马、黄马，等等。白马与黑马之间的重叠部分表示同时带有白色和黑色的

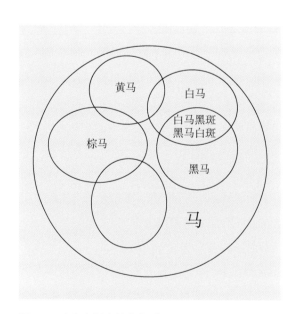

图9.1　以马为例的简单维恩图。

马：白马带黑斑、黑马带白斑等。其他重叠的圈圈含义类似。当然，除了颜色还有许多其他不同的给马分类的方式，比如蒙古马和大宛马，拉车的马、赛马的马、打仗的马等等，它们都包含在"马"这个总概念里。

"白马非马"辩论的形式和内容都跟中国的语言特征密切相关。现代汉语的"是"动词在表达"A是B"时有两种含义，一是隶属，比如麦子是粮食，但粮食不仅仅包括麦子；二是等同，比如正方形是四条直边相等且互相垂直的平面图形。与"是"相反的"不是"（即"非"）当然也有两种含义：不隶属和不等同。古人在表达"A是B"的意思时，只是简单地把A和B两个概念并列，典型的句式是"A者，B也"，这就使得隶属和等同的区别变得更加模糊。有人认为，貌辩在坚持"白马非马"时，使用的是"等同"或"不等同"的含义，即白色的马不等同于一般意义的马，辩论中硬把别人的"白马是马"中"是"的隶属意义强扭到等同意义上去，属于诡辩。

按照《韩非子》的说法，貌辩虽然在辩论中打败了所有的学者，但当他骑着白马进城，企图利用"白马非马"理论拒绝交过路税时，守城的士兵根本不买账。可以想象这么一个画面：貌辩正滔滔不绝地分析为什么白马不是马，士兵早已不耐烦，大吼一声："少废话，交钱！"于是老先生乖乖掏腰包。法家人物韩非（约公元前280年—公元前233年）讲这个故事的意思是，在法律面前，诡辩没有用。其实韩非的这个论断跟"白马非马"的论题完全不搭界。

对逻辑学的研究源自辩论，而辩论必须使用语言，因此，语言的特色深刻地影响着逻辑分析的发展。中文没有严格的单数与复数的分别，缺乏明确的时态、主动和被动格，古代时甚至没有主语、宾语、谓语的概念；这些概念都是后来从外来语法中引进的。再加上没有标点符号，后人断句容易出现错误，这些都使得对文字的理解产生歧义。

我的中学语文老师曾经让我们注意一句古诗的语法特征：

江晚正愁余，山深闻鹧鸪。（辛弃疾：《菩萨蛮·书江西造口壁》）

"江"和"晚"二字，看似漫不经心地并置起来，语法上不清楚到底是"江边的晚上"还是"晚上的江边"。那么"正愁余"呢？如果硬套现代语法句式，似乎是说"江晚"正在把"余"搞得愁闷，不过更合理的恐怕是"余正愁"。但这么细究有意义吗？

十个字构成一幅画面：暮色笼罩着江边郁孤台上满腔愁绪的诗人，深山里远远传来鹧鸪的悲啼，这不就够了吗？老师接下来问："换个地点，'河'晚怎么样？'海'晚呢？"听起来好像都不大对劲儿。一个同学大声说："大海碗！"大家都笑了。老师的问题使我们意识到，古代中文强调字与字之间的关系，非常微妙，在文学上产生朦胧的美感。就像中国的水墨画，两间茅屋，三株疏树，几块怪石，再加上一抹远山，山瀑似有似无，其余的非云即雾，让观者自己去联想。简约、朦胧、意味深长。但朦胧容易造成一语多义，而一语多义就可能产生逻辑上的混淆。

比如我们说，"A 和 B 不是一回事儿"。如果没有前后文，这句话除了前面所提到的 A 和 B 的等同或隶属的关系，还可以理解为 A 和 B 根本没有相比性。再返回去看看"白马非马"：它真的等同于"白马不是马"吗？公孙龙在《名实论》里一开篇就明确地讲要区分"物"（自然和社会的事物及现象）和"实"（即某类"物"当中的某个具体对象）。在谈及"物"的时候，需要给每种不同的"物"一个特有的符号，这些符号称为"名"（也有人认为是概念）。抽象的"名"和实际存在的"物"显然是不同的。"名"的定义当然有正确和错误之分。在图9.1里，表达"物"的"名"是"马"，而"实"则是白马、黑马，等等。这样看来，公孙龙等人实际上是说，"白马"与"马"在"名"与"实"的意义下没有相比性，就像图9.1中的大圈不应跟里面的小圈来相比一样。墨子（约公元前468年—公元前376年）有一段话，讨论盗贼和人这两个概念的关系：盗贼也是人，但说盗贼多，不等于是说人多，没有盗贼也不等于没有人（"盗，人也；多盗，非多人也；无盗，非无人也。"）。这二者之间的逻辑关系跟白马与马的关系是一样的，只需把图9.1中"马"的总概念换成"人"，子概念"白马"换成"盗"。这实际上就是后来数学中所说的"集"与"子集"的关系。

"白马非马"并非"白马不是马"，否则貌辩也不可能把那"数百千名"学者都驳得哑口无言——这未免太小看古人了。"白马非马"更像是一个公关妙计——通过一语多义来赢得大众对自己提倡的逻辑修辞理论的注意。这个妙计太成功了，2 300多年来牢牢抓住了人们的眼球。然而糟糕的是，一语多义使貌辩的论点遭到曲解，以至于后人以为他在"诡辩"。老先生九泉之下有知，恐怕只能苦笑。

貌辩和公孙龙这等名辩家关于"名"与"实"的看似无用的争论，实际上对澄清概念、完善语法修辞、推动逻辑发展具有不可缺少的作用。这些名辩家很像古希腊在大致相当的年代里的诡辩家（sophists；亦称智辩家）。在西方，人们一般把古典修辞学的飞速发展归功于雅典城邦的民主制度。那时，每一位自由公民都有权在众人面前拥护或反对某项法律条文，他必须用自己的论点来说服听众。因此，英语里"修辞"（rhetoric）这个词至今仍含有强烈的政治辩论的意思。智辩家们充分利用自己的辩才，从一个城邦走到另一个城邦教授人们辩论的技巧，这在当时可以发大财。无独有偶，在跟伯里克利的雅典差不多同时的中国，则有纵横家们奔波于诸侯国之间，贩卖自己的治国理念。或劝说君主联盟某一强国，攻击其他弱国，即所谓连横；或约几个弱国联手，合攻某个强国（主要是秦国），即所谓合纵。可惜经秦入汉，这样的人越来越少，以至消亡。这是中华文明的一件憾事。

亚里士多德看到智辩家们为了赢得辩论不惜牺牲真理的一面，同时也看到修辞确实是帮助听众分析逻辑、认识真理的有用工具，于是写了世界上第一部《修辞学》（*The Art of Rhetoric*）。这部书分两个时期完成，第一个时期是他在柏拉图学院期间，也就是公元前367年—公元前347年；第二个时期是在他经营吕克昂学园期间，即公元前335年—公元前322年。修辞与逻辑是两个不可完全分割的领域。所以，《修辞学》开宗明义，第一句话就是："修辞术是论辩术的对应物。"论辩离不开逻辑，基本都采用三段论法。关于逻辑的论述集中在《工具论》里，那是门徒泰奥弗拉斯托斯（Theophrastus，约公元前372年—公元前286年）根据老师的教案整理而成的，最早的版本出现于公元前40年。而在中国，最早试图通过建立概念的定义和逻辑关系来分析问题的人是墨子。

自从墨子号卫星上天，关于墨翟的介绍有很多了。他与苏格拉底同时代，是中国历史上空前绝后的人物。他留下一部《墨子》，堪称奇书，其涵括内容之广泛似可与亚里士多德相比。而后者比墨子还要晚将近一个世纪。从晋朝时代起，《墨子》中的《经上》《经下》《经说上》《经说下》被统称为《辩经》，后称为《墨经》。清末以来，《墨经》研究再次兴起，把《墨子》当中讨论名辩之学的《大取》《小取》二篇也包括在内，共成六篇。这些文字，有些是墨子自己的，有些是他的门徒为了解释和充实墨子理论后加上去的。《墨经》构成墨子逻辑和科学思想的经典，是奇书中的奇书。其中《经上、下》与《经说上、下》四篇采用的格式为古籍中所仅见。《经上》《经下》加起来，共约200条极为简短的定义，而《经说上》《经说下》对应《经上》《经下》中的绝大多数条款给出解说。最早的《墨子》应该是写在竹简上面的，连文直下，不分章节。竹简由皮绳连接成册。一册竹简，翻来覆去地读，时间久了，皮绳开断，竹简就散乱了，所以有"韦编三绝"的成语。不懂内容的人把竹简重新连起来，很容易出错。后来书写的媒介发生了演变，汉魏或晋唐期间改成长长的纸卷，而到了宋代又变为木板刻印本。每一次媒介改变，文字排列和书写的格式、各列的字数等都发生变化，也容易造成文字错位，日积月累，出现越来越多的讹误错乱，使本来十分古奥的文字越加难懂。

由于文字简短古奥，今天人们对于《墨经》逻辑的理解多种多样。《墨经·大取》说："夫辞，以故生，以理长，以类行也者。"胡适（1891年—1962年）认为，故、理、类就是《墨经》的逻辑有三个重要部分。"辞"大致相当于今天的论题，"故"相当于立论的依据和理由，"理"相当于推论的法规和标准，"类"则是推论中举例和断语的根据。"类"为判断的形式和不同判断之间的联系与区别提供判别基础。按照这样的理解，"辞以故生、以理长、以类行"这十个字的意思就是：立论来自依据和理由，推理依靠一定的法规和标准进行，同时需要有明确判断作为支撑。"三物必具，然后辞足以生。"（《大取》）所以墨家逻辑又称为"三物论"。

胡适还认为，墨家逻辑是两段式。比较三段式逻辑，"故"有时是大前提，有时是小前提。大前提与小前提之间，在推理时可以省掉其中之一，这是因为有"类"。"当只提到小前提时，'类' 就作为大前提；当只提到大前提时，'类' 就作为小前提。"

表9.1是表8.1的增扩，把胡适理解的《墨经》逻辑同古希腊和古印度逻辑来做比较。

表9.1　墨家逻辑与古印度因明逻辑、古希腊三段论逻辑的对比

三段论逻辑		因明逻辑		墨家逻辑	
大前提	凡燃烧之物必有烟	宗	山上着火了	故	山上在冒烟
小前提	山上在冒烟	因	因为山上在冒烟	理	有火之处必有烟
		喻	有火的东西就冒烟，厨房是个例子	类	厨房之火生烟
		合	山上有烟		
结论	山上着火了	结	所以说，山上着火了	辞	故曰，山上起火

但墨子实际上已经明确地把"故"分为大小二种。《经说上》说："小故，有之不必然，无之必不然。""大故，有之必然，无之必不然。"（原作"大故，有之必无然"，据孙诒

让校改。）如果"故"真的代表前提，那么这句话就是说：小前提，有它结论不一定成立，但没有它结论必定不成立。大前提，有它结论必定成立，没有它结论必定不成立。这也很像我们今天所说的充分条件、必要条件、充分必要条件。这样看来，墨子对小前提和大前提的理解是相当深刻的，只是没有像亚里士多德那样总结出普遍的规律来。纵观《墨经》中的逻辑分析，具体例子多，归纳总结少，系统的理论更少。所以有些今人认为，墨子的逻辑更接近当今所谓的批判性思维（critical thinking），属于非形式逻辑（informal logic）。

《小取》中还有一句话："以名举实，以辞抒意，以说出故。""名"是符号、概念。《经说上》说："名，若画虎也。"画出来的虎当然不是真实的虎。而画虎的活动就是"以名举实"，即用一个概念或符号来代表某种真实存在。"以辞抒意"是说，用命题（"辞"）来表达判断（"意"）。"意"如果"信"（即真实）则为"当"（正确），否则为"不当"。"说"是论证；"以说出故"就是把"辞"所以成立的理由和论据阐述出来。沈有鼎（1908年—1989年）认为，这三个步骤对应的就是后来逻辑学中的概念、判断和推论。从表9.1的简单例子来看，逻辑规律总的来说具有普适性。古希腊也

史苑撷英 9.1

赵惠王谓公孙龙曰："寡人事偃兵十余年矣，而不成，兵不可偃乎？"公孙龙对曰："偃兵之意，兼爱天下之心也。兼爱天下，不可以虚名为也，必有其实。今蔺、离石入秦，而王缟素布总；东攻齐得城，而王加膳置酒。秦得地而王布总，齐亡地而王加膳，所非兼爱之心也。此偃兵之所以不成也。"

——《吕氏春秋·审应览第六》

淳于髡曰："男女授受不亲，礼与？"孟子曰："礼也。"曰："嫂溺，则援之以手乎？"曰："嫂溺不援，是豺狼也。男女授受不亲，礼也；嫂溺援之以手者，权也。"曰："今天下溺矣，夫子之不援，何也？"曰："天下溺，援之以道；嫂溺，援之以手。子欲手援天下乎？"

——《孟子·离娄章句上第十七》

好,古印度也好,古中国也好,其逻辑体系的主要元素基本类似。不同的地方是在推理的具体过程,比如大前提何时出现,结论导出的方式等等,这些同语言和文化有复杂而微妙的关系。

《墨经》还对"说"做了详细的讨论,给出"假、效、辟、侔、援、推"等不同的方式和方法。但对于逻辑的原理,似乎主要是"辞以故生,以理长,以类行"这十个字。墨子对逻辑已经有了相当的认识,但文字过简,还不能构成完整的逻辑理论。墨子身后,弟子们继续逻辑的研究。《经下》《经说下》《大取》《小取》中可能都包含很多后人增添的成分,但一般认为这些内容也不会晚于公元前240年。

严格来说,直接比较三段论和墨家逻辑不可能做到很彻底,因为三段论式的形式逻辑对于墨子要考虑的社会问题用处不大。瑞典学者雷丁(Jean-Paul Reding)指出,在古代中国和古希腊,早期逻辑分析的思维有强烈的相似性,他们都使用古典辩证法,都遵从一个公理,那就是无矛盾律:在同一时刻、同一意义上,相互矛盾的命题不可能同时为真。我们在第五章举了苏格拉底的例子。雷丁指出,在春秋战国时期的中国,古典辩证法是辩论中最常用的方法。下面是《吕氏春秋》记载的公孙龙与赵惠王的对话:

> 赵惠王:我致力于消除战争有十多年了,可是却没有成功。战争不可以消除吗?
>
> 公孙龙:消除战争的本意,是体现兼爱天下人的思想。兼爱天下的人,不能靠虚名来实现,一定要有实际行动。现在蔺、离石二县被秦国夺取,您就穿上丧国之服;向东攻打齐国夺取城邑,而您就安排酒筵加餐庆贺。秦国得到土地您就穿上丧服,齐国丧失土地您就加餐庆贺,这都不符合兼爱天下人的思想,这就是消除战争不能成功的原因啊。

公孙龙因为是在跟赵国的王谈话,话说得比较曲折含蓄。不妨再看看孟子(约公元前372年—公元前289年)同淳于髡(约公元前386年—公元前310年)的对话,这二人的地位相对平等。

> 淳于髡(以下简称淳于):男女之间,不可手碰手地交接东西,这是礼法吗?
>
> 孟子(以下简称孟):是礼法。

淳于：那么，当嫂子掉进水里，可以用手去拉她吗？

孟：嫂子落水，不去拉她，那是禽兽。男女之间不可手碰手地交接，这是平常的礼法；而嫂子落水，用手去拉她，这是通权达变。

淳于：现在全天下的人都落水了，您不去救援，为什么？

孟：天下人都落水，需要用道去救援；嫂子落水，要用手去救援——你难道要我用自己的手去救全天下的人吗？

在这两个对话里，公孙龙和孟子使用的论证方法同苏格拉底很类似。特别是孟子与淳于髡的对话，双方相互反诘，使得读起来有风起云涌之感。我们看到，两个人都不直接讲出自己的观点，而只是指出对话者观点中逻辑存在的自相矛盾之处，迫使对方接受自己的观点。这是早期中国和古希腊辩论和逻辑的共同特点。在古代中国文献里，类似于上面公孙龙和孟子的例子到处都是。而要正确使用无矛盾律，辩论双方必须先在概念的定义上达成一致，否则无矛盾律就无法应用。柏拉图对"定义"和墨子、公孙龙对"名"的考察的意义就在于此。

大致了解了《墨经》的逻辑框架之后，该看看它在几何方面的论述了。《经上》和《经说上》给出一些基本概念，比如点、直线、平面等的定义。这里，墨子的思路似乎又跟古希腊数学家们很相似，处理问题从定义开始，这在中国古籍中也是绝无仅有的。对于一些概念，墨子先给它们命名，然后给出定义。表9.2对比墨子和欧几里得关于一些几何概念的定义。

表9.2　比较欧几里得与墨子关于若干几何概念定义的例子

现代名称	欧几里得（约公元前300年）		墨家学说（约公元前400年—公元前240年）			
	名称	定义	名称	定义	解说	注释
点	点（1.1）	点是没有"部分"的东西	端（62）	体之无序而最前者也。（无序：无与为次序）	端：是无同也	端是物体最前的点，没有比它更前的。它与物体内其他点不在类同的位置上
线	线（1.2、1.3）	线只有长度而没有宽度；以两端为点	尺（*）	无	无	见本章正文

续　表

现代名称	欧几里得(约公元前300年)		墨家学说(约公元前400年—公元前240年)			
	名称	定义	名称	定义	解说	注释
直线	直线(1.4)	其上面各点均匀分布的线	直(58)	直,参也	无	见本章正文
面	面(1.5、1.6)	面只有长和宽；其边界为线	区(*)	无	无	
平面	平面(1.7)	在其上沿任何方向都可作直线的面	平(53)	同高也		假设从一个参考平面(如地面)算起
圆	圆(1.15、1.16)	平面上以一点为中心做曲线,使曲线上所有点到中心的长度相等。该中心点即为圆心	圜(59)	一中同长也	小圜之圜与大圜之圜同	见本章正文
体	体(11.1、11.2)	体有长、宽、厚。体的边界是面	厚(56)	厚:有所大也	厚:惟无,无所大	

　　表9.2的第2列和第4列中括号里标出的是这些定义分别在欧几里得和墨子著作中出现的章节号。墨子的定义和解说全部出自《经上》和《经说上》,其序号依照中国哲学书电子化计划版本。其中"尺"和"区"没有明确的定义。欧几里得给出的平面几何概念的定义出自《几何原本》第一卷,体的定义来自第十一卷。这是因为《几何原本》前面的章节讨论的都是跟平面几何有关的问题,直到第十一章才开始讨论三维问题。欧几里得定义的逻辑条理极为分明,从点到线再到面,循序渐进。墨子定义的起点一般是从实物开始,抽象得不够彻底。所以我觉得《墨经》的这些定义比较接近于物理的抽象,而没有达到数学的抽象。"平"这个概念的定义还有逻辑循环的问题:"等高"需要一个平面来做参考,这相当于用"平"来定义"平"。

　　现在仔细看看"端"这个概念。现今的学者基本同意,根据《经上》和《经说上》的文字,"端"的定义是物体最前端的"点",它与物体内其他点不在类同的位置上,在物体中没有比它更前的。但由于这个"点"是根据物体来定义的，就造成了一个疑问：这种点的大小是有限还是无限的？《经下》认为，把一个细长的物体一半一半地砍下去，最后就能得到端（《经下》《经说下》）。这个结论似乎是受到了"物理抽象"的限制。相比之下，名辩家惠施（约公元前370年—公元前310年）的说法更接近于欧几里得的几何抽象："一尺之棰，日取其半，万世不竭。"（《庄子·天下》）这是说从抽象的几何意义上来看，几何点无限小，故而不管怎样不断地半分这个长度，你永远达不到几何点的"长度"——因为"点是没有'部分'的东西"。

关于直线，《墨经》只是简单地说："直，参也。"那什么是"参"呢？《墨经》里没有讲。实际上，参是一个古老的天文学概念，早在墨子之前就存在了。古代的参字写法是上晶下多，发音应该是"人参"的"参"。晶字的三个日代表三颗星。《说文解字注》："三星，参也。"在确定太阳的位置时，先在太阳下立两个日晷，使两条晷影连成一直线，而这条直线与所观测的太阳连为直线，那么太阳的位置就被精确地确定了。这在几何上，相当于用两个点连成的直线作为基准，来确定第三个点的位置。这不就是柏拉图关于直线的定义吗？

史苑撷英 9.2

关于"名"这个汉字，《说文解字》解释说："自命也。从口从夕。夕者，冥也。冥不相见，故以口自名。"意思是说，"名"的本义是自称，它由"夕"和"口"两个字组成。夕就是天黑。由于在黑天人们相互看不见，所以用"口"发出"名"来对别人表示自己。古代名辩家用"名"这个字表示对事物和概念的命名，就是今天的定义。

墨子说，有三种名：（1）达名是外延最广的名，属于最高类的概念；（2）类名是某一类事物的名，属于类概念；（3）私名是个体的名，属单独概念。（《经上》：名：达、类、私。）

与墨子同年代的古希腊哲学家德谟克利特（Democritus，约公元前460年—公元前370年）指出，要区分四种不同的名：

同名异义；

异名同义；

易名；

无名。

而这个方法的原理就是欧几里得五条公设的前两条。

再看"尺"。我读到的讨论《墨子》数学的文章都断言，墨子用"尺"来表达"线"的概念，但都没有给出这个断言的明确理由。可那时作为实物的尺应该都是直的，用直尺来表达一般的线（即曲线），不好理解。而且，用"尺"这个为人所熟知的实物的"名"来表示多数人看不懂的抽象的"线"，显然不是一个很好的选择，懂得"名""实"差别的墨子似乎应该能够找到歧义更少的名称。

《墨经》在一些其他概念里也提到"尺"，比如《经上》第42条关于"穷"（极限）的定义："穷，或有前，不容尺也。"《经说上》释文："穷，或不容尺，有穷；莫不容尺，无穷也。"按照方孝博（1908年—1984年）的说法，"或"在古代等同于"域"。"域有前"，即区域带有前缘。假设有某种边际存在，如果区域的最前缘与边际的间隔小到不能容纳一线，那么这个区域就是有穷（即有极限）。而如果不管区域如何逼近，它与边际之间总是可以容纳（至少）一线，那就是无穷（即没有极限），因为它不能真正达到边际。"莫不容尺"的意思是没有不能容"尺"的情况。但是，按照钱宝琮（1892年—1974年）的看法，这里讨论的是个一维问题。用尺来度量一条线段，如果量到线段的某一处，它与事先给定的边际的距离容不下一尺，那么该线段是有穷。如果可以一直不断地量下去，前方总是能容下一尺，那么这条线段就是无穷。

这两种解释的分歧还是在于对"尺"的理解不同。无论哪一种解释，我们看到墨子关于有穷与无穷的定义都相当科学。他用一个定义同时界定两类无穷，一类是向无限大不断扩展，如同在一维情况下阿基米德所意识到的，对任意正数 x 和 n，无论 x 如何之大，总可以有比它更大的 $x+n\times x$；另一类是有限情况下的无穷，类似于惠施所说的"日取其半"的无穷系列：$1,\frac{1}{2},\frac{1}{2^2},\cdots$ 区别在于，钱宝琮认为定义是一维的，而方孝博认为至少是二维的。

墨子显然了解一语多义的潜在问题，为了消除歧义，所以要从定义出发。但《墨经》里定义的顺序有点费解。《经上》里有100个定义，从"故"开始，先是相对简单的认知概念，比如"体（个体）、兼（总体）、智、虑、知"等，然后讨论较为复杂而普世的道德概念"仁、义、礼、行、实、忠、孝、信"等，接着定义似乎跟法律有关的概念"勇、力、善、诽、君、功、赏、罪、罚"，再下来定义跟时空和自然过程有关的"久、宇、穷、尽、始、止"等。直到第52条才开始讨论一些几何概念，大约有17、18条。之后又转去定义认知行为方面的概念"说、辩、名、谓、闻、见、同、异、言、诺"等。为什么这样安排呢？而

▼

故事外的故事 9.1

类似于"日取其半"的无穷系列在古希腊也有其对应的理论。跟墨子差不多同时代的芝诺提出过一个著名的悖论：传说中希腊跑得最快的勇士阿喀琉斯（Achilles）同乌龟赛跑。规则是，乌龟先爬出一定距离如 1 000 米，然后阿喀琉斯才可以开跑。假定阿喀琉斯的速度是乌龟的 10 倍，跑出 1 000 米的时间为 t。在阿喀琉斯抵达 1 000 米标记点时，乌龟又爬出了 100 米。阿喀琉斯再跑出 100 米，用了 $\frac{t}{10}$ 的时间，可乌龟仍然在他前方 10 米处。阿喀琉斯再跑 10 米，用时 $\frac{t}{100}$，乌龟在他前方 1 米处，……。阿喀琉斯可以不断地逼近乌龟，但不可能超过它。结论是，阿喀琉斯永远也追不上乌龟。但谁都知道，随便一个人在这样的比赛里都可以超过乌龟。芝诺是不可知论者，他善于辩论，经常制造一些悖论，用来支持自己的观点。这些悖论后来基本都被证明是错误的，但大大促进了数学理论的发展。比如人们在考察这个阿喀琉斯与乌龟赛跑的悖论时，发现了极限的概念。阿喀琉斯追赶乌龟所用的总时间 T 可以用无限系列来表示，即

$$T = \left(1 + \frac{1}{10} + \frac{1}{100} + \cdots\right)t,$$

而其中括号内的无穷系列有一个有限值 $\left(\text{等于} \frac{10}{9}\right)$。显然，只要两者都不是无限小的点，阿喀琉斯可以在有限时间内追上乌龟。

且，在《墨经》里面没有任何把这些几何定义应用到数学问题上的内容。稍后我们会谈到，其实在当时的年代，中国的几何学理论已经相当发达了，很可能归功于几何天文学的发展。《墨经》里的几何定义不像是对当时几何学理论的总结。况且，不像古代巴比伦人和埃及人，大地测量学在中国没那么重要，墨家也没有开展这方面的工作。

瑞典学者雷丁提出一个很有意思的假说。他认为，墨家把几何定义同其他概念的定义放在一起，大有把这些定义当作公设的意思。墨家是在建立一个先验的道德体

系。雷丁认为，这些定义具有为知识论（epistemology）提供基础的功能，比如《墨经》中关于圆的定义（第59号定义）：

《经上》："圜，一中同长也。"（圆这个曲线相对于一个中心具有相同的长度）

《经说上》："圜，规写支也。"（圆这个曲线是可用圆规画出的封闭图形）

这个定义里面涉及另外两个概念："同长"（第54号）和"中"（第55号），它们的定义分别是：

《经上》："同长，以正相尽也。"［同长，就是标准（正）完全重合］

《经说上》："同：楗与框之同长也。"［同，就是门闩（楗）和门框长度相等］

《经上》："中，同长也。"（中，就是圆心到圆周的距离处处相等）

《经说上》："中心，自是往相若也。"（中，就是圆心；从这里到圆周的距离都是相等的）

"中"是一个点，其大小由"端"（第62号）来定义，前面已经谈过了；而大小又是由"厚"（第56号）来定义的：

《经上》："厚，有所大也。"（线在长度上有厚，面在长度和宽度上有厚，体在长度、宽度、高度上有厚）

《经说上》："厚，惟无，无所大。"（没有厚，就是没有大小）

通过以上这些定义，我们看到，墨家从"端"出发，考虑"直"和"同长"，选择"中"，最后构成"圜"。这是一个思维颇为缜密的构造过程。雷丁认为，墨家在分析道德问题的时候采用的是跟上述几何学相同的处理方式：以公设来定义问题，通过公理来分析并导出知识。这就是为什么《经上》中的定义是按照其特定的顺序列出的，并由此产生所谓墨子十论：

兼爱——人我之爱具有相互性。

非攻——反对不义之战。

尚贤——不分贵贱，唯才是举。

尚同——爱人利人，效法于天；统治必须上同于天。

天志——遵循自然规律。

明鬼——明辨鬼神之有无；鬼神能赏善罚恶。

非命——靠努力改变自己的命运。

非乐——废除繁琐奢靡的礼乐制度。

节用——反对浮夸浪费。

节葬——不把财富和精力浪费在死人身上。

墨家认为，一旦接受了《墨子》中的定义或者公设，他们的理论就是无条件地正确的。正如《大取》中所宣告的："天下无人，子墨子之言也犹在。"（哪怕天下没有人讲"兼爱"了，墨子的话依然成立）

通过对比古希腊和古代中国的哲思，雷丁得到结论：过去西方学者关于"中国古代没有逻辑"的说法是完全错误的。相反，中国古代的逻辑在不少方面同古希腊哲学有不少相似性。他比喻说，哲学逻辑好像是个新大陆，被古希腊和古代中国人同时发现。但他们登陆的地点不同，看到的现象不同，观察新世界的角度也不同。古希腊人注重航海和贸易，了解古巴比伦、古埃及文明在应用数学和工程上的巨大成就。他们生活在几十、上百个城邦国家同时存在的时代，政治制度各有不同，这使他们关注对事物的分门别类。为此，他们完善了自己语言的语法结构，把观察世界的侧重点放在自然哲学、宇宙学和神学上面，于是产生了形式逻辑。而春秋战国时期的中国人以农业为主，生活在一个存在了数百年但似乎即将崩溃的王国里，周围的文明相对落后。他们的语言以形象描述为胜，而且特别关心人在自然中的行为，这使他们把侧重点放在政治和经济上面。这些问题远比自然科学要复杂，必须考察人的行为，而形式逻辑在这些方面的实用性有限。哲学逻辑的新大陆只有一个，但不同看问题的角度导致了不同理论体系的出现，于是就出现了不同的哲学逻辑体系。逻辑的规律大家都要遵从，但逻辑的体系可以不同。

不幸的是，跟政治和经济紧密挂钩的哲学逻辑很容易受到社会政治氛围的影响。墨子在世时，门徒满天下。所以孟子说，"天下之言，不归杨，则归墨。"这里，"杨"指杨朱（约公元前440年—约公元前360年），是当时的道家领袖，而墨就是墨子。前面提到的公孙龙很可能是墨子的弟子之一。到了公元前3世纪末，秦在经过500多年的努力之后，终于把一个方圆几十里的养马附庸国变成了一统中华的庞大帝国。秦王朝奉行韩非的"以法为教，以吏为师"，严禁私学，"百家争鸣"的局面戛然而止。墨家因此中落，许多弟子沦为游侠。到了汉代，又罢黜百家，独尊儒术，墨家一贯反儒，受到的影响可想而知，便一直衰落下去。西晋时，一个名叫鲁胜（生卒年不详）的人弃官归里，潜心研究墨家思想，著《墨辩注》，如今也仅存序言。序言中，他把墨子归入名辩家的行列，说，从早期名家邓析（公元前545年—公元前501年）起，一直到秦，人们著述不断，但都非常难懂。"于今五百余岁，遂亡绝。"墨学中绝，从西晋（约公元300年）到清末，长达1500年。"以吏为师，严禁私学"和"独尊儒术"对中国哲学和科学的影响类似于基督教传播对古希腊文化的影响。欧洲各国到了文艺复兴时期（约15世纪）才重新发现古希腊，而中国对墨子的重新认识要等到19世纪了。所幸不是终绝，现今对墨子的研究可以说是方兴未艾，但很多宝贵的文献恐怕再也找不回来了。

除了概念定义，《墨经》里没有任何关于具体数学问题的分析。墨子的数学能力在当时肯定是出类拔萃的，但由于年代久远，世事多变，他对数学的具体贡献已难以估量了。秦汉以降，人们一直以为，记载中国数学发展的最早文献是《周髀》。这本书相传为周公也就是姬旦（约公元前11世纪）所作。周公是周文王的第四子，协助父亲推翻殷商，建立周朝。一般认为，《周髀》的内容从周至秦，经过历代学者的充实，直到汉代，成为现在的样子。钱宝琮认为，从星宿名称、文字风格和一些宇宙模型的相似性来看，《周髀》成书的年代应该与《庄子》相近或稍晚，那就是大约公元前100年。当然，书中的许多内容远远早于公元前100年。

这是一本天文学的书，重点在阐述一个宇宙模型，即所谓"天圆地方"的盖天学说：天如圆形的盖伞，地如方形的战车。你看，这里又出现了"以圆化方"的问题！所以《周髀》开宗明义，第一篇先谈几何问题。通过一个名叫商高的人跟周公的对话，《周髀》介绍了勾股定理中勾三、股四、弦五这个特例，也就是毕达哥拉斯三数组（3，4，5），以及这个定理在实际测量中的应用。有人因此把勾股定理称为商高定理，但数学史专家们对商高是否证明了勾股定理的普遍形式没有定论。在中国，几何学在天文测量中的应用比起古代印度来，要更加精彩。我们在第六章里看到希腊学者测量地球半径的壮举，而在与埃拉托西尼相近的年代里，古代中国人已经在谈论能不能测量太阳到地面的距离以及太阳的直径了。

在讲这个故事之前，先把《周髀》这个书名解释一下。髀的本意是大腿或大腿骨，借指细长状的物体，如竿子。"周髀"是周代用来进行天文测量的器具，长八尺（周代一尺约23厘米），截面呈圆形，中间带孔，孔径一寸。这个工具也称"八尺之表"。

从"周髀"这件观测器具，我们大致可以揣测直角三角形的"勾股定理"这个中文名字是怎么来的。所谓"股"，是悬梁刺股的股，也就是大腿。《说文解字》里说得更明确："股，髀也"；这是髋关节至膝盖之间的那部分。在天文观测时，髀必须是垂直于地面的。勾呢？《说文解字》："句，曲也"。"句"是勾的本字。小腿弯曲之后，与大腿之间就构成了"勾"。当一个人跪在地面上，大腿（股）和小腿（勾）分别与地面垂直和平行，这就形象地描述了周髀与它的影子（晷）之间的关系（图9.2）。勾与股这样的描述逐渐演变为对直角三角形的普遍称呼，于是勾和股的区别就变得模糊了。实际上在天文观测中，勾与股有明显的区别。

《周髀》在商高介绍勾股定理之后，讲了这么一个故事：

很久以前，一个名叫荣方的人问一位姓陈的先生（陈子）："我听说先生用您的学问，能知道太阳的远近、大小，日光普照所及的范围，太阳一日所行的里数，人目所能望见的一切，宇宙的极限，天上众多的星宿，天地有多广阔。真是如此吗？"

陈子说："是的。这些都可以通过数学知识来得到。以阁下对数学的了解，如果仔细想一想，也可以知道。"

荣方回到家里，苦苦思索了好几天，觉得毫无头绪。于是他再次拜访陈子，恳求答案。陈子说了一番话，至今令全世界学者议论纷纭。这段话的大意是：在周地某处，比如图9.2（a）中的点A，立起八尺之表，夏至正午时测量它在地面的影子（晷影）长度为1尺6寸。在距离此地南边1000里的地方（点B）也立一表，夏至正午时的晷影长为1尺

《周髀算经·卷上》的原文是这样的：

"周髀长八尺，夏至之日晷一尺六寸。髀者，股也。正晷者，句也。正南千里，句一尺五寸。正北千里，句一尺七寸。日益表南，晷日益长。候句六尺，即取竹，空径一寸，长八尺，捕影而视之，空正掩日，而日应空之孔。由此观之，率八十寸而得径一寸。故以句为首，以髀为股。从髀至日下六万里，而髀无影。从此以上至日，则八万里。若求邪至日者，以日下为句，日高为股。句、股各自乘，并而开方除之，得邪至日，从髀所旁至日所十万里。以率率之，八十里得径一里。十万里得径千二百五十里。故曰：日晷径千二百五十里。"

这段话里所有的"句"都是"勾"的借代字，也就是晷影在水平地面的长度。"得邪至日"：得到从髀到太阳之间的距离，也就是弦的长度。其中的楷体字部分应该是陈子在解释他的理论时所举的几何学例子，而不是真正天文测量结果。

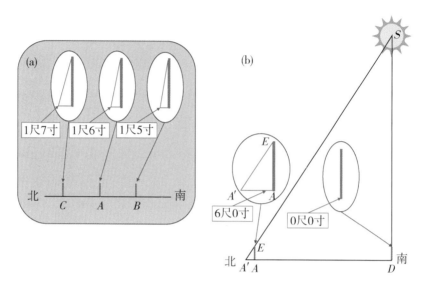

图 9.2   陈子计算日地距离的几何示意图。

5寸。在距离第一表北面 1 000 里处（点 C）再立一表，测得晷影长为 1 尺 7 寸。由此得知，南北每隔 1 000 里，晷影的长度就变化一寸，而且越往南走，晷影越短。那么，在 A 点等到某一天的某一时，直到晷影的长度恰恰变成 6 尺［图 9.2（b）］。拿起这根中空的竿子来，看太阳通过竿子留下的影像，这时太阳的大小正好等于竿子的内径。同时在距离 A 点 60 000 里的南边某地（点 D），夏至正午时立表无影（晷影长度为 0）。由此知道太阳离地面的垂直距离为 80 000 里。把 AD 的距离平方，再把太阳离地面的垂直距离平方，二者加起来开平方，得到 100 000 里，这是 A 点到太阳的距离。周髀的长度与孔径的比值是 80 比 1，那么，太阳到 A 点的距离跟太阳的直径的比值应该也是 80 比 1。由此得到太阳的直径是 100 000 ÷ 80 = 1 250 里。

在考察《周髀》这段内容时，不少人认为陈子是在给荣方讲解他是如何得到太阳到地面的距离以及太阳直径的实际情况。我以为，在介绍 A, B, C 三点在夏至时间的晷影长度时，陈子给出的确实是测量数据。以当时有限的测量手段，能知道 1 000 里大致相当于一寸晷影已经很不错了。用今天的术语来说，陈子是在给后面的讲述提供一个距离测量的标定数据（calibration）。可是，到了"直到晷影的长度恰恰变成 6 尺"那个地方，后面的内容不再是实际的测量数据，而是举了一个例子来说明如何利用几何学原理来分析这类天文学问题。

陈子显然已经懂得相似三角形之间的比例规律。在图9.2（b）中，点A和它的晷影构成三角形$A'AE$。按照"勾之损益寸千里"的标定结果，得到夏至时分太阳正当顶的点D距离点A为60 000里，而三角形$A'DS$与三角形$A'AE$相似，三条边的比例也是（3，4，5）。于是日地垂直距离DS和A到太阳的距离AS很容易得到。至于距离AA'，它比起几万里的庞大数字来，自然是可以忽略的。

对我来说，最大的困惑是A点那个6尺的晷影（"候句六尺"——等到晷影长到六尺）是怎么来的。A点和D点的晷影长度只有在同一时刻（如夏至）相比才有意义，因为即便在一日之内，晷影也可以有很大变化。比如一早一晚，当太阳接近地平线时，晷影在东西方向可以要多长有多长。而要在同一地点在正北方向等到晷影长6尺，很多地方恐怕到夏至都不可能。况且陈子在前面已经告诉了我们实际测量的结果，夏至时分点A的晷影在正北方向，长1尺6寸。我们很容易仿照图9.2（b）画一张类似的图，取AA'等于1尺6寸。那么，根据"勾之损益寸千里"的测量结果，在夏至时刻，D点距离A'应该只有16 000里。确实，陈子在讲解完了上述的计算方法后，就说，"日夏至南万六千里"，也就是说，在A点南面16 000里处夏至时髀晷无影。在这种情况下计算日地距离，要计算相应的距离DS也很简单。从直角三角形$A'AE$，我们得到$\frac{AE}{AA'} = \frac{8}{1.6} = 5$。$A'AE$和$A'DS$仍然是相似三角形，相应的日地距离DS就等于16 000里乘5，也就是80 000里。

两个明显不同的计算，可是得到的DS结果相同。这是怎么回事呢？

首先，D点在夏至时的晷影长度不是测量得到的，而是通过A、B、C三点的标定外推得到的。实际上，《周髀》时代的人们也不可能到地球北回归线的地方去直接测量晷影。而外推就需要做一些假定，其中最关键的假定是地面必须是平面，如图9.2（b）所示。一种可能是，当时大多数人可能不懂得一般性的勾股定理，只知道勾三股四弦五，就像商高对周公讲述的那样。陈子可能已经算出AD为16 000里，DS为80 000里；但是要给只晓得勾三股四弦五的荣方讲述几何学的道理而又不致给出错误的结果，便杜撰了一个6尺晷影的例子。这个例子从天文的角度来说是错误的，但陈子是在用一个貌似天文问题的例子解释天文测量中的几何学原理。在后文讨论真正天文现象时，他必须使用当时认为是正确的数值16 000里。显然，一旦采用这个"正确"的数值，AS的距离就不是100 000里，而应该是$\sqrt{16\,000^2 + 80\,000^2} = 81\,584.3$（里）。所以，所谓

"太阳直径等于1 250里"的结论也是不能当真的。由此看来，文中"候句（勾）六尺"似乎应该理解为假如夏至时分晷影长6尺。

　　到了三国时代，为《周髀》作注的赵爽（生卒年不详）明确指出，陈子与荣方的对话不是《周髀》的原文（"非《周髀》之本文"），而应该是后人为了对古奥的周髀进行解释而加入的。清人制作的《四库全书总目》在《周髀算经提要》中也说："荣方问于陈子以下，徐光启谓为千古大愚。今详考其文，惟论南北影差，以地为平远，复以平远测天，诚为臆说。然与本文已绝不相类，疑后人传说而误入正文者。"这就是说，古人已经意识到，陈子与荣方的对话其实与天文无关，而只是对勾股定理的讨论而已。赵爽作注是在公元222年前后，也就是说，远在赵爽之前，古人已经对这类几何问题有相当深入的理解了。

　　《周髀》的主要内容是计算历法，天文离不开数学，必须先解释数学原理。从汉代起，天圆地方的"盖天"的宇宙模型被"浑天"所取代，学习这部书的重点就在数学而不在天文了。到了唐代，这本书被作为数学教科书归入所谓《算经十书》，并从那时起改称《周髀算经》。人们一直以为《周髀算经》是中国最古老的数学文献。直到1983年，这个看法才被一个意外的发现所改变。

本章主要参考文献

Reding, J.-P. Comparative Essays in Early Greek and Chinese Rational Thinking. New York: Routledge, 2016: 229.

崔清田：《墨家逻辑与亚里士多德逻辑比较研究》，北京：人民出版社，2004年。

方孝博：《墨经中的数学和物理》，北京：中国社会科学出版社，1983年，第108页。

孙中原：《〈墨经〉的逻辑与认知范畴》，《中山大学学报（社会科学版）》，2003年第S1期，第51—56页。

吴新民：《古代中国与印度和希腊逻辑推论比较研究》，《江南大学学报（人文社会科学版）》，2008年第7卷第1期，第12—15页。

吴志雄：《古代三大逻辑学说证明理论的简单比较》，《中山大学学报（人文社会科学版）》，1984年第2期，第27—31页。

杨武金：《论梁启超、胡适、沈有鼎对墨家逻辑的开拓性研究》，《贵州师范大学学报（社会科学版）》，2006年第1期，第61—65页。

曾昭式：《墨家辩学：另外一种逻辑》，《哲学研究》，2009年第3期，第120—123页。

邹大海：《从〈墨子〉看先秦时期的几何知识》，《自然科学史研究》，2010年第29卷第3期，第293—312页。

第十章　竹简上的惊奇

狐狸、山猫和小狗结伴出城去玩，在城关被税官拦住，说它们身带皮货，必须交商业税。三个小家伙一共交了111文钱的税金，气哼哼地出了城。没走出多远，它们就为了谁应该付多少税的事争论起来。

乍看起来，这个故事有点像《伊索寓言》，可它是记载在2 400年前古代中国的竹简上面的。所谓竹简，是中国古代常用的书写文字的载体，实际上就是用青竹剖开，再经过一些特殊处理的竹片。

1983年，湖北省荆州地区的江陵县（今荆州市荆州区）在一个名叫张家山的地方修建砖瓦厂。工人们在取土的时候意外发现了三座汉墓，被考古人员定名为M247、M249、M258。如今砖瓦厂、古墓遗迹都已荡然无存，就连"张家山"这个以汉简闻名世界的地名在地图上也找不到了。根据1985年《文物》期刊的报告，古墓应该在荆州古城西边大约2 000米的地方。从出土的文物来看，古墓的主人很可能是西汉初年的文职小官员，他们似乎对某些著作非常重视，以至于要带到另一个世界去。其中在M247号墓内发现八九部陪葬著作，共1 000多支竹简，大部分保存在竹筒里面。藏书的内容相当广泛，包括律法、兵书和医学健身术，不过最重要的是一部数学著作《算数书》。M247的墓主虽然在历史上默默无闻，但很可能是一位饱学之士。根据墓中墓主的历谱，我们知道，他在汉惠帝元年（公元前194年）"病免"，也就是因为老病而免职。但墓中的随葬品中有一部吕后（公元前241年—公元前180年）掌权时期制定的律法《二年律令》。墓主在惠帝刘盈（公元前210年—公元前188年）朝中得到病免，刘盈死后，他的生母吕太后才出来执政专权。这说明墓主在退休之后还在研究法律。此外还有伍子胥（公元前559年—公元前484年）的兵书、《算数书》以及一套计算工具（算筹），说明这个人相当兴趣广泛，多才多艺。经过考古学家鉴定，M247号古墓大约在吕后二年（公元前186年）封闭，那么所有的竹简最晚也晚不过这一年。其中有些数学问题的内容直接引用秦代律法，所以大部分内容成文时间至迟不会晚于秦代（公元前221年—公元前207年），有些内容更早，可能出现于战国时期。

在M247古墓发现与《算数书》有关的竹简一共有200多支，其中大约10%残缺

▼

故事外的故事 10.1

在纸张尚未发明之前，不同地区的人们使用不同的材料来书写文字。古巴比伦人（亚述人）用泥板，古埃及人使用莎草纸，古希腊人用蜡板，中国人则使用竹简或丝织品（古代称为帛）。制作竹简需要一定的程序：将青竹剖开，制成长条形的竹片，火烤去湿。烤的时候，竹片上沁出小小水珠，宛如出汗，故称为"汗青"。然后刮去竹皮，这样用毛笔书写时墨迹就渗入竹子的纤维组织里，经久不退。《尚书》里说："惟殷先人有册有典。"这么看来，早在商朝竹简就开始使用了。西周的文献中经常出现一种名叫"作册"的官员，很可能是秘书一类。在甲骨文里，"册"字写成"𣍘"，形象地表示用绳子将若干竹简捆成一册书。而在金鼎文里，"典"字写作"𦤖"，就是把册书放在台几之上。典籍既然是竹简制作的，"汗青"就变成了"史册"的别名。地下出土的竹简，目前最早的是在公元前5世纪后半叶，也就是战国时代早期。

不全。竹简原有三道连书（也就是连接竹简的皮绳），早已腐烂。文字总共有7 000多个，使用汉代隶书，用墨写在竹简上面，每一支竹简上字数不等。这部书在古籍记载中找不到，而其成文年代比以前所知的最早的《九章算术》要早至少200年。《算数书》整理出来之后，可以分成首尾分明的68个段落，每一段落有个简短的标题。段落基本按照统一格式，先是问题，次为答案，最后给出"术"，即解题的方法。所有问题都与实际应用有关，问题涉及若干类型，包括整数、分数、几何级数、利息、税率、几何形状的面积和体积、不同商品之间的兑换、庄稼产量估计，甚至平方根的近似计算。所有的解题方法都没有理论证明，因此有人认为这不是一部数学专著，而是为秦汉时期的官吏们准备的工具参考书。其实，M247墓内的其他书籍也可归入官吏使用的参考书的类别，包括墓主在病免后出笼的《二年律令》。可以想象，墓主去世以后，家人把他生前使用的所有工具书都跟墓主一起陪葬，期望他在另一个世界继续使用这些知识，接着当官。

在《算数书》成文的年代，中国也没有小数点的概念，跟古代埃及和希腊一样，使用分数。分母称为母，分子称为子。《算数书》的开篇就是《相乘》，其中讲到分数乘法。"乘分之术曰：母乘母为法，子相乘为实。"也就是说，两个分数相乘，分母与分母相乘，分子与分子相乘。分母相乘的结果叫作"法"，分子之间相乘，结果叫作"实"。"法"和"实"这两个概念在中国古代数学著作中经常出现。"法"的本意是标准，分数和除法使用某个数字作为标准来分割另一个数，所以"法"的概念被引申，用来表示除数或分母。我们在第九章的逻辑分析中已经给出"实"的原始定义，"实"在这里被引申为那个被分割的具体数，也就是被除数。不过，在算法学中，"法"与"实"的意义远远超过除数和被除数；比如开方运算里的被开方数和方程中的未知系数也被称为"实"。"法"的含义大致相当于"规定的单位量度"。古代数学书经常见"实如法而一""实如法得一"，意思是以"法"来量"实"，如果"实"中有相当于一个"法"的量，所得就是一。

在讲述了乘除法规则之后，《算数书》列出一系列数学题来。通过其中的例子，我们看到，当时的数学程度已经相当发达了。我们还是从几何开始。

《算数书》中有6题涉及土地面积计算。秦国规定，一亩田等于240"步"（每步长6尺）。这里带引号的"步"是中国古代讨论面积和体积时使用的单位，在谈到面积时，"步"应该理解为宽为一步的面积的长度。同理，在谈到体积时，100尺指的是面积为1平方尺情况下的体积的长度。秦国一亩地的面积定义颇为奇怪，因为240的平方根不是一个整数的步长。《方田》一题就是为了解决这个问题：如果一亩田是正方形的，边长是多长呢？ $240 = 15 \times 16$。所以《方田》说，15步的平方比一亩田少了15"步"，而16步的平方又多了16"步"。怎么解决呢？把少的15"步"和多的16"步"合起来作为"法"（分母），把少的15"步"和多的16"步"分别相乘，合起来作为"实"（分子）。这等于是说，一亩方田的边长大约为

$$\frac{15 \times 16 + 16 \times 15}{15 + 16} \approx 15.4839 。 \tag{10.1}$$

这是一个平方根的近似算法，今天使用计算器很容易得到 $\sqrt{240} \approx 15.4919$。这个2200年前的近似算法的误差只有万分之五。

在某种意义上，这个方法的思路等价于阿基米德估算 $\sqrt{3}$ 的方法。套用式（6.4），如果选 $a = 15$，那么 $b = 15$，于是有

$$15 + \frac{15}{30} > \sqrt{225 + 15} > 15 + \frac{15}{30 + 1} = \frac{15 \times 16 + 16 \times 15}{15 + 16} 。 \tag{10.2a}$$

而如果选 $a = 16$，则 $b = -16$，而且

$$16 - \frac{16}{32} > \sqrt{256 - 16} > 16 - \frac{16}{32 - 1} = \frac{15 \times 16 + 16 \times 15}{15 + 16}。 \quad (10.2b)$$

我们看到，阿基米德考虑到平方根精确值两侧的限域，思路更为精密，因为他处理的是抽象的数学问题。而这里只是简单地取近似值（精确值的下限），因为目的在于实际应用。这个方法还有另外一种理解，我们后面再看。

在计算土地面积时，一个很实际的问题是如何把不同形状的土地按照亩的单位记录下来。《少广》题就是处理在面积为定值（1亩）的情况下长（纵）和宽（广）的变化规律。如果"广"逐渐增加，从1到 $1 + \frac{1}{2}$，$1 + \frac{1}{2} + \frac{1}{3}$，…… 直到 $1 + \frac{1}{2} + \frac{1}{3} + \cdots + \frac{1}{n}$，对应的"纵"应该是多少呢？ 处理这类问题的原因主要是当时缺乏小数点的概念，跟古希腊一样，计算必须使用分数。《算数书》里的《少广》题处理的最大 n 值是10，通过寻求分母的最小公倍数来得到最终解。在 $n = 10$ 的情况下，《少广》给出分母为1到10的最小公倍数为 2 520，于是

$$
\begin{aligned}
&1 + \frac{1}{2} + \frac{1}{3} + \cdots + \frac{1}{10} \\
&= \frac{2\,520 + 1\,260 + 840 + 630 + 504 + 420 + 360 + 315 + 280 + 252}{2\,520} \\
&= \frac{7\,381}{2\,520}。
\end{aligned}
\quad (10.3)
$$

这个结果就是这块田的宽度（即广），大约2.9步。对1亩的面积，纵长就是将240"步"除以2.9步，得到81.9步。《少广》记载的纵长是81步，这显然跟计算当中四舍五入的具体步骤有关。从这个问题的解决过程我们看到，在与欧几里得差不多的年代里，中国数学家已经对最小公倍数相当熟悉了。所不同的是，欧几里得利用几何知识花了大量篇幅讨论最小公倍数的原理，而中国的官员们则直接拿来就用。

这两个例子说明，《算数书》中的几何问题不是纯几何，而是类似于欧几里得在考虑比例问题中使用的方法，也就是几何代数。中国和古印度数学的传统都重在应用，对定义和证明的严格与否一般不大关心。下面这个问题可能更能说明《算数书》中一些问题的代数特征：

　　　　睘材　有圜材一，研之入二寸，而得平尺四寸，问材大几何？ 曰：大二尺有

六寸半寸。述（术）曰：〖七〗寸自乘，以入二寸为法，又以入二寸益之，即大数已。

　　这个例子，是按照吴朝阳和晋文二人对竹简文字的解释和勘误。译成现代汉语是这样的：有一段圆柱形的木材，沿着轴向把它铲下二寸，得到一个平面，宽为一尺四寸。问这段木材的直径应该是多大？答案是：半径等于二尺六寸半。计算方法：把平面的宽度除以二（七寸）再平方，然后将其除以二寸，这个结果再加上二寸，就是圆木的直径。

　　木材的截面为圆形，假定木材的直径不变，这就是一个平面几何问题（图10.1），要用到勾股定理。从圆材的上端点 A 铲去2寸（深度为 AD），得到圆材一个截面上的线段 BC，其宽度为1尺4寸。从圆心 O 到点 A 连接半径 OA，交 BC 于点 D。OC 也是圆材的半径。我们得到一个直角三角形 ODC。根据勾股定理，

$$OD^2 + DC^2 = OC^2, \tag{10.4}$$

根据题意，我们知道

$$OD = OC - AD = OC - 2,$$
$$DC = 7。$$

把它们代入式（10.4），并化简，就得到直径的表达式

$$2OC = \frac{DC \times DC}{AD} + AD。 \tag{10.5}$$

　　这个问题的作者似乎意识到，不能指望官员们通过式（10.4）来计算圆材的直径，必须给他们一个接近于最后结果的"术"。我们不知道该作者是否完全按照我们上面的思路对计算结果进行了处理，但显然，他得到了与式（10.5）相同的结果。无论具体的计算过程是什么样子，其过程毫无疑问地需要对一些数学量（今天称为变量）进行类似的

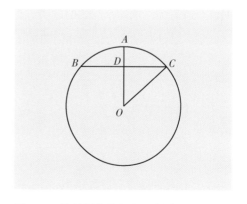

图 10.1　圆材问题的几何示意图。

处理才能从式（10.4）达到式（10.5）。这是否意味着，在公元前200年前后，中国数学已经有了某些代数的萌芽呢？对比西方拼音文字，中国的象形文字本身就是符号，在运算时把文字当作符号搬来搬去，似乎并非完全不可能。

《算数书》中还有一些问题与复杂三维形状的体积有关，也是因为体积计算的应用非常广泛，比如仓储管理，工程土方计算等等。《算数书》涉及若干种不同形状的体积，每种有一个有趣的名字，并给出计算体积的方法，详见表10.1。由于竹简上不可能刻画几何图形，关于一些立体体积的具体形状也有歧义。比如表10.1中的"除"和"郓都"（又作堑堵），这里采纳的分别是日本学者大川俊隆和中国学者彭浩的看法。

体积的计算也都从具体例子开始，比如表10.1中的囷盖，这是一个圆锥体。《算数书》给出地面圆周的周长（6丈）和高（2丈），并给出结果："积尺二千尺"。具体的结果后面则讨论普遍的解题方法，称为"术"。对囷盖来说，《算数书》说："术曰：置如其周，令相乘也。又以高乘之，三十六成一。"意思是说，用圆周自乘，再乘高，然后取总乘积的36分之1。我们知道，直径为 D 的圆周周长等于 πD，那么按照《算数书》的"公式"，圆锥的体积就是（设锥高为 h）

$$V = \frac{1}{36} \pi^2 D^2 h = \left(\frac{\pi}{9}\right) \pi \frac{D^2}{4} h。 \tag{10.6}$$

当时用3来近似圆周率，所以式（10.6）括号中的分数应该理解为 $\frac{1}{3}$，于是我们就得到了今天熟悉的圆锥体积公式。当然，那时没有利用符号来表示参数的想法，《算数书》里表示参数是直接使用该参数的名称，但从"术"的描述来看，这些名称就是符号，"术"给出的公式等价于表10.1中最右列的现代公式。

这些复杂的公式是怎么得到的呢？我们不知道，因为书中没有证明。有人认为是古人通过实际测试得到的。怎么测试呢？当时可行的一个办法是按照事先给定的参数制造一个体积容器，在容器里注满水或沙或谷粒。然后再把水或沙或谷粒取出，注入一个标准容器，比如立方体，看看被测量的容器一共装了多少个立方。这听起来似乎可行，但细想起来很困难，因为不同的参数的变化对体积的贡献不同。要想确定任何一个参数的贡献，必须在固定其他参数的情况下系统地改变这个参数，也就是制作几个不同的容器。参数越多，需要制作的容器的数目也越多。比如那个有四个参数的郓都（有人说应该是斩都、堑都，或斩堵、堑堵），要想确定这四个参数对体积的影

表 10.1　《算数书》中的立体体积计算（图中数字是《算数书》中给出的参数）

名称	实际含义	图示	参数设定	体积 V
羡除	底面为矩形的棱柱（定）与一端为矩形（羡除）的楔形（定）的结合体。秦时地下墓道的普通形状	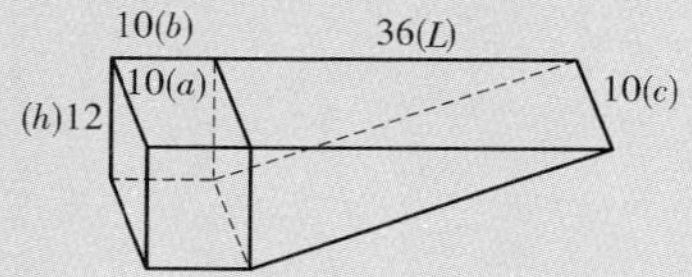 10(c), 36(L), 10(b), 10(a), (h)12	$a=$末端棱柱底面的宽（等于楔形的宽） $b=$棱柱的长 $c=$通道入口宽 $L=$楔形全长 $h=$楔形末端截面矩形的高（等于棱柱的高）	定：$a \times b \times h$ 羡除：$\dfrac{1}{6}(2a+c)hL$ 二者相加
刍甍	形状同刍童。刍：草。甍：屋脊	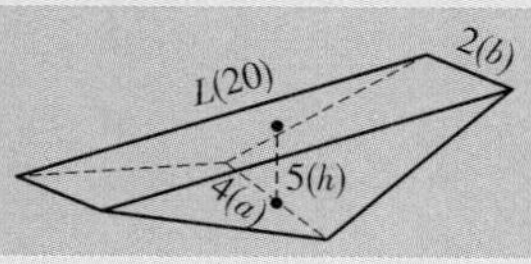 2(b), 1(20), 5(h), 4(a)	袤为 L，上厚 a，下厚 b，高 h	$\dfrac{1}{6}(2a+b)Lh$
刍童	草垛。与刍甍的区别在于有上广	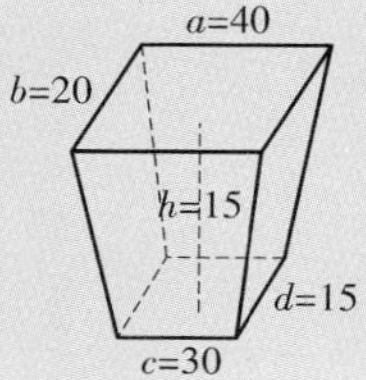 a=40, h=15, c=30, b=20, d=15	上广、袤分别为 a_1, b_1, 下广、袤分别为 a_2、b_2,高 h	$\dfrac{1}{6}h[(2b_1+b_2)a_1 + (2b_2+b_1)a_2]$
旋粟（囷盖）	圆形的谷仓（直圆锥体）	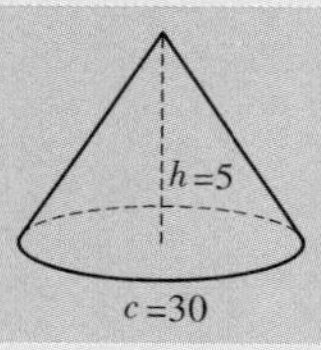 h=5, c=30	圆锥底周长为 L,高 h	$\dfrac{1}{36}L^2h$
圆亭（圆亭）	截顶直圆锥体	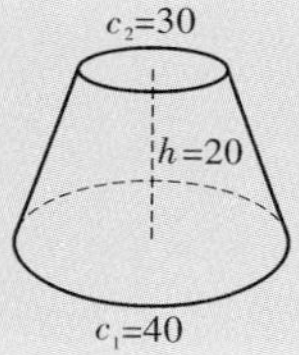 h=20, c₂=30, c₁=40	圆亭上、下周分别为 L_1,L_2,高 h	

响，需要对每一个参数制作至少两三个数值不同的容器，也就是说至少需要十几个大小不一的特制容器。这似乎不大实际，似乎还是几何推导比较合理。

《算数书》中几何学的问题就谈到这里，下面看看其他方面的数学。

现在回头看看本章开头的那个寓言式的故事。

这是一个不那么简单的数学问题。《算数书》的作者在介绍了前面的故事之后写道，狡猾的狐狸提出平分，小狗不同意，对山猫说："我的皮毛只有你的一半，所以你的税金应该是我的一倍。"山猫转身对狐狸说同样的话："我的皮毛也只有你的一半，你的税金应该是我的一倍。"问：按照这种方式，狐狸、山猫、小狗各应该付多少税金？

根据我们今天的代数知识，最常见的解决方案是令小狗应该付的税金为 x，那么，山猫的税金是 $2x$，狐狸的税金是 $4x$。把它们都加起来等于 111 文钱，也就是 $x+2x+4x=111$。所以，小狗的税金是 $x=\dfrac{111}{7}=15\dfrac{6}{7}$，于是山猫和狐狸的税金也就可以得到了。

《算数书》是这么做的：第一步，"令各相倍也，并之，七为法。"把山猫和狐狸的税金按照未知的小狗的税金数依次加倍，然后所有的倍数（1，2，4）加起来（"并之"），得到 7，把它作为"法数"（即分母）。第二步，"以租各乘之，为实。"这是用总税金 111 分别乘 1、2、4，得到 111、222、444，作为"实数"（也就是分子）。第三步，"实如法得一。"把三个实数分别除以法数 7，就可以得到结果。整个过程虽然没有提到未知数的概念，但以"小狗的税金"为计算单元来求解这个思路是很清晰的。求解过程采用的是公倍数的概念，最后一步才做分数计算，简洁方便。

再看一个更复杂一些的例子：《饮漆》。所谓"饮漆"，就是往生漆里兑水。生漆是漆树割开树皮后流出的天然漆液，其主要成分是漆酚，微毒，可引起皮肤过敏，不过干燥后就无毒了。

史苑撷英 10.1

《算数书·狐出关》："狐、狸、犬出关，租百一十一钱。犬谓狸，狸谓狐：'尔皮倍我，出租当倍我哉。'问各出几何？得曰，犬出十五钱七分六，狸出三十一钱（七）分五，狐出六十三钱（七）分三。法曰，令各相倍也，并之，七为法。以租各乘之，为实。实如法得一。"

这是最早的天然涂料。天然漆液刚流出时是乳白色，凝固后变为棕红，久置会因氧化而变黑，所以有"漆黑"这个词。把半凝固的生漆涂抹在器物表面，产生的薄膜不仅光滑细腻，而且防水防腐，长久不坏。人们还发现可以在漆中加入各种色料，用来在器物表面绘画纹饰，以美化器物。中国种植漆树的历史非常悠久，也是最早使用漆器的国家，早在新石器时代（约7 000年前）就懂得如何制作漆器了，早期的颜色以红、黑为主。最早的漆器是在木胎上反复涂

史苑撷英 10.2

《算数书·饮漆》：漆一斗，饮水三斗而极。(今有漆)饮水二斗七升即极。问余漆、水各几何。曰：余漆卅七分升卅，余水二升卅七分七。术曰：以二斗七升者同一斗，卅七也为法，又置廿七、十升者各三之为实，实如法而一。

抹染色的漆液，经干燥后制成。商周时期，人们开始大面积种植漆树，漆器制作技术也臻于成熟。庄子就当过漆园吏，也就是管理漆林的小官。著名的商代中期女将军、女祭司妇好（？—约公元前1200年）的棺木就是涂了黑红二色漆层的。自古以来，漆一直是生活中广泛使用的黏着剂和涂料。《史记》中有"陈夏千亩漆"的记载，说陈与夏这两个地方（在战国时属于楚地）拥有上千亩漆园，说明经营漆园在当时是很重要的产业。

"饮漆"时，一面加水一面搅拌。加水对生漆会产生什么样的影响呢？ 2007年，日本大阪产业大学的大川俊隆教授和同事们为了搞清《饮漆》提出的问题，专门做了一系列"饮漆"实验。他们发现起初漆和水可以完全互溶，黏度也没有多大的变化。可是水加到一定程度时，漆和水不能再互溶了，液体变成一团团果冻状，团与团之间有水脱离出来，说明漆液的含水量达到饱和。于是他们把原文中"漆一斗，饮水三斗而极"的"极"字解释为水饱和，似乎很有道理。

把晦涩难懂的《饮漆》文字翻成现代汉语，问题是这样的：标准的1斗漆注入3斗水达到饱和。现有1斗漆，注入2斗7升水就达到了饱和。问：对这不标准的1斗漆来说，它缺了多少标准漆和多少水？

听起来很复杂，是不是？先把单位搞清楚，1斗等于10升。然后看《算数书》给出的解法。这实际上是个比例问题。用10升非标准的生漆和27升水得到37升饱和状

态的加水漆溶液。其中非标准生漆与水的比率是 10∶27（"以二斗七升者同一斗"）。为了达到标准规定的状态，还需要 3 升饱和状态的加水漆溶液。这 3 升溶液中非标准漆和水的含量可以用 10∶27 的同样比例来得到（"卅七为法，又置廿七、十升者各三之为实，实如法而一"），也就是说，

需要追加水（升）：$\dfrac{27 \times 3}{10+27} = \dfrac{81}{37} = 2\dfrac{7}{37}$；

需要追加非标准漆量（升）：$\dfrac{10 \times 3}{10+27} = \dfrac{30}{37}$。

这道数学题背后的社会经济意义也很有意思。漆园园主带来 10 升漆，加了 27 升水就饱和了，而标准纯漆需要加 30 升水。这说明园主带来的漆不是质量很差，就是事先已经注了水。这道题的目的是帮助检查员判断如何追加含漆量。根据计算，漆园园主必须追加 $\dfrac{30}{37}$ 升带来的漆才能达到标准漆含量的要求。

顺便说一句，在秦朝，漆的质量低下是要遭到处罚的。"赀"（罚金）这个字在秦律中出现的频率之高在史籍中绝无仅有，各种名目的罚金比比皆是。所谓"罚金"并非现金，而是有价值的实物，最常见的是跟打仗有关的物品。根据《秦律·杂抄》中记载的法律，一个漆园如果产漆质量被评为下等，就罚园主作战铠甲一套，该县的县令、县丞、县佐各罚战盾一枚，漆园工人每人罚串连铠甲的绦带 20 根。如果连续三年，该漆园的漆被评为下等，罚园主两套铠甲，免去职务，永不叙用；县令、县丞各罚一套铠甲。这似乎说明漆园的职位是"公职"，由政府提供的。不过，连漆的质量这样的问题都要从县官到工人"连坐"处罚，够狠的吧？铠甲和盾牌关系到战士的生命，价值恐怕都是相当高的。这样的处罚，为政府创收的效益恐怕不比税收差。

最后看看另一类著名的问题：盈不足。这里，"盈"是多出，"不足"就是不足。处理这类问题的方法叫作盈不足术，是中国古代对数学发展做出的重要贡献之一。让我们从一个最简单的例子开始。有一把铜钱，数目未知。如果二人平分，就多出三文钱来；而如果三个人平分，则少三文钱。问：应该几个人平分，每人分得多少文？请读者自己先想一想，钱和人的数目都不知道，这样的问题应该如何处理？

对于某类考察的对象，用一种分法有盈余，另一种分法则有不足（亏损），所以这类问题称为盈亏问题，而处理这类问题的方法就叫盈不足术。对分铜钱的问题，《算数书》给出的方法，利用现代表达方式是这样的：

设 n_1 个人平分铜钱时缺少 f_1，而 n_2 个人平分铜钱时多出 f_2，先把两种情况的人数

与铜钱的盈亏数互乘相加，得到 $n_1f_2+n_2f_1$，作为实，也就是分子，再把盈亏的两个数相加，得到 f_1+f_2，作为法，也就是分母。对于分数

$$\frac{n_1f_2+n_2f_1}{f_1+f_2},\qquad(10.7a)$$

如果其结果是个整数，问题到此就解决了，式（10.7a）中的分子就是铜钱总数，分母则是总人数。对上面分铜钱的问题，到此得到解答：铜钱总数 15 文，总人数 5 人，每人分得 3 文钱。注意在式（10.7a）中，所有数值都是仅取正值（也就是绝对值），不考虑盈或亏的正负区别。中国的数学家在世界上最早使用负数的概念，不过这个故事我们后面再谈。

对于多数类似的问题，式（10.7a）给出的很可能不是整数，因而需要进一步处理。这时，把已知盈亏的两种情况的人数之差的绝对值作为余数 d。按照现代表述法，"余数" $d=|n_1-n_2|$。那么，总钱数应该是

$$\frac{n_1f_2+n_2f_1}{d},\qquad(10.7b)$$

而参加分配的总人数是

$$\frac{f_1+f_2}{d}。\qquad(10.7c)$$

这个方法的根据是什么呢？《算数书》也没有讨论，大概也是因为《算数书》是为官吏们准备的实用手册而不是数学专著。我们在本书后面的章节将会讨论盈不足术的数学证明。这里只想强调，这个方法的适用范围远比计算分铜钱一类的问题要广泛。比如《米出钱》：去壳小米每斗值 $1\frac{2}{3}$ 钱，黄米每斗值 $1\frac{1}{2}$ 钱。现有 16 文钱，买到小米、黄米共 10 斗，问：小米、黄米各几斗，每种米花了多少钱？

《算数书》告诉我们，这一类的问题，可以用双假设法转换成盈不足问题。所谓"双假设"，就是按照问题给出的条件做两个明显错误的假定，使得在这两种假定的情况下，一个所需钱数多于 16 文，另一个少于 16 文。一多一少，问题便为盈不足，然后按照式（10.7a-c）给出的方法求得正确解。《算数书》里给出的例子是这样的：先假定 16 文钱买的 10 斗米都是小米（0 斗黄米），需要比 16 文多花 $\frac{2}{3}$ 钱；假定买的都是黄米（0

斗小米），则比16文少花1钱。套用式（10.7a），我们得到

$$\text{买小米的斗数：} \frac{10\,\text{斗}\times 1\,\text{钱}+0\,\text{斗}\times\frac{2}{3}\,\text{钱}}{1\,\text{钱}+\frac{2}{3}\,\text{钱}};$$

$$\text{买黄米的斗数：} \frac{0\,\text{斗}\times 1\,\text{钱}+10\,\text{斗}\times\frac{2}{3}\,\text{钱}}{1\,\text{钱}+\frac{2}{3}\,\text{钱}}。$$

于是得到问题的答案：6斗小米、4斗黄米。

这种方法在西方称为双错位法（double false position method）。我们在第三章中介绍的古埃及人处理阿哈问题时采用的是单错位法。双错位法在埃及的出现时间是公元9世纪。埃及伊斯兰数学家卡米尔（Abū Kāmil，约850年—930年）有一部著作名叫《双错书》（*The Book of Double Errors*），但已经失传了。卡米尔在西方的拉丁文名字是奥卡梅尔（Auoquamel），我们在本书后面还会提到。

双错位法的原理其实是内插法。用今天的代数语言来说，如果问题是线性的（即所有的变量都以一次方的形式出现），那么内插法可以得到精确解；而如果变量以非一次方的形式出现，那么内插法一般给出近似解。不过我们可以重复使用这个办法一步一步继续做下去。

作为例子，我们再看看《方田》问题。对比式（10.1）和（10.7a），你会发现《算数书》对这两个问题给出的计算公式其实是一样的。这说明什么呢？前文提到，式（10.1）是整数240平方根的近似算法，类似于阿基米德的思路。但实际上，《方田》也可以归入双假定问题：有数240，假定它的根是15（n_1），得到的结果比240小15（f_1）；假定根为16（n_2），得到的结果比240大16（f_2）。套用式（10.7a）就得到式（10.1）。

这是一种灵活方便的近似算法，原则上可以不断地算下去，直到得到精度满意的结果为止。比如从式（10.1）我们得到$\sqrt{240}$的近似值是15.48。古人不知道小数点，但可以像阿基米德那样选择两个近似的分数值，一个比15.48大$\left(\text{如}15\frac{2}{3}\right)$，一个比它小$\left(\text{如}15\frac{1}{3}\right)$。把这两个数分别自乘，得到$245\frac{4}{9}$和$235\frac{1}{9}$。于是《方田》计算的下一步就变成了这样一个盈不足或双假设问题：

$$n_1 = 15\frac{1}{3}, f_1 = 4\frac{8}{9}; n_2 = 15\frac{2}{3}, f_2 = 5\frac{4}{9}。$$

把这些值代入式（10.7a），便可得到更精确的 $\sqrt{240}$ 的数值。读者可以验证，这个结果已经很接近 $\sqrt{240}$ 准确值了。如果还不满意，可以按照上述步骤接着算下去。这种一步一步逼近的方法不正是现在计算机数值计算的思想吗？其中近似值 $15\frac{1}{3}$、$15\frac{2}{3}$ 的选择有些任意性，但只要比最初的 15、16 更准确就好。当然选择的数值越接近于精确值，需要计算的步骤就越少，也越节省时间。古人利用算筹可以很容易地这样做，不过速度要慢很多就是了。

作为"工作手册"，《算数书》给出许多令人惊奇的结果，也留下更多的疑问：早期的中国数学家们究竟是如何得到这些问题的解决方法的？他们有理论证明吗？这些问题，我们留在下一篇里来谈。

《算数书》《数》《九章算术》中涉及圭田（三角形）、方田（长方形）、箕田（等腰梯形）、邪田（直角梯形）、圆田或周田（圆形）、弧田（弓形）、环田（圆环或两半径所夹圆环之一部分）、宛田（中间隆起的曲面，有人认为是球冠形）等平面图形及其面积计算方法，方堢壔（以正方形为底的四棱柱）、堑堵（底为直角三角形的三棱柱）、阳马（分解堑堵得到的一棱垂直于正方形底的四棱锥）、鳖臑（分解堑堵得到的每一面都是直角三角形的四面体）、方锥（正四棱锥）、圆堢壔（圆柱）、圆亭（圆台）、刍童（一种棱台）、刍甍（一种楔形体）、羡除（一种楔形体）、圆锥等立体图形及其体积计算方法，都未出现在《墨子》中。算书中立圆（球体）在《墨经》中作丸（与公元 3 世纪刘徽《九章算术注》的说法相同），但《墨子》没有计算其面积、体积的方法。城（或垣、沟、堑、渠，都是底部为梯形的棱柱）、方亭（正四棱台）在《墨子》中虽然提到实物，但不是从几何形状上说的，没有具体的文字明确涉及其几何指标，更无计算其体积的方法。

本章主要参考文献

Cullen, C. The Suan Shu Shu (算数书): a translation of a Chinese mathematical collection of the second century BC, with explanatory commentary. Needham Research Institute Working Papers: 1, 2004. Published by the Needham Research Institute.

大川俊隆、张替俊夫、田村诚：《关于〈算数书〉的四个算题》，《算数书》与先秦数学国际数学研讨会，2004 年 8 月。

大川俊隆、田村诚、刘恒武：《张家山汉简〈算数书〉"饮漆"考》，《文物》，2007年第4期，第86—96页。

江陵张家山汉简整理小组：《江陵张家山汉简〈算数书〉释文》，《文物》，2000年第9期，第78—84页。

彭浩：《中国最早的数学著作〈算数书〉》，《文物》，2000年第9期，第85—90页。

钱宝琮主编：《中国数学史》，北京：科学出版社，1964年，第16—21页。

苏意雯、苏俊鸿、苏惠玉、陈凤珠、林仓忆、黄清阳、叶吉海：《〈算数书〉校勘》，《HPM通讯》，2000年11月第3卷第10期，第2—20页。

吴朝阳、晋文：《张家山汉简〈算数书〉"睘材"三题》，《数学文化》，2013年第四卷第1期，第74—79页。

张家山汉墓竹简整理小组：《江陵张家山汉简概述》，《文物》，1985年第1期，第9—16页。

第十一章　文字的几何与图形的代数

本篇的故事告诉我们，在早期数学发展中，人们对数和形的认识是相辅相成、齐头并进的。几何学在早期的数学发展过程中起了非常重要的作用。今天，我们从小就背诵九九表之类，加减乘除、平方开方等基本运算规则被认为是天经地义的。可你有没有想过，远古之人是如何得到这些规则，怎样考虑计算过程的呢？对古巴比伦和古埃及人来说，他们很可能是通过对直观图形的观察来进行运算的。这里，我们不妨看看一些数字运算基本规则的几何意义（表11.1）。

表11.1　利用几何图形进行基本运算的例子

算术运算	几何解释	注　释
加法	a b a　b $a+b$	已知两线段a和b，求两线段的全长。
减法	a b $a-b$	已知两线段a和b，且a长于b，求两线段的差。
乘法	y　xy　x	已知两线段x和y，求两线段构成的矩形的面积。
除法	z/x　z　x	已知矩形的面积z和一条边的长度，求另一条边的长度。

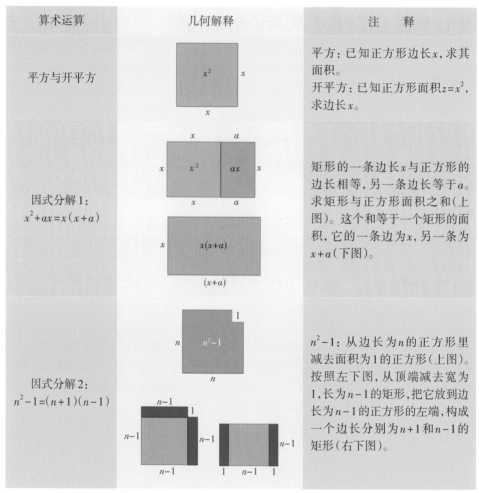

算术运算	几何解释	注　释
平方与开平方		平方：已知正方形边长x，求其面积。 开平方：已知正方形面积$z=x^2$，求边长x。
因式分解1： $x^2+ax=x(x+a)$		矩形的一条边长x与正方形的边长相等，另一条边长等于a。求矩形与正方形面积之和（上图）。这个和等于一个矩形的面积，它的一条边为x，另一条为$x+a$（下图）。
因式分解2： $n^2-1=(n+1)(n-1)$		n^2-1：从边长为n的正方形里减去面积为1的正方形（上图）。按照左下图，从顶端减去宽为1，长为$n-1$的矩形，把它放到边长为$n-1$的正方形的左端，构成一个边长分别为$n+1$和$n-1$的矩形（右下图）。

　　表中的加减法主要是为了把四则运算凑齐。实际应用当中，画道道做加减法不如摆石子来得快。然而从乘法以下，石子儿就不灵光了。在中篇里我们将会谈到，比较复杂的运算如开平方和开立方，最初的运算规则也是从考虑几何问题入手的。

　　而且几何的因式分解法有时还可以用来求解方程。设想一位古埃及人遇到这样一个"阿哈"问题：三个阿哈与阿哈自乘，加上八个阿哈，再加上4，总和等于零，问阿哈等于多少？把阿哈用现代符号x来表示，这个问题就是

$$3x^2+8x+4=0。\tag{11.1}$$

　　按照表11.1的思路，我们把这个方程的用几何方式来表达，如图11.1a。把x^2看作一个正方形，$3x^2$就是三个正方形，而$8x$是一个边长分别为8和x的矩形。常数4则可以看成是边长为1和4的矩形。把矩形$8x$分割成4个相等的边长为2和x的矩形（图11.1b），将其中的三个放到三个x^2下面（图11.1c），第四个同三个x^2并排放在一起（图11.1d）。进一步，再把矩形1×4分成两个1×2矩形（图11.1e），我们就得到两个长度为$3x+2$的矩形，它们的宽度分别是x和2（图11.1f）。把它们放到一起，最终得到一个大矩形，长和宽分别是$3x+2$和$x+2$。于是我们知道方程（11.1）可以写成

$$(3x+2)(x+2)=0。 \tag{11.2}$$

由此得到方程（11.1）的两个解$x = -\dfrac{2}{3}$和$x = -2$。当然在古埃及的时代，人们还不知道有负数。我们设想的那位古埃及数学家对这个问题的解一定感到无比困惑：割来割去，怎么矩形面积等于零了？

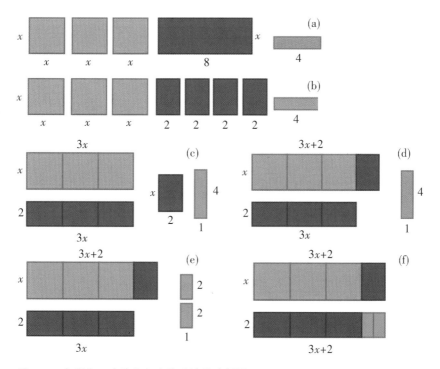

图11.1　方程（11.1）的几何法处理过程分解图。

几何问题的直观性对促进人们关于数的理解发挥了不可低估的作用。比如，最初人们只知道正整数和分数，是几何问题首先使人们惊讶地发现，原来还有一些数无法用整数和分数来表示。而当欧几里得采用几何线段的方式来考虑数的普遍计算规律时，关于数的定义更是发生了深刻的转变。

在所有几何定理当中，最重要、最著名的恐怕就是勾股定理了。这个定理不仅在几何学中发挥重要作用，在其他领域也有广泛的应用。有故事说，毕达哥拉斯利用这个定理研究自然数之间的关系。他发现，把一系列奇数加起来，比如 $1+3=4$，$1+3+5=9$，$1+3+5+7=16$，$1+3+5+7+9=25$，等等，结果都是平方数。毕达哥拉斯还找到一个构建毕氏三数组的法则。选一个奇数，比如7，把它平方（$7^2=49$），再减去1，得到48，将结果除以2，得到24，这个数便是三角形另一条垂直边的长度；把这个数加上1，得到25，即是三角形的斜边，于是得到三数组 $(7,24,25)$。

这是数论的开端。丢番图（246年—330年）在毕达哥拉斯的启发下把自然数的研究发扬光大，后来以研究数的内在性质为目的的数论不断发展。毕老师身后2 000多年的1659年，著名数学家费马在给好友惠更斯（Christiaan Huygens，1629年—1695年）的一封信里热情洋溢地介绍了自己最新发现的数论研究结果，他说：

在（整）数里面，如果这个数的面积是正方形，它就不属于直角三角形。

（There is no right-angled triangle in numbers whose area is a square.）

这话今天我们听起来相当别扭。它的意思是说，由毕氏三数组构成的三角形的面积（一个正整数）的平方根不可能是整数。比如 $(3,4,5)$ 这个最典型的三数组，3和4是直角三角形两条相互垂直的边，所以这个三角形的面积等于 $\frac{1}{2} \times 3 \times 4 = 6$。费马的意思是说，任何一个正整数构成的毕达哥拉斯三数组 (a,b,c)，其"面积" $\frac{1}{2} \times a \times b$ 的平方根不可能是个整数。这里，我们看到，费马虽然在研究数论（他的主要兴趣在自然数），但他使用的却是几何的语言。

人们还发现，任何一个自然数构成的毕氏三数组 (a,b,c) 一定满足下面几个有趣的性质：

1. c 必定是个奇数；

2. a 和 b 不可能都是偶数；

3.三角形的周长必定是个偶数，而面积也一定是个偶数。

这里，如果$(x,y,z)=(na,nb,nc)=n(a,b,c),n=2,3,4,\cdots$，则$(x,y,z)$应该作为$(a,b,c)$来对待。

在中世纪的欧洲，能够证明勾股定理的人被认为是数学大师。直到19世纪，证明勾股定理还经常出现在数学硕士资格考试的考题里面。据说有一段时间，参考生必须给出自己想出来的证明才能通过考试。美国高中数学教师卢米斯（Elisha Scott Loomis, 1852年—1940年）收集了344种勾股定理的证明。他把这些证明分为四大类：通过直线段来证明的归入代数类，用面积来证明的归入几何类，另外两类采用物理方法来证明，不在本篇的考虑之内。他还指出，用代数和几何来证明的方法可以有无穷多种。

在第四章里，我们已经介绍了用几何学方法证明勾股定理的例子。虽然到目前为止我们还未涉及纯粹的代数学，但所谓"代数法"的证明还是从几何学中的相似三角形对应边之间的比例关系出发的，其运算大致可归入所谓几何代数。我们这里只举两个例子。

例1　直角三角形ABH（图11.2），其对应的边长为a,b,h。过H作AB的垂线，交于点C，垂线段的长为x，点C把AB截为两段，其长度分别是y和$h-y$。三角形ABH、ACH、HCB为相似三角形。由此得到下述9个关系：

1. $\dfrac{a}{x}=\dfrac{b}{h-y}$，所以$ah-ay=bx$。

2. $\dfrac{a}{y}=\dfrac{b}{x}$，所以$ax=by$。

3. $\dfrac{x}{y}=\dfrac{h-y}{x}$，所以$x^2=hy-y^2$。

4. $\dfrac{a}{x}=\dfrac{h}{b}$，所以$ab=hx$。

5. $\dfrac{a}{y}=\dfrac{h}{a}$，所以$a^2=hy$。

6. $\dfrac{x}{y}=\dfrac{b}{a}$，所以$ax=by$。

7. $\dfrac{b}{h-y}=\dfrac{h}{b}$，所以$b^2=h^2-hy$。

8. $\dfrac{b}{x}=\dfrac{h}{a}$，所以$ab=hx$。

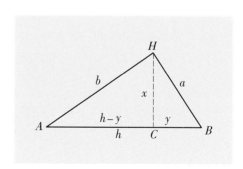

图11.2　证明勾股定理的直角三角形ABH中各线段之间的关系。

9. $\dfrac{h-y}{x}=\dfrac{b}{a}$，所以 $ah-ay=bx$。

这 9 个方程里面 1 和 9、2 和 6、4 和 8 两两相重，所以独立的方程有 6 个，而我们想要找到关系的量只有 3 个，即 a,b,h；勾股定理要求它们之间满足 $a^2+b^2=h^2$。显然，5 和 7 两端相加就是勾股定理。这是几何代数最简单的证明。

如果想看看怎样从其他方程得到证明，那就需要更多的代数知识。除去 5 和 7 以及重复的方程，比如 9、6、8，就剩下 1、2、3、4 这 4 个方程。现在需要从这 4 个方程里消去 x 和 y，然后从消去 x 和 y 的方程中任意选取 3 个，用来确定 a,b,h。卢米斯说，一共有 13 种消除 x 和 y 的方式，对应 44 种证明 $a^2+b^2=h^2$ 的途径。有兴趣的读者不妨自己找出几种证明途径来。

例 2　这是一个相当有趣的代数几何证明方法。从与图 11.2 同样的直角三角形出发，作几个辅助圆，如图 11.3。辅助圆 1 以 A 为圆心，$AH=b$ 为半径。该圆交 AB 于点 E。显然，$AE=b$。令 $EB=z$。辅助圆 2 以 B 为圆心，$BH=a$ 为半径。该圆交 AB 于点 D。辅助圆 3 以 A 为圆心，AD 为半径。该圆交 AH 于点 G。令 $AD=AG=x$，$GH=y$。显然，在 AB 线段上，$DE=y$。辅助圆 4 以 B 为圆心，z 为半径。该圆交 BH 于点 C，所以 $BC=z$。这 4 个辅助圆已经足够用了，不过为了清晰起见，仍以 H 为圆心，$GH=y$ 为半径作辅助圆 5。

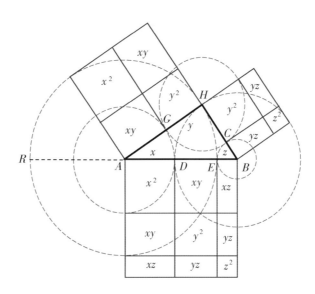

图 11.3　勾股定理的另一种证明方法。

熟悉弦切角定理和切割线定理的读者应该马上看出，由于 AH 是辅助圆2（圆心在点 B）的切线。把 BA 延长，贯通辅助圆1的直径，交圆弧于点 R。BR 是辅助圆2的一条（通过圆心的）弦，因此下述等式成立（圆的切割线定理）：

$$BH^2 = BR \times BE，$$

也就是说，$(y+z)^2 = z(2x+2y+z)$。由此得到

$$y^2 = 2xz。$$

现在，在三角形外侧的各边上作正方形。将每个正方形按照它所在边的分割方式分割，如图11.3中的蓝线所示。AH 被圆3分割成 x 和 y 两段，其对应的正方形的面积是 $(x+y)^2$。同理，BH 上的正方形的面积是 $(y+z)^2$。AB 被分成了三段，它对应的正方形的面积是 $(x+y+z)^2$。由于 $y^2=2xz$，我们得到

$$(x+y+z)^2 = (x+y)^2 + (y+z)^2。$$

这个证明虽然被卢米斯归入代数类，但其基础还是几何定理。代数运算是在找到线段之间的几何关系后才使用的。这个例子很好地显示了几何灵活性以及许多几何定理之间的相互关联。在给定的几何问题上增加连线或辅助圆，你会发现，解题的"武器库"会增大不少。

勾股定理让历代的几何爱好者入迷，因为从一个简单的三角形出发，可以衍生出无数关于线条和面积的关系来。很多趣味题的图形构成美妙而复杂的图案，并且可以向外无限地扩展出去。作为例子，我们看看图11.4。这是纽约市一个名叫约翰·沃特豪斯（John Waterhouse）的工程师在1899年发表的趣题。这道题当时造成很大轰动，《美国土木工程学会会刊》收到大量对这道题的评论和解读，信件来自全美各地的几何教师，其中有不少是几何学专家。

图11.4的正中间是直角三角形 ABC。从那里生出三个浅红色的正方形 $ABIH$、$BMNC$、$CDEA$，它们的面积满足关系 $S_{\text{正方形}BMNC}=S_{\text{正方形}ABIH}+S_{\text{正方形}CDEA}$，也就是勾股定理。由此向外，衍生出一系列三角形、正方形、梯形等，它们都跟 ABC 有某种几何关系。比如：

1. $FD=PD，GI=IK$；
2. 三角形 ABC、AHE、$A'FG$ 全等；

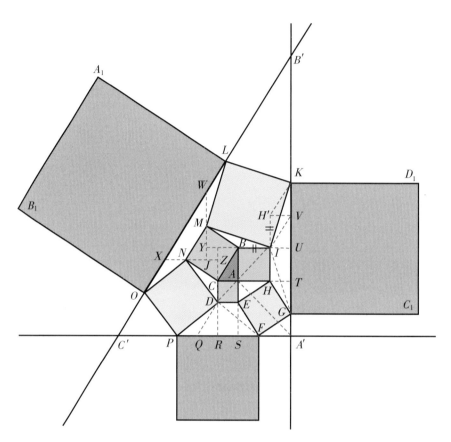

图11.4 从中心处蓝色的直角三角形 ABC 衍生出来的各线段与几何形状面积之间的关系。

3. 正方形 $BMNC$ 与 $HEFG$ 全等；

4. 三角形 DCN 与 IBM 的面积相等，且它们都等于三角形 ABC 的面积；

5. PF 平行于 CA，GK 平行于 AB，LO 平行于 BC；

6. $PF = 4 \times AC$，$GK = 4 \times AB$，$OL = 4 \times BC$；

7. 三个白色梯形 $PFED$、$KIHG$ 和 $ONML$ 面积相等，且等于三角形 ABC 的5倍；

8. 正方形 $KLMI$ 与 $OPDN$ 的面积之和等于正方形 $MNCB$（和 $HEFG$）的5倍；

9. 线段 AA' 等分角 BAC 和角 $B'A'C'$，且与 DI 垂直；

10. 正方形 $KLMI$ 的面积等于正方形 $NOPD$ 与 $EFGH$ 之和；

11. 三角形 $A'B'C'$ 与 ABC 相似。

于是，从三角形 $A'B'C'$ 可以按照上面对于三角形 ABC 的方式继续，在更大尺度上不断地重复下去。也就是说，以上11套关系可以向外无限扩展，构成许许多多的几何级数。

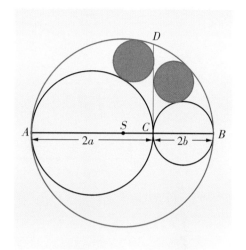

最后再看一个跟圆有关的几何问题（图11.5）。将以 S 为圆心的大圆的直径 AB 分为两段 AC 和 CB，以 AC 和 CB 为直径在大圆内作两个小圆。在点 C 作 AB 的垂线，交大圆于点 D，并在直线 CD 两侧分别作圆（即图11.5中两个绿色的圆），使它们内切于大圆，外切于被 AB 横贯的两个圆。求两个绿色圆的大小以及其圆心之间的距离。

图11.5　直径为 AB 的大圆内部的直径为 AC 和 CB 的内切圆，以及它们所限定的两个绿色小圆之间的关系。

这个问题最早出现在阿基米德的《引理集》（*Book of Lemmas*），是其中的第五条引理。阿基米德最初的证明我们后面再介绍，先请读者想一想如果你来处理这个问题，该如何下手。

对我来说，首先想到的途径是利用勾股定理。在图11.5上添加一系列辅助线，就得到图11.6。这里，X、Y、P、Q 分别是四个内圆的圆心，其他辅助线的意义不言自明。

从三角形 XPM 和三角形 XSM 各自的勾股弦关系得到

$$XP^2 - XS^2 = PM^2 - SM^2, \tag{11.3}$$

显然，$XP = a + r_1$，$PM = a - r_1$。$ST = a + b$ 是大圆的半径，所以 $XS = ST - r_1 = a + b - r_1$。而 $SM = a + b - 2b - r_1 = a - b - r_1$。把这些表达式代入式（11.3）就得到

$$(a + r_1)^2 - (a + b - r_1)^2 = (a - r_1)^2 - (a - b - r_1)^2, \tag{11.4}$$

于是解出

$$r_1 = \frac{ab}{a + b}。 \tag{11.5}$$

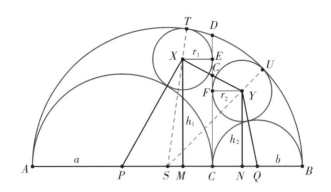

图 11.6   采用勾股定理对图 11.5 问题的一种解法。

类似地，从 $\triangle YNS$ 和 $\triangle YNQ$ 各自的勾股弦关系得到

$$YS^2 - YQ^2 = SN^2 - NQ^2, \tag{11.6}$$

由此得到

$$(a+b-r_2)^2 - (b+r_2)^2 = (a-b+r_2)^2 - (b-r_2)^2, \tag{11.7}$$

解出

$$r_2 = \frac{ab}{a+b}。 \tag{11.8}$$

由此我们知道，$r_1 = r_2 = r$，而且式（11.5）和（11.8）可以写成下述形式

$$\frac{1}{r} = \frac{1}{a} + \frac{1}{b}。 \tag{11.9}$$

这个结果说明，按照图 11.5 和 11.6 的方式作图，无论 a 和 b 怎么变化，我们总是得到两个大小相等的小圆。这一对小圆被称为阿基米德孪生圆。

至于它们之间的距离，由于已知两者半径相等，很容易得到 $\sqrt{5}\,r$。

可是，在阿基米德的时代人们是不可能用上述方式求解的，因为那个解法采用了许多现代代数的知识。阿基米德是怎样分析这个问题的呢？这位几何大师采用的一定是纯几何方法。在继续往下读之前，请读者自己先想一下，能否不用勾股定理给出的线段之间的平方关系，完全靠几何定理来得到上面的结论？

阿基米德所采用的辅助线与图11.6完全不同，见图11.7。他首先证明，由于线段 AB 与 HE 平行，点 A、H、F 共线（即这三点在一条直线上），点 B、E、F 共线（请读者自己证明）。同理，A、G、E，C、G、H 也共线。

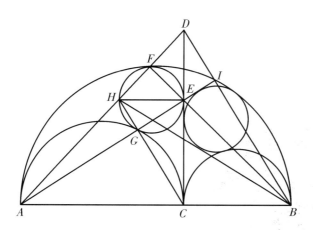

图11.7 阿基米德分析图11.5的问题时使用的辅助线。

延长直线 AHF 和 CE，使它们交于点 D。连接点 B 和 I，点 I 和 D。可以证明 AI 垂直于 BD，且 B、I、D 共线。

由于 $\angle AGC = \angle AIB$，CG 平行于 BD，于是得到

$$\frac{AB}{BC} = \frac{AD}{DH} = \frac{AC}{HE},$$

因此有 $AC \times CB = AB \times HE$，即左边小圆的直径

$$HE = \frac{AC \times CB}{AB}。$$

把同样的论证用到右边的小圆上面，假定它的直径为 d，同样可以证明

$$AC \times CB = AB \times d,$$

所以 $HE = d$。

这个解法比前面的现代几何代数解法简洁明了多了，对不对？由此可见解题思路有多么重要。最容易找到的切入点不一定是最佳的解题方向。当然，要想知道这两个小圆的半径值，代数计算是免不了的。

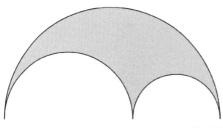

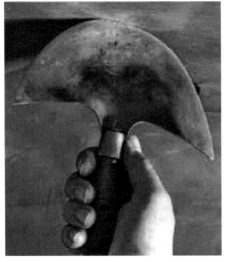

图11.8　你看，这把修鞋刀的形状是不是挺像阿基米德的半圆？

寻找有效切入点的办法之一是看量纲，也就是所考查的变量的基本单位。上面的问题是求孪生圆的半径，其量纲是长度。阿基米德的解题思路是直接从长度入手，而勾股定理给出的是长度平方也就是面积的关系。

图11.6的基本几何图形是半个大圆内套两个互切，且直径之和等于大圆直径的小半圆（图11.8上图）。阿基米德把这个图形叫作阿贝罗斯（arbelos），在希腊文里是"修鞋刀"的意思（图11.8下图）。你能算出这个形状复杂的"修鞋刀"的面积吗？

阿基米德断言，"修鞋刀"的面积等于以图11.5中垂直线段 CD 为直径的圆的面积。请读者自己想一想如何求解（答案在附录三）。

如果说毕达哥拉斯是"数痴"，那么阿基米德可以说是"圆痴"，因为他研究了许许多多跟圆有关的几何问题。在下一篇里，我们还要介绍阿基米德更多的跟圆有关的神奇故事。

在我上中学的时候，几何就是几何，代数就是代数，两个科目分开来讲。这使我在很长时间内一直以为这两样东西完全不搭界，一个专管推导方程，一个专管几何证明。事实当然不是这样的。本篇的故事告诉我们，数和形从一开始就是相互纠缠在一起的。形帮助人们认识数和计算方法，数又反过来深化人们对形的认识。有人这样描述二者之间的关系：

代数是书写的几何；几何是画图的代数。

（Algebra is but written geometry; geometry is but drawn algebra.）

　　欧几里得建立了数学逻辑体系的根基，他采用的完全是几何的方法。我觉得，这个逻辑体系的建立在很大程度上取决于几何学的直观性。欧几里得之后，几何达到近乎完美的理论体系；它不局限于具体的数字，而点、线、面无不隐含数的内容。所以在近千年的时间里，几何被认为是最纯正的数学。

　　可是随着几何问题变得越来越复杂，人们越来越感到有必要改变思考问题的角度和方式了。从上面的趣味题我们看到，差不多每一道题都可以有两类不同的解题思路，一类重视形，一类重视数。在下一篇里我们将看到，人们慢慢意识到，用数的思路来分析几何问题，同样可以达到逻辑的严密性和形式的美感，代数就诞生了。

本章主要参考文献

Heath, T.L. The Works of Archimedes. Edited in modern notations with introductory chapters. Cambridge: Cambridge University Press, 1897: 326.

Loomis, E.S. The Pythagorean Proposition. Classics in Mathematics Education Series. National Council of Teachers Mathematics, 1968.

中篇

汇流（中古时代的故事）

夫算者,天地之经纬,群生之元首;五常之本末,阴阳之父母;星辰之建号,三光之表里;五行之准平,四时之终始;万物之祖宗,六艺之纲纪。……夫欲学之者,必务量能揆己,志在所专。如是,则焉有不成者哉!

——《孙子算经·序》

忽略数学会对所有的知识造成伤害,因为对数学无知者不可能懂得其他科学或这个世界中的事物。

——罗杰·培根(Roger Bacon, 1214年—1293年,中世纪英格兰哲学家)

苟能推自然之理,以明自然之数,则虽远而乾端坤倪,幽而神情鬼状,未有不合者矣。

——李冶《测圆海镜·序》

第十二章　连接东西方的契机 ————————

公元前139年与公元前138年冬春相交之际，一支小小的马队在帕米尔高原西麓沿着崎岖的山路艰难地攀行。领头的马背上是个黝黑瘦小的突厥人，他不断地回头探视身后。第二匹马上是一个女人，也是突厥装束，怀中抱着一个婴儿。断后的是一位身材高大、腰杆笔直、全身汉服的男人。由于经年累月日晒雨淋，他的衣服破烂不堪，已经看不出本来的颜色。他右手握着一根三尺多长的竹竿，上面缀着一串牦牛尾制成的绒球，在山风中不断地抖动。竹竿和绒球本来都是猩红色的，但由于长期不断的风吹雨淋手掌摩挲，竹竿上的红漆斑驳，绒球也早已褪了色，似红非红，似白非白，倒是跟身上的破旧长袍颇为匹配。

这个人就是后来名垂青史的西汉使节张骞（公元前164年—公元前114年）。张骞在距离大汉王朝万里之遥的中亚高原上狼狈奔逃，心中念念不忘的是汉武帝刘彻（公元前156年—公元前87年）赋予自己的使命。

中国战国时代的末期，塞外的游牧民族相互结盟，形成月氏、东胡、匈奴三大族群，不断侵袭汉人的疆域，迫使塞内诸国纷纷修筑长城，以抵御外族的侵略。秦始皇登基以后，不惜花费大量人力物力把战国时代各国的长城连接起来，主要也是为了防范塞外民族的侵犯。

月氏本来实力非常强大，一直胁迫着游牧于戈壁沙漠和阴山一带的匈奴。然而公元前205年—公元前202年间，匈奴的冒顿单于（？—公元前174年）举兵，大败月氏；在此前又击败了东胡，于是匈奴成为蒙古草原上最为强盛的国家，给汉王朝带来极大威胁。汉武帝听说冒顿单于不但杀了月氏王，还把死者的头颅作为酒杯，使月氏人深感耻辱，决定采用远交近攻之策，联合月氏人前后夹击匈奴。于是在汉武帝建元二年（公元前139年），张骞以突厥人甘父为向导，率随行人员100多名从陇西出关，进入西域。他手里的那根竹竿就是汉武帝赐予的汉节，代表着大汉王朝的权威。这100多人在企图偷偷穿过匈奴地区时被发现，被强行滞留达十年之久。其间，随行人员或死或逃，全部散尽。张骞被迫娶妻，还生了一个儿子，但他从未忘却自己的使命。

随着时间的流逝，匈奴人对张骞的看守逐渐松懈。终于有一天，张骞看准机会，带上妻子和幼子，同甘父一起逃出匈奴人控制的地区，继续朝月氏人居住的方向行进。但由于当时交通不便，信息传递迟缓，汉武帝得到的关于月氏人的信息总是晚了几年。而月氏人则一直在不断地败逃。

月氏在公元前202年被匈奴打败以后，被迫放弃河西走廊，向西迁徙。一部分月氏人越过祁连山，与青海西羌人杂居，被称为小月氏。大部分在西迁时于公元前174年再次败于匈奴。得胜的冒顿单于给汉文帝刘恒（公元前202年—公元前157年）发出信件，说他已经彻底打败月氏，并把楼兰、乌揭等26国归入匈奴治下。月氏败后，继续西退到准噶尔盆地。10年后再迁，进入伊犁河流域。这一支便是大月氏。

不断向西、向南逃窜的大月氏，如同闯进瓷器店的大象，把中亚诸国的格局打得粉碎。大月氏人先是打算占据乌孙人居住的地区，但在那里遭到顽强抵抗，只得继续西逃，进入伊犁河谷。伊犁河谷本是塞人（即塞迦人或塞克人）居住的地方，属于伊朗高原的斯基泰人（Scythians）的一个部落。塞人抵挡不住大月氏，退入河中地区粟特人（Sogdians）居住的索格底亚纳（Sogdiana），也就是今天的撒马尔罕（Samarkand）周边。而粟特人则被迫西渡锡尔河（Syr Darya），进入巴克特里亚（Bactria），把那里的原住民驱往东南，进入印度。在乌孙与匈奴不断的联合打击之下，大月氏在公元前130年也退到巴克特里亚，并把该地区分给五个部族，每个部族由酋长掌管，称为翕侯。塞人则不得不进一步南下，最后终于在克什米尔和印度北部扎下根来，建立了一个国家，名叫罽宾（Kophen）。

这一切，张骞在公元前139年离开陇西的时候当然无法知道。他只是遵照使命，要寻找月氏。向导甘父在陇西为奴多年，精通汉语，估计对西域的其他语言也略知一二。在他的引导下，张骞一行四人在逃离匈奴掌控之后，疾行几十天，穿过帕米尔高原北部的吉尔吉斯山脉，抵达大宛。

大宛在什么地方呢？多数学者认为应该在今天乌兹别克斯坦的锡尔河（中国古代称为药杀水，也叫叶河）中游盆地南端的费尔干纳（Farghana；亦作Ferghana或Fergana）。"宛"字在这里应读作"渊"，有人认为，"宛"是梵语Yavana（耶槃那）或巴利语（Pali）里面对Yona（臾那）的译音，而耶槃那和臾那又是古代印度人对伊奥尼亚（Ionia）的译音，用来称呼进入印度的希腊人。假如这个说法是正确的，那么"大宛"应该就是大伊奥尼亚。如果读者还记得的话，古希腊数学泰斗泰勒斯就生活在爱琴海东面的伊奥尼亚海岸，今天属于土耳其的城市米利都（见第四章）。《史记·大宛列传》

里说，大宛的人们"皆深眼，多须髯"，也说明这里的居民属于某种西方民族。而且，大宛"左右以蒲陶（即葡萄）为酒，富人藏酒至万余石，久者数十岁不败。俗嗜酒，马嗜苜蓿"。嗜饮葡萄酒的习俗也与希腊相同。

希腊人在中亚的历史相当悠久。早在希波战争时期（故事见第四章），希腊战俘被带到波斯，放至庞大波斯帝国的最东端，也就是距离他们家乡最远的地方居住下来，并同当地妇女结为家庭，延续后代。这个地区就是巴克特里亚。所以在与亚历山大大帝的马其顿军团对阵时，波斯军队里面常会出现希腊裔的巴克特里亚军团，同波斯人、米底人（Medes）、印度人、塞人、雅利安人、粟特人等不同族类的军团共同作战。

后来，亚历山大大帝的马其顿铁骑灭亡波斯帝国，一直打到比亚斯河（Beas River；在印度北部旁遮普邦境内），占据了整个西亚和中亚。亚历山大在中亚北部的费尔干纳附近修建了一座城。这是亚历山大以他自己的名字命名的十几个城市之一，由于距离祖国马其顿最远，所以称为绝域亚历山德里亚（Alexandria Eschate），也就是最远的亚历山大城。这就是今天塔吉克斯坦的第二大城市苦盏（Khujand）。

公元前323年亚历山大大帝去世后，他手下的几名大将把帝国分成四大块：安提帕特（Antipater，约公元前400年—公元前319年）控制了马其顿和希腊；利西马科斯（Lysimachus，约公元前361年—公元前281年）得到了色雷斯和小亚细亚地区；托勒密（Ptolemy Ⅰ Soter，约公元前367年—公元前282年）分到了埃及地区；塞琉古（Seleucus，约公元前358年—公元前281年）掌控了亚历山大大帝所占据的最为广袤的地区，从巴比伦一直延展到印度边界。塞琉古自立为王，成为塞琉古一世（Seleucus Ⅰ Nicator），国家以他的名字命名，也叫作塞琉古。公元前304年，塞琉古一世入侵印度北部（今巴基斯坦的旁遮普省），同孔雀王朝的缔造者月护王旃陀罗笈多（Chandragupta，公元前340年—公元前298年）的军队发生激烈对抗。据说，月护王动用了十万名将士和九千头战象，使塞琉古的军队无法推进。最终两国签订合约并且联姻，开始了希腊人与印度人王室之间的通婚。塞琉古交出印度河谷和今天巴基斯坦的国土，从月护王那里换到五百多头战象。这些战象后来为塞琉古一世向西方扩张发挥了重要作用。

庞大的塞琉古王国在公元前250年前后急速崩裂。托勒密的希腊化的埃及王国从西面不断蚕食塞琉古的中东地区，而小亚细亚的卡帕多细亚（Cappadocia；今天土耳其的西南部）、波斯领地东北部的帕提亚（Pathia）行省和更东面的巴克特里亚行省几乎同时宣告独立。虽然塞琉古国王安条克三世（Antiochus Ⅲ the Great，约公元前241

年—公元前187年）暂时恢复了昔日大国的辉煌，但于公元前190年左右在与古罗马的战争中惨败，塞琉古失去了西部小亚细亚的大片国土。

大宛本是塞琉古王国治下的巴克特里亚行省的一部分。独立以后，该地区被称为希腊-巴克特里亚（Greco-Bactria）。这里的居民继承了古希腊文明的传统，使用希腊语，建立了许许多多希腊式的城邦，有"千城之国"之称，不过许多城镇是独立的，而并非一直在一个国王的统一掌管之下。

在张骞抵达大宛时，这里已经是塞族的天下了。有人猜测，大宛国的都城就是绝域亚历山德里亚。而塞族的大宛"国王"早就知道汉朝，期望寻求支援，欲通而不得。汉使张骞来临，"国王"十分高兴，愿意与汉廷建立友好关系，并派向导送张骞去康居。为什么不直接去大月氏人的地区，而是绕道康居？可能跟塞人与大月氏之间的战争有关吧。

康居是当时生活在中亚地区的半游牧民族的国家或部落联盟，《史记·大宛列传》描述的康居是"行国也，随畜移徙，与匈奴同俗"。现代学者认为他们是斯基泰人的一支。康居人活动的范围主要在今天哈萨克斯坦东部以及锡尔河的中下游，地属大宛、乌孙的西北面。后来匈奴人继续西下，一部分斯基泰人退到里海附近立国，就是奄蔡（在西方称为阿兰人，Alans）。因为使命在身，张骞在康居短暂停留后继续南下，抵达大月氏人占据不久的地区。张骞在后来的报告中，把这个地区称为大夏。

大夏这个名字又是怎么来的呢？历史学家也有不同的猜测。一种说法是，按照古印度文献的记载，这个地区曾经有一个国家叫作杜沙罗（Tushara）或杜伽罗（Tukhara）。在史诗《摩诃婆罗多》中，杜伽罗的名字屡屡出现。比如在《迦尔纳篇》里，杜伽罗人是班度族的敌人（《迦尔纳篇》第51章）：

> "那些凶猛残暴的杜伽罗人……凶猛有力，手执棍棒，能征善战。他们个个怒气冲冲，为了难敌的利益而与俱卢族人联手作战。"

按照这个说法，"大夏"这个名字应该是从杜伽罗或杜沙罗的谐音得来的，是希腊-巴克特里亚的泛称。

在鼎盛时期，希腊-巴克特里亚的地域相当广阔，东抵帕米尔高原，西达里海南岸，北到咸海，南接今天阿富汗南端，占地约二百五十万平方公里。《史记·大宛列传》

根据张骞的情报这样描述大夏："其俗土著，有城屋，与大宛同俗。无大王长，往往城邑置小长。其兵弱，畏战。善贾市。及大月氏西徙，攻败之，皆臣畜大夏。……其东南有身毒国。"也就是说，大夏与大宛的风俗相同，但不同地区各自为政。兵力衰弱，惧怕打仗，而善于经商。大月氏人打进来以后，甘心生活在异族统治之下，无意反抗。大夏的东南方向就是印度，即《史记·大宛列传》里所说的身毒国。

张骞在大夏停留了一年多，意识到无法完成汉武帝交付的使命，只好无功而返。路上又被匈奴擒获，直到军臣单于（？—公元前126年）死去，张骞趁匈奴内乱之机逃离。待回到长安时，只有甘父和妻子二人相随，幼子好像不在了。

虽然没有完成远交近攻的外交使命，张骞的西域之行却是东西方文明交汇的第一个明确的历史纪录。行伍出身的张骞，身负的使命关系到军事外交。他也注意贸易经济，但对文化似乎没有兴趣，或许是拘于语言，无法深入了解。实际上，巴克特里亚（也就是被外族入侵之前的大宛和大夏）的建筑艺术达到过相当高的水平，显示其文明对几何学的深刻了解。这里所建的都市，城墙厚实，上面筑有长方形的观望楼，市区规划整齐，住房多用小扁石块修筑，基础则用生砖砌成，国都的王宫与贵族府邸都有壁画和浮雕装饰。

考古发现的公元前2世纪巴克特里亚地区的浮雕人物有一些对立平衡式雕塑，是典型的古希腊风格。这种姿势所表达的是人体在转换姿态时将重心从一只脚换到另一脚时，肩部和手臂偏离中轴做出富有动感且自然的姿态，能够很好地表达出肌肉的张力和力量。著名的古希腊雕像《米罗的维纳斯》（即断臂维纳斯）、文艺复兴时期米开朗琪罗（Michelangelo Buonarroti，1475年—1564年）的《大卫》采用的就是类似的站姿造型。毫无疑问，古希腊文明的影响早在公元前2世纪就已到达中亚地区。

公元前180年前后，巴克特里亚王国进一步向印度扩张，一直插到印度东部的首府巴连弗邑（Pataliputra；古译为华氏城，即今天的巴特纳Patna）。这场战争延续了两个世纪，使印度北部出现了许多印度-希腊王国。米南德一世（Menander Ⅰ，旧译弥兰陀；约于公元前155年—公元前130年间在位）时期，他的王国控制着今天印度旁遮普邦的全境，并不断向印度境内扩张。他曾率军东进恒河流域，直到华氏城。古希腊地理学家斯塔拉博（Strabo，公元前64年—公元23年）说，米南德管辖的印度部族超过亚历山大大帝。在两种文化的碰撞与相互吸收当中，希腊式佛教（Greco-Buddhism）诞生了。据说，米南德对佛教深感兴趣，并大力资助佛教信徒兴建佛寺。现存一部《弥

▼

故事外的故事 12.1

迦腻色伽一世时期的贵霜曾经与东汉王朝发生过一场战争。据《后汉书·班梁列传》记载，汉和帝永元二年（公元90年），贵霜的副王谢会率兵七万进攻班超。班超见敌人人数众多，决定坚守不战。谢会久攻不下，粮草出现问题，派兵四处搜掠而无所得。班超判断谢会将向龟兹求援，就派兵埋伏在贵霜军必经的要道。果然不出所料，求援的士兵遇到埋伏，全军覆没。班超将此消息告诉谢会，谢会自知没有出路了，就派使者向班超请罪，请求班超允许贵霜军撤退，班超同意了。从此贵霜军退回葱岭以南，两国之间再无战事。

兰陀王问经》（*Questions of King Milinda*）记载了他向佛教那先比丘（Nagasena；意译为龙军）问道的集录。《弥兰陀王问经》里说，米南德才艺超人，不但精通律法、兵法、哲学、历史、诗歌和音乐，还擅长天文、数学和医药。这部经书在中国东晋时期被译为汉文，名叫《那先比丘经》。甚至有传说，米南德晚年皈依佛门。米南德首次在印度地区的铸币，正面是国王的头像，反面则是雅典娜。他在铸币上首次使用双语，用希腊文和佉卢文（Kharosthi）印出"国王·救主米南德的（钱币）"的字样。有些钱币上还铸有佛教法轮的图案。另外，古代斯里兰卡有一部著名的历史文献《大史》（*Mahavamsa*），其中记载了一位希腊裔大护法带领三万比丘从高加索的亚历山大城（Alexandria in the Caucasus）来到斯里兰卡，参加当地国王建造巨大窣堵坡（stupa，即佛塔）的奠基仪式。三万的数目可能是夸张了，但也说明在印度-希腊国度内有庞大的希腊佛教徒团体。

前面提到的塞族王国罽宾紧靠兴都库什（Hindu Kush）山脉南麓。塞人几经辗转抵达这里时，也已被希腊化了。《汉书·西域传》说，这里土地平坦，气候温和，适合植物生长。"其民巧，雕文刻镂，治宫室，织罽，刺文绣，好治食"。所谓织罽，就是编织毛毯或地毡。"以金银为钱，文为骑马，幕为人面。""文"和"幕"指硬币的两面；所谓"人面"其实就是国王的侧面像。

罽宾的南邻就是著名的希腊式佛国犍陀罗（Gandhāra）。这个名字在《摩诃婆罗多》中频频出现，说当时犍陀罗的国王曾经派遣勇士帮助俱卢人对抗般度人。《摩诃婆罗多·和平篇》里说，犍陀罗人"善于用钩爪和长矛战斗，强壮有力，军队所向披靡"。前文提到的佉卢文也称犍陀罗文，是这里人们使用的文字。亚历山大大帝灭亡波斯以后，征服犍陀罗，传入希腊文化。塞琉古王国时代，希腊人与犍陀罗王族开始通婚。而犍陀罗南部的印度孔雀王朝在阿育王皈依佛教以后，派僧人到这里传讲佛经。希腊文明与佛教文化在这里融合，使希腊式佛教在大月氏人进入该地区以后达到顶峰。

大约在公元30年，大月氏五部翕侯之一的贵霜（Kushan）翕侯丘就却（Kujula Kadphises，约公元30年—80年在位）攻灭其他四个翕侯，建立贵霜王国，开始大力扩张。在西南方向，丘就却占领了部分安息王国的领土，以及高附地区，即今天的喀布尔。在东南方向，把罽宾、犍陀罗并入自己的版图。到了丘就却孙子迦腻色伽一世（Kanishka Ⅰ，公元127年—151年在位）时期，贵霜大军南征印度，占领了华氏城。贵霜帝国鼎盛时期的领土西起安息边境（大约在今天巴基斯坦的卡拉奇—胡兹达尔一线），东达恒河中游，北至锡尔河、葱岭，南抵纳巴达河（Narmada River；亦称纳尔默达河；北纬22度线上下）。迦腻色伽一世又把都城迁至犍陀罗地区（今天巴基斯坦的白沙瓦）。贵霜帝国治下人口超过一千万，与罗马、安息和汉王朝三大帝国鼎足而立。

大月氏人在长期的迁移、不断夺得领地又失去领地的过程中，受到各个民族文化的影响。他们先是改官方语言为希腊语，后又改为巴克特里亚语——一种以希腊字母为文字的中古伊朗语言。有人称贵霜为"令人眼花缭乱的混血的继承者，其中包括了希腊、中国、波斯和印度的首次融合"。他们从大夏地区吸取了希腊文化和政治制度，又在印度浸润了佛教。正是这种政治与信仰的罕见相遇导致了希腊式佛教的出现。

在贵霜的统治下，一种被称为大乘佛教的重建形式的佛教蓬勃发展起来，并沿着贵霜控制的贸易道路传播，深入东方，通过中国，最终到达朝鲜和日本。

据《后汉书》记载，东汉第二位皇帝汉明帝刘庄（28年—75年）梦见一位身长一丈六尺的金人，顶佩白光，从西方飞来。有大臣认为这是西方的佛，刘庄于是令中郎将蔡愔（生卒年不详）等十余人于永平七年（64年）赴天竺（古代印度）求佛法。他们在大月氏遇到了来自天竺的僧人迦叶摩腾（Kāsyapa Mātanga，生卒年不详）和竺法兰

（Dharmaratna，生卒年不详），得到了佛经和佛像，于是相偕同行，用一匹白马驮经返程，在永平十年（67年）回到当时的京城雒阳（即洛阳）。洛阳的中国第一寺庙白马寺就是为了纪念这匹白马而命名的。

在这个故事里，蔡愔等人不是直接从天竺，而是从大月氏也就是贵霜请来了高僧。2021年5月，考古人员在陕西省咸阳市渭城区北杜街道成任村东南发掘出一处东汉家族的墓地。这里距离汉长安城遗址约16公里，在东汉时属于司隶校尉部右扶风安陵县境。考古人员在一个墓室内发现两尊小铜佛，是东汉晚期遗物。小小的释迦牟尼立像，佛祖的头发在脑顶束为一团，称为肉髻；身穿通肩袈裟，衣纹从左肩向右肩呈放射状分布，衣纹的波谷在右胸与右臂之间。左手屈肘上举，持袈裟一角；右手残断，估计是上举，施无畏印。佛像的肉髻、面相、着衣方式、衣纹等都具有典型的犍陀罗造像风格。细节上的差别多半是由于佛像大小的不同——这尊小铜佛只有10厘米高。几乎可以肯定，这是一件造型风格来自贵霜的佛像。墓室出土的朱书陶罐铭文纪年为"延熹元年十一月廿四日"，可以用来近似这处家族墓地下葬的时间。延熹是东汉第十一位皇帝汉桓帝刘志（132年—168年）的年号，延熹元年是公元158年。刘志当政期间，荒淫无道，宦戚专权，以"党人"的罪名诛杀士大夫，即著名的"党锢之祸"，最终导致184年发生黄巾之乱，东汉灭亡，中国历史进入三国时期。根据初步考察的结果，佛像所使用的青铜材料是中国本土的。也就是说，希腊式佛像的造型传到中国的年代应该比158年还要早。

张骞的西域报告使勤于思考的人们开始怀疑当时中国古书中的地理知识。比如司马迁（公元前145年—公元前90年）在《史记·大宛列传》的末尾就评论说：根据《禹本纪》上面的记载，黄河西出昆仑山，而昆仑山高达二千五百余里，晚上日月都落到昆仑以西，所以才出现黑夜。可是张骞到了大夏的后面，走过了黄河之源，怎么没见到《禹本纪》所说的昆仑呢？至于《禹本纪》《山海经》中所提到的众多怪物，笔者更是不敢再提起了。

《禹本纪》是一部先秦时代关于大禹的书，后人再也无人见到，所以难以评价。

就在大月氏人进入大宛、大夏地区的时候，罗马帝国已经征服了整个希腊地区，并大量吸收希腊文明的养分，使其成为罗马文化的一部分。在中国，人们也已经依稀晓得，在遥远的西方有一个大国，军力浩大，财富惊人。他们把这个国家称为大秦。《后汉书》说"其人民皆长大平正，有类中国，故谓之大秦"。可能是中国古代人以为，世界是东西两面对称的；东有中国，西有大秦，人和地都相似。由于对这个极为遥远的国家所知甚少，中国典籍中有时把罗马帝国周围特别是东部的亚洲地区也称作大秦。

汉和帝刘肇（79年—106年）永元九年（公元97年），西域都护班超（32年—102年）派遣甘英（生卒年不详）出使大秦。甘英抵达安息西界后，准备船只渡海。但安息的船人编造瞎话，说面前的大海需要准备三年的粮食才能度过，还说海中有一种怪物，令航海者异常思念大陆，最终死在船上。后人以为，安息船人所说的怪物可能就是塞壬（Siren），古希腊神话中的海妖，一种人面鸟身的怪物。塞壬经常落到船桅上歌唱，使闻者丧魂失魄，船舰触礁沉没。后来英文借用这个词代表警笛。在古希腊的荷马史诗《奥德赛》中，希腊英雄奥德修斯（Ulysses；从拉丁文转为英文作Odysseus）在特洛伊战争后返乡途中于海上遭遇塞壬。为了防止自己丧失理智，他让同行的水手把自己捆在桅杆上，又令水手们用蜡封住耳朵，才逃离灾难。甘英对安息船人的话信以为真，放弃了渡海计划，结果无功而返。

又据《后汉书·西域传》的记载，汉桓帝延熹九年（公元166年），"大秦王安敦遣使自日南徼外献象牙、犀角、

故事外的故事 12.2

米南德一世出生于一个靠近高加索的亚历山大城的希腊村庄里。这座亚历山大城当然也是亚历山大大帝所建，它位于兴都库什山脉南麓，现在是阿富汗东北部的一座城市，名叫巴格拉姆（Bagram）。《那先比丘经》里记载了一段米南德与那先的对话：

那先问王："王本生何国？"

王言："我本生大秦国，国名阿荔散。"

那先问王："阿荔散去是间几里？"

王言："去二千由旬合八万里。"

那先问王："曾颇于此遥念本国中事不？"

王言："然恒念本国中事耳。"

显然，这里所谓"大秦国"并非罗马，而是西边某国的意思。而阿荔散则很可能是亚历山德里亚（Alexandria），也就是亚历山大城的译音。这么看来，至晚在东晋时期中国人就听说过亚历山大城了，尽管搞不清是哪一个。

璹（玳）瑁"。日南地属旧南越国的交趾地区，而"安敦"这两个字则恰恰对应了当时罗马两位皇帝安敦宁·毕尤（Antonius Pius, 86年—161年；138年—161年在位）和马可·奥列里乌斯·安敦宁·奥古斯都（Marcus Aurelius Antonius Augustus, 121年—180年；161年—180年在位）的名字。那么，罗马人会不会通过海路从南海一带抵达中国呢？

东西两极，大汉大秦，他们之间最早出现的直接交往的历史机遇让很多史学家入迷。比如，班超的哥哥，东汉史家班固（32年—92年）在《汉书》中的一段记载引起不少人的遐想。西汉建昭三年（公元前36年），西域都护府副校尉陈汤（？—公元前6年）胁迫校尉甘延寿（生卒年不详）出兵西域，在匈奴所据的郅支城（今哈萨克斯坦南部的塔拉兹市Taraz）城外三里处探望军情：

> 望见单于城上立五采幡帜，数百人披甲乘城，又出百余骑往来驰城下，步兵百余人夹门鱼鳞阵，讲习用兵。

美国汉学家达布斯（Homer Hasenpflug Dubs, 1892年—1969年）认为，上文中的"鱼鳞阵"指的是古罗马军队惯用的龟甲连环盾阵（Testodu formation）。古罗马军人使用长方形盾牌，两侧向内弯曲，类似于沿着轴线剖开的圆柱体的一部分。这种盾牌在单独作战时可以有效地防御前方较宽角度射来的箭矢。而在列阵时，第一排战士的巨大盾牌一个个并排排列，可以完全遮挡敌人的枪箭；后排的战士把盾牌高举过头顶，把顶部也完全封闭，使整个战阵状似乌龟。数十几百强有力的战士高举盾牌，构成顶上完全封闭的"龟甲"，上面甚至可以跑马，非常利于攻城，几乎战无不胜。可是，公元前53年，罗马执政官克拉苏（Marcus Licinius Crassus Dives, 公元前115年—公元前53年）在征讨安息的卡莱战役（Battle of Carrhae）中被安息的骑兵打得一败涂地，罗马大军的七个军团伤亡惨重。大约一万名罗马战士被俘，被发配到安息帝国的最东部。很多人在那里安居下来，跟当地人融合。达布斯揣测，一部分被发配到东部的罗马军人后来作为雇佣军加入匈奴军队。他还进一步发挥想象，陈汤、甘延寿等大破郅支城以后，又把俘虏的罗马士兵带到了中国，这些人便在甘肃省永昌县骊靬村定居下来。这真是一个令人遐想联翩的故事。可惜，2007年对骊靬村附近200多名男性居民的Y染色体测试的结果否定了这个假说。顺便说一句，达布斯给自己取了一个中文名字叫德效骞。这个名字显然跟张骞有关。

　　一个假说倒下去，另一个假说站起来。2011年，一位澳大利亚研究人员提出，所谓的"鱼鳞阵"不是古罗马的龟甲连环盾阵，而是古希腊的重装步兵方阵（hoplite）。这种方阵由几十名到数百名战士组成，每人左手持盾，右手持枪。希腊人使用圆形盾牌，直径约90厘米，持盾者护住自己的左胸和左侧战友的右胸。如果遇到强力的打击，阵列的前三排战士以跪、躬、站三种姿势把盾牌从地面到头顶排列起来，盾牌之间相互锁住，状如鱼鳞，敌人很难攻破。战士们从交错的圆形盾牌之间的空隙处伸出长枪，击杀进攻者。这位研究人员认为，班固记载的那些战士是巴克特里亚的希腊裔战士。郅支城位于塞琉古王国的巴克特里亚地区，这里的希腊-巴克特里亚战士有使用古希腊战阵的作战传统，并可能后来成为匈奴的雇佣军。这个说法似乎更合理一些。

　　东西方各地区之间的交流应该自从人类走出非洲就开始了。商代帝王武丁（？—公元前1192年）的配偶之一妇好（？—公元前1200年）的坟墓中埋葬着来自新疆地区的软玉；产于阿富汗巴达克山（Badakhshan）的青金石也出现于公元前13世纪左右的古中国和古埃及的古文物中。青金石传入古印度，后来成为佛教七宝之一。不同族群之间的交流对世界的发展常常起到不可估量的作用。考古学界认为，最早使用辐条轮子的马拉两轮战车出现于公元前2000年，地点在里海北面的第聂伯河（Dnieper）与顿河（Don）之间，也就是欧亚大草原（Eurasian Steppe）的西部地区。那里是辛塔什塔（Sintashta，公元前2400年—公元前1800年）文化的发源地。这个文化后来不断向东迁徙，被认为是印度-伊朗语族群（又称雅利安人）的起源。到了公元前1800年左右，双轮战车的使用已经扩展到中亚北部、中欧地区和波斯。也正是在这个时期，一部分辛塔什塔族群开始从中亚向印度次大陆迁徙，开启了印度的吠陀时代。公元前1600年左右，双轮战车出现于中国夏商交替的战争年代；公元前1500年出现在中东和古埃及；公元前1200年出现在古印度西北部。两河流域虽然早在公元前2000年前也已出现了轮车，但轮子是实心的，运行笨重缓慢，不适合打仗。

　　有趣的是，根据2022年发表的对马的基因研究，全世界的家畜马也来自同一个区域，就在战车最早出现的区域附近。大约4 000多年前，这里的人们培育出了背部强壮的家畜马，可以供人骑乘。这个地区没有文字，天文和数学方面的知识可能比较落后，但骑乘这个"高精尖"技术一下子把人在一天之内可以到达的范围增加了许多倍。而马特别是辐条车轮的出现，则大大增加了整个族群部落的流动性。从此，各族群之间不再是相互隔绝的。而人类是需要交流的。伴随着人员的流动和贸易往来的加速，知识、信息和理念也就更加迅速而广泛地传播开来。

另一个重要发明是造纸术。以前书上说，纸张是东汉的蔡伦（约63年—121年）发明的。可是，1986年在甘肃省放马滩发现了公元前2世纪的纸质地图残片。这种纸比史书上记载的蔡伦造纸术要早200多年。早期的纸是用破碎的布头制造的，最初可能主要是用来包卷和保护贵重商品。后来人们发现，这东西可以用来写字记录，比竹简轻便好用得多。再后来，才有蔡伦改进技术，掺入桑树皮、麻头等其他植物纤维，使纸张可以大批生产。纸张对中国书面文化的发展起着举足轻重的作用。人们不必再像对待竹简那样，小段小段地搬运书籍。一部几万字的书仅用一只手就可以握住，而不必装到五辆牛车上来运载。所以到了5世纪初，文字作品在中国已经得到相当广泛的发展，有些私人藏书可多达几千卷。6世纪初，中国的学者在书评中动辄引用几百种不同的文献，这种规模的藏书对其他地区的学者来说是无法想象的。后来，纸质书在其他地区的传播极大地促进了知识在世界范围内的传播和发展。

过去一直认为，是唐朝的战俘给中亚带去了造纸术。而那些战俘是在公元751年著名的怛罗斯之战中被俘的。那一年，唐朝安西节度使、高句丽人高仙芝（?—756年）率领数万军队在彭吉肯特（Panjakent或Penjikent，今塔吉克斯坦境内）东北600公里处的塔拉兹（唐代称怛逻斯）败给阿拔斯阿拉伯帝国（Abbasid Caliphate，中国古代称之为黑衣大食），唐朝大军十不存一。被俘的唐朝军人被迫在阿拉伯帝国服役，把先进的中国科学技术带到那里，包括造纸术。

可是实际上，英国考古学家斯坦因（Aurel Stein，1862年—1943年）于1906年在甘肃省玉门关外的观望塔内发现了五封写在纸张上的完整的粟特文书信。根据书信的内容，专家们估计它们写于公元313年或314年。发现地位于敦煌西面90公里，距离楼兰古国550公里。这说明，中国的纸张最晚在4世纪就已经传到西域了。

由于气候不同，阿拉伯的造纸术采用与中国不同的原始材料；中亚的纸张似乎同阿拉伯纸更为接近。显然，阿拉伯人根据自己的需要改进了中国的造纸术。据说在8世纪末期，巴格达已经开始大量生产纸张。当时城里有一条街，路两旁有一百多家卖纸和书的店铺。造纸术在阿拉伯世界的广泛传播对那里数学和科学的发展起到了十分重要的作用。后来，阿拉伯的造纸术传到欧洲，又极大地促进了数学与科学在欧洲的发展。所以有人说，丝绸之路也可以称为纸张之路。而纸张对知识传播的影响显然比丝绸要大得多。

　　以上这些事看上去似乎跟几何与代数没有什么关系，其实不然。人是需要交流的动物，任何新想法，不论是解决小事小问题的办法，还是管控国家的理论，以至新的思想、理念和哲学体系，都会随着人口流动而传播，随着人类流动性的加强，其传播和交流都会变得越来越迅速，越来越广泛。在没有知识产权概念的古代，分清新思想、新技术、新发明的孰先孰后也就变得十分困难。本篇后面的故事里，开创性的数学思想也常常很难分清究竟是谁首先提出的。本章的另外一个目的是给读者一个地理和历史的背景，以便更好地了解后面的人和事。世事变化纷纭，王朝此伏彼起，数学家也在这片广袤的土地上不断出现，推陈出新。

本章主要参考文献

Bloom, J.M. Silk road or paper road? The Silkroad Foundation Newsletter, 2005, 3: 21−26.

Dubs, H.H. An ancient military contact between Romans and Chinese. The American Journal of Philosophy, 1941, 62: 322−330.

Matthew, C.A. Greek Hoplites in an ancient Chinese siege. Journal of Asian History, 2011, 45: 17−37.

Taseer, A. How the Buddha got his face. New York Times, May 12, 2020.

Wang, C.C. et al. Ancient human genome-wide data from 3,000-year interval in the Caucasus corresponds with eco-geographic regions. Nature Communications, 2019, 10: 590.

Zhou, R. et al. Testing the hypothesis of an ancient Roman soldier origin of the Liqian people in northwestern China: a Y chromosome perspective. Journal of Human Genetics, 2007, 52: 584−591.

第十三章　几何构筑的宇宙模型

　　日夜交替，斗转星移，天空无尽，奥秘无穷。试想生活在茹毛饮血时代的远古先人们，他们真切地感到日夜和季节带来的阴晴冷暖，看到植物的增损枯荣。每个人经历着悲欢离合，生老病死，而天上的日月星辰总是那么一丝不苟地运行着。日食月食和新星的出现，更使人们感到困惑又神秘，产生无限的遐想。历代帝王都非常重视天象，认定天上有神明在为他们暗示重要信息，所以观察星象是早期天文学极为重要的部分。农业耕作和宫廷政治的需要，加上对了解星辰运动规律的渴望，大大地推动了天文学的发展。

　　公元前16世纪，卡西特人（Kassites）从波斯湾东岸的扎格罗斯山脉（Zagros Mountains）进入两河流域，攻占巴比伦，建立卡西特王朝。几代人过去，他们完全接受了两河流域的文化，在繁荣时期大力推广养马和战车技术，同时开始为星辰建立目录。早在公元前12世纪，巴比伦的星辰目录就记载了36颗恒星或星座。星座这个名字在楔形文字里形象地用三颗星叠在一起的符号（✹✹）来表示，其发音对应后来的罗马化字符是MUL。当时的人们已经把一年分成12个月，而且每个月找到三个星座与之对应。公元前10世纪，这里出现了星表（MUL.APIN），其中包含66颗星或星座。这些天文观测结果对古埃及和古希腊的影响极为深远，一些星座的名称一直流传至今，比如金牛座、天狮座、天蝎座、摩羯座等。

　　夜空中繁星无数，而要准确地追踪和描述每一个天体的位置，必须使用几何学与三角学。所以几何学与三角学发展的动力，在很大程度上来自人们对了解天之奥秘的渴望。

　　古人在晴朗的夜晚观察星空，感觉星空好像是半个圆球，扣在大地上面。当观察从深夜进入凌晨，他们发现天体（无论是太阳、月亮还是其他行星或恒星）一直相对自己在慢慢移动。连续几夜不断地观察，在第二晚的同一个时刻，这些天体差不多正好回到头一夜的位置。他们觉得这些天体似乎是在一个巨大的球面上缓缓转动。虽然人们只能看到地平面以上的半球状的天空，但因为天体在清晨从东方的地平面以下升起来，又在傍晚于西方的地平面落下去，很容易得出推论，天体的运行是在一个完整的球面上。人们给这个如此推断出来的球面取了一个名字，叫作天球［图13.1（a）］。太阳是最明亮的天体，它在天球上的移动产生了白天和黑夜。太阳正当空时，明亮的阳光使人们看不到其他天体；而当太阳转到地平线以下，这些天体就在夜幕中展现出来。天球在观察者所处大地水平面垂直上方的点称为天顶（zenith）。通过天顶在天球上做一个大圆，使大圆弧落在地平面正南正北的方向上，这是观察者位置上的子午线（meridian）。太阳落在子午线上时是它在一天当中位置最高的时刻，这是观察者当地的正午。所谓"大圆"是半径等于天球半径的圆——这是天球上能作出的最大的圆；任何一个大圆都把天球分成相等的两个半球。

怎样才能准确地描述一个天体在天球上的位置呢？在地球上，描述一个物体沿直线行走的距离可以用长度。当物体沿足够小的圆周运动时，也可以大致用长度来描述，只是物体运动的方向在不断改变。还记得墨子的话吗？"圜：一中同长也"。可是描述天体在天球上的运动时，距离和长度不适用，因为天球的半径是个未知数。如何解决这个问题呢？

观测天象与确定时间一直有密切的关系。早在公元前3500年前后，古埃

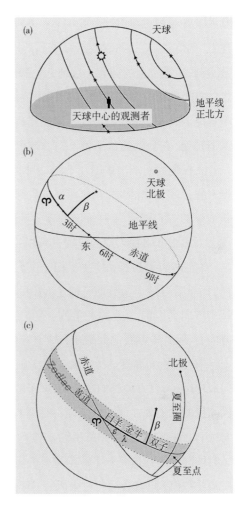

图13.1　（a）天球的概念：地表的观察者只能看到半个球。子午线是纸面内最大的半圆。（b）观察者所在地平线与赤道一般都呈一个夹角。天球的北极是与赤道截面垂直的天球顶点。任何一个天体在天球上的位置可用(α, β)来描述。一般选择白羊星座♈的位置作为赤道零点。（c）太阳相对于地球的旋转落在一个跟地球赤道面呈夹角ε的平面上，它与天球的截面叫黄道。黄道与赤道的交点接近于白羊座的位置。如果以黄道作为参照系，天体在天球上的位置可以用(λ, β)来描述。

及人就开始把方尖碑当作定时针。方尖碑是古埃及金字塔以外的另一种最富特色的建筑，为方柱形，方柱的尺寸从下到上逐渐缩小，顶端配置形似金字塔的塔尖，并贴上金、铜或金银合金的薄片。这种方尖碑最初只有两三米高，后来逐渐增高，可达二十多米。每当朝阳或夕阳斜照，碑尖如同太阳一样闪闪发光，十分耀眼。方尖碑的英文名字（obelisk）来自古希腊语，本来是指串制小型肉串的针，用来描述方尖碑十分形象。人们发现，在晴朗的日子里，方尖碑在地面上的影子从早到晚在连续缓慢地转动。于是有人在地面上画出碑影在不同时间形成的放射状直线，用来标志白天的时间。他们把一昼分成12个小时，只要看看方尖碑影子靠近哪条放射线，就大致知道时间了。这是最早的"钟表"。一些细心的人又发现，方尖碑影子的长短随着季节而变化。这个现象当然跟太阳在天空的位置直接相关：夏至时影子最短，因为太阳在天空的位置最高；冬至时影子最长，因为太阳的位置最低。于是有聪明人指出，不必知道天球的半径，而只需要两个参数即可描述太阳的位置。这两个参数，一个是在地平面上相对于某个方向（比如东方）的夹角，一个是方尖碑影子的长度。前者告诉我们太阳在哪个方向上，后者告诉我们太阳在天球上有多高。

可是，不同高度的方尖碑的影子长短不同，容易造成混淆。当时人们已经很熟悉勾股定理了，以方尖碑的高为勾，影子的长度为股，碑顶与影端之间的连线就是弦。不同高度的方尖碑在同一地点同一时刻的影子构成的直角三角形都是相似三角形，其弦与股（即地面）之间的夹角相等。对于一个在天球上运行的天体，这个夹角不就代表了它的高度吗？这是一个非常重要的发现，因为一年里的每一天都对应着它所特有的夹角的数值；只有在一年过去以后，这个夹角的数值才会重复［图13.1（b）］。

古巴比伦人把旋转整个圆周的角度分成360个单位，后来古希腊人把这个单位称为度，沿用至今。在本书的上篇里，我们介绍了古巴比伦人的60进位制的数字系统。采用这种数字系统的理由可能是因为60是100以下所有数字中因数最多的数，用它来表示分数最为灵活。后人分析，古巴比伦人把圆周分成360度的理由可能有三个。第一个来自数论。既然60含有众多因数，360就含有更多的因数。读者不妨验证一下，除了1和它本身以外，360可以被22个整数整除。对于没有小数点概念的古人来说，能被整除的计量单位使用起来最灵便。第二个来自天文。设想很早的时候，古人利用类似于方尖碑之类的计时器粗略地测量年的长度，发现一年差不多是360天。对使用60进位制的古巴比伦人来说，这个结果太方便了。实际上，最早的古巴比伦天文历中一年就是360天，所以把圆等分为360份似乎是理所当然的。第三是几何学。有人认为，古巴比伦人可能采用了一个角度的基本单位来考虑圆周，这个单位是60度，因为等边三角形的三个角相等，六个大小相等的等边三角形拼在一起成为六边形，很接近圆周，如他们计算圆周率的近似法（见第二章图2.9）。

　　古埃及人继承了古巴比伦的角度计量方法。文物考古告诉我们，最迟在第十王朝时期（约公元前2100年前后），古埃及已经把一年分成12个月。他们也以36个小星座作为参考点，把太阳运转的大圆周分为36段，名为旬（decan），每一旬对应着一位埃及的神灵。这种分段方式很可能来自他们的近邻巴比伦。图13.2是第十九王朝法老塞提一世（Seti Ⅰ，约公元前1294年—公元前1279年在位）衣冠冢上镌刻的36旬图。图的上部是埃及文星座的名称，下部是对应的埃及神名。可惜由于古代观测精度较差，加上文献逸失，现在已经无法判断古埃及的36旬对应哪些星座了。有了36旬，再把每一旬细分为10份，就构成古代埃及年的360天。把一年分成12个月，每个月不多不少都是30天。后来他们发现，一年的长度实际上是365天多出一点点，于是便增加了一个只有5天的月份，放在年末，并且定其为休假月，庆祝新年。他们甚至已经注意到，由于每年多出一天的那么"一点点"（大约是一天的四分之一），恒星在下一年的位置与头一年同月同日同时间的位置相比总是有微小的相对移动。比如天狼星，每四年，天狼星在黎明前出现的日期就比365天的纪年日期晚了一天。他们甚至计算出，需要1 460个年头，天狼星出现的日子才能和365天历法的日子重新重合。在这1 460年里，他们的历法比实际的天象多出整整一年来。古埃及人把1 460年称为天狗周期（Sothic cycle）。"天狗"这个中文翻译似乎受到了二十八宿的影响，其实它就是古埃及人说的天狼星。不过"天狗周期"的词根sothic来自古希腊语sothis，其原意是"三

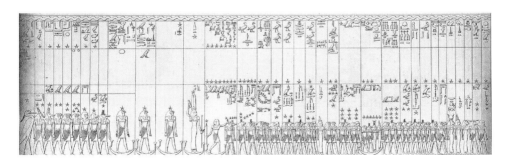

图13.2　埃及法老塞提一世衣冠冢上的36旬图。

角"；它指的是三颗明亮的恒星（大犬座的天狼星，猎户座的参宿四，小犬座的南河三）构成的几乎等边的三角形，天文学上称为"冬季大三角"，因为这三颗星在北方冬季夜晚看上去最为明亮，最容易辨认。

天球既然以观察者为中心旋转，必有一个旋转轴，这个轴通过观察者所在点。对站在北半球某处的观察者来说，旋转轴在天球上对应一个固定点。这个点就是天球的北极，其位置非常接近我们看到的北极星的位置。所以，在夜里看到北极星就可以知道方向。不仅如此，通过北极星在天球上的高度，还能知道观察者所在的纬度。

从天球的北极 N 到观察者所在地点作直线，再经过观测点作一个与该直线垂直的平面，这平面与天球相交，在天球上截出一个大圆，就是天球的赤道［图 13.1（b）］，是天球上最为重要的大圆之一。如果一个天体在某一天正好落在天球赤道与地球赤道的交点上，那么从观察者的位置上看，这一天此天体必从观察者的正东方升起，至正西方落下。

天球以恒定的速度围绕地球旋转，每天转一周，相当于每小时转 15 度角。完整的赤道大圆无始无终。为了记录方便，需要选择其上一个特殊点作为测量的起点，一般是用春分点，对应于图 13.1（b）中的点 ♈。赤经，也就是天体在天球上的经度，从春分点开始算起。赤经可以用角度来描述，不过在西方天文历史上，人们习惯于用时间（小时）来描述。如果我们用 α 来表示黄道上的赤经位置，那么赤经旋转 360 度对应的就是一天的 0 点到 24 点。对于一个不经过黄道的天体来说，其经度可以通过在天球上作一个经过该天体的大圆来得到，这个大圆所在的平面必须同黄道所在的平面垂直［图 13.1（c）］。该天体沿着大圆到达天球赤道的弧度称为赤纬，记为 β；而这个大圆与天球赤道的交点就是天体的赤经 α［图 13.1（b）］。这种天体在天球上位置的记录方法来自古埃及人利用方尖碑观察天体的体验，它隐含着球面坐标系的概念，虽然"坐标系"这个名称出现得很晚。这对赤经和赤纬 (α, β) 参数后来被称为该天体的赤道坐标。

以上对天体位置的描述方法跟地球的形状基本无关。即使假定大地完全是水平的，上面的描述照样可以用。不过到了古希腊时代，人们已经意识到大地是球形的。他们认为，地球是宇宙的中心，所有的天体都围着地球在天球上旋转。少数人如阿基米德曾经指出，地心和地面观察者所在的地点是不同的，但由于地球半径比起天体到地球的距离来说非常小，二者之间的差别可以忽略不计。

假如太阳相对于其他天体的位置是固定的，那么我们应该在每天夜晚的相同时刻都看到完全相同的天体图像：每个天体应该在任何一个夜晚的相同时间占有同样的位置。但实际上，太阳相对于很多星座的位置每天都在变化。变化的幅度大约是1度角的弧长，因而在一年的时间里在天球上走过一整圈。还有六个最容易观察到的天体，月亮、水星、金星、火星、木星和土星，也在移动。跟太阳一起，这七个天体在古代全被称为行星（planet）。这个名字来自希腊文的"漫游者"。今天我们知道，太阳是恒星，月亮是地球的卫星，均不属于现代意义上的行星，所以我们还是称它们为七大天体吧。

在天球上，太阳的运动规律在七大天体当中最为规则（因为它实际上是恒星），它在一年中走过的路径是个完美的大圆，这个圆叫作黄道。另外六大天体的路径距离黄道大约在5度的范围之内（图13.3）。它们所有的路径大致可以用一条宽约正负5度的环带来表示，称为黄道带（zodiac）。黄道相对于天球赤道的倾角大约为$\varepsilon = 23.7$度，称为黄赤交角。这个角实际上在几千年里慢慢减小，今天的ε角大约是23.4度。

黄赤交角给了我们四季。在一年之中，随着太阳位置的变化，白昼的长度发生变化。当太阳位于春分点或在黄道上与春分点相对的秋分点，太阳从正东方升起，在地平线以上的时间正好是12小时。当太阳移到黄道上对应天球赤道最北端的点（夏至点），它从正东偏北的位置升起，在地平面以上的时间最长。所以我们可以定义分至圈（solstitial colure）：天球上通过北极和夏至、冬至点的大圆叫作二至圈，通过北极和春分、秋分点的大圆叫作二分圈。它们是天球上两条主要的子午线。

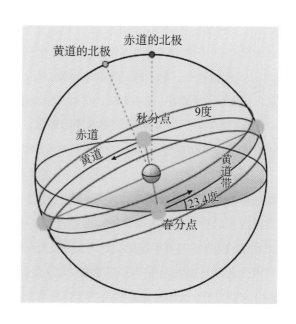

图13.3　天球（黑色的大圆）、黄道带（两条红圈之间的环带）和赤道（黑色的水平圈）之间的关系。

跟赤道坐标系类似，我们也可以用黄道为基准来定义另外一套坐标系，称为黄道坐标系。在这个坐标系里，天体的经度 λ 是从春分点起沿着黄道的角度，纬度 β 则是在天球上从黄道至该天体的弧长（图 13.1c）。这个坐标系对观察七大天体最为方便，因为它们都靠近黄道，构成黄道带（见图 13.3）。它们的运动轨迹主要取决于经度的变化，纬度变化相对来说要小得多。所以大多数古代天文学家都把注意力集中在经度观测上，只有少数人也注意纬度的变化。如果忽略这些星体离开黄道的距离，它们就可以近似认为都落在同一个平面上。这样简化以后，七大天体就近似地在一个平面的大圆上运转了。

太阳在黄道上绕一整圈的时间称为回归年，也叫太阳年。360 度的黄道大圆被分成 12 等份，每一段 30 度，大致对应一个月。大约从公元前 7 世纪起，新巴比伦时期的天文学家把每一段用该段内（或附近）观察到的主要星座的名字来命名，称为黄道 12 宫。从春分点开始，它们是白羊、金牛、双子、巨蟹、狮子、室女、天秤、天蝎、人马、摩羯、宝瓶、双鱼宫。白羊座是春分的起点，春分点的符号 ♈ 就是一只羊。由于这十二宫大多数是以动物命名的，不知从什么时候起，有人开始用黄道（zodiac）这个词来翻译中国的十二地支。这给一些西方人造成一种错觉，以为中国是用十二地支来表示天体运行规律。实际上，地支主要用来表示时间，并同十个天干一起用于计年。在描述天体运行规律时，中国采用二十八宿：把黄道分成东、西、南、北四个等同的区域，称为四象，每象对应一种动物和颜色：东方属龙，颜色为蓝绿（青），代表春季；北方属玄武（龟蛇），颜色为黑（玄），代表冬季；西方属虎，颜色为白，代表秋季；南方属雀（一种神鸟），颜色为红（朱），代表夏季。每个区域含有七颗星，对应着七大天体之一，共 28 颗，均以动物来命名。比如东方七宿中，属于木星的是角宿，对应的动物为蛟，故称为角木蛟；属于太阳的是房宿，对应的动物是兔，称为房日兔，等等。二十八宿体系大致开始于战国时代，基本属于赤道坐标系，在古代文献里，赤纬 β 叫作"去极度"，赤经 α 称为"入宿度"。

但实际上这些星座相对于地球的位置都不是固定不动的，它们随着时间非常缓慢地移动。黄道的 12 星座在三千年里已经移动了 36 度左右，所以今天我们看到的星座位置相对于它们早先命名的位置已经错一个宫还要多了。这种缓慢偏移的现象称为岁差，大约每 71.6 年偏离 1 度。这给天文观测者带来了麻烦，因为参照点春分至少有两个选择。如果选在实际观测到的黄赤交点，那么春分点在天球上相对于其他恒星逐年向西偏移，这种坐标系称为热带坐标系（tropical coordinates）。古巴比伦和古埃及采用热带坐标系，依靠月亮的朔望来定义月长，叫作朔望月（Synodic month）。"朔"是月球黄经与太阳黄经相同的时刻，"望"是两个黄经正好相差180度的时刻。由于月球在地球和太阳引力的相互作用下做轻微的摆动（天文学里称为摄动），朔望月的月长在29.3到29.8天之间变动，平均约为29.5天。古人虽不知原因，但已经观察到这种变化。如果把春分点确定在一个跟其他恒星同样固定的坐标系上，那么黄赤交点就会相对于春分点逐年向东飘移，这种坐标系称为恒星坐标系（sidereal coordinates）。中国的天文系统属于恒星坐标系，每个月大约28天（实际是27.3天），每天对应二十八宿当中的一宿，叫作恒星月（Sidereal month）。月球的运动非常复杂，其周期也不是常数。如按照月亮朔望的周期，12个朔望月组成的1年大约有354天，比太阳年的365天（实际上是365.25天）少了大约11天。这给古人制作历法造成困难。古希腊天文学家兼数学家默冬（Meton of Athens，约公元前5世纪）很早就注意到，在当时的观测误差内，19个太阳年的天数（6 940天）跟235个朔望月以及254个恒星月的天数正好相等。换句话说，6 940是19年、235个朔望月和254个恒星月的天数的最小公约数。默冬还发现，这个6 940天的周期甚至可以用来预测日食和月食，从此成为古希腊历法的基础。请读者记住这几个数字。

古希腊人对古巴比伦和古埃及的天文学成就非常熟悉，但古希腊人有一种寻根问底的探究精神。在他们那里，天文学研究的基本思想发生了革命性的改变。

柏拉图虽不是具有独创性的数学家，但他清楚地认识到数学对理解宇宙的意义。他主张，真正的天文学应使用数学来研究天空中真实星体的运动定律。注意这里说的是定律而不是规律。规律是对现象的描述，具有预测性；而定律则是对行为的解释，给出现象的原因。公元6世纪的新柏拉图主义哲学家西里西亚的辛普利修斯（Simplicius of Cilicia，约490年—560年）在《评亚里士多德的〈论天体〉》中讲述柏拉图向希腊时期的天文学家提出的挑战："应该假定行星做什么样的等速且规律的圆周运动，才能解释这些星球被观察得到的运动？"

这句问话在当时可以说是振聋发聩。从此，天文学从古巴比伦、古埃及的以计算、预测为宗旨转变为以几何构造、解释运行规律为宗旨，直到20世纪。柏拉图身后2 000多年，美国著名理论物理学家费曼（Richard Feynman，1918年—1988年）在他的加州理工学院办公室的黑板左上角用粉笔写了一句非常著名的话："What I cannot create I do not understand."

费曼把这句话用重重的粉笔框框起来,一直保留到他去世。这句话可以有多种理解。按照字面直接翻译成中文,意思是:我无法创立我没有搞懂的。创立什么? 科学家们一直努力建立的当然是解释观测数据的理论模型。理论物理学家则更渴望建立解释世间万物的基本模型。建立模型的努力经常导致突破性的进展,哪怕是不完善的模型。实际上几乎所有的模型都是不完善的,发现模型的不完善处常常是科学突破的契机。从这个角度来说,古希腊的宇宙模型是现代科学的开端。

第一个回应柏拉图挑战的,是他的学生欧多克斯。他把研究重点从古巴比伦人和古埃及人最关心的恒星转到运动的七大天体上来,并着手建立解释天体运动的统一模型。欧多克斯为每一个天体指定一个天球,每个球有自己的旋转轴、转动速度和转动周期,所有的天球都以地球为中心旋转。这是人类历史上第一次出现的天体运动数学模型,可以大致描述七大天体的出没。他很可能是第一位研究球面几何的,可惜他的著作都已失传,后人对他的工作的了解全是通过其他文献的引用而得到的。

图13.4(a)是欧多克斯宇宙模型的平面简易解释。如果我们沿着天体P所转动的天球球面的转动轴看下去,P相对地球O在纸面内做匀速圆周运动。不同的天体,其转动圆的平面跟地球之间的夹角可以不同,需要分开来用类似的方法描述。任何一个天体P在平面上运行时,只需要两个参数来描述:它的经度λ和运行圆周的半径R。考虑到不同天体在天球球面上有不同的转动轴,还应该加上一个参数,就是描述P的纬度。在欧多克斯的天文模型中,所有天体的天球都有相同的半径R。天体的运行速度都是所谓视速度,也就是角速度,半径R不必确定。欧多克斯的宇宙模型包含27个球体,其中有26颗行星,1颗恒星。我们把这个模型称为一阶模型。

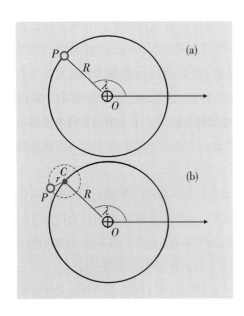

图13.4　天体运行模型的进化。(a)欧多克斯的一阶模型,行星P以地球O为中心做匀速圆周运动。(b)阿波罗尼乌斯的二阶模型,行星P围绕点C做圆周运动,点C以地球为中心做圆周运动。

把欧多克斯的一阶同心球模型同观测数据来对照，很容易发现若干重要缺陷。第一，它不能定量地预测天体的运动。第二，不能解释天体视运动中的速度变化，比如逆行。也就是说，地球上的观察者看到，一些天体的角速度时快时慢；甚至在某些短暂的时刻，天体似乎还在倒退。第三，既然大家都在距离地球相同的球面上运行，为什么不同的天体亮度不同呢？

阿里斯塔克斯（Aristarchus，公元前310年—公元前230年）首次提出，应该把太阳放在天球的中心，让其他天体包括地球围着太阳运转。可惜他的理论也已经遗失了，只在别人的文献里有所提及。比如阿基米德在估算宇宙间沙粒数目的文章里就提到这个日心模型。关于这位"古希腊的哥白尼"，我们在后面还会提到。

为了解决一阶地心模型的前两个问题，阿波罗尼乌斯改进了欧多克斯的模型，引入两种新的运行机制［图13.4（b）］。他让行星P绕着点C做圆周运动，同时点C又绕着地球做圆周运动。P绕C运行的小圈称为本轮，C绕地球O运行的大圈称为均轮。为了满足天文观测的数据，P必须绕着C在每个恒星年里也转一圈。这个二阶模型增加了三个参数：本轮的半径r，以及P在本轮上的经度和纬度。阿波罗尼乌斯是著名的几何学家，是圆锥曲线的创始人（见第七章）。他从几何上证明，本轮–均轮模型可以模拟偏心圆运动。我们称这类模型为二阶模型。关于不同天体运行模型的误差的统计学意义和对模型改进的作用，有兴趣的读者请参见《好看的数学故事：概率与统计卷》。

希帕恰斯（Hipparchus，约公元前190年—约公元前120年）根据自己对平分点的观测，利用本轮–均轮的概念为太阳建立了本轮–均轮模型，可以解释太阳运动速度和季节长短的变化。所谓平分点（equinox），也叫二分点，是天球的赤道与黄道的交点。当太阳抵达这个点时，地球上各地的白天与黑夜时间等长。由于太阳沿天球的圆形轨道运行，二分点每年发生两次，对应的日子就是春分和秋分。希帕恰斯对月亮的运行也做出了相对满意的模型。对于其他行星，他无法给出精确的模型。希帕恰斯是古希腊最伟大的观测天文学家，有当时最好的观测数据。他认为这种建立模型的方法不能精确地描述观测数据。

我们在第九章里讲到陈子利用几何原理计算日地距离和太阳大小的故事。早在希帕恰斯生前100年，阿里斯塔克斯也计算过月亮和太阳的大小以及它们到地球的距离。跟《周髀算经》的陈子不同，阿里斯塔克斯在一部题为《论太阳与月亮的大小和距离》(*On the Sizes and Distances of the Sun and Moon*)的书里面详细讲述了他的思路和计算结果。这本2 300年前的书可能作为教材在希腊化的埃及亚历山大城的数学圈里流行了很长一段时间，后来不断被翻译成各种语言，因而得以流传到今天。阿里斯塔克斯在书中说，他依靠以下这些观测数据进行他的计算：

1. 从地表观测到的太阳与月亮的表观大小；

2. 月食期间地球在月球上的阴影的大小；

3. 在月半时刻，日地之间的连线与月地之间的连线所构成的夹角。

阿里斯塔克斯证明，根据这些观测，利用简单的几何定理，就可以算出月地和日地的距离以及太阳和月球的大小。他把天文问题转化成一个几何问题，如图13.5所示。你看，这是不是一个非常简单的问题，今天的中学生都可以解决？

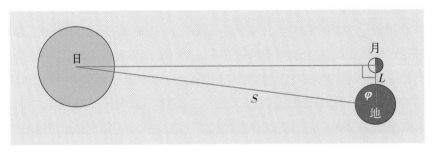

图13.5　阿里斯塔克斯在计算太阳和月球大小及它们到地球的距离时所采用的日、月、地几何关系示意图。

首先，之所以选择月半时刻，是因为从地表观测者的地点（观测者位于图13.5中月地连线与地球表面的交点）看去，这时月地的连线同日月的连线正好垂直。通过图13.5，根据简单的三角函数知识，很容易找到 S 与 L 之间的关系：

$$\frac{S}{L} = \frac{1}{\cos \varphi}。 \tag{13.1}$$

今天的天文观测数据告诉我们，S 是 L 的380多倍，所以 L 与 S 之间的夹角 φ 非常接近于90°（约89°52′）。

但阿里斯塔克斯的时代还没有三角函数，他所采用的是当时公认的一个几何学引理。参看图13.6，这个引理说，设有两个直角三角形 CAB 和 FDE，且 $AC=DF$，而 $AB \neq DE, BC \neq EF$，那么一定有

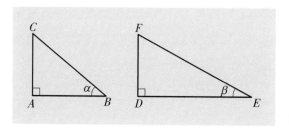

图 13.6　阿里斯塔克斯采用的引理 [式 (13.2)] 示意图。

$$\frac{EF}{BC} < \frac{\alpha}{\beta} < \frac{DE}{AB}。 \tag{13.2}$$

根据今天已知的几何与三角学知识，证明这个引理易如反掌。但是在 2 300 多年前，这是一个非常重要的发现。有学者认为，这个引理是后来三角学发展的基石。利用引理（13.2），阿里斯塔克斯得到估计值 $18 < \frac{S}{L} < 20$。这个数值（大约为19）比实际数值小了20倍，相当于 $\varphi = 87°$。这显然是观测误差造成的；今天有天文观测者试图靠肉眼在月半时刻来测量以确定 φ，发现很难确定正好半个月亮发光的精确时刻。而较小的角度误差可以造成非常大的距离误差：根据式（13.1），87° 与 90° 之间虽然只差 3°，但得到的 $\frac{S}{L}$ 的值可以从19直到无穷。这说明阿里斯塔克斯的几何方法本身不大适合用来精准地测量天文距离，不过数学运算背后的几何学逻辑是毫无问题的。况且，在观测技术十分落后的古代，也没有更好的方法。后来的 2 000 年里，天文学家们一直采用 18～20 之间的数值，直到天文望远镜出现以后才被修正。

　　阿里斯塔克斯进一步推论说，如果从地表看上去，太阳和月亮的大小差不多，那么，太阳的直径就应该比月球大差不多 18～20 倍。这从逻辑上说也是正确的。

　　在天球球面上运行的多个球体是一个复杂的三维问题，阿里斯塔克斯是如何把问题简化成图 13.5 的呢？他在《论太阳与月亮的大小和距离》里给出一系列命题，根据逻辑推理，一步步把三维问题简化为二维。比如，两个大小一样的圆球可以装入一个具有相同半径的圆柱内；两个大小不等的圆球，在一定条件下可以装入一个圆锥之内。用现代几何的话来说，他是通过投影把三维问题简化成二维的。

　　阿里斯塔克斯还利用月食的数据来计算月球的大小。2 300 年前的他已经知道，月食是地球遮住了太阳照射到月球表面的光线而造成的。图 13.7 是他计算时采用的几何图示，左边的大圆代表太阳，半径为 s；中间的圆是地球，半径为 t；右边最小的圆是月球，半径为 l。过地球与太阳的边缘做切线，两条切线交于点 P。

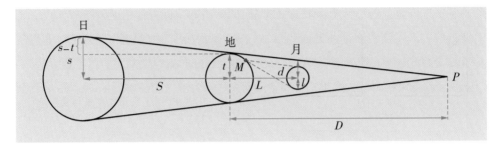

图 13.7　阿里斯塔克斯利用月食的数据计算月球大小采用的几何关系示意图。

　　当月球的中心正好位于地球与太阳中心的连线上时，根据相似三角形原理，读者很容易证明

$$\frac{D}{L} = \frac{t}{t-d} \quad 和 \quad \frac{D}{S} = \frac{t}{s-t} 。 \tag{13.3}$$

由于（13.3）两个式子中的分母都不会等于0，而且根据阿里斯塔克斯的观测，地表观察到的太阳和月亮的表观大小相等，也就是 $\frac{L}{S} = \frac{l}{s}$，那么把（13.3）中的两个式子相除，得到

$$\frac{l}{s} = \frac{t-d}{s-t} 。 \tag{13.4}$$

这个结果可以改写为（读者可作为练习自己验证）

$$\frac{t}{l} + \frac{t}{s} = 1 + \frac{d}{l} 。 \tag{13.5}$$

通过式（13.5），可以把两个比值 $\frac{l}{t}$ 和 $\frac{s}{t}$ 各用对方表达出来，也就是

$$\frac{l}{t} = \frac{1 + \frac{l}{s}}{1 + \frac{d}{l}} = \frac{1+x}{x(1+n)}, \tag{13.6a}$$

$$\frac{s}{t} = \frac{1 + \frac{s}{l}}{1 + \frac{d}{l}} = \frac{1+x}{1+n}, \tag{13.6b}$$

其中 $n = \dfrac{d}{l}$，$x = \dfrac{s}{l}$。这样，式（13.6a）和（13.6b）就把月球和太阳的半径同地球半径的比值用观测量完全表达出来了。观测者 M 在地表观测太阳和月球，对其大小最直接的测量是所谓角直径，也就是横跨星球直径的两端到地表观测点之间的角度，我们用 2θ 来表示。图 13.7 中两条红虚线的夹角即为月球的角直径。相应的 θ 角称为角半径。这个角度非常之小，很难测得准确。阿里斯塔克斯测量了太阳和月球的角半径，发现二者相等。有了 θ 值，地球到月球和太阳的距离（以地球半径为单位）便可以通过 $\dfrac{l}{t}$ 和 $\dfrac{s}{t}$ 的计算结果来得到：

$$\frac{L}{t} = \frac{l}{t}\frac{180}{\pi\theta},\qquad\qquad (13.7a)$$

$$\frac{S}{t} = \frac{s}{t}\frac{180}{\pi\theta}\,\text{。}\qquad\qquad (13.7b)$$

以上是阿里斯塔克斯的推导的现代几何与代数语言的描述。由于当时没有三角函数的概念，他的实际推导过程相当繁复。他采用的三个观测值是：月球与太阳在地表看到的表观角半径 $\theta = 1°$，太阳与月球的半径比 $x \approx 19$，地球在月球处阴影的半径 d 与月球半径 l 之比 $n = 2$。

表 13.1 给出利用式（13.6）、式（13.7）和阿里斯塔克斯观测数据计算出来的一些天文量，以及对应的现代观测值。多数数值的差异很大，这是因为阿里斯塔克斯在 2 300 年前用肉眼得到的观测误差太大，而他的几何问题对一些参数的误差极为敏感。比如前面提到的 φ 的例子。至于他采用的 $\theta = 1°$，有可能是个笔误。第六章中讲了阿基米德研究宇宙之间究竟能容纳多少颗沙粒的故事，在他发表的文章《数沙者》（The Sandreckoner）里提到过阿里斯塔克斯的计算，并指出，阿里斯塔克斯给出的太阳和月亮的

表 13.1　阿里斯塔克斯计算的天文参数同现代数值的比较

天文参数	符号	阿里斯塔克斯的结果	现代天文数值
太阳半径（以地球半径为单位）	$\dfrac{s}{t}$	6.7	109
地球半径（以月球半径为单位）	$\dfrac{t}{l}$	2.85	3.50
月地距离（以地球半径为单位）	$\dfrac{L}{t}$	20	60.32
日地距离（以地球半径为单位）	$\dfrac{S}{t}$	380	23 500

角半径应该是0.25°。如果采用$\theta = 0.25°$，计算得到的月地距离就是80个地球半径。100多年后，希帕恰斯采用类似的方法根据他自己的观测数据算得月地距离为67个地球半径。又过了200多年，托勒密（Claudius Ptolemaeus，约90年—168年）进一步改进了观测手段，算得月地距离为59个地球半径。

阿基米德在《数沙者》中记载了阿里斯塔克斯主张日心说的根据。阿里斯塔克斯说，既然日、地、月三个天体当中太阳的直径最大，那么应该是小球（地球）围着大球（太阳）转。这个想法显然更加符合现代物理规律：质量最大的物体在引力作用下运动的变化最小。作为历史上第一位真正的物理学家，阿基米德对此十分赞同。所以他在《数沙者》里面考虑宇宙的大小时，采用阿里斯塔克斯的日心模型。阿基米德还有另外一个理由：如果地球围绕太阳旋转，那么观察者所在的位置就是不断运动的，而所有的天体在一年的周期内相对于地球运动。实际观察到的地球与恒星的相对运动极为微小，因此阿基米德必须把恒星放到距离地球极远的位置，使得恒星视差变为无穷小，这使阿基米德构造了当时所知最大的宇宙。

《数沙者》一开篇，讨论的就是太阳直径的测量问题。他所依据的是当时太阳角直径的测量结果。天文学家已经根据引理（13.2）报告了测量结果，太阳的角直径d_s满足下述不等式：

$$\frac{90°}{200} < d_s < \frac{90°}{164}° \tag{13.8}$$

为了计算太阳直径的实际长度，阿基米德作了一个相当于图13.8的几何图形。图中点E是在地球上看到日出的观测者位置，$\angle PEQ$是在点E观测到的太阳的角直径。点A和点B是从地球中心（点C）到太阳边缘的切线的两个切点。从观测结果式（13.8）我们知道$\angle PEQ < \frac{90°}{164}$。由于点$E$比点$C$更接近太阳，所以$\angle FCG < \angle PEQ < \frac{90°}{164}$。一个完整圆圈是360°或$2\pi$弧度，所以对应于$\angle ACB$的圆弧$AOB$一定小于$\frac{2\pi}{164 \times 4} = \frac{2\pi}{656}$弧度。换句话说，如果把以地心$C$为圆心、$OC$为半径的大圆近似为等边多边形，$AB$是656边等边多边形的一条边，那么我们得到

$$\frac{AB}{CO} < \frac{2\pi}{656} \approx \frac{2 \times \frac{22}{7}}{656} < \frac{1}{100}, \tag{13.9}$$

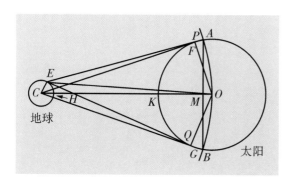

图 13.8　阿基米德在《数沙者》一书中利用几何方法估算太阳半径的示意图。

这里，$\frac{22}{7}$ 是阿基米德计算的圆周率的上限［见式（6.15）］。AB 极为接近太阳直径，由于地球半径远小于太阳半径，所以地球与太阳半径之和必小于太阳的直径。那么根据式（13.9），地球与太阳半径之和必小于 $\frac{CO}{100}$。同理，地球表面同太阳表面的连线 HK 必小于 $CO-AB$，所以 $\frac{100}{99} > \frac{CO}{HK}$，而 $CO > CF$，且 $HK < EQ$，因此得到 $\frac{100}{99} > \frac{CO}{HK} > \frac{CF}{EQ}$。

从这里，阿基米德根据引理（13.2）得到

$$\frac{CO}{EO} < \frac{\angle OEQ}{\angle OCF} < \frac{CF}{EQ}。 \tag{13.10}$$

已知 $\angle PEQ > \frac{90°}{200}$，很容易得到 $\angle ACB > \frac{99 \times 90°}{20\,000} > \frac{90°}{203}$，也就是说圆弧 AB 大于整圆弧的 $\frac{1}{203 \times 4} = \frac{1}{812}$。直线段 AB 则对应着一个 812 条边的正多边形的一条边。至此，他终于能够从角直径的观测数据来推测太阳的直径。

我们前面提到，希帕恰斯不满意本轮–均轮的天体运行模型，认为这种模型不能精确地描述观测数据。他提出一种偏心模型，假定地球并非太阳圆形轨道的圆心，而是围绕太阳轨道的圆心做圆周运转（图 13.9）。图 13.9 中的圆代表太阳匀速运转的天球大圆，其圆心在点 Z。E 是地球的位置，它到圆心 Z 的距离需要通过天文观测数据来确定。设 Θ 是在地球 E 上观测到的春分点，K 是夏至点，L 为秋分点，M 为冬至点。显然，弦 ΘL 与弦 KM 垂直。分别作与弦 ΘL 和 KM 垂直的大圆直径 PS 和 ON，交点当然在圆心 Z。希帕恰斯通过观测得知，一年的长度是 $365\frac{1}{4}$ 天，春三月和夏三月的长度分别是 $94\frac{1}{2}$ 和 $92\frac{1}{2}$ 天。在图 13.9 中，这相当于太阳从春分点 Θ 逆时针运转到夏至点 K 用了 $94\frac{1}{2}$ 天，从点 K 到秋分点 L 用了 $92\frac{1}{2}$ 天。在 $94\frac{1}{2}$ 天里，太阳运转的角度是 93.14

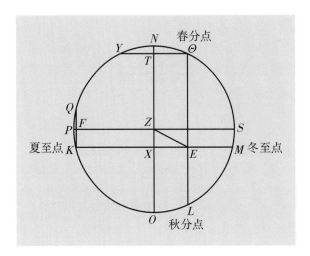

图 13.9　希帕恰斯的偏心轨道模型。

度；而在 $92\frac{1}{2}$ 天里运转的角度是 91.17 度。所以在春夏二季的六个月里，太阳运转的总角度是 $184.31 \approx 184\frac{1}{3}$ 度。减去大圆的半个圆弧（NPO）对应的角度（180度），得到一个角度差，为 $4\frac{1}{3}$ 度。这个角度差对应的是 ΘN 与 LO 这两段弧长之和，而弦 ΘL 与 ON 平行。通过点 Θ 作与直径 ON 相垂直的弦 ΘTY，T 是弦与 ON 的交点。弦 ΘTY 应该近似等于 ΘN 与 LO 这两段弧长之和。

到这里，希帕恰斯所面临的问题变为如何计算弦长 ΘTY 和 KFQ。要想精确计算这些长度，引理（13.2）给出的不等式不能令人满意。于是他开始专注于弦长的问题。经过计算，他得到了一个弦长表。可惜他的著作现在已经遗失了，不过与天文学家托勒密同时代的占星家瓦伦斯（Vettius Valens，120年—约175年）说，他一直依靠希帕恰斯的弦长表来计算太阳的位置。亚历山大城的提翁（Theon of Alexandria，约335年—405年）甚至说，希帕恰斯写过一套12卷的专著，讨论如何计算弦长。

弦长计算是三角函数的源头。对天体位置和速度的观察和记录必须考虑线段之间长度和角度的关系。这种研究需要几何学与三角学。虽然三角学这个名称直到公元16世纪才出现，但三角学的基本要素早在两三千年前就因天文学的需要而受到广泛重视了。

现代的三角函数，如正弦、余弦、正切、余切等，是定义在单位圆（即半径 $R=1$ 的圆）上的。古希腊人在研究弦长时，对圆的半径有不同的选择。比如托勒密选择 $R=60$，其单位模糊不清，但60个单位代表了太阳轨道的半径。托勒密选择60个单位作为太阳轨道半径是因为他在计算中使用古巴比伦的60进位制数字系统。我们不妨把这个模糊不清的单位叫作"托勒密单位"。

虽然希帕恰斯的原著已经逸失，但科学史研究人员通过后人文献的引述，特别是托勒密的《至大论》（*Almagest*），大致还原了他的弦长表（表13.2）。表中弦长的单位也类似于"托勒密"。

表 13.2　经过后人还原的希帕恰斯的弦长表

$\theta,°$	0	$7\frac{1}{2}$	15	$22\frac{1}{2}$	30	$37\frac{1}{2}$	45	$52\frac{1}{2}$	60	$67\frac{1}{2}$	75	$82\frac{1}{2}$	90
$Crd\theta$	0	450	897	1 341	1 780	2 210	2 631	3 041	3 438	3 820	4 186	4 533	4 862
$\theta,°$	$97\frac{1}{2}$	105	$112\frac{1}{2}$	120	$127\frac{1}{2}$	135	$142\frac{1}{2}$	150	$157\frac{1}{2}$	165	$172\frac{1}{2}$	180	—
$Crd\theta$	5 169	5 455	5 717	5 954	6 166	6 352	6 511	6 641	6 743	6 817	6 861	6 875	

希帕恰斯是如何得到表13.2中的弦长的？我们先看一下图13.10。图中，圆心为 O、半径为 R 的圆内有一条弦 AB。通过圆 O 作弦 AB 的垂线 OC，交 AB 于点 D。如果圆心角 $\angle AOB = 2\theta$，那么根据现代三角学知识，我们知道

$$AB = Crd(2\theta) = 2R\sin\theta。 \tag{13.11}$$

这里 $Crd(2\theta)$ 表示半径为 R 的圆内任何一条圆心角为 2θ 的弦长。我们已经知道，当 $2\theta = 60°$ 时，$Crd(60°) = R$。查表13.2可知，60度时的弦长等于3 438个单位长度。为什么选择这样一个奇怪的单位呢？

其实，这是一个相当聪明的做法。为了相对精确地计算圆的半径，希帕恰斯把角度考虑到1°的六十分之一，也就是分（$'$）。圆的一周对应着360° = 21 600$'$，而圆的周长等于 $2\pi R$。根据二者的比值关系，可以把 R 近似视为由 $\frac{21\ 600'}{2\pi} \approx 3\ 437.75$ 个相等的小线段所组成，四舍五入保留整数之后便得到3 438。这些小线段的长度单位变得不重要，只要它们与 R 的单位相同即可。这个做法的好处是，周长 $2\pi R \approx 3\ 438$。换句话说，每1$'$角对应的圆的弧长就是一个单位长度。

那么，希帕恰斯是怎样构建这个弦长表的呢？他的具体做法显然已经无法搞清楚了。但实际上，我们到目前为止介绍的几何基本知识已经足够构建这个弦长表

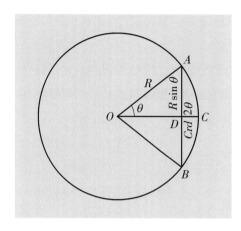

图 13.10   圆上弦长 AB、半弦长 AD 与半径和角度 θ 之间的关系。

《至大论》这个书名是后来逐渐演变而来的。托勒密最初发表时的书名是《数学综论》(*Mathematical Collection*)。当时已经有人把托勒密之前的天文学著作汇总，编出一部丛书，名为《小天文学》(*Little Astronomy*)，所以《数学综论》就被称为《大综论》(*Great Collection*；希腊文为 μεγαλη συνταξις)。这套巨著传入阿拉伯世界以后，按照阿拉伯语言习惯，在对应的形容词"大"(μεγαλη) 前面加了一个字头，罗马化的写法是 Al，称为 Al-majisti。后来这部书从阿拉伯世界重新引入欧洲，就变成了 *Almagest*。

了。比如已知某个圆心角 θ 对应的弦长 $Crd(\theta)$，如果能找到一种方法，在知道 $Crd(\theta)$ 的基础上把角度二等分，求出 $Crd\left(\dfrac{\theta}{2}\right)$，那么不断地二等分，就可以得到表 13.2。读者不妨自己先考虑一下如何构建。作为提示，建议从 90° 和 60° 角的弦长入手，找到计算 $Crd(\theta)$ 和 $Crd(180° - \theta)$ 之间的普遍关系。另外参考阿基米德在估计圆周率时，采用把等边多边形不断加倍来计算多边形边长的方法，可以计算二等分圆心角后的弦长（见第六章）。实在想不出来，再去看附录四。

这是一个很有意义的练习，可以帮助读者更深刻地认识从几何学萌生三角学的过程和原理。可以说，绝大多数三角学的关系都可以通过平面几何得到，但推演过程相当繁琐。更重要的是，弦长随着角度的变化可以极为微小，也可以非常之大，比如天体每小时的运动和几百上千年的运动。每个问题都用几何定理来推演，实在既费时间又不容易找出规律。要想用数学迅速准确描述这种变化，需要考虑连续函数。

后来，著名天文学家托勒密制作了更为精细的弦长表。在《至大论》里，他以半度为步长，从0度到180度，列出一个长长的表格。

　　到此为止，我们介绍的都是平面问题。但天文学的现象都发生在球面上。古希腊的天文学家们非常清楚地意识到，若想精确地描述天体运动，平面几何、平面三角是不够的。实际上，早在欧几里得之前，古希腊就出现了一部关于球面几何的教科书。欧几里得身后约200年，在比提尼亚一位名叫提奥多休斯（Theodosius of Bithynia，约公元前169年—约公元前100年）的天文学家和数学家留下一部书，名字就叫《球面几何》（*Sphaerics*）。不过这部书里包含的三角学问题十分有限。又过了200年左右，已经被罗马控制的亚历山大城里出现了一位天文学家兼数学家梅涅劳斯（Menelaus of Alexandria，约70年—140年）。他首次在球面上系统地研究三角形的规律，留下一部名著《球面三角学》（*Sphaerica*）。这是几何学中很重要的进展，不过，由于球面三角学超出了中学几何教材的范围，我们在此就不做过多的介绍了。在平面几何里，梅涅劳斯发现了一个非常有趣的定理：

　　如果一直线与△*ABC*的边*BC*、*CA*、*AB*或其延长线分别交于点*L*、*M*、*N*，则有

$$\frac{AN}{NB} \times \frac{BL}{LC} \times \frac{CM}{MA} = 1。 \tag{13.12}$$

　　它的逆定理也成立：如果*L*、*M*、*N*三个点分别位于△*ABC*的边*BC*、*CA*、*AB*或其延长线上，那么式（13.12）成立。这是一个判断三点共线的实用定理。梅涅劳斯利用这个平面三角形的定理作为引理来证明球面上的类似定理。他还证明了，球面上三角形的三个角之和大于180度。托勒密改进了梅涅劳斯的球面几何理论，并利用这个理论来计算天体在天球上运行的位置，得到极大成功。《至大论》独步天文界达1 500年之久，直到哥白尼（Nicolaus Copernicus，1473年—1543年）的年代，才逐渐退出天文学舞台。

　　不过我们还是回到平面三角上来吧。托勒密身后200多年，世界上第一个正弦表出现在印度。

　　阿耶波多（Āryabhata，476年—550年）是5世纪末印度著名的数学家兼天文学家。他在《阿里亚哈塔历书》（*Āryabhatīya*）中首次提出正弦的概念，取名为ardha-jya，其字面的意思是半弦长（图13.11）。后人在使用这个概念的过程中，逐渐把它简化为jya。随着印度数学进入阿拉伯世界，这个名字被写成jb。这个词看似奇怪，是因为阿拉伯的书写文字里不使用母音，这给后来人们的理解造成了麻烦。12世纪时，意大利翻译

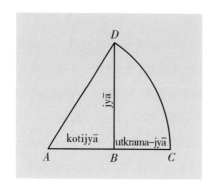

图13.11 阿耶波多引入的带有长度单位的正弦（jyā）初始概念。在半径等于$AD=AC=R$的圆弧内，$BD=$jyā。

家杰拉德（Gerard of Cremona，约1114年—1187年）在翻译阿拉伯文版的《阿里亚哈塔历书》时，在阿拉伯文词汇库里找不到这个词，误以为它是jaib，意思是口袋或褶皱。他把这个词译成拉丁文的sinus，意思是弯曲的孔洞或沟槽。后来sinus就变成了英文里的sine。而拉丁文的sinus到现在仍在一些学科里被直接采用，比如在医学里，sinus用来命名人体内的孔洞，中文一般译为窦。最常见的可能是鼻窦：感冒了，鼻窦发炎了。正弦和鼻窦来自同一个拉丁文，有意思吧？

图13.11中，圆的半径为R，$\angle CAD=\theta$，半弦长$BD=$jyā。用今天三角函数的表示法，我们有

$$jyā(\theta)=R \times \sin \theta。 \tag{13.13}$$

图中的kotijyā（AB），对应的是余弦cosine乘半径；utkrama-jyā（BC）被称为"反正弦"或"箭"（sara），对应的是现在已经不用的正矢（versed sine或versine）：versin$\theta=1-\sin\theta$。

公元5、6世纪交替时，是中国的南北朝时期。在那个年代，计算各种角度的正弦、余弦等数值不是一件容易的事。可惜古代印度文献采用"经文"（sutra）的方式来记录数学研究工作，只给出结果而不提供证明，所以无法猜测具体计算过程。对于半径R的选择可能是多种多样的。6世纪的数学家兼占星家伐罗诃密希罗（Varahamihira，旧译为彘日，505年—587年）撰著了一部《五大历数全书汇编》（$Pancasiddhatika$），总结了当时印度天文学的主要成就。在这本书里，他选择了$R=120$，给出的对应的弦长跟托勒密的计算结果大致相符。

更有趣的是，伐罗诃密希罗的正弦表角度的步长是$3°45'$。这个步长正好是希帕恰斯计算弦长角度步长的一半（见表13.2），而阿耶波多的正弦表则使用$R=3\,438$。这个选择使得$3°45'=225'$这个角度值恰恰等于该角度对应的弧长225：在表13.2中，$7°30'=450'$对应的弧长是450。后来人们采用弧度来度量角度也是类似的思路。因此

有人认为印度三角函数的研究结果可能是继承了希腊世界的工作。我们从第十二章的故事中知道，至晚在公元前四五世纪时起，希腊文化就开始对古印度产生深远的影响，持续长达千年之久。当然，还有另外一种可能，那就是古印度人自己发现了这些规律。由于古印度文献缺乏细节，我们恐怕永远得不到确定的答案。

本章主要参考文献

Van Brummelen, G. The Mathematics of the Heavens and the Earth: The Early History of Trigonometry. New Jersey: Princeton University Press, 2009: 329.

Heath, T. A History of Greek Mathematics, Vol. II. Clarendon: Oxford University Press, 1921: 586.

第十四章　木盒子里的机械宇宙

　　1900年春季的一天，一艘帆船在爱琴海与地中海交界的安提基西拉岛（Antikythera）北部遇到风暴，停靠在海湾里等候适当的风向。这艘帆船的目的地是北非，水手们要到那里去打捞海绵。这是最古老的潜水作业。柔软的海绵在远古时代就被希腊人广泛使用，比如用作头盔内的软垫，或是洗澡的工具。安提基西拉岛位于伯罗奔尼撒半岛南侧，与西北面的基西拉岛（Kythera）相对，仅隔着38公里宽的海面。

　　海绵打捞船来自靠近伊奥尼亚海岸的锡米岛（Symi）。停船等候期间，潜水员们决定在当地试试运气。这里海水很深。潜水员伊利亚斯·斯塔迪阿提（Elias Stadiatis）潜到水下45米深处，突然拼命拉绳发出警报。船员赶紧把他拉出水面。斯塔迪阿提满脸惊恐："好可怕好可怕！全是死人！"

　　平静下来以后，他说在水下看到一堆一丝不挂的死人，肢体残缺不全，周围还有好几匹死马。船长迪米特里奥·孔多斯（Dimitrios Kondos）怀疑斯塔迪阿提的潜水服出了故障，由于吸入氮气过多而出现幻觉，决定亲自下去看看。

　　孔多斯潜入水中，半天没有动静。船员们紧张地注视着水面，越来越担忧。终于，绳子动了，众人拉动绳索，船长浮出水面，他手中挥舞着一只巨大的人的断臂。众人震惊之后，再仔细观看，忍不住哈哈大笑。原来，那是一只青铜塑像的手臂。水下是一艘巨大的沉船，而那些"一丝不挂的死人"都是船上长满海洋沉积物的古希腊青铜和大理石雕像的残段。

　　从1900年秋天开始，考古人员在希腊海军的帮助下对沉船进行了打捞，发现了大量的珍贵古文物。潜水打捞范围越来越大，越来越深。1901年夏天，一位潜水员因深潜出水过快而死亡，还有两位不幸终生瘫痪。在缺乏深潜设备的情况下，打捞不得不中止。打捞出来的文物被送到雅典的国家考古博物馆。原来，这是一艘古罗马运输舰，它在公元前65年左右出航，装载着可能是从希腊掳到的奇珍异宝，在驶往罗马的半途中于安提基西拉岛附近遇到风暴而沉没。

　　当时谁也不会想到，两场间隔2 000年的风暴——偶然的巧合，让一个古代数学和机械的神器突然展现在世人面前。

　　沉船发现一年后，博物馆的考古学家斯塔伊斯（Valerios Stais，1857年—1923年）在沉船众多的文物中注意到一只朽烂的木盒子，只有鞋盒子大小，其貌不扬。盒子的前后都有盖子，可以打开，里面是一团满是铜锈的物件，已经破裂成很多块（图14.1）。斯塔伊斯在严重腐蚀的碎片中发现有几个带齿的圆轮状残骸，以及一些模模糊糊的希腊铭文。最大的齿轮直径约为13厘米，有200多个齿。这个发现引起了科学史专家的注意，他们觉得，这可能是一台极为复杂的古代机械，可惜的是遭到严重破坏，很多细节恐怕永远丢失了。这台机器从此以"安提基西拉机械"（Antikythera Mechanism）闻名于世。

图14.1　安提基西拉机械至今已经破碎为80块残片。100多年几代科学史专家的研究，大致揭开了它的奥秘。

　　安提基西拉机械以大大小小铜锈团的状态在博物馆躺了50年，无人问津。直到1959年，访问耶鲁大学的英裔物理学家普莱斯（Derek de Solla Price，1922年—1983年）在经过数年的研究后指出，这是一台用来计算和预测天体运行规律的机械计算机。

有这么神奇吗？

说来有趣，普莱斯的发现跟他对中国古代科学仪器的研究有关系。普莱斯在 1946 获得实验物理学博士学位以后，跑到新加坡一所学院去教应用数学。其间他发现自己对研究科学史更有兴趣，于是选择修习第二个博士学位，专修科学史。在剑桥大学攻读期间，他偶然看到一部用中世纪英文写成的设计建造行星定位仪的手稿。对这部手稿的研究成为他 1954 年博士论文的主要内容。在撰写这篇博士论文期间，他结识了中国古代科学史专家李约瑟。李约瑟赏识普莱斯对古代物理机械的丰富知识，邀请他参与研究中国古代天文钟。1956 年，李约瑟、中国学者王铃（1917 年—1994 年）和普莱斯联名在《自然》（*Nature*）杂志上发表了《中国天文钟》（*Chinese Astronomical Clockwork*）。这篇文章对北宋人苏颂（1020 年—1101 年）在其所著《新仪象法要》中所描述的水力驱动天文仪象台进行了原理和机械结构的研究。《新仪象法要》用文字介绍了水运仪象台的 150 多个部件，还附有 60 多张部件的图形。李约瑟等三人通过对图文的解读，重新建造了这台天文仪。图 14.2 是他们在《自然》杂志上发表的水运仪象台原理示意图。我猜测，普莱斯是复制水运仪象台的主角，因为李约瑟本人是搞生物胚胎学的，而王铃专攻历史，两人都不大懂机械。这个复制的水运仪象台引起不少争论，有些科学史学者质疑其关于控制枢轮（即水力驱动的主轮）转动的擒纵器的机械结构。1997 年，日本精工舍株式会社的土屋荣夫在国际日本文化研究中心教授山田庆儿的指导下，也根据《新仪象法要》的图文复制了一台水运仪象台。国内复制水运仪象台的工作就更多了，不过这些不在我们故事的范围之内。

水运仪象台利用水的重力作用来驱动枢轮，也就是图 14.2 中绕着水平轴转动的最大的轮子（标号为 28 的部件）。在清代人钱熙祚（1800 年—1844 年）校印的《新仪象法要》中，画出的枢轮有 46 条沿着大圆的直径伸出来的支臂，但正文说："枢轮直径一丈一尺，以七十二辐双植于一毂，为三十六洪，束以三辋。每洪夹持受水壶一，总三十六壶。"也就是说，枢轮有 72 根辐条，每两根为一"洪"，其上固定一根支臂，臂端装有受水壶。对于七十二和三十六这两个数字，钱熙祚有注曰："七十二：一作九十六""三十六：一作四十八"。为了便于阅读，图 14.2 中只画出三条支臂。图中的第 51 号部件是水源。从这里，放出的水首先进入"天池"，也就是储水箱（42），通过水管（73）进入"平水壶"（驱动水箱；43），驱动整台仪器。对于其机械运作原理，我国科学史专家胡维佳（1958 年— ）将《新仪象法要》中的描述转述如下：

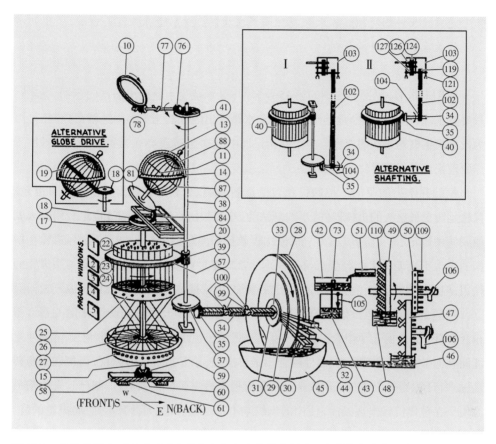

图14.2　李约瑟等人1956年在《自然》杂志上发表的《中国天文钟》中对苏颂水运仪象台设计的再造图。注意这张图不是按照真实比例画出来的。

　　初始时，枢轮被左、右天锁抵住轮辐，整个枢轮无法转动；由平水壶经导管流出的水注入枢轮上的受水壶中；受水壶中无水时，受水壶被托在壶底的格叉架住，所以能接受注水；当注入壶中的水到一定重量，格叉就托不住受水壶，开始下降；格叉下降，受水壶也随之下降，装在壶侧的铁拨牙就向下击开关舌；关舌拉动连在其上的天条，天条再拉下天衡（杠杆）的天权端；天衡天关端随之抬起，带动天关，打开左天锁；左天锁打开，则枢轮被允许在受水壶中水的重力作用下转过一辐；接着，因壶侧的铁拨牙已滑过关舌，天条松弛，天衡在左天锁、天关及天衡左侧杆的重力作用下，左端下落，抵住枢轮上的下一个辐板，使枢轮不能继续转动；同时，天衡右端抬起，并经天条拉起关舌，等候下一次拨击。右天锁的作用是防止枢轮因突然被左天锁抵住而产生反弹。受水壶在拨过关舌后，其中的水便落入下方的退水壶中。

所谓退水壶，是图14.2中的第45号部件，是承载受水壶放出的水的容器。显然，只要有水源，枢轮就不断地转动。从驱动水箱流出的水的流量必须是精密控制的，因为流量决定枢轮运转的速度。至于原始设计中究竟有36或48个支臂对于我们理解工作原理来说并不重要。

枢轮在水力的驱动下控制仪象台的运转，而仪象台的其他运作全部依靠齿轮。齿轮是历史最悠久的机械器件，李约瑟认为，早在战国时代（公元前4世纪），中国人就已经使用齿轮了。台湾成功大学机械工程教授颜鸿森（1951年—）说，金属齿轮在中国的出现不晚于汉代（公元前206年—公元220年），而在此之前很可能有木质齿轮的使用，但因年代久远而消失了。在古代文献中，齿轮被称为机轮、轮合机齿或牙轮。

齿轮的设计和运行依靠的是几何比例关系和力学原理。先谈谈几何关系。图14.3是两个齿轮的简单组合。齿轮一般是圆形的，边缘带有一系列齿状凸出物，使之能同其他带有类似齿状物的器件啮合。最早出现，也是最常见的齿轮，齿侧切面与转动轴平行，称为正齿轮（spur gears），其几何形状最为简单（图14.3），制造起来也最为方便。在现代机械出现以前，使用的齿轮基本都是直齿轮。我们暂时忽略齿轮的齿，把齿轮看成是一对相切的圆（图14.3中两个红色的圆），来看看这两个齿轮之间的几何关系。这种假想的圆在齿轮制造界被称为节圆（pitch circle）。如果大节圆的半径是R_P，小节圆的半径是r_P，这两个节圆的周长就分别是$2\pi R_P$和$2\pi r_P$。

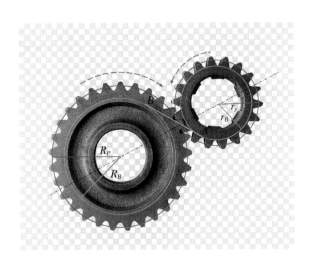

图14.3 两枚正齿轮之间的啮合以及它们对应的节圆（红色）和基圆（蓝色）。

现在设想我们把小节圆转动起来，并要求小节圆圆周上的每一个点必对应大节圆圆周上的一个点，对应的点之间不可以错动。换句话说，大节圆必须跟着小节圆转动，而且两个圆以相反的方向转动，如图中的红色虚线箭头所示。由于两个圆周之间不可以有相对滑动，小节圆转动一周时，大节圆也必正好转过等于小节圆周长 $2\pi r_P$ 的曲线长度。所以大节圆转了不到一周，而是 $\dfrac{r_P}{R_P}$（ <1 ）周。由此我们知道，大节圆转动的角速度必然低于小节圆。至于大小节圆哪个是主动圆，哪个是被动圆，我们可以任意选择。所以，只要适当选择比值 $\dfrac{r_P}{R_P}$ 和主动圆的角速度，便可达到任何需要的被动圆的角速度。在啮合的齿轮的轮齿形状和大小都相同的情况下，齿轮节圆的周长相当于该齿轮的齿数（z）。如果驱动齿轮的齿数是 z_1，转速（相当于角速度）是 n_1（圈/分），被动轮的齿数和转速分别是 z_2 和 n_2，那么这一对齿轮的传动比就是

$$\frac{z_2}{z_1} = \frac{n_1}{n_2}。 \tag{14.1}$$

在机械设计中，考虑到齿轮的大小和力矩的局限，需要把若干齿轮啮合起来。比如图 14.4 中，齿轮 1 驱动齿轮 2，齿轮 3 固定在齿轮 2 上，二者一起转动（即 $n_3 = n_2$）。齿轮 3 驱动齿轮 4。在这种情况下，齿轮 1 同齿轮 4 的传动比就是

$$\frac{z_2}{z_1} \times \frac{z_4}{z_3} = \frac{n_1}{n_2} \times \frac{n_3}{n_4}。 \tag{14.2}$$

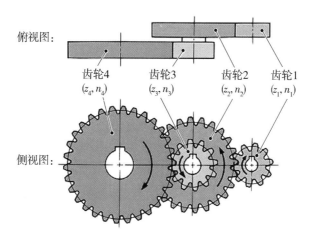

图 14.4　若干齿轮之间的啮合。其中齿轮 2 与齿轮 3 共轴且牢固耦合在一起，以相同的速度转动。

人们在不断使用齿轮的实践中发现，轮齿的具体形状对于齿轮能否正确运作关系重大。在欧洲，随着钟表业的发展，人们对轮齿形状的研究逐渐深入。18世纪中叶，瑞士著名数学家欧拉（Leonhard Euler, 1707年—1783年）从几何上证明，圆的渐伸线（involute of a circle）是制造轮齿最好的曲线。图14.5把图14.3中的齿轮啮合处的细节放大，以便于观察图中的渐伸线形状的齿形。

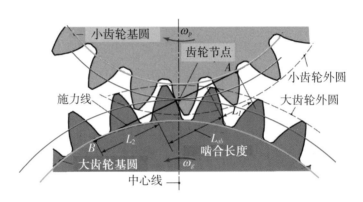

图14.5　两个齿轮轮齿之间的啮合细节。为了避免两个齿轮轮齿被相互锁住，轮齿的长短或形状必须有所限制。图中的轮齿是渐伸线形的，在任何一个时刻，两个齿轮只有一对轮齿相互接触，且接触点恰好落在施力线上。

现存最早关于渐伸线的研究是阿基米德在大约公元前215年写成的《论螺旋线》（On Spirals）。设想从原点 O 发出一条射线，射线的终点 P 以恒定速度离开原点。换句话说，OP 的长度以恒定速度增加。现在设想 OP 在长度不断增长的同时绕着原点 O 以恒定角速度旋转。这种曲线叫作阿基米德螺线［图14.6（a）］。如果用 θ 来表示 OP 转过的角度，r 来表示 OP 线段的长度，螺线的数学表达方式非常简单，是

$$r = a\theta, \tag{14.3}$$

其中，a 是代表 OP 转动角速度和线段增长速度的一个常数，θ 是线段 OP 转过的相对于横轴 Ox 的角度（按弧度计算），r 是 OP 的长度。阿基米德曾经试图用这条螺线来解决化圆为方和三分角这两大古希腊几何难题。阿基米德螺线的特点是点 P 的角度每转一整圈（弧度等于 2π），同原点 O 的距离就增加一个常数 $2\pi a$，所以相邻的螺旋之间的间距是相等的。

现在设想点 O 是圆［图14.6（b）中红色的圆］上一点。从点 O 发出一条射线，射线

图 14.6 阿基米德螺线与圆的渐伸线有密切的关系。(a) 阿基米德螺线。(b) 圆 Q 的渐伸线。阿基米德螺线是半径为零的圆的渐伸线。

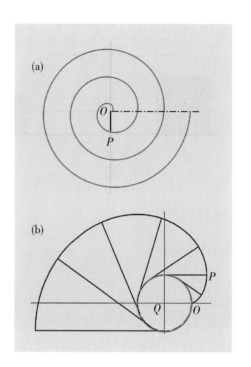

的终点 P 以恒定速度离开点 O。同时，载着点 O 的圆以圆心 Q 为中心旋转。图 14.6b 中的黑色曲线表示在这种情况下点 P 走过的轨迹。这条曲线有点像阿基米德螺线，但它的起点不在红圆的圆心 Q，而且点 O 自己也在做圆周运动。这条曲线的数学表达式比较复杂，推导它所使用的工具超出了目前为止本书介绍的内容，但为了方便读者，我们还是把它列出来：

$$\theta = \frac{1}{r_b}\sqrt{r^2 - r_b^2} - \tan^{-1}\left(\frac{1}{r_b}\sqrt{r^2 - r_b^2}\right), \tag{14.4}$$

其中，r_b 是以 Q 为中心的圆的半径。这个圆在齿轮界称为基圆。图 14.3 和 14.5 中两个齿轮的基圆是那两个蓝色的圆。

具有渐伸线形状的轮齿在两个齿轮传动机械动力的过程中完全不依赖摩擦力。从图 14.5 可见，两个齿轮的轮齿接触点（即齿轮节点）正好落在这两个齿轮的基圆的切线 AB 上。AB 称为施力线，因为一个齿轮转动时沿着这条线把正压力作用到另一个齿轮上。在两个渐伸线形齿轮相对转动的过程中，这条切线的方向永远保持不变。施力线与两个齿轮中心连线之间的角度称为压力角，以 20° 最为常见。对渐伸线形齿轮来说，压力角也是恒定不变的。渐伸线形的齿轮还有一个优点：它的齿形仅与齿数、压力角和节距（即相邻两个轮齿之间的距离）有关，且和与其啮合的齿轮的齿形相同。任何两个具有相同压力角和节距的齿轮一定可以啮合，不受轮齿数目的影响。

根据牛顿定律，大小齿轮之间的力与反作用力大小相等，方向相反。我们把这个

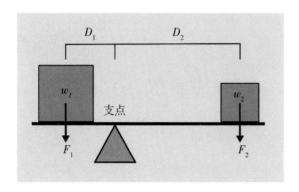

图14.7　杠杆原理示意图。

力的大小用F来表示，F的方向大致与节点处的两个齿轮的半径相垂直。根据杠杆原理，所施的力与施力臂长的乘积等于抗力与抗力臂长的乘积。比如图14.7是两个不同重物W_1和W_2在通过支点的杠杆上达到平衡的例子。普通物理学知识告诉我们，在这种情况下，根据杠杆原理，

$$F_1 \times D_1 = F_2 \times D_2, \qquad\qquad (14.5)$$

这里，F_1和F_2是W_1和W_2所受的重力，D_1和D_2是它们到支点的距离，也就是力臂。在齿轮运转时，同样的力F作用在两个具有不同节圆半径的齿轮上。式(14.5)中左右的两个乘积都是扭矩(也就是力乘力臂)。这个式子给出两个作用方向相反的力矩达到平衡的条件。作用在大小齿轮上的力F相对于每个齿轮的圆心也产生一个力矩。根据杠杆的平衡条件，也就是式(14.5)，通过转动大齿轮来驱动小齿轮，便可以用较小的力来得到较大的力矩。齿轮通过与其他齿状器件啮合，可以传递扭矩，四两拨千斤。利用齿轮的半径比，还可改变转速，控制转动速度。齿轮的传动效率高，可以准确地选择传动比，因此在许多领域都有广泛的应用。

顺便说一句，在西方，杠杆原理被称为阿基米德原理，是他首先采用欧几里得的公设和定理的逻辑系统证明了这个原理。

普莱斯知道，要想彻底解开这个神秘机械之谜，必须获得其中齿轮的细节。可是由于年代过久，加上两千年的海水腐蚀和钙化，已经不可能把牢牢锈住的一团团残骸完全恢复了。经过15年的努力，1974年，普莱斯把自己研究的结果做成了一个将近70页的总结报告。报告中特别提到，在当代希腊物理学家的帮助下，他首次利用伽马射线和强X光射线，对几块较大的青铜残骸进行了"胸透"，得到很多内部齿轮机构的宝贵信息(图14.8)。不但如此，从一个转动轮盘上，普莱斯还发现了天秤座(Libra；从秋分至霜降前的太阳位置)和室女座(Virgo；处暑至秋分的太阳位置)的希腊文铭文。

图14.8 普莱斯利用伽马射线得到的安提基西拉机械残片A的"胸透"像。其中大多数可见的齿轮轮齿已经用黑线描画出来了。

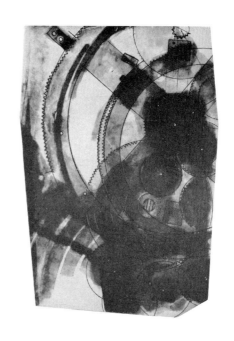

于是他推断，这个转轮是黄道带轮。月亮运行的轨道也大致落在黄道带上，不过是每个月转一圈。普莱斯按照他估算的齿轮位置和齿数的关系，得到下面的传动比

$$\frac{64}{38} \times \frac{48}{24} \times \frac{127}{32} = \frac{254}{19}。$$

还记得19和254这两个数字吗？它们在安提基西拉机械中的出现当然不会是偶然的，由此普莱斯推断，这台"计算机"也是一部天文历（parapegma calendar），一台用来计算过去现在未来任何一天太阳、月亮以及一些星座的位置的机械计算机。他还发现了一些修理的痕迹，说明这个机械被使用过很长时间。

　　由于齿轮损坏严重，普莱斯对齿轮齿数和齿轮组的重构不可能完全准确，细节上存在不少疑问。一个最大的问题是，安提基西拉机械中的齿轮的截面都是简单的三角形，而普莱斯的复制模型齿轮变速层次很多。凡是制作机械钟表的人都知道，如果啮合齿轮的层次越多，摩擦力越大，驱动齿轮的转动也就越费力。不过20世纪70年代以来，科研技术迅速发展，高辉度的X光源已经可以轻易穿透安提基西拉机械的残片。利用高速计算机，可以把从不同角度采集的几百上千张"胸透"图片很快合成三维数码图像，而不需切开这些残片。这就是所谓的层析成像技术，又叫断层扫描（tomography）。这种技术使得研究人员得以直接观察到安提基西拉机械内部的一些细节。

　　1990年，伦敦科学博物馆的莱特（M.T. Wright）使用层析成像技术研究了一些安提基西拉机械残片以后，改进了普莱斯的模型，并动手制造了一台可以运转的包括41个齿轮的模型，其中包括几个所谓的行星齿轮（epicyclic或planetary gear）。所谓行星齿轮是一种具有特殊几何关系的齿轮组，大齿轮的轮齿不在轮环的外侧而是在内侧，小齿轮在大齿轮环内与其啮合，如图14.9所示。使用这种内齿可以得到结构紧凑的齿

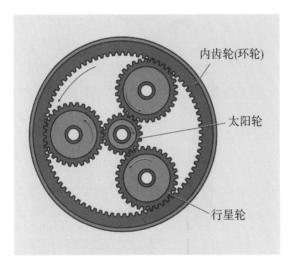

图14.9　行星齿轮基本结构示意图。

内齿轮(环轮)

太阳轮

行星轮

轮装置和较高的减速比。显然这对体积较小、功能较多的安提基西拉机械很重要。但是在2 000多年前，有能力构想并制作这样的齿轮相当令人惊异。

2005年，伦敦大学学院（University College London, UCL）的佛利斯（Tony Freeth）等人同莱特、尼康计量学英联邦有限公司（Nikon Metrology UK Ltd.）的拉姆西（Andrew Ramsey）等人，以及希腊雅典大学、塞萨洛尼基大学（Thessaloniki University）、希腊国家考古博物馆的研究人员联手计划用这种新技术对安提基西拉机械进行一次从里到外的非破坏性观察。有趣的是，希腊合作者当中，一个名叫色诺芬，另一个叫阿伽门农，读过一些古希腊文史的读者对这些名字应该不感到陌生。

由于安提基西拉机械实在太珍贵了，希腊方面不愿意冒险把它运到伦敦进行检测，研究人员只能把检测设备运到雅典去。为了使X光能穿透厚重的铜合金，尼康计量学公司的研究人员专门研制了超高光子能量的层析成像仪。这台设备总重有8吨，装在专门准备的大木箱内，用大货车通过英吉利海峡隧道，运往欧洲大陆。四天四夜，行程2 500公里，抵达雅典。研究人员把大货箱从后门推进国家考古博物馆，拆箱后重新调试设备，然后对珍贵的文物进行测量。经过两个星期的努力，研究人员取得了大量前所未有的宝贵数据。

在纸质书页上无法演示三维结构，早期的做法是把一整套三维图像数码化地"切成"一系列"薄片"，逐一展示。图14.10是对最大的残片（残片A）进行层析成像后得到的两张内部图片之一。残片A最大宽度约为120毫米，厚约55毫米。它的三维层析成像被"切成"544张"薄片"。想象544张图片沿着与纸面垂直的方向叠加起来，相邻两张薄片之间的距离是0.1毫米。图14.10的上图是第370张"薄片"，其中可以清晰看到两个内接大圆环的残段。大圆环内，下方有一个较小的圆齿轮，其内部不同的

图 14.10　利用高能 X 光得到的安提基西拉机械残片 A 的表达内部三维结构 544 张图片中的两张。

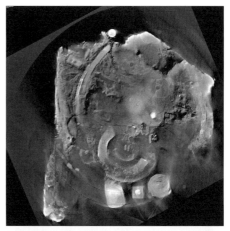

灰度显示出里面有相当复杂的结构。这个齿轮的右下方有一个更小的齿轮。下图是第 387 张"薄片"，与上图之间的距离不到 2 毫米。薄片中间出现两个小齿轮，它们同下方的齿轮，也就是上图中结构复杂的那一个大齿轮啮合。还有许多细节，这里就不一一叙述了。

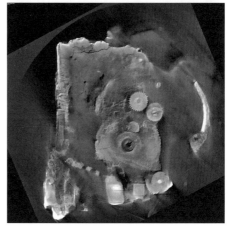

　　虽然这些数据提供了前所未有的细节，但还是不能唯一地确定安提基西拉机械的结构和功能，因为损坏严重，很多齿轮变形，而且残缺不全，无法确认它们之间的关系。如何处理传动比无法唯一确定的情况呢？佛利斯等人求助于一个更为古老的古希腊定理。柏拉图有一部著名的对话录《巴门尼德篇》（*Parmenides*），其中记述了古希腊两大哲学家巴门尼德（Parmenides of Elea，约公元前 5 世纪）和芝诺的对话，其中涉及数学的部分中有一条命题，被后人称为"巴门尼德命题"：

　　在寻求近似值 μ 时，设有自然数 p、q、r、s 构成的有理分数 $\frac{p}{q}$ 和 $\frac{r}{s}$，而且 $\frac{p}{q} < \mu < \frac{r}{s}$，那么 $\frac{p+r}{q+s}$ 是 $\frac{p}{q}$ 与 $\frac{r}{s}$ 之间的对 μ 的新的估计。如果这个新的估计低估了实际值，它一定比 $\frac{p}{q}$ 更接近实际值；如果它高估了实际值，它一定比 $\frac{r}{s}$ 更接近实际值。现在假设这个新估值低估了实际值，那么把这个新估值同高估值结合，可得到下一个新估值为 $\frac{p+2r}{q+2s}$。检查这个新估值，看它是低估还是高估，然后不断重复上述过程。这样，从最初的两个估计值 $\frac{p}{q}$ 和 $\frac{r}{s}$，利用这些整数的线性组合便可得到最佳的 μ 值。

在新数据和巴门尼德命题的武装之下，佛利斯等人对安提基西拉机械的结构和功能重新评估，得到很多令人惊异的发现，发表了一系列文章。

所有行星的运行都是依靠行星齿轮组来计算的。表14.1给出计算五大行星朔望周期和每个周期的地球天天数，这是根据佛利斯等人2012年复制的模型计算得到的。每个星体需要2到4个齿轮，利用适当的传动比来计算朔望周期。表14.1左起第一列显示了每个星体位置最主要的齿轮的名字，与之有关的齿轮用不同的数码来表示，比如太阳齿轮有sun1、sun2、sun3，而sun3是主齿轮；第二列是各主齿轮的功能；第三列给出计算太阳在黄道上的运转周期（一年）和五大行星朔望周期运转时间的齿轮组合，其中$t(x)$是使用者用手来转动驱动齿轮x使整个机械转动一周所需要的时间，这个时间对应着一个回归年；第四列是根据第三列得到的时间的具体数值；第五列是对应这些时间的现代观测值。我们看到，安提基西拉机械计算的数值大多数跟现代值吻合到天的小数点后面两位，这已经相当惊人了。而从层析成像发现的大量铭文，则使人们意识到，安提基西拉机械还有其他的功能。

表14.1　计算五大行星朔望周期和每周期太阳年数的齿轮比以及同现代值的比较

星体主齿轮	功　能	计算时间t的齿轮传动比	对应时间	现代值
sun3	黄道上太阳位置指针	$t(\text{sun3})=t(x)\times\dfrac{\text{sun3}}{\text{sun1}}\times\dfrac{\text{sun2}}{\text{sun3}}$	1平均年	
mer2	黄道上水星位置指针	$t(\text{mer2})=t(x)\times\dfrac{\text{mer2}}{\text{mer1}}$	115.89天	115.88天
ven2	黄道上金星位置指针	$t(\text{ven2})=t(x)\times\dfrac{\text{ven1}}{\text{sun1}}$	584.39天	583.92天
mar4	黄道上火星位置指针	$t(\text{mar4})=t(x)\times\dfrac{\text{mar2}}{\text{mar1}}\times\dfrac{\text{mar4}}{\text{mar3}}$	779.84天	779.96天
jup4	黄道上木星位置指针	$t(\text{jup4})=t(x)\times\dfrac{\text{jup2}}{\text{jup1}}\times\dfrac{\text{jup4}}{\text{jup3}}$	398.88天	398.88天
sat4	黄道上土星位置指针	$t(\text{sat4})=t(x)\times\dfrac{\text{sat2}}{\text{sat1}}\times\dfrac{\text{sat4}}{\text{sat3}}$	378.06天	378.09天

研究人员发现，这些铭文实际上是使用安提基西拉机械的"操作指南"。通过研读残留下来的铭文和更多的齿轮细节，他们还找到了其他一系列的功能。比如，根据齿轮之间空间关系和传动比，佛利斯等人认为，安提基西拉机械的设计包括下列天文数据：

月球围绕地球旋转的周期：27.321天（现代值27.322天）；

月球的朔望周期：29.531天（现代值29.530天）；

月球轨道的进动（precession）周期：8.883天（现代值8.850天）；

默冬章周期：1 387.90天（现代值1 387.94天）；

回归年与朔望月和平均太阳日的最短循环周期（Callippic cycle）：27 758.0天（现代值27 758.8天）；

沙罗周期（Saros cycle）：6 585.20天（现代值6 585.32天）；

三沙罗周期（Exeligmos cycle）：19 756.0天（现代值19 755.8天）。

这些数据里面，沙罗周期是日食和月食之间的周期；经过一个沙罗周期，日、地、月的位置几乎准确地回到它们在天球的三维空间的对应位置上。三沙罗就是三个沙罗周期之和。从沙罗周期的现代值，我们看到一个沙罗周期差不多是 $6\,585\frac{1}{3}$ 天，三个沙罗周期的天数就非常接近一个整数19 756天（约54年零1个月），所以月食会在间隔19 756天的那一年的同一天的几乎同一时间出现。古希腊人已经意识到这一点——在希腊文中，exeligmos的意思就是转轮：天体经19 756天转一轮。至于回归年与朔望月和平均太阳日的最短循环周期，中国古代也注意到了，称之为"蔀"。

更有意思的是，安提基西拉机械还可以计算古希腊的奥林匹克运动会应该在哪年举行。这是一个简单的四年周期，明确地刻在机械的一个大圆盘上。

除了齿轮之外，研究人员还在安提基西拉机械的残片中发现了一些细长的杠杆。杠杆的一端固定在机械中心主动齿轮的固定转轴上，另一端含有长短不一的细长狭缝。每个狭缝通过一根细小铜杆连接在一个被动齿轮上。铜杆是焊接在齿轮上的。这样，当主动齿轮转动时，被动齿轮就在杠杆控制之下随着主动轮做大圆周运动。可是由于小铜杆可以在狭缝里滑动，被动轮的转动中心就在做大圈圆周运动的同时以狭缝的长度为直径做小的圆周运动。这是做什么用的呢？

还记得第十三章里的本轮–均轮宇宙模型和地球偏心模型吗？没错，这些杠杆的目的就是模拟这些复杂的非圆周的天体运动。图14.11给出地球偏心模型的例子，本轮–均轮的模拟原理是类似的。在图14.11中，转动中心是地球（齿轮g1）。碧蓝色的杠杆固定在地球齿轮上，杠杆的另一端是模拟太阳的齿轮（g3）。齿轮g3上有一个小铜杆（红色的点），插在杠杆的狭缝里。两个齿轮g1和g3之间还有另外一个齿轮g2，用来控制g3相对于g1的转速。这样，太阳围绕地球转动的半径就不再是一个常数。在

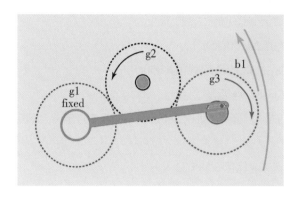

图 14.11   安提基西拉机械模拟地球偏心运动的机械原理。

图 14.9 中，地球在围绕太阳圆形轨道的中心做转动，而在图 14.11 中，太阳运行的轨道位置在做偏离完美圆周的运动。但这两种模型里面地日之间相对距离的变化是一样的。

利用类似的办法，水、火、金、木、土五大行星和月亮的本轮－均轮模型都在安提基西拉机械中实现了。

图 14.12 是佛利斯等人 2021 年报告的复制安提基西拉机械计算机模型正面显示盘的一部分。最外层的大圆环标有 365 个刻度，代表一年 365 天。大圆环还被等分成 12 段，用希腊文表明对应的 12 个节气。圆盘最中心鼓起的半球是地球，半球连着一根较粗的铜杆，远端有一个半黑半白的小球，代表月球。白色部分代表被阳光照亮的部分，也就是在希腊地区人们看到的月亮发光的部分。与铜杆相连的白色指针指示日

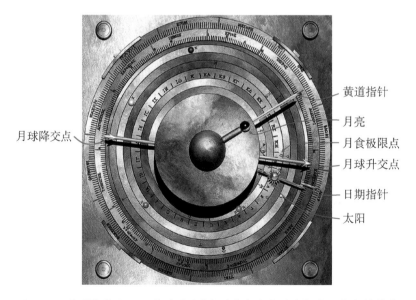

月球降交点

黄道指针
月亮
月食极限点
月球升交点
日期指针
太阳

图 14.12   佛利斯等人 2021 年在《科学报告》中给出的安提基西拉机械整体模型的正面表盘的一部分。

期。随着日期的变化，铜杆绕着与纸面垂直的轴慢慢旋转，月球则以铜杆为轴转动，黑白二色的变化显示月亮的可见部分随日期而不断变化。太阳运转的圆环上有一个金色的太阳标记和一根指针，指向大圆环上的日期。太阳在黄道上的位置随着日期变化，当太阳和月亮的指针重合，月球完全为黑，对应新月即将出现。显示盘上最长的指针头部（图中的右侧）为箭头状，尾部（图中的左侧）呈三叉戟形，用来标志月球与黄道的交点。箭头的一端指向月球的升交点，即月球穿越黄道进入北方的点；三叉戟指向降月点，即穿越黄道进入南方的点。太阳环上还有几个小小的三角形，它们标志着月食出现的极限。当月球交点的指针处在这些三角形所在的区域之内，月食便可能发生。虽然月食总是按照日、地、月的空间位置发生，但在地表的观测人不一定能看得到。这儿是因为在地表处（南半球或北半球）能否看到月食，取决于月球在交点以南或是以北。当月亮指针出现在交点指针箭头之前，月球在交点以南；出现在交点指针箭头以后，月球在交点以北。在交点指针三叉戟那一端，情况正好相反。所以这根指针可以用来计算哪些月食可以看到，哪些看不到。其他5个圆环，每个上面有个带颜色的小球，绿、蓝、红、白、黑，分别是水、火、金、木、土五大行星运行的计算环。

有了齿轮的知识，"破译"安提基西拉机械需要的知识只需要基础几何、比例关系、最小公倍数等，今天中学的数学知识基本就够用了。当然，由于信息不完全，任何复制的模型都不可能百分之百准确。这里介绍的计算机模型使用三十几个到五十几个齿轮不等。不过如果真的按照安提基西拉机械里看到的三角形轮齿来运转，可能会有很多问题。当时的机件显然都是手工制作，轮齿的精度没有保证。所以，实物在真实运转的情况下，其精度肯定要比表14.1中给出的数值差不少。所以佛利斯等人在赞叹之余写道：

> 简言之，安提基西拉机械是为了预测天体运动而根据当时最尖端的天文理论设计的。它独一无二地见证了已经失去的精彩工艺同纯粹天才概念的结合，是古代世界的一大奇迹——可惜实际上它运作起来并不怎么理想！

数十个齿轮，几根杠杆，一个鞋盒子大的机械，把古人知道的太阳系内的所有天体几百年几千年的运动规律都计算并显示出来。随着越来越多的功能被发现，科学史研究人员惊奇不已，赞叹不绝。设计者该有多么丰厚的知识、浩大的胸怀和精奇的妙思呢？于是下一个问题接踵而来：究竟是谁设计了安提基西拉机械？

这个问题显然没有确定的答案。不过，有一个目前我们所知最多、最能担当起设计家头衔的人，那就是阿基米德。他对圆有特殊的喜爱和研究，计算出当时最精确的圆周率。他的数学天才对处理安提基西拉机械中的数学问题来说绰绰有余，又利用杠杆、滑轮和齿轮的原理设计制造了多种多样的抵抗罗马侵略者的防御武器。有趣的是，罗马著名政治家西塞罗（Marcus Tullius Cicero，公元前106年—公元前43年）在其著作《国家篇》（De Republica）里提到两件天象仪，可以预测七大天体的运行规律。西塞罗说，这两件天象仪都是阿基米德制作的，被罗马统帅马克卢斯（Marcus Claudius Marcellus，公元前268年—公元前208年）在攻陷叙拉古以后作为战利品带回罗马。马克卢斯对阿基米德充满了敬意，于是从叙拉古的全部战利品当中选择了一件阿基米德的天象仪作为留念，另一台天象仪则放入罗马的荣德寺（Temple of Honor and Virtue）。西赛罗在《国家篇》中说，一位名叫菲路斯（Philus）的人曾经邀请罗马最熟悉天文学的伽卢斯（Gaius Gallus，约在公元前165年前担任罗马民选官）来讲解阿基米德天象仪的工作原理。菲路斯说："伽卢斯一开口解释，我就意识到，那位叙拉古的几何学家（指阿基米德）有着一种罕见的天才，远远超过我们的想象。"

真正的设计者到底是不是阿基米德其实并不重要。重要的是，早已有人认识到，知识总是有限的，但超前的思想、宽阔的胸怀可以帮助人们超出知识的局限，在有限知识的基础上做出更大的发现。

本章主要参考文献

胡维佳：《〈新仪象法要〉中的"擒纵机构"和星图制法辩证》，《自然科学史研究》，1994年第13卷第3期。

（北宋）苏颂：《新仪象法要》（三卷），（清）钱熙祚校，王云五主编，万有文库第一二集简编五百种，商务印书馆，1939年。

Freeth, T. et al. Decoding the ancient Greek astronomical calculator known as the Antikythera mechanism. Nature, 2006, 444: 587-591.

Freeth, T. et al. Calendars with Olympiad display and eclipse prediction on the Antikythera mechanism. Nature, 2008, 454: 614-617.

Freeth, T. et al. A model of the cosmos in the ancient Greek Antikythera mechanism. Scientific Reports, 2021, 11: 5821(15).

Price, D. de Solla. An ancient Greek computer. Scientific American, 1959, 200: 60-67.

Price, D. de Solla. Gears from the Greeks. The Antikythera mechanism: a calendar computer from ca. 80 B.C. Transactions of the American Philosophical Society, 1974, 64: 5–70.

Wright, M.T. The Antikythera Mechanism: a new gearing scheme. Bulletin of the Scientific Instrument Society, 2005, 85: 2–7.

Wright, M.T. The Antikythera Mechanism and the early history of the moon phase display. Antiquarian Horology, 2006, 29: 319–329.

第十五章　闪亮登场的"方程"

在《算数书》出土之前，人们一直以为《九章算术》是中国最早的数学专著。《周髀算经》虽然也涉及重要的几何问题，但它以天文学为主体，最初名为《周髀》，"算经"二字是后来人们把《周髀》归入算学才加上去的。

《九章算术》是对周朝直至西汉时期中国数学发展的一个较为完整系统的总结。它集中了许多古代数学家的智慧，很可能经过许多人的增删修改，最终在西汉初年由张苍(?—公元前152年)和耿寿昌(生卒年不详)增补而成。到公元3世纪，著名数学家刘徽(约225年—295年)又为《九章算术》作注，使之更有条理，一直流传至今。《九章算术》共收集了246个应用问题，并给出问题的解法。问题分为九大类，每类归为一章，所以称为"九章"。

《九章算术》能流传至今，主要是刘徽的贡献。他的注解里充满了当时对数学的真知灼见，为后人所赞叹。其中很有名的内容是计算圆周率。《九章算术》里采用数值3来近似圆周率。刘徽指出这种近似误差太大。他选择一个半径为一尺的圆，先在其内作正六边形，他称为"六觚"。从这里，把正六边形变成正12边形("割六觚以为十二觚")，得到正12边形每条边的边长为$\sqrt{267\ 949\ 193\ 445}$忽。"忽"是中国古代最小的长度单位，是一尺的万分之一(1尺是10寸，1寸为10分，1分为10毫，1毫为10忽)。这个名称最早来自一根蚕丝的宽度。从正12边形扩展为正24边形，得到每边边长为$\sqrt{68\ 148\ 349\ 466}$忽。再扩展到正48边形、正96边形，最后得到正192边形每边的长度。通过边长和半径，很容易计算每个正多边形的总周长和面积。由此便得到圆周率。

读者应该还记得第六章里阿基米德计算圆周率的故事。刘徽的方法跟阿基米德的方法很相似，也考虑到利用正多边形逼近圆周率的上限和下限。跟阿基米德不同的是，刘徽没有制作圆的外接正多边形，而是把内接正2^n边形与内接正2^{n-1}边形的面积之差加到内接正2^n边形的面积上，并证明这样得到的面积比圆的面积要大。随着n值的增加，内接正多边形的面积无限逼近于圆的面积，而内接正2^n边形与内接正2^{n-1}边形的面积之差无限逼近于零，他实际上也就证明了圆周率是一个常数。他给出的圆周率的近似值$\frac{157}{50} = 3.14$在古代称为徽率。

更重要的是，刘徽似乎已经懂得无穷极限的基本原理。对于把圆分割为正多边形的过程，他的原话是这样的：

> 割之弥细，所失弥少。割之又割，以至于不可割，则与圆周合体而无所失矣。

刘徽还研究了圆球体积的计算，并指出《九章算术》里计算公式的错误。他的计算思路跟阿基米德完全不同，但只得到球体与一个叫作牟合方盖的立体形状的比值。对详细内容感兴趣的读者可参阅《数学现场：另类世界史》。

刘姓是汉代的皇姓，有考证认为刘徽的祖上属于汉刘皇家的一支遗脉。但我们对他的人生一无所知，只在《晋书·律例志》里发现一句话："魏陈留王景元四年，刘徽注《九章》。"那是公元263年，恰好是三国之一的蜀汉被曹魏所灭的那一年。曹魏灭蜀不久，自己也亡了。丞相司马昭的长子司马炎逼迫魏元帝曹奂禅位，自立为帝，取国名为晋。刘徽注《九章算术》是晋朝建国之前不久的事，所以《晋书》虽采用"景元"年号来纪年，但不把曹奂称为魏元帝，而把他叫作陈留王（司马晋赐予禅位的曹魏家族后代的爵位）。刘徽很可能是终生布衣，在那个兵荒马乱的年代当然也就没有留下任何事迹。不过，在山东淄博的一个名叫圈子村的乡村里，至今流传着一个名叫刘徽的怪人的传说，但无法考证此刘徽是否彼刘徽。

《九章算术》最重要的成就在代数方面。其中第八章直接以"方程"作为标题。这里的"方程"含义和今天我们常用的方程含义不同。现代数学里，我们用方程来对应equation这个概念，其意思是含有变量的等式。我们先从一个例子看看中国古代的"方程"的含义。在本章中，凡是带引号的"方程"都是《九章算术》里的含义，不带引号的则是现代代数意义上的方程。

民以食为天。粮食问题在古代社会管理中一直占据重要地位。在中国古代农作物中，黍子（即大黄米）占据相当大的比例，而且有许多不同的品种。"黄粱美梦"的黄粱，就是黍子中带有黏性的一种。《九章算术》第八章的第一个问题是这样的：

> 今有上禾三秉，中禾二秉，下禾一秉，实三十九斗；上禾二秉，中禾三秉，下禾一秉，实三十四斗；上禾一秉，中禾二秉，下禾三秉，实二十六斗。问上、中、下禾实一秉各几何。

　　方程术曰：置上禾三秉、中禾二秉、下禾一秉、实三十九斗于右方。中、左禾列如右方。以右行上禾遍乘中行而以直除。又乘其次，亦以直除。然以中行中禾不尽者遍乘左行而以直除。左方下禾不尽者，上为法，下为实。实即下禾之实。求中禾，以法乘中行下实，而除下禾之实。余如中禾秉数而一，即中禾之实。求上禾亦以法乘右行下实，而除下禾、中禾之实。余如上禾秉数而一，即上禾之实。实皆如法，各得一斗。

——《九章算术注》

　　"禾"是带穗的谷物农作物。译成现代汉语，问题的大意是：有三种质量不同的黍子。如果选三捆（三秉）质量最好的（上禾），两捆质量中等的（中禾），一捆质量下等的（下禾），那么一共可收得黄米（实）39斗。如果选两捆上禾，三捆中禾，一捆下禾，那么可收米34斗。如果选一捆上禾，两捆中禾，三捆下禾，则可收米26斗。问上、中、下三种黍子每捆可以收得多少黄米？

　　按照今天的数学知识，这是一个涉及三个变量的代数问题。设上禾、中禾、下禾每捆分别产出 x、y、z 斗黄米，根据题意，列出下列三元一次方程组：

$$3x+2y+z=39, \quad (15.1a)$$
$$2x+3y+z=34, \quad (15.1b)$$
$$x+2y+3z=26。 \quad (15.1c)$$

利用消元法就可以得到 x、y、z 的解。

　　《九章算术》里给出的"方程术"是这样的：

　　第一种情况，三捆上禾、二捆中禾、一捆下禾，出黄米39斗。把这四个数字列为一列，放在最右端（见表15.1）。对第二、三种情况，在第一列的左边依次如法炮制，就得到表15.1。注意它同我们今天习惯的从左到右的顺序相反，因为古人写字是从上到下，从右到左。

表15.1　"方程术"求解三元一次方程组

第三种情况	第二种情况	第一种情况	
一	二	三	上
二	三	二	中
三	一	下	下
二十六	三十四	三十九	实

表15.1中灰色的部分就是《九章算术》所说的"方程"。为什么？刘徽在《九章算术注》中是这么解释的：

> 程，课程也。群物总杂，各列有数，总言其实。令每行为率，二物者再程，三物者三程，皆如物数程之。并列为行，故谓之方程。

这里所谓的"课程"不是我们今天修课的课程。"课"：是动词，《说文解字》："课，试也。"南朝人顾野王（519年—581年）在《玉篇·言部》里解释："课，议也。""课程"的古意是考察与展列。这里指把问题中的每一种情况列成一列（即"令每行为率"；《九章算术》中的"行"是从上到下，也就是我们的"列"）。从上面的例子来说，将每一种情况里每一种黍子的捆数按顺序从上到下列出，它们给出的黄米总的斗数放在最下面（"各列有数，总言其实"）。有几种情况，就列出几列（"二物者再程，三物者三程"）。"方"的本意是把两条船并列排在一起；几个"程"并列，总称为"方程"。从表15.1可以看出，这样做的结果是构成了一个方阵，就是所谓"方程"。实际上，这是我们今天称为矩阵的格式。

用方程这个词来表达英文的equation（其词源来自拉丁文aequatio）的意思，是清代数学家李善兰的首创。equation是含有未知数的等式，与$1+1=2$这样的等式不同。李善兰在翻译英国数学家德摩根（Augustus de Morgan，1806年—1871年）的《代数学原理》（*The Elements of Algebra*）时，借用了《九章算术》里的这个名词来对应equation。

如何求解呢？《九章算术》给出这样的操作规程：

> 以右行上禾遍乘中行而以直除。又乘其次，亦以直除。然以中行中禾不尽者遍乘左行而以直除。左方下禾不尽者，上为法，下为实。实即下禾之实。求中禾，以法乘中行下实，而除下禾之实。余如中禾秉数而一，即中禾之实。求上禾亦以法乘右行下实，而除下禾、中禾之实。余如上禾秉数而一，即上禾之实。实皆如法，各得一斗。

表15.2列出这个运算过程的主要步骤。为了方便起见，我们把中文数字换成了阿拉伯数字。运算顺序还是从右到左。

表 15.2　演算三元一次方程组的"方程术"步骤图

第六步			第五步			第四步			第三步			第二步			第一步		
0	0	3	0	0	3	0	0	3	3	0	3	1	0	3	1	6	3
0	5	2	20	5	2	4	5	2	6	5	2	2	5	2	2	9	2
36	1	1	40	1	1	8	1	1	9	1	1	3	1	1	3	3	1
99	24	39	195	24	39	39	24	39	78	24	39	26	24	39	26	102	39

"以右行上禾遍乘中行而以直除"：用表 15.1 中最右列上禾的系数（即数字 3）去乘"中行"，也就是表 15.1 中右边第二列的所有系数，得到 6、9、3、102（表 15.2 第一步的"方程"）。这是第一步。之后，把第一步下面右边第二列的数字减去第一列对应的数字，连续减两次，得到表 15.2 中第二步的结果。古文"除"是除去的意思，也就是减。"直除"，不断地减下去（直到得到零为止）。

"又乘其次，亦以直除"：类似于上面的步骤，用表 15.1 中最右列上禾的系数 3 去乘"左行"，也就是表 15.1 中最左列的所有系数，得到 3、6、9、78，得到表 15.2 中第三步的"方程"。把如此得到的最左列的系数减去第一列对应系数，得到 0、4、8、39，这是第四步。

"然以中行中禾不尽者遍乘左行而以直除"：现在用第四步里中行（即我们的中列）不等于零的中禾系数（5）遍乘最左列所有的系数，得到 0、20、40、195，这是第五步的"方程"。再把第五步"方程"的最左列减去中列对应的系数，不断地减下去，直到中禾的系数为零，得到 0、0、36、99，这是第六步。

"左方下禾不尽者，上为法，下为实"：到第六步，"方程"最左面的一列只剩下两个不为零的数，上面的数是下禾的捆数（36），下面的数是产出黄米的斗数（99）。以上面的数（36）为分母（法），下面的数（99）为分子，就得到每捆下禾的出米数。这里面，有一个容易令人困惑的地方，就是"实"字，因为它有两个不同的意义。"实即下禾之实"中第一个"实"指的是分子除以分母得到的结果，我们在上篇里已经介绍过了。第二个"实"指的是下禾所产出的黄米，即果实之实。

如果把第六步的"方程"按照今天代数的方式写出来，就是

$$3x + 2y + z = 39,$$ （15.2a）

$$0x + 5y + z = 24,　　（15.2b）$$

$$0x + 0y + 36z = 99。　　（15.2c）$$

你看，表15.2的运算步骤不就是消元法吗？在欧洲，这个方法叫作高斯消元法（Gaussian Elimination），是德国著名数学家高斯在19世纪初才提出来的。从（15.2c）得到z值为$\frac{99}{36} = 2\frac{3}{4}$斗，也就是《九章算术》给出的"二斗四分斗之三"。从这里，y和x就很容易求得了。

古人在进行这种计算时，表15.1和15.2中的灰色方阵都是用算筹在平面上摆出来的。一根根小棍摆来摆去，熟悉算法的人计算速度比手写数字还要快。

不知读者注意到没有，这套解算方程组的步骤跟现代计算机程序有惊人的相似之处。"方程术"之所以称为"术"，是因为这是一个普遍应用的方法，给出的步骤对所有系数为正数的非矛盾方程组都适用。遇到这类问题，你只要按照"术"中的步骤一步一步算下去就能得到解。《九章算术》这个解多变量线性方程组的方法在当时堪称天下独步。

《九章算术》第八章的第二个问题仍然以黍子出黄米为例，但涉及"方程"中的移项问题。古人虽没有使用等号这个具体的符号，但已经知道，任何类似表15.1的"方程"中的任何一列数

▼

故事外的故事 15.1

公元1557年，威尔士的医生兼数学家雷科德（Robert Recorde，1510年—1558年）在其数学著作《智慧之砥石》（*The Whetstone of Witte*）中首次引入等号的符号。下图是他在书中写出的方程$14x + 15 = 71$。我们看到，最初的等号和加号都拉得很长很长。随着时间的推移，等号变得越来越短。到了1570年前后，英国数学界开始把equation这个英文词专门用来表示代数方程。而《九章算术》中的"方程"比这个概念至少要早1 500年。

$14.\unicode{0290} . — + .15.\unicode{0290} = = = 71.\unicode{0290}.$

字，都以表中的双横线为界分为两类。双横线以上的内容和以下的内容是相等的关系。如果把双横线以上内容的一部分内容移到双横线以下（也就是"实"的位置），必须遵循"损之曰益，益之曰损"的原则。换句话说，在双横线以上为加（或减）的内容，移到双横线以下必须变成减（或加）。这正是我们今天熟悉的移项法则：移正为负，移负为正。当两数为正而被减数小于减数时，其差为负；当两数为负而被减数大于减数时，其差为正（"正无入负之；负无入正之"）。

第三个问题还是黍子和黄米，不过这里出现了负数和"正负术"，并开始对"方程"中的各列直接进行加减。使用算筹运算时，通常用红色的算筹代表负数。没有红算筹的，在同样颜色的算筹摆出的数字上面斜放一支算筹，也可以表示负数，很像今天使用的负号（减号）。"方程"里的每一列中，可能有正数也有负数。在对两列数字进行加减时，必须遵守正负数的运算法则。消元时，如果两个"方程"首项的系数同号，适合用减法；如果两个"方程"首项的系数异号，两数相减实为相加。这就是所谓"同名相除，异名相益"。"名"在这里指的是正负号，"同名"即同号；"异名"即异号。这是世界上最早引入的负数加减运算法则。

另一个著名的问题是"方程"章的第十三题：

> 今有五家共井。甲二绠不足，如乙一绠；乙三绠不足，如丙一绠；丙四绠不足，如丁一绠；丁五绠不足，如戊一绠；戊六绠不足，如甲一绠。如各得所不足一绠，皆逮。问井深、绠长各几何。

绠就是绳索。甲、乙、丙、丁、戊五家合用一口水井，每家各有自己的绳索。如果用甲家的绳索，用两条绳索从井口仍然达不到井底，必须加上乙家的一条绳索。而三条乙家的绳索加上一条丙家的绳索正好达到井底。丙、丁、戊家的绳索按照题意类推。各家用自己的绳索再加上所需的邻家的一根绳索，都正好能达到井底。问井深及各家绳索的长度是多少。

利用现代的代数知识，设甲、乙、丙、丁、戊各家绳索的长度分别为 a、b、c、d、e；井深为 h。根据题意，有

$$2a+b=h,$$ (15.3a)

$$3b+c=h,\tag{15.3b}$$

$$4c+d=h,\tag{15.3c}$$

$$5d+e=h,\tag{15.3d}$$

$$6e+a=h。\tag{15.3e}$$

这个问题含有6个未知数,但只有5个方程。未知数的数目多于方程数目,这样的方程组叫作不定方程组,没有唯一解。这是数学史上有明确记载的第一个不定方程组。本书第八章中大鹏金翅鸟祭坛的不定方程组是后人按照问题的要求建立起来的,我们不知道古代吠陀数学是否真正建立了方程组。

式(15.3)的5个方程可以使用前面介绍的加减消元法来处理,但更简便的方法是寻求各家绳索长度与井深h之比,也就是

$$2a'+b'=1,\tag{15.4a}$$

$$3b'+c'=1,\tag{15.4b}$$

$$4c'+d'=1,\tag{15.4c}$$

$$5d'+e'=1,\tag{15.4d}$$

$$6e'+a'=1。\tag{15.4e}$$

这里,带撇($'$)的变量是对应的不带撇的变量与h之比,比如$a'=\dfrac{a}{h}$,等等。这么一来,用比例来看,5个未知数对5个方程,方程组就成确定的了。式(15.4)的解是

$$a'=\frac{a}{h}=\frac{265}{721};b'=\frac{b}{h}=\frac{191}{721};c'=\frac{c}{h}=\frac{148}{721};d'=\frac{d}{h}=\frac{129}{721};e'=\frac{e}{h}=\frac{76}{721}。$$

《九章算术》给出的结果是,井深721,戊家绳索长76,其他各家绳索长度也分别由上面比值的分子给出。刘徽在注解中说:《九章算术》给出的解是“举率以言之”,也就是用比例来说的。但因为是“率”,a'、b'等的结果没有长度单位。《九章算术》的原文说井深七丈二尺一寸,显然是选择了5个比例值共有的分母作为结果,以寸作为长度单位。实际上,原问题的解有无穷多种可能性。比如井深也可以是1丈,那么,甲家绳索的长度就是$\dfrac{265}{721}\approx0.3675$丈。

《九章算术》第八章的第十八题涉及五种粮食,麻(即麻豆)、麦、菽(即大豆)、荅(音答,即小豆)、黍。五种粮食比例不同的组合具有不同的价格。根据这些组合的价

格,求每种粮食的价格。这也是一个五元一次方程组,但每个方程中各项的系数都不等于零,需要根据第一题给出的原则一步一步进行消元。《九章算术》的原文描述求解的方法极为简单——"术曰:如方程。以正负术入之"(按照建立"方程"的方法,用正负术解决),然后就给出答案。刘徽在注解中给出一个新的方法,在消元之前,先消除一些常数项。当消到一个方程只有两个变量,而常数项等于零时,得到这两个变量的比值。这样一步一步算下去,经过124步,最终得到全部答案。

　　从上面的几个例子我们看出,"方程"仅限于现代代数里的多变量线性方程组,或称多元一次方程组。不过,《九章算术》还包括求解一元二次方程的内容。比如第九章第二十题:

　　　　今有方邑不知大小,各中开门。出北门二十步有木。出南门十四步,折而西行一千七百七十五步见木。问邑方几何?

　　正方形的城,每边的正中有城门。北门外20步的地方有一棵树。如果从南门出城,向南走14步,再向西走1 775步,正好看到北门外的那棵树。求方城的边长。

　　图15.1是根据题意画出的示意图。图中的正方形是方城,设其边长为x。北门是图中的点D,树在点A,距北门20步。从南门出行14步,在点B转向西,走1 775步,到达点C。从这里向东北方向望去,擦着方城的西北角点E刚刚看到那棵树。显然,$\triangle ABC$与$\triangle ADE$是相似三角形,所以

$$\frac{AD}{AB} = \frac{ED}{CB}, \text{也就是} \frac{20}{20 + 14 + x} = \frac{\dfrac{x}{2}}{1775},$$

(15.5)

由此得到一个一元二次方程

$$x^2 + 34x = 71\,000。$$

(15.6)

　　今天中学的代数知识告诉我们,一般的一元二次方程

$$ax^2 + bx + c = 0,$$

(15.7a)

在$a \neq 0$的情况下有两个解(又叫作根),是

$$x = \frac{-b \pm \sqrt{b^2 - 4ac}}{2a}。$$

(15.7b)

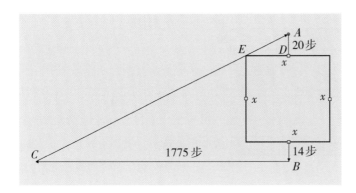

图15.1　《九章算术》第九章第二十题图示。

所以方程（15.6）的两个根为250和 –284。对于《九章算术》提出的问题，当然必须取正根，答案是250步。

《九章算术》给出的解法极为简略，只有不到40个字：

> 术曰：以出北门步数，乘西行步数，倍之为实；并出南门步数为从法，开方除之，即邑方。

"实"是已知常数项，它相当于把式（15.7a）中的c移到等号的右面，变号后成为 $-c$。根据"术曰"后面的第一句话，得到 $(20 \times 1\,775) \times 2 = 71\,000$。"从法"也是中国古代的一个数学术语，当（15.7a）中一次项系数b为正数时，b就叫作从法。它是出北门的步数加上出南门的步数，即 $20 + 14 = 34$。"术曰"里没有讨论二次项的系数，显然是把$a = 1$当作已知。为什么？

前文中，式（15.6）的建立过程依靠的是今天的代数知识。《九章算术》没有这样的知识，它所依靠的理论来自几何。中国有一个古老而著名的几何命题，叫作"勾股容方"：给定一个直角三角形的三条边长，三角形里面所能容纳的最大正方形的边长是多少？这实际上是《九章算术》第九章第十五题的内容。第九章的标题就是"勾股"，其中的一元二次方程都是通过直角三角形的几何问题建立的。关于"勾股容方"，读者可以用现代的几何与代数知识很容易地解决。从"勾股容方"衍生出另一个命题，"股中容直，勾中容横"。我们把图15.1稍微改动一下，看看这个衍生命题的含义（图15.2）。

首先，作图15.2中BC的平行线AG；再作GC，使之平行于AB，得到一个大矩形

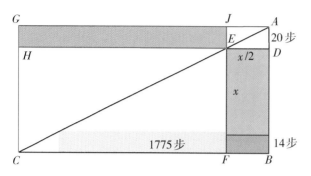

图 15.2   "股中容直与勾中容横，其积必等"几何示意图。

$ABCG$（图 15.2）。这个矩形里，三角形 ABC 全等于三角形 CGA。现在通过 AC 上的任意一点 E 作两条直线，直线 JEF 平行于 AB（和 GC），直线 DEH 平行于 BC（和 AG），我们得到两个小些的矩形 $EFBD$ 和矩形 $EHGJ$。读者可以很容易地证明，这两个矩形的面积相等。图 15.2 中直立的 AB 称为股，矩形 $EFBD$ 的竖直长度大于水平宽度，故称其为"直"，即"股中容直"。类似地，把矩形 $EHGJ$ 移到三角形 ABC 的 BC 边（即勾），就是图 15.2 中浅绿色的矩形，它的水平宽度大于竖直长度，故称为"横"。这个定理说，"股中容直与勾中容横，其积必等"。

根据这个定理，矩形 $EHGJ$ 的面积 = 矩形 $EFBD$ 的面积。根据方邑问题提供的数据，我们得到：$EHGJ$ 的面积 $= \left(1\,775 - \dfrac{x}{2}\right) \times 20 = EFBD$ 的面积 $= \dfrac{x}{2} \times (x + 14)$；化简后就是式（15.6）。

怎样求解式（15.6）呢？《九章算术》只给出四个字："开方除之"。为了了解这个"开方除之"，我们先看看《九章算术》是如何对一个给定的数字开平方的。

《九章算术》的第四章名为"少广"，刘徽为这个标题所做的注是"以御积幂方圆"，意思是，这一章的内容是如何处理跟方形和圆形有关的体积和乘方。它先从简单的问题入手，比如给定一块地的宽度和亩数，求这块地的长度；或是给定一块正方形土地的面积，求正方形的边长。这就需要做开方运算。之后进入复杂的三维体积问题，先计算已知体积的立方体的边长，然后求已知半径的球的体积。我们这里只谈开平方，因为它与求解一元二次方程的思路是一样的，都从平面几何的正方形入手。

以"少广"章第十二题为例。问题是这样的："今有积五万五千二百二十五步，问为方几何。"有一个 55 225（平方）步的面积，作为正方形，它的边长是多少？《九章算术》给出的开平方法如下：

　　开方术曰：置积为实。借一算步之，超一等。议所得，以一乘所借一算为法，而以除。除已，倍法为定法。其复除，折法而下。复置借算步之如初，以复议一乘之。所得副以加定法，以除。以所得副从定法。复除折下如前……

　　从字面研读，这段话相当费解。表15.3以对55 225开平方为例，对"开方术"的每一步做出解释，并给出每一步的对应的算筹表达方式。不过为了便于阅读，这里我们采用阿拉伯数字，而不是算筹。"开方术"的这14个步骤是以相当机械的方式给出的，仍然类似一个计算机程序。这样做的好处是实用。凡具有基本数学计算知识的人，只要仔细按照步骤走，一般就可以进行开方计算。但缺点是，很多人照葫芦画瓢，恐怕开方了不知多少次，仍然不晓得其中的原理是什么。

表15.3　按照"开方术"的步骤计算55 225的平方根

开方术原文	实 际 操 作	算筹计算步骤示意	刘徽分解正方形 （图15.3）释义
置积为实。	1. 把55 225（"积"）作为被开方数（"实"），摆放在一个平面上，如右。	商 实　　5 5 2 2 5 法	画出问题要求的正方形，其面积等于55 225，边长未知。
借一算步之，	2. 在代表55 225个数位的算筹下面单放一根算筹，作为"借算"。	商 实　　5 5 2 2 5 法 借算　　　　1	
超一等。	3. 把所借算筹从右向左移。每次移动跳过相邻的数位，即以10^2的方式跳跃。	商 实　　5 5 2 2 5 法 借算　1	
议所得，	4. 估计商的最高数位（"初商"）的数值。被开方数的万位数是5，所以初商应该是2，因为$200^2=40\,000<50\,000<300^2$。	商　　　　2 实　　5 5 2 2 5 法 借算　1	找到要求的正方形内部最大的正方形（"黄甲"），边长200，面积40 000。

开方术原文	实　际　操　作	算筹计算步骤示意	刘徽分解正方形（图15.3）释义
以一乘所借一算为法，	5. 用初商2乘所借的借算1（2×1＝2），将结果摆在实的下面，作为"法"。这个结果写在万位数的下方，所以代表的是20 000。	商　　　2 实　5 5 2 2 5 法　2 借算　1	
而以除。	6. 以初商2乘"法"，得到40 000；再将此结果从"实"中减出去。	商　　　2 实　1 5 2 2 5 法　2 借算　1	把黄甲从要求的正方形里剔除，剩下面积15 225。
除已，倍法为定法。其复除，折法而下。	7. 做了上一步的减法以后，将"法"（2）加倍成为"定法"（4），并将其移至千位的下方（表示4 000）。	商　　　2 实　1 5 2 2 5 法　　4 借算　1	找到15 225面积中两个最大的矩形（"朱幂"），二者相等，长度（"纵"）为200。
	8. 把借算恢复到最初的位置，用跟上述相同的方法寻找商在十位上的数字即"次商"。	商　　　2 实　1 5 2 2 5 法　　4 借算　　　1	
复置借算步之如初，	9. 把借算移到"实"的百位数下，估计"次商"的数值为3，这是十位上的数值，对应的是30。理由很简单："实"的千位数是15（即15 000），而 2×200×30＝12 000＜15 000＜2×200×40。	商　　　2 3 实　1 5 2 2 5 法　　4 借算　1	估算出两个"朱幂"的宽度（"广"）为30。两个朱幂的面积相等，均为6 000。朱幂的宽等于正方形黄乙的边长，于是又得到黄乙的面积为900。
以复议一乘之。所得副以加定法，以除。	10. 以"次商"乘借算1，得到3，加到定法4之后。这相当于300＋4 000＝4 300。	商　　　2 3 实　1 5 2 2 5 法　　4 3 借算　1	

续　表

开方术原文	实　际　操　作	算筹计算步骤示意	刘徽分解正方形（图15.3）释义
	11. 将4 300乘"次商"3，得到12 900。把此数从剩下的"实"15 225里面减去，得到2 325。	商　　　2 3 实　　2 3 2 5 法　　4 3 借算　　1	两个朱幂加上黄乙的面积等于12 900。把这个面积再从要求的正方形里刨除，还剩下面积2 325。
	12. 做了上一步的减法以后，将"法"（23）加倍成为"定法"（46），并将其移至十位的下方（表示460）。	商　　　2 3 实　　2 3 2 5 法　　　4 6 借算　　1	剩下的面积2 325由两个青幂和最小的正方形黄丙组成。青幂的长为230。
以所得副从定法。复除折下如前。	13. 把借算移到"实"的个位数下，寻找（"议"）商的个位数，使其与460构成的三位数乘自身的结果最接近但小于等于2 325。显然，这个数是5：465×5＝2 325。	商　　　2 3 5 实　　2 3 2 5 法　　　4 6 5 借算　　　　1	估计青幂的宽度，得到5，于是每个青幂的面积等于230×5＝1 150。同时得到黄丙边长为5，面积25。两个青幂与黄丙的面积之和为1 150+1 150+25＝2 325。
	14. 把"实"的2 325减去465×5，正好除尽，开方结束，得到55 225的商为235。	商　　　2 3 5 实 法　　　4 6 5 借算　　　　1	把上述面积从第11步剩余的面积减出去，正好等于零，平方开尽。

　　刘徽写了一段长长的注解并用附图来说明这个方法的几何原理。不过由于时代久远，他的原图在屡次誊抄的过程中丢失了。图15.3是清代学者戴震（1724年—1777年）根据刘徽的注文补制的，应该同刘徽的原图相差不远。为了帮助理解，刘徽对几何图形施彩，把不同的几何图形用黄、红、蓝三种颜色标出来。这种方法一直流传下来。虽然当时印刷术只有黑色，但可以在图中标上"黄""赤""青"等字来代表颜色。这种方法对正确理解文字的描述帮助极大，也同古希腊对几何图形的字母标记法形成有趣的对比。

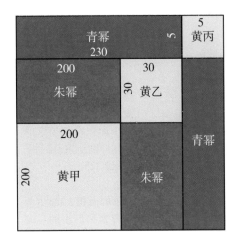

图 15.3 刘徽开平方原理的几何示意图。

刘徽的示意图清楚地显示，他的"开方术"的实质是把一个已知面积但未知边长的正方形按照题意进行分解。找到分解各部分的长和宽，把相应的线段沿边长的方向加起来就可求出边长，也就是正方形面积的平方根。从代数角度来看，开方术的基础是多项式展开。仍然以 55 225 为例，我们知道它的平方根是个三位数，可以写成 $(a+b+c)^2$ 的形式，其中 $a=k\times100$，$b=m\times10$，$c=n$；这里 k、m、n 都是 $0\sim9$ 的个位数。把 $(a+b+c)^2$ 展开：

$$(a+b+c)^2=a^2+b^2+c^2+2ab+2(a+b)c。 \tag{15.8}$$

这里面，a^2、b^2 和 c^2 就是黄甲、黄乙和黄丙，ab 是朱幂，$(a+b)c$ 是青幂。开方时，先用试算法估计 k，使黄甲尽可能接近已知正方形的面积（当然不可大于这个面积）。在这个过程中，b 和 c 项的贡献可以暂时忽略。确定 k 值以后（即把已知正方形面积减去黄甲以后），再估计 m，使得黄乙同两个朱幂的面积尽可能接近正方形减去黄甲以后的面积。这时不考虑 c 的贡献。此后减去黄乙同两个朱幂的面积，估计 n（即 c）值，使两个青幂同黄丙的面积尽可能接近剩下的面积，如此逐步逼近。

本书如此不厌其烦地描述开平方的几何与代数思路，还是希望读者不要忘记这句话：

几何是不带算式的代数，代数是没有图形的几何。

《九章算术》的开方术是世界上最早的开平方的普遍算法。笔者上中学的时候，笔算开方是必修课。用现代笔算的形式对 55 225 开平方的过程如图 15.4 所示。你看，两千多年前《九章算术》"开方术"给出的步骤跟我们今天手算开方的步骤几乎是一

图 15.4　现代笔算开平方步骤（右式）。左侧是各步的具体做法。

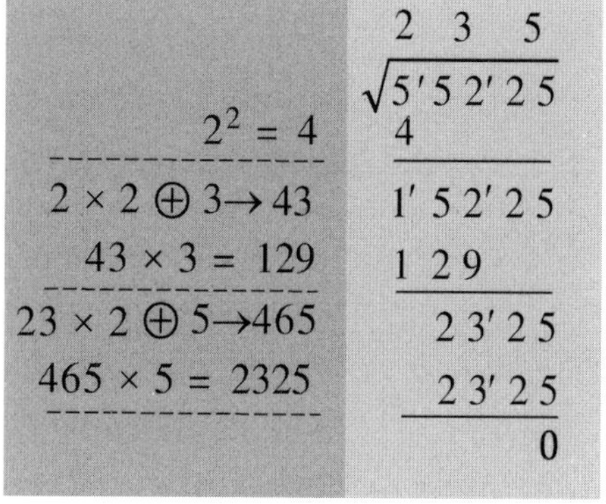

$$2^2 = 4$$

$$2 \times 2 \oplus 3 \to 43$$

$$43 \times 3 = 129$$

$$23 \times 2 \oplus 5 \to 465$$

$$465 \times 5 = 2325$$

$$\begin{array}{r} 2\ \ 3\ \ 5 \\ \sqrt{5'5\,2'2\,5} \\ 4 \\ \hline 1'5\,2'2\,5 \\ 1\ 2\ 9 \\ \hline 2\ 3'2\ 5 \\ 2\ 3'2\ 5 \\ \hline 0 \end{array}$$

模一样的！不同之处主要在于格式的细节：我们把被开平方数按照 10^2 用一撇分为若干数段，然后把"议"得之商分别写在每一数段的上方。这样做可以减少处理数位较多的开方过程中出现错误的机会。另外，虽然上面的例子恰好有正数的平方根，但这个程序对非整数根的情况仍然适用，只需要把多项式扩展到小数点后面的数位上去。

对于高次开方，比如求一个数的立方根、四次方根等，计算的原理与开平方大致类似，只是随着幂次的增加，计算步骤和计算量迅速加大，而要做到几何的直观性越来越困难。《数学现场：另类世界史》里介绍了开方求三次根的细节，有兴趣的读者可以参考。

现在回到式（15.6）。这里《九章算术》也说是"开方除之"，但对计算一个方程与直接求一个数（如 55 225）的平方根不同，怎样才能"开方除之"？刘徽的注也没有给出到底是怎样"开方除之"的。刘徽应该不是疏忽而漏注了这个重要的计算步骤，因为在他出生之前的公元 222 年，生活在汉末三国时代东吴地区的数学家赵爽（约 182 年—250 年）已经给出了答案。

赵爽的答案出现在他为《周髀》所加的注解里面。我们现代人对赵爽这个人也是几乎一无所知。他在注解的序言里说，自己在养病期间阅读《周髀》，发现文义古奥难懂，于是决定为其做注。后来流传的《周髀》基本上以含有赵爽注解的版本为主。跟刘徽注释《九章算术》类似，多亏了赵爽的注解，才使《周髀》流传到今天。现在有人猜测他是个靠打柴为生的体力劳动者，理由是他在序言中说自己"负薪余日，聊观《周髀》"云云。其实这里"负薪余日"是养病数天的古时自谦用语，并不是连日背柴的意思。

赵爽求解一元二次方程的故事需要从他证明勾股定理说起。他是中国第一位完整证明勾股定理的人，而且证明的方法非常直观。对于一个给定的直角三角形，先把

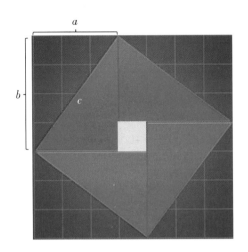

图 15.5   赵爽证明勾股定理的方法。

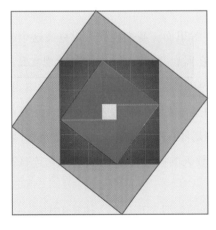

图 15.6   勾股圆方图。

它复制三遍，并将这四个全等三角形的勾股相对，拼成一个中空的正方形，如图15.5所示。如果每个三角形的勾为 a，股等于 b，弦等于 c，那么红色正方形的边长就是 c，中空的黄色小正方形的边长为 $b-a$（假定 $a<b$）。赵爽选择的三角形是勾三股四弦五，但他的证明过程可以用在任何直角三角形上。现在把每个三角形加倍（附加的三角形为蓝色）成为红蓝相间的矩形，就像用图15.2证明股中容横的方式。显然，蓝色的大正方形的边长是 $a+b$。

对于图中的四个红色全等三角形来说，显然，它们面积的总和等于红色正方形囊括的整个面积减去中间小的黄色正方形的面积，即 $c^2-(b-a)^2$。我们知道，每个直角三角形的面积为 $\frac{1}{2}a \times b$，那么四个红色三角形的面积就是 $2a \times b$。两种不同算法得到的面积应该相等，也就是

$$2a \times b = c^2 - (b-a)^2, \qquad (15.9)$$

化简后就得到 $c^2-a^2-b^2=0$，这就证明了勾股定理。这个证明比第五章中欧几里得的证明方法更加直观而简洁。

图15.5非常有趣，其中蓝色方块通过红色方块产生，相对于红色方块，其旋转的角度取决于勾与股的比值 $\frac{a}{b}$。如果固定这个比值，从一个蓝方块向外

可以再产生一个更大的方块（图15.6）。这个过程也可以从大到小，比如以中间黄色方块的边长为弦，选择与之对应的勾和股，以相同的比值$\frac{a}{b}$作更小的直角三角形。如此可以向里、向外不断地作下去，每一个方块都相对于它的"邻居"做角度相同的转动（图15.6），构成一个无穷序列。赵爽把这样的序列称为"勾股圆方图"。

对于这个图案是否美丽，赵爽的兴趣似乎不大，他更关心具有实用意义的问题。图15.6是按照固定比值$\frac{a}{b}$产生出来的。但在从一个给定边长为$a+b$的方块向内或向外作构成另一个正方形的四个直角三角形时，不必一定要固定$\frac{a}{b}$的值，只要该正方形的边长等于三角形的弦长就可以了。换句话说，对于一个给定的c可以有不同的a和b的组合，如a_1和b_1、a_2和b_2，只要每一组的勾和股的平方和都等于上一级正方形的边长的平方，勾股圆方图就可以一直作下去。

图15.7是赵爽给出的向内制作勾股圆方图的例子。他注意到，图中任何一个中空正方形的面积都可以通过直角三角形的勾和股——a和b——来得到。这个正方形外边界的边长为$b+a$，中空部分的边长等于$b-a$，所以总面积等于

$$(b+a)^2-(b-a)^2=4ab。 \tag{15.10}$$

赵爽把$a+b$称为"勾股并"（即勾与股之和），把ab称为"实"（即常数项）。

从这里，赵爽找到了一个一元二次方程的求根方法。古代没有变量和已知量的明确概念，所以赵爽的描述今天读起来有点费解。为了减少困惑，我们在已知量上方加一条横线，未知量不加横线。这样，根据图15.6，深蓝色的中空正方形的外边长$b+a$等于已知的浅蓝色直角三角形的弦长，所以应该记为$\overline{b+a}$。而要确定深蓝色直角三角形的形状还需要另一个已知量，它可以是$\overline{b-a}$，也可以是$\overline{ab}$。因为$(b+a)^2-(b-a)^2=4ab$，所以二者是等价的，知道了$\overline{ab}$，自然就知道$\overline{b-a}$。

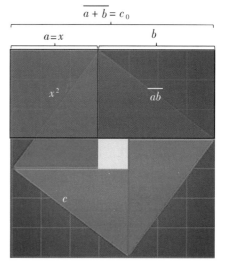

图15.7　赵爽利用勾股圆方图求解二次方程的正根。

现在的问题是从已知的 $\overline{b+a}$ 和 $\overline{ab}$，如何求得 a 和 b。让我们先寻找 a，而且为了避免混淆，暂时把它叫作 x（图15.7）。赵爽把注意力放在中空正方形的"横梁"的面积上，如图15.7中带阴影的矩形。这个面积可以用两种方法来计算，一种是全长乘宽，也就是 $\overline{(b+a)}x$，一种是右端两个三角形构成的矩形面积 $\overline{ab}$ 与左端正方形面积 x^2 之和。于是他得到下面的方程：

$$x^2 + \overline{ab} = \overline{(b+a)}x。 \qquad (15.11)$$

这正是一个二次方系数为1的一元二次方程。赵爽给出的求解方法如下：

令勾股见者自乘为其实，四实以减之。开其余，所得为差。以差减合（和），半其余为广。减广于并，即所求也。

简要解释如下：

1. 令勾股见者自乘为其实：将现在考虑的直角三角形的勾与股相乘，得到实，也就是 $\overline{ab}$。

2. 四实以减之：把四倍的 $\overline{ab}$ 从 $\overline{(b+a)}^2$ 当中减出去。这里的代词"之"，指的是赵爽在这段引文之前提到的"大方"的面积，也就是"勾股并"的平方。这段运算相当于 $\overline{(b+a)}^2 - 4\overline{ab}$。

3. 开其余，所得为差：将上述结果开平方，得到的是股勾之差，即 $\sqrt{\overline{(b+a)}^2 - 4\overline{ab}} = b - x$。这实际上就是式（15.10）。

4. 以差减和，半其余为广：把 $\overline{(b+a)}$ 减去 $b - x = \sqrt{\overline{(b+a)}^2 - 4\overline{ab}}$，其结果的一半就是 x，也就方程（15.11）的（一个）根。这是图15.7中灰色矩形的宽，古代称之为"广"。而且，它就是我们想要得到的 a。

如果我们把以上这四个步骤一次写出，那就是

$$x = \frac{\overline{(b+a)} - \sqrt{\overline{(b+a)}^2 - 4\overline{ab}}}{2}, \qquad (15.12)$$

显然，这正是我们熟知的一元二次方程求根公式给出的一个根。

5. 减广于并，即所求也：一旦得到了 x 也就是 a，把它从已知的"并"，也就是 $\overline{(b+a)}$

当中减出去，就得到 b。至此，问题全部解决。

四个字"开方除之"，古人未免过于惜字如金了吧。

历史上的三国时代历时不到百年，战乱频仍，灾难重重；但其间名人辈出，轶事不断，对中华民族政治、文化和科学的影响连绵近两千年。所以有人称那个时代是"华丽的黑暗时代"。刘徽与赵爽，一在魏，一在吴，两人对数学发展的贡献至今仍是数学史研究人员关注的对象。

现在请读者把图15.7跟"上篇"的图2.11比较一下。你看，它们是不是惊人的相似？古巴比伦人使用拼凑正方形的办法（即所谓"凑方法"）来单独求解每一个具体的一元二次方程，而赵爽则给出一类方程的普适求根公式。我们看到，赵爽的求根方法从寻求 $b-x$，也就是大正方形内部的小方孔的边长入手。这个思路也跟古巴比伦人不同。这是数学史上首个一元二次方程求根公式。当然，这个公式只适用于式(15.11)一类的方程，其中一次项和常数项分别在等号的左右侧且都必须为正。

凑方法的基本思想来自古巴比伦利用几何方法对二项式展开的反运算（见图2.2）。古希腊人继承了古巴比伦的思想，很早就利用这种方法处理一元二次方程。据说希帕恰斯在他的天文计算中就经常使用。欧几里得在《几何原本》中对下面三种情况分别处理，并将其系统化：

$$ax^2 + bx = c, \tag{15.13a}$$

$$ax^2 = bx + c, \tag{15.13b}$$

$$ax^2 + c = bx。 \tag{15.13c}$$

今天来看，这些是同一类方程，但古希腊人没有负数的概念；而从几何学角度来看，式(15.13)的三种情况对应三种不同的几何问题，只能分开处理。作为例子，我们来看看他处理式(15.13a)的方法，另外两种类似。为了简单起见，令 $a=1$，即考虑

$$x^2 + bx = c。 \tag{15.13a'}$$

这个方程的几何表达如图15.8所示：在给定直线段 $AB=b$ 上作矩形 $ADMH$，其面积已知为 c，而 $BCMH$ 是正方形，面积为 x^2，BC 就是式(15.13a′)中的 x。从 AB 的中点 E 作 BC 的平行线 EL，分别延长 BC 至 K、EL 至 F，并使 $CK=LF=\dfrac{b}{2}$，得到正方形 $CKFL$。这同时使我们得到一个大正方形 $EFGH$，其面积是

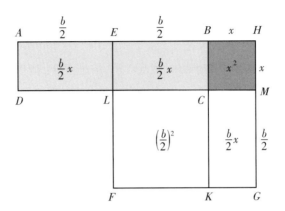

图 15.8   欧几里得求解一元二次方程正根的几何方法。

$$x^2 + 2 \times \left(\frac{b}{2}\right)x + \left(\frac{b}{2}\right)^2 = c + \left(\frac{b}{2}\right)^2 \text{。} \qquad (15.14)$$

式（15.14）后面这一步用到式（15.13a'）。由此得到正方形 *EFGH* 的边长 $x + \dfrac{b}{2} = \sqrt{c + \left(\dfrac{b}{2}\right)^2}$，所以

$$x = -\frac{b}{2} + \sqrt{c + \left(\frac{b}{2}\right)^2} \text{。} \qquad (15.15)$$

以上是从欧几里得《几何原本》第六卷里命题 29 得到的推论之一。对式（15.13b）和（15.13c），处理的方法类似。但古希腊人没有得到以上三类方程的求根公式。对每一个给定的具体问题，他们都要进行类似的几何计算来求得结果。

不过相信许多读者已经从式（15.14）看到，从代数的角度来看，欧几里得所做的其实就是对二项式 $x^2 + bx$ 进行因式分解，把它变成 $(x + ?)^2$ 的形式。式（15.14）只是在式（15.13a'）的两侧添加了 $\left(\dfrac{b}{2}\right)^2$ 而已。这个从代数上做起来极为自然简单的过程，在代数出现之前，要花费相当大的工夫。不仅如此，几何分析时，式（15.13）的三种情况必须分开处理。比如式（15.13b），分析时需要把图 15.8 中的正方形 *EFGH* 移到直线 *BCK* 的左边去，使得 x^2 成为矩形 *ABCD* 内部的一部分。在这类方程里，对应于式（15.15）中带根号的表达形式就变成了 $\sqrt{\left(\dfrac{b}{2}\right)^2 - c}$。这个根号表达式只有在 $\left(\dfrac{b}{2}\right)^2 - c \geqslant 0$ 的情况下才具有几何学意义，而这正是欧几里得所关心的，所以他在《几何原本》里没有

直接列出式（15.13a′）。从代数的角度来看，他关注的是b和c在什么样的条件下对应的几何命题才成立。他甚至没有把证明限制在矩形，他的论证是在一般的平行四边形的基础上展开的。这使得不少后人看不到命题27、28、29在处理一元二次方程中的价值，以至于直到17世纪的欧洲，还有人建议把《几何原本》中这三个命题删掉，因为它们看上去"毫无用处"。

　　从代数角度来看，凑方法就是把一个一元二次表达式通过适当加减常数项，改写成二项式平方的形式$(ax+b)^2$，使其等于某个已知数p。在解决实际问题时，找到了$(ax+b)^2=p$，直接对p进行开方运算，就可以得到结果。对于某些一元三次方程，也可以采用类似的方法，凑出立方来，只是从几何上问题难度陡然增加，因为对应于正方形（图2.2）的一分为四的切法，立方体要分成八份。一元三次方程的普遍解是数学史上一个重要的里程碑。它的解决经历了将近两千年的时间，其间的故事跌宕起伏，有兴趣的读者可在《数学现场：另类世界史》中找到。

本章主要参考文献

白尚恕：《〈九章算术〉注释》，北京：科学出版社，1983年. 第364页。

程贞一、闻人军：《〈周髀算经〉译注》，上海：上海古籍出版社，2012年，第190页。

王雁斌：《数学现场：另类世界史》，桂林：广西师范大学出版社，2018年。

Heath, T.L. The Thirteen Books of Euclid's Elements: Translated from the Text of Heiberg with Introduction and Commentary. Volume Ⅱ. Cambridge: Cambridge University Press, 1908: 436.

第十六章 "代数之父"与南孙北张

　　差不多就在赵爽注释《周髀》的时候，埃及的亚历山大城里出现了一部名为《算术》(*Arithmetica*)的书，作者叫丢番图，与赵爽同时代，我们对他的人生也是一无所知。亚历山大城在当时是一个多民族的国际性大城市，那里有希腊统治埃及后留下来的希腊遗民，有被希腊化的埃及人，还有来自古巴比伦地区的迦勒底人和从中东移民过来的犹太人。我们甚至不知道丢番图究竟属于哪个族裔。不过对于丢番图生活的环境和当时的世界，我们了解得不少。公元前31年9月2日，掌控罗马共和国的三雄之一屋大维[Gaius Octavian，即后来罗马帝国的开国君主奥古斯都(Augustus)，公元前63年—公元14年]在伊奥尼亚海打败了同为三雄之一的马克·安东尼(Mark Antony，公元前83年—公元前30年)。次年8月，安东尼与情人埃及女王克里奥帕特拉七世(Cleopatra Ⅶ，公元前69年—公元前30年)在亚历山大城自杀身亡，埃及正式归入屋大维手中。

　　亚历山大城锁着尼罗河三角洲的咽喉(见图3.1)，这片肥沃的三角洲是罗马帝国最重要的粮仓。因此，屋大维把亚历山大城列入皇帝直接管理的城市，使它很快又繁荣起来。可是，罗马帝国的根基在遭到不断地腐蚀。埃及东北面的西奈半岛上，被罗马人统治的犹太人不甘心被奴役，他们从公元66年到135年不断发动起义和暴动。罗马统治的埃及也有许多犹太移民，公元115年，他们起来造反，攻进亚历山大城，到处举火焚烧，把这座美丽的城市毁掉了。看重希腊文化的罗马皇帝哈德良(Hadrian，76年—138年)下令重建被毁掉的塞拉比斯神庙(Serapeum)，但仍无法挽救亚历山大城的衰败。此后的一百多年里，罗马帝国内部政变频仍，皇帝像走马灯一般换来换去。公元215年，皇帝安东尼努斯(Marcus Antoninus，188年—217年)下令把亚历山大城内能够拿持武器的年轻人全部杀掉，只是因为这里的人民编排讽刺剧嘲笑了这个混有腓尼基、阿拉伯和柏柏尔血统的暴君。屡遭劫难的亚历山大城失去了昔日的辉煌，民不聊生，学术研究的气氛也渐渐消亡。

　　然而就在这样一个艰难黑暗的时代，《算术》如一枝耀眼的玫瑰，在满目荒凉的学术环境之中顽强地绽放出来。今天，从希腊文借用过来的英文arithmetic特指算法，但丢番图的书名并不是这个意思。这个书名来自希腊文 ὰριθμός（对应的英文拼法 arithmos），意思就是"数"（numbers），所以书名大致对应我们今天所说的"数论"，虽然当时还没有数论这门学科。

为了阐述方便，丢番图在书的开头引入自己发明的一些符号。比如，在文字叙述时，他把未知数（也就是今天常用的x）也称之为"数"，而在计算过程中，用这个希腊词的末尾字母ς作为符号来代表未知数。他只想到用这一个符号代表未知数，在处理多个未知数时，就不得不采用文字的方式，把它们叫作"第一个ς""第二个ς"，等等。对于未知数的平方，他用符号$\varDelta^{\gamma}$来表示。类似地，立方是K^{γ}；四次方是$\varDelta^{\gamma}\varDelta$；五次方是$\varDelta K^{\gamma}$；六次方是$K^{\gamma}K$。对今天幂数为负值的变量，他用类似于分数的方式来表示。比如表示x^{-2}的符号$/\varDelta^{\gamma}$，也就是$\frac{1}{\varDelta^{\gamma}}$。他明确地指出，ς的不同幂次跟ς有重要区别；不同的幂次属于不同的"种类"（species）。他还把非未知数系数的数单独区分出来，称它们为"单位"（unit），用符号$\mathring{M}$来表示。表示某个已知数的二次方的符号是方块"□"，这时该数在文字上叫作"边"。这显然是从几何角度来考虑的。他还使用"↑"（或头脚倒置的希腊字母ψ）作为减法符号。比如，图16.1 是丢番图对方程$27x^3+6x-27x^2=6x-1x^2$的表达方式。

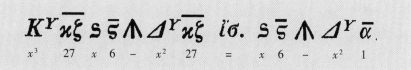

图16.1　方程$27x^3+6x-27x^2=6x-1x^2$的丢番图表达方式。

丢番图使用的是古希腊数字系统，如α是1，ζ是7，等等（见表1.1）。为了区别字母与数字，他在代表数字的字母头上加了一杠。在上面的表达式里没有加法符号，几个数字或变量并列，就意味着相加。等号是希腊文"等于"（ισος；对应的罗马化字母是isos）的缩写。另外，他把每个变量的系数放在变量后面，这是希腊及很多欧洲语言中形容词的位置，也就是"多少个"变量的意思，二者之间并非乘法关系。所以即使系数为1，也必须写出来，比如上面式子最后的$\varDelta^{\gamma}\bar{\alpha}$（$1x^2$）。这种变量加系数的写法可以帮助读者分辨哪些项是相加的关系，比如字符数串x^327x6意味着$27x^3+6x$。这个方程不含常数项。如果有常数项，需要把$\mathring{M}$写在常数项数值的前面，以避免混淆。

这是数学史上第一次在分析数学问题时引入符号。丢番图的符号虽然简陋粗糙，但他的思想为代数语言的发展埋下了种子，从此数学逐渐从语言描述演变为符号表达。因此，丢番图被尊为"代数之父"。丢番图还发展了一套定义和处理数学问题的系统，跟古希腊数学家利用几何方法解决数学问题的思路完全不同。《算术》中的问题基本上遵循同一个格式：第一步阐述问题；第二步定义变量，建立方程或等式；第三步简化方程并求解；最后得到需要寻求的数，并进行验证。这套处理问题的系统被后来希腊化世界的数学家继承下来，比如提翁（Theon of Alexandria，约335年—405年）把这套系统的采用称为丢番图数过程（process of the Diophantine numbers）。提翁的女儿海帕提亚（Hypatia，约370年—415年）还专门为丢番图的《算术》做了注解。

《算术》一共13卷，是一部包括189个数学题的问题集。从这些问题我们看到，跟中国的数学家不同，丢番图对解决具体应用问题几乎没有兴趣。他的精力全部集中在数的抽象与神奇上面。对这些看似毫无用处的数学问题，他兴致勃勃，想出各种办法进行计算，乐此不疲，而且很少出错。显然，丢番图跟毕达哥拉斯一样，也是个数痴。

这些问题五花八门，后人试图对它们进行分类。可是丢番图处理问题的方法常常衍生出新的性质完全不同的问题来。不过为了大致了解其中的内容，我们还是勉强分一下类。

第一类：给定多项式或其他代数表达式，使其结果等于某些数的平方。丢番图研究的多项式高达6次方，其中包括一个方程一个未知数、一个方程两个未知数（不定方程）、两个方程一个未知数、三个方程三个未知数，甚至四个方程四个未知数的问题。

第二类：给定多项式，使其结果等于某些数的立方。这里面的问题涉及一个方程一个未知数、两个方程两个未知数、三个方程三个未知数。

第三类：构建两个多项式，使一个多项式构成某个数的平方，另一个构成另一个数的立方。这里面的问题涉及两个方程两个未知数、两个方程三个未知数。

第四类：给定一些数，把它们分解为不同的部分。比如给定 $x+y+z=10$，使 $x+y=u^2$，$y+z=v^2$，而且 $z+x=w^2$，或者给定 $x+y+z=4$，使 $xyz=u^3$，而 $u=(x-y)+(y-z)+(x-z)$。

第五类：平方数分解为一串平方数，比如 $12=x^2+y^2+z^2+u^2$，或 $13=x^2+y^2$，而 $x^2>6$ 且 $y>6$。

这么笼统的说法可能比较抽象，不妨看看几个具体的例子。通过下面这几个例子，希望读者对丢番图处理问题的方法有一个大致的了解。

例1 第一卷问题16：求三个数，使每两个数的和等于某些给定的数。必要条件是三个给定数之和的一半必须大于每一个单独的给定数。

解：令第一与第二个数之和等于20，第二与第三个数之和等于30，第三与第一个数之和等于40，这里三个给定数之和是90。令 x 等于这三个数之和，于是这三个数便可以分别表达为 $x-30$、$x-40$、$x-20$。把三个数加起来，得到 $x=3x-90$，由此得到 $x=45$，于是便得到要求的那三个数。

以上是丢番图的方法。如果使用现代代数符号，令所求的三个数为 n_1、n_2、n_3，则根据丢番图的假设，$n_1+n_2=20$，$n_2+n_3=30$，$n_3+n_1=40$。令 $x=n_1+n_2+n_3$，$n_1=x-30$，$n_2=x-40$，$n_3=x-20$，则 $x=n_1+n_2+n_3=3x-90$。由此得到 $x=45$，而且 $n_1=15$，$n_2=5$，$n_3=25$。

这里，我们看到丢番图设定变量时的机巧和灵动。他只有一个未知数的符号，选择了三个未知数之和作为变量，三个未知数问题就简化成一个变量的问题。但这是一个不定方程问题，可能有无数个解。丢番图显然没有考虑这个问题究竟能有多少个不同的解。有兴趣者可按照他的思路做不同的假定来寻求不同的解。

例2 第四卷问题9：把一个数（n_1）分别加到两个数（n_2 和 n_3）上面，使得 n_1+n_3 等于某个数（y）的立方，而 n_1+n_2 等于这个数本身。要求 n_2 必须是 n_3 的立方。直接采用现代的语言，这个问题就是求满足 $n_1+n_3=y^3$、$n_1+n_2=y$ 和 $n_2=n_3^3$ 的 n_1、n_2 和 n_3 的值。

丢番图首先选择 $n_2=8x^3$ 和 $n_3=2x$，使它们满足 n_2 是 n_3 立方的条件。然后，他令 $n_1=27x^3-2x$，于是 $n_1+n_3=27x^3$，即 $y=3x$。这时 $n_1+n_2=35x^3-2x$。根据要求 $n_1+n_2=y$，得到 $35x^3-2x=3x$，也就是 $35x^2=5$。我们看到，这样得到的 x 是个无理数，而丢番图不知如何处理无理数，以为这个结果无用。于是另想办法寻找有理数的解。

他注意到，$35=27+8=3^3+2^3$，$5=3+2$，也就是说，35是两个立方数之和，而这两个立方数的根之和等于5。于是，他把 $35x^2=5$ 写成 $\dfrac{3^3+2^3}{3+2}=\dfrac{1^2}{x^2}$，寻找另外两个数 m_1 与 m_2，使它们的立方之和与它们本身（即边长）之和的比值等于两个数1和 x 的平方之比。

考察任意两个边长的和，比如令这个和等于2。具体数值在这里不重要，因为我们关心的是两个平方数的比值。令第一条边的边长为 z，那么第二条边长就是

$2-z$。两条边长对应的立方数为 z^3 和 $(2-z)^3$。把 $(2-z)^3$ 做二项式展开，得到 $(2-z)^3 = 8-12z+6z^2-z^3$。换一个写法，就是 $(2-z)^3+z^3 = 8-12z+6z^2$。这个等式的左边是两个立方之和，对任何 z 都符合要求；现在只需要求得一个 z 值，使得 $8-12z+6z^2$ 等于一个正方形面积的 2 倍，也就是这个正方形的面积与单位正方形面积 1^2 之比等于 2。丢番图令 $4-6z+3z^2 = (2-4z)^2$，于是得到一个正方形的边长是 $z = \dfrac{10}{13}$。那么另一个正方形的边长就是 $2-z = \dfrac{16}{13}$。这两条正方形边长的比值是 5 比 8，而二者之和等于 2 这个条件是任意假定的，于是丢番图论证说，可以选择一对新的正方形，边长分别是一个新未知数 x 的 5 倍和 8 倍，再从头进行分析。换句话说，选择 $n_3 = 5x$, $n_2 = (5x)^3 = 125x^3$。再选择 $n_1 = 512x^3 - 5x$，那么，$n_1 + n_3 = 512x^3 = (8x)^3$, $n_1 + n_2 = 637x^3 - 5x$。根据最初的题意，需要有 $637x^3 - 5x = 8x$，于是求得 $x = \dfrac{1}{7}$。这样他终于得到一个有理数的结果：$n_1 = \dfrac{267}{343}$, $n_2 = \dfrac{125}{343}$, $n_3 = \dfrac{5}{7}$, $y = \dfrac{8}{7}$。

这个解题的思路非常有趣。虽然丢番图认为解 $35x^2 = 5$ "不合理"，但他从中看到了一些比例规律，并利用这些规律找到了一个有理数的解。

例 3　第四卷问题 31：把数字 1 分成两部分，y 和 $1-y$，寻找另外两个数 n_1 和 n_2，使得 $(n_1+y)(n_2+1-y) = \square$。这里的方块（□）是丢番图代表平方数的符号。丢番图用两种方法得到两个不同的但同样满足要求的结果。我们这里只看他的第二个方法。

他先选择 $n_1 = 3$, $n_2 = 5$, $y = x-3$，于是 $(n_1+y)(n_2+1-y) = x(9-x) = \square$。如果 $\square = 4x^2$，那么可以很容易得到 $x = \dfrac{9}{5}$。但是，$y = x-3$ 在这种情况下是负的，它不在丢番图想要的结果范围内。他要在 3 与 4 之间找到一个有理数的解。怎么办呢？

$x = \dfrac{9}{5} = \dfrac{9}{2^2+1}$ 意味着更普遍的解可能具有 $x = \dfrac{9}{m^2+1}$ 的形式，而根据 $3 < x < 4$ 的要求，$m^2+1 < 3$，即 $m^2 < 2$。但由于 $x < 4$，必须要求 $m^2 + 1 > \dfrac{9}{4}$；这意味着 $m^2 > \dfrac{5}{4}$。丢番图得到结论："因此，我必须在 $\dfrac{5}{4}$ 与 2 之间找到一个 '方块'（即平方数）。" 把 $\dfrac{5}{4}$ 和 2 写成 $\dfrac{80}{64}$ 和 $\dfrac{128}{64}$ 的形式，很容易找到它们之间的平方数，那就是 $\dfrac{100}{64} = \dfrac{25}{16}$。于是，丢番图得到一个新的方程 $x(9-x) = \dfrac{25}{16}x^2$，这个方程的正根是 $x = \dfrac{144}{41}$。那么把 1 分成的两部分就是 $\dfrac{21}{41}$ 和 $\dfrac{20}{41}$。

这个分析思路的过人之处在于，丢番图利用问题的适用范围（$3 < x < 4$）来界定解

▼

故事外的故事 16.1

英国剑桥大学数学家哈代有一天乘计程车去探望他从印度邀请来的数学家拉马努金（Srinivasa Ramanujan, 1887年—1920年）。见面时，他对拉马努金说："我今天计程车的车牌是1729，这个号码很沉闷。"拉马努金马上回答说："哪里，这个号码非常有趣。它是可以由两对不同数字的立方构成的最小数。"这是一个典型的丢番图问题，很容易找到第一对数，它们是10和9。读者可以想想第二个答案是什么。

据说，拉马努金习惯于用直觉（或数感）推导公式，不喜欢做证明。但也有人说，拉马努金实际上是用粉笔在板岩制作的书写板上做推导。这种书写板在印度学校里广泛使用，可以节省纸张，历史非常悠久。无论如何，他研究数学的思路和方法都跟西方学者很不一样。他说："一个方程对我没有意义，除非它代表神的想法。"这听上去很神奇，但他的理论往往在后来被证明是正确的。可惜他英年早逝，留下大量未被证明的公式，吸引了许多数学家去证明。他的传奇故事多次被拍成电影，比如2015年的《知无涯者》（*A Man Who Knows Infinity*）。

的边界。这使得他把问题一下子缩小到非常微小的可能范围之内。这种利用界定解的范围的分析方法是丢番图首创。

例2和例3的结果都是分数。丢番图是希腊化世界里第一位把分数也归入"数"的概念的数学家。在他之前，人们认为分数不过是两个自然数的比值，不能算作"数"。丢番图处理过一些相当复杂的分数问题。比如，如何找到三个数，其平方值都大于3，且其平方之和恰好等于10？如果设这三个数为x、y、z，这个问题变成$x^2+y^2+z^2=10; x^2>3, y^2>3, z^2>3$。这也是一个不定方程，丢番图给出的答案是$x=\dfrac{1\,321}{711}$，$y=\dfrac{1\,285}{711}, z=\dfrac{1\,288}{711}$。$x^2=\dfrac{1\,745\,041}{505\,521}, y^2=\dfrac{1\,651\,225}{505\,521}, z^2=\dfrac{1\,658\,944}{505\,521}$。

丢番图在解决这些问题时展现出高度的睿智和独创性，常常令人眼花缭乱，叹为观止。但他过于注重对每个问题所使用的巧思，很少给出普遍解法。对此，一些数学家既艳羡又不满意。比如，德国数学家汉克尔（Hermann Hankel，1839年—1873年）就说，丢番图完全不理会解决问题的普遍和完整的方法；甚至对于相关的问题，他也是找出特殊的方法来处理。所以对现代学者来说，即使研究了100个丢番图的问题以后，仍然不知道如何去解决第101个问题。

我们在前面很多次提到勾股定理的应用。从数论的角度来看，勾股定理是两个平方数之和等于第三个平方数。丢番图问，如果第三个数不是平方数，可不可能也分解成两个平方数之和呢？再进一步，给定任意一个自然数，能否把它表达为两个平方数、三个平方数，甚至四个平方数之和？

1621年，法国数学家巴谢（Claude Gaspar Bachet，1581年—1638年）将《算术》翻译成拉丁文，这些问题引起数论专家们的广泛关注，对代数理论的发展起到了不可估量的作用。那些能够被表达为平方数之和的自然数，现在分别叫作二平方数、三平方数、四平方数。丢番图进一步考察了相应的立方和数、四次方和数，直到六次方和数。他还考虑了这样一类问题：寻找三个正整数，使它们的和以及它们当中任意两个数之和都是平方数。

法国南部城市图卢兹（Toulouse）受人尊敬的法官费马读到拉丁文的《算术》以后，兴奋异常，把自己大部分业余时间拿出来钻研这些问题。1640年，他提出一个假说：所有大于2的质数p，只要除以4的余数为1，那么一定可以分解成两个自然数的平方，即

$$p=x^2+y^2 \quad （x和y均为自然数）。 \tag{16.1}$$

这个假说在100年后被瑞士数学家欧拉所证明，现在称为费马平方和定理。

什么样的自然数可以分解成三个平方数之和呢？ 1798年，法国数学家勒让德（Adrien-Marie Legendre，1752年—1833年）证明，当且仅当一个自然数n不等于$4^a(8b+7)$形的数时，n可以写成三个平方数之和的形式，即

$$n=x^2+y^2+z^2 \quad （x、y、z均为自然数）。 \tag{16.2}$$

这里，a和b是两个自然数。于是，三平方数问题的普遍答案被命名为勒让德三平方和定理。

那么，四个平方数之和呢？丢番图似乎已经意识到，任何一个自然数都可以写成

四个自然数（包括零）的平方之和，但没有办法提供证明。将近1500年后的1770年，意大利裔法国数学家拉格朗日（Joseph-Louis Lagrange，1736年—1813年）首先证明了这个著名的四平方和定理，前提是允许使用零的平方（$0^2=0$）。而他的证明所依据的是欧拉的著名的四平方和恒等式

$$
\begin{aligned}
&(a_1^2+a_2^2+a_3^2+a_4^2)(b_1^2+b_2^2+b_3^2+b_4^2)\\
&= (a_1b_1-a_2b_2-a_3b_3-a_4b_4)^2\\
&\quad + (a_1b_2+a_2b_1+a_3b_4-a_4b_3)^2\\
&\quad + (a_1b_3-a_2b_4+a_3b_1+a_4b_2)^2\\
&\quad + (a_1b_4+a_2b_3-a_3b_2+a_4b_1)^2 \text{。}
\end{aligned}
\tag{16.3}
$$

费马还在他的拉丁文《算术》的空白处写道：

　　"对于整数 $n>2$，$a^n+b^n=c^n$ 在系数 a、b、c 为非零整数的情况下无解。我有一个极为漂亮的证明，可惜这里飞白太窄，写不下我的证明。"

费马的"极为漂亮的证明"从来没有露过面，反倒变成了著名的费马"最后定理"（其实是个需要证明的猜想），令后人绞尽脑汁。直到300多年以后的1994年，"最后定理"才被英裔数论专家、普林斯顿大学教授安德鲁·怀尔斯（Andrew John Wiles，1953年— ）所证明。怀尔斯少年时代读了一本名叫《最后的问题》（*The Last Problem*）的书，作者贝尔（Eric Temple Bell，1883年—1960年）是数学家兼科幻小说家。贝尔在书中讲述了从古巴比伦到费马数千年的时间里人们是如何一点点理解这个"最后定理"的。贝尔的故事让怀尔斯决定了自己未来的道路，他要解决这个猜想。怀尔斯从1985年起专心研究"最后定理"，把前人的研究结果结合起来，加上自己的开拓，十年磨一剑，终于成功，因此获得阿贝尔数学奖。

公元306年，君士坦丁（Constantine，约272年—337年）即位罗马皇帝。几年后，这位皇帝改奉基督教，并颁布《米兰诏书》，宣布在帝国所辖境内的人们有信仰基督教的自由。在他接近生命的尾声时，君士坦丁开始鼓励人们抢劫并破坏非基督教的神庙。于是，在经过300多年被其他宗教残酷迫害之后，基督教教徒们开始在统治者的支持下转而残酷迫害其他宗教的信徒了。公元380年，罗马皇帝狄奥多西一世

(Theodocius Ⅰ，约346年—395年)宣布认同罗马教皇达马苏斯(Pope Damasus Ⅰ，约304年—384年)对《圣经》解释的信徒称为正统基督教教徒［或译为天主教基督徒(Catholic Christian)］，而不认同者则为异端。此后，整个罗马帝国的基督徒几乎全部投入了打击异教徒和异端的活动，开始全面摧毁各种异教会所。

塞拉比斯神庙原是托勒密一世为了埃及的夜神塞拉比斯建立的，其中包括一座图书馆。公元391年，亚历山大城的大主教西奥菲卢斯(Theophilus of Alexandria，生卒年不详)将塞拉比斯庙付之一炬，图书馆被夷为平地。这个事件作为基督教战胜异教的象征被基督徒广为传播。公元415年，当时埃及最著名的女数学家、提翁的女儿海帕提亚在亚历山大城遭到激进基督教徒的袭击，当场毙命。从此，亚历山大城的学术活动完全终止，此后连续数百年，万马齐喑。

欧洲也经历了重大的变革。公元3世纪—4世纪，罗马帝国内部战事频纷。狄奥多西一世临终时，把罗马帝国分成两个部分，交给两个儿子分别管理。长子阿卡迪乌斯(Flavius Arcadius，约377年—408年)为东罗马帝国皇帝，次子霍诺里乌斯(Flavius Honorius，384年—423年)为西罗马帝国皇帝，从此罗马帝国的疆域再没有被统一过。

罗马帝国东面，一支东日耳曼部落从今天波兰境内的维斯瓦河(波兰语为Wisła；英文为Vistula，维斯图拉)下游扩展到黑海地区，在4世纪前后出现了哥特人(Goths)。一位来自小亚细亚卡帕多西亚的希腊裔人乌尔菲拉(Ulfilas，约311年—383年)因父母遭到哥特人绑架而进入哥特部落，并在那里成长起来。他以希腊文为基础创造了哥特字母，还把《圣经》翻译成哥特文。他的传教活动开启了哥特人皈依基督教的先河。410年，第一任东罗马皇帝阿卡迪乌斯去世不久，哥特人首次攻入罗马城。虽然当时西罗马的首都在拉文纳(Ravenna)，但作为罗马帝国开国的"永恒之城"被"野蛮民族"洗劫一空，这个事件成为罗马帝国衰落的重大标志。

476年9月4日，东哥特将军奥多亚塞(Flavius Odoacer，约435年—493年)攻入拉文纳，自封为意大利国王，废黜了不满12岁、仅仅坐了10个月宝座的西罗马皇帝罗穆卢斯·奥古斯都(Romulus Augustus，463年—？)。东罗马皇帝芝诺(Flavius Zeno，425年—491年)不但没有去帮助西罗马的血亲，反而乘机宣布自己为统一的罗马帝国的皇帝。伴随着罗马帝国的衰落，基督教势力在欧洲迅速强大起来，而其中的教派纷争也愈演愈烈。他们不仅迫害异教徒，不同教派之间也是战争不断。

525年，西罗马著名的哲学家、学者鲍伊修斯(Boethius，480年—525年)在意大利半岛北部城邦帕维亚（Pavia）以叛国罪被国王下令勒死。当时意大利正处于东哥特王国的统治之下。由于卓越的学识，鲍伊修斯在25岁时就成为东哥特国王狄奥多里克大帝（Flavius Theodoric，454年—526年）治下参议院的议员。当初狄奥多里克进攻意大利时，得到东罗马皇帝芝诺的支持。狄奥多里克设宴诱杀了自封的意大利国王奥多亚塞，成为意大利的唯一统治者。狄奥多里克从小以人质的身份在东罗马长大，仰慕罗马世界的政治结构和文化。他采用罗马典章，完整保留了罗马参议院制度和行政体系，并小心地避免同东罗马争夺所谓"正统"罗马帝国的地位。但在信仰上，东哥特人属于亚流派（Arianism），否认圣父、圣子、圣灵的三位一体，被天主教视为异端。罗马教皇约翰一世（Pope John Ⅰ，？—526年）在访问君士坦丁堡期间受到查士丁尼一世（Justinian Ⅰ，483年—565年）的盛情款待，这引起狄奥多里克的严重猜疑，担心约翰一世因信仰而暗地勾结东罗马，意在颠覆东哥特王国。于是他罗织罪名，将参议院的许多罗马贵族包括鲍伊修斯投入监狱并杀害。鲍伊休斯死后，自由学术研究在西罗马随之死亡。4年以后，东罗马皇帝查士丁尼一世也下令关闭柏拉图创办的雅典阿加德米（Academy）学园，同时禁止基督教神学以外的所有研究。于是，自由学术研究在欧洲陷于沉寂。

　　与此同时，远东的中国也正在经历着痛苦的重大变革。魏晋时期，中原西北部的游牧民族部落逐渐强大起来，并大批进驻关中及泾水、渭水流域。这些游牧民族多数居住在山西、陕西、河南、河北一带，但祖籍有的可以追溯到中亚。比如羯人，历史学家陈寅恪（1890年—1969年）认为他们可能来自康居。

　　晋朝于280年统一天下，但和平时期不过区区十年。291年，八王之乱爆发，皇室宗亲之间争夺皇位的内斗持续了16年。306年，八王之中七王败死，东海王司马越（？—311年）胜出。他毒死晋惠帝，立司马炽为怀帝。五年后，司马越在讨伐羯族人建立的"前赵国"的大将石勒（274年—333年）的半途中死亡，晋国大军护送他的灵柩回东海国。石勒闻讯，率轻骑追击，大败晋军于苦县宁平城（今河南省郸城县东北）。史书上说，石勒的骑兵围住溃败之师，用弓箭远射，十万晋军全军覆没。司马越之子司马毗及三十六王俱死于该役，随军的重要官员也全部被杀。石勒乘势攻陷首都洛阳，活捉了晋怀帝。后来《晋书》的作者评论说："祸难之极，振古未闻！"

　　一个汉人统治集团遭到外族侵入后差点被全部消灭，这在中国历史上是第一次，但不是最后一次。这个事件发生在晋怀帝永嘉年间，史称"永嘉之乱"。鉴于周边的少数民族部族相继建立君主政权，严重威胁中原，晋元帝司马睿（276年—323年）于建武年间（317年）率中原汉族臣民从京师洛阳撤向江南，这是中原汉人首次大规模南迁，史称"衣冠南渡"。他们建都于江东建康，就是今天的南京，史称东晋。这是中国都城迁至长江以南的开端。

石勒灭掉晋军之后，汉族的军事力量迅速衰退，胡人纷纷趁机起兵南下，夺取中原地区的控制权，这就是所谓的"五胡乱华"。各种各样的小国家一会儿建立，一会儿消亡，史称"五胡十六国"。频繁的战乱使中原人口骤减。根据《晋纪》《晋书》的记载，永嘉丧乱以后，中原的士族剩下不到十分之一。《晋书·王导传》说，洛阳倾覆以后，中原的士族有六七成迁徙到长江下游的江南避难。北方汉人能走的都走了，不能走的纠合宗族乡党建立坞堡以自保。匈奴、羯等部族的军队所到之处，屠城略地，动辄千里。最后，鲜卑族拓跋部在北方获取胜利，建立北魏（386年），统治了华北地区（439年）。汉族则据守江南，建立了刘宋王朝（420年）。100多年的大灾变之后，中国进入南北朝时期。

丢番图在《算术》中处理了许多不定方程的解，所以在中世纪以后的欧洲，人们把不定方程称为丢番图方程，把处理不定方程的分析方法叫作丢番图分析。可是，从上面的例子我们还可以看到，丢番图基本上不考虑一个给定的不定方程会有多少个可能的解。所以严格来说，丢番图分析并不能对不定方程给出完整的解答。而在丢番图身后不久，完整分析一次不定方程的方法首次出现在两部中国古籍里面，而这两部著作大致都成书于南北朝时代。

北朝是一个胡汉融合的新兴朝代，战争频繁，特别受到更北面柔然族部落的骚扰。439年，北魏太武帝统一华北，开始与南朝对峙。经过几十年的汉化，北魏孝文帝拓跋宏（467年—499年）于495年改用汉语。南朝的刘宋王朝自420年建国，不断受到北方的威胁，仅仅存活了60年。然而就在这个年代里，两部数学名著在历史上留下不朽的智慧之光。南朝出现的是《孙子算经》，北朝则是《张邱建算经》。两部书的书名似乎在某种意义上显示了南北二朝文化的不同：南朝遵从古训，称作者为"子"，而北朝则直呼其名了。不过我们对这两位作者仍然所知无几。张邱建（生卒年不详）好像是清河人（今天邢台市清河县），孙子则连名字都没有留下来。一提到孙子，多数人首先想到的大概是《孙子兵法》的作者——孙武，字长卿，生活在春秋末期的齐国，他的《兵法》大约成书于公元前515年至公元前512年之间。但《孙子算经》里谈到佛书和长安，所以成书的年代不可能早于公元3世纪。我们在第十四章提到的学者王铃根据

《孙子算经》中布匹使用的丈、尺、寸的换算率认为，此书也不可能晚于473年。类似的考据结果认为《张邱建算经》不晚于485年。

南孙北张是同时代人，而这两部书对世界数学的影响极为深远。10世纪的波斯数学家伊本·拉班（Kushyar ibn Labban, 971年—1029年）写过一本《印度算术原理》（*Principles of Hindu Reckoning*），他在书中引入以印度数字٠、١、٢、٣、٤、٥、٦、٧、٨、٩（即0、1、2、3、4、5、6、7、8、9）为基础的十进位制四则运算和开平方、开立方的计算方法。讲述的运算规则和《孙子算经》完全相同，只不过不用算筹，而是使用印度数字，且在运算中又在对应为零的地方留出空位而不补"0"。这些证据表明，拉班的所谓印度算法应该来自中国筹算。只有在《印度算术原理》最后面介绍的六十进位制的算术算法来自印度，而其原始来源很可能是古巴比伦或古希腊。

《张邱建算经》中，以"百鸡问题"最为著名。这是该书下卷的最后一个问题（第三十八问）：

> 今有鸡翁一，值钱五，鸡母一，值钱三，鸡雏三，值钱一。凡百钱，买鸡百只；问鸡翁、母、雏各几何？
>
> 答曰：鸡翁四值钱二十，鸡母十八值钱五十四，鸡雏七十八值钱二十六。
>
> 又答：鸡翁八值钱四十，鸡母十一值钱三十三，鸡雏八十一值钱二十七。
>
> 又答：鸡翁十二值钱六十，鸡母四值钱十二，鸡雏八十四值钱二十八。

公鸡（鸡翁）、母鸡（鸡母）、小鸡（鸡雏）的单价分别是每只5钱、3钱、$\frac{1}{3}$钱。要用100钱买100只鸡，可以买到公鸡、母鸡、小鸡各几只？

这是数学史上最早的给出不定方程全部整数解的例子。如果设公鸡、母鸡、小鸡的数目分别为x、y、z，可以建立下述方程组：

$$x + y + z = 100, \tag{16.4a}$$

$$5x + 3y + \frac{1}{3}z = 100。 \tag{16.4b}$$

消去变量x，得到：

$$y = 25 - \frac{7}{4}x, \quad z = 75 + \frac{3}{4}x。$$

显然，第一个可能的解是 $x=0$，对应的 $y=25$，$z=75$。其他的解呢？因为 x、y、z 都必须是非负的整数，所以 x 必须是 4 的倍数。于是得到另外三个解：（1）$x=4$，$y=18$，$z=78$；（2）$x=8$，$y=11$，$z=81$；（3）$x=12$，$y=4$，$z=84$。

关于这个问题的解法，张邱建是这么说的：

> 术曰：鸡翁每增四，鸡母每减七，鸡雏每益三，即得。

张邱建没有详细讲述他是如何得到结果的。$x=0$ 很可能是他解题的第一步，但他大概认为 $x=0$ 的解不合题意，所以没有包括到结果中。后来为《张邱建算经》作注的人也没有给出真正的"术"。唐代以后，一位名叫谢察微（生卒年不详）的数学家试图从余数的角度分析这个问题的解题思路，但可惜不完整。

说到余数，我们来看看《孙子算经》。这部书中最著名的问题是下卷第 26 题"物不知数"和第 31 题"鸡兔同笼"。"鸡兔同笼"属于二元一次方程组，我们只看"物不知数"：

> 今有物，不知其数。三三数之，剩二；五五数之，剩三；七七数之，剩二。问：物几何？答曰：二十三。

翻译成现代数学问题是这样的：一个整数，除以 3 余 2，除以 5 余 3，除以 7 余 2，求这个数。答案是 23。

利用中学代数知识，一个很自然的思路是令这个整数为 x，然后根据题意建立如下方程组：

$$x = 2 + 3x_1, \tag{16.5a}$$

$$x = 3 + 5x_2, \tag{16.5b}$$

$$x = 2 + 7x_3。 \tag{16.5c}$$

这里，x_1、x_2、x_3 分别是 x 被 3、5、7 除的商。这里一共有 4 个未知数和三个方程，是个四元一次不定方程组。利用《九章算术》里的正负消元法，把式（16.5c）和（16.5a）相减，得

到 $x_3 = \dfrac{3}{7}x_1$；再通过（16.5a）和（16.5b）得到 $x_2 = \dfrac{3x_1-1}{5}$。到此，所有已知的关系都已经用上了，但无法确定 x 与 x_1 的关系。下一步只能像丢番图那样去猜解。为了使 $x_3 > 0$ 而且为整数，x_1 的最小可能值是7，这时 $x_3 = 3$，而 $x_2 = \dfrac{3\times 7-1}{5} = 4$。于是我们得到 $x = 23$，而这恰恰是《孙子算经》给出的结果。

但这不是问题的唯一解。怎样得到其他解呢？取 x_1 的下一个可能值14，得到 $x_3 = 6$，但这时 x_2 不是整数。舍弃 $x_1 = 14$，再试 $x_1 = 21$……如此一步一步地猜解。

《孙子算经》给出一种与上面思路完全不同的解法，大致是：仍设这个数为 x，把它分解为三个部分，即 $x = x_1 + x_2 + x_3$，很容易看出，只要 x_1、x_2、x_3 满足下列条件，x 就是问题的解：

1. x_1 除以3余2，除以5余0，除以7余0；

2. x_2 除以3余0，除以5余3，除以7余0；

3. x_3 除以3余0，除以5余0，除以7余2。

对于条件1，令 $x_1 = 2y_1$，使 y_1 除以3余1，除以5余0，除以7余0。显然，求得 y_1 就可得到 x_1。既然 y_1 可以被5和7整除，那么它一定是35的倍数。35除以3余2，但 $35\times 2 = 70$ 除以3余1，满足 y_1 的条件。由此得到，$y_1 = 70$，$x_1 = 140$。

用类似方法处理条件2和3，得到 x_2 的最小的数是21，x_3 的最小数是15。

综合起来，x 里面必须包含140、63（$= 21\times 3$）、30（$= 15\times 2$），最终得到 $x = 140 + 63 + 30 = 233$。可以验证，这个结果满足问题的要求，但这不是唯一解。而我们知道，把三个除数3、5、7乘起来等于105，是这三个数的最小公倍数；这个数除以3、5、7当中的任何一个，余数都是0。所以，这个问题的所有正整数解应该是 $x = 233 \pm n\times 105$，其中 n 可以取任意整数值，只要结果不小于0即可。在所有正整数解当中，最小的解是把233连续减去两个105（210），也就是 $x = 23$。全部解的正确表达方式是 $x = 23 + n\times 105$（$n = 0, 1, 2, \cdots$）。

到这里，《孙子算经》给出的方法就容易理解了：

术曰：三三数之，剩二，置一百四十；五五数之，剩三，置六十三；七七数之，剩二，置三十。并之，得二百三十三，以二百一十减之，即得。凡三三数之，剩一，则置七十；五五数之，剩一，则置二十一；七七数之，剩一，则置十五。一百（零）六以上，以一百（零）五减之，即得。

我们看到，孙子已经知道，这个问题有无数个可能的解，而且应该选择最小的正解作为答案，其他的解根据余数的最小公约数即可得到。只是他没有给出数学证明。现在称这一类问题为余数问题。从算法上，对于仅仅涉及整数的余数问题，只要记住除以一个单数余1所需要加到x里的数就好了。对于孙子的问题，除以3余1，加70；除以5余1，加21；除以7余1，加15。对于余2、余3等情况，只需把所加数乘相应的倍数。明朝数学家程大位（1533年—1606年）为此编了几句口诀，名为《孙子算诀》，流传至今：

三人同行七十稀，五树梅花廿一支，七子团圆正半月，除百零五便得知。

这里的"除"还是"除去"（即减）的意思。不过，这个口诀并没有告诉人们如此计算的原理。从上面的介绍我们看到，70、21、15的选择是由于问题当中同时出现除以3、5、7的余数。对于不同的问题，这些数值的选择是不同的。另外，3、5、7这三个除数互相之间不能整除，为什么？这种相互之间只存在一个公因数1的若干个数称为互质数（coprime或relatively prime numbers）。

顺便提一句，一组正整数，若它们除以某个正整数而得到相同的余数，则这组正整数称为同余数（congruent number）。比如，4，7，10，13，…除以3都余1，所以它们都是3的同余数。这时除数3是这些同余数的模（modulo），这个同余关系记为

$$4 \equiv 7 \equiv 10 \equiv 13 \equiv \cdots \equiv 1 (\bmod 3)。 \tag{16.6}$$

我们在生活中经常遇到同余问题，比如时间。以12小时来计时，一昼夜有两个12小时。如果现在的时间是早上7点，8个小时以后是下午3点。对于多数习惯12小时制的人们来说，这是不言而喻的事，但其实在谈到下午3点时，我们在心里做了两个计算：$7+8=15$，$15-12=3$。这实际上就是（$\bmod 12$）的算法。老式指针型钟表只有12个数，可以看成是最早显示（$\bmod 12$）的机械装置。而在数学上第一位清晰地定义同余这个概念并引入同余符号的人是德国数学家高斯，当时他只有21岁，正在读大学。

今天，我们把《孙子算经》给出的方法称为"孙子定理"或"中国余数定理"。这个定理在古代有各种有趣的名字，比如"韩信点兵""求一术""鬼谷算""隔墙算""剪管术""秦王暗点兵"等。民间还流传这样的故事：韩信或者秦王在计算士兵数目的时候不是一五一十地数，也不需要士兵"一、二、三、四……"那样报数，只要命令士兵

们列队行进，先是每排3人，再是每排5人，然后是每排7人。队列走过以后，看一下最后一排士兵的数目（即余数），就可以知道士兵的总数。从上面的分析我们知道，根据队尾的余数，很容易算出士兵总数的最小值。至于真正的人数，它一定是这个最小值加上$n \times 105$。而要猜到n的数值一般来说不难。

那么，怎样利用余数定理来解决百鸡问题呢？这要等到清朝年间才被完全解决。江苏淮安人骆腾凤（约1770年—1841年）在《游艺录》中给出一个聪明的办法。他先利用式（16.4a和16.4b）消去代分数系数的未知数z，得到$7x + 4y = 100$。把这个等式两边除以7，由于x必须是整数，$7x$的余数肯定是0；而100除以7的余数是2，于是知道$4y$除以7余2。采用类似于式（16.6）的现代余数表示法，就是$4y = N \equiv 2 \pmod 7$。同理，式中的$4y$除以4显然余数为零，即$4y = N \equiv 0 \pmod 4$。于是百鸡问题转化为一个孙子余数问题，套用《孙子算经》的话，可以写成：

今有物，不知其数，七七除之，剩二；四四除之，殆尽。

这是一个非常简单的余数问题，一眼即可看出，$N = 16$是最小的解。由于$N = 4y$，于是得到y的一个解是4。找到这个解，按照前文的分析，求出其他几个解易如反掌。这位骆先生是嘉庆六年的举人，当过一个小小县官，但不久便辞官而去，返回老家，潜心研究，教书育人。

百鸡问题以及类似的问题还出现在阿拉伯数学里。我们在第十章提到的卡米尔写过一本书名叫《鸟之书》（*The Book of Birds*），专门讨论线性不定方程问题。他在书中说，他曾经发现一个问题有2 673个可能的解。他对此极为惊讶而且兴奋，拿去对别人讲，却遭到讥笑。为此，他专门写了《鸟之书》作为回应。鸟的问题很可能就是鸡的问题。而那2 673个解似乎说明卡米尔对不定方程的认识不如孙子与张邱建：我们的两位数学前辈已经知道，对这类问题，只需给出基本解，其他的解按照余数定理规律可以很容易地衍生出来。

古人为什么在同余问题上下这么大功夫？这是因为计算历法的需要。任何历法都要根据天体的运动周期进行推算，因此需要规定一个时间推算的起点，称为"历元"；而所有周期的公共推算起点，叫作"上元"，从上元到编历年所累积的年数叫作"上元积年"。这是一个假设的时间点，在这个点上，日、月、行星都恰好位于它们各自周期的起点。在中国，要求这一天的纪日干支恰好是"甲子"，以便于后面的纪年。上元积年的推算本质上就是求解一组一次同余式。设a是一个回归年里的天数，b是一个朔望月里的天数,而一个甲子循环周期的天数当然是60。如果规定以冬至时刻、合朔时刻、甲子日的子时(即0点)这三者会合的时刻作为历元,假设测出的从那一年冬至距甲子日零时的时间间隔是R_1日,距离平朔时刻的时间间隔是R_2日,那么从这一年追溯到上元积年的天数N可由下列同余组解出:

$$a \times N \equiv R_1 \pmod{60} \equiv R_2 \pmod{b}。 \tag{16.7}$$

与《孙子算经》差不多同时期的祖冲之计算《大明历》,要求上元积年必须是甲子年的开始,而且"日月合璧""五星连珠"(即日、月与五大行星处在同一方位),同时月亮还要恰好行经它的近地点和升交点。在这样的约束条件下推算上元积年,需要解10个左右的联立同余关系。这不仅超过了古人的计算能力,而且也不一定存在合理的解,因为天体的运行其实并非匀速。采用匀速运动的假定,即使得到一个貌似合理的解,也并不代表上元积年时刻的真实情况。这样的计算涉及非常大的数。比如祖冲之在《大明历》中说:"上元甲子至宋大明七年(即公元463年)癸卯五万一千九百三十九年。"式(16.7)是以天为单位的,51 939年大致对应18 970 720天。但天文历需要计算天象出现那一天内的具体时间,而古代又没有小数的概念,祖冲之以及他前后的历代历算家都是采用分数来处理这个问题的。根据后来天文学家的分析,祖冲之的计算至少精确到一天时间的千分之一;也就是说,计算数字至少要达到11、12位,即百亿、千亿的量级。利用算筹计算如此之大的数字,古代使用的案几很可能不够大。在笔者的想象之中,祖冲之筹算的每一行从左到右可能要列出几十个方格子用来摆放从零到九所对应的筹码;而计算的步骤非常繁复,数百步甚至几千步都有可能。因此他的筹局应该是在地面展开的,而且他必须站着观察整个筹局。在这样的计算过程中用手来替换算筹相当困难,可能需要一副长长的一头带有活动夹子的杆子来进行。这不仅是繁重的脑力劳动,也是长时间的体力劳动。有这样的能力,祖冲之把圆周率计算到小数点后面第七位也就不足为奇了。

故事讲到这里,读者应该看到,一元不定方程(组)和同余问题有着非常密切的联系。读者也应该有足够的能力解决这个问题:

一个数,除以12余5,除以31余7,求这个数。也就是

$$N = 31x + 7 = 12y + 5。 \tag{16.8}$$

这个问题于公元629年前后出现在印度的一部古代文献中，书名大致可以译为《阿耶波多历书注释》（Āryabhaṭīyabhāṣya），书的作者婆什迦罗（Bhāskara Ⅰ，约600年—约680年）是7世纪印度最著名的数学家和天文学家。婆什迦罗与《阿耶波多历书》的关系有点像刘徽与《九章算术》、赵爽与《周髀》的关系。

《阿耶波多历书》是印度著名数学兼天文学家阿耶波多在大约510年写成的一部著作。阿耶波多活跃的年代也是印度历史发生大变革的年代。从贵霜王朝占领印度北部到650年前后是印度古典时代的后期。公元319年，笈多王朝（Gupta Empire）建立，逐渐发展成以恒河下游为基地的大帝国，是印度历史上的黄金时代。王朝的富裕与和平使得人们可以致力于科学和艺术的发展，在数学、天文学、逻辑学、哲学、宗教、科技、工程等方面产生了许多成就。然而5世纪中叶，以中亚为基地的游牧民族的嚈哒帝国开始向印度进犯。嚈哒人也是大月氏人的后裔，东罗马帝国称其为"白匈"，而他们自己也曾自称为匈人。这时，伊朗地区的安息帝国已被波斯人的萨珊王朝（Sassanid Empire）所取代。453年前后，嚈哒人夺取了萨珊王朝东部的领土，并乘势进入沩水以南，侵入笈多王朝。470年代末，嚈哒人消灭了犍陀罗地区的贵霜帝国的残余势力，并以此为基地大举进攻印度，一度推进到摩揭陀。他们还在大漠南北与南北朝的北魏争雄，令北魏常有后顾之忧。嚈哒人对印度的骚扰和侵犯一直延续到530年代中叶，对印度经济和政治体系造成极大破坏。许多笈多王朝地方官员还同嚈哒人勾结，甚至自称为王，最终致使王朝分裂，使印度重新回到小国割据的局面。

阿耶波多曾在著名古城华氏城接受教育，后来很可能负责管理印度最古老的大学那烂陀（Nālandā Vihāra），并在那里建立天文观测站。作为寺庙大学的那烂陀在鼎盛时期有上万名学者在那里学习。《阿耶波多历书》可能就完成于他在那烂陀工作的时候。不过，用"部"来称呼这本书似乎有点夸大，因为它一共只有121句话，其中13句讲的是不同时间长度的名称。剩下的108句话里，33句讲计算方法，25句讲如何在给定的日子确定天体的位置，50句讲天球几何、日食月食、二分点、二至点以及地球形状的确定。我们前面提到过印度梵文经典的特点：它们以诗句般的形式出现，只给出结果，既没有证明，也没有中国古籍中类似"术曰"那样的解说。

《阿耶波多历书》的数学部分有3个引人注目的内容。第一是圆周率，阿耶波多说，直径为20 000的圆的周长可以用4加100再乘8，最后再加上62 000来逼近。换句话说，圆周率是 $\frac{62\,832}{20\,000}$ = 3.141 6。"逼近"这个动词似乎说明他已经意识到圆周率是一个无理数。第二是三角函数，我们在第十三章已经介绍过了。第三就是不定方程。古代印度很早就对 $by - ax = c$（所有系数都是整数，且 $a > b$）这类的丢番图方程的整数解感兴趣，也是因为天文和历法计算的需要。阿耶波多发明了一种独特的处理方法，把它叫作"碾碎法"（Kuttaka）。可是，《阿耶波多历书》中对碾碎法的描述过于简要，后人已经无法根据文字准确地建立他的计算过程。婆什迦罗继承了阿耶波多的研究，并给出详细的解释。

婆什迦罗是阿耶波多天文学派里最重要的一位，他的教育据说来自他的天文学家父亲。婆什迦罗在数学上的一个非常重要的贡献是正式引入以数字为单位的数位系统。早在婆什迦罗出生500年前，印度的天文学家就已经引入数位的概念，但数字表达仅限于文字形式。人们用"月亮"来代表数字"1"，因为月亮是唯一的；用"翅膀、孪生子、眼睛"代表"2"；用"感官"代表"5"等。每个数字均按照数位排列，但顺序与今天数字的顺序相反，为从右到左。婆什迦罗把顺序改为从左到右，还引入小圆圈来代表"0"。所以，至迟从公元629年起，10进位的数位系统在印度已经完全建立起来了。

所谓"碾碎法"，婆什迦罗解释说，是把含有较大被除数的问题一步一步简化为一系列被除数较小的问题，使它们变得越来越容易解决。找到最后一个最容易解决的问题的解，再按照原路返回，便可求得原始问题的解。对于式（16.8）的问题，婆什迦罗给出的解法用代数语言来描述大致如下：

先把 y 用 x 来表示，得到

$$y = \frac{31x + 2}{12} = 2x + w, \tag{16.9a}$$

在（16.9a）里，

$$w = \frac{7x + 2}{12} \quad \text{或} \quad x = \frac{12w - 2}{7} = 1w + v。 \tag{16.9b}$$

之所以可以这么做，是因为这个问题里面考虑的都是整数。式（16.9a）把 y 除以12的余数问题简化为 x 除以2的余数问题；式（16.9b）则把 x 除以31的余数问题简化为相对于新变量 w 除以1的问题；至于 w，需要引入另一个新变量 v，而从 v 又引入下一个新变量 u，使它们满足下面的关系：

$$w = 1v + u, \tag{16.9c}$$

$$v = \frac{5u - 2}{2} 。 \tag{16.9d}$$

对于问题（16.8），进行到这里，婆什迦罗发现 $u=2$ 是一个可能的解，对应的 $v=4$，$w=6$，$x=10$，$y=26$。由此得到 $N=317$。

婆什迦罗利用这个方法处理一些非常繁复而且似乎莫名其妙的天文学问题。比如古印度教认为宇宙的历史可分为圆满时、三分时、二分时、争斗时四个宇迦（yuga），循环往复、永无止息。"宇迦"是个计年单位，中文译为"时"。人类目前所处的时代属于争斗时，它开始于公元前3102年。而一个宇迦等于1 577 917 500天，大致相当于4 320 102年。在一个宇迦里，土星运转146 564周，火星运转2 296 824周。令

$$\frac{146\ 564}{1\ 577\ 917\ 500} = \frac{36\ 641}{394\ 479\ 375} = \frac{x}{394\ 479\ 375}，\quad \frac{2\ 296\ 824}{1\ 577\ 917\ 500} = \frac{191\ 402}{131\ 493\ 125} = \frac{y}{131\ 493\ 125}，$$

婆什迦罗要寻求一个解，使得 $x+y$、$x-y$、$xy+1$ 各等于一个自然数的平方。他找到这套不定方程组的一个特解 $x=40$，$y=24$，然后考虑下一个问题：从争斗时开始的那一天算起到上述的 x 和 y，土星和火星各需要多少天，运转了多少个完整的圆周？这显然是一个丢番图问题，婆什迦罗用碾碎法得到结果：土星需要346 688天，运转32 202周；火星需要118 076 020天，运转171 872周。

争斗时开始的那一天有点像中国的上积元年零点；而从那一天开始计算的天数在古代印度称为积日（Ahargana）。必须坦白，上面的结果笔者没有验证，而且这只是某些研究人员通过对文字的猜测而得到的结果，所以请读者权当故事来看，不要把数字当真。不过它说明，古印度天文学家在处理非常大的数字。

以上的例子是利用现代代数的方法来描述的，阿耶波多和婆什迦罗的实际操作显然并非如此。他们的具体做法已经很难探讨清楚了。数学史研究人员通过对另外一位著名印度数学家婆罗摩笈多（Brahmagupta, 598年—660年）文稿的解释，得出一套数值求解的方法。作为具体例子，让我们看一个简单的问题：一个数除以29余15，除以45余19。求这个正整数。

设所求的数为 N。根据题意，我们有

$$N=29x+15 \quad 或 \quad N \equiv 15 (\mathrm{mod}\ 29)， \tag{16.10a}$$

$$N=45y+19 \quad 或 \quad N \equiv 19 (\mathrm{mod}\ 45)， \tag{16.10b}$$

把两式相减，得到

$$29x - 45y = 4。 \qquad (16.10c)$$

求解这个方程的碾碎法的具体步骤如下。

第一步：辗转相除。将较大的除数（45）除以较小的除数（29），得到的余数写入下一行。在新的一行里，将上一行的除数作为被除数，余数作为除数，再除。依次逐步相除，直到除尽为止。具体步骤见表16.1。

表16.1　碾碎法计算第一步

计算步骤	计算格式：除数|被除数|商
将45除以29，得到商为1，余数为16；	29|45|1 29
将29除以16，得到商为1，余数为13；	16|29|1 16
将16除以13，得到商为1，余数为3；	13|16|1 13
将13除以3，得到商为4，余数为1；	3|13|4 12
3除以1，得到商为3，余数为0，除尽。	1|3|3 3 0

第二步：选择最佳整数（表16.2）。

表16.2　碾碎法计算第二步

计算步骤	计算内容
列出所得之商	1、1、1、4、3
确定所得商的数目（减去第一个商）	4（偶数）
选择下一步运算的因数	2（因为此例中商的数目为偶数2×2）
最后商之值	3
最后商与因数的乘积	6
将余数之差（4）加到上述乘积（6）上面	10

第三步：逐步回算。先按照表16.3的顺序把上述计算结果列入一列，然后从一列的末尾向上逐步计算。例中该列的最后三个数是3、2、4，计算$2 \times 3 + 4 = 10$，把结果10写在二列的倒数第三个格子里。三、四、五列的计算方法相同。具体步骤见表16.3。

表 16.3　碾碎法计算第三步

表16.2数据	一列		二列		三列		四列		五列
商1	1		1		1		1		94
商2	1		1		1		52	$52 \times 1 + 42 = 94$	
商3	4		4		42	$42 \times 1 + 10 = 52$	42		
商4	3		10	$10 \times 4 + 2 = 42$	10				
因数	2	$2 \times 3 + 4 = 10$	2						
余差	4								

第四步：计算结果。把表16.3计算得到的最后一个数字94除以问题给出的除数之一29，余数为7。将这个余数乘另一个除数45，得到315。把两个余数较大的一个（19）加到此数上，得到最终结果334。

在处理余数问题的方法上，中国与印度谁拥有最先发明权？这是一个数学史上有争论的问题，因为两国文化的交往历史实在太悠久了。这里，我们只需指出，在阿耶波多出生之前，中国高僧法显（337年—422年）就已经在当时摩揭陀国的首都华氏城寻求佛经并学习梵语，在那里盘桓10年之久。与他一同抵达印度的僧人道整后来还南北横穿印度，一直到了今天的加尔各答。401年，西域高僧鸠摩罗什（Kumārajīva，344年—413年）到达中国，并将梵文佛经《修多罗》译成中文。佛陀跋陀罗（Buddhabhadra，359年—429年）于408年来到当时后秦的首都长安，后成为刘宋南朝著名的佛教翻译家。5世纪中叶，高僧菩提达摩（Bodhidharma，？—536年）成为禅宗的创办人，少林寺第一位禅师。公元7世纪，玄奘法师又在那烂陀寺年已106岁的大乘名师戒贤（Śīlabhadra，音译为尸罗跋陀罗，529年—645年）门下修习五年，之后巡礼印度东、西、南部。婆罗摩笈多与婆什迦罗大部分时间生活在短暂的戒日王朝（Harsha Empire，606年—647年）时代。玄奘法师曾经到过那里，觐见了开国的戒日王曷利沙伐弹那（Harshavardhana，约590年—647年），并且对他称赞不已。7世纪末、8世纪初，生在唐朝的第三代印度移民瞿昙悉达在开元年间主持编纂《开元占经》，整理中国很多有关占星术、天文学的资料。《开元占经》中包含了印度天文历书（Siddhanta）九曜的汉译本《九执历》，并于公元718年将印度数字"○"（零）引入中国。

　　不过通过前面对《九章算术》《孙子算经》《张邱建算经》的介绍，读者不难看出，婆罗摩笈多的碾碎法的计算过程同中国古籍中介绍算法（比如开平方）的风格相似，而且这样的计算方法特别适合在案几或地面上用算筹来计算。

本章主要参考文献

《孙子算经》。

《张邱建算经》。

左铨如，朱家生：《祖冲之大衍法新解》，《扬州大学学报（自然科学版）》，2010年第13卷3期，第39—45页。

Acerbi, F. Unaccountable numbers. Greek, Roman, and Byzantine Studies, 2015, 55(4): 902-926.

Bag, A.K., Shen, K.S. (沈康身) Kuttaka and Qiuyishu (求一术). Indian Journal of History of Science, 1984, 19: 397-405.

Cajori, F. A History of Mathematical Notations. Vol. 1. New York: Dover Publications, Inc., 1993: 451.

Eells, W.C. Greek methods of solving quadratic equations. The American Mathematical Monthly, 1911, 18: 3-14.

Heath, T.L. Diophantus of Alexandria: A Study in the History of Greek Algebra. London: Cambridge University Press, 1910: 387.

Kak, S. Computational aspects of the Aryabhata algorithm. Indian Journal of History of Science, 1986, 21: 62-71.

Sesiano, J. and Vogel, K. Biography in Dictionary of Scientific Biography (New York 1970-1990).

Shukla, K.S. Bhaskara I and His Works. Part Ⅲ: Laghu-Bhaskariya. Department of Mathematics and Astronomy. Lucknow: Lucknow University, 1963: 138.

第十七章　两个波斯人，两部《代数学》

公元641年12月22日，亚历山德里亚城头上升起倭马亚王朝（Umayyad Caliphate，661年—750年）的黑色旗帜。这个王朝在中国古称白衣大食。大将阿姆鲁（Amr Ibn al-As，约573年—664年）听说亚历山德里亚住着一位研究亚里士多德的专家，名叫约翰·费罗伯努斯（John Philoponus）。这位约翰是基督徒，但他那种亚里士多德式的宗教态度被正统教徒视为异端，一直在人们的蔑视下过着孤独的生活。然而他坚持研究语法和数学，并且不断地注评亚里士多德。阿姆鲁访问了年事已高的约翰，老人关于基督教三位一体教义的许多论点让阿姆鲁感到兴奋，如遇故知。两人谈得起劲，不知不觉时间已经过了好几天。突然，老约翰鼓起勇气，提起亚历山大城的皇家图书馆，请求阿姆鲁保护那里的无价珍本。

阿姆鲁在约翰的引领下来到荒凉破败的图书馆。放眼望去，四周全是书架，纵横排列，似乎望不到头。书架上是密密麻麻的方形格子，里面摆着一卷卷的书，有纸草的，也有羊皮的，许多书卷放在羊皮制成的圆筒里，外面挂了标签，上面注明书的题目、作者、出处，甚至作者的老师。可惜的是，许多格子空空如也。老约翰走近一座书架，用颤抖的手轻轻拂去厚厚的尘土，打开一卷珍贵的书卷，老泪纵横。这里，很多书卷的位置他闭着眼都能摸到，可是，长期的忽视和盗窃，不知有多少无价的孤本莫名其妙地消失了。阿姆鲁对亚历山德里亚图书馆产生了深刻的印象，一面派兵把守各个出口，防止劫掠纵火，一面火速派人请示哈里发，希望全力保护这座举世无双的知识宝库。

焦急地等待了一个月，哈里发的回信终于到了：全部烧掉！

一捆一捆的书卷被运到城市里四千多座公共浴室充当燃料。知识被化成燃料，洗涤人们身上的泥垢和血迹。亚历山大城烟火蒸腾，热水鼎沸，整整六个月。无数璀璨的古代数学成果就这样灰飞烟灭。

作为游牧民族，早期的阿拉伯文化比起两河流域、古埃及、希腊以及古印度和中国来落后很多。数学是一个很好的例子。马背民族没有纸和笔，加减乘除这些基本运算全靠心算加上手指帮助记忆。阿拉伯人采用10进位制，并且有一套屈指计数法

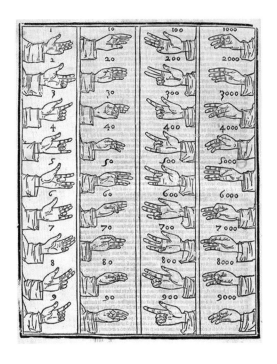

图17.1　意大利数学家帕西奥里（Luca Pacioli，1445年—1517年）在其著作《算术、几何、比例总论》（拉丁文：*Summa de Arithmetica*）里介绍了阿拉伯指算。这是书中刊印的阿拉伯指算符号。

（图17.1），左右手可以记录1到9，10到90，100到900，1 000到9 000一共36个不同的数字。比如做乘法46×28，需要把这个乘积变成40×20+40×8+6×20+6×8。计算时，先心算40×20=800，记在右手；再心算40×8=320，二者相加，得到1 120。记住这个数，下一步计算6×20和6×8，最后把各步计算的结果加起来，得到1 288。

指算这种计算方法很繁琐而且容易出错，于是人们寻找各种简化计算的方法。比如一个数乘5，可以先乘10再除以2。这一类的"捷径"有很多，一个有趣的例子是计算两个数的乘积时先算平方。比如16×24，先把这两个数加起来并除以2，得到20；把这个数平方得到400，按照图17.1，用右手记下来，攥住。下一步，做24−16=8，把这个数除以2再平方，得到16。把这个数从400减出去，就是要求的结果。读者应该知道这个计算方法的原理吧？

亚历山德里亚图书馆被烧毁100年后，阿拔斯（Abbasid，古称黑衣大食）王朝取代倭马亚，控制了阿拉伯半岛和波斯的大部地区，并进驻埃及。阿拉伯人按照古罗马的方式，每占领一个地区，就任命总督，如同国王，与当地人共同治理。黑衣大食的王室号称先知穆罕默德的叔父阿拔斯·穆塔里卜（Al-Abbas ibn Abd al-Muttalib，565年—653年）的后裔。8世纪中叶，相对的和平与稳定使哈里发哈伦·拉希德（Harun al-Rashid，764年—809年）治下的黑衣大食达到鼎盛时期。也许是在接触其他文明之后，看到了差距，他们大力吸引外来人才，不论信仰和种族。不久，首都巴格达就成为与唐朝长安并列的世界第一流大城市，罗马人、希腊人、中国人、印度人等各国人汇集在这个科学研究、艺术交流、贸易往来的中心。

也正是这个时候，智慧之宫（House of Wisdom）在巴格达出现。这个名字原是萨珊王朝对波斯皇家学术研究机构和图书馆的称呼，后来被阿拉伯人所采用。拉希德执政时期，巴格达的智慧之宫是世界上最大、最重要的研究机构。从9到13世纪的四百年间，大批阿拉伯学者聚集在这里从事研究和教育工作，并把许多波斯、希腊文著作翻译成阿拉伯文。学者们继承了古希腊人的传统，致力于知识的系统化，在论证过程中采用从命题到结论的逻辑分析，而这种分析恰是中国、印度和丢番图研究所缺乏的。

拉希德的儿子麦蒙（Al-Ma'mum，786年—833年）接任哈里发后，做了一个奇怪的梦。他梦见亚里士多德出现在黑衣大食的宫殿里，同自己对话。麦蒙醒来后，下令把能够搜集到的希腊文学术著作全部翻译成阿拉伯文。这些希腊文本一部分来自逃亡的希腊学者，更多的来自拜占庭王朝。当时伊斯兰和东罗马帝国之间冲突频繁，和约屡签屡毁。签约时双方按照惯例互赠礼物，查士丁尼之后的拜占庭对古希腊的非基督徒文化持完全蔑视的态度，既然阿拉伯人感兴趣，把那些没用的古希腊纸草卷、羊皮卷送给他们大概是最经济合算的礼物了。

在智慧之宫长期工作的学者里面，有个人名叫穆罕默德·伊本·穆萨·花剌子米（Muḥammad ibn Mūsā al-Khwarizmi，约780年—约850年）。后人对这个名字有各种各样的解释。从词序上看，al-Khwarizmi似乎是他的姓，但其原意是"来自花剌子模的人"。而ibn Mūsā的意思是"穆萨（Musa）的儿子"。所以在一些欧洲的文献里，他被认为姓穆萨，但穆萨其实是摩西（Moses）的阿拉伯文写法，也就是犹太教与基督教经文中带领以色列人走出埃及的那位先知。所以"摩西的儿子"似乎也不能证明他就真的姓摩西。现在基本把al-Khwarizmi作为他的姓，中文写作花剌子米。

花剌子模是（Khwarezmia）一个古老的国家，在中国古籍里有时称它为"火寻"，有时又叫它"呼似密""货利息弥"，其地理位置在今天乌兹别克斯坦的西部，咸海的南岸。有人说，它的名字来源于古波斯语"低地"。这里确实是中亚地势最低的地方，位于阿姆河三角洲与咸海相接之处。传说中，花剌子模早在亚历山大大帝到此之前一千年就已经立国。人们讲一种接近于粟特语的古伊朗语，不过它的文献记载的历史含有许多希腊-巴克特里亚文化的痕迹。这个地区跟中国也曾经有过一些联系。唐太宗贞观十四年（640年），李世民开始向西域进军，攻打高昌国（在今吐鲁番），同年设立安西都护府，统管西域军政事务。贞观十八年，平定距离长安7 300里的焉耆（又名乌夷），同年占领龟兹并抵达喀什（疏勒）、碎叶。到了高宗时代，李治（628年—683年）认为太宗在处理西域问题上只重军事，忽视政府管理，于龙朔元年（661年）在于阗以西、波斯以东16国设置都督府，统辖80个州、110个县、126个军府，并在吐火罗立碑记述此事。吐火罗就在花剌子模的南侧。那时，安西大都护府的管辖地包括安西四镇、濛池都护府、昆陵都护府（西突厥故地）、昭武九姓、吐火罗，甚至波斯都督府。火寻便是昭武九姓之一。其时波斯已经亡于白衣大食（即倭马亚王朝），而波斯都督府和火寻都处于唐帝国的最西端。

花剌子米出生于花剌子模归入伊斯兰版图后70年、怛罗斯战役之后30年。由于唐朝"督护"了花剌子模几十年，他的祖先可能对中国文化有所了解，不过他自己基本上在阿拉伯文化背景下长大，使用阿拉伯语写作。花剌子米生活的时代和地理位置得天独厚，他的学术成就应该是在中国、印度、阿拉伯三种文化背景上取得的。他年轻时便离开了家乡，前往当时的学问中心巴格达，在麦蒙的宫廷里服务，在智慧之宫进行研究工作。他的主要工作基本上是在20到40岁之间完成的。大约在40岁的时候，他被任命为智慧之宫天文馆的负责人。

花剌子米做的第一件重要事情，是把"印度计算"引入阿拉伯世界。为此，他写了至少两本书，一本是《印度计算书》(*Book of Indian Computation*)，另一本是《印度加减算法》(*Addition and Subtraction in Indian Arithmetic*)。他在书中介绍印度数字和沙盘算法。这套印度数字后来传入欧洲，变成今天的所谓阿拉伯数字。在《印度加减算法》一书中，他把数字0的概念引入西方世界。若干世纪以前，某位印度教学者或商人想在沙盘上记录数字；他采用圆点来表示没有货物，并借用宗教中"空"的概念，把这个点叫作舜若（sunya）。传入阿拉伯世界后，人们不再使用圆点，而改用圆圈，并称之为"西佛"（sifr）。这个字传入欧洲，演变成cipher（英文早期的0；后转义为加密和解密）。花剌子米二百多年后，sifr传入意大利，被转译为zenero，后来演变成英文的zero。

所谓沙盘算法，是在平面上撒上一层沙子，然后用写字签在上面做计算。这种方法很方便，沙盘写满以后，涂了重写，非常经济。花剌子米的方法在阿拉伯世界使用了至少三个世纪以后，才广泛地被使用纸和笔的方法所取代。到了公元12世纪，阿拉伯科学被大量引入欧洲。花剌子米的工作在欧洲起到了革命性的作用。他的名字被拉丁化，写作Algorismus；这个名字又被借用，以表示他所推出的算法，逐渐演变为"算法"，也就是algorithm这个英文词。

公元820年，花剌子米在巴格达出版了一本划时代的书（图17.2），名叫《简明移项和集项的计算》（*al-Kitāb al-Mukhtaṣar fī Ḥisāb al-Jabr wal-Muqābalah*；英文：*The Compendious Book on Calculation by Completion and Balancing*）。阿拉伯文的al-jabr一词，原意是平衡，含义相当广泛。比如骨头断了，是一种平衡的丧失；接骨师接上，就恢复了平衡；因此，al-jabr又可以指接骨师。不过在花剌子米的书名里，al-jabr指的是一种平衡的代数运算——移项，完成后，等式两端恢复平衡。这本书转译成欧洲文字，书名逐渐简化，其内容就以al-jabr代之。后来，世界各地的词汇里多了一个新词——代数（algebra），而这部书就被简称为《代数学》。从某种意义上可以说，花剌子米以一己之力使阿拉伯数学一下子跃到世界的最前端。

图17.2　9世纪出版的花剌子米的《代数学》一书的封面。

这本书的文体跟中国的《九章算术》和丢番图的《算术》那种简单罗列数学问题的文体完全不同，跟欧几里得的《几何原本》那种从基本假设到引理的风格也不同。花剌子米采用解释文体，从基本概念开始，一步一步展开，直到给出结果。这在当时是风格全新的教科书。他的目的很明确，要让人们了解代数的本质。在序言中，他以前人的努力来勉励自己：

在早已消失的年代里，在不复存在的国家中，致力于学问的人们不断地撰写关于科学的不同部门和各种知识分支的书籍。他们惦记着后人，希望在未来能够得到与自己能力相称的回报，并坚信自己的努力会得到认可、关注和纪念——即使是很少的赞美，他们也会满足；尽管这些回报同他们所经历的痛苦和在揭示科学的秘密及晦涩难懂时所遇到的困难比起来微不足道。

在这些人当中，有些靠自己的努力获取了前人不知的信息，并留给后人；有些评论了前人著作中的困难，并确定了最佳的研究方法，或者使后人获取科学知识变得更容易或更触手可及；有的则发现了前人工作中的错误，整理了混乱之处，调整了不正常之处，改正了同行的错误，而且既不傲慢，也不以自己的贡献为骄傲。

花剌子米显然希望自己的著作也能永远流传下去。为此，他非常详细地解释自己对代数的理解。书的正文是这么开头的：

> 当我考虑人们通常想通过计算得到什么，我发现它永远是一个数。
>
> 我还注意到，每个数都有一个单位，而任何一个数又可以被分成若干个单位……

在我们今天看来，这种叙述显得简单可笑，但这是人们把广泛的实际问题抽象到代数非常重要的第一步，对代数的发展起到了关键的作用。此前的数学著作如《九章算术》和《算术》只是把一个个具体问题抽象为数。花剌子米则明确指出，不管你面对什么样的计算问题，几何、天文、贸易、税务、遗产等，最终你要处理的都归于数。所有的实际问题都可变成抽象的数，而在对不同数的分析中又必须注意单位。花剌子米把代数从附属于几何的地位独立出来，代数学从此突飞猛进。

书中，花剌子米把精力集中在线性方程和二次方程上，在处理这些方程时由简入繁，并结合几何学来解释他的代数方法。他首先定义"根"（root）、"方"（square）、"数"，它们对应我们今天所说的未知数（x）、未知数的平方（x^2）、常数。比如，他把方程分成六类：

1. "方"等于"根"，即 $ax^2 = bx$；
2. "方"等于"数"，即 $ax^2 = b$；
3. "根"等于"数"，即 $ax = b$；
4. "方"和"根"等于"数"，即 $ax^2 + bx = c$；
5. "方"和"数"等于"根"，即 $ax^2 + b = cx$；
6. "方"等于"数"和"根"，即 $ax^2 = bx + c$。

在上面的方程里，a、b、c 都是正的有理数。花剌子米还没有认识到负数，所以把具有不同符号的各项的问题分开处理。他也不承认负数根，而早在 7 世纪，印度数学家婆罗摩笈多在解决一元二次方程的时候，就认识到负数根了。花剌子米也不考虑等于零的根。不过对每一类方程，花剌子米都利用代数方法和几何方法来解释求解方法并给出具体的求根公式，有时还举例说明。同赵爽的工作比起来，代数分析的普遍性明确多了。

比如《代数学》中的这一段：

举例示范："一个'方'与十个'根'等于三十九个迪拉姆（dirhem：阿拉伯货币单位）"。

花剌子米没有像丢番图那样创造代数符号，他给出的数学问题都靠类似于上面的文字描述。很容易看出，这个问题的方程是

$$x^2 + 10x = 39。\qquad\qquad (17.1)$$

他首先给出代数的方法：第一步，把 x 的系数除以 2，得到 5。第二步，把这个数平方，得到 25。把这个数加到方程右边的常数上，得到 64。第三步，计算 64 的平方根，得到 8。第四步，把 8 减去 x 项的系数的一半（5），得到 $x = 3$。

按照今天代数的写法，花剌子米的方法是这样的：第一、二步合起来得到 $x^2 + 10x + 25 = 39 + 25$，也就是 $(x+5)^2 = 64$。两边同时开方，得到 x 的正根是 3。实际上，这个方程还有一个根 $x = -13$，但花剌子米不考虑。

之后，花剌子米解释了这个方法的几何意义（图 17.3）。x^2 是一个边长未知的正方形［图 17.3（a）］，也就是式（17.1）左边的平方项。现在需要在式（17.1）左边加上 $10x$。怎么加呢？把 $10x$ 分成相等的四份，每份是一个矩形，其两个边长一个是 x，另一个是 $\dfrac{10}{4} = \dfrac{5}{2}$。四个矩形加上去，构成一个胖胖的"十"字［图 17.3（b）］。根据式（17.1），这十字的面积等于 39。代数解决方程（17.1）的步骤，是把图 17.3（b）中的十字凑成另一个正方形，然后开方。为此需要在胖十字的四个角上补上四个小正方形，每个面积当然是 $\left(\dfrac{5}{2}\right)^2 = \dfrac{25}{4}$［图 17.3（c）］。四个小正方形的总面积是 25，所以大正方形的面积就是 $39 + 25 = 64$。由此得到大正方形的边长是 8，减去刚才加上去的两个小正方形的边长

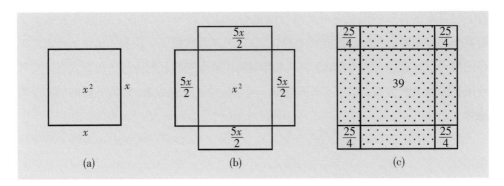

图 17.3　花剌子米解一元二次方程（17.1）的几何方法。

$\dfrac{5}{2}+\dfrac{5}{2}=5$，得到 $x=3$。

　　这个几何解释也是凑方法。建议读者把这个方法同第十五章中介绍的欧几里得的几何方法对照起来看。二者研究的对象分别是式（17.1）和式（15.13a′），但思路不同。显然，花剌子米的思路更为直观一些。

　　我们在第十五章里看到的赵爽的方程（15.11），属于花剌子米分类中的第 5 类。对这一类，花喇子米还是举例说明解决方案，先介绍代数方法，再给出几何解释。他采用的例子是

$$x^2+21=10x。\tag{17.2}$$

我们跳过他的代数求解过程，直接来看几何解释（图 17.4），以便同赵爽的方法作比较。

　　还是从边长未知的正方形 x^2 出发［图 17.4（a）］，在这个正方形的左边加上一个浅灰色矩形，使它的高度等于 x，水平宽度等于 $10-x$［图 17.4（b）］，那么，正方形与这个矩形的面积和等于式（17.2）等号右边的 $10x$，而浅灰色矩形的面积是 21。现在，在这个矩形的内部作一条虚线，使得虚线左边的浅灰色面积等于 x^2，那么虚线右边的浅灰色面积就是 $(10-2x)x$［图 17.4（b）］。我们不需要知道这个面积的具体数值，只要沿着垂直中线把它分成两等份，把其中深灰色的部分放到面积等于 x^2 的浅灰色正方形的上端［图 17.4（c）］。这样，浅灰色和深灰色的部分几乎构成一个边长等于 5 的正方形，所缺失的只是图中那个黑色的小方块。缺失黑色小方块的准正方形的面积是 21，所以黑色小方块的面积是 $5^2-21=4$，即边长等于 2。而根据图 17.4（c），这个边长与 x 之和等于 5，所以 $x=3$。

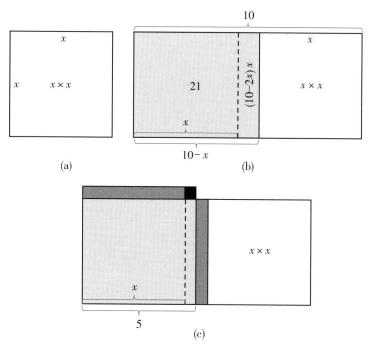

图 17.4　花剌子米求解式(17.2)一类二次方程的几何解释。

在几何求解的时候，花剌子米没有欧几里得那种逻辑严谨的证明。有人认为，他的几何理论来自另一个知识系统，可能是犹太人的《测量论》(*Mishnat ha Middot*；英文：*Treatise of Measures*)，其成书年代大致在罗马统治时期，即公元1—2世纪。虽然与花剌子米同时代的阿拉伯学者已经在翻译欧几里得的《几何原本》，但花剌子米似乎不懂希腊文，对古希腊几何学一无所知。在某种意义上，花剌子米对代数学的论述介于东方（中国和印度）与古希腊之间，既考虑到系统性，又考虑到实用性，而相应的理论逻辑性稍差了一些。关于代数学的完整逻辑理论还要等上近千年的时间才会建立，而花剌子米的理论是整个代数学的基础。所以有人说，花剌子米的《代数学》是科学的基础和奠基石，而且在某种意义上，花剌子米比丢番图更配得上"代数之父"的称号，因为花剌子米是第一位从基本原理出发教授代数的，而丢番图主要感兴趣的是数论。

花剌子米创造力最旺盛的时候，正是哈里发麦蒙崛起的年代。老哈里发拉希德生前把长子阿明(Al-Amin，？—813年)、次子麦蒙、三子卡西姆(Al-Qasim，789年—

813年）按长幼之序列为哈里发继承人。但这个顺序不仅仅是年龄，似乎更与血统相关。母亲为阿拉伯人的老大是纯种阿拉伯人；老二的母亲是呼罗珊波斯人，血统"差"了一些；而老三的母亲是被宠幸的女奴，就更"差"了一等。809年老哈里发逝世后，长子在巴格达即位。按照遗训，二子负责帝国东部的中亚地区，老三负责与拜占庭帝国接壤的西部地区。但阿明不久便开始从军事上削弱两个弟弟的力量。老三很快屈服；而老二麦蒙的波斯裔大将塔希尔·户撒因（Ṭāhir ibn Ḥusayn）不但打败了阿明的军队，而且反守为攻，围住了巴格达。巴格达军民虽然顽强抵抗，终究敌不住呼罗珊大军，一年之后沦陷，户撒因干脆把哈里发阿明处决了。新任的哈里发麦蒙对巴格达心怀疑惧，加上可能更喜欢波斯的生活方式，便长期驻守在呼罗珊地区。新哈里发的非纯正血统加上巴格达的真空引发各地的军阀割据，持续了近二十年。

在这一片混乱之中，只有呼罗珊相对安宁。由于战功显赫，塔希尔·户撒因成为呼罗珊地区的总督，他去世以后，总督职位由他的子孙继承，呼罗珊逐渐成为相对独立于阿拔斯的王国，史称塔希尔王朝。但这个王朝只存在了五十几年。873年，出身铜匠的军阀萨法尔（Ya'qub bin Laith as-Saffar, 840年—879年）在征服阿富汗和巴基斯坦地区以后进入呼罗珊。萨法尔也是波斯裔，在他的统治期间，波斯文化得到进一步的鼓励和发展。然而不到30年，出身于拜火教神职贵族家庭的伊斯梅尔·萨马尼（Ismail Samani, 849年—907年）在阿拔斯哈里发的怂恿下从河中地区攻入呼罗珊，建立了萨曼王朝。萨马尼出生于巴尔赫（Balkh），地属巴克特里亚；他的家族同时有波斯和突厥血统。萨马尼招揽了大量的学者、艺术家、医生等人才，使得首府布哈拉（Bukhara，今乌兹别克斯坦布哈拉州的首府）成为伊斯兰世界最辉煌的城市之一。

萨曼王朝兴旺了几十年后，遭到突厥人的攻击。突厥头领苏布克特勤（Abu Mansur Nasir al-Din Sabuktigin，约942年—997年）出生于今天吉尔吉斯斯坦一个葛逻禄（Karluks）的部落，十一二岁时遭人劫掠，辗转卖到萨曼王朝的城市加兹尼（Ghazni），在总督家里为奴。加兹尼在唐朝古籍里称为鹤悉那，宋时叫作吉慈尼，位于今天阿富汗的东部。这个小奴隶显然非同一般，因为总督后来竟然把自己的女儿嫁给了他；总督死后，他又以女婿的身份继承了岳父的职位。从977年起，苏布克特勤成为呼罗珊地区的实际君主。20年后，长子马哈茂德（Mahmud of Ghazni，971年—1030年）争得继承的权力，尽情施展自己的才华，使加兹尼王国的领土涵盖今天的阿富汗和伊朗东部大部、巴基斯坦和印度西北部。他还是历史上第一位以苏丹（Sultan；权威之意）自称的统治者。

马哈茂德死去不久，另一群突厥人杀到。这次的首领叫图赫里勒·贝格（Toghril Beg，约993年—1063年），据说图赫里勒的意思是凤头鹰。早年间，他的祖父带着一百户乌古斯突厥（Oghuz Turks）家庭投奔乌古斯叶护国（Oghuz Yabgu State），后来成为叶护国的重臣。图赫里勒在31岁时成为部落的头人，不久便同弟弟一起率军攻打呼罗珊，经过15年的反复征战，终于征服加兹尼王国，占领了呼罗珊和花剌子模的广大地区。图赫里勒自封为苏丹，用祖父的名字把这个新国家命名为塞尔柱（Seljuk）苏丹国，立都尼沙普尔（Nishapur）。又过了15年，图赫里勒帮助阿拔斯帝国收回被白益王国（Buyid Dynasty；也是伊朗中兴时期的波斯王朝）占领的巴格达，因战功被哈里发正式追封为苏丹。他统一了伊朗地区的各个小国，与胞弟恰格勒（Chaghri Beg，989年—1060年）分治阿拔斯帝国的东西两半，并以傀儡哈里发的名义向外扩张。图赫里勒信奉逊尼派教义，以统一伊斯兰世界为目标，不断地同什叶派的法蒂玛王朝（Fatimid Caliphate，北非的伊斯兰王朝，古称绿衣大食）以及基督教东正教派的拜占庭帝国军队作战。在几十年里，他带来的游牧民文化对各地原住民产生了深刻的影响，建成了一个逊尼派突厥-波斯的庞大伊斯兰帝国，伊朗间奏曲也随之结束。

两百多年过去，王朝似海潮，潮起潮落；战争不断，生灵涂炭，争王冠者前仆后继。于是有人叹道：

> 放眼处处天国中，（Wherever you go in the land of God.）
>
> 君王血渍花正浓。（Flowers bloom from kingly blood.）
>
> 尸革一抹明丽紫，（Violet with its colourful shroud.）

▼

故事外的故事 17.1

乌古斯突厥人属于西突厥。552年，原来处于柔然统治下的阿史那氏部族，联合其他突厥族游牧部落在今天蒙古国地区建突厥国，一度控制了漠北、中亚等广大的柔然故地。581年，突厥帝国以阿尔泰山为界分裂成东突厥和西突厥两个汗国，前者占据蒙古草原，后者统治天山草原和哈萨克草原。在7世纪时，东西两个汗国先后被唐朝所灭。

曾描美痣傲群戎。（Was a beauty mole on a face once proud.）

　　这首四行诗以阿拉伯字母的波斯文写成，作者名叫欧玛尔·海亚姆（Omar Khayyam，1048年—1131年）。萨曼王朝期间，波斯文完成了从使用巴列维字母（Pahlavi；古代波斯地区的文字）到阿拉伯字母的转变，从那以后，文献都采用阿拉伯字母。英文的译者是一位住在美国的当代伊朗人，名叫沙赫里亚尔·沙赫里亚历（Shahriar Shahriari）[①]，他宣称自己的翻译最接近于原意，并且在每首诗译文后面附有波斯文原文。这种一二四行押韵的四行诗文体叫作鲁拜（Rubáiyát；又译为柔巴依），有点像中文的绝句，曾在波斯地区十分流行。很多诗人都说，诗是不能翻译的。海亚姆的诗从波斯文翻到英文，很可能已经丧失了许多内涵；笔者在这里按照古诗的风格勉强译出，只能为读者提供一线可窥的狭缝而已。波斯人以脸上有痣为美，没有天然痣的人用一种蓝紫色的染料画在脸上，这在波斯和印度有数千年的传统。据说当时的男人包括国王的脸上也画痣，不过这里所谓的"痣"可能是显示力量和统治的图案，比如狮子之类。

　　喜欢读金庸武侠小说的人可能记得，在《倚天屠龙记》第三十章里，明教四大护法王之一"金毛狮王"谢逊借用韩夫人（即波斯妇人黛绮丝）之口，讲了一个故事。故事的开头是这样的：

　　　　其时波斯大哲野芒设帐授徒，门下有三个杰出的弟子：峨默长于文学，尼若牟擅于政事，霍山武功精强。三人意气相投，相互誓约，他年祸福与共，富贵不忘。后来尼若牟青云得意，做到教王的首相。他两个旧友前来投奔，尼若牟请于教王，授了霍山的官职。峨默不愿居官，只求一笔年金，以便静居研习天文历数，饮酒吟诗。尼若牟一一依从，相待甚厚。

　　这里面，"峨默"就是欧玛尔·海亚姆，而尼若牟指的是当时伊斯兰世界的重要政界人物尼扎姆-穆勒克（Nizam al-Mulk，1018年—1092年）。海亚姆给后人留下的整

[①] 沙赫里亚尔·沙赫里亚历（Shahriar Shahriari, S.）英译海亚姆的《柔巴依》，参见https://www.iranchamber.com/literature/khayyam/rubaiyat_khayyam1.php（中文为本书作者译）。

天饮酒吟诗的形象主要来自英国诗人菲茨杰拉德（Edward FitzGerald, 1809年—1883年）。此人在19世纪中叶发现了海亚姆的柔巴依，取其诗意加以任意增删混编，甚至完全重写，作成四行诗。这些以海亚姆为名的"译诗"起初无人问津，但逐渐为人们所喜爱，最终成为英国文学的经典。不过今人认为，鉴于文化和宗教的差异，菲茨杰拉德在很大程度上误解甚至歪曲了海亚姆的诗意。为此，有人称菲茨杰拉德笔下的欧玛尔为"菲茨欧玛尔"（FitzOmar）——Fitz在英语里是某人之子的意思。

实际上，海亚姆是一位大哲通才，在哲学、文学、史学、天文学、数学上均有重要贡献。我们在这里主要谈他的数学研究。

海亚姆出生于塔希尔和萨法尔王朝的首都古城尼沙普尔。萨曼王朝时期，由于对印度和伊拉克的扩张，尼沙普尔成为重要的国际贸易城市，几乎可以同巴格达抗衡。海亚姆出生前不久，尼沙普尔被塞尔柱人占领。有人说，海亚姆这个姓是制篷匠的意思。在半游牧的国家里，帐篷是很重要的财富，类似于今天的房产，所以海亚姆的家况应该很不错，他受教于当时著名的学者穆瓦法克·尼沙布尔。海亚姆在尼沙普尔完成教育以后，在当地靠教师的收入从事研究工作。庞大的塞尔柱军事帝国占据着两河流域和今天的伊朗、叙利亚、巴勒斯坦、格鲁吉亚、亚美尼亚等地，各地反抗不断，政权极不稳定。后来他在书中写道：

> 我无法使自己全神贯注于代数的学习，因为时代的奇闻逸事和重重困苦妨碍了我。作为一个弱小民族，我们缺乏学识渊博的人，问题多多，对生活的需求又剥夺了学习的机会，只能利用睡觉的时间进行科学研究。而大多数人却只是模仿哲学家，把谬误当成真理，除了欺骗和假冒学者以外什么也不做；他们用自己知道的那点学问来追求财富，每当看到追求正确、倾向真理、努力反驳谬误、把伪善欺骗抛在一边的人，便极尽愚弄嘲笑之能事。

1070年前后，海亚姆来到撒马尔罕，在一位有权势的法学家的支持下完成了名著《还原与对消问题的论证》（*Treatise on Demonstration of Problems of Completion and Balancing*）。书名跟花剌子米的类似，后来也被简称为《代数学》。这本书最主要的贡献在于首次使用几何方法求解一元三次方程，这是一种崭新的解决代数问题的思路，它开启了分析几何的先河。

一元三次方程具有几千年的悠久历史，无数的数学家试图彻底解决它。《数学现场：另类世界史》中的故事主线就是历代人们求解这类方程所作的努力。传说中，这个问题的起源来自如何把希腊神殿的体积按照一定比例放大一倍。这就是著名的二倍立方难题。古希腊人企图用尺规作图的方法解决这个问题。据说，柏拉图的朋友梅内克缪斯在处理二倍立方时发现，设想把正圆锥形按照不同方向切割，可以得到三种不同的平面曲线，即椭圆（包括圆）、抛物线和双曲线，统称圆锥曲线（conic sections）。后来，阿基米德研究了这类曲线的一些特征，并考虑了用平面切割球体的体积问题，发现按照给定体积比值用平面切割圆球的问题等价于某类一元三次方程。再往后，阿波罗尼乌斯系统地研究了圆锥曲线。阿拉伯世界的数学家对阿基米德的平面割球问题有特殊的兴趣，不少人采用代数或几何的方法研究某类特殊的一元三次方程。

海亚姆发现，所有系数为实数的一元三次方程都可以用几何的方法通过圆锥曲线来解决。今天我们用一个表达式来代表所有的一元三次方程

$$x^3 + ax^2 + bx + c = 0, \tag{17.3}$$

不失普遍性，取立方项的系数为1，这叫首一方程。这很容易理解，对于系数不为1的方程，左右除以该系数，即可变为立方项系数为1的方程。但同丢番图一样，海亚姆也没有意识到负数的存在，他把方程（17.3）分成14种情况，所有的系数都用正数表示。他发现，不同形式的方程需要用不同的圆锥曲线来求解，总结起来如下：

$$x^3 = c \qquad \text{（直接开立方即可）;} \tag{17.4a}$$

$$x^3 + bx = c \qquad \text{（对应于抛物线和圆的交点）;} \tag{17.4b}$$

$$x^3 + c = bx \qquad \text{（对应于抛物线和双曲线的交点）;} \tag{17.4c}$$

$$x^3 + ax^2 = c \qquad \text{（对应于抛物线和双曲线的交点）;} \tag{17.4d}$$

$$x^3 + ax^2 = c \qquad \text{（对应于抛物线和双曲线的交点）;} \tag{17.4e}$$

$$x^3 + c = ax^2 \qquad \text{（对应于抛物线和双曲线的交点）;} \tag{17.4f}$$

$$x^3 = bx + c \qquad \text{（对应于抛物线和双曲线的交点）;} \tag{17.4g}$$

$$x^3 + ax^2 + bx = c \qquad \text{（对应于双曲线和圆的交点）;} \tag{17.4h}$$

$$x^3 + ax^2 + c = bx \qquad \text{（对应于两条双曲线的交点）;} \tag{17.4i}$$

$$x^3 + bx + c = ax^2 \qquad \text{（对应于双曲线和圆的交点）;} \tag{17.4j}$$

$$x^3 = ax^2 + bx + c \quad （对应于两条双曲线的交点）; \tag{17.4k}$$

$$x^3 + ax^2 = bx + c \quad （对应于两条双曲线的交点）; \tag{17.4l}$$

$$x^3 + bx = ax^2 + c \quad （对应于双曲线和圆的交点）; \tag{17.4m}$$

$$x^3 + c = ax^2 + bx \quad （对应于两条双曲线的交点）。 \tag{17.4n}$$

上述所有的方程都是用文字描述的。比如，海亚姆对式（17.4b）的描述是"立方与根等于一个数"；式（17.4n）则是"立方加数等于平方加根"。对于直接开立方来解式（17.4a），海亚姆说："印度人有他们自己的开平方、开立方的方法……我写过一本书，证明他们的方法是正确的。我便加以推广，可以求平方的平方、立方的平方、立方的立方等高次方根。这些代数的证明仅以《几何原本》的代数部分为根据。"海亚姆在早期完成的《算术问题》一书中，介绍了印度算法，研究人员认为这里所说的印度算法来自两本书，其中之一就是前面提到的《印度计算书》；而印度的开方法又有可能来自中国。

采用几何方法求解，未知数的三次方代表体积；而未知数本身的单位就是长度。为了说明海亚姆的方法，让我们看看他求解式（17.4b）的过程。式（17.4b）可以改写为

$$x^3 + d^2 x = d^2 h。 \tag{17.4b'}$$

这里，$d^2 = b$，$d^2 h = c$。之所以可以这么做，当然是因为 b 是个正数。d^2 在几何上代表一个正方形，而 $d^2 h$ 则代表一个截面积为 d^2 的柱体。这样，式（17,4b'）的几何意义就很清楚了：一个未知边长的立方体和一个与该立方体等高且底面积等于 d^2 的柱体，二者的体积之和等于柱体体积 $d^2 h$。

海亚姆给出的解题步骤如下：

第一步，作水平直线 BO，使线段 BO 长度等于 h，并以 BO 为直径作半圆（图 17.5）。

第二步，过点 O 作 BO 的垂线 $OA = c$。以 c 为正焦弦长，作以直线 OA 为对

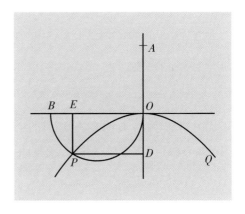

图 17.5　海亚姆求解一元三次方程（17.4b'）的几何方法。

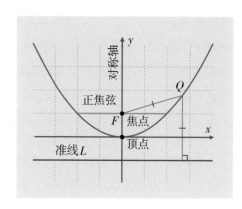

图 17.6　抛物线的一些基本概念图示。

称轴的抛物线。这条抛物线交半圆于点 P。

　　这里牵涉抛物线的几个基本概念。抛物线是一种平面曲线，它上面任何一点 Q 与一个固定点 F 之间的距离 QF 等于点 Q 与一条不经过点 F 的固定直线 L 之间的距离（图 17.6）。固定点 F 是抛物线的焦点，固定直线 L 是抛物线的准线。抛物线必关于通过焦点且与准线垂直的直线对称；这条直线称为抛物线的对称轴。通过焦点 F 作一直线，交抛物线于对称轴两侧。作为例子，图 17.6 中的蓝色抛物线的代数表达式是

$$y = \frac{1}{4a}x^2, \tag{17.5}$$

其中，a 是顶点到焦点 F 的距离。抛物线上任何一点 Q 到焦点的距离 QF 被称为焦半径；过焦点与抛物线相交所形成的线段被称为焦点弦；垂直于对称轴的焦点弦是正焦弦（通径）。

　　第三步，回到图 17.5，从点 P 作 AO 延长线的垂线，交该延长线于点 D，PD 就是式（17.4b′）的正根。

　　为什么？以今天代数的知识很好理解。如果令 $PD=x$，$PE=y$，那么在半圆内（图 17.5），

$$y^2 = PE^2 = EO \times BE = PD \times BE = x(h-x)。 \tag{17.6}$$

上式中，我们用到几个以前介绍过的几何定理，读者应该能够自己证明。又因为抛物线是以 $OA=c$ 为正焦弦制作的，而从图 17.5 可知，$PE=y$，根据我们制作的抛物线的要求，$PD^2 = OA \times PE$ 就是

$$x^2 = cy。 \tag{17.7}$$

至于那个半圆即式（17.6），它可以表达为

$$\left(x - \frac{h}{2}\right)^2 + y^2 = \left(\frac{h}{2}\right)^2 \text{。} \tag{17.8}$$

到这里，可以清楚地看到，式（17.4b）和（17.4b′）的解就是圆（17.8）和抛物线（17.7）的交点。

对于较为复杂的情况，如式（17.4j），方法类似，我们放在附录五里面，不过建议读者自己先考虑一下。

海亚姆的这种分析方法堪称是革命性的，它开始系统地把代数与几何有机地结合在一起。海亚姆很清楚地看到这一点，比如，对求解一元二次方程，他说：

> 不管是谁，认为代数只是求得未知数的"巧技"的想法是无用的。代数与几何虽然表面上看起来不同，但这种不同不值得特别注意。代数是几何的事实，而这些事实已经被《几何原本》第二卷的命题5和6证明了。

《几何原本》第二卷的命题5和命题6是第六卷命题28和命题29的特例。关于这两个命题，我们在第十五章里已经讨论过了。

500年后，笛卡尔（René Descartes，1596年—1650年）拿过海亚姆手中的接力棒，开创了解析几何（analytical geometry）的理论系统。不过那是下一篇的故事了。

海亚姆的第二部重要著作名为《论〈原本〉中一些公设的困难》（*Commentaries on the Difficulties of the Postulates of Euclid's Elments*），其中对欧几里得的第五条公设，也就是著名的平行公设做了深刻评论。

回忆第五章介绍的欧几里得的五条公设，你有没有注意到，跟前四条公设比起来，第五公设显得相当繁复？按照亚里士多德的话来说，公设必须是明显为真却无法证明的命题。那么，第五公设是不是如此呢？

自从《几何原本》问世以来，许多人对第五公设表示怀疑，并试图用几何原理来证明它。如果这条公设能被证明，那它就不是公设，而是其他公设的逻辑推论。雅典学院的希腊裔哲学家普罗克洛（Proclus，412年—485年）和生活在绿衣大食的阿拉伯数学家海萨姆（Hasan Ibn al-Haytham；拉丁世界称其为 Alhazen 或 Alhacen；约965年— 约1040年）都做过尝试。

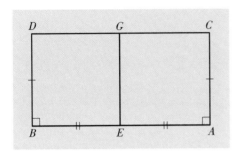

图 17.7　海亚姆讨论欧几里得平行公设时构制的平行四边形。

海亚姆则试图利用第四公设来导出第五公设。第四公设说，所有的直角都相等。他先作一条直线段 *AB*（图 17.7），然后在端点 *A* 和 *B* 作长度相等的垂线段 *AC* 和 *BD*。很容易证明，$\angle ACD = \angle BDC$。下一步，如果可以证明 *CD* 平行于 *AB*（*AB* ∥ *CD*），第五公设就是第四公设的推论。海亚姆取 *AB* 的中点 *E*，再过点 *E* 作 *AB* 的垂线，交线段 *CD* 于点 *G*。可以证明点 *G* 把线段 *CD* 等分，而且 *EG* ⊥ *CD*。下一步，如果他能够证明 $\angle ACD = \angle BDC = 90°$，那么就可以证明 *AB* ∥ *CD* 了。

　　$\angle ACD = \angle BDC$ 只有三种可能：（a）小于 90°，（b）大于 90°，（c）等于 90°。海亚姆利用反证法证明（a）和（b）这两种情况都会陷入自我矛盾的困境，得到结论，只有（c）成立。也就是说，他认为自己成功地从第四公设推出了第五公设。

　　但情况其实并不那么简单。实际上，海亚姆的证明过程中隐含了一个与第五公设等价的假设：两条直线如果越来越近，那么它们必定在这个方向上相交。

　　但这毕竟是人类历史上第一次把两条平行线与它们的垂线的角度分成三种情况来考虑。这个思路使人们对几何的认识大大加深。海亚姆身后700多年，意大利数学家贝尔特拉米（Eugenio Beltrami，1835年—1900年）证明，平行公设是独立于前四条公设的。把平行公设用不同的公设来代替，可以建立不同的几何理论体系。

　　今天，我们称假定五个公设都成立的几何学为欧几里得几何，而假定平行公设不成立的为非欧几里得几何，简称非欧几何。海亚姆所考虑的三种情况实际上对应了三类不同的几何体系。$\angle ACD = \angle BDC = 90°$ 是欧几里得几何，它的一些性质跟平行公设等价：假定平行公设成立即可推导出这些性质；反之，把这些性质之一假定为公设，也可推出第五公设。最为著名的代替平行公设的公理是苏格兰数学家普莱费尔（John Playfair，1748年—1819年）提出的：

　　给定一条直线，通过此直线外的任何一点，有且只有一条直线与之平行。

贝尔特拉米还指出，非欧几何可以在欧几里得空间的曲面上实现。与 $\angle ACD=$ $\angle BDC$ 小于90°对应的是建立在双曲面上的非欧几何，故称双曲面几何（hyperbolic geometry），又叫罗巴切夫斯基几何（罗氏几何），是俄国人罗巴切夫斯基（Nikolai I. Lobachevsky，1792年—1856年）首先提出来的。与 $\angle ACD=\angle BDC$ 大于90°对应的是椭球面（包括球面）上的非欧几何，故称椭球面几何（elliptic geometry）。不过这些内容超出本书的范围了。

1074年，穆勒克邀请海亚姆觐见当时的苏丹马利克沙（Malik-Shah Ⅰ，1055年—1092年；Shah是波斯语君主的意思，简称沙），任命海亚姆为伊斯法罕（Esfahan）天文台负责人，主要任务是修正天文历。波斯古代使用太阳历，定一年为365天，分为12个月。阿拉伯人征服波斯后，改用伊斯兰阴历，12个月分为六个30天的大月和六个29天的小月，一年只有354天。逢闰年加一天，30年加11个闰日。这和回归年的365.242 2天差了近11天，使四季和月份严重脱节，极不适合农业。海亚姆与同事经过三四年的努力，确定当时回归年的长度为365.242 198 581 56天。虽然他没有明确给出测量值的误差，但这是那个时代最为精确的结果。今天我们知道，回归年的长度会在100年的时间里在小数点后面第六位数发生改变；19世纪末的年长是365.242 196天，目前的年长是365.242 190天。由此可见，海亚姆的年长精度应该是在小数点后第六位。他还建议采用365天的年制，每33年加8个闰日，也就是平均年长为 $365\frac{8}{33}=365.242\ 4$ 天。这样，他所制定的平均年长与实际回归年相差不到20秒。他的历书以马利克沙的名字贾拉尔（Jalal）命名，至今仍在伊朗和阿富汗部分地区使用。马利克沙对海亚姆的才华极为赞赏，决定对他的研究予以无条件的支持，这使得海亚姆得以享受难得的长达18年的自由。

在结束本章之前，再讲一个海亚姆分析的数学问题，它跟赵爽的旋方图有关。

在一篇丢失了名称的论文里，海亚姆提出以下几何问题：

一个以 E 为圆心的圆，圆弧 AB 是整个圆的 $\frac{1}{4}$（图17.8）。R 是圆弧上一点。过点 R 作圆 E 的切线 RT（图17.8），再通过点 B 作切线，交 RT 于点 I。把直角三角形 TRE 复制，使 RE 与 IT 重合，得到三角形 LIT。利用同样的方式再重复两次，便得到赵爽旋方图的基本方形。读者不妨把图17.8和图15.7对照来看。

海亚姆对图中的三角形有特殊要求：连接 RH 平行于 AE，使 $RE+RH=ET$，$ER+EH=RT$。令 $RH=x$，$EH=a$，可以得到下面的一元三次方程（请读者自己验证）：

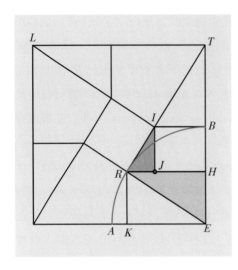

图 17.8　海亚姆的"勾股圆方图"。

$$x^3 + 2a^2x = 2ax^2 + 2a^3。 \qquad (17.9)$$

这个方程对应着式（17.4m）一类，海亚姆所要处理的问题中 $a = 10$，他利用双曲线和圆的交点来求解，求得 x 也就是 RH 的长度，并由此确定 $\angle RET \approx 57°03'$。

海亚姆住在伊斯法罕的时间正是计划修建伊斯法罕聚礼清真寺（Jāmeh Mosque of Isfahān 或 Friday Mosque of Isfahān）的时候。这座著名的清真寺最初建于 773 年，采用泥砖建筑。后来屡加翻修扩建。1050 年，伊斯法罕成为塞尔柱苏丹国首都后，开始大加改善。1086 年至 1087 年，马利克沙的著名重臣穆勒克领导建造了当时伊斯兰世界最大的穹顶（南穹），并首次采用伊斯兰建筑的檐口（Muqarnas，原意为溶洞顶端悬挂下来的钟乳石）设计。1088 到 1089 年，又增加了一处穹顶（北穹）。

1079 年贾拉尔历书被正式启用，海亚姆继续留在伊斯法罕，直到 1092 年马利克沙去世。所以，在修葺聚礼清真寺的过程中，他一直都在当地。当时有一种规矩，工匠在设计建筑时会跟数学家商量。一个有名的例子是阿布·瓦法（Abu al-Wafa'，940 年—998 年）。这位天文学家在天文观测期间经常同建筑师会面，讨论建筑中的几何问题，并专门为工匠们写了《几何作图》一书，介绍装饰图案的几何原理。现代一些学者认为，海亚姆的佚名论文就是专门为修葺聚礼清真寺的建筑师和工匠写成的。

虽然南穹与北穹的建筑时间相差不过两年，但北穹的建筑水准远远高于南穹。它在地震频发的中亚地区巍然挺立 900 多年，直到今天，成为联合国教科文组织公布的世界文化遗产之一。建筑史专家认为，这个差别主要取决于设计和建筑的领导人，而海亚姆很可能是建造北穹的负责人。

以前建筑史研究人员一直以为，伊斯兰清真寺的装饰图案是工匠们利用直尺仅仅依靠手眼直接画出来的，但图案的角度和长度都必须非常精确，否则不可能向四周无限扩展。新发现的古文献显示，为了帮助几何与代数知识欠缺的工匠们准确地制作类似图17.8的装饰图案,海亚姆还设计了特制的丁字尺,这样他们不必计算,只要按照丁字尺上的标记来制图就行了。工匠们很喜欢菱形,因为菱形非常灵活,可以产生无数变化,同时保证基本图案可向四面无限延展。

以图17.8为基础,采用海亚姆设计的工具,稍稍改变"旋方图"中直角三角形三个边长的比值,可以作出变化多端的图案来(图17.9)。图17.10是另一个例子,其中的菱形被进一步分割,视觉效果一下子变得很不一样了。

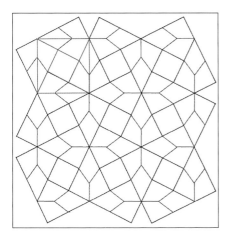

图17.9　从海亚姆"勾股圆方图"衍生出来的几何图案的一例。

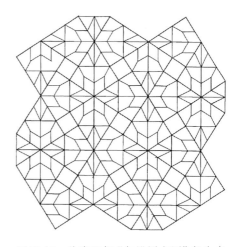

图17.10　从海亚姆"勾股圆方图"衍生出来的几何图案又一例。

所以,伊斯兰工匠们早在公元10世纪左右就开始同几何学家合作来进行清真寺建筑和装饰的设计工作。这种设计涉及复杂的几何学关系和空间对称性的理论。这种来自伊斯兰波斯的令人炫目的几何装饰风格后来在奥斯曼帝国的清真寺建筑中继承下来,一直流传至今。

许多装饰图案非常复杂,很难想象工匠们仅仅使用直尺和圆规完成这样的图案。2007年华裔物理学家陆述义(Peter J. Lu,1978年—)在研究了大量塞尔柱时期清真寺的装饰图案后得出结论,绝大多数这类图案只需要五种基本图形(图17.11):正十边形、正五边形、菱形、长六边形、领结形。只要这些基本元素拥有相等的边长和曲角,便可以衍生出无数种复杂的图案,而工匠们无须进行任何运算,只要把它们拼接起来就行。不但如此,这些基本元素又可以分解成为更小但形状相同的基本元素。如此层层放大或缩小,从数学上说,构图没有极限。

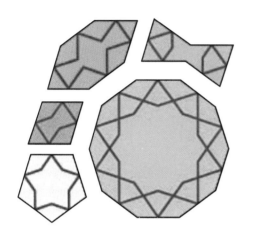

图17.11　塞尔柱清真寺装饰图案的基本元素。从右下角起沿顺时针方向：正十边形、正五边形、菱形、长六边形、领结形。

图17.12的左图是位于伊拉克首都巴格达的穆斯坦西利亚高等学院（Mustansiriya Madrasah）拱门上的图案。塞尔柱帝国的学院（Maddrasah）建设最早起自尼扎姆·穆勒克担任宰相期间，故以他为名，称为尼扎姆学院（Nezamiyeh或Nizamiyyah）。后来，学院制度逐渐扩展到阿拉伯世界的其他地区。穆斯坦西利亚学院是哈里发穆斯绥尔（Al-Mustansir, 1192年—1242年）期间建造的。图17.12的右图显示，这个图案由三种基本元素组成。

陆述义还发现，这些几何图案的基本元素可以用来解释20世纪80年代才发现的准晶（quasicrystal）的原子结构。所谓的准晶是一种介于晶体和非晶体之间的固体。准晶具有与晶体相似的长程有序的原子排列，但不具备普通晶体的平移对称性。这种平移对称性要求晶体只能具有二向、三向、四向或六向旋转的对称性。准晶原子群所包含的基本元素，如图17.11中的五边形和十边形，不具有向空间无限延展的对称性，

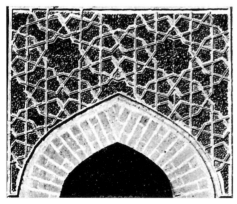
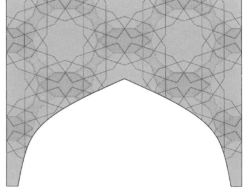

图17.12　左图：巴格达的穆斯坦西利亚学府拱门上的几何图案。右图：拱门几何图案中采用的三种基本元素。取自 Lu & Steinhardt, *Science*, 2007。

但如果是其他元素（如菱形、长六边形和领结形），则可以构成几何上非周期的无限延展图形。

陆述义进一步推论，在塞尔柱工匠建造清真寺时，不需要懂得复杂的几何原理。设计建造清真寺之前，只需要若干套不同尺寸的五元素基本图形；工匠们依据这五种基本元素，便可以迅速准确地完成不同尺寸、复杂而变化多端的装饰图案。

那么，这个天才的想法究竟是谁最先提出来的呢？我们已经无法确知。不过从时间、地点和人物能力等诸方面来看，海亚姆应是最大的"嫌疑人"。

1092年，位极人臣30年的穆勒克被阿萨辛派刺客暗杀；10天后，马利克沙也意外死亡，塞尔柱帝国陷入内战。天文历改革停止，天文台关闭，海亚姆失去了经济来源，直到1131年逝世。下面这两首四行诗可能是他离世前不久的作品（英文翻译者为沙赫里亚历）：

儿时求学步履匆，（In childhood we strove to go to school.）
为师授徒乐其中。（Our turn to teach, joyous as a rule.）
如今老来悲且酷，（The end of the story is sad and cruel.）
来从尘土去随风。（From dust we came, and gone with winds cool.）

吾若为神掌天地，（Like God, if this world I could control.）
灭此凡尘不留迹。（Eliminating the world would be my role.）
改创完全新世界，（I would create the world anew, whole.）
自由灵魂得如意。（Such that the free soul would attain desired goal.）

本章主要参考文献

Gandz, S. The sources of al-Khowarizmi's algebra. Osiris, 1936, 1: 263−277.

Lu, P.J., Steinhardt, P.J. Decagonal and quasi-crystalline tilings in medieval Islamic architecture. Science, 315: 1106−1110.

Ozdural, A. A mathematical sonata for architecture: Omar Khayyam and the Friday mosque of Isfahan. Technology and Culture, 1998, 39: 699−715.

Rosen, F. The Algebra of Mohammed Ben Musa. Calcutta: Thacker & Co., 1831: 208.

Struik, D.J. Khayyam, mathematician. The Mathematics Teacher, 1958, 51: 280−285.

第十八章　浪迹欧亚非的"数商"

　　马利克沙的死因不明，有人说他是被阿拔斯哈里发派人毒死的，也有人说他是被穆勒克的追从者暗杀的。他统治了塞尔柱帝国20年，一直在穆勒克的辅佐下遵从父亲的遗愿东征西战。他的祖父是塞尔柱第一任苏丹图赫里勒·贝格的弟弟恰格勒；图赫里勒去世后，恰格勒的儿子争得苏丹的宝座。这位苏丹英勇善战，武艺非凡，从东罗马帝国手中夺得安纳托利亚（Anatolia）大部分地区。这个地区后来成为土耳其的大部分疆土，所以土耳其尊他为阿尔普·阿尔斯兰（Alp Arslan，意为英勇之狮；1029年—1072年）。作为阿尔斯兰的长子，马利克沙从9岁起就跟随父亲四处征战，13岁时正式成为王储。1072年，阿尔斯兰意外死亡，17岁的马利克沙正式成为苏丹。他在尼扎姆·穆勒克的辅佐下战胜了自家兄弟和叔父的国内挑战，然后大力向外扩张。东方，他击败喀喇汗国（Kara-Khanid Khanate），占领阿姆河北岸，攻下撒马尔罕，并逼迫和田、喀什的统治者臣服。南边，他剿灭加兹尼王国，完全控制了呼罗珊和伊朗南部。西面，他稳固了高加索地区和安纳托利亚。到了1089年，塞尔柱帝国达到鼎盛，其疆土东起兴都库什山，西达亚洲大陆的尽头，还控制了阿拉伯半岛北部、中东的两河流域和埃及北部，也就是所谓的黎凡特（Levant）地区。

　　这时，欧洲西部的法兰克、盎格鲁－撒克逊等民族早已皈依基督教，就连德国南部的撒克逊人（Saxons）、斯堪的纳维亚的维京人（Vikings），甚至喀尔巴阡山盆地的突厥后裔马扎尔人（Magyars，即早期的匈牙利人）也改宗基督教。

　　1054年，东西方基督教会终于出现大分裂，形成后来的圣公教会（即天主教会）和东正教会。以法兰克人为主的神圣罗马帝国支持天主教罗马教廷，而以君士坦丁堡为中心的拜占庭帝国则以东正教教徒为主。双方的支持者常常以战争来解决叙任权（授予主教和修道院院长以封地和职权的权力）争端，持续了差不多50年。

　　而同时期的拜占庭帝国则两面受敌，摇摇欲坠：西边有诺曼人（Normans）的威胁，东面则被塞尔柱帝国不断进攻。源于维京人但被法兰克文明同化的诺曼骑士普遍贫穷，缺少领地，常以雇佣军的身份为别人作战，以此养家糊口。这些骑士尚武而且对天主教绝对虔诚。诺曼人在法国北部站住脚之后，开始向意大利南部、西班牙半岛和

▼

故事外的故事 18.1

马利克沙的父亲阿尔斯兰是一位传奇性人物，许多塞尔柱人认为他是天下无敌的勇士。他不断地攻城略地，但对于管理这个飞速膨胀的帝国毫无兴趣。每当占领一个地区，他就把管理权交给维齐尔（Vizier；即宰相）穆勒克。1071年夏天，阿尔斯兰以两万塞尔柱骑兵在曼齐刻尔特（Manzikert）打败东罗马的四万大军，并俘虏了拜占庭皇帝罗曼努斯四世（Romanus Ⅳ，约1030年—1072年）。受俘仪式之后，阿尔斯兰问罗曼努斯，假如他自己战败成为拜占庭的俘虏，罗曼努斯会如何对待。罗曼努斯实话实说："我会杀了你，或者让你在君士坦丁堡游街示众。"阿尔斯兰并不恼怒，回答说："我对你的惩罚要严重得多：我不但原谅你，还赐给你自由。"阿尔斯兰没有食言，不但释放了罗曼努斯，还送给他大量贵重的礼物。

第二年年底，阿尔斯兰在攻打喀喇汗国途中灭了花剌子模。兵到阿姆河边，他把拒降的花剌子模领主带到帐前，下令将其处决。绝望的领主抓住一把匕首冲向阿尔斯兰，而后者命令卫兵退后，自己拉弓搭箭来迎敌。可能是他过于轻敌，放箭那一瞬间一脚踩空，箭锋仅仅擦伤了对手，而领主的匕首则深深插入他的胸膛。四天后，阿尔斯兰死亡，时年43岁。

北非扩张，并于1066年占领英格兰之后攻击爱尔兰和苏格兰。这些地区的人大都跟诺曼人一样信仰天主教。对于信仰东正教的拜占庭帝国，诺曼人更是不断侵犯，攻城略地。

就在这个战乱频仍的时代，有两个人在命运的支配下浪迹天涯。漂泊为他们提供了从不同文明汲取知识的独特机会，他们对数学的贡献彪炳青史。这里先说第一个人。

北非有一座海港城市叫贝贾亚（Bejaia），今天属于阿尔及利亚。11世纪时，这里是西欧和非洲以及阿拉伯世界贸易往来的重要港口，也是柏柏尔（Berber）人建立的伊斯兰哈马德王国（Hammadid Dynasty）的首都。十字军与伊斯兰各国的征战如火如荼，双方的贸易活动却也繁荣昌盛。交战双方都允许商队通过，不过必须缴纳保护费。意大利北部的比萨共和国在贝贾亚建造了领事馆和驿站，有常驻官员管理到此处经商的本国公民。在意大利语里，这个城市的名字是布吉亚（Bugia）。这里除了航海贸易还出产蜂蜡。因为欧洲天主教堂遍地，礼拜时需要蜡烛。布吉亚的蜂蜡在欧洲非常有名，后来在天主教里，"布吉亚"变成了蜡烛座的意思。

比萨是当时欧洲贸易活动最兴旺的城邦国家之一，在布吉亚设有领馆。有一位名叫吉利奇莫·波拉契（Guilichmus Bonaci）的比萨官员被派到贝贾亚去，负责管理那里比萨商人的海关和税务工作。商人出身的吉利奇莫意识到算术在商业上的重要性，把自己的儿子列奥纳多（Leonardo Pisano，约1175年—1250年）也带到那里，希望他能从阿拉伯世界学到先进的数学知识。小男孩刚到那里的时候，大概也就十岁出头。父亲把他送到讲阿拉伯语的学校里读书，接受教育。男孩成人以后，靠着学成的三样东西走南闯北：阿拉伯语、希腊语和阿拉伯数学。他游历了北非的埃及和叙利亚，越过地中海走遍了希腊和西西里（就是阿基米德生活过的叙拉古），之后周游西欧，最远抵达拜占庭的首都君士坦丁堡，并在那里盘桓数年。他的主要经济来源应该是经商，但他的主要兴趣在数学。中国古代有所谓"儒商"，我们不妨称这位列奥纳多为"数商"。

我们不知道列奥纳多在旅途中克服了多少困难、遇到过多少惊险，有一点几乎可以肯定，那就是他走到哪里，都随身携带一包厚重的文稿。每到一处，他便寻找当地的数学家，跟他们切磋数学，在纸上写写算算。当时在欧洲，大部分的书仍然是写在羊皮纸上。但笔者猜想，他的书稿应该是写在阿拉伯纸上面的，因为纸张在阿拉伯世界广泛使用已经有好几个世纪了。比起羊皮纸来，纸张不仅轻便易携，价格也便宜很多。在这位浪迹天涯者生活的年代之前，阿拉伯纸也已经通过十字军东征而传入了欧洲。

漂泊了差不多20年之后，他回到了老家比萨，闭门著书，在1202年完成了一部拉丁文鸿篇巨著《计算之书》（*Liber Abaci*）。他在书的首页写下这么一句话：

> 这里开始《计算之书》，编纂者是比萨的列奥纳多，斐波那契家族的儿子，1202年。

Abaci这个拉丁文词是Abacus的复数形式。这个词被借用到英文里，一般翻译成

图18.1　17世纪复原的古罗马算板示意图。算板的大小可放进衣服的口袋里。

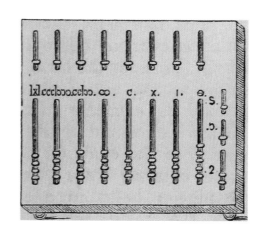

算盘，使人马上想到中式算盘。实际上，严格来说，abacus的意思是算板。最早的算板是一块表面撒满沙粒的平板。古人在计算前在沙面上画出横线或竖线，每条线代表不同的数位。计算时，把不同数目的小石子放到与数位对应的线上，其原理接近于中国的筹算。类似的方法遍布全世界，从美索不达米亚到古印度、欧洲，甚至美洲的印加帝国，都有大同小异的算板。

　　图18.1是一种古罗马算板的示意图。随着经济的发展，古罗马的工程师、商人和税官把撒沙计算的算板改进成为可以随身携带的"计算器"。算板用青铜铸造，上面有两组沟槽，每个沟槽内嵌着可以滑动的金属珠。下面一组较长的沟槽里有四个珠，不用时保持在沟槽的下端。使用时，按照数字把相应数目的金属珠从底部滑到顶部，表示1—4这四个数字。上面较短的沟槽里只有一个金属珠，代表数字5。图18.1中，最右边的两列沟槽是用来计算分数的，这里略去不谈。右起第三列标有"I."的金属珠代表个位数（对应罗马数字Ⅰ、Ⅱ、Ⅲ、Ⅳ等），第四、第五列标有"X.""C."的分别代表十位和百位，以此类推。每一位的数字最多可到9，9再加1该位数字就需要进位。这个计算原理跟中国的算盘相同，当然远不如算盘灵活快速。

　　《计算之书》的1202年版现在已经找不到了。列奥纳多后来不断地修改和补充，在1228年完成了第二版，不过首页的那句话依然保留。这一版超过400页，每页的正反面都写满了字，摞起来估计有近10厘米厚。它的英文版在2004年首次刊出，一共670多页，还是用小号字母印刷的，所以称为鸿篇巨著一点也不夸张。

　　列奥纳多把第二版题献给当时神圣罗马帝国的宫廷哲学家、数学家兼天象师斯柯特（Michael Scot，1175年—约1232年）。他在献词中说，自己看到了阿拉伯数学的奇妙，学到了"九个印度数字"，意识到不同地区的人们一直在使用不同的方法研究和使用数学（摘自纪志刚等人所译中文版《计算之书》，本书作者略有修改）：

　　家父远离家乡，在贝贾亚海关供职。贝贾亚海关为比萨商人所建立，商人们常常群聚此处。我年幼时就被父亲带在身边，他希望能为我创造一个舒适而有意义的未来。我在贝贾亚接受了一段时间的数学教育。那些来自印度的九个数字的精妙解说，令我如此着迷，远远胜过别的任何东西。我向所有精于这方面学识的人们学习，学习他们各种各样的方法。这些人来自埃及、叙利亚、希腊、西西里和普罗旺斯。后来，为了更深入地学习，我到那些商贸地区四处周游，在与同行的相互辩难中所获甚丰。总的来说，对照印度的方法，我纠正了旧式的运算法则，以及毕达哥拉斯的艺术中的大量错误。我尽量准确地引入印度方法，专注于对它的研究，间或加入自己的阐述，当然更多的还是来自精妙的欧几里得的几何体系，并尽可能把我的理解融入其中，最终汇成这部十五章书稿，其中对我所加入的每一部分几乎都给出了证明。因此，这些方法远远胜过其他。应该给那些渴望学习的人讲授这门学科，这对拉丁世界的人们来说尤其重要，因为到目前为止他们对算术尚不甚明了。

　　这里所说的"九个印度数字"，就是我们今天熟知的从1到9这些阿拉伯数字。实际上，列奥纳多在书中也介绍了数字0，或许他仍然认为0与其他数字的性质不同，没有算在数字之内。13世纪以前的欧洲一直使用罗马数字，这是一种用字母代表数字的计数系统。比如，数字1678用罗马数字来表示，是MDCLXXVIII。这里M、D、C、L、X、V和I分别代表1 000、500、100、50、10、5和1。数字600写成DC（意思是500 + 100），70写成LXX，等等。而400则写为CD（500 - 100）。这个数字系统没有数位的概念，在数学运算时非常不方便。所以，人们在大多数实际情况下采用类似于阿拉伯手指计数的方法进行计算。稍微复杂一些的，就需要用有数位的罗马算板了。但即使有了算板的帮助，计算结果不能留下记录，仍然是一个很大的问题。意大利是当时欧洲最活跃的国际贸易地区，威尼斯、比萨、佛罗伦萨等地的进出口贸易活动频繁，贸易量越来越大。沙盘也好，算板也罢，每次计算之后重新归零，留不下记录。一旦出错，必须从头算起。只有在纸张引入之后，才使账目记录成为标准的贸易操作规程。

　　从某种意义上来说，《计算之书》是一部"实用手册"。这部书中，列奥纳多自己贡献的研究内容其实并不多。有一种值得注意的，是分数表示法。使用"阿拉伯"数字，列奥纳多首次提出一套分数计算的表示法。这个方法跟我们现在使用的标准方式不同，表18.1给出了几个例子，可以看出，它们比较令人困惑，难以理解。

表18.1　《计算之书》中提出的分数计算表示法

现代分数计算表示法	《计算之书》里的表示法
$\dfrac{6}{7\times5}+\dfrac{2}{5}$	$\begin{smallmatrix}6&2\\7&5\end{smallmatrix}$
$\dfrac{6}{7}\times\dfrac{2}{5}$	$\circ\ \begin{smallmatrix}6&2\\7&5\end{smallmatrix}$
$\dfrac{6}{7}+\dfrac{2}{5}$	$\begin{smallmatrix}6&2\\7&5\end{smallmatrix}$
$\dfrac{6}{7}\times\dfrac{2}{5}+\dfrac{2}{5}$	$\begin{smallmatrix}6&2\\7&5\end{smallmatrix}\ \circ$

　　《计算之书》中的代数理论主要来自花剌子米和第十章里提到的埃及伊斯兰数学家卡米尔。卡米尔在其著作《代数论》中把花剌子米的代数理论又向前发展了一步，还写了一本《花剌子米的代数》，为非数学专业人士解释代数的用途。列奥纳多显然希望《计算之书》对专业和非专业人士都有用。为了让读者清楚地理解代数的理论和应用，他列举了大量的例题，给出详细的解答。比如第十二章"论一些问题的解"，英文版长达186页，其主要内容是如何"代数"地分析问题，包括许多跟贸易有关的例子。他把未知量叫作"东西"（thing；拉丁文：res）；花剌子米也把它们叫作"东西"（罗马化后的阿拉伯文：shay）。第十三章介绍如何采用双假设法也叫试位法（the method of false position；具体内容见本书第十章）来求解线性方程（组）。列奥纳多把试位法称为"elchataym"，这个字是直接从阿拉伯名词al-khaya'yan（"两个错误"，即双错法）借来的。这个阿拉伯名词也来自卡米尔。第十三章讨论求平方根、立方根以及它们之间的加减乘除。这里，他列出长达42页的例题，采用欧几里得《几何原本》第十章的分类方法对不同的根求和、求差。第十五章讨论代数运算中的几何规则和意义。这一章也占了八九十页的篇幅，其中的内容跟花剌子米的内容有很大的重复，不过列奥纳多也从未宣称这些内容是自己独创的。

　　《计算之书》里还列举了许多趣味数学题，目的应该是引发读者的兴趣。其中有一个外行听起来很奇怪而在数学界极为有名的问题，是关于兔子繁殖的完全不符合实际的问题。他给兔子们做了这样一些假定：

1. 第一个月初有一对刚出生的兔子；

2. 第二个月后（也就是第三个月初）这对兔子可以生育一对兔子；

3. 以后每个月每一对可生育的兔子都会生下一对新兔子；

4. 兔子永远不死。

假设在第 n 个月共有 a 对兔子生存，第 $n+1$ 月共有 b 对，那么在第 $n+2$ 月必定共有 $a+b$ 对兔子，因为在第 $n+2$ 月里，前一月（第 $n+1$ 月）的 b 对兔子可以存留到第 $n+2$ 月（当月新生的兔子还不能生育），而在第 n 月就已存在的 a 对兔子又生下 a 对兔子。这个关系可以用下面的式子来表达：

$$F_{n+2} = F_n + F_{n+1} \quad (n \geqslant 1)。 \tag{18.1}$$

如果规定 $F_0 = 0, F_1 = 1$，那么我们得到一个看起来似乎没有什么规则的数列：

$$0, 1, 1, 2, 3, 5, 8, 13, 21, 34, 55, 89, 144, \cdots \tag{18.2}$$

列奥纳多在《计算之书》里只给出式（18.2），而且不包括最前面的三个数字 0、1、1。式（18.1）是《计算之书》出版大约 500 年后才被 18 世纪的欧洲数学家们用符号代数学的方式表达出来的。这是一个相当神奇的数列，它满足下述关系：

$$F_n + \alpha F_{n-1} = \beta (F_{n-1} + \alpha F_{n-2}) \quad (n > 2), \tag{18.3}$$

这里，$\alpha = \dfrac{\sqrt{5}-1}{2}$，$\beta = \dfrac{\sqrt{5}+1}{2}$。式（18.3）说明，$F_n + \alpha F_{n-1}$ 跟（$F_{n-1} + \alpha F_{n-2}$）构成等比数列。这个等比数列的比值 $\beta = 1.618\,033\,988\,75\cdots$，是个无理数。这是个非常有名的比值，叫作黄金比值。人们一般用希腊字母 Φ 来表达它，而 α 也跟 Φ 有关：$\alpha = \dfrac{1}{\Phi}$。Φ 满足一个特殊的一元二次方程：

$$\Phi + 1 = \Phi^2。 \tag{18.4}$$

从几何角度来看，方程（18.4）给出的是一种特殊的直角三角形：根据勾股定理，底边长度为 1、高为 $\sqrt{\Phi}$ 的直角三角形的斜边长是 Φ。还记得第四章里那个总给毕达哥拉斯找麻烦的希帕索斯吗？他发现，在无限连套的正五边形几何系列里（图 4.9），很多线段的长度之比也都跟这个 Φ 有关（图 18.2）。

另外，这个数列似乎包含无穷多个质数，比如2、3、5、13、89、233、1 597、28 657、514 229、433 494 437、2 971 215 073、99 194 853 094 755 497、1 066 340 417 491 710 595 814 572 169、19 134 702 400 093 278 081 449 423 917等。这个数列目前已知最大的质数是第81 839个数，它含有17 103位数字。

数列（18.2）中相邻两个数的比值$\frac{F_{n+1}}{F_n}$在n很大的时候，也趋近Φ。另外，如果把这个数列中每个数当成边长，构成

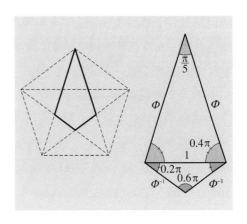

图18.2　毕达哥拉斯多重五边形中一些线段的比值等于黄金比值Φ。

一个正方形，那么，从边长为1的两个正方形开始，总是构成长方形（图18.3）。当n很大时，长方形两条边的边长比值也逼近Φ。而如果把每个正方形的边长作为半径，在正方形内部把两个对角用圆弧连起来，就得到一根优美的螺旋线，通常叫作黄金螺旋线。黄金螺旋线有一个很神奇的性质，那就是无论在什么尺度下，它的形状都一样，这在数学里叫作自相似性（self-similarity）。简单地说，把图18.3中最小的矩形（也就是正方形1、2、3构成的矩形）提出来，再把图中红线注明的单位正方形的边长减倍，得到的图形可以和图18.3一模一样；这个过程可以无穷无尽地做下去。

黄金螺旋线可以用一个非常简单的数学式来表示：

$$r = \Phi^{\frac{2\theta}{\pi}}, \tag{18.5}$$

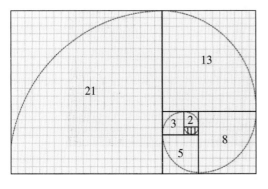

图18.3　把边长符合式（18.1）规则的方块摆在一起，总是构成长方形。以正方形边长为半径作圆弧，构成一条螺旋曲线，称为黄金螺旋。

这里，r是黄金螺旋线上任意一点到其原点的距离，θ是该点与原点的连线相对于通过原点的某一参考直线之间按照弧度计算的角度，Φ是黄金比值。黄金螺旋相对于参考直线每旋转四分之一周（即角度增加$\frac{\pi}{2}$弧度），螺旋线上对应点距离原点的距离就增加Φ倍。严格说来，式（18.5）给出的曲线是真正的黄金螺旋，而把每个正方形里的四分之一圆弧连接起来的曲线只是式（18.5）的近似。不过二者之间差距非常之小，肉眼几乎看不出来。

更为神奇的是，自然界里许多生物的某些结构参数都接近黄金率。比如生存在海底的鲛鳒鱼卵巢的剖面（图18.4a）、一些海螺壳的剖面（图18.4b）。这些现象的尺度差别极大，从不到1毫米（10^{-3}米）到若干亿光年（1光年大约是10^{16}米）！

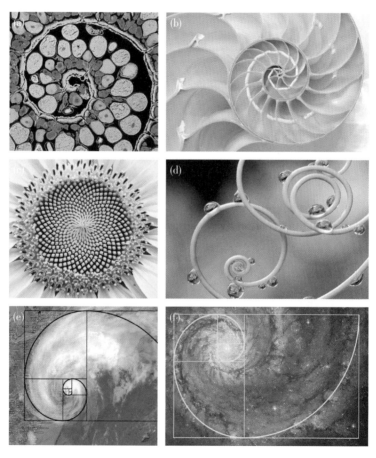

图18.4 从微观到宏观，无数自然现象的表象均可以用黄金螺旋来描述。

读者自然会问，这个神奇的数列是如何建立起来的呢？是列奥纳多凭空想象出来的吗？有人从列奥纳多长大的地方寻求答案。我们前面提到，贝贾亚是著名的蜂蜡产地。对熟悉养蜂的人来说，一只雄蜂的祖先有这样的规律：

1. 雄蜂生自未受精卵，只有一个母亲，即雌蜂；

2. 雄蜂的母亲生自受精卵，也就是说，雄蜂的祖父辈有一雌一雄两只蜂；

3. 再上一辈，它的曾祖父只有雌蜂母亲，而曾祖母来自一对父母，所以曾祖父母共有三位；

如此类推，很容易建立一个跟列奥纳多的兔子一样的数列。

这个假说非常有意思而且来得相当自然。根据这个假说，列奥纳多不需要非常复杂的数学推导和建构，只要从对蜜蜂的观察思考中便可构建他的数列。

数学史专家还告诉我们，在列奥纳多发现这个数列之前半个世纪左右，一个名叫金月的印度数学家（Acharya Hemachandra，1088年—1173年）研究了一个跟兔子毫不相干的问题：在码放货物的时候，如果有很多不同大小的、底面为正方形的箱子，其大小最接近的两种箱子的边长比例在1和2之间，怎样码放最节省空间？金月发现，最佳码放方式就是数列（18.2）的形式，如图18.3中的正方形所示。

到了18世纪，列奥纳多的数学开始受到欧洲数学家的广泛关注，有人给他起了个外号，叫斐波那契（Fibonacci）。从那时起，斐波那契数列、斐波那契螺旋、斐波那契比值等这些名词开始在各个领域出现，而且似乎越来越时髦。

欧洲的有识之士意识到自己在数学和其他科学方面比阿拉伯世界落后了许多，需要努力赶上。一个典型的例子是东罗马帝国皇帝腓特烈二世（Fredrick Ⅱ，1194年—1250年）。腓特烈二世是当时西欧罕见的学者皇帝，能讲七种语言：德语、意大利语、法语、拉丁语、希腊语、希伯来语、阿拉伯语。他的父亲来自德国南部斯瓦比亚（Swabia）地区的霍亨斯陶芬（Hohenstaufen）家族，母亲是诺曼人建立的西西里王国的最后一位女王。腓特烈二世从小在西西里长大，喜欢那里的生活方式。在他出生的前三年，诺曼人刚刚战胜存在了250多年的西西里酋长国，岛上的阿拉伯文化依然盛行，所以他对阿拉伯语言和习俗相当了解。腓特烈二世两岁丧父，三岁丧母，一直在罗马教皇的监护下长大。他从两岁起便戴着"神父哺育的国王"的王冠，但实际上是个时时被监视的囚徒。他在歧视和虐待中长大，有人说曾经见到6岁的国王身穿华服，用手指甲不停划破绸衣和自己幼嫩的皮肤。有时候他在王国的首都巴勒莫（Palermo）街头流浪,靠可怜他的市民接济吃饭。悲惨坎坷的童年经历深刻地影响腓特烈二世的一生,他待人平等,可以同马夫平等交谈问题。他只相信自己,老谋世故,见多识广,对知识孜孜渴求也是从童年在市井间生活时开始的。他独立掌权以后,继续诺曼西西里王国的传统,在宫廷里经常雇佣穆斯林和犹太官员、学者,甚至军队里也有穆斯林将士。

13世纪时欧洲一些上层人士开始对数学学问产生了极大的兴趣和重视。实际上,接受列奥纳多《计算之书》题献的斯柯特正是腓特烈二世宫廷里的学问官之一。当时,一些人为了显示学问,常常采用类似于骑士比武的方式,在公众面前提出挑战,把自己认为极为困难的数学题公布出来;应战者需要当众给予解答。双方你来我往,观战者虽然看不懂,但从"交战"的表现可以知道谁赢谁输,至少瞧个热闹。

列奥纳多就经历过这样的挑战。1225年,腓特烈带着众多官员和珍禽异兽来到他在比萨的行宫,随行的一位宫廷数学家约翰对列奥纳多提出挑战。在历史文献中,我们发现三个约翰留下的问题:

1. 找到一个有理数,它的平方加上5或减去5仍然是平方数。

2. 求解方程: $x^3 + 2x^2 + 10x = 20$。

3. 三人共有一盘金币,甲、乙、丙各拥有其中的 $\frac{1}{2}$、$\frac{1}{3}$ 和 $\frac{1}{6}$。每人从这盘金币中取出若干,直到盘空为止。甲把他取出的金币的 $\frac{1}{2}$ 放回盘内,乙把他取出的 $\frac{1}{3}$ 放回盘内,丙把他取出的 $\frac{1}{6}$ 放回盘内。现在把盘中的金币平分给三人,每人手中的金币恰好是他们应该拥有的。问: 最初盘中有多少金币? 他们每个人取出的金币又是多少?

列奥纳多精通欧几里得的《几何原本》,熟练掌握了希腊数学中有关定义、定理和证明的方法,又从阿拉伯科学家那里学到了印度数字、位值制系统、算术运算的计算方法,以及花剌子米的代数学方法。另外,通过学习、游历、同各地数学家们辩论,他对数学的辩论术也相当纯熟。总而言之,列奥纳多是一位卓越而富有创造力的数学家,在当时的欧洲恐怕无人能望其项背,所以解决这些问题对他来说轻而易举。当然,八百多年后的今天,现在的中学生应该都可以解决这些问题了。对于第一题,读者可参考丢番图的方法来处理。第二题实际上是从海亚姆那里"借"来的——这说明,西西里宫廷数学家约翰也在关注阿拉伯的数学。这个方程没有整数根,列奥纳多给出的是近似解,处理方法可能接近于海亚姆。由于当时还没有小数点的概念,他用分数来表示近似数值解。有趣的是,他采用类似于古巴比伦的60进位制表达方式,给出 $x = 1 +$

$\dfrac{22}{60}+\dfrac{7}{60^2}+\dfrac{42}{60^3}+\dfrac{33}{60^4}+\dfrac{4}{60^5}+\dfrac{40}{60^6}\cdots\approx1.368\,808\,107\,853\,224$。今天我们可以很容易地算出这个方程的解是 $1.368\,808\,107\,821\,372\,6\cdots$，而他的结果只在小数点后第十一位的地方出了点问题，这在当时是相当罕见的。不过，他没有给出解的一般表达式，也许他的数学水平距离海亚姆还差了一些。第三题是个不定方程问题，可以用余数定理来解决。附录六给出解决这个问题的一个方法。不久，列奥纳多把所有挑战题和它们的解综合起来放到一本书里，取了个富有文艺色彩的名字，叫《繁花》(*Flos*)。

至于数学专著，列奥纳多写过一部《平方之书》(拉丁文：*Liber Quadratorum*)，研究一系列丢番图数论问题，如寻找毕达哥拉斯三数组的方法，并证明了婆罗摩笈多恒等式①，还有一部《实用几何学》(拉丁文：*Practica Geometriae*)，讨论欧几里得几何学中的问题。

列奥纳多由于数学上的才干成为欧洲的名人，比萨共和国做出决定，给予他终身俸禄，自由进行研究。腓特烈二世也极为欣赏列奥纳多的数学才干，聘请他到自己的宫廷学院进行研究和教学。皇帝本人则在跟教皇勾心斗角之余研究驯化猎鹰，写出当时欧洲最接近于科学论文的《论驯鹰》。但这时的世界又发生了巨大变化，从中亚那边，一个剽悍民族的骑兵如闪电般出现在东罗马帝国的边界上。整个世界的视线都转移到欧洲的生死存亡上，列奥纳多几乎被人忘记了，直到200多年后，才被重新注意。

不过做生意的人们没有忘记他。列奥纳多敏锐地意识到数和纸这两个东西的重要性，在《计算之书》中花了大量篇幅介绍阿拉伯数字的意义和用法，并改进了花剌子米发明的代数计算步骤，在纸上一步步写下计算结果。《计算之书》介绍的方法成为我们现在进行数学计算的雏形（代数符号的发明还要经过几百年时间）。这本书不仅对数学，对整个人类社会发展的影响也是革命性的。列奥纳多显然认识到这套方法有各种用途，数学史研究人员推测，他又写了一部书，采用意大利语，是用通俗的语言来介绍这个方法。从那以后，在意大利各地出现了数不清的计算学校和无数简易版的《计算书》。目前发现的简易《计算书》有四五百种之多，用意大利各地不同的方言写成。有人估计，在13到18世纪之间，当时流行的简易《计算书》至少有数千种之多。大量的意大利商人把自己的孩子送进计算学校，希望他们将来能处理更为复杂的生意行为。

---

① 婆罗摩笈多恒等式给出四个数 $(a、b、c、d)$ 的平方与它们之间乘积的关系：$(a^2+b^2)(c^2+d^2)=(ac-bd)^2+(ad+bc)^2=(ac+bd)^2+(ad-bc)^2$。

耶鲁大学经济学教授葛兹曼（William Goetzmann，1956年—）指出，欧洲发展的各种金融资本体系所需要的工具都出现于《计算之书》问世之后不到五百年的时间里。包括有限责任公司内所有权的分配，政府和公司的长期借贷，国际金融市场的起动和清盘，人寿保险，年金，共同基金，金融衍生工具，银行存款等，使用的工具都是以《计算之书》的计算方法为起点的。

葛兹曼认为，列奥纳多是人类历史上第一位引入现值分析（present value analysis）概念的数学家。现值分析是比较不同支付流（payment streams）的相对经济价值的方法，它把货币的价值随时间而变化的因素考虑在内。从数学上把所有流动现金归结到某一个单一时间点，可以帮助投资人确定哪种投资最佳。根据一个2001年企业财务人员的调查，现值标据（present-value criterion）被应用于所有大型公司的财政预算决策当中。葛兹曼说，现在使用的现值公式是美国经济学兼统计学家费舍尔（Irving Fisher，1867年—1947年）在1930年提出的，但其原始来源可追溯到《计算之书》。

本章主要参考文献

斐波那契著，纪志刚、汪晓琴、马丁玲、郑方磊译：《计算之书》，北京：科学出版社，2008年。

Devlin, K. Finding Fibonacci: The Quest to Rediscover the Forgotten Mathematical Genius Who Changed the World. Princeton and Oxford: Princeton University Press, 2017: 241.

Scott, T. C., Marketos, P. On the origin of the Fibonacci sequence. MacTutor History of Mathematics, March, 2014.

Takayama, H. Frederick II's crusade: an example of Christian — Muslim diplomacy. Mediterranean Historical Review, 2010, 25: 169–185.

第十九章　历经四国战乱的通才

　　就在列奥纳多完成第一版《计算之书》四年后（1206年），所有蒙古部落的贵族聚集在斡难河（今鄂嫩河）的源头，推举乞颜部落的首领为大蒙古国的皇帝，赋予他一个头衔，叫作成吉思汗（1162年—1227年）。三十年后，空前强大的蒙古大军攻占了伏尔加保加利亚（Volga Bulgaria；大致位于今天俄罗斯联邦中的楚瓦什共和国和鞑靼斯坦共和国），三年后把莫斯科彻底毁灭。接着南下，二次攻占克里米亚，然后北上，把罗斯公国的首都基辅夷为平地。所谓"罗斯"（Rus'）并非指俄罗斯，而是当时拜占庭帝国对源自北欧维京人的瓦良格人（Varangians）与东斯拉夫人融合后的族群的称呼。蒙古人毁灭罗斯公国后，罗斯人分裂，演化出以基辅为基地的乌克兰、西北莫斯科的俄罗斯、白罗斯三大分支文化，东斯拉夫的古代罗斯小国从那时起陷入漫长的分治。

　　1241年，蒙古大军抵达第聂伯河畔的迦里奇（Halich，今天乌克兰西部的古城），从那里兵分六路继续西进，共同攻入波兰和匈牙利。次年攻入佩斯（今天匈牙利首都布达佩斯的一部分），焚毁城市，不久抵达维也纳的近郊。匈牙利国王向罗马教皇和神圣罗马帝国皇帝腓特烈二世同时发出紧急求救，但皇帝与教皇之间毫无信任，西欧各小国之间也是尔虞我诈，各怀鬼胎，而且对蒙古人完全没有了解。直到军情完善、进退有序、顽强勇猛的蒙古骑兵逼近边境时，整个基督教世界才惊慌失措。腓特烈二世只能命令臣民尽快建筑石头城堡，同时避免直接出战。从尼德兰（The Netherlands）到西班牙到处有人呼喊：欧洲就要倒在蒙古的铁蹄之下了！

　　可就在这生死关头，所向披靡的蒙古马队突然掉头撤退了。关于撤退的原因众说纷纭，其中最重要的应该是窝阔台死了。按照规矩，新的大汗要通过忽里勒台大会当选，而西征的众多王子中有好几位都有入选的可能。

　　由于各方意见不合，大汗的继承人直到1246年才见分晓，贵由胜出。而此时贵由与拔都的矛盾已经激化到要付诸武力。拔都在西征回师途中以父亲的领地为基础，建立了金帐汗国（又叫钦察汗国），统治亚洲西北部和欧洲东部，立都于萨莱（Sarai，位于靠近伏尔加河进入里海的地方）。贵由因沉湎酒色，经常手足痉挛，即位不到两年便死去。为了下一任大汗的选择，蒙古国内又折腾了好几年，最终是托雷的长子蒙哥胜出，于1251年登上汗位。

蒙哥将帝国向西扩张的重点从欧洲改为波斯、两河流域和叙利亚。1253年，蒙哥之弟旭烈兀（1217年—1265年）率军十五万西征，从漠北草原出发，于1256年渡过阿姆河，之后所向披靡，依次攻灭波斯南部的卢尔人（Lurs）政权（上篇中介绍的埃兰人和卡西特人生活的地方）、波斯西部崇山峻岭之中的木刺夷国（即所谓的阿萨辛派）和巴格达的阿拔斯王朝。到了1260年，又灭亡了叙利亚的阿尤布王朝，占领小亚细亚的大部分地区。

我们在海亚姆的故事里提到过阿萨辛派。它的创始人是突厥裔波斯人哈桑·萨巴赫，也就是《倚天屠龙记》中提到的"山中老人"霍山。此人在幼年随父母移居到伊朗北部的城市拉伊（Rayy，《元史》中称其为刺夷）。他成年后，去了开罗；经过几年的学习和传道，觐见过法蒂玛哈里发之后，回到波斯，着手进行颠覆塞尔柱帝国的工作。1090年，他设巧计夺取了波斯西北部的阿刺模忒（Alamut，意为鹰巢）城堡（图19.1）。这座城堡位于里海南崇山峻岭之中，海拔在两千米以上，四周峡谷环绕，只有一条狭窄陡峭的蜿蜒小道可通山顶，地势险要，易守难攻。萨巴赫的势力不断扩大，逐渐建立起一个极为独特的国家来。木刺夷是中国古代对这个"国家"的称呼，它没有连续的国土，仅仅由一连串地势险要、易守难攻的城堡组成。这些城堡从中亚一直星

图19.1 "鹰巢"城堡废墟遗迹。

星点点地连到地中海东岸叙利亚的西端。1094年，法蒂玛帝国的第八代哈里发去世，引发了差不多20个儿子之间争夺哈里发之位的战争。在宫廷要员的操纵下，小儿子夺得王位。原定的继承人长子尼扎尔（Nizar）举兵反击，失败后遭到终身囚禁。萨巴赫是尼扎尔的忠实支持者，在尼扎尔失败后坚持反对继任的哈里发，他所领导的这一支伊斯兰分支被称为尼扎里派（Nizaris）。但这意味着他的城堡王国必须同时与法蒂玛王朝和塞尔柱帝国对抗。在充满敌意的环境中生存，永远敌众我寡，木剌夷热衷于培养刺客"费达伊"（fida'i，即准备好为某种理念献身者），认为直接刺杀敌人首领最为经济有效。木剌夷成为人类历史上第一个独立的暗杀王国。

萨巴赫自己生活简朴，终身隐居在阿剌模忒堡的宫殿里发号施令，十分神秘。他不仅受过良好的宗教训练，对数学、天文学、哲学、艺术等各方面也有深入的研究，并在阿剌模忒堡里逐渐建起一座颇具规模的图书馆，搜集各地藏书。

萨巴赫身后，这个奇特的王国延续了八代，共180多年，产生了一种独特的文化。在十字军东征年代，阿萨辛派的刺客经常出现于十字军扎寨的地方，在

▼

故事外的故事 19.1

自从"鹰巢"被萨巴赫占领以后，历代阿萨辛派的领袖不断地对它加以扩建和修缮，成为一座小城。城的中心是城堡，分东西二区。东区位于顶峰，加上高耸入云的城堡，气势磅礴，是首领和家庭居住的地方，另外还有图书馆。西区地势较低，有花园和礼拜堂。城堡外围是居住区，紧靠着城堡的南北两侧是卫队居住的地方；东侧是军士和家属居住区。下图是后人想象的鹰巢的样子。防守区域内修建了许多蓄水池，收取山泉；到处是果树和庄稼，储存的粮食够大批居民生活一年以上；还有牲畜区，畜养牛羊。城池的南侧坡度平缓，那里建了护城河用来阻挡敌军。整座城池只有东北边一条狭窄陡峭的石阶路可以进城。

西方非常出名，英语中的"刺客"（assassin）一词就来自阿萨辛派的名字。木剌夷需要对周围国家的军事活动有足够的了解，所以情报工作非常出色。早在1238年，他们就曾派使者到英国和法国觐见国王，警告他们蒙古人的威胁，并提议基督教和伊斯兰合作，共同对付蒙古。但西方各国却希望蒙古与伊斯兰世界对抗，以便坐收渔人之利。阿萨辛还试图与南宋联盟，共同抗蒙，也遭到拒绝。

蒙古大军东来，摧枯拉朽，许多城市遭到屠城，尸骨成山。有记载说，杀人者把砍下的头颅堆成了小山。中亚地区难民如潮，而什叶派有地位、有名望的难民涌向阿剌模式堡，希望那里的险要地势和坚固城堡能够保护他们。

阿剌模式是一个完全军事化的城池，到处是全身戎装的战士和衣着华丽、刀剑名贵的费达伊。在这样的环境里，一个书生身影反倒更为引人注目。难民注意到，这个书生经常出现在东区王宫的花园里，手不释卷，漫步苦思。这个人就是后来大名鼎鼎的纳西尔丁·图西（Nasir al-Din al-Tusi，1201年—1274年），我们要说的第二位浪迹天涯者。

大约就在列奥纳多的《计算之书》即将完成的那一年，图西出生在大呼罗珊北部的城市图斯（Tus；毗邻今天伊朗与土库曼斯坦的边界），父亲是十二伊玛目教派的法学家，家境优裕。父亲希望儿子接受最好的教育，从幼年起便支持他到处游学。十几岁时，图西到离家75公里的尼沙普尔接受教育，学习哲学、医学和数学。1221年，蒙古大军在征服花剌子模的过程中杀到尼沙普尔，三天之内便拿下城池。

尼沙普尔沦陷后，图西到处漂泊，但从未放弃学业。他去过哈马丹（Hamadan；在今天伊朗的东北角）学习逻辑、《古兰经》和伊斯兰法律，也到过巴格达并希望留在智慧之宫从事研究。可是，智慧之宫已经远远不是花剌子米管理之下的景况。不知究竟是那里的人嫉妒还是看不到他的才干，反正图西无法留在巴格达。他继续漂流，远达巴格达西北400公里的摩苏尔（Mosul），在那里学习数学和天文。渐渐地，在兵荒马乱、处处杀戮之中，图西竟然声名鹊起。

至于图西是如何来到鹰巢城堡的，众说纷纭。有学者说，他是自愿投奔，因为他的宗教信仰与阿萨辛派的伊斯玛仪教义接近。也有人认为，他是被劫持的，因木剌夷的伊玛目想借助他的名声增加社会影响力。还有人认为，最初他可能自愿加入了阿萨辛派，后来虽然改变了看法，但已经太迟，无法脱身了。当时木剌夷的伊玛目穆罕默德三世（'Alā' ad-Dīn Muḥammad Ⅲ，1211年—1255年）是一位学者型的人物。他利用蒙古入侵的机会大力收容学者，扩建图书馆。图西一开始住在库锡斯坦地区（呼罗珊南部山区）的阿萨辛派城堡里，不断地从一座城堡逃到另一座城堡，后来便常住在鹰巢，一共差不多30年。如果真的是被软禁的话，这么长的时间，一般人难以承受，哪怕受到伊玛目的尊重。所幸鹰巢城堡的图书馆在当时世界上首屈一指，图西在这里如鱼得水，写出了他最高水平的哲学与科学著作。

作为信奉伊斯兰教的波斯人，图西通晓波斯语、突厥语和阿拉伯语。他还可以读希腊文。鹰巢图书馆藏书几乎涵盖了当时人类知识的所有方面。图西一面如饥似渴地阅读，一面思考。生在乱世，亲历、亲见了无数痛苦遭遇以后，图西首先想到的是伦理问题：为什么有的人毫无怜悯之心或毫无羞耻之意？人类的行为有准则吗？能被广泛接受的合理准则是什么？或许可以从理论层面建构一种指导行为的法则体系，并对它进行客观的评判？图西写出了著名的《纳西尔伦理学》（*Nasirean Ethics*），把伊斯兰伦理同古希腊哲人如柏拉图、亚里士多德等的伦理理论进行比较。这本书后来成为伊斯兰世界伦理哲学的经典著作，尤其是在印度和波斯。他的理论对什叶派的宗教理论也有深刻影响。

图书馆里也藏有大量的数学和天文学文献，但这些文献有很多问题。手抄本经常出现文字错误；翻译本里有误译和漏译；很多古本残缺不全。当时伊斯兰学术界有一种文体，叫作tahrir。这个波斯词的意思比较复杂，它最初的意思可能是"推出""放出"（release），后来借用到阿拉伯文里表示"解放"，如埃及开罗的解放广场就叫Tahrir Square。这类著作一般是经过大量增删编辑的，似乎更接近于中国古代所说的"纂辑"。图西是公认的伊斯兰世界最好的纂辑作家。图西纂辑了大量数学和天文学经典，纠正了其中的错误，厘清了分析的逻辑过程，还做了详细注解。这些著作最初在伊斯兰世界流传，被当作教材，后来被翻译成拉丁文进入欧洲。欧洲许多历史悠久的图书馆都藏有图西纂辑的教材的拉丁文本，对科学的发展起到了非常重要的作用。

在进行纂辑的同时，图西从事广泛的独立研究工作。除了数学和天文，他的研究还涉及逻辑学、生物学、化学和物理。关于数学，这里先谈谈他的《论完全四边形》（*Treatise on the Complete Quadrilateral*）。这部书共分五卷，第一卷讨论复比（compound ratio；即几个比值相乘，如 $\frac{A}{B} \times \frac{C}{D}$）的计算规则，第二卷讨论平面上四边形及其中各条边之间的比值关系，第三卷讨论球面完全四边形的引理以及如何有效地使用它们，第四卷讨论球面上的四边形及其中各线段之间的比值关系，第五卷解释如何利用这些知识计算球面上大圆的圆弧长度的问题。这本书的最终目的是天文学，伊斯兰天文学特别重视计算世界各地朝向麦加的方向和距离，计算要依靠球面三角学。但图西只字不提天文学，严格采用数学的方法从公理到引理一步步推进。

　　现在中学的几何课程里不包括球面三角学，我们这里简要介绍他是如何建立平面三角学的正弦定理的。图西找到两个证明方法，其中一个可以扩展到球面几何上去，大致如下。

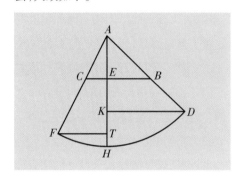

图 19.2　图西推导正弦定理的示意图。

考虑图 19.2 中的三角形 ABC。分别延长线段 AB 到 D、AC 到 F，使得 $AD=AF=R$（图西在论证中令 $R=60$）。以 A 为圆心、R 为半径作圆弧 DF。作 BC 的垂线 AE，并把它延长到 H。然后从点 D 和 F 分别作 AH 的垂线，分别交 AH 于点 K 和 T（图 19.2）。利用简单的三角几何知识，我们知道

$$\frac{AB}{AE}=\frac{AD}{AK}=\frac{R}{\mathrm{Sin}\,(\angle ADK)}=\frac{R}{\mathrm{Sin}\,(\angle ABC)}, \tag{19.1}$$

后面两个等号是根据正弦的定义和 $\angle ADK=\angle ABC$ 这个事实得来的。这里的字头大写的"正弦"符号（Sin）代表 R 乘真正的正弦值，如 $\mathrm{Sin}(\angle ADK)=R\times\sin(\angle ADK)$，因为当时还没有完整的正弦定义。同理，对 $\angle ACB$ 可以得到

$$\frac{AE}{AC}=\frac{AT}{AF}=\frac{\mathrm{Sin}\,(\angle AFT)}{R}=\frac{\mathrm{Sin}\,(\angle ACB)}{R}。 \tag{19.2}$$

从式（19.1）和（19.2）我们就得到

$$\frac{AB}{AC}=\frac{\mathrm{Sin}\,(\angle ACB)}{\mathrm{Sin}\,(\angle ABC)},$$

或者

$$\frac{AB}{\mathrm{Sin}(\angle ACB)}=\frac{AC}{\mathrm{Sin}(\angle ABC)}。 \tag{19.3}$$

由于∠*ACB*和∠*ABC*是三角形*ABC*中任意两个角，所以∠*CAB*也满足类似的关系，即

$$\frac{AB}{\text{Sin}(\angle ACB)} = \frac{AC}{\text{Sin}(\angle ABC)} = \frac{BC}{\text{Sin}(\angle CAB)}。 \tag{19.4}$$

图西的证明很有现代几何学的味道，加拿大数学史教授凡·布隆梅伦（Glen Van Brummelen，1965年—）对此评论说：

> 毫无疑问，最终（对三角学）系统的研究来自13世纪伊朗（波斯）科学家图西和他的《论完全四边形》。

的确，大多数数学史专家认为，《论完全四边形》是使三角学（平面和球面）成为完全独立的数学学科的第一部著作。

图西把几何学的知识用到天文学上面，对改进托勒密的天体模型作出了重要贡献。托勒密为了改进古希腊描述行星轨道的精度，在本轮和均轮［详见第十三章图13.4（b）］的基础上又增加了几个参数。托勒密的行星运转模型如图19.3（a）所示。这里，本轮的圆心*C*仍然围绕均轮的圆心*M*做匀速圆周运动，但地球的位置*O*不与*M*共点。由于地球不在均轮的圆心，从地球上观察点*C*的运动速度就是非均匀的。当点*C*靠近点*O*时，*C*相对于地球的运动速度快；当*C*远离点*O*时，观察到的速度慢。这样，从地球上看，点*C*的运动是重复的加速和减速运动。为了解决这个问题，同时满足行星轨道是完美的圆形，托勒密引入均衡点（Equant）的概念。均衡点*E*位于与地球*O*相对于点*M*对称的位置，而且点*O*和点*E*围绕着*M*做匀速转动，其转速等于*C*围绕*M*的转速。这使得*E*上一个假想的观察者观察到点*C*一直在做匀速圆周运动。

这个模型在早期信仰一神论的同宗宗教世界里不受欢迎，很多人试图用不同的模型来解释行星的逆行，同时又不使地球偏离行星轨道的中心。

图西进入阿剌模兹不久（1235年），找到了一个巧妙的解决方法，如图19.3（b）所示。他把地球*O*放回到与均轮圆心*M*重合的位置，在本轮内引入一个附加的小环，我们把它叫作图西环，其圆心在点*Q*，半径是本轮的一半。行星*P*围绕*Q*旋转，而点*Q*又随着均轮上的点*C*围绕点*M*和*O*旋转。在解释图19.3（b）中行星的运动规律之前，让我们先看看图西轮本身的运动细节［图19.4（a）］。当图西轮（浅灰色小圆）在内切的

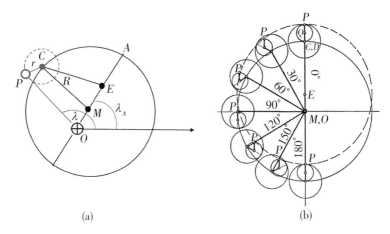

(a)　　　　　　　　　　　　(b)

图 19.3　托勒密(a)和图西(b)解释行星 P "逆行"所采用的不同数学模型的平面图。O 是地球，M 是均轮的圆心。在托勒密的模型(a)中，P 围绕本轮的圆心 C 做圆周运动，C 围绕 M 做圆周运动。从地球上看，点 P 在 C 的轨道外和轨道内的运动方向是相反的，这就解释了它的逆行。从地球上看，点 P 的经度是 λ 而均衡点 E 的经度是 λ_A。在图西的模型(b)中，本轮的圆心 C 跟(a)一样围绕圆心 M 转动，而地球 O 的位置与 M 重合。行星 P 围绕图西轮(以 Q 为中心的最小的圆)的圆心转动(实线小圆环)，而图西轮又在本轮轨道上滚动。相对于本轮和图西轮在图中 0° 的位置，当 C 转过 30° 时，P 相对于 0° 时在图西轮上的位置(红色点线)转动了 60°。60°、90° 等后来的状况以此类推。当本轮相对于 0° 时的位置转动 180°，行星 P 回到图西轮在 0° 时的位置。而在整个过程中，从地球上看来，P 一直在做平行于直线 EM、以本轮半径为最大位移的顺行和逆行运动。而从点 E 来看，点 P 只是在做简单的圆周运动(虚线大圆环)。

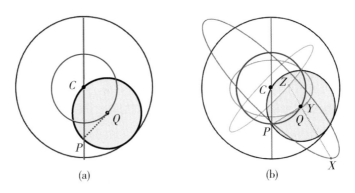

(a)　　　　　　　　　　　　(b)

图 19.4　(a)图西双轮的运行细节；(b)与图西轮相连的点的运动轨迹示意图。

本轮上作没有滑动的滚动时，行星 P 围绕图西轮的圆心 Q 旋转，而 Q 围绕点 C 做圆周运动（蓝色的圆）。由于本轮与图西轮的半径之比等于 2，连线 CQ 转动的角速度是 QP 转动角速度的一半。可以证明，图西轮上的点 P 仅作简单的直线运动。图 19.4（a）中用蓝色点线连到圆心 Q 的点 P，它的轨迹是图中竖直的蓝线。本轮和图西轮的组合被后人称为图西双轮（Tusi Couple）。

现在回到图 19.3（b）。为了追踪图西环，我们从图中均轮半径在 0° 的位置开始，这时行星 P 位于 ECQ 的竖直连线上。随着以 C 为圆心的本轮绕着均轮圆心 M 和 O 转动，本轮和它内部的图西轮作类似于图 19.4（a）所描述的相对转动。当点 C 转了 30° 时，P 相对于 Q 向相反方向转动 60°。图 19.3（b）中，这个角度是通过图西轮圆心的红色虚线与 QP 的夹角。图 19.3（b）给出一系列点 C 在均轮上转动时点 P 的位置：30°、60°、90° 等。点 C 转动 180° 时，到达图 19.3（b）中的最下方，P 在图西轮上恰好回到 0° 时的原始位置。这样地球的位置没有动，均轮的轨道仍然保持为圆，点 P 的轨迹也保持为圆，只不过它的转动中心不在 M 或 O 而在 E。这是一个非常漂亮的几何模型，后来在伊斯兰世界和欧洲到处被人引用（图 19.5）。在图西身后的数百年里，天文学家大多采用图西双轮的方案来描述天体运动，包括哥白尼。

数学上，图西双轮可以有许许多多的变化。比如从点 P 作与 PQ 垂直的红线达到图西轮外面一点 X，随着图西轮在本轮内的滚动，点 X 的轨迹是一个椭圆〔图 19.4（b）中的红色椭圆〕。如果把 PQ 延长到图西轮圆内一点 Y，这个点的轨迹也是一个椭圆〔图 19.4（b）中绿色的椭圆〕。类似地，把 QX 向反方向延长到图西轮内一点 Z，点 Z 的轨迹也是一个椭圆〔图 19.4（b）中的浅蓝色椭圆〕，而且这个椭圆的长轴同红色椭圆的长轴垂直。

图 19.5　一部 14 世纪阿拉伯文手稿中对图西双环的描述。手稿现存梵蒂冈图书馆。

如果改变本轮与图西轮之间的半径比，那么可以生出无穷种变化来。这类曲线后来在代数几何中称为圆内螺线或内摆线（hypocycloid）。一般的内摆线，图西轮的半径可以是小于本轮半径的任何值，虽然图西轮圆心总是做圆周运动，但如果追踪图西轮圆周上给定的一个点，它的运动轨迹相当复杂。要想用代数方式来表达它，还需要本书下篇的知识。这类运动曲线在机械设计中有广泛的应用。

图西在三十几岁时想到了这个双轮的数学模型，觉得自己可以很快解决托勒密的困难，构造更好的"宇宙"模型。可实际上他又花了十多年的时间，直到近五十岁才得到自己满意的内侧行星和月球的轨道模型。为什么呢？根本原因在于图19.3和19.4中的模型是数学模型，其中星体被理想化为没有大小的点。而在天文的本轮运转中，星体直径的影响不能忽略不计。要想建立一个实际上行得通的天文模型（我们称之为物理模型），困难要大得多。

图19.6是图西的解决方案之一。仍然用 C 和 Q 分别来表示本轮和图西轮的圆心。黑色与红色的圆环代表数学模型中的本轮和图西轮；它们外侧紫色的环代表物理模型中的本轮与图西轮。物理模型的半径比相应的数学模型的双轮半径稍大，它们的差等于行星的半径。行星由以 P 为圆心的两个绿环来表示。如果本轮沿逆时针方向转动，那么图西轮就沿顺时针方向转动，行星则沿逆时针方向转动，如图中的箭头所示。由于物理模型的本轮半径较大，当数学模型的图西轮，也就是行星 P 的圆心抵达图中竖直的蓝线时，行星表面上的点还没有完成360°旋转，它的位置在图中表示为较大绿圆上的点 D_1。所以图西增加了较小的绿圆，它产生一个附加转动，使点 D_1 在行星转动360°之后正好抵达点 D_0，完成数学模型中的双轮运动周期。图西的设想实际上同安提基西拉机械（第十四章）的行星齿轮设计很相似。

图西完成《至大论纂辑》并提出他感到满意的行星运动的双轮理论是在1247年。这时，他被软禁的鹰巢已经越来越动荡不安了。1246年，有消息传到

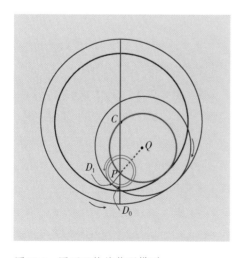

图19.6　图西双轮的物理模型。

蒙古大营,说有一位蒙古将军被阿萨辛派刺杀。当时的蒙古大汗贵由下令围剿阿剌模忒,但不久贵由就去世了。1252年,又听说阿萨辛派出动40名刺客前来刺杀刚刚登基为大汗的蒙哥,于是蒙哥责令三弟旭烈兀全力剿灭阿萨辛派。这些消息的可靠性令人怀疑。有人指出,当时归顺到蒙军帐下的穆斯林多数属于逊尼派,他们极力主张消灭异端阿萨辛派。而对意图征服整个中亚的蒙古人来说,阿萨辛派所占据的都是军事要地,也确实是眼中钉、肉中刺。

1256年,蒙军在旭烈兀的亲自指挥下,开始对阿萨辛派的城堡之国发动全面攻击。这时候,伊玛目穆罕默德三世已遭人暗杀,他25岁的长子库尔沙阿(Rukn al-Dīn Khurshāh,1230年—1257年)继位刚刚一年。那年图西已经50多岁了。眼看阿萨辛城堡纷纷陷落,图西开始劝说库尔沙阿放弃抵抗,并直接参与同蒙军的谈判。旭烈兀边谈边打,并于年底加强了对阿剌模忒堡的攻势。根据随蒙军参战的逊尼派波斯学者至菲尼(Atâ-Malek Juvayni;1226年—1283年)记载,蒙古人在攻打阿剌模忒堡时首次使用了一种巨大的弩式攻城机,可以把带着火苗的巨石抛到2 500步以外。制作这种弩式攻城机的是蒙军当中的所谓契丹人,也就是中国北方的汉人。他们把沥青涂在石头上点燃,然后投进城堡,大批阿萨辛战士被烧死,震慑力极强。

在无比强大的攻城压力下,谈判终于达成协议,库尔沙阿宣布放弃抵抗,开城投降。旭烈兀看中了图西的才干,对他表现出极大的尊敬,邀请他做自己的科学顾问。或许图西当初真的是被违背愿望软禁在鹰巢的,因为他满腔热情地加入了蒙古的阵营。

1257年,图西随同一支空前庞大的蒙古军队向阿拔斯哈里发帝国首都巴格达进发。这支军队有15万人,据估计是整个蒙古帝国青壮年男人的五分之一。随军大将包括阿尔浑阿加(?—1275年)、拜住(?—1258年)和唐朝名将郭子仪的后人郭侃(1217年—1277年)。协同蒙军的有1 000名汉人火炮专家以及一些波斯、突厥战士,甚至还有格鲁吉亚、亚美尼亚和安提阿公国(濒临今天土耳其伊奥尼亚海岸)的基督教军队。这些基督教战士据说是为当年阿拔斯穆斯林攻占第比利斯(Tbilisi;今格鲁吉亚首都)而参战报仇的。

1258年2月,巴格达沦陷,阿拔斯哈里发穆斯台绥木(Al-Mustásim,1213年—1258年)被杀。旭烈兀正式成为伊尔汗(Ilkhan),意思是级别低于蒙古帝国大汗的可汗。图西看准这个机会,想对踌躇满志的可汗提出一个不寻常的要求。为此,他把可汗请到一座小山的半山腰，让士兵把一个巨大的铜盆从山顶推下山去。空空的铜盆在滚动中碰到岩石和树木，发出巨大的轰鸣，刚刚经过巴格达残酷屠杀的百姓听到这奇怪的声音，一个个惊恐万状，有的甚至昏厥过去。旭烈兀看到这个情景觉得很好玩儿，但不明白图西的意图。这时，图西对旭烈兀说，这些人的恐惧来自对声音的来源一无所知。您和我知道这声音是从哪里来的，所以一点也不吃惊。人生也是一样，如果我们能通过观察天象来了解上帝的旨意，那么对未来将要发生什么就不会惊慌失措了。

旭烈兀当场责令图西建立天文观测站。旭烈兀把伊尔汗国的夏都选在蔑剌哈，现称马拉盖（Maragheh），今天是伊朗东阿塞拜疆省马拉盖郡的首府。图西很快就把观测台的地点选在城西北面一座山头上，现今留下的遗址宽约135米，长约340米。墙下的地基厚达2米，显然是为了尽量减小观测仪器哪怕是非常微小的震动。观测站于1259年开始动工，三年后大致完工，开始天文观测工作。旭烈兀出兵时随军携带了数名中国天文学者，这些人都加入了马拉盖天文台，带来了中国天文学的知识和经验。其中有一人姓傅，根据他名字的波斯文写法，有人认为发音接近于"傅蛮子"。元朝时期民分四等，蒙人、色目人、汉人、南人；南人常被蔑称为蛮子。有人认为此人可能是傅岩卿，江西人，曾在元朝担任秘书少监，掌管图书、史录、天文历法，后被派到马拉盖参与研究天文。

至少有十名天文学者在这里长期进行天文观测，还有一名图书馆员负责管理四万多部藏书。图西利用自己超人的球面三角学知识，设计制造了许多观测仪器。先进精密的观测设备和大型有组织的观测活动使马拉盖很快成为伊斯兰世界科研黄金时代最为有名的天文站。

经过12年的努力，图西终于在1272年推出著名的《伊尔汗历》(*Zij-i Ilkhani*)。这时旭烈兀已经去世，伊尔汗国由他的儿子阿八哈（1234年—1282年）主政。图西对伊斯兰旧历书进行了重大改进，通过观测和计算得到的二分点岁差为每年52弧秒（1弧秒等于 $\frac{1}{3\,600}$ 弧度），非常接近现代的测量值50.2弧秒，也就是大约0.8°。《伊尔汗历》中还有专门介绍中国历法的章节，中国天文学家带去的四季的概念深刻影响了西亚的历法。后来这部历法在西亚使用了200多年。图西的天文工作在西方影响巨大，有人称他是托勒密和哥白尼之间最伟大的天文学家。

提到哥白尼，不妨提一句他与图西之间一件尚未裁定的公案。哥白尼在《天体运行论》里解释行星的运行轨道时，采用了跟图西双轮一样的方法。在学术界，到底是哥白尼独立发现了这个方法，还是把阿拉伯文献中的方法搬进了自己的著作，这在学术界造成巨大争论，有时甚至相当情绪化，我们就不多掺和了。

　　1267年，马拉盖观测站的一位波斯天文学家以"星学者"的身份来到元大都（北京），向忽必烈献上图西设计的地球仪和浑天仪，还有一部万年历。这个人就是后来有名的扎马鲁丁（Jamal al Din，生卒年不详）。忽必烈下令在大都设观象台，在上都设司天台，按照扎马鲁丁带来的设计制造七种仪器观天象，编纂回回历。1273年（至元十年）夏天，忽必烈下了一道圣旨：

　　　　"回回、汉儿两个司天台，都交秘书监管者。"

　　这很可能是一个绝无仅有的举措：同时设立两个司天台，一个用伊斯兰理论方法和技术，一个用中国的。

　　负责管理汉儿司天台的是大名鼎鼎的郭守敬（1231年—1316年），他所推出的《授时历》是当时最为精确的历法，一直使用到明朝末年，历时400年。它打破了古代治历的传统，废除上元积年的概念（见第十六章），直接取至元十八年（1281年）为历元，所需数据全凭实测，是中国历法上的大变革之一。《授时历》确定365.242 5天为一年，29.530 593天为一月，这些数值与现在所使用的公历（Gregorian calendar）完全相同，而其启用时间（至元十八年，即1281年）则比公历早了300年。有学者认为，郭守敬设计和建造的一些观测仪器含有伊斯兰的痕迹，比如他的简仪。简仪是相当于安置在同一基座上的两个分立仪器，分别测量赤道经纬和地平经纬。它的创新在于"简"：它不再是传统的环组重叠，一仪多用，而是用每一套环组测量一对天球坐标。这是欧洲天文仪器的传统风格，后来传入伊斯兰世界。另外，伊斯兰天文仪器具有大型化的特点，他们的天文学家认为仪器尺度越大，测量的精度也就越高。这种理念后来影响到中国的一些天文仪器的设计和制造。比如，元代的登封观星台采用四丈高的圭表，而不是商代以来传统的八尺圭表。

　　伊斯兰学者还给元朝带来了一系列重要的学术著作。根据元代《秘书监志》中记载的一份藏书目录，这些书籍都曾收藏在回回司天台中。书目中天文数学部分共13种著作，其中有一部《四擘算法段数》共15卷，著者的中文译名是兀忽列。这套书，很多历史学家认为是欧几里得的《几何原本》。把欧几里得这个名字的阿拉伯文拉丁化后就是Uqlidis，其发音与兀忽列很接近。另外，15这个卷数也与全套《几何原本》相符。

图西写过一部非常有名的《欧几里得纂辑》（*Tahrir Uqlidis*）。他更改了一些命题的顺序，认为更合乎逻辑，并加入大量注解和说明。经他纂辑的《几何原本》在阿拉伯世界广为流传，至今还有80多种存世。1586年，意大利佛罗伦萨的美第奇家族出资，把其中的一种以阿拉伯文原文付印，使欧洲懂阿拉伯文的学者得以了解阿拉伯世界的数学。这部纂辑中图西对著名的第五公设，即平行公设的评论对后来欧洲发展非欧几何产生了重要影响。

图19.7　伊朗在图西诞辰700周年发行的纪念邮票上的图西肖像。

那么，《四擘算法段数》会不会就是图西的《欧几里得纂辑》呢？可惜的是，这部书从没有被翻译成中文，后来又遗失了。

图西在马拉盖享受了16年的和平日子。他在天文工作之余继续纂辑，同时编写教科书培养数学和天文人才。他不再使用阿拉伯文，改用波斯文写作。他还到伊尔汗国各地去挖掘发现人才。1274年，图西在招考人才途中病逝于巴格达。图西一生留下150多部作品，是公认的中世纪伊斯兰文明最伟大而博学的学者（图19.7）。

除了学术著作，图西也写诗，不过没有海亚姆出名。有一首流传至今，大意如下：

知之而知其知之者，（Anyone who knows, and knows that he knows,）

跨智之骏骑跃天穹；（makes the steed of intelligence leap over the vault of heaven.）

不知而知其不知者，（Anyone who does not know but knows that he does not know,）

虽跛足之驴犹可达；（can bring his lame little donkey to the destination nonetheless.）

不知且不知其不知者，（Anyone who does not know, and does not know that he does not know,）

陷双重无知不可拔。（is stuck forever in double ignorance.）

本章主要参考文献

Kennedy, E.S. Late medieval planetary theory. Isis, 1966, 57: 365−378.

Ragep, F.J. From Tūn to Turun: The Twists and Turns of the Ṭūsī-Couple. In: Before Copernicus: The Cultures and Contents of Scientific Learning in the Fifteenth Century. Eds. F.J. Ragep and R. Feldhay. Kingston: McGill-Queen's University Press, 2017: 161−197.

Van Brummelen, G. The Mathematics of the Heavens and the Earth: The Early History of Trigonometry. New Jersey: Princeton University Press, 2009: 329.

Tootian, A. Tusi, Mathematician, Mathematics Educator and Teacher, and the Saviour of the Mathematics. Master of Science Thesis, Simon Fraser University, 2012: 119.

第二十章　被遗忘五百年的翰林学士

金哀宗正大九年（1232年）正月，中原暴寒，大雪狂飞，数日不息。钧州（今河南省禹州市）知事李冶（1192年—1279年）与守城的将领们全身披挂，僵立城头，个个面容凝重。远处隐隐约约有一片低沉的轰鸣，伴随着寒风尖锐的呼啸声，从迷茫中飘来。风雪越来越大，那声音也越来越响，最后竟如滚雷一般。狂舞的雪花背后，陡然出现一支飞奔的马队，马蹄声、呼号声与刀剑的撞击声连成一片。领头的几员大将披头散发，浑身血迹，仓皇狂奔。马队背后是丢盔弃甲的散兵。李冶长叹一声，知道大势已去。

成吉思汗在1206年统一蒙古各部落以后，直接面对金国的威胁。金本是辽国的藩属，1115年立国后，同北宋订立海上同盟，共同对抗辽。10年后灭辽，金国立即撕毁与北宋的和约，于1127年灭了北宋。从那以后，南宋不断遭到金的侵扰，逐渐退缩到淮河以南。金国号称带甲精兵百万，而蒙古全国人口也不过七十万。尽管如此，成吉思汗在1211年以十万骑兵和战车悍然进军，在野狐岭（在今天河北省张家口万全区）大败五十万金兵，拉开了灭金的序幕。1215年攻占金中都（今天的北京），金朝被迫迁都到南都，也就是北宋的首都汴京（今河南开封）。金正大七年（1230年）秋天，在占据了金国大部分领土之后，窝阔台和拖雷率蒙军进入陕西。拖雷打算借道南宋从西南方向攻击金朝，宋理宗赵昀（1205年—1264年）不允。拖雷遂强行攻宋，破饶风关，重伤南宋军民，然后由金州向东，准备攻打汴京。金哀宗完颜守绪（1198年—1234年）急令主力部队屯兵于襄州、邓州以阻挡蒙军。1232年正月初，金将完颜合达（？—1232年）、移剌蒲阿（？—1232年）率诸军入邓州，与当地金军会合，屯兵顺阳（今河南省淅川县境内）。可这时汴京已经受到蒙军的攻击，城内只有四万军士和两万青壮年居民，根本无法跟蒙古大军抗衡。情况十分危急，只能指望完颜合达的援军来解围。

完颜合达闻知汴京危急，率骑、步兵15万即刻北援。精明的拖雷只分兵三千人跟踪金兵，专门在金军食宿时挑战，让他们不得休息，金兵很快就疲惫不堪。金军行至钧州三峰山时，已经断粮三天了。拖雷和窝阔台的大军赶在这里会合，紧紧围住三峰山。这时天气突变，降下大雪，金军"僵冻无人色"。饥寒交迫的军士们顾不上关照兵器，一夜之间铁枪结了厚厚的冰坨，枪杆变得粗如椽梁，拿举不动。而来自北方的蒙军对严寒早有准备，乘机分左右两路围住金军，轮番攻杀，然后故意让开通往钧州之路。金军仓皇逃命，半途又遭伏击，被拦腰截断，一时溃如雪崩。

李冶下令打开城门，放完颜合达等残兵败将进入钧州。蒙古追兵即刻赶到，一路砍杀溃退的金军。李冶挥泪下令封门，城外的败军鬼哭狼嚎，都死于刀剑之下。剽悍的蒙军将小小钧州团团围住，急速运土填壑，架梯攻城。不久城破，金军主力损失惨重。士兵大部投降，完颜合达战死，许多金军将领被俘遭到杀害，骁将几乎丧失殆尽。

故事外的故事 20.1

汴京遭困，城中百姓极为凄惨。刘祁（1203年—1259年）当时正在汴京为官，目睹了种种惨状。他后来在《录大梁事》中描述说："百姓食尽，无以自生，米升直（值）银二两，贫民往往食人殍，死者相望，官日载数车出城，一夕皆剐食其肉净尽。缙绅士女多行丐于街，民间有食其子。锦衣、宝器不能易米数升。人朝出不敢夕归，惧为饥者杀而食。"

李冶不会武艺，显然也不愿以身殉国。他换上平民的服装趁混战出逃，北渡黄河进入山西，从此走上漫长的流亡之路。

汴京得不到兵援，又恰逢城内大疫，五十天里从各城门运出的死者达数万人，还不包括贫不能葬的。金哀宗完颜守绪把汴京交给西面督尉崔立（？—1234年）掌管，自己逃离汴京，渡过黄河，去了蔡州（今河南汝南）。蒙古提议联合南宋共同灭金，许愿灭金之后，黄河以北归蒙古，以南归南宋。金哀宗也想跟南宋联合，派使者对宋理宗赵昀说："蒙古灭国四十，以及西夏。夏亡及我，我亡必及宋。唇亡齿寒，自然之理。"这话说得非常有道理，当年北宋就是联金灭辽之后被金灭亡的。但宋金历年积怨太深，理宗又急于报靖康之仇，夺回汴京，以便"青史留名"，决定协同蒙古作战。

天兴二年（1233年）四月二十日，崔立打开汴京城门，向蒙古投降。蒙军把汴京洗劫一空，连崔立的妻妾和财宝也没放过。次年正月己酉（2月9日），蒙宋联军攻破蔡州，哀宗把皇位传给统帅完颜承麟（1202年—1234年），自己上吊自尽。完颜承麟闻知哀宗的死讯，率群臣入内哭奠。祭奠尚未结束，城溃。金末帝完颜承麟死于乱军之中。

金亡的那一年，李冶已过40岁了。他逃到太行山麓的桐川（今山西宁武、原平一带）定居下来。他的生活非常窘迫，"饥寒不能自存"，不得不依靠朋友接济。李冶出生在北京，祖先世代为医，父亲又是朝廷的推官（负责法律事务），家庭生活优渥。他自小喜爱读书，手不释卷，初学医学、音律，后来又学六经辞赋。少年时期，他父亲因不满金廷朝纲败坏，辞职回到钧州隐居，李冶也随父亲到了钧州，结识了登门求教他父亲的元好问（1190年—1257年），两人成为好友，情同手足。李冶逃到桐川不久，元好问也避乱至此，两个人常在一起吟诗唱和，被世人称为"元李"。元好问在一首诗中这样描述李冶（元好问：《桐川与仁卿饮》）：

> 萧萧茅屋绕清湾，四面云开碧玉环。
> 已分故人成死别，宁知樽酒对生还！
> 风流岂落正始后，诗卷长留天地间。
> 海内斯文君未老，不须辛苦赋囚山。

仁卿是李冶的字。"风流岂落正始后"一句引用的是《晋书》里的一个典故。《晋书·卫玠传》里说，长史谢鲲（281年—324年）和大将军王敦（266年—324年）都很欣赏卫玠（286年—312年）的清谈。一次清谈之后，王敦对谢鲲说："不意永嘉之末，复闻正始之音。"意思是，没想到永嘉之乱以后，居然还能听到以前的清音。"正始"是晋朝之前曹魏末年的年号。元好问引用这个典故，是说李冶可比卫玠，使自己在国难之后得以重闻故国之音。

有科学史专家认为，李冶在桐川时很可能住在全真教的某个道观内。李冶说自己"隐于崞山之桐川，聚书环堵中，闭关却埽（扫）"。"闭关却扫"从字面上看是关上大门，不再打扫门前，实际意思是断绝一切与外界的来往。而"环堵"则是道人闭关修行的场所，一般是四面围墙，只留一个小孔，由外面人送水送饭进来。那么李冶的所谓"闭关"就可能跟道人的活动有关了。当时太行山一带是道教全真派广为流行的地区，道观很多。道家闭关又称为尸居，即所谓"如死尸之寂泊"。可是李冶闭关却在环堵之内堆满了书籍，凡是能弄到手的，他都要研读，这似乎又说明他并没有真的皈依道教。李冶的阅读涉猎极广，包括文学、历史、天文、哲学和医学。他很可能从道士那里弄到一部关于"洞渊九容之说"的算书。"洞渊"也是道家用语，指的是洞天水府。唐代以后，道教甚至形成洞渊一派。金元时期，全真派道教里也出现许多以"洞渊"为名的经文。但李冶得到的那本洞渊书显然跟计算有关，因为他在自己的著作里详细讨论了"洞渊测圆门第一十三问"。后来他说，"九容"的问题让自己日夜不停地思索，以至于原先强烈的思乡忧国之情"爆然落去而无遗余"。从那时起，李冶开始将主要精力放在研究数学之上。8年后（1248年），完成十二卷数学名著《测圆海镜细草》，简称《测圆海镜》。"海镜"一词应该是来自南北朝时期刘宋诗人颜延之（384年—456年）的诗句"太上正位，天临海镜"，原意是说，天子居中得正，治理国家如同天空面对平静如镜的海面，一览无遗。这里取一览无遗的意思。

　　所谓勾股容圆，是通过直角三角形和圆的各种相切关系来求圆的直径，这是中国数学史上的一类重要问题。《九章算术》的第九章"勾股"第十六题就是一个勾股容圆问题："今有勾八步，股十五步，问勾中容圆几何。"

　　刘徽给出这个问题的两种解决方法，其中一种如图20.1所示，这里我们不使用勾股弦具体数字，而代之以符号。设 $AB=c$，$BC=a$，$AC=b$，内切圆圆心在点 O。过点 O 作 AB 的平行线，分别交 AC、BC 于点 A' 和 B'，则三角形 $A'C'O$ 与三角形 ACB 相似。现在设 $C'O=a'$，$A'C'=b'$，$A'O=c'$，很容易证明，$AA'=c'$。于是得到

$$a'+b'+c'=b。\qquad （20.1）$$

又从相似三角形各边同比得到 $b'=\dfrac{b}{a}a'$，$c'=\dfrac{c}{a}a'$。代入式（20.1）可得内切圆的半径为

$$r=a'=\dfrac{ab}{a+b+c}。\qquad （20.2a）$$

到了宋辽金元时期，勾股容圆变成人们非常关注的问题，开始考虑各种勾

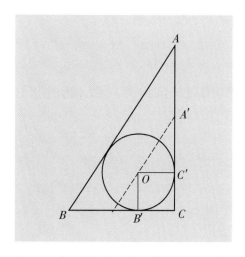

图20.1　《九章算术》中的勾股容圆问题图解。

股容圆的可能性，确立圆的直径与 a、b、c 的关系。所有这些关系总合起来就叫作洞渊九容。洞渊这个名称使不少人认为九容最初的想法来自道人。无论来源如何，几乎可以肯定，这些理论的发展跟经年不断的城池攻防战有很大关系。中国数学一直具有强烈的实用倾向。利用勾股容方、勾股容圆的知识，在城外远远地就可以估算城池的大小；再通过观察城上的防御部署，对敌方防御的人数、我方攻城需要的人马和器械都可以做出定量的估算。

　　给定一个三角形，能"容"多少种圆呢？李冶考虑了另外九种勾股容圆的关系（图20.2），并以具体数值例子的方式给出直径 d 的计算结果，它们是：

勾上容圆——圆心在勾上而圆切于股、弦（图20.2中红色的圆2）：

$$d = \frac{2ab}{b + c};$$ （20.2b）

股上容圆——圆心在股上而圆切于勾、弦（图20.2中红色的圆3）：

$$d = \frac{2ab}{a + c};$$ （20.2c）

弦上容圆——圆心在弦上而圆切于勾、股（图20.2中红色的圆4）：

$$d = \frac{2ab}{a + b};$$ （20.2d）

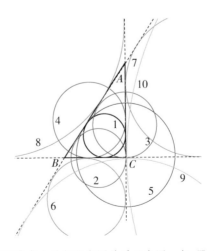

图20.2　《测圆海镜》中十种勾股容圆关系示意图。勾、股、弦外容圆（6、7、8）以及勾和股外容圆半（9、10）的圆半径太大，只画出部分圆弧。

勾股上容圆——圆心在勾股交点（垂足）而圆切于弦（图20.2中蓝色的圆5）：

$$d = \frac{2ab}{c};$$ （20.2e）

勾外容圆——圆切于勾及股的延长线、弦的延长线（图20.2中绿色的圆6）：

$$d = \frac{2ab}{b + c - a};$$ （20.2f）

股外容圆——圆切于股及勾的延长线、弦的延长线（图20.2中绿色的圆7）：

$$d = \frac{2ab}{a + c - b};$$ （20.2g）

弦外容圆——圆切于弦及勾的延长线、股的延长线（图20.2中绿色的圆8）：

$$d = \frac{2ab}{a + b - c};$$ （20.2h）

勾外容圆半——圆心在股的延长线上而圆切于勾、弦的延长线（图20.2中橙色的圆9）：

$$d = \frac{2ab}{c - a};$$ （20.2i）

股外容圆半——圆心在勾的延长线上而圆切于股、弦的延长线（图20.2中橙色的圆10）：

$$d = \frac{2ab}{c - b}。$$ （20.2j）

在以上所有的直径表达式里，分子都是$2ab$，而分母则是a、b、c的和与差的不同线性组合。如果按照图20.2的画图方式来逐个计算式（20.2b）到（20.2j）这九个关系，推导过程会非常繁琐。李冶不是这么考虑问题的。他把一个直角三角形的边分割成若干段，然后计算出各段线段长度之间的关系。整部《测圆海镜》以一张图开篇（图20.3），图中左图直角三角形内不同直线的交点用"天、地、乾、坤、日、月"等字标注，就像今天我们用英文字母标注一样。右图对应标注了介绍推导过程中各点所采用的英文字母，以及李冶给出的一些线段的名称。

第一卷是全书的预备知识，首先给出全书的总图示（圆城图示，见图20.3），文字分为三节，"总率名号""今问正数""识别杂记"。在"总率名号"里，李冶首先定义了基本线段的名称，一共45种。比如：

天之（至）地（AB）为通弦，天之（至）乾（AC）为通股，乾之（至）地（CB）为通勾。

天之（至）川（AN）为边弦，天之（至）西（AI）为边股，西之（至）川（IN）为边勾。

日之（至）地（KB）为底弦，日之（至）北（KJ）为底股，北之（至）地（JB）为底勾。

……

这45条线段可构造出15个三角形（图20.3），它们都同最大的三角形相似。根据最大的三角形的三条边（a、b、c），李冶考虑了13种线性的和差关系：

$$a,b,c;$$
$$a+b,b-a,a+c,c-a,b+c,c-b;$$
$$c+(b-a),c-(b-a);$$
$$(a+b)+c,(a+b)-c。$$

利用这些和差关系，可以从任何一个较大的三角形里按照比例截出15个小的相似三角形。在"今问正数"一节里，李冶在给定图20.3中的"天地乾"（ABC）三角形的三条具体边长的基础上，计算出图20.3中所有线段的长度。

"识别杂记"一节专门讨论各线段之间以及不同线段的组合之间的和差与乘积的关系。比如对于内切圆（图20.1中的黑圆），

$$a+b=c+d, \tag{20.3a}$$

$$(c-a)(c-b)=\frac{1}{2}d^2, \tag{20.3b}$$

以及不同大小的三角形边长之间类似的关系。附录七利用现代几何与代数理论给出式（20.3）的证明，读者不妨自己先证明一下。李冶一共给出692个类似于式（20.3a和

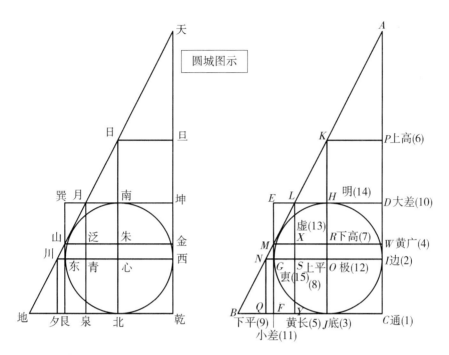

图 20.3　左图：《测圆海镜》的总图 "圆城图示"。内切圆代表一个圆形城堡，中间有贯穿城堡的东西和南北两条大道。圆心位于 "心" 处。注意古代地图的方位标志与今天相反，是上南下北左东右西。圆的外切直角三角形的三个顶点和股与弦上的主要交点按照天、地、乾、坤、日、月、山、川等命名。圆的外切正方形中，在乾、坤对面的两个点（巽、艮）按照八卦方位命名，即东南和东北。右图：李冶给 15 个三角形赋予特别的名称，记在相应三角形直角处那个点的旁边。

20.3b）的 "公式"，用来解决后六卷中 170 个跟圆城直径有关的问题。由于当时没有代数符号，这些 "公式" 只能按照事先给定的大三角形的边长的具体数值来给出（比如通勾 320 步、通股 600 步、通弦 680 步），这导致一些错误，因为有些线段的长度仅仅在数值上相等，并不满足广义的几何关系。这样的错误有七八个，仅占全部 "公式" 的 1% 多一点，瑕不掩瑜。

　　从几何原理来看，李冶在一个给定的直角三角形内构建大小不一的相似三角形（图 20.3），然后利用相似三角形的性质和式（20.1）给出内切圆的半径计算公式，计算其他九种圆的直径。用一个例子来说明，让我们看看图 20.2 中的圆 6，也就是勾外容圆。依照李冶的圆城图示（图 20.3），三角形 *ABC* 的内切圆恰恰是三角形 *ALD* 的勾外容圆，所以有

$$\frac{BC}{DL} = \frac{AC}{AD} = \frac{AB}{AL}。 \tag{20.4}$$

显然，式（20.4）的比值也是三角形 ABC 的内切圆与三角形 ALD 的内切圆的直径之比。那么在式（20.3）中，令 $DL=a$，$AD=b$，$AL=c$，再根据 $AD+d=AC$ 和式（20.4）的比值关系，很容易得到式（20.2f），有兴趣的读者不妨自己验证。

从这些关系出发，《测圆海镜》的后 11 卷列举了 170 个问题，从易到难。这是一本中国古代少见的逻辑条理清晰的著作。李冶对所有问题采用相同的文体来描述，包括"问""法""草"三部分。"问"是提问，"法"是解法，"草"是对解法的详细解释。"草"是这本书的精华。有些问题相当复杂，不可能一眼就看出圆城半径与已知线段之间的关系，这时李冶就设立未知数，然后从那些公式里选择正确的关系，求解现代意义的方程。未知数不一定是圆城的直径，可能是问题中一个关键的几何线段的长度，而方程中的未知数最高可以达到 6 次幂（即 x^6）。通过解决这些问题，李冶把代数理论向前推动了一大步。

怎样设立未知数呢？李冶在《测圆海镜》的序言里说，他流浪到东平府（今山东）的时候，看到一本算书，其中介绍了给定数字的不同幂次的命名方法。这个命名系统，"以人为太极，以天地各自为元而陟降之"。"太极"为永恒，这里代表不变的常数，并用"人"来表示；未知数的幂次统称为"元"；"天"元就是未知数本身，即未知数的一次幂。"陟"是上升，即从一次幂依次升为二次幂（"上"元）、三次幂（"高"元）等；"降"是降低，从一次幂降为负一次幂（"地"元）、负二次幂（"下"元）等。表 20.1 给出这个命名方法的所有 19 种幂次与现代记法的对照。

表 20.1　李冶提到的古代幂次命名与现代符号对比

x^0	x^1	x^2	x^3	x^4	x^5	x^6	x^7	x^8	x^9
人	天	上	高	层	垒	汉	霄	明	仙

x^0	x^{-1}	x^{-2}	x^{-3}	x^{-4}	x^{-5}	x^{-6}	x^{-7}	x^{-8}	x^{-9}
人	地	下	低	减	落	逝	泉	暗	鬼

发明这个幂次表示方法的人估计是个道士，所以采用道家从天庭到地府、神仙到小鬼的层次来描述幂次。李冶说，这种命名方法流于肤浅，但容易让人明白。又说，

当时普遍的做法是把高幂次项列在算式的上端，低幂次依序列在下面，但也有人是反过来做的。李冶在《测圆海镜》里采用的是当时的普遍做法，但后来他在另一部著作《益古演段》里，改用反过来的方式，原因是在进行算筹演算时，计算的结果（"商"）一般都写在算式的顶端（见第十五章）。

求解"天元"的方法叫作"天元术"。这类方法在李冶之前的北宋就已经存在，不过有关著作均已失传，《测圆海镜》是现存最早的关于天元术的系统著作。把未知数叫作"天元"，常数叫作"太极"，这种命名方法很容易引起人们的各种遐想。在西方，宗教引发了早期科学与哲学发展的进程；那么，中国道教的教义是不是也从意识形态上影响了自然哲学的进展呢？更广泛的问题是：中国数学知识的形成是否跟其他学问譬如《周易》的研究有关系？全真教主张道、儒、释三教一体；而金末元初时期，很多汉人学者看不到仕途的希望，转而习道。《周易》是他们擅长的学问，那么，金元的"天元术"是不是这样产生出来的？

第十六章介绍了丢番图的代数和方程符号。李冶在《测圆海镜》里也详细记载了他自己的方程记述法。这里选择书中一个简单问题来做介绍。第二卷"正率十四问"的最后一问是《测圆海镜》第一个设立未知数的问题，原题是这样的：

圆城西门外正南方480步的地方有一棵树，从北门外向东走200步时刚好可以看到它。问城的直径是多少？

这实际上就是从图20.3的"地"处看到"天"处的树，也就是勾股内容圆的问题。如果不深入探讨图20.3中各线段与圆的几何关系，可令圆城的半径为r，直接套用式（20.2a），因为我们知道$a=r+200,b=r+480$。于是得到

$$r = \frac{(r+200)(r+480)}{(r+200)+(r+480)+\sqrt{(r+200)^2+(r+480)^2}}。 \qquad (20.5a)$$

由于数值比较大，化简有点繁琐，不过最后能得到一个一元四次方程

$$r^4+1\,360r^3+462\,400r^2=9\,216\,000\,000。 \qquad (20.5b)$$

这个方程的正根之一就是问题的答案。李冶没有像海亚姆那样寻找所有可能的正根。至于如何利用数值方法求解高于三次的方程的根，后面还有故事要讲。

但以上是知道公式（20.2a）以后，利用现代代数符号和运算规则的做法。李冶是

怎么做的呢？他先"立天元一为半径"，也就是说，他也把半径作为一个未知数，我们在下文叙述中用 x 来表示。由于缺少数学符号的帮助，他需要先找到类似式（20.2a）的关系，然后进行计算。李冶说，从西门到南边那棵树的距离（480步）对应图20.3中"西"（I）点与"天"（A）点的距离。"总率名号"里把它命名为"边股"。为了叙述方便，我们把这段距离记为 b_2。类似地，从北门走到东边的距离（200步）对应图20.3中"北"（J）点与"地"（B）点的距离。"总率名号"里把它叫作"底勾"；我们称这段距离为 a_3。第一步，李冶计算"股圆差"，也就是边股与圆半径之差，他的算筹表达方式是

$$\text{（算筹符号）} \tag{20.6a}$$

这里，标有"元"字的上行给出未知数 x 的系数：一道竖表示一支算筹，即数字1，在竖上加一斜杠表示该数为负数，也就是 -1。这里"元"是"天元"的简称。未知数下面的一行是常数项，应该标为"太极"或简称为"太"。但由于已经标出了"元"行，"太"行自然在其下面，因此"太"字可以省去。上行与下行是相加的关系，所以，算筹标记（20.6a）就是我们今天的 $b_2 - x$，也就是 $480 - x$。未知数在古代有时也叫"虚数"（即虚拟数；它跟我们今天数学里面的虚数完全是两码事），而已知数则叫"真数"。注意李冶还在算筹表达式里采用了0的符号。

第二步，计算底勾与圆半径之差（勾圆差），即 $a_3 - x$，也就是 $200 - x$，记为

$$\text{（算筹符号）} \tag{20.6b}$$

第三步，把勾圆差与股圆差相乘，得到一个二次多项式，即 $(a_3 - x) \times (b_2 - x) = x^2 - 680x + 96\,000$。李冶的标记法是

$$\text{（算筹符号）} \tag{20.6c}$$

这里，"元"行上面的一行给出未知数二次幂的系数；"元"行的680带有一根斜杠，表示这个系数为负数。综合起来，就是未知数的平方减去680倍的未知数再加上 $96\,000$。

　　第四步，李冶指出，勾圆差与股圆差之积等于圆的直径 d 的平方的一半，也就是 $(a_3-x)\times(b_2-x)=\dfrac{1}{2}d^2$。这个关系式的证明由读者自己来做，如果做不出，再参见本章后面的提示。从这个关系式得到

$$x^2-680x+96\,000=\frac{1}{2}d^2。\qquad\qquad(20.6d)$$

　　第五步，二倍未知数的平方也等于直径平方的一半，即 $2x^2=\dfrac{1}{2}d^2$。在李冶的代数系统里，$2x^2$ 记为

$$\overset{\parallel}{\bigcirc}\text{元}，\qquad\qquad(20.6e)$$

式（20.6c）与（20.6e）是相等的关系，用今天的话说，就是 $x^2-680x+96\,000=2x^2$。李冶把两式按照对应的行相减，由于式（20.6e）没有常数项和一次项，只需两式中的二次项系数相减，就得到我们今天意义上的方程

$$-x^2-680x+96\,000=0，\qquad\qquad(20.6f)$$

李冶把这个方程记为

$$\qquad\qquad(20.6g)$$

注意这里不再使用"元"的标记。这是方程与多项式的区别。求解这个一元二次方程比解式（20.5b）要简单得多。很容易求得它的正根 $x=120$ 步，所以圆城的直径是 240 步。可以验证，120 也是方程（20.5b）的正根之一。

　　从上述过程可见，李冶只是在建立多项式的时候标注未知数的位置，因为多项式变化多端，难以用统一的格式来表达。比如

是 $2x^2 - 1\,544x + 276\,120 + \dfrac{6\,156\,000}{x}$。从上到下，它遵循 x^n 幂次的顺序，$n=2$，1，0（常数项），-1。如果某次幂项在方程里不出现，那么必须在对应该项的那一行里写零，不能跳过，否则容易混淆。比如

这里常数项（"太"）是零。一旦标出常数项，"元"的位置自然就确定了。所以这个多项式是 $635\,904x^2 - 29\,196\,288x$。再比如

它的意思是 $x^2 - 14\,161$。

遇到系数是非整数的情况时，需要告诉读者哪个数位对应个数位，比如：

这里用"步"来表示整数个位数的位置，对应的现代表达式是 $20.25x^2 + 1\,138.5x + 9\,522$。这是中国古代的"小数点"。

顺便说一句，中国很早就有了明确的数位概念，但这种概念跟度量衡紧密相联，不是抽象的数位。比如《孙子算经》里说，最小的长度量度单位是"忽"，它相当于一根蚕丝的直径。从这里算起，"十忽为一丝，十丝为一毫，十毫为一牦，十牦为一分，十分为一寸，十寸为一尺，十尺为一丈，十丈为一引，五十引为一端……"而最小的体积单位是"粟"，应该是来自一粒小米的体积。"六粟为一圭，十圭为一撮，十撮为一抄，十抄为一勺，十勺为一合，十合为一升，十升为一斗，十斗为一斛，十斛得六千万粟。"至于长度和体积之间的关系，好像没有具体的讨论和研究。

言归正传。一旦方程建立起来，"元"的标记就没用了，因为方程的表达式严格遵

循一定的法则,从下到上,是常数项、一次项、二次项、三次项,等等。这种"方程式"不含未知数,也就不能用等号,隐规是把所有各项从上到下加起来结果必须是0。如

对应的是 $4x^3 - 2\,640x^2 + 264\,960x + 6\,156\,000 = 0$。

对《测圆海镜》中的所有问题,李冶列出方程后,直接给出该方程的正根,并不讨论具体计算的方法。在多数情况下,他利用"识别杂记"中推出的几何关系把高次方程化简为二次,然后求解,不过也有对高次方程直接求解的,只是没有给出求数值解的具体说明,这是因为在宋元时期,求解高次方程的数值方法已经比较成熟了。这个方法的基本原理来自对二项式展开的认识。

第十五章介绍了《九章算术》计算正数平方根的方法,它来自通过对边长为 $(a+b)$ 的正方形进行分割而得到的二次二项式

$$(a+b)^2 = a^2 + 2ab + b^2。 \tag{20.7a}$$

而对立方根的计算则是通过对棱长为 $(a+b)$ 的立方体进行分割而得到的三次二项式

$$(a+b)^3 = a^3 + 3a^2b + 3ab^2 + b^3。 \tag{20.7b}$$

到了北宋时期,出现了一部《释锁算书》,其中列出了 $(a+b)^n$ 的展开式里各项的系数,n 的最高值达到6。不仅如此,《释锁算书》还指出了从 $n-1$ 到 n 的多项式系数之间的关系,也就是说,这部书的作者已经导出了 n 为任何正整数时 $(a+b)^n$ 展开后各项的系数。这是一个重大的发现,李冶和他身后的数学家都是依靠这个理论计算高阶方程的数值解的。这部书已经失传,幸运的是,南宋数学家杨辉(约1238年—约1298年)在他的《详解九章算法》当中引用了《释锁算书》的内容,使其大部分得以保存。杨辉作出开方作法图,并说"开方本源,出《释锁算书》,贾宪用此术"。到了明代,《释锁算书》的片段被抄入《永乐大典》(第一万六千三百四十四卷),幸得以保存下来。这些片段现存英国剑桥大学图书馆(图20.4左)。图20.4中的数字构成一个三角形,它的

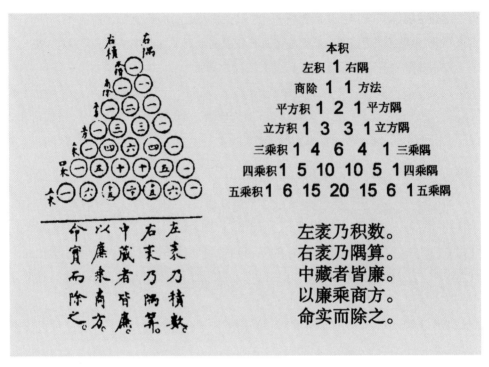

图20.4　左图：《永乐大典》中记载的贾宪三角。原图有些字迹已模糊不清。右图给出对应的阿拉伯数字标记和图下方说明的文字。

两条斜边叫作"袤"，数字都是1，这就是著名的贾宪三角。

　　根据《宋史》的记载，贾宪著有《黄帝九章算法细草》九卷，我们不知道这部书跟《释锁算书》的关系。《宋史》也没有记录贾宪的生平，只能从一本不大为人所知的《王氏谈录》里，发现一点资料。这书名中的"王氏"指的是北宋藏书家和目录学家王洙（997年—1057年），书中所记载的是他的语录。其中有这么一段：

　　　　公言：近世司天算，楚衍为首。既老昏，有弟子贾宪、朱吉著名，宪今为左班
　　　　殿直，吉隶太史。宪运算亦妙，有书传于世。……

大意是，王洙曾说，当今天文历书计算的领军人物是楚衍。楚衍老了以后，他的弟子贾宪、朱吉也很有名。贾宪那时是左班殿直（值），朱吉是太史。贾宪又懂得算术的奥妙，有著作传世。

　　查《宋史》可知，"左班殿值"这个不入九品的官职始创于北宋政和二年（1112年），下属内侍省，是在内宫负责皇帝和嫔妃们起居的。而"内侍"是宋朝对太监的统称，所以贾宪很可能是个职位低微的太监。政和是宋徽宗赵佶（1082年—1135年）的第四个年号，比王洙生活的年代要晚五六十年。清代《四库全书》的编纂者在编辑《王氏谈录》时也认为，这本书不是王洙本人所著，而是他的后人编写的，所以估计贾宪的生活年代在11世纪中叶到12世纪初。

　　在介绍释锁算法之前，需要对古代方程的术语做个简单的解释。

　　开方，可以指求一个数的平方根，也可以是任何幂次的根。古代对于一个 n 次方程中各项的系数有专门的名称。以二次方程 $x^2+ax=b$ 为例，方程右端的常数项称为"实"（二次方程的常数项也称为"平方实"），一次项的系数叫"从法"，或简称"从"或"法"，二次项的系数则称为"隅"。对一元三次方程，其常数项和一次项系数的名称与二次方程相同，二次项的系数称为"廉"，三次项（最高次）系数称为"隅"。一般的四次方程又多出一个三次项，这时称二次项系数为"下廉"，三次项系数为"上廉"。对于更高次的方程，在一次项"从"和最高次项"隅"之间的各项都是"廉"，用"一廉""二廉""三廉"等来表示。凡是负数的系数，加"益"字来表示，如"益实""益从""益一廉""益二廉""益隅"等。

　　对 $(a+b)^n$ 来说，展开以后 a 和 b 都有 n 次项。一般取大数为 a，小数为 b，并把 a^n 称为"积"，b^n 称为"隅"。如图20.4中所说，"左袤乃积数，右袤乃隅算"，且它们的系数都是1。"积"和"隅"之间的那些数则都叫作"廉"（"中藏者皆廉"）。

　　那么，"积""隅""廉"这些名字是什么意思呢？这就要回到图15.3。在第十五章对55 225开平方的例子里，我们看到，计算的指导思想是把一个边长未知的正方形分解成为四部分，一个面积尽量大的正方形（如图15.3中的黄甲），叫作"积"；一个面积尽量小的正方形（如图15.3中的黄乙），叫作"隅"（即角落）；加上两个全等长方形（朱幂），叫作"廉"。找到这些之后，把它们都加起来，变成更大的"积"，再寻找与之对应的"隅"和"廉"，这样不断做下去，直到得到满意的结果为止。

　　把这种几何思路推广到对一个数 A 开 n 次方的问题，设它的 n 次根为 x，而且 $x=a+b$，于是 $A=(a+b)^n$。再选择 $a>b$，然后对 $(a+b)^n$ 按照贾宪三角展开，以此来估计 a 的最大可能值。知道了 a 也就得到了"积"（$=a^n$），然后利用已知的"积" n 次根来估算各"廉"，以此来确定 b。这个思路同计算机数值计算程序在基本原理上是一致的：

一次也许得不到精确的结果（如图15.3中的黄甲 + 黄乙 +2倍的朱幂），但总可以把第一次估计出来的 a 和 b 加起来作为新的 a（只要它小于最终的结果），再次估算新的 b，采用相同的过程再进行运算，这样一步步做下去。

作为一个具体的例子，假设我们要求 1 728 的正立方根。由于这是个四位数，它的根应该是一个两位数。设 $x = a + b$，也就是 $(a+b)^3 = 1\ 728$，根据图20.4贾宪三角的第4行 $(1,\ 3,\ 3,\ 1)$，也就是

$$a^3 + 3a^2b + 3ab^2 + b^3 = 1\ 728。 \tag{20.8a}$$

由此估算出 $a = 10$，代入式（20.8a），两侧除掉"积"也就是 $a^3 = 1\ 000$，这就是图20.4中所谓的"以廉乘商方，命实而除之"（a 是商的10位数，"以廉乘商方"是用"廉"乘 a 的对应方次，如 $3a^2b$；"除"是做减法）。由此得到

$$300b + 30b^2 + b^3 = 728。 \tag{20.8b}$$

下一步估算 b。b 显然是一个个位数，而728的个位数是8。观察式（20.8b），只有左边的第三项 b^3（隅）可能是个位数，且等于8，所以 $b = 2$。把 $b = 2$ 代入式（20.8b）中，等式成立，所以 $x = a + b = 12$ 是 1 728 的立方根。

贾宪最初把这个三角图形叫作"开方作法本源图"。从这个名字可以看出，它的目的就是为了求解一元高次方程的根。以上的例子都是针对具体数值求根，至于对一个给定一元高次方程，如何利用贾宪三角求根，我们后面再讲。这里需要强调的是，它们的原理是一样的。

有趣的是，这个三角在不同时间、不同地点为了不同的目的而被不同的人发现。我们在《好看的数学故事：概率与统计卷》里介绍过，贾宪三角最早出现在公元前2世纪的古印度，是宾伽罗（Pingala，生卒年不详）在研究古梵语诗文中的韵律规律时发现的。他所感兴趣的是长短音的排列组合问题。贾宪身后将近600年，法国数学家帕斯卡（Blaise Pascal，1623年—1662年）也发现了这个三角，不过他是在研究硬币正反面出现的概率规律时发现的，由此奠定了经典概率论的基石。但无论是宾伽罗还是帕斯卡，都没意识到这个三角还是数值求解高次方程之根的基础。

《测圆海镜》标志着天元术成熟，标志着当时世界上最先进的代数方程理论。但由于内容较深，粗知数学的人看不懂，加上时逢战乱，百姓流离失所，数学不受重视，天

元术传播很慢。李冶清楚地看到这一点，他相信天元术是解决数学问题的一个有力工具，深刻认识到普及天元术的必要性。

1257 年，蒙古大汗蒙哥责成弟弟忽必烈总领漠南汉地事务，专门邀请李冶询问国事。这时李冶已回到了离老家不远的河北元氏封龙山，在那里建立封龙书院，著书讲学。李冶到开平觐见忽必烈，对他说，治理天下，说难可以难于上青天，说容易也可以易如反掌。有法，执法又有度，天下可治；不追求空名头而追求实效，天下可治；使用君子，远离小人，天下可治。这么说来，治理天下不是易如反掌吗？没有法没有度，天下必乱；只有名而没有实，天下必乱；接近小人，远离君子，天下必乱。这么看来，治理天下不是难于上青天吗？治理天下的方法，无非是立法度，正纲纪。有了纲纪，上下才有正常的关系；有了法度，才能使赏罚明确，有惩有劝。可是今天的大小官员以至平民百姓全都放纵享乐，以私害公，这就是无法无度。所以有功的人得不到奖赏，该被罚的人又不一定受罚，甚至有功者受到侮辱，有罪的人反而得到宠信，这就是无法无度。现在法度已经废弃，纲纪也崩坏了，而天下还不乱，那已经是太幸运了。

李冶这番话，是基于金国灭亡的血的教训，忽必烈听了，连连点头称是。

不久蒙哥在四川合州攻打钓鱼城时死亡，忽必烈登基称汗，成为第五代蒙古大汗。他聘请李冶担任翰林学士知制诰，同修国史，李冶以老病为辞，婉言谢绝。他对朋友说："世道相违，则君子隐而不仕。"又过了几年，忽必烈平定了蒙古内战，再次招李冶为翰林学士知制诰同修国史。1265 年，李冶来到中都，勉强就职，参加修史工作。很快，他就感到处处都要秉承当官的旨意而不能畅所欲言，很不自由，于是以老病为由辞职。他对朋友说："翰林为皇帝起草诏书时，对天子的意见唯唯诺诺，太史记录历史，宰相却监管记录内容；而主办文书者和主管部门的官员则对文字随意颠倒是非。今人都以进入翰林、史馆为最高目标，于是入选者多为阿谀奉承、阳奉阴违者。我怕朋友为我感到羞愧。"

辞职以后，李冶回到封龙山著书讲学。除了儒家经典以外，他也教数学，并为此写了一本深入浅出、便于教学的书《益古演段》。这部书是对前人蒋周（约 11 世纪）所著《益古集》的完善和发展。《益古集》采用所谓的条段法处理一类几何代数问题，基本上都是已知平面图形的面积，求圆的半径、正方形的边长和周长等。李冶认为蒋周的处理方法不够清晰完整，于是在《益古演段》里先用天元术建立方程（多数是二次方程），再用条段法旁证。从这部书开始，李冶把多项式和方程的结构做了调整，不同幂次各项的顺序改为低幂次项在上，高幂次项在下。这种算筹表示法跟古代筹算的顺序更为接近，更能为人所接受。他谆谆告诫学生说："学有三：积之之多不若取之之精，取之之精不若得之之深。"李冶显然很享受这样的工作，他在序言中说："使粗知十百者，便得入室啖其文，岂不快哉！"

《益古演段》的价值不仅在于普及天元术，理论上也有创新。首先，李冶采用传统的出入相补原理及各种等量关系来减少题目中的未知数个数，化多元问题为一元问题。其次，在解方程时采用了设辅助未知数的方法，以简化运算。因此，清代的《四库全书·益古演段·提要》中评论说："此法（指天元术）虽为诸法之根，然神明变化，不可端倪，学者骤欲通之，茫无门径之可入。惟因方圆幂积以明之，其理尤属易见。"

不过李冶还不懂得处理分母含有未知数的多项式，每当遇到这样的情况，他会说，这样的表达式"不受除"，意思是分子不能被分母除。这显然是不对的，而且有一个跟他同时代的人已经找到了计算多项式除法的方法。关于那个人的故事，我们后面再讲。

1271年，忽必烈在儒士刘秉忠（1216年—1274年）的建议下，改国号为大元，取《易经》中"大哉乾元"的意思。至元十六年（1279年），元军消除了南宋最后的势力，征服整个中国。也就是这一年，李冶的生命到了尽头。临终之际，他把儿子叫到身边，对他说："我一生写了很多著作，我死了以后，其他书都可以烧掉，唯独这本《测圆海镜》，你一定要好好保存。这部书凝结了我的大半生心血，后世一定会把它的成果发扬光大的。"

元朝存在不到100年，经历了11位皇帝，平均在位时间不到9年。其间内部政变不断，对外与西部其他汗国争端频仍。这些皇帝大多酗酒，加上以肉食为主，几乎都患有痛风病，除了忽必烈以外，没有一位活过50岁，多数死于三四十岁的年龄。元朝后期，国内灾害不断，通货膨胀严重，民变此伏彼起。1368年8月，朱元璋手下大将徐达攻陷元大都（今北京），元惠宗北逃，元朝灭亡。

长年的动乱使李冶划时代的工作遭到忽视。进入明代，天元术已经基本无人能懂。直到18世纪，西洋算学已经深入中国，国人开始对代数有了新的了解，李冶等人的天元术著作才被重新发现。1896年刘岳云出版《测圆海镜通释》，后来李善兰出版《测圆海镜解》等，给出勾股容圆各公式的统一公式。李善兰对此书评价甚高，说："中华算书，无有胜于此者。"而在19世纪初，朝鲜数学家南秉哲（1817年—1863年）就著有《海镜细草解》。20世纪初,《测圆海镜》又被介绍到欧洲。

本章提示：

要证明$(a_3-x)\times(b_2-x)=\dfrac{1}{2}d^2$,参考附录七,根据$x=\dfrac{d}{2}$,证明$(a_3-x)\times(b_2-x)$也等于图F7.2中红色矩形的面积。

本章主要参考文献

郭书春:《关于天元术的发展的几个问题》,《高等数学研究》,2013年第16卷,第120—127页。

李冶著,白尚恕、钟善基译:《测圆海镜今译》,济南:山东教育出版社,1985年,第786页。

第二十一章　被地方志除名的"坏人"和他的仰慕者 ——

　　图西推出双轮物理行星模型的那一年（1247年）是南宋理宗淳祐七年，也就是李冶发表《测圆海镜》的前一年。这年的中秋节前后，在湖州出现了一部《数术大略》，作者名叫秦九韶（1208年—1268年），比图西小7岁，比李冶小16岁。

　　秦九韶祖籍山东，生在四川。他在《数术大略》的署名前面特意加上"鲁郡"这个地名（山东某地），尽管山东早在1127年就被金朝占领了。这是逃亡到江南的北方宋朝人士的普遍做法，他们不承认金朝的合法性。南宋朝廷把日益缩小的疆土划为17个一级行政区，叫作"路"，"路"以下设"州"，"州"以下设"军"。秦九韶的父亲秦季槱在四川地区利州东路下属的巴州担任知州。1219年（嘉定十二年）利州东路的首府兴元府发生兵变，叛军打到巴州，秦季槱携全家逃走，去了临安。三年后，秦季槱在朝廷里升了官，有人说他晋升为工部郎中，负责全国的工程、屯田、水利、交通等事务，也有人说他当了秘书少监，还有说法是他身兼二职。无论如何，秦季槱具有接触宫内各类经籍书目的能力，这给少年秦九韶一个得以博览群书的绝好机会。这个少年天性聪颖，对种种学问，如星象、音乐、数学、建筑学等无一不感兴趣，而且深入钻研。他说自己少年时在太史局跟人学过天文学，后来又专门向某位隐士求教，学习数学。有人认为，那位隐士应该是陈元靓（生卒年不详），一位被人称为"涕唾功名金玉"的道士。

　　面对金朝、蒙古的威胁，南宋各地的百姓纷纷组织起义军。秦九韶从18岁起就在乡里管理义兵，后来在魏了翁（1178年—1237年）麾下从事守城的工程设计建设，21岁到郪县（在今天的四川绵阳附近）做九品县尉，并准备参加科举。

　　南宋周边的形势在秦九韶成年前后发生了巨大变化。1234年，南宋与蒙古结盟，共同对付金国。作为宋军援战的报酬，蒙古承诺灭金后把黄河以南的中原地带归还南宋。蒙宋联军灭金后，指挥南宋盟军的大将孟珙（1195年—1246年）把金哀宗的尸骨带到临安，用来祭奠北宋末年被掳到北地的徽钦二帝。一时间举国一片欢腾，人们竞相庆贺，一百多年的耻辱终于以金国的灭亡而告终。可是金灭以后，南宋的西部和北部就直接暴露在蒙古的威胁面前。窝阔台灭金后，立即撕毁了协议，强划陈州和蔡州（今河南淮阳、汝南一带）以北属蒙古，以南属南宋。这使南宋失去了黄河与长江之间的大片肥沃土地，也失去了黄河的屏障。南宋政府无力反抗，只能忍辱接受。从此，南宋的忧患越来越严重，来自蒙古的骚扰不断，国无宁日。

秦九韶考取进士几年后，从湖北蕲州（今湖北蕲春县）通判擢升为和州（今安徽和县）知州，眼看就要进入临安朝廷，仕途前景一片光明。可这时他母亲去世了。按照规矩，凡是丧父丧母的官员必须解职守孝三至五年，这叫作丁忧。九韶急赴临安吊丧，然后转回湖州老家。

丁忧期间不能从政，秦九韶便在湖州研究数学。宋理宗淳祐七年（1247年）的秋天，《数术大略》刊出，这一年，秦九韶39岁。在"自序"中，他这样描述自己著书的经历："际时狄患，历岁遥塞，不自意全于矢石之间，尝险罹忧，荏苒十祀。"大意是说，在兵荒马乱的年代，交通不便，所以难以写得详细全面。这本书在石雹箭雨当中写成，其间充满了忧扰和艰险，经过十年才完成。所谓"狄患"指的是蒙军攻打四川地区——潼关已在1237年被蒙军占领。也就是说，他从29岁起就开始写这本书了。

这部书分为九个部分，处理九类数学问题，分别是大衍、天时、田域、测望、赋役、钱谷、营建、军旅、市物，几乎涵盖了当时社会活动的全部范围；一共收入81个问题，每个问题给出"术"和"细草"，其背后精湛的数学理论和分析方法要等到五六百年后才被数学家们所关注。在后来的抄本中，它的结构变成九章18卷，仿照《九章算术》的名字被称为《数书九章》。这部著作在世界数学史上占有非常重要的位置，秦九韶也因此被誉为中国历史上最伟大的数学家之一。

我们先谈谈他的高次方程求解方法。前一章讲过，李冶列出了一元高次方程，给出了结果，但没有解释求解方程的细节。秦九韶则找到了一个通用数值解法，适用于任何阶次的一元方程。利用现代代数符号表示法，这个方法的基本原理是这样的：

考虑任意方次的一元方程

$$a_n x^n + a_{n-1} x^{n-1} + a_{n-2} x^{n-2} + \cdots + a_2 x^2 + a_1 x + a_0 = 0, n \geqslant 2, \tag{21.1a}$$

它可以改写成如下形式：

$$a_o + x(a_1 + x(a_2 + x(a_3 + \cdots + x(a_{n-1} + a_n x) \cdots))) = 0_\circ \tag{21.1b}$$

现在定义

$$b_n = a_n,$$
$$b_{n-1} = a_{n-1} + b_n x,$$
$$b_{n-2} = a_{n-2} + b_{n-1} x,$$
$$\cdots\cdots$$
$$b_0 = a_0 + b_1 x_{\circ}$$

这里面所有的 b 的数值都可以通过已知的 a 的数值唯一地确定。要在数学上严格地证明这个论断需要函数理论，那是本书以外的内容，这里就不深入讨论了。

很明显，$b_0 = a_0 + b_1 x$ 其实就是方程（21.1a）和（21.1b）的左侧。所以，如果 $x = x_0$ 是方程（21.1a）的一个根，它一定满足

$$b_0 = a_0 + b_1 x_0 = 0, \tag{21.1c}$$

问题是怎样找到这个 x_0。

秦九韶求解一元高次方程的方法显然是按照类似于上述的逻辑展开的，不过他没有给出理论的论证，而是采用具体例子来说明。但它的基本原理是这样的：

考虑把任意一个 $n > 1$ 的多项式 $P_n(x) = a_n x^n + a_{n-1} x^{n-1} + \cdots + a_1 x + a_0$ 除以 $(x - x_0)$。根据余数定理，这个除法所得的余数应该等于该多项式在 $x = x_0$ 时的值 $P_n(x_0)$。如果偶余数等于零，那么，x_0 就是方程（21.1a）的一个根。可是，在实际操作中怎样才能对 $P_n(x)$ 做对于 $(x - x_0)$ 的除法呢？读者可能还记得，李冶认为 $\dfrac{P_n(x)}{x - x_0}$ 这种做法"不受除"。可是秦九韶却找到了这个除法的规律。

为了说明简单起见，我们只看三次多项式 $P_3(x) = a_3 x^3 + a_2 x^2 + a_1 x + a_0$。我们想把这个多项式除以 $(x - x_0)$，应该怎么做呢？为了叙述方便，我们把这个多项式和除法运算用行与列的方式表达出来，见表21.1。

表21.1   三次多项式 $P_3(x)$ 除以 $(x - x_0)$ 的具体做法

x_0	1列	2列	3列	4列	
	x^3	x^2	x^1	x^0	1行
	a_3	a_2	a_1	a_0	2行
		$x_0 a_3$	$x_0(a_2 + x_0 a_3)$	$x_0(a_1 + x_0(a_2 + x_0 a_3))$	3行
	a_3	$a_2 + x_0 a_3$	$a_1 + x_0(a_2 + x_0 a_3)$	$a_0 + x_0(a_1 + x_0(a_2 + x_0 a_3))$	4行

首先在第一行列出x的各个幂位（x^3,x^2,x；注意按照0幂次的定义，x^0恒等于1，对应常数项）。在第一列的左面加上一列，把（$x-x_0$）中的x_0写在里面，表示用它来做计算。把多项式x各个幂位的系数写在相应幂位的下方，作为第二行。先留出一个空行（第三行），第三行的下面用双横杠隔开的是每一列的计算结果。用x_0乘第二行第一列的系数a_3，把结果x_0a_3写在第三行第二列的位置。对第二列第二、三行的数字（a_2和x_0a_3）做加法，把结果（$a_2+x_0a_3$）写在第四行该列的位置。下一步把这个结果$a_2+x_0a_3$乘x_0，写到第三行第三列（对应x^1的那一列），并对该列第二、三行的两个数做加法，得到$a_1+x_0(a_2+x_0a_3)$，把它写在第三列第四行的位置上。对第四列做类似的步骤，最终得到表21.1的全部结果。

为什么要这么做？读者很容易验证下面的等式：

$$P_3(x)=(x-x_0)(a_3x^2+(a_2+a_3x_0)x+a_1+x_0(a_2+a_3x_0))+a_0+x_0(a_1+x_0(a_2+x_0a_3))。$$

$$(21.2)$$

这个等式说明，通过表21.1的步骤，可以把$P_3(x)$变成（$x-x_0$）和一个二次多项式$P_2(x)=a_3x^2+(a_2+a_3x_0)x+a_1+x_0(a_2+a_3x_0)$的乘积，再加上一个余式（或余数）$a_0+x_0(a_1+x_0(a_2+x_0a_3))$。从余数定理的角度来看，上面的分析是说，$P_3(x)$被（$x-x_0$）除后，它的余数等于$a_0+x_0(a_1+x_0(a_2+x_0a_3))$。换句话说，如果找到一个$x_0$，使得$a_0+x_0(a_1+x_0(a_2+x_0a_3))=0$，这个$x_0$就是方程$a_3x^3+a_2x^2+a_1x+a_0=0$的一个解。

这给出了一个求解高阶方程数值解的思路：把n阶方程看作n阶多项式，猜测一个近似解x_0，将n阶多项式化简为（$x-x_0$）乘一个$n-1$阶多项式的形式，即$P_n(x)=P_{n-1}(x)\times(x-x_0)$，使它的余数尽量接近于零。如果第一个猜测解的余数大于零，修正x_0，找另外一个猜测解，使其余数小于零。有了最接近于零的两个猜测解，一个余数大于零，另一个余数小于零，方程的准确解就在这两个猜测解之间。取其中一个近似解x_0，并设$y=x-x_0$，把它代入$P_n(x)$，得到一个新的n阶多项式$P_n(y)$。前面的步骤使这个多项式已经接近于零，现在对$P_n(y)$进行同样的处理，猜测近似解y_0，使$P_n(y)$更加接近于零。不断重复以上步骤，直到解达到满意的精度为止。

上面描述比较抽象，现在看一个具体的例子。考虑如下方程：

$$x^3+2x^2+6x-13\,258=0。$$

$$(21.3)$$

首先猜解。设解为x_0，它的三次方需要接近这个方程的常数项13 258，所以x_0应该介于20和30之间，因为，$20^3 = 8\,000$小于13 258；而$30^3 = 27\,000$大于13 258。把这两个猜测解代到方程（21.3）里，发现当$x_0 = 20$时，$x^3 + 2x^2 + 6x - 13\,258 < 0$，当$x_0 = 30$时，$x^3 + 2x^2 + 6x - 13\,258 > 0$。于是我们肯定真正的解在这两个值之间。于是我们选择20作为"试商"，按照表21.1的步骤把上面的方程除以$(x - 20)$。（图21.1）

	x^3	x^2	x^1	x^0
	1	2	6	-13 258
20		20	440	8 920
	1	22	446	-4 338
20		20	840	
	1	42	1 286	
20		20		
	1	62		

(a)

	y^3	y^2	y^1	y^0
	1	62	1 286	-4 338
2		2	128	2 828
	1	64	1 414	-1 510
2		2	231	
	1	66	1 546	
2		2		
	1	68		

(b)

	z^3	z^2	z^1	z^0
	1	68	1 546	-1 510
0.9		0.9	62.01	1 447.209
	1	68.9	1 608.01	-62.791
0.9		0.9	62.82	
	1	69.8	1 670.83	
0.9		0.9		
	1	95		

(c)

图21.1　对多项式$x^3 + 2x^2 + 6x - 13\,258$做综合除法来求根的具体步骤。从列式的方式我们可以看到，它跟筹算的布列非常相近，只不过是把算筹换成了阿拉伯数字。秦九韶当然是利用算筹来求解一元高次方程的。秦九韶也和李冶一样，用圆圈来表示算筹计算当中的空位，类似于我们今天的零符号。但圆圈的意思很可能是"空位"而不是今天数学意义上的零。

图21.1（a）中，我们把$x^3 + 2x^2 + 6x - 13\,258$除以$x - 20$，连续除了三次。第一次跟表21.1中的步骤完全一样，得到的最后一行黑色数字的前三项对应的是$(x - 20)(x^2 + 22x + 446)$，余数是$-4\,338$。第二次用红色的数字表示，则是把二项式$(x^2 + 22x + 446)$按照类似的方式再除以$x - 20$，得到$(x + 42)$，余数为1 286。第三步是蓝色的数字，把$x + 42$再除以$x - 20$，得到余数62。

这是什么意思呢？读者不妨自己验证一下，我们通过以上步骤，把原来的多项式$x^3 + 2x^2 + 6x - 13\,258$变成了$y^3 + 62y^2 + 1\,286y - 4\,338$，这里$y = x - 20$。

既然x的根在20和30之间，对应的y的根一定是一个个位数（$x = 20 + y$）。试一下$y = 5$，发现余数是个很大的正数（3 767）。再试$y = 4$和3，余数都是正数。图21.1（b）是$y = 2$的多项式除法，余数从$y = 3$时的正数变成负数。于是我们得到方程（21.3）近似到个位的解$x = 22$。

这样继续做下去，图21.1（c）是在做了另一个变换$z = y - 2$以后，选择猜解$z = 0.9$的多项式除法。现在已经把解精确到小数点后面一位了。如果觉得$x = 22.9$还不够精确，那就继续做下去。请读者验证，下一个数位的数值是0.03，也就是$x \approx 22.93$。

这个方法相当于一个计算机程序，可以一直运算下去，直到达到满意的精度为止。更重要的是，它对方程的阶次没有限制。唯一的缺点是它给不出普遍的公式，只能提供数值解。秦九韶给这个方法取了个漂亮的名字，叫玲珑开方术。

在《数书九章》里，有一个问题叫"遥度圆城"。问题的原文是这样的：

> 有圆城不知周径，四门中开，北外三里有乔木，出南门便折东行九里，乃见木。欲知城周、径各几何？圆用古法。

解释这个问题的图21.2来自《数书九章》，不过我们增加了几个符号：圆城的圆心为O，南门拐点处为A，乔木所在处为B，点C是出南门东折9里看到乔木的位置。另设北门为D，BC与圆城相切点为E。这正好就是李冶的股上容圆问题。设圆城的直径为x，直接套用式（20.2c），则有

$$x = \frac{2 \times AC \times AB}{AC + \sqrt{AC^2 + AB^2}} = \frac{18(x + 3)}{9 + \sqrt{81 + (x + 3)^2}} \text{。}$$

把这个方程的两端平方消去根号，得到

$$x^4 + 6x^3 + 9x^2 - 972x = 2\,916 \text{。}$$

读者可以验证，这个方程的一个正根是$x = 9$。

但秦九韶却列出一个一元十次方程：

$$x^{10} + 15x^8 + 72x^6 - 864x^4 - 11\,664x^2 - 34\,992 = 0, \tag{21.4}$$

为了得到如此高次的方程，他故意设圆城的直径为x^2。式（21.4）只含x的偶数幂，可以做变换$y = x^2$，把式（21.4）化为一元五次方程。秦九韶则选择直接求解式（21.4），利用玲珑开方术求出$x = 3$

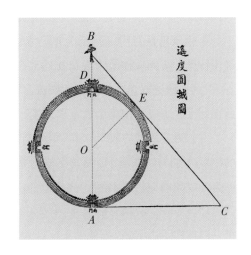

图21.2　遥度圆城示意图。

以后，再把它平方，得到圆城直径。这个做法很奇怪，为什么？是他几何学习得不够好，绕了弯吗？笔者觉得，他这是有意为之，要给读者展示一下玲珑开方术的强大功能。重复李冶的勾股容圆没有意思，秦九韶的目的似乎在于研发纯数学方法。

秦九韶的方法让后世数学专家们惊诧不已，因为其原理和算法在五六百年以后才为人们所认识。在欧洲，这个绝妙的方法要到19世纪上半叶才由英国数学家霍纳（William George Horner，1786年—1837年）提出来。数学家德摩根（Augustus De Morgan，1806年—1871年）曾经对霍纳的方法赞叹不已，说它"必使其发明人因发现此算法而置身于重要发明家之列"。可是德摩根这话说出不久，在中国的英国传教士韦列亚力（Alexander Wylie，1815年—1887年）就对霍纳的发明权提出疑问。韦列亚力在1852年所著的《中国科学札记》（*Jottings on the Science of the Chinese*）中，详细介绍了秦九韶的玲珑开方术，然后写道："读者不难认出这就是霍纳在1819年发表的《求解所有次方程》论文中的结果……我以为应该对霍纳的发明权提出辩驳。欧洲的朋友们可能会觉得意外，一位来自天朝帝国的竞争者有更大的机会确立他的优先权。"

当然，二者之间还是有区别的。秦九韶仅仅给出了计算方法，而霍纳则从代数理论上给出了这个方法的证明。中国古代数学满足于计算方法的"屡试不爽"，而不是从理论上利用逻辑推理把原理完整地证明出来，让人明白为什么这个方法屡试不爽。而这似乎又跟古代中国的计算手段有关：筹算只能给出数值解，所以应用的关键在于"计算程序"；至于"程序"背后的理论是如何得到的，一直是个谜。

数值求解任意阶一元高次方程是《数书九章》后面的内容，但这还不算是秦九韶最为特殊的贡献。他最为得意的是对《孙子算经》里的余数问题作出了全面系统的回答，找到了解决同余式组的一般方法，他称之为"大衍术"。《孙子算经》的余数问题到此得到彻底解决，"中国余数定理"这个名称主要归功于"大衍术"。

我们在《好看的数学故事：概率与统计卷》里介绍了中国古代使用蓍草占卜算卦的故事。《周易·系辞上》是这么描述算卦过程的："大衍之数五十，其用四十有九。分而为二以象两，挂一以象三，揲之以四以象四时，归奇于扐以象闰。五岁再闰，故再扐而后挂。……是故四营而成易，十有八变而成卦。"详细来说，占卜时，取50根蓍草，先把一根放在一边不用，据说这象征着太极。把其余49根随意分成两份，分别握于左右手，名为"分二"。左手为天，右手为地。从右手中取出一根，夹在左手小指与无名指之间，象征人。这叫"挂一"，象征天、地、人三才。把右手中的蓍草放在一边，用右手分步除去左手中的蓍草，每4根一组，象征四季，名为"揲四"。最后左手剩下的蓍草数有1、2、3、4四种可能，夹在左手无名指与中指之间，象征闰月。再用左手分步除去刚才右手放下的蓍草，也是每4根一数，最后剩下的蓍草数也有1、2、3、4这四种可能，夹在左手中指与食指之间，名为"归奇"。占卜到这里，夹在左手五个手指之间的三组蓍草合起来必定是9根或者5根。这是第一变。剩下的蓍草数肯定是40或44。

按照第一变的方法，对剩下的40或44根蓍草重复"分二、揲四、归奇"三个步骤，由于现在没有了"挂一"的蓍草，最后左手的蓍草总数必定是8根或4根。以上是第二变，剩下的蓍草数有四种可能：40−8=32，44−8=36，40−4=36，44−4=40。再将左手的8根或4根蓍草除去，把余下的32、36或40根蓍草再次"分二、揲四、归奇"，最后左手余下的蓍草总数，必定也是8或4。这是第三变。第三变之后剩下的蓍草数是36或32或28或24。它们都是4的倍数，除以4后得到的结果是6、7、8、9其中之一。这是建立卦象所要找到的。以奇数为阳，偶数为阴，最大的奇数（9）称为老阳，最小的偶数（6）称为老阴，8是少阴，7是少阳。

经过以上三变，得到初爻的结果，即卦象最底下那一爻。用同样的方法得到第二爻、第三爻，等等，直到第六爻，一共18变，才构成一个卦象。对初爻需要"分二""挂一""揲四""归奇"四步，所以叫"四营而成易"；而每一卦象需要六爻十八变，即所谓"十有八变而成卦"。

为什么"大衍之数五十"？为什么"其用四十有九"？为什么不管怎么"变"，最后总是得到6、7、8、9这四个数？算卦人总是用神秘的语言来解释这些问题。有了余数定理的基本知识，很容易看出，把手中的蓍草四四来数，最后剩下的蓍草数显然是4的余数，其结果不外乎1、2、3、4（按照规定，手中蓍草不可以为零，对应于0的余数是4）。秦九韶在《数书九章》中把"大衍"作为第一卷，专门处理余数问题。其中第一个问题为"蓍卦发微"，意思就是对卜卦方法作出详细解释。他显然把"大衍"看作是自己最大的贡献，在"序言"中关于这一卷的系赋中写道：

昆仑磅礴，道本虚一。圣有大衍，微寓于《易》。奇余取策，群数皆捐。衍而究之，探隐知原。数术之传，以实为体。其书《九章》，惟兹弗纪。历家虽用，用而不知。小试经世，姑推所为。

　　大意是说,有关剩余定理的"大衍之数"是包含在《易经》里面的。《九章算术》里没有关于这个问题的内容,而做天文历算的人只知道照章搬用计算方法,却不知其中道理。这里他把自己的推断写出来,供大家使用。

　　第十六章讲到《孙子算经》里"有物不知数"的余数问题。推而广之,假设有一组正整数 $m_1, m_2, \cdots, m_k$,求一个数 x,使得当它被 m_i 所除后,余数是 r_i。从第十六章我们知道,这是个一元不定方程组

$$x = r_1 + n_1 m_1,$$
$$x = r_2 + n_2 m_2,$$
$$\cdots\cdots$$
$$x = r_k + n_k m_k, \tag{21.5a}$$

这里, $n_1, n_2, \cdots, n_k$ 是每个方程里 m_i 的倍数。方程组(21.5a)等价于下面的一元同余方程组:

$$x \equiv r_1 (\bmod\ m_1) \equiv r_2 (\bmod\ m_2) \equiv \cdots \equiv r_k (\bmod\ m_k)。 \tag{21.5b}$$

秦九韶选择从数论的角度来解决一元同余方程组(21.5b)。

　　表21.2给出秦九韶解决余数问题的普遍方法的大致步骤。从上到下的每一步都对应了一个特定的参数,秦九韶给它们都取了名字,而这些名字大多与周易占卜有关。方便起见,我们给出这些参数的现代符号和数学意义,并在最后一列里概括地介绍计算过程。每个步骤的运算都是尽量简化的。实际操作中,每一步都有具体的规则,计算者必须严格遵守规则才能得到正确的结果。想要了解理论细节的读者请参阅由王守义注释、李俨审校的《数书九章新释》。

表21.2　《数书九章》解决余数问题时采用的参数和计算步骤

定义	现代符号	数学意义	说　　明
问数	m_i	问题中的数字	$i = 1, 2, 3, \cdots, k$(下面的角标 i, j 均从此例)
定数	m_i'	简约后的模数	把 m_i 简约为 m_i',使 m_i' 与 m_j' 的最大公约数为1
衍母	m	众模数的最小公倍数	$m = m_1' \times m_2' \times \cdots \times m_k'$
衍数	M_i	衍母与定数之比	$M_i = \dfrac{m}{m_i'}$

续　表

定义	现代符号	数学意义	说　明
奇数	g_i	衍母相对于定数的余数	$M_i > m_i'$ 时，化 $M_i = l_i \times m_i' + g_i$ 使 $0 \leqslant g_i < m_i'$
乘率	M_i'	使 $M_i' \times g_i$ 与 m_i 互素的数 M_i'	选择 M_i'，使 $M_i' \times g_i \equiv 1 \pmod{m_i}$
用数	$M_i \times M_i'$	衍数与乘率的乘积	$M_i M_i' \equiv M_i' g_i \pmod{m_i}$， 故 $M_i M_i' \equiv 1 \pmod{m_i}$ 与 $M_i' g_i \equiv 1 \pmod{m_i}$ 等价
总数	$\sum_{i=1}^{k} M_i M_i'$	所有用数之和	问题的最小答案是 N_0，它满足 $\sum_{i=1}^{k} M_i M_i' \equiv N_0 \pmod{m}$

注：二数"互素"的意思是说两个数之间除了 1 以外没有别的共同因子。

　　秦九韶首先把问数分为四大类，元数（个位不为零的正整数）、收数（含小数的有理数）、通数（分数）、复数（个位为零的正整数）。后三类问数都可以化成"元数"的问题来处理。比如，如果问数是收数，那么把所有问数乘相同的因子 10^n，适当选择整数 n 的值，便可以把收数变成元数。如果问数是通数，那就把所有的分数通分，用同分母乘各分数，把它们变成元数。得到元数的结果以后，把结果除以 10^n 或通分母，就得到最初问题的解。所以我们这里只看含有元数的问题。

　　《数书九章》的第一问"蓍卦发微"就是蓍草占卜。根据前面的介绍，这个问题的原始问数（元问数）是 6、7、8、9 这四个数，分别对应老阴、少阳、少阴、老阳四爻，所以这个问题的 $k = 4$，元问数相对于数字 4 的余数分别是 1、2、3、4，因为 $6 \equiv 2 \pmod 4$，$7 \equiv 3 \pmod 4$，$8 \equiv 4 \pmod 4$，$9 \equiv 1 \pmod 4$，因此可知本问题的问数是

$$m_1 = 1, m_2 = 2, m_3 = 3, m_4 = 4。 \tag{21.6}$$

　　在四个问数的任意两个之间求最大公约数，然后按照"约奇弗（不）约偶"的规则把任何一对数当中一个数用约数来除，换句话说，对任何一对数，不是用它们的公约数同时约简这两个数，而只是把其中之一用公约数来除。对 1、2、3、4 这四个数来说，只有 2 与 4 有公约数 2。2 除以 2 等于 1，4 保留，于是得到四个定数 1、1、3、4，这就是占卜问题的定数（需要确定的数）m_i'：

$$m_1' = 1, m_2' = 1, m_3' = 3, m_4' = 4。 \tag{21.7}$$

秦九韶当然不会使用角标 $i = 1$、2、3、4；他用五行中的四元素火、水、木、金作为记号。由此得到衍母 $m = 1 \times 1 \times 3 \times 4 = 12$。把 m 分别除以 m_i'，得到四个衍数 M_i：

$$M_1 = 12, M_2 = 12, M_3 = 4, M_4 = 3 。 \tag{21.8}$$

对 $M_i > m_i'$，用 m_i' 累减 M_i，直到余数小于 m_i' 为止，得到余数 $g_i (0 \leqslant g_i < m_i')$。这叫"更相减损"，其实就是做余数除法，即

$$M_i = l_i \times m_i' + g_i 。 \tag{21.9}$$

秦九韶称 g_i 为奇数。注意这个"奇（qí）数"不是我们今天说的奇偶数里的奇（jī）数。为了区别二者，本章里把奇偶数里面的奇数称为单数。$M_1 = 12 > m_1' = 1$，故 $g_1 = 1$。同理，$g_2 = 1$。$M_3 = 4 > m_3' = 3$，故 $g_3 = 1$。$M_4 = 3 < m_4' = 4$，M_4 就是 $g_4 = 3$。把结果列在下面：

$$g_1 = 1, g_2 = 1, g_3 = 1, g_4 = 3 。 \tag{21.10}$$

下一步求乘率 M_i'。根据式（21.9），得

$$M_i M_i' = l_i M_i' m_i' + g_i M_i', 即 M_i M_i' \equiv g_i M_i' (\bmod m_i) 。 \tag{21.11}$$

式（21.11）说明，$M_i M_i' \equiv 1 (\bmod m_i)$ 与 $g_i M_i' \equiv 1 (\bmod m_i)$ 是等价的。所以知道了 g_i 就可以通过 $g_i M_i' \equiv 1 (\bmod mi)$ 找到乘率 M_i'。这个过程的普遍计算过程比较复杂，我们后面再谈。根据式（21.6）和（21.10），可以验证，以下乘数满足 $g_i M_i' \equiv 1 (\bmod m_i)$：

$$M_1' = 1, M_2' = 1, M_3' = 1, M_4' = 3 。 \tag{21.12}$$

对 $i = 1$、2、3、4 分别计算用数 $M_i \times M_i'$，得到 12、12、4、9。这 4 个数加起来，得到总数 N 等于 37。但秦九韶说，比较定数 m_i' 和问数 m_i，只有 m_2' 是 m_2 的一半，其他都分别相等，所以 $M_2 \times M_2'$ 应该是 24 而不是 12。这样，加起来的总数 N 就变成了 49，也就符合大衍"其用四十九"的数目了。

至于"大衍之术五十"，他的解释如表21.3所示。按照古代的书写习惯，从上到下，从右到左，给出每一步的计算过程。第一步，把四个问数从上至下排成一列，在这一列的左边对应于每个问数各设"天元"为1。第二步，用横排每一行的"天元"去乘除去该行以外所有的问数。第一行的"天元"连续乘问数2、3、4，等于24。第二行的

表21.3　通过问数计算衍数的方法

第二步		第一步	
衍数	问数	天元	问数
24	1	1	1
12	2	1	2
8	3	1	3
6	4	1	4

"天元"乘1、3和4，得到12。第三行乘1、2、4，得到8。最后一行乘1、2、3，得到6。这四个数的和恰好等于50，所以秦九韶把同余计算中所有此类的数 M_i 都叫作"衍数"。这里我们给"天元"加上引号，因为显然秦九韶跟李冶对天元的理解不同。秦九韶的用法更接近于算筹的借算。

秦九韶为不定方程组的余数问题提出一套完整的求解过程。他把这个方法叫作"大衍总数术"。虽然占卜是全书的第一个问题，但很难相信一个人能从占卜的过程悟出解决余数问题的完整方法来。前面讲过，余数问题一直是中国和印度古代天文历算的核心问题。秦九韶在少年时代就在太史局学习天文，后来又跟从道士学习数学，其间不可能不学习《周易》里面的"大衍"占卜术。或许他从不同的学习内容当中悟到了余数问题的真谛。把占卜术作为第一选题是很聪明的：数字非常简单，容易说明；同时可以引起当时大多数人的兴趣，且把自己的数学研究成果提升到宗教哲学的高度。实际上，秦九韶对他的余数理论的应用范围之广有明确的认识。"大衍"卷中提出的其他八个问题涉及的范围很广，包括历书计算（上积元年）、工程（几个单位合作所需的人工、财力）、金融（不同城市、不同货币、不同利息之间的核算）、度量衡换算（不同地区之间采用不同体积单位的总体核算）、运输（行程与速度）等各类不定方程组问题。

"大衍总数术"当中最关键的一步是通过奇数求乘率。这一步的具体方法叫作"大衍求一术"，是个天才的发现。现在很多人把"大衍求一术"这个名字当作处理整个同余问题的方法，其实是不对的。在算卦的例子里，我们可以根据秦九韶的计算规则猜到奇数和乘率，但对于一般的问题，寻求乘率实际上是很困难的。这里用"大

史苑撷英 21.1

有外邑七库，日纳息足钱适等，递年成贯整纳。近缘见（现）钱希（稀）少，听各库照当处市陌准解旧会。其甲库有零钱一十文，丁、庚二库各零四文，戊库零六文，余库无零钱。甲库所在市，陌一十二文；递减一文，至庚库而止。欲求诸库日息元纳足钱、展省，及今纳旧会，并大小月分（份）各几何？

——《数书九章·大衍》第四问："推库额钱"

衍"第四问"推库额钱"（推算金库所存钱额）来说明。这个例子的具体解释参考了王守义的《数书九章新释》和比利时东方哲学史兼数学史专家李倍始（Ulrich Libbrecht，1928年—2017年）的英文专著。李倍始认为这是秦九韶表述得最为清晰的同余问题。

问题是这样的：外埠七个城市甲、乙、丙、丁、戊、己、庚的金库里每天进项铜钱的贯数恰好相等。每到一年时把税务换算成整贯计算。但由于近来流通的铜钱缺少，任各市金库把铜钱按照当地的"短陌"汇率来计算税额①。甲库收入整贯铜钱后，余零钱10文（1贯等于1000文铜钱）。丁库和庚库余4文，戊库余6文，其余各库没有零钱。已知甲市的短陌是每百文新币与旧币相差12文，乙市到庚市的差价依次比前一市递减1文。求各市每日税收在没有考虑价差情况下的贯数（足钱）、由于价差造成的每日税收的差别（展省）、每日税收按照旧币计算的贯数，以及大月和小月的月税收（古代使用阴历，大月30天，小月29天）。

---

① 唐宋时期，周期性地出现铸币供不应求的情况，影响商品流通。在这种情况下，政府通常采用所谓"短陌"的措施，就是用不足100文的铸币当作100文来使用。这里的"陌"应该是"百"的意思；"短陌"就是不到一百。政府规定的短陌叫作"省陌"（大概是"尚书省规定"之意）。100文当作100文的情况称为"足陌"，"足陌"与"省陌"之间的换算叫"展省"。目前对造成短陌的原因和短陌的具体做法尚无定论。本题是用少于100文的旧币（"旧会"）来抵100文新币（现钱）。当时的"展省"率（旧币对新币之比）是 $\frac{77}{100}$。这个问题在某种程度上反映了南宋末期的通货膨胀现象。

为了叙述方便，我们用A、B、C、D、E、F、G来代替甲、乙、丙、丁等七个城市（$k=7$）。基本运算的步骤与第一问"蓍卦发微"相同。第一步，以各市的短陌汇率（元陌）作为问数。第二步，求定数，并设"天元"。第三步根据定数计算衍数，步骤同表21.3。第四步，求奇数。这四步的结果见表21.4。这里还是按照古代书写习惯，从上到下，从右到左列出每一步的计算程序，各步之间用空格分开。

表21.4　秦九韶处理"推库额钱"的计算步骤

八		七		六		五	四		三		二		一	
左	右	左	右	左	右		左	右	左	右	左	右	左	右
总数	零钱	正用数	泛用数	衍数	乘率	大衍求一术：详见正文	奇数	定数	衍数	定数	天元	定数	元陌	市名
		M_iM_i'		M_i	M_i'		g_i	m_i'	M_i	m_i'		m_i'	m_i	
46 200	10	4 620	0	0	0		0	1	27 720	1	1	1	12	A
0	0	2 520	2 520	2 520	1		1	11	2 520	11	1	11	11	B
0	0	8 316	2 2176	5 544	4		4	5	5 544	5	1	5	10	C
61 600	4	15 400	15 400	3 080	5		2	9	3 080	9	1	9	9	D
20 790	6	3 465	3 465	3 465	1		1	8	3 465	8	1	8	8	E
0	0	11 880	11 880	3 960	3		5	7	3 960	7	1	7	7	F
36 960	4	9 240	0	0	0		0	1	27 720	1	1	1	6	G

第五步就是"大衍求一术"，即利用 $M_i' \times g_i \equiv 1 \pmod{m_i'}$ 来求乘率 M_i'。秦九韶说："置奇右上，定居右下，立天元一于左上。先以右上除右下，所得商数与左上一相生，入左下。然后乃以右行上下，以少除多，递互除之，所得商数随即递互累乘，归左行上下。须使右上末后奇一而止，乃验左上所得，以为乘率。"

作为例子，假设定数为45，奇数为29。我们要解的是 $29M' \equiv 1 \pmod{45}$。

秦九韶首先构造一个 2×2 的"方阵"，"置奇右上，定居右下，立天元一于左上"，"奇"等于29，"定"等于45，其形式如下：

$$\begin{bmatrix} 1 & 29 \\ & 45 \end{bmatrix}。 \tag{21.13a}$$

从定数中减去奇数，"更相减损"，就是带余除法，在这里 $45 = 29 \times 1 + 16$。用余数替换原来的定数，并把带余除法的商写在方阵的左下方，即

$$\begin{bmatrix} 1 & 29 \\ & 45 \end{bmatrix} \rightarrow (45 - 29 \times 1 = 16) \rightarrow \begin{bmatrix} 1 & 29 \\ 1 & 16 \end{bmatrix}。 \tag{21.13b}$$

再对右边二数做带余除法，大数除以小数，$29 = 16 \times 1 + 13$，用余数换掉右上角的29，然后用商（1）乘左下角数（1），再与左上数相加，用这个结果换掉左上角的原数，即"所得商数随即递互累乘，归左行上下"（这一步是"归左行上"）：

$$\begin{bmatrix} 1 & 29 \\ 1 & 16 \end{bmatrix} \rightarrow (29 - 16 \times 1 = 13) \rightarrow \begin{bmatrix} 1 + 1 \times 1 = 2 & 13 \\ 1 & 16 \end{bmatrix}。 \tag{21.13c}$$

对右上角奇数位的数重复（21.13b），这时 $16 - 13 \times 1 = 3$。然后对左下角之数重复（21.13c）的运算，"归左行下"：

$$\begin{bmatrix} 2 & 13 \\ 1 & 16 \end{bmatrix} \rightarrow (16 - 13 \times 1 = 3) \rightarrow \begin{bmatrix} 2 & 13 \\ 1 + 2 \times 1 = 3 & 3 \end{bmatrix}。 \tag{21.13d}$$

继续重复（21.13b, c, d）式的运算，直到右上角变成1为止：

$$\begin{bmatrix} 2 & 13 \\ 3 & 3 \end{bmatrix} \rightarrow (13 - 3 \times 4 = 1) \rightarrow \begin{bmatrix} 2 + 3 \times 4 = 14 & 1 \\ 3 + 14 \times 4 = 59 & 3 \end{bmatrix}。 \tag{21.13e}$$

至此，得到"天元"位上的乘率 $M' = 14$，所以 $29M' = 406 \equiv 1 \pmod{45}$，解毕。

表21.4中第六步的右列给出利用"大衍求一术"得到的乘率。这里有两个乘率是"0"。注意这里"0"的意义与现代的0不同。秦九韶在《数书九章》的细草里画的是圆圈，意思是"无"。圆圈从第四列就出现了：当定数等于1时，不需要寻找奇数，所以对应于定数1不存在或无须考虑奇数。表中后面的"0"也是"不存在""无须考虑"的意思。这些"0"完全可以用其他符号如"无"或"–"来代替。

第六步的衍数计算遵照表21.2的规则。第七步中右列用数的运算一目了然，但左列的余数计算需要仔细考虑。A和G没有用数，但这并不意味着这两个城市的税收不在考虑范围之内。我们要解决的问题是给定某个模数来求余数，有无穷多个解。要

寻求最小解，必须参考其他城市的用数，寻找适合的用数借用过来。秦九韶说，这需要"于同类处借之"，即从相同类别的地方来借。

回看第一步中的"元陌"，四个是偶数（A、C、E、G），三个是单数。G没有用数，所以A的用数当在C和E的用数之间选取。E的用数 3 465 太小，故只能从C处来借。怎样借呢？秦九韶的借法如下：

先考虑 m_1、m_3、m_7 之间的最大公约数，显然这个数是2。用此数去约衍母 $m = m_1' \times m_1' \times \cdots \times m_7' = 27\ 720$，得到 13 860。把这个数从C的用数 22 176 当中减去，得 8 316，把它作为C的新用数。又因为 m_1 和 m_7 的最大公约数是6，用这个数去除衍母，得到 4 620，把它作为A的用数，同时把 13 860 - 4 620 = 9 240 作为G的用数。于是得到第七步左列各数，这是修正后的用数。

第八步，把各金库所余的零钱写入右列，用右列各数乘第七步左列的用数，就得到各金库日入税收总数（单位是文）。

最后，把所有总余数都加起来得到 165 550。按照表21.2中"总数"的定义，把 165 550 用总用数 27 720 累减，得到余数 26 950 文，或 26 贯 950 文，这就是所要求的 N_0，也就是各市金库每日的税收。按照77对100的"省陌"率展开，得到"展省"为 $26.950 \times \dfrac{100}{77} = 35$ 贯。至于每日税收按照旧币的贯数，以A市为例，是

$$\frac{26\ 950 - 10}{12\%} + 10 = 224\ 510\ 文 = 224\ 贯\ 510\ 文。$$

其他各市计算类似。至于大月、小月的税收，只要把日收入分别乘30或29天就可以得到了。

在没有数学符号的年代里，进行如此复杂的计算并找出普遍规律，秦九韶一定是个思维极为缜密、记忆力惊人的家伙。对此，有数学史研究人员做出如下评论：

秦的工作是如此精妙，我们很想知道他是如何获得这样的成就的……他不可能是从印度人那里学到处理这类问题的方法，因为他的方法和印度人的差异很大。结论是，我们必须承认，秦是从古至今所有数学家当中的一位伟人……秦自称是在杭州皇家机构学习天文时从计算历书的专家们那里学来的。不过他又说，那些专家只知道按照规则计算，却不知道为什么。这是可信的，天文历书

的计算确实需要一些同余的基本理论。秦把当时的理论向前推进了巨大的一步……只要提到下面几个事实就够了：欧拉未能为这个理论提供令人满意的证明；秦的方法需要等到高斯等人出现后才被重新发现。

——圣安德鲁斯大学数学史档案馆

确实有不少印度数学家声称，秦九韶的大衍总数术是从阿耶波多和婆什迦罗那里继承来的。"证据"是大衍求一术和碾碎法的相似性。在前面介绍大衍求一术时，我们特意选择了 $29M' \equiv 1 \pmod{45}$，因为它可以同第十六章中碾碎法的例子（表16.1）直接相比：秦九韶"方阵算法"式（21.13a—e）中右列出现的数字同表16.1中的被除数完全一样，因为二者在这一步都采用了"辗转相除法"，又叫"欧几里得算法"，是欧几里得在《几何原本》里通过切割线段得到的寻求最大公约数的方法。欧几里得的工作比印度人早了好几个世纪，按照这个逻辑，可以说婆什迦罗抄袭了欧几里得。最重要的是，辗转相除法只是处理余数问题的众多环节之一，而古印度数学典籍中诗句般的记录缺乏细节，连不同的印度数学家给出的解释都不同。李倍始指出，在处理余数问题上，大衍法的后继人是德语地区的数学家欧拉和高斯，特别是高斯从理论上证明了这个方法。而阿耶波多、婆什迦罗的继承者则是法语地区数学家巴谢·德·麦吉利亚（Bachet de Méziriac，1581年—1638年）和拉格朗日。顺便说一句，在《好看的数学故事：概率与统计卷》里我们提到，高斯在大学期间就完成了一部数论著作。那部著作题为《算术研究》（拉丁文：*Disquisitiones Arithmeticae*），是一部665页的数论专著。全书分七个部分，共335篇文章，由浅入深，从同余理论起步，探讨了同余齐次式、同余方程和二次剩余理论。当时他只有21岁。

数论理论不仅在数论中有用。《数书九章》列出的问题大多与实用有关。在数字通信无所不在的今天，计算模逆元在公钥密码学中是最基本的运算之一。有专家认为，秦九韶的大衍求一术是计算模逆元最简洁直接的方法。

《数书九章》和《测圆海镜》几乎是同时出版的。那时李冶已年近花甲，而秦九韶还不到40岁，应该说前途远大。非常遗憾而且奇怪的是，在此后的20多年里，才华横溢的秦九韶在数学上没有任何建树。《宋史》中没有关于他生平的记载，我们只能从宋人笔记和一些地区文献中找到他的踪迹。跟他同时代的诗人刘克庄（1187年—1269年）在给宋理宗的奏折里关于秦九韶说了一些读来感到夸大其词的话，如"今通国皆谓其人（指秦）暴如虎狼，毒如蛇蝎；奋爪牙以抟筮，鼓唇吻以中伤，非复人类。"在同一个朝廷里做事，于皇帝面前如此评论一个同事，未免过于情绪化。读刘克庄的指责，秦九韶"中伤"别人采用的是算卦（抟筮）的方式，而不是随口造谣。刘克庄自己也不是完全正直不阿。他那份奏折写于1260年（宋理宗景定元年），当时他自己正依附奸臣贾似道（1213年—1275年），并因此受到后人诟病。

比秦九韶小二十几岁的周密（1232年—1298年）在《癸辛杂识》里把秦九韶描述成一个极为博学的人，"性极机巧，星象、音律、算术，以至营造等事，无不精究"，"骈俪、诗词、游戏、球马、弓剑莫不能知"。但他同时又是一个性格暴烈、为所欲为、报复心理极强、为达目的不择手段的人。根据周密的记载，秦九韶还浸淫在腐败的南宋官场不能自拔，把精力都放在讨好重臣如贾似道、吴潜（1195年—1262年）等上面。贾似道是当时公认的奸臣，宋人和元人都认为贾似道对南宋的灭亡负有不可推诿的责任。吴潜在任期间，与贾似道政见不合，二人经常在皇帝面前互说坏话，每个人周围都有一群支持者。吴、贾也都是湖州人，秦九韶以老乡的身份两面讨好，让当时的士人很瞧不起。更不堪的是他贪财，捞起钱来不择手段。从二十几岁当官开始，他的名声就很坏。贾似道给了他一个琼州的官职，上任才几个月就捞得盆满钵满。对于他不喜欢的人，他可以动用毒药，欲置之于死地，等等。但周密在记述了这些事之后，又加了一句"陈圣观云"（听陈圣观说的），这未免有点以讹传讹的味道。

到了清朝同治年间，湖州藏书家陆心源（1834年—1894年）参与编修《湖州府志》。同时参加编修的天文学家汪日桢（1813年—1881年）在《湖州府志·乌城县志》的"宋寓贤"部分增加了"秦九韶传"。这很容易理解，因为宋人笔记中，都说南宋时期对历书了解最深的是秦九韶。可是，陆心源根据刘克庄和周密的记载，决定不把秦九韶录在"湖州寓贤"之内。作为天文和算学家，汪日桢很可能懂得秦九韶工作的非凡意义。而以"清末四大藏书家"著称的陆心源虽然做过大官，毕竟不懂数学。由于陆心源的一己之见，关于秦九韶生平宝贵的资料就永远遗失了，这非常可惜。今天有人试图为秦九韶洗清污名，但信实可靠的资料非常少。

秦九韶大约在1268年离世。1275年底，蒙古大军分三路抵达临安。至元十三年（1276）正月，南宋宰相陈宜中（1218年—1283年）向蒙军发出降书之后挂印逃逸。三月，临安沦陷，宋恭帝与太皇太后谢道清（1210年—1283年）投降并被发往漠北。大批南宋的皇亲国戚、嫔妃太监、文臣官吏继续南逃。至元十六年（1279）二月，元军追杀南宋残余势力，直到崖山（今广东江门市新会区）以外的海面上。历史的偶然性有时很有讽刺意味：双方的主帅都是汉人而且都姓张。宋将张世杰（？—1279年）号称大军20万，战船千艘，但拖着数不清的皇室、后宫和避难文官，又缺乏出谋划策的军事人才。元将张弘范（1238年—1280年）拥兵数万，战船400余艘，不过不断有援军赶来。起初，以北方汉人为主的元朝水军不适应海战，眩晕呕吐，数战不利。后来张弘范听取谋士建议，用火炮打破了南宋水师的一字阵型。张世杰既要照顾皇室人员，又要指挥作战，疲于奔命。宋军大乱，首尾不能相顾，顷刻之间全军覆灭，宰相陆秀夫（1235年—1279年）背负宋少帝赵昺（1272年—1279年）跳海自杀。早已深陷囹圄的前南宋宰相文天祥（1236年—1283年）被迫在元军船上观海战的惨状，泣血痛哭。事后他在诗中绝望地写道：

飙风起兮海水飞，噫！文武尽兮火德[①]微，噫！鹰鹯相击兮麇所施，噫！鸿鹄欲举兮将安归？噫！……

《元史》上说，海战七日后，海上漂起十余万浮尸。

无论南宋的覆灭是亡国还是亡天下，日子总是要过的。随着疆土的统一，长江南北的交流越来越广泛。元成宗大德三年（1299年），扬州刊出一部《算学启蒙》。为这部书写序的赵元镇（生卒年不详）是江南淮扬人，而书的作者则是北方人朱世杰（1249年—1314年），后人一般认为他是燕山人（今北京附近）。这部书分上中下三卷，共20门，凡259问，从筹算布列规则开始，一直讲到天元术，循序渐进，由浅入深，是一部体系完整的数学教材。赵元镇在该书的序言中指出，宋代以前，政府重视算学，并把它放在科举考试的项目当中，所以有刘徽注释《九章算术》，李淳风（602年—670年）解注《十部算经》。把算学从科举考试中取消之后，懂得算学的人就越来越少了。《算学启蒙》是朱世杰在数学界"寥寥绝响之余"的背景下编纂出来的。"是书一出，允为算法之标准，四方之学者归焉。"

其实早在元统一中国之前，朱世杰在北方就已经颇有名气了。南宋灭亡后，他周游全国南北长达20多年，经济来源似乎就是教授数学。这种专职数学家在当时很罕

① 中国历朝以五行附会王朝运利，南宋尚火，是为火德。

见。游历中，他结识了不少南方数学家，接触到南方算书，尤其是秦九韶和杨辉的工作。后来他在扬州定居，慕名求学的人络绎不绝。

大德七年（1303年），朱世杰又刊出了《四元玉鉴》。各卷之首题署"寓燕松庭朱世杰汉卿编述"。"寓燕"二字似乎暗示他并非燕山人，而只是在那里寓居。所以有人以为他应该是个道士或慕道友，居无定所；凡到一处，就住在当地的道观里。这部划时代的杰作分为三卷二十四门，共收录288个问题，都与求解方程或方程组有关。在这部著作里，朱世杰首次给出数值求解多元方程组的问题，其中未知数的数目最高达到4个。《四元玉鉴》是《算学启蒙》的延续，所采用的名词术语前后呼应。为《算学启蒙》写序的赵元镇还出资帮助朱世杰刊印《四元玉鉴》。朱世杰的朋友祖颐（生卒年不详）说，书分三卷，象征天、地、人三才；二十四门，象征24个节气；立问288，假象周天之数（12个月乘24个节气）。还这样解释《四元玉鉴》书名的含义："'玉'者，比汉卿（朱世杰的字）之德术：动则其声清越以长，静则孚尹旁达而不有隐翳。'鉴'者，照四元之形象：收则其缊昭彻而明，开则纵横发挥而曲尽妙理矣。"看起来，朱世杰周围的朋友也不乏修习道教之人。

朱世杰解决四个未知数高次方程的方法极富创造力。他把这四个未知数（四元）分别称为天元、地元、人元和物元，并在一个方阵里同时列出四个方程。对于一到四元的高次方程问题分别给出求解方法，从一元到四元的求解方法分别叫作"一气混元""两仪化元""三才运元""四象会元"。这些名称也都跟道家学说有关。他好像是从《九章算术》中的"方程"和杨辉的二项式展开找到灵感，发明了一种高达四元的方程组的筹算摆放方法，其原理是这样的：

考虑任意一个四元 n 次方程式，我们把天、地、人、物四元分别记为 x、y、z、u。这个方程含有四个未知数许许多多的不同组合：

$$x^n, y^n, z^n, u^n, x^{n-1}y, x^{n-1}z, x^{n-1}u, y^{n-1}x, y^{n-1}z, y^{n-1}u, z^{n-1}x, z^{n-1}y, z^{n-1}u, u^{n-1}x, u^{n-1}y, u^{n-1}z, \cdots,$$
$$x, y, z, u。$$

这些组合项的系数有些可以是零。对任意给定 $n=1, 2, 3, \cdots$ 的方程式，展开后各项的系数按照未知数的幂次排列。把只含天元（x）那些项的系数记在"太"的正下方，按照增加幂次的顺序从"太"依次向下排列；把只含地元（y）的系数写在"太"的左方，按照增加幂次的顺序从"太"依次向左排列；只含人元（z）的系数和只含物元（u）的

y^3z^3	y^2z^3	yz^3	z^3	z^3u	z^3u^2	z^3u^3
y^3z^2	y^2z^2	yz^2	z^2	z^2u	z^2u^2	z^2u^3
y^3z	y^2z	yz	z	zu	zu^2	zu^3
y^3	y^2	y	太	u	u^2	u^3
xy^3	xy^2	xy	x	xu	xu^2	xu^3
x^2y^3	x^2y^2	x^2y	x^2	x^2u	x^2u^2	x^2u^3
x^3y^3	x^3y^2	x^3y	x^3	x^3u	x^3u^2	x^3u^3

图 21.3　$(x+y+z+u)^n$ 展开后对应于各未知项组合的系数的位置。由于篇幅限制，这里只给出"太"上下左右各三行。实际上这个方阵可以向四个方向无限扩展。

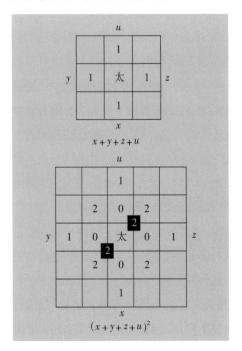

图 21.4　$x+y+z+u$（上）和 $(x+y+z+u)^2$（下）的方阵表示法。

系数分别记在"太"的上方和右方，按照增加幂次的顺序从"太"依次向上和向右排列。这样就把方阵以"太"为中心分割为四个区：左下、左上、右下、右上。在这四个区内分别填写同时含有 x 和 y、y 和 z、x 和 u、z 和 u 各项的系数（图 21.3）。如果有些项不存在，在对应的系数的位置上注零。

但细心的读者可能已经发现，图 21.3 的表述不能完全概括任意四元方程的未知数的组合。以二阶多项式 $(x+y+z+u)^2 = x^2+y^2+z^2+u^2+2xy+2xz+2xu+2yz+2yu+2zu$ 为例，xz 和 yu 的系数在图 21.3 中表达不出来，因为图中没有 x 和 z 以及 y 和 u 的交叉项。为了弥补这个缺陷，朱世杰在排成四方形的系数的对角线上增加系数。还是以 $(x+y+z+u)^2$ 为例，图 21.4 的上图是 $(x+y+z+u)$ 的表达式，下图是 $(x+y+z+u)^2$ 的表达式。比较下图和图 21.3，可见增加了两个黑色方块，其中"太"字左下角的数字代表 xu 的系数，右上角代表 yz 的系数。这种添加系数的方法是有规律的。比如对于 $(x+y+z+u)^3$，展开后会出现含有 xyz、xzu、yzu 一类的项，它们在图 21.3 中都没有位置。这时 xyz 的系数应放在左下区 x 和 x^2y 之间，因为 xyz 和 x^2y 这两项未知数的幂次之和都等于 3。

这个表示法把未知数的不同组合的系数放在方阵中固定的位置上，每个方程构成一个类似于今天方阵的格式。这样，在求解方程组时就可以通过对一组方阵中对应位置的系数进行加减运算来消元，最终把含有几个未知数的方程组变成一个一元高次方程，然后利用前面秦九韶的方法求解。

这么说可能还是比较抽象，举一个例子。这是“两仪化元”中的第一个问题。给定一个直角三角形，勾为a，股为b，弦为c。如果三条边满足如下条件：

$$b^2-[c-(b-a)]=ab，且\ a^2+[c+(b-a)]=ac，$$

问股(b)是多长？

朱世杰设股(b)为天元，我们用x表示；设勾弦和($a+c$)为地元，我们记为y。这个问题就是一个二元三次方程组：

$$(-x-2)y^2+(2x^2+2x)y+x^3=0, \tag{21.14a}$$

$$(-x+2)y^2+2xy+x^3=0。 \tag{21.14b}$$

图21.5是朱世杰的“方阵”表示法，这里为了方便，我们用阿拉伯数字代替了算筹。对只有两个未知数的方程组，只需使用图21.3中的左下区部分。根据今天的代数知识，我们知道，这个方程组显然有一对根是$y=0$、$x=0$。在古代，人们对零根不感兴趣，目的是要寻找非零的、有实用意义的根，而且对根的数目鲜有讨论。所以在进行四元术计算时增根（在方程两边乘某个未知数而使可能的根的数目增加）和减根（在方

-2	0	太
-1	2	0
0	2	0
0	0	1

$(-x-2)y^2+(2x^2+2x)y+x^3=0$

2	0	太
-1	2	0
0	0	0
0	0	1

$(-x+2)y^2+2xy+x^3=0$

图21.5　二元三次方程组(21.14a和21.14b)的“方阵”表示法。

程两边除以某个未知数而使根的数目减少）的情况不可避免。这个问题我们在下篇里会讲到。

图21.6给出朱世杰解决这个问题的准备步骤共5步。第一步，把式（21.14a）从（21.14b）中减出去。做法很简单，把图21.5中右图中的每个数字减去左图对应格子里的数字，得到的方阵如图21.6中的（1）。为了阅读方便，我们把对应于这个方阵的代数方程写在方阵的下面。"太"字正下方所有的系数都是零，它意味着方程里面没有任何只含x不含y的项。根据方阵的基本构造（图21.3），这时方程（1）左边的各项肯定含有一个y的共同因子。两个方程的常数项（"太"）都是零，所以在不考虑零解的情况下，这个共同因子y可以消去。在方阵中，消去y的一次项的做法很简单，只需把（1）中间那一列去掉即可，这是图21.6中的第二步（2）。方程（1）里面还有一个共同因子2，这时也可以去掉（即把所有系数除以2）。从现代代数的角度，既然在这一步已经找到了x和y的关系（$2y=x^2$），把这个关系代入（21.14a）或（21.14b）就可得到一个只含x的方程了。读者可以验证，这样代入以后，消去$x=0$的解，得到的是一个简单的一元二

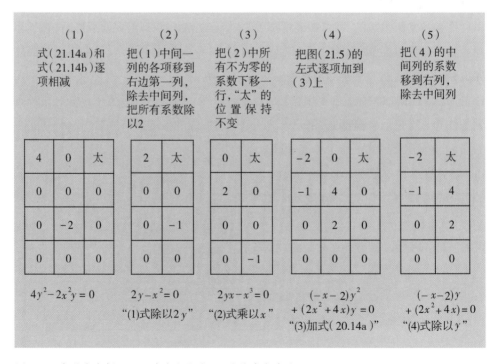

图21.6　朱世杰求解二元三次方程组（21.14）的准备步骤。

次方程 $x^2 - 2x - 8 = 0$。但这在算筹计算中不容易做到，所以需要进一步变换。第三步，乘上一个共同因子 x。这相当于把（2）中的各行下移一行（"太"保持不动），以便消去它们。第四步，把图21.6中的方阵（3）同图21.5中的左图，也就是式（21.14a）相加。这里，"太"正下方又没有非零的系数了。第五步，再次消掉含有 y 的共同因子，得到新的方程

$$(-x-2)y + (2x^2 + 4x) = 0。 \tag{21.15}$$

进行到这里，朱世杰可以利用算筹对式（21.15）做 $2y = x^2$ 的代换了。他的做法如图21.7所示。图21.6之（2）的左列只有一个非零的系数2（也就是 $2y$）。用它来乘图21.6之（5）的右列，得到的方程相当于 $4x^2y + 8xy = 0$［图21.7之（1）］。再用图21.6之（5）的左列去乘（2）的右列，得到的方程相当于 $2x^2 + x^3 = 0$［图21.7之（2）］。把得到的两个方程相减，消去非零解的 x 和 y，得到 $x^2 - 2x - 8 = 0$。这个方程的正数解是 $x = b = 4$。

我们看到，虽然朱世杰没有使用任何未知数的符号，但他仍然能够处理相当复杂的多元高次方程问题。他替换未知数的方法相当巧妙，说明他对一些代数原理已经非常熟悉了。另外，这些方程有一个共同特点，那就是常数项都等于零。对于常数项不为零的问题，只需简单地乘上一个未知数（即把方程的幂次提高一级）即可变成常数项为零的问题。

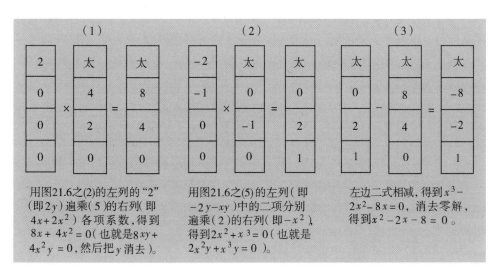

图21.7　朱世杰利用算筹对二元三次方程组（21.14）进行消元的步骤。

　　《四元玉鉴》中共列出7个四元方程组问题、13个三元问题、36个二元问题。通过消元法得到一元方程高达14次。跟秦九韶一样，虽然所有的问题都以实际应用的面貌出现，但朱世杰把代数抽象到普遍化的程度。比起过去的数学，秦和朱的数学具有明显的理论内容。可惜由于算筹的实际运算形式，他们没能像丢番图和花剌子米那样在自己的理论中引入符号语言。

　　秦九韶、朱世杰的数学成果代表了中国古代数学的最高水平，在当时远远领先于世界上其他国家和地区。朱世杰显然对秦九韶充满了尊敬。他到临安游学时，专门访问过秦九韶的旧居。1201年，临安发生过一场巨大的火灾，烧掉了太庙、三省、六部、御史台等重要部门，受灾居民达三万五千多户，一部分朝廷命官带家眷迁居到那时属于临安郊外的西溪河畔。巴州兵变后，秦九韶一家来到临安，就住在西溪河畔。秦九韶长大以后，见西溪河上无桥，来往行人多有不便，就通过朋友从府库得到银两资助，在西溪河上设计建造了一座桥。起初没有特别的名字，人们以河名之，称为西溪桥。朱世杰到此，建议更名为"道古桥"，并亲自将桥名书镌桥头。"道古"是秦九韶的字。沧海桑田，今天西溪河已经不复存在，但"道古桥"这个地名在几番消失之后，又回来了。

　　李冶、杨辉、秦九韶、朱世杰，这四个人在先后不到六十年的时间里刊出了一系列成果空前的数学巨著，把中国数学推到世界数学史的最高峰。可惜从此中国数学却走上了数百年的下坡路。朱世杰去世那年（元仁宗延祐元年），元朝启动科举考试制度，考试内容以程朱理学为标准，不含数学。以后的二十多年里，宫廷内乱不休，先后换了8个皇帝。从1340年代末期起，旱灾、水灾不断，黑死病也传入中国。天灾人祸之下，民变此伏彼起，元朝再也没有喘息的机会。朱元璋建立明朝以后，颁布"士大夫不为君用"律，对凡不愿效忠明朝，在新朝当官的学者，"诛其身而没其家"，导致大量有才能之士被杀。明朝科举照样把数学排除在外，中国的数学不但没有前进，反而倒退了。明朝末年，宋元四杰（李、杨、秦、朱）的数学著作的尖端理论已经无人能懂。而那时欧洲的数学已经以不可阻挡、空前迅猛的趋势迅速发展起来了。

本章主要参考文献

秦九韶著，王守义注释，李俨审校：《数书九章新释》，合肥：安徽科学技术出版社，1992年。

朱世杰著，郭书春今译，陈在新英译，郭金海整理：《四元玉鉴》（汉英对照），沈阳：辽宁教育出版社，2006年。

Lam, L.Y. The Chinese method of solving polynomial equations of several variables. Mathematical Medley (Singapore Mathematical Society), 1982, 10: 13–20.

Libbrecht, U. Chinese Mathematics in the Thirteenth Century: The Shu-Shu Chiu-Chang of Chin Chiu-shao. Massachusetts: The MIT Press, 1973: 555.

下篇

汪洋（近代的故事）

除了人类不能足够了解纯数学的精彩用处以外，我找不出这门科学的缺陷。

——弗兰西斯·培根

（Francis Bacon, 1561 年—1626 年，英国哲学家）

有人问数学里的无穷小量是什么，我们回答，它实际上就是零。不像人们通常相信的那样，这个概念背后并没有很多神秘。

逻辑是我们获取的所有知识的确定性的基础。

——莱昂哈德·欧拉

（Leonhard Euler, 1707 年—1783 年，瑞士数学家）

代数学是慷慨的；索取者常会从她那里得到更多。

——让·达朗贝尔

（Jean le Rond d'Alembert, 1717 年—1783 年，法国数学家）

第二十二章　姗姗来迟的复兴

在法国中南部的小城欧里亚克（Aurillac），有一个古老的本尼狄克教派（Order of Saint Benedict）的修道院。这个教派的创始人、意大利天主教修士本尼狄克（Benedict of Nursia，480年—547年）是基督教隐修制度的创始人，在1220年被天主教会封为圣人。由于该教派的修士一年到头只穿一袭黑色长袍，所以又被称为"黑修士"。不过欧里亚克修道院历史悠久，早在本尼狄克封圣之前就闻名于欧洲了。

800年，查理曼（或称查理大帝，Charlemagne 或 Charles the Great，742年—814年）逼迫罗马教皇承认他为神圣罗马皇帝。被罗马人视为野蛮落后的法兰克人在灭掉西罗马帝国三百多年后，终于把西欧大致重新统一起来，史称加洛林帝国（Carolingian Empire）。它的领土东起今天的波兰、斯洛文尼亚、克罗地亚一带，南至伊比利亚半岛北部，也就是今天西班牙的北端。但加洛林帝国的寿命和中国元朝差不多，只存在了不到一个世纪。888年，帝国分裂成为东、西法兰克王国（Eastern and Western Francia），伊比利亚北部的巴塞罗那地区是东法兰克王朝封给一个伯爵的领地，利用这个机会开始寻求自治。当时伊比利亚半岛的大部地区（今天葡萄牙的全境和西班牙大部）处在科尔多瓦哈里发王朝（Caliphate of Córdoba）的控制之下，统治者是北非穆斯林倭马亚王朝的后裔。巴塞罗那夹在两个大国之间，求生不易。到了10世纪，博雷尔二世伯爵（Borrell Ⅱ, Count of Barcelona，947年—992年）继承了巴塞罗那的爵位。这是一位有学问的人，不大会打仗，但善于外交。他一面同科尔多瓦建立友好关系，一面游走于罗马教廷和法兰克王国之间，逐渐开辟出一片小小的独立天地，成为10世纪末期基督教世界文明最发达的地区。

967年，博雷尔二世伯爵到西法兰克王国的阿基坦地区（Aquitaine）访问。阿基坦在今天法国的西南部，欧里亚克修道院就在这个地区。在返回巴塞罗那的路上，他顺路到欧里亚克修道院访问。接待期间，修道院长恭敬地询问伯爵，他那里有没有学识渊博的人，可为修道院的修士提供学习的机会。伯爵说自己的治下有许多学问高深的人，不仅熟悉《圣经》，对阿拉伯的文化特别是数学和天文也有相当的了解。院长闻听大喜，问可否请伯爵带一个修士到他那里去，把这些知识学到手。伯爵爽快地答应了。

院长立即召集所有的修道士，要大家推选一个能够把最多的知识带回来的人。众人一致推荐22岁的热贝尔（Gerbert of Aurillac，945年—1003年）承担此任。当时可能谁也没有想到，这件小事对欧洲历史产生了深远的影响。

热贝尔的家庭出身和童年在历史上都没有留下任何记录。这似乎说明他的父母是普通的市民或农民，绝非名门望族。他在十三四岁就进入了欧里亚克修道院，很快众人就看出他渴望知识、酷爱学习。跟随博雷尔伯爵抵达巴塞罗那以后，热贝尔到比克教区（Diocese of Vic）的主教亚托（Atto，?—971年）手下接受教育。这个教区在巴塞罗那北面大约60公里处，那里也有一个著名的本尼狄克修道院——里波尔的圣玛利亚修道院（Monastery of Santa Maria de Ripoll）。这里收藏了大量的伊比利亚穆斯林的手稿，大多数来自科尔多瓦王朝。那里的哈里发哈佳姆二世（al-Hakam Ⅱ，915年—976年）也是一位热爱知识的君主，他的图书馆号称收集了六十多万部手稿，内容从科学到古希腊哲学，包罗万象。在他的国家里，每个村庄都有穆斯林学校，每座大城市如塞尔维亚、马拉加、萨拉戈萨、萨拉曼加、里斯本、哈恩等，都设有高等学习机构。科尔多瓦虽然处在欧洲地理的最南端，却是当时欧洲的知识中心。而且它的农业繁荣，手工艺和贸易兴隆，比巴塞罗那伯爵的势力强大太多了。为了生存，博雷尔每隔几年就要派代表团到科尔多瓦进行和平谈判，亚托主教是代表团的成员。通过大主教，热贝尔接触到许多阿拉伯学者，听到许多关于阿拉伯的故事。

西罗马帝国灭亡后，伊比利亚半岛处于西哥特人的统治之下，他们信奉基督教，使用一种来自拉丁语的方言。到了8世纪初，阿拉伯人侵入，逐渐控制了伊比利亚，基督徒不得不生活在穆斯林的统治之下。起初，双方之间血腥的战争不断，但随着时间的推移，伊比利亚南部的一些基督徒逐渐把伊斯兰教看成仅仅是一种宗教，开始与伊斯兰教徒和平共处。慢慢地，基督徒和基督教化的犹太人在这里形成一个独特的民族，称为莫扎拉布人（Mozarabs），意思是阿拉伯化的人。他们当中很多人仍然信奉天主教，但身着阿拉伯服饰，讲阿拉伯语，即使是主教和法官们也是如此。热贝尔对这些外表跟穆斯林没什么区别的主教和法官们非常感兴趣，因为他们表现出来的对数学和自然科学的理解似乎可以同伊斯兰学院的伟大教师们相媲美。他也慢慢对阿拉伯文化产生了尊敬，并对数学和天文学越来越感到痴迷。

当时欧洲大陆还处在浑浑噩噩的蒙昧之中。公元5世纪西罗马帝国灭亡，罗马和拉文纳等主要城市遭到严重破坏，大量古希腊、古罗马文献被销毁，古代辉煌的科学技术成果被遗忘。随着天主教被奉为国教，人们以为耶稣基督很快就会再次来到人间，做最后的审判。等待这一天的到来成为人生的终极目标，除了祷告，其他都不重要，重要的是进天堂，免入地狱。《圣经》可以解释一切，任何与《圣经》不同的看法都是大逆不道。比起古希腊的科学与古罗马的工程技术，欧洲从5世纪到13世纪这八百年的时间里发生了大倒退。我们暂且把这段时期称为中世纪。

从本书前两篇的故事中我们看到，几何的发展来自人们对空间的观察和思考。但西欧人士在很长时间内对空间缺乏逻辑的分析。他们不假思索地接受了古人的地心论，因为它基本符合《创世纪》的内容，尽管《创世纪》里的"地"很可能是平的。他们认同天球的概念，日月星辰都在同一个天球上运转。生活在13世纪中叶的法国神父兼诗人高蒂埃（Gautier de Metz，生卒年不详）计算了地球到恒星的距离。他说，如果亚当在被上帝创造出来的那天就开始升天，假设他每天上升25英里（相当于一个强壮年轻人走路的速度），那么他需要713年抵达恒星。几十年后，英国著名哲学家罗杰·培根计算了地球到月亮的距离。他宣称，按照每天步行20英里的速度，一个人需要17年7个月29天再加上一点点零头便可抵达月球。由此可知，整个中世纪，在西欧最有学识的人们心目中，宇宙年龄不超过几千年，尺度在人类靠两条腿就可以达到的范围之内。他们眼中的宇宙类似一口金鱼缸。

地球是这个宇宙的中心，那么地球的中心在哪里呢？中世纪"地球中心"这个概念指的不是地心即地球的球心，而是地球表面的中心。可是，一个球体的表面有中心吗？东西方向的中心，他们以为在自己的位置上；南北方向的中心，他们认为在热带区（tropic），因为那里是耶稣基督活动的地区。这也似乎说明，在多数人的心目中，地球不是"球"，而是平的，并且尺度有限。被尊为"英国历史之父"的比德（Bede，672年—735年）记录了一位名叫阿尔库尔夫（Alculf）的主教，在680年前后到过耶路撒冷。他在那儿看到一根柱子紧连着耶稣牺牲的十字架。人们把一个死人抬到那里，碰到柱子，死人立刻就复活了。主教说，这个神迹充分证明，耶路撒冷位于热带区。今天我们都知道，热带区是一个地理概念，它在南北方向的"中心"，对应的是地球的赤道。这位主教大人的逻辑思路显然属于"说它是，它就是，不是也是"一类。四百年后，教皇乌尔班二世（Pope Urban Ⅱ，1042年—1099年）坚称，"地球的中心在耶路撒冷"。其实，耶路撒冷是不是落在赤道线上，检查一下夏至时分那根柱子的影子不就知道了吗？中国的商高和亚历山大城的埃拉托西尼早就知道该怎么做，但主教和教皇显然都认为自己的论断是不需验证的。

人们还以为，作为宇宙中心的地球同时又是宇宙中最为丑陋的地方。天空中的星球都是完美无缺的球体，它们的表面光滑无比。唯有地球，表面坑坑洼洼，遍地疤痕。高山大川不值得赞美和景仰，它们是上帝惩罚地球的标志。一位讲法语的教士说得再明白不过：

> "这里是如此的荒凉破碎，充满了各类的邪恶与丑陋之物，好像是不同世界、所有时代的污秽排泄物的堆积场。"

地球不是久留之地，人们应该迫不及待地等着耶稣再来，离弃这里，升入天堂。正当中国大唐诗人高声讴歌大自然之美的时候，欧洲的教徒们对他们周围的世界满心诅咒，恨不得马上离开。

于是，跟古老东方"读万卷书，行万里路"的理念完全相反，中世纪欧洲崇尚的是"读一本书，蹲小黑屋"。这造成人们眼界闭塞，头脑混乱。大约在14世纪60年代，有一本"游记"在西欧广为流传，它的作者号称是约翰·曼德维尔爵士（Sir John Mandeville），但这个人是否真正存在至今存疑。《曼德维尔游记》记载了亚洲和非洲许多地方的风土人情，相当古怪离奇。比如书里宣称，有一个名叫普雷斯特·约翰的地方（Land of Prester John），那里有一条没有水的河，里面流淌的是碎石头。这些碎石头像潮水一样涨落奔流，掀起大浪，从不停息。而生活在埃塞俄比亚的人们每人只有一只脚。这只脚巨大，人们躺下来，跷起脚就可以给自己遮凉。这样的内容跟上古奇书《山海经》很接近。

时间在中世纪西欧人的心目中也是个很模糊的概念，如同橡皮筋，想拉长就拉长，想缩短就缩短。欧洲大部分地区在高纬度，一年四季日光照射的长度变化很大。但人们不假思索地采用来自热带地区（古埃及、古希腊）的做法，按照日照的长度把白天和黑夜各分成12个小时。这么一来，有些地方冬季白天的一小时大约只相当于夜晚半小时，夏季则反过来。

有识之士仍然忍不住要观察和思考周围的世界，但他们的思维不可避免地禁锢在《圣经》的局限之内。7世纪的编年史学家、神学家比德认定，上帝在耶稣基督诞生之前3952年创造了宇宙。高卢和罗马史学家、都尔的大主教格雷高利（Gregory of

Tours，538年—594年）则坚持说，他认识好几个人，他们都亲眼看到过红海海底的通道，也就是《出埃及记》里以色列人分开海水，逃离埃及的水底大道。他说，每隔一段时间，红海的海水就自动分开，如同当年摩西带领以色列人出离埃及那样。海底大道豁然重现，连路面上壅积的淤泥也刷得干干净净。即使是以逻辑严谨而著称的13世纪最著名的意大利神学家托马斯·阿奎那（Thomas Aquinas，约1225年—1274年）对时间也是马马虎虎，始终弄不清自己是出生在1224年、1225年、1226年，还是1227年。

当时最重要的天文问题是如何确定每一年里对应耶稣复活的纪念日。中世纪欧洲一直沿用儒略历（Julian Calendar），也就是罗马时代留下的历书，它把一年定为365又四分之一天，每四年加一天。但由于太阳年的一年比儒略年要短大约12分14秒，一个世纪的误差积累超过20小时。天长日久，耶稣复活的日子就找不到了。另外根据《圣经》，基督复活又必须在星期天，所以西欧的基督徒综合习俗、阴历、阳历，把春分满月之后的第一个星期天作为复活节。克罗斯比对此评论说："复活日如同流水表面的反光，在春天的头几个礼拜天跳来跳去。"

故事外的故事 22.1

古罗马使用的所谓儒略历来自恺撒大帝。恺撒当政时，古罗马的官方历书已经乱到不可救药的地步，历书上的春分实际上出现在冬天。恺撒对使用权力从不犹豫，他下令把公元前46年改为445天，一下子加了三个闰月，成为人类历史上最长的一年，当时的人们肯定困惑得一塌糊涂。之后规定每年365天，每隔三年闰一年。1月1日是罗马执政官上任的日子，定为一年之始。可是，设立历法的僧侣误解了"隔三年闰一年"的意思，每三年中就设立了一个闰年。为了修正这个错误，罗马帝国开国君主奥古斯都又下令取消12年内的3次闰年，这才又使历书的节气跟天文观测大致吻合。儒略历在欧洲一直使用到16世纪。

《曼德维尔游记》里还说，印度人生活在地球的第一气候区（first climate），土星围绕那个气候区运行。因为土星运转很慢，所以印度人动作都特别的迟缓。相对地，欧洲人生活在第七气候区，月亮绕着这个气候区运转。月亮转得比土星快得多，所以欧洲人的动作都很快。类似的毫无根据的臆想在欧洲到处都是，很少有人质疑。直到公元13世纪中叶，情况突然开始发生巨变。变化的原因有很多，而热贝尔则是最早吹响巨变前奏曲的主要人物之一。

热贝尔在博雷尔的伯爵领地只住了不到三年时间。970年，他随从博雷尔到罗马觐见当时的教皇。据热贝尔的学生后来回忆，教皇对这个年轻随从的知识丰富、勤奋好学印象十分深刻，于是专门派人通知神圣罗马帝国皇帝奥托一世（Otto Ⅰ，912年—973年），说发现了一名学问好、素质高的年轻人，是皇家教师的上选。奥托一世本人是文盲，对不识字的局限有亲身感受，马上聘请热贝尔做儿子奥托二世（Otto Ⅱ，955年—983年）的教师。这对热贝尔来说是一个再好不过的机会，但他只做了两年的教师便转到兰斯（Rheims）去了，为的是继续自己的学习。兰斯有一位副主教名叫迦兰努斯（Garamnus），是当时有名的逻辑学家。两个人在奥托二世的婚礼上认识，相见恨晚。迦兰努斯邀请热贝尔到兰斯去，两人互相学习。迦兰努斯以教授逻辑学为交换，要跟从热贝尔学习数学和音乐理论。

热贝尔搬到兰斯不久，就深得大主教阿达尔拜罗（Adalbero，？—989年）的赏识，被任命为兰斯天主教学校的负责人。热贝尔设计教学方案，撰写了一系列数学和天文学教科书，讲解算法、平面几何和初级三角，大多数跟实际应用有关，很快使兰斯成为欧洲学问的中心。热贝尔实际上比斐波那契（列奥纳多）更早了解到阿拉伯数字（数字0不包括在内），并把它们引入欧洲。他可能是从某个摩尔裔（Moors）学者那里得到了"算盘"的想法，采用阿拉伯数字设计了一部复杂的"算盘"：它沿着长度分为27个格子，每格含有1到9这九个数字，外加一列空格，代表0。这个"算盘"有点像失传的罗马算板（图18.1），但要复杂得多，含有多达1 000个字符。比如图18.1的罗马算板有8道数格，而热贝尔的算盘有27道格子，估计可以用来计算庞大的天文数字。热贝尔请一位造盾牌的工匠用牛角刻制成算盘，做演示计算，速度飞快，学生们看得目瞪口呆。不过他的阿拉伯数字最初的影响可能主要局限在教会的圈子里。

热贝尔还教授如何使用天文观测仪器观察天象。古希腊使用的天文观测仪器在欧洲已经失传五六百年了，热贝尔根据阿拉伯人的设计重新制造了四五种天文观测仪器。学生们先使用这些仪器实际观测再进行计算，既学天文，又学数学，一举两得。

在兰斯，热贝尔被认为是个"神人"，无所不知，无所不晓。他把主要精力都放在教授数学和天文学上面，对教会教义的兴趣似乎不大。尽管如此，大主教阿达尔拜罗还是把他按立成为神父。"按立"（ordain）这个词的本义有命中注定的意思。热贝尔的名声越来越大，开始招来嫉恨。奥托一世的皇宫所在地马格德堡（Magdeburg）有一个名叫奥特里克（Otric）的人，是当地教会学校的负责人。他派了一个学生到兰斯去听热贝尔的课，要求他把热贝尔教案的拷贝弄到手。这个"间谍"学生在抄写教案的时候出了错，而奥特里克认为这些错误是热贝尔的，赶紧跑到奥托二世那里去告状，建议撤销热贝尔的教职。可他忘记了，热贝尔曾经是奥托二世的老师。奥托认为老师不可能犯这样的错误，于是在980年把热贝尔和奥特里克同时招到拉文纳，要看看这两个人到底谁是当今最有学问的人。结果当然是奥特里克惨败，热贝尔回到兰斯后，声望更高了。983年，奥托二世任命热贝尔为意大利一个修道院的院长。热贝尔在那里实行改革，遇到很大阻力，又感觉行政管理是个沉重的负担，影响了自己对知识和教育的追求，于是恳求辞去这个职位，回到兰斯继续教书。

可是，人世间的纷争无论如何是躲不开的。热贝尔回到兰斯不久，大主教阿达尔拜罗聘他为自己的秘书兼顾问，从此不得不卷入皇权和教权的政治斗争。989年阿达尔拜罗去世前留下遗言，希望热贝尔接任自己的职位。但法兰克人与法兰西人之间为此产生了异议，争吵不休。996年，奥托一世的年仅24岁的儿子成为教皇，这就是格里高利五世（Pope Gregory Ⅴ，972年—999年）。两年后，新教皇把热贝尔晋升为大主教，主管拉文纳教区。999年，年仅27岁的格里高利五世突然死亡，热贝尔被推选为教皇。他给自己选择的名字是西尔维斯特二世（Pope Silvester Ⅱ），这是历史上第一位法兰西裔的天主教教皇（图22.1）。

图22.1　罗马城外圣保罗大教堂大殿里的西尔维斯特二世教皇的画像。

热贝尔正式成为教皇之前不久，荷兰低地乌德勒支（Utrecht）的主教阿达尔博德（Adalbold，？—1026年）请教他一个几何问题。问题是这样的：一个等边三角形，底边长为30尺，高为26尺，则它的面积是多少？阿达尔博德得到两个不同的答案，一个是底边长与高的乘积的一半，另一个是 $\frac{1}{2} \times 30 \times (30+1) = 465$。他请教热贝尔：哪个答案是正确的？

第一个答案是三角形面积的标准答案，第二个答案是从哪里来的呢？还记得毕达哥拉斯的十点四流图吗（图4.6）？把十点四流图的四行圆点扩展到30行，从上到下，每行增加一个圆点，30行所有点的总数正好是465个。这不是几何问题，而是一个简单的等差数列问题。这个问题有很多实际应用，比如把许多直径相等的圆木堆积起来，最底下一层放 n 根圆木，倒数第二层放 $n-1$ 根，以此类推，一直堆到最顶端，放一根圆木。这一整堆里，共有多少根圆木？这个问题古人早就解决了。在中国，北宋人沈括（1031年—1095年）已经在讨论类似的三维问题了：把圆球摆成长方形，最顶端有 $m \times n$ 个圆球，第二层有 $(m+1) \times (n+1)$ 个，以此类推，一共有 l 层，那么这一堆一共有多少圆球？沈括提出"隙积术"，后来又被朱世杰发展为"垛积术"，计算很多种不同堆积的物品的总数。

热贝尔告诉阿达尔博德，正确答案是 $\frac{1}{2} \times 30 \times 26 = 390$。不过我们不知道他是否看到，这个问题本身就是个问题。懂得三角形几何性质的人都应该知道，边长为30的等边三角形的高并不真的等于26，而是25.980 76……

阿达尔博德的问题反映了10世纪西欧数学水平的落后：中国和伊斯兰世界都在处理一元三次方程和圆锥曲线了，而西欧的数学则倒退到还不如古希腊公元前4世纪的水平。

正式成为教皇以后，热贝尔充满热情地整顿教会。热贝尔选择西尔维斯特作为教皇的名字大有深意。教会历史上，西尔维斯特一世（Pope Silvester Ⅰ，生卒年不详）在罗马帝国的君士坦丁大帝（Constantine the Great，272年—337年）颁诏宣布宗教信仰自由之后的第二年（314年）登上教皇的宝座。那时，基督教经过了三百年血与火的洗礼之后，终于从地下传教转为公开传教了。325年，他在土耳其的尼西亚（Nicaea）召集教会历史上第一次大公议会，有220名主教出席，确定了著名的《尼西亚信经》。热贝尔大概希望自己也会给教会带来一个新时代。这个时代应该是以理性和知识为标志吧。同时，这个名字又把奥托三世暗喻为君士坦丁大帝，皇帝心里肯定也是乐滋滋的。西尔维斯特二世教皇决心消除教会里买卖圣职和私下纳妾的陋习。可是，他的教皇任期极短。1001 年，罗马动乱，他和奥托三世逃到拉文纳。第二年，奥托三世去世；不久，他自己也去世了。

11 世纪对基督教世界来说，既是统一的世纪，又是分裂的世纪。从统一的角度来看，多个国家信奉同一个宗教，使它们在道德规范方面渐趋一致。但是不同的社会层面产生了民族之间、教士与俗人、教廷与王室之间的分歧。

热贝尔的学生们留下一些回忆纪念老师的文字，其中记录了他引入欧洲的许多数学和天文知识，也描述了他教授学生的热情和耐心。可是热贝尔去世半个世纪以后，突然遭到教会人士的诽谤和攻击。

▼

故事外的故事 22.2

神圣罗马帝国初期，由于政教之间的纷争，称呼相当混乱。法兰克王国在 843 年分为三部分，西部是法兰西王国，东部是日耳曼王国。中法兰克王国占据今天法国与德国之间的条带地区以及意大利北部。中法兰克王国很快就被东、西王国吞并。东西两地基本按照语言分割，西边属于拉丁语系，东边属于日耳曼语系。西法兰克王国的统治者自称为"法兰克人的国王"，后来干脆直接称为国王。教皇格里高利为了把在日耳曼地区的政敌亨利四世归为异族统治者，故意称他是"条顿人的国王"。东法兰克王国的君主则坚持使用"罗马人民之王"的头衔来强调其统治的普遍性与罗马帝国相当。1508 年，帝国皇帝在"罗马"头衔后面又加上了"日耳曼国王"。"罗马人的国王"这个头衔在 1806 年才被废除。

德国王国的君主不是完全世袭制，家族仅仅是继承王位的一个因素。他们延续法兰克王国的传统，从领土内有势力的贵族当中选举国王。这种选举逐渐演变成几个称为"选帝侯"的诸侯的特权。

现代学者透过这些荒唐的流言指出，11世纪以后的欧洲逐渐对外部世界改变了看法。一些有识之士看到，阿拉伯世界在许多方面（如数学和天文学）远远走在自己的前面，几乎到了妖魔化的程度。而数学与科学的进展竟然有可能对自然世界做出某种机械化的预测和解释。

后来的文献中经常出现热贝尔制造机械钟的故事。现代一些天主教的介绍中仍然宣称热贝尔是最早发明以单摆为基础的机械钟，比伽利略和惠更斯早了近六百年。这类传说均不可靠，但热贝尔曾经着力改善欧洲的时间观念这一点是可以肯定的。他热衷于天文观测，利用天体位置来确定一天之内的24小时，比各地教堂的钟声要准确不知多少倍。他和学生留下的关于天文观测的文献也大多跟时间的确定有关。或许是由于这个原因，后人便把他和钟表的发明联系到一起了。

热贝尔对数学本身没有什么重要的贡献，但他是一个诲人不倦的老师。在他的影响下，一些人开始对欧洲以外的数学产生兴趣。12世纪初叶，一位名叫阿德拉德（Adelard of Bath，约1080年—约1150年）的英国人专门到古希腊人活动的地区以及伊比利亚半岛和中东地区到处周游，学到了阿拉伯的几何学和天文学，还第一次把欧几里得的《几何原本》（图22.2）和花剌子米的天文计算表译成拉丁文。两个名叫罗伯特的英国人（Robert of Chester；Robert of Ketton；生卒年均不详）可能是12世纪两位最早的阿拉伯研究学者。他们跑到伊比利亚半岛学习阿拉伯文，然后把重要的阿拉伯文献翻译成拉丁文。1140年前后，其中一个罗伯特完整翻译了花剌子米的《代数学》，另一个罗伯特翻译了阿拉伯世界亚里士多德学派著名学者肯迪（al-Kindi，796年—873年）的《天象判断》

图22.2　阿德拉德翻译的拉丁文版《几何原本》的封面（14世纪手稿）。这个画面出现在粉红色拉丁字母P里面的空间：一位女性教师在给教士们讲授几何学。教师右手拿着圆规，用来测量距离，左手握直尺，用来验证直角。鉴于在中世纪女性教师极为罕见，特别是在男性教士面前，她应该是几何学的人格化的象征。

（*Astrological Judgements*）。《好看的数学故事：概率与统计卷》里有一些关于肯迪的故事，因为他还是第一位利用统计学原理破译密码的人。

伊比利亚半岛的一个独立小城邦在帮助欧洲重新发现古希腊起了非常重要的作用。这个小城邦以古城托雷多（Toledo）为中心，史称托雷多泰法（Taifa of Toledo）。泰法的阿拉伯原意是"教派"，后来专指11世纪早期后倭马亚王朝解体后出现在伊比利亚半岛上的穆斯林小王国。它们各自为政，互相攻伐，大多寿命短暂。为了生存，它们时而依靠基督教国家，时而转向北非穆斯林王国。尽管泰法国家政治上少有建树，但却培育出一段穆斯林文化的复兴时期。托雷多泰法从1035年脱离科尔多瓦哈里发（Caliph of Córdoba），到1089年被基督教卡斯提尔王国（Kingdom of Castile）征服，只存在了50多年。但这半个多世纪里，它搜集了大量的古希腊、古犹太和阿拉伯文献。1125年，本尼狄克教派的天主教士雷蒙（Raymond of Toledo，生卒年不详）到那里担任主教。他看到这些文献，决定把它们翻译成拉丁文。于是他雇用了欧洲、伊斯兰、犹太等各种背景的文化人士，进行翻译工作，这就是著名的托雷多翻译院（Toledo School of Translators）。此后不到100年的时间里，不少于3 000页的亚里士多德著作被翻译成拉丁文。柏拉图、托勒密、欧几里得、阿基米德等人的著作也被大量翻译。

另一个重要的信息来源是西西里。那里在地理上接近东罗马帝国和伊斯兰世界，斐波那契就是在那里首次刊行他的《计算之书》的（故事见第十八章）。统治西西里的诺曼裔王国政府熟悉三种语言：拉丁语、希腊语、阿拉伯语。宫廷雇佣了许多抄书吏（图22.3），翻译了大量柏拉图、欧几里得以及伊斯兰世界哲人的著作。差不多在同一时期，一个名叫詹姆士（James of Venice，生卒年不详）的威尼斯人活跃在君士坦丁堡。东罗马拜占庭帝国同阿拉伯世界有许多来往，并存有大量古希腊文献。詹姆士学会了希腊文，在1140年前后把亚里士多德《工具论》的《后分析篇》翻成拉丁文。

古典文献的重新引入成为西方思想史上一个重要的转折点。除了古希腊，人们也开始翻译引进大量阿拉伯文献。伊斯兰世界的著名学者、波斯人伊本·西纳（Ibn Sina，980年—1037年）的思想对中世纪欧洲的影响十分深远。西纳试图把科学和宗教的所有内容综合起来，构成庞大的形而上的理论体系，不仅用来解释宇宙的形成，还要阐释善恶、祷告、预言、天意、神迹等，以及种种关于顺应宗教律法的国家组织、人类的最终命运等问题。西纳因此得到了一个拉丁化的名字，叫作阿维森纳（Avicenna）。

图 22.3　12 世纪西西里诺曼王朝宫廷的抄书吏。他们当中除了拉丁族裔的，还有东正教希腊人、犹太人、阿拉伯人。这是诗人埃博立的彼得（Peter of Eboli，生卒年不详）在 1196 年所作《皇权荣耀：西西里琐事》（*Book in Honor of the Emperor, or Sicilian Affairs*）中的插图。

　　这些"哲学家"（当时欧洲人对那些古代哲人的称呼）似乎具有解释一切的能力：道德、政治、物理、形而上哲学、气象学、生物学等，无所不能。仅仅依靠渺小的人类的大脑竟然可以得到如此令人震惊的成果，这对中世纪基督徒的强烈冲击程度现代人恐怕很难想象。由此而成为无神论者的人们毕竟占极少数，但即使是虔诚的信仰者，也必然面临一个无法规避的问题：既然上帝给予人类如此精密的思维能力，不去用它来了解这个世界，整天浑浑噩噩，是不是辜负了上帝让人们来到世间的本意？

　　在如饥似渴的学习中，人们痛切地意识到，需要找到一套应付由细密的知识构成的古代理论体系的方法，用来评估那些泛神论者和异教徒对世界作出的复杂解释。进一步，是如何把古代哲人的思想，特别是关于自然世界的理论跟教会的信条和谐地融合起来。知识急需系统化，于是大学从教会学校的制度中衍生出来。

　　欧洲的第一所大学在 1088 年出现于意大利的博洛尼亚（Bologna）。英文词 University 对应的拉丁词 universitas 的词根 universus 是"全体""完全"的意思；最早拉丁文的"大学"（universitas magistrorum et scholarium）的意译应该是"教师与学者的整体"，它的含义跟律师、手工业者等行业建立的行会很接近。70年后，神圣罗马帝国皇帝"红胡子"腓特烈一世（Frederick Ⅰ，1122年—1190年）颁布《学者保护法》（拉丁文：*Privilegium Scholasticum*），为博洛尼亚大学教授和学生以研究为目的的外出旅行提供法律保护，其中包括享受教士的豁免权、行动自由和复仇权的豁免，这些"学人"（schoolmen）犯法必须由大学和主教的法庭审理，地方政府无权审理。

巴黎大学成立于1200年前后，它的环境吸引了大量学者和年轻学生：有吃有喝还有娱乐。到了13世纪中叶，欧洲各大学的重要性已经不容教皇和皇帝忽视了。巴黎市政府和市民反对赋予大学教授特权，也不喜欢学生的喧闹和胡来，卡佩王朝（Capetian Dynasty，987年—1382年；历史上第一个由法国人掌权的朝代）的国王们站在了大学一边，因为他们希望自己的首都保持繁荣。1231年，格里高利九世教皇（Pope Gregory Ⅸ，约1145年—1241年）发布诏书，宣布巴黎大学处于教皇的保护之下，不受地方政府的约束（图22.4）。

欧洲许多地方王国基本属于自治状态，也需要大学的人才。加上教权与俗权分离，政教之间经常在政治宗教问题上发生分歧，这在一定程度上给予大学教授们一些学术研究的自由。当观点出现纠纷时，经常出现学者从教会逃到宫廷，或者从宫廷逃至教会以寻求庇护的事件。英国裔哲学家奥卡姆的威廉（William of Ockham，约1285年—1349年）号称是巴黎大学"辩不倒的博士"。1322年前后，他发表一些言论，主张教会取消私人财产，被教皇约翰二十二世（Pope John ⅩⅩⅡ，1249年—1334年）宣布为"异端"，逐出教会。威廉从监狱逃出，跑到意大利的比萨。那里的神圣罗

图22.4　中世纪手稿中描述巴黎大学学者们召开校务会议的场景。

马帝国皇帝路易四世（Louis Ⅳ the Bavarian，1282年—1347年）收留了他，还利用他来论证皇帝拥有控制帝国内所有教会的权力。16世纪宗教改革以后，持有不同宗教观点的学者更有机会在不同国家、不同君主之间跳来跳去，逃避宗教迫害，继续自己的研究。从这个角度来看，欧洲的大学同世界其他各地区更早期的所谓的大学有很大区别。

在这样的背景下，欧洲的知识学术景观迅速改变。1088年，博洛尼亚大学开始教授罗马法典，促成了罗马法在欧洲复兴。牛津大学在1098年前后就开始教学，1167年，大批英国学生从巴黎大学来到这里入学。1209年，一部分师生离开牛津，成立剑桥大学。1215年，英国国王约翰（King John，1166年—1216年）被迫签署由坎特伯雷（Canterbury）教区大主教朗顿（Stephen Langton，约1150年—1228年）起草的《大宪章》（中世纪拉丁文：Magna Carta），承诺王室放弃绝对权力，保护教会，尊重贵族的权利，尊重司法。

我们在这里主要感兴趣的当然是数学的发展。早期中世纪数学的发展仍然同天文学紧密相联，因为研究的主要目的是解释上帝所创造的宇宙。为什么大多数天体在动？是什么在推动它们？为什么有的恒星不动？为什么所有的天体都不会落到宇宙的中心地球上来？为什么鸟可以飞，而松开手时，手中的物体一定落到地面上？亚里士多德把天体与地面物体分开来解释。按照他的理论，地球作为宇宙中心是最容易遭到干扰的地方，这里的物体由四种元素（土、空气、火、水）构成，两个形状相同的物体是下落还是上浮，取决于它们的重量和空气的密度。重物下落的速度跟重量成正比，跟空气的密度成反比。他给出一个"定律"：物体的速度跟受力成正比，跟阻力成反比。而天体则由第五种元素"以太"（aether）构成完美的球形，表面要多光滑有多光滑。每个天体被代表它的神控制着，它们的运动来自神对它们的爱。它们恒定地匀速转动，永不改变。

天体太远也过于神圣，不好研究，但地面上物体的运动是可以仔细观察的。从14世纪三四十年代起，牛津大学的默顿学院（Merton College）先后出现四名教授研究地面物体的运动。起初他们的兴趣主要在数学，所以被称为牛津算学家（Oxford Calculators）。比如四人当中的托马斯·布拉德华丁（Thomas Bradwardine，约1300年—1349年）发表了两部拉丁文著作《推测几何》（*Speculative Geometry*）和《推测算法》（*Speculative Arithmetic*）。后来，他们的兴趣逐渐转向机械，特别专注物体的运动和速度，并开始挑战亚里士多德的理论。他们已经能相当清楚地区分运动学（kinetics）和动力学（dynamics）问题。简单地说，运动学研究的是物体运动速度、加速度等和距离的关系，而动力学研究的是物体为什么会运动或停止。关于运动学，牛津算学家们提出著名的平均速率定理（mean speed law）：从静止开始运动且以恒定加速度运动的物体1，它所走过的距离是物体2以物体1的最终速度匀速运动在相同时间内所走过的距离的一半。

几年以后，巴黎大学的欧勒姆（Nicole Oresme，约1320年—1382年）利用几何方法阐明了这个定理。欧勒姆作的几何图如图22.5所示。但请读者注意，这并不是真正的几何体图形，因为这个几何图形所画出的线段不代表长度。这个图的横向代表时间，纵向代表速度。欧勒姆把这两个相互垂直的方向上线段的"长短"称为"范围"（latitude；注意它跟地理上的纬度是同一个词），它们类似我们现在熟悉的横坐标和纵坐标。图22.5显示两个不同物体的运动状况，物体1从A点出发，初速度为零。随着时间的推移，它的速度沿直线AFC变化，代表匀速加速运动。从时间范围的A点到B点，它的速度从零增加到BC，它在这张图上扫过"三角形"ABC。物体2也从A点出发，不过它的初始速度相当于$AE\left(=\dfrac{1}{2}BC\right)$。在时间上，它从$A$到$B$保持不变的速度，扫过"矩形"$AEGB$。之所以给"三角形"和"矩形"加引号是因为这张图里的"线段"都不是空间中的直线，而是一种几何抽象。

对这两个图形计算"面积"，几何知识告诉我们，二者的"面积"相等。这两个"面积"是什么意思呢？对"矩形"$AEGB$来说，以恒定速度AE走过时间段AB，距离等于时间乘速度，所以它的"面积"就是第二个物体在AB时间段所经过的距离。对第一个物体来说，如果把AB分成许许多多非常小的时间间隔，每个间隔对应的速度可以大致认为是常数；把每一段的时间乘对应的速度再加起来，也应该等于它所经过的距离。所以，图22.5说明，在相同的时间内，初始速度为零的匀速加速的物体1所走过的距离等于物体2以物体1的最终速度的一半

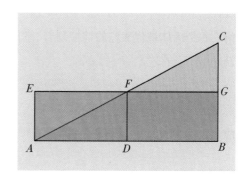

图22.5　欧勒姆阐述平均速度定理时采用的几何示意。

匀速行驶。这个速度就是所谓平均速度。

这是历史上第一次采用几何方式来表述物理问题的分析。纸面上的线段和图形不再仅仅代表长度和面积，而是可以代表任何物理量的"范围"。而一些物理规律竟然可以利用几何原理来证明。图22.5是再简单不过的几何图，但几何学从这里产生了革命性的飞跃。

大约300年后，著名实验物理学家伽利略（Galileo Galilei，1564年—1642年）在《两种新科学的讨论和数学演示》（*Discourses and Mathematical Demonstrations Relating to Two New Sciences*）一书中，系统地分析了自由落体的运动规律。他所给出的几何演示图（图22.6）跟欧勒姆的图22.5极为接近。所以自由落体的运动学规律的发现不是伽利略，而是中世纪的数学家们。所以在一些科学史专家们看来，伽利略通过比萨斜塔的实验确定自由落体运动规律的故事类似于"民间传说"。当然，不能否认，比起牛津算学家和欧勒姆来，伽利略对这个问题的分析要清晰系统得多。那些早期的数学家们先天不足：他们没有足够的代数理论。

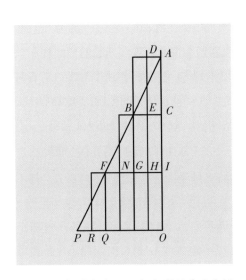

图22.6　伽利略在1638年出版的《两种新科学的讨论和数学演示》一书中关于匀速加速运动速度分析的示意图。

在离开欧勒姆之前，再讲一个他分析级数的故事。这个故事也显示出他那种接近于现代数学分析的思路。考虑下面这个级数：

$$S_1 = 1 + \frac{1}{2} + \frac{1}{3} + \frac{1}{4} + \cdots = \sum_{n=1}^{\infty} \frac{1}{n} 。 \tag{22.1}$$

式（22.1）的最右端表示把所有 $\frac{1}{n}$ 的各项都加起来，直到 n 等于无穷大。问题是，S_1 是个有限的数吗？如果 S_1 是一个有限的数值，那么我们称级数（22.1）收敛，否则称它是发散级数。历史上，证明级数（22.1）是收敛还是发散曾经让许多中世纪的数学家为难。显然，随着 n 值的增大，$\frac{1}{n}$ 值越来越小，当 n 趋于无穷大时，$\frac{1}{n}$ 趋于零。所以乍看起来,级数(22.1)似乎是收敛的,对不对? 那么,怎样从数学上来检验我们的猜测呢? 有了现代电脑,这个问题似乎很好回答:直接计算式(22.1)。比如利用Excel计算从1到100的倒数之和,得到 $\sum_{n=1}^{100}\frac{1}{n} = 5.187\,378$。而从1到200的倒数之和是 $\sum_{n=1}^{200}\frac{1}{n} = 5.878\,031$。这说明随着$n$的增加,$S_1$增加得很慢,而且越来越慢。如果有耐心,可以一直计算到$n = 1\,600\,000$,那时S_1刚刚超过15。有人经过计算宣称,当n增加到100亿,S_1也不过23.6左右。可是我们仍然回答不了S_1是否收敛这个问题。

欧勒姆给出一个极为简洁的证明,他把这个级数的各项按照下面的方式组合起来:

$$S_1 = 1 + \frac{1}{2} + \left(\frac{1}{3} + \frac{1}{4}\right) + \left(\frac{1}{5} + \frac{1}{6} + \frac{1}{7} + \frac{1}{8}\right) +$$
$$\left(\frac{1}{9} + \frac{1}{10} + \frac{1}{11} + \frac{1}{12} + \frac{1}{13} + \frac{1}{14} + \frac{1}{15} + \frac{1}{16}\right) + \cdots,$$

这里,每个括号内的各项之和都大于$\frac{1}{2}$,所以他得出如下结论:

$$S_1 > 1 + \frac{1}{2} + \frac{1}{2} + \frac{1}{2} + \cdots,$$

不等号右边的级数是1和无数个$\frac{1}{2}$的和,显然是没有上限的,而在n趋于无穷大时S_1大于不等号右边的和,所以S_1肯定是发散的。

数学在欧洲12世纪到13世纪发生革命性变化的另一个动力是市场。早期的欧洲市场基本是以物易物。教权与皇权的分离促成地方自治,使贸易变得自由起来。11、12世纪起,各地开始铸造当地的货币,不同货币在不同时间的实际价值不断变化,货币流通越来越复杂,迫使人们把金钱抽象化,于是慢慢出现没有货币也可以分析和计算价值的银行账户。在第十八章里,我们已经谈到斐波那契的《计算之书》对欧洲贸易和金融市场所造成的深远影响。市场的繁荣造成城镇的繁荣,商人、银行家、律师、手工业者的社会影响力越来越大。有时就连国王也不得不依靠从富商和银行家那里借贷来完成国家的建设或资助战争。因此,中世纪的数学家们几乎没有不考虑跟金钱有关的数学问题的。

算盘的计算方法很快被笔算代替,这是阿拉伯数字和纸张的引入带来的重要进步。算盘计算虽快,但无法保留中间步骤,结果出了错,必须从头再来一遍,而纸上的笔算记录可以随时检查，找到错误。纸上的计算又需要不断加快速度，于是数学符号应运而生，极大地促进了代数学的发展。

本章主要参考文献

Clagett, M. Nicole Oresme and Medieval Scientific Thought. Proceedings of the American Philosophical Society, 1964, 108: 298-309.

Crosby, A.W. The Measure of Reality: Quantification and Western Society. Cambridge: Cambridge University Press, 1997: 245.

第二十三章　角和弦的千变万化

　　在讲德语的东法兰克地区，大学的出现比意大利和法兰西要晚一些。1348年，教皇克莱门特六世（Pope Clement VI，1291年—1352年）在神圣罗马帝国皇帝查理四世（Charles IV，1316年—1378年）的请求下，下诏建立阿尔卑斯山以北、巴黎以东的第一所大学，地址选在当时波西米亚王朝的首都布拉格。大学以查理四世的名字命名，按照博洛尼亚和巴黎大学的模式建立。起初，查理大学拥有中世纪标准大学的所有学院：神学、法学、医学和文学。可是不久发生了天主教大分裂，大学里德裔人群跟中欧其他族裔在教皇的认知上发生分歧，导致大批德裔师生离开布拉格，转到莱比锡另建大学，即莱比锡大学（1409年）。不久，查理大学又失去了神学院和法学院，地位大大降低。

　　第二所德语大学是维也纳大学，起初名叫鲁道夫大学（拉丁语：Alma Mater Rudolphina），由哈布斯堡王朝的奥地利大公鲁道夫四世（Rudolf IV，1339年—1365年）资助，于1365年仿照巴黎大学的模式建立。建成初期，教皇乌尔班五世（Pope Urban V，1310年—1379年）拒绝在这里设立神学院，据说是因为查理四世担心这所大学同查理大学竞争而干涉造成的。天主教会大分裂后，巴黎大学的许多观点立场不同的德裔师生先后移居维也纳，使维也纳大学迅速发展起来。

　　1451年，一个名叫穆勒（Johannes Müller von Königsberg，1436年—1476年）的15岁少年进入鲁道夫大学。这名德裔少年天资聪颖，从十二三岁起就进入莱比锡大学学习，所以转学后的第二年便拿到学士学位。1453年，鲁道夫大学首次设立天文学课程。教授天文学的普尔巴赫（Georg von Peuerbach，1423年—1461年）是本校毕业生，原来主修人文科，1448年刚拿到学士学位。毕业后，他的兴趣转向天文学，花了三年时间在意大利等地巡回演讲天文。1451年出现一个罕见的天文现象，木星从月亮背后穿过。这种现象叫作掩星（occultation），在中国古代称为"凌"（以小欺大的意思）。当月亮的大部分处在地球阴影之下时发生木星凌月，在古人看来，木星如"自杀"一般飞进月亮，直到完全被月亮"吞噬"（图23.1），但不久又从月亮的另一侧"重生"。东西方所有王室的天象官都把这个现象跟朝代的兴衰、贵人的生死联系起来。普尔巴赫仔细观察了这个现象，穆勒是否因此而跟从普尔巴赫的，我们不得而知。1457年，

图 23.1　2004 年 12 月在纽约看到的木星凌月。

穆勒获得硕士学位，并留在鲁道夫大学教授光学和古典文学，那年他只有 21 岁。作为中世纪的西欧学者，他需要一个拉丁文的名字。他老家地名的意思是国王山（德语 Königsberg 相当于英语 King's Mountain，对应的拉丁文是 Regio Monte）；于是他按照这个意思为自己取了个拉丁文名字叫雷乔蒙塔纳（Regiomontanus）。

　　雷乔蒙塔纳跟普尔巴赫的关系是亦师亦友，两人密切合作，共同研究天文和数学。1460 年，教皇的使节贝萨里翁（Basilios Bessarion，约 1403 年—1472 年）访问维也纳，结识了普尔巴赫师生。贝萨里翁是希腊人，属于希腊东正教会。

　　贝萨里翁致力于东西方教会和好，被希腊东正教会人士视为"叛徒"，所以从 15 世纪 40 年代起他一直住在意大利。罗马教廷为他在罗马提供了宫殿般的公馆，成为文艺复兴人文主义的学园。贝萨里翁收集书卷，著书立说，翻译古希腊文献，赞助学者，推崇新学。他还为来到意大利避难的希腊学者和外交人员提供赞助，雇佣他们抄写翻译希腊文稿，推动了西方对希腊古典学问的研究。1468 年，贝萨里翁去世之前不久，他把自己搜集的将近 750 部希腊和拉丁文手抄本捐赠给威尼斯共和国，条件是这些文献必须对大众开放。为此，威尼斯建立了第一座公共图书馆——圣马可图书馆（Libreria di San Marco）。

　　话说贝萨里翁来到维也纳，除了教皇赋予的外交使命以外，还有自己的目的。一个名叫乔治（George of Trebizond，1395 年—1486 年）的东罗马帝国的希腊人刚刚把托勒密的《至大论》翻译成拉丁文。贝萨里翁认为这个翻译很糟糕，希望普尔巴赫重新翻译。可是普尔巴赫虽然对《至大论》的理论很熟悉，但觉得自己的希腊文不够好，只能允诺做出摘要性的翻译。贝萨里翁于是邀请普尔巴赫跟随自己到意大利去，住在自己的公馆里专心做翻译。普尔巴赫请求雷乔蒙塔纳跟自己同行，贝萨里翁欣然同意。不幸到了意大利不久，普尔巴赫就因病去世。在病榻前，他恳求雷乔蒙塔纳把《至大论》的翻译工作完成。

雷乔蒙塔纳跟随贝萨里翁在意大利住了四年，认识了许多学者和要人。1462年，他为老师普尔巴赫完成了《托勒密天文学概要》（拉丁文：*Epytoma in almagesti Ptolemei*）。这本书不单单是翻译托勒密的天文学成果，还指出了其中的一些缺陷，并纠正了乔治的拉丁文版的错误。之后，雷乔蒙塔纳决定完成老师的另一个遗愿：把三角学系统化。1464年，他完成了《论所有类型的三角形》（*On triangles of every kind*），详细阐述了如何分析和解决平面和球面三角问题。雷乔蒙塔纳把天文学比作"探摸群星的天梯"，而这本书是"天梯的梯脚"。

《论所有类型的三角形》一书的结构非常接近于《几何原本》。第一卷是满满的定义、公理，以及根据几何原理逐步精心构建起来的56条定理。第二卷建立了正弦定理，并为所有三角形问题提供解决方法。分析问题的方式遵从欧几里得在《数据》（*Data*）一书中所建立的逻辑结构："给定条件甲，通过公设和定理求得乙"。不妨看几个例子。

第一卷定理20（I.20）定义正弦。从这里，他对直角三角形进行一系列推理分析，从不需要使用正弦的问题开始，直到定理I.27至I.29：

I.27：已知直角三角形的两条边，则第三条边可知。

I.28：已知直角三角形的两条边之比，且给定参考长度，则所有边长可知。

I.29：已知直角三角的二锐角之一以及一条边长，则所有角度和边长可知。

定理I.31到I.41处理等腰三角形。每个等腰三角形被分解成两个直角三角形，然后依照I.27到I.29来处理。最后，对任意三角形建立定理I.42到I.57，分析在各种已知条件下求得未知边和角的情况：

I.47：已知边-边-边；

I.48：已知二角（只能求得边长之比）；

I.49：已知边-角-边；

I.50：已知边-边-钝角；

I.51：已知边-边-锐角；

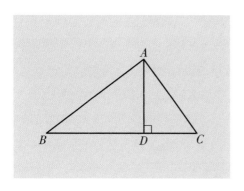

图23.2　雷乔蒙塔纳分析定理I.27到I.30的几何构图。

I.52：已知角-边-角；

I.53：已知角-角-边。

至此，所有可能的情况都包括在内了。分析中，雷乔蒙塔纳把每个问题都化成直角三角形问题，再应用定理I.27到I.30。比如对定理I.53的情况，他的处理方法是这样的（图23.2）。设边AB、角B和角C已知。作垂线AD，则$AD=AC\sin(\angle C)$，所以

$$AC = \frac{AD}{\sin(\angle C)} = \frac{AB\sin(\angle B)}{\sin(\angle C)} \text{。} \tag{23.1}$$

在分析了平面三角之后，这本书花了大部分篇幅（三至五卷）处理球面三角问题，内容主要涉及天文学，这里就不介绍了。继图西之后，雷乔蒙塔纳终于使三角学达到了独立学科的地位。事实上，《论所有类型的三角形》的很多内容并非独创，其中很多定理来自伊斯兰世界的数学家和天文学家。但雷乔蒙塔纳在前人知识和自己成果的基础上把三角学系统化、公理化，为后来的天文学家哥白尼（Nicolaus Copernicus，1473年—1543年）、第谷（Tycho Brahe，1546年—1601年）等人的工作奠定了基础。

雷乔蒙塔纳还计算了从0°到90°角的"正弦"值，步长为1°，精确到六位数（表23.1）。注意他也是采用$R\sin(\angle)$的方式进行计算的，在这个表里，$R=60\,000$，所以对应90°的数值是$60\,000$。我们给表中"正弦"一词加上引号，以示区别。真正的正弦值是表中的数值除以R。这个R值的选取似乎说明，他最初的计算是沿袭古代的60进位制进行的。在后来的工作中，他改用10进位制，比如选择$R=100\,000$。为什么要选择这么大的R值呢？这是因为当时没有小数点的概念，所有数值都是用整数的形式给出的。为了保证计算精度，必须把数值放大，才能有足够多的数位。这一点我们后面还会谈到。

雷乔蒙塔纳显然是读到了大量的伊斯兰文献，因为关于正弦值的计算，伊斯兰世界的工作比欧洲要早而且要好。那里的天文学家虽然一直把托勒密的《至大论》奉为经典，但对角度的计算却采纳了古印度的"正弦"表示法，而不是托勒密的弦长表示法。他们制作了大量天文历书，现在尚存的已超过225部，其中大多包含"正弦"表。

表 23.1　雷乔蒙塔纳的"正弦"表

角度°	"正弦"	角度°	"正弦"	角度°	"正弦"
1	1 047	31	30 902	61	52 477
2	2 094	32	31 795	62	52 977
3	3 140	33	32 678	63	53 460
4	4 185	34	33 552	64	53 928
5	5 229	35	34 415	65	54 378
6	6 272	36	35 267	66	54 813
7	7 312	37	36 109	67	55 230
8	8 350	38	36 940	68	55 631
9	9 386	39	37 759	69	56 015
10	10 419	40	38 567	70	56 382
11	11 449	41	39 364	71	56 731
12	12 475	42	40 148	72	57 063
13	13 497	43	40 920	73	57 378
14	14 515	44	41 680	74	57 676
15	15 529	45	42 426	75	57 956
16	16 538	46	43 160	76	58 218
17	17 542	47	43 881	77	58 462
18	18 541	48	44 589	78	58 689
19	19 534	49	45 283	79	58 898
20	20 521	50	45 963	80	59 088
21	21 502	51	46 629	81	59 261
22	22 476	52	47 281	82	59 416
23	23 444	53	47 918	83	59 553
24	24 404	54	48 541	84	59 671
25	25 357	55	49 149	85	59 772
26	26 302	56	49 742	86	59 854
27	27 239	57	50 320	87	59 918
28	28 168	58	50 883	88	59 963
29	29 089	59	51 430	89	59 991
30	30 000	60	51 962	90	60 000

正弦值随着角度变化，这是人类最早知道的函数（function），尽管函数的明确概念要到17世纪末才被莱布尼茨（Gottfried Wilhelm von Leibniz，1646年—1716年）定义。我们现在知道，正弦是角度的连续函数；角度任何微小的变化都对应着正弦值的微小变化，绝大多数角度的正弦值无法通过几何方法计算出来。古人恐怕也知道二者之间的连续变化，但如何确定任意一个角度的正弦值却是一个非常困难的问题。在当时的计算工具里，表格是最简洁方便的函数表达形式。而为了计算任何一个给定角度的正弦值，必须寻找不同角度之间的三角关系。早在10世纪，伊斯兰天文学家就已经得到了跟下式等价的关系：

$$\sin(2\alpha) = 2\sin(\alpha) \times \cos(\alpha)。 \tag{23.2}$$

11世纪初杰出的波斯裔天文学兼数学家比鲁尼（Abu'l-Rayhan al-Biruni，973年—1048年）推出了一系列三角关系的恒等式，用来计算不同角度的正弦值。但建立完整的正弦表格仍有很大的困难，主要原因在于所有根据尺规几何作图导出的三角关系恒等式里，比如 sin 30°，sin 36°，sin 45° 等，角度都是3°的整数倍。要想得到1°角的正弦值，造表的人只好采用各种各样的近似方法，如内插、高低值逐渐逼近等等。后来，是一个突厥化的蒙古王子与波斯裔天文学家合作，一劳永逸地解决了 sin(1°) 的计算方法。

忽必烈在元大都登基后不久，西北面的钦察（金帐）、伊尔、察合台、窝阔台四大汗国逐渐独立。金帐汗国与察合台汗国的蒙古人逐渐被当地的突厥人同化，接受伊斯兰教并使用突厥语，成为突厥化的蒙古人。1370年前后，一个名叫帖木儿（1336年—1405年）的突厥化蒙古人建立了帖木儿王帝国，定都于撒马尔罕（在今天的乌兹别克斯坦）。帖木儿号称是成吉思汗的一脉支系巴鲁剌思氏的后人，在位的30年内，不断四面出击，先后征服了东察合台汗国、花剌子模、伊朗、金帐汗国、印度的德里苏丹国、埃及的马木留克和中东的巴格达。到了1400年，帖木儿帝国的疆域已经扩张到从印度德里到小亚细亚以及美索不达米亚。1402年，帖木儿又在安卡拉战役中大败奥斯曼帝国，俘获了以骁勇著称、绰号"雷霆"的苏丹巴耶塞特一世（Bayezid I，1354年—1403年），大大减缓了奥斯曼帝国向欧洲扩张的速度。

帖木儿登基前不久，东方的元朝已被明朝取代。明洪武五年（1372年），甘肃行中书省纳入明朝的版图，明太祖朱元璋（1328年—1398年）要求当时中亚各国"进贡"。

1404年年底，帖木儿率军20万进攻明朝。进军途中，帖木儿染上风寒，病死于讹答剌（Otrar；今天哈萨克斯坦的突厥斯坦州，已沦为一座鬼城）。

帖木儿帝国利用征服把突厥-蒙古文化传播到中亚周边地区，包括印度北部的莫卧儿帝国、中国西北的塔里木盆地，以及西亚各国，成为那里统治阶层的主导文化。帖木儿在征伐战争中残酷无情，经常采用成吉思汗式的屠城以威吓抵抗者。不过他看重艺术家、手艺人和建筑师。他强行把这些人运到撒马尔罕，为他美化首都。到了他去世的时候，撒马尔罕已经成为中亚最为重要的城市。

不过，帖木儿可能没有想到，自己的后代在这样的大都市里长大，没能成为武士，却成了一个学者。帖木儿去世后，他的第四子沙哈鲁（Shah Rukh Mirza，1377年—1447年）争得王位，统治这个庞大的帝国达40年。新苏丹把首都搬到赫拉特（Herat，又译哈烈，在今天阿富汗西部），任命16岁的儿子乌鲁伯格（Ulug Beg，1394年—1449年）为撒马尔罕总督。乌鲁伯格在王宫里长大，受益于帝国的扩张，少儿时代有很多机会到中亚、印度、中东各地漫游。有一次游到马拉盖，访问了图西的天文观测站，从那以后，天文学成了他毕生的爱

▼

故事外的故事 23.1

乌鲁伯格是一个出色的数学和天文学家，但在治理国家方面似乎能力有限。1447年，沙哈鲁去世，乌鲁伯格即位成为帖木儿帝国的苏丹。据说他根据占星预言自己将被儿子杀死。于是他把长子阿卜杜放逐，立次子为嗣。但阿卜杜在乌鲁伯格远征呼罗珊时举兵叛乱，把苏丹的军队打败，乌鲁伯格只好向儿子投降。1449年10月27日，阿卜杜放他前往麦加朝圣，派人在途中把他和次子都暗杀了。阿卜杜因此背上"弑父者"的恶名，半年后也被人暗杀。

苏丹的王冠落在乌鲁伯格堂弟的儿子卜萨因头上。在位期间，卜萨因同土库曼族的黑羊、白羊王朝征战不断，最终兵败身亡，帖木儿帝国从此走向衰落。1507年，乌兹别克人攻入首都赫拉特，帖木儿帝国灭亡。不过，卜萨因的孙子巴布尔（1483年—1530年）逃亡到印度，以一万二千人战胜十万大军，在那里建立了莫卧儿王朝，随后统治了整个印度次大陆。"莫卧儿"是波斯语里"蒙古人"的转音，本来是用于称呼东察合台汗国的。

好。经过几十年的努力，少年总督已近中年，撒马尔罕也发展成重要的知识文化中心。

1417年到1419年间，乌鲁伯格建立了撒马尔罕学府（图23.3），请来大批伊斯兰世界的天文学家和数学家到此从事研究。1428年，他建立了著名的撒马尔罕天文观测站。为了增加观测精度，他设计建造了一个直径达30米的巨大的六分仪（sextant），使观测的角分辨率达到180秒弧度，也就是0.05°。利用这台六分仪，他测得地球的自转轴相对于黄道的倾角为23°30′17″。这个测量值相当精准。自转轴倾角随着时间在慢慢减小，1900年，它大约是23°27′8″，而到了2000年已变成23°26′17″。

图23.3　乌鲁伯格建立的撒马尔罕学府。

利用观测站所有的先进仪器，乌鲁伯格还建立了一套包括1 008颗星体的天体目录，并发现了托勒密以及后来伊斯兰天文观测数据中的许多错误。为了纠正这些错误，他重新观测了992颗星体，并于1447年编辑了一部包含994个天体的星历，即著名的《乌鲁伯格天文历》。这是继托勒密以后最好的星历，100多年后才被丹麦天文学家第谷超过。他还建造了一个高达50米的日晷，通过多年的观测，确定太阳年的长度为365天5小时49分15秒。这个结果比现代的标准测量值只多出25秒。

从古希腊时代起，天文学家就开始编制正弦表，用来查找角度与正弦值（早期是对应的弦长）之间的关系。希帕恰斯的弦长表（表13.2）只给出以7.5°为步长的弦长值，不能满足越来越精确的天文观测的需要，人们急需知道如何计算$\sin(1°)$。一旦知道了$\sin(1°)$，利用半角公式就知道了$\sin\left(\dfrac{1}{2}\right)°,\ \sin\left(\dfrac{1}{4}\right)°,\ \sin\left(\dfrac{1}{8}\right)°\cdots$，直至$\sin\left(\dfrac{1}{2^n}\right)°$。

为了精确地计算天体位置，乌鲁伯格需要深入研究三角学。撒马尔罕学府有当时伊斯兰世界最好的天文学家，其中最著名的是波斯裔学者卡西（Jamshid al-Kashi，1380年—1429年）。卡西与乌鲁伯格在天文观测方面合作多年，找到了求解给定角的$\dfrac{1}{3}$的正弦值的普遍方法。1424年到1427年间，卡西写出了《论弦与正弦》（*The Treatise on the Chord and Sine*），深入讨论了如何计算弦和角的$\dfrac{1}{3}$的数值。这本书的原稿已经逸失，不过数学史研究人员根据后来阿拉伯学者对它的评论，大致勾勒出它结合几何、三角和代数的求解思路。

如图23.4，设在以F为圆心、半径为r的半圆上有点A、B、C、D，它们对应的弦长$AB=BC=CD$，每一条弦所对应的圆心角都是2α。由于四边形$ABCD$是圆内接四边形，根据托勒密定理，有

$$AB \times CD + BC \times AD = AC \times BD。\quad (23.3)$$

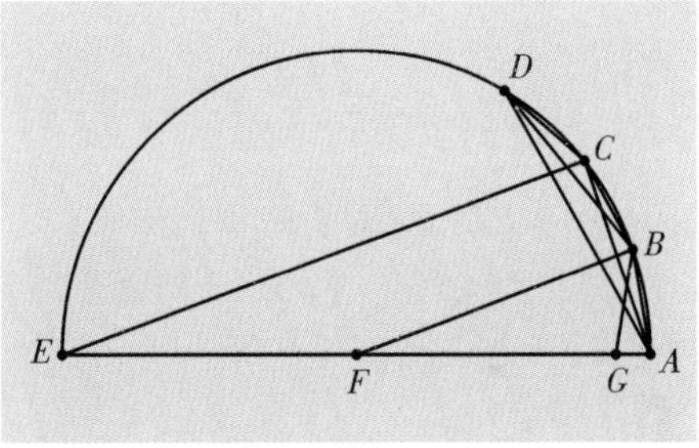

由于$AB=CD,AC=BD$，式（23.3）可以写成

$$AB^2 + BC \times AD = AC^2。\quad (23.4)$$

图23.4 卡西寻求$\dfrac{1}{3}\alpha$正弦值的几何方法示意图。

在圆的直径EA上找点G，使得$EC=EG$，则等腰三角形ABG与ABF相似。由此得到$\dfrac{AB}{AG}=\dfrac{AF}{AB}$，即$AG=\dfrac{AB^2}{AF}=\dfrac{AB^2}{r}$，

$$EG = 2r - AG = 2r - \frac{AB^2}{r}。\quad (23.5)$$

又从直角三角形AEC得到

$$AC^2 = AE^2 - EC^2 = 4r^2 - EG^2。\quad (23.6)$$

通过式（23.5）和（23.6）得到

$$AC^2 = 4AB^2 - \frac{AB^4}{r^2}。$$

再综合式（23.4）和（23.6）得到

$$AB^2 + AB \times AD = 4AB^2 - \frac{AB^4}{r^2},$$

最终得到

$$AD = 3AB - \frac{AB^3}{r^2}。 \tag{23.7}$$

我们知道,圆心角为 2α 所对应的弦长等于 $2r\sin\alpha$,所以式（23.7）可以改写成

$$\sin 3\alpha = 3\sin\alpha - 4\sin^3\alpha。 \tag{23.8}$$

令 $x = \sin\alpha$,式（23.8）变成下述形式:

$$-4x^3 + 3x = \sin 3\alpha。 \tag{23.9}$$

于是,在已知 $\sin 3\alpha$ 的情况下,寻求 $\sin\alpha$ 成了一个求解一元三次方程的问题,而 $\sin(1°)$ 只是其中一个特例。至于 $\sin 3°$,可以通过两角之间和与差的恒等式导出,它是

$$\sin 3° = \frac{1}{8} \left[(\sqrt{5} - 1)\sqrt{2 + \sqrt{3}} - \sqrt{2(2 - \sqrt{3})(5 + \sqrt{5})} \right]。 \tag{23.10}$$

作为例子,附录八给出式（23.10）的一个具体解法。附录八还给出导出式（23.8）的代数方法。代数法比这里介绍的几何法要简洁清晰得多,不过在公元15世纪,代数还仅仅处于萌芽阶段。

伊斯兰和中国的数学家手中已经掌握了足够的工具来寻求方程（23.9）的数值解。卡西和乌鲁伯格在实际计算中采用巴比伦的60进位制;利用后来出现的小数点表示法,他们的结果是

$$\sin(1°) = 0.017\ 452\ 406\ 437\ 283\ 510\ 371\ 2。 \tag{23.11}$$

使用现代计算器，我们知道 $\sin 1°=0.017\,452\,406\,437\,283\,512\,819\,4\cdots$，也就是说，式（23.11）的精度达到小数点后第17位。不过当时10进位制计算和小数点的概念还没有被多数人接受。

雷乔蒙塔纳的正弦表只给出六位有效数字，而且角度值以 $1°$ 为最小单位。在伊斯兰世界的星表当中，已经有人利用内插法做出角度以 $10'$ 为最小单位的正弦表了。从1世纪起，伊斯兰世界已经有人采用 $R=1$ 来建立正弦表，甚至出现了正切表，但都没有得到人们的重视。《论所有类型的三角形》也没有包括正切的内容。不过雷乔蒙塔纳系统化的处理方式为三角学在拉丁世界的传播产生了重要作用。更重要的是，雷乔蒙塔纳看到了印刷机在传播科学信息方面的巨大潜力。

1450年，一位德裔金匠古登堡（Johannes Gutenberg，约1397年—1468年）在美因茨开办了欧洲第一座印刷厂，5年后刊出第一套著名的印刷版《古登堡圣经》。1471年，雷乔蒙塔纳从匈牙利回到法兰肯地区（Franconia），居住在纽伦堡。这里是多位神圣罗马皇帝居住的地方，当时欧洲最重要的城市之一，是知识、出版、商业和艺术的中心。他结识了当地一位富商，成立了一家印刷厂，从1472年开始印刷天文科学著作，第一部就是老师的《新行星学》（拉丁文：*Theoricae novae Planetarum*）。他还刊行了自己的《方向表》（拉丁文：*Tabula directionum*），其中包括欧洲第一张正切表（图23.5）。在这张表格里，$R=100\,000$，他已经转向10进位制，并完全使用阿拉伯数字了。注意表中 $90°$

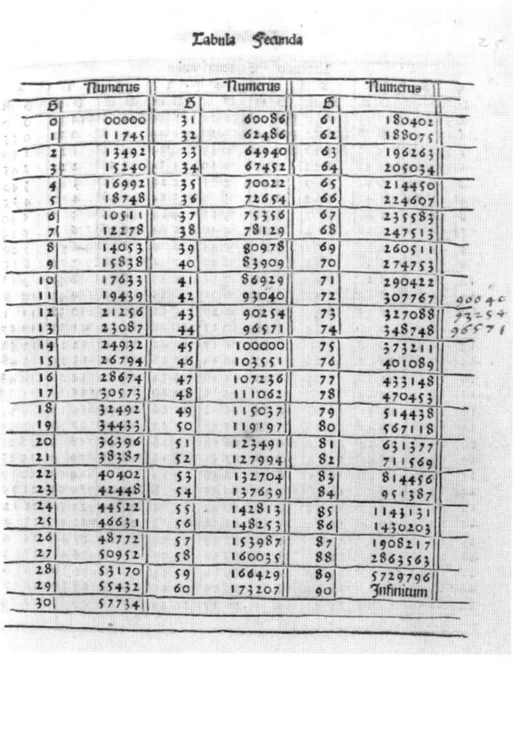

图23.5　雷乔蒙塔纳《方向表》中的正切表。表中有一些错误，反映了当时计算的困难。比如，$\tan(20°)$ 应该是36 397，$\tan(40°)$ 应该是83 910，$\tan(60°)$ 应该是173 205，$\tan(88°)$ 应该是2 863 625，$\tan(89°)$ 应该是5 728 996，等等。

Tabula Secunda

gra	Numerus	gra	Numerus	gra	Numerus
0	00000	31	60086	61	180402
1	11745	32	62486	62	188075
2	13492	33	64940	63	196263
3	15240	34	67452	64	205034
4	16992	35	70022	65	214450
5	18748	36	72654	66	224607
6	10511	37	75356	67	235583
7	12278	38	78129	68	247513
8	14053	39	80978	69	260511
9	15838	40	83909	70	274753
10	17633	41	86929	71	290422
11	19439	42	93040	72	307767
12	21256	43	90254	73	327088
13	23087	44	96571	74	348748
14	24932	45	100000	75	373211
15	26794	46	103551	76	401089
16	28674	47	107236	77	433148
17	30573	48	111062	78	470453
18	32492	49	115037	79	514458
19	34433	50	119197	80	567118
20	36396	51	123491	81	631377
21	38382	52	127994	82	711569
22	40402	53	132704	83	814456
23	42448	54	137659	84	951387
24	44522	55	142813	85	1143131
25	46631	56	148253	86	1430203
26	48772	57	153987	87	1908217
27	50952	58	160035	88	2863563
28	53170	59	166429	89	5729796
29	55432	60	173207	90	Infinitum
30	57734				

Regiomontanus (Johannes Müller von Königsberg).
(Geb. 6. Juni 1436, gest. 6. Juli 1476.)

图23.6　雷乔蒙塔纳

的正切值没有数字，而是注着拉丁文Infinitum（无穷）。

《论所有类型的三角形》和《方向表》是两部极受欢迎的科学论著，每一部都再版了十次以上。哥白尼和开普勒每人拥有一部。这使雷乔蒙塔纳成为15、16世纪最著名的天文学和数学家。

雷乔蒙塔纳的名声也传入梵蒂冈。1476年，教皇西克斯图斯四世（Pope Sixtus Ⅳ，1414年—1484年）招他到罗马修订历书。可是他抵达罗马没几个月就去世了，那年他不到41岁（图23.6）。雷乔蒙塔纳留下一大堆未完成的事业，不仅包括数学和天文学著作，还有一系列他希望付印的前人的经典著作。有流言说，他的死跟翻译第一个拉丁文版《至大论》的乔治有关。雷乔蒙塔纳严厉批评了乔治拉丁文版中的谬误，遭到乔治儿子的忌恨，寻机下毒，置他于死地。不过那年正好赶上流经罗马城边的台伯河洪水泛滥，造成疫情暴发，所以他更可能是由于患上传染病而病故的。

雷乔蒙塔纳去世二十几年后，纽伦堡出现了一部名为《球面三角学》（拉丁文：*De Triangulis Sphericis*）的手稿，作者名叫维尔纳（Johannes Werner，1468年—1522年）。维尔纳的专长是天文学和地理学，同时也研究数学，特别是球面几何和圆锥曲线。在进行天文和地理问题的数学分析时，经常需要对非常大的数值进行乘除法。当时没有计算器，所有运算都靠笔算。长距离航海也遇到类似的问题，从海洋上的一点航行到另一点，需要不断地靠测量天体的位置来确定船只在航行中位置的变化，同时还要考虑洋流方向和风向对船只运动方向的影响。这些计算牵涉到一系列的球面三角关系，数值动不动就是几千几万甚至更大，笔算既费时又不可靠。比如，图23.7是雷乔蒙塔纳《论所有类型的三角形》一书中涉及403 636平方的计算，它跟我们今天笔算的步骤一模一样：把乘数的每个数位的数字分别乘被乘数，列成竖式，然后根据数位相加。数字的数位越多，计算的步骤越多；中间如果出错，需要回过头来一步一步检查，很不方便。

维尔纳想出一个相当聪明的办法来简化并加快运算——依靠正弦表。它的原理非常简单。从已经熟知的恒等式

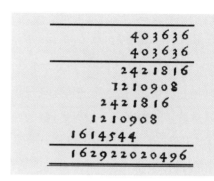

图 23.7 《论所有类型的三角形》中的一个乘法运算。

$$\sin(\alpha \pm \beta) = \sin \alpha \cos \beta \pm \cos \alpha \sin \beta,$$
$$\cos(\alpha \pm \beta) = \cos \alpha \cos \beta \mp \sin \alpha \sin \beta,$$

得到

$$\sin \alpha \sin \beta = \frac{1}{2}\left[\cos(\alpha - \beta) - \cos(\alpha + \beta)\right], \qquad (23.12a)$$

$$\cos \alpha \cos \beta = \frac{1}{2}\left[\cos(\alpha + \beta) + \cos(\alpha - \beta)\right], \qquad (23.12b)$$

这样，把两个相乘的数看成 $\sin \alpha \times \sin \beta$ 或 $\cos \alpha \times \cos \beta$，查表找到对应的 $\cos(\alpha + \beta)$ 和 $\cos(\alpha - \beta)$ 值，对它们做一步加减法，就可以得到结果。这个方法后来被称为"积化和差法"（prosthaphaeresis），这个英文名词来自希腊语，是加（prosth）和减（phaeresis）两个词的结合。

我们不妨拿图 23.7 的平方计算当例子，用表 23.1 来演示一下维尔纳的计算方法。表 23.1 中的数值只有五位数，而 403 636 是六位数。没关系，我们先在表中寻找最接近 40 363.6 的正弦值，发现它位于 42° 和 43° 之间，且离 42° 更近一些。利用简单的内插法知道 40 363.6 的角度近似值是 $\alpha = \beta \approx 42.28°$，即 $R\sin(42.28°) \approx 40\,364.2$，于是可以利用式（23.12a）来估算平方结果：

$$40\,364.2^2 = \frac{1}{2}R^2(1 - \cos(84.56°))。 \qquad (23.13)$$

我们知道，$\cos(84.56°) = \sin(90° - 84.56°) = \sin(5.44°)$，查表 23.1，在 5° 与 6° 之间做内插，得到 $R\sin(5.44°) \approx 5\,792.22$，而 $40\,364.2^2 \approx \frac{R}{2}(R - 5\,792.22) = 1\,626\,233\,400$，于是得到 $403\,636^2$ 的近似值是 162 623 340 000。这个数值比图 23.7 中的准确值小了不到 0.2%，足够为当时天文学计算使用，而计算步骤大大减少。有了角度步长为 0.1° 甚至更细小的正弦表，可以免去内插的麻烦；再把 R 换成一个 10 的整数幂的数，类似

（23.13）的计算做一个减法即可完成。

上述计算过程中，最大的计算工作量是用 $R = 60\,000$ 去乘（$60\,000 - 5\,792.22$）。如果选择 R 为 10 的某个幂次，对 R 作乘法的过程就可以免去了。表 23.1 只给出每增加角度 1° 的正弦值，上面选择的角度只是我在心里大致粗略估算的结果，就已经能给出四位有效数字的答案了。如果做内插，结果会更好一些，但需要的工作量也就增加了。显然，正弦表越精确给出的乘法计算结果也就越准确。后来的大天文学家如哥白尼、开普勒、第谷等都在计算中使用这个方法。

天文、航海、地理等各方面的需求促使人们花更多的精力来计算正弦表。哥白尼的助手莱蒂库斯（George Joachim Rheticus，1514 年—1574 年）采用越来越大的 R 值来计算以 1′ 角度为步长的正弦表，最后竟选择了 $R = 1\,000\,000\,000\,000\,000$。他雇用五位专业计算人员，花了 12 年的时间，完成了一个包含 32 400 个计算值的庞大正弦表。不仅如此，他还引入其他的三角函数，总共计算了 388 800 个数值，全部表格占用了 700 页的篇幅。

这个表格虽然以工作量浩繁给人印象深刻，但在数学思想方面却没有很新的东西。莱蒂库斯对三角学的主要贡献在于他在欧洲首次引入了完整的三角函数系统。他把不同的三角函数分为三类（图 23.8）。

第一类：圆半径是直角三角形的弦，这时勾和股是正弦和余弦；

第二类：圆半径构成直角三角形的勾，这时三角形的弦和股是正割（secant）和正切；

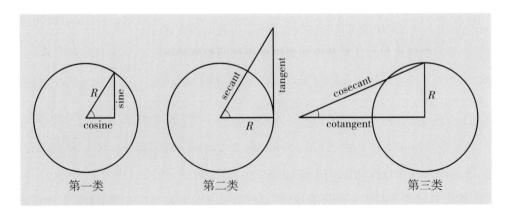

图 23.8　莱蒂库斯对三角函数的分类。

第三类: 圆半径构成直角三角形的股, 这时三角形的弦和勾是余割 (cosecant) 和余切。

仔细观察图23.8, 我们看到, 其实圆在这些函数的定义里的作用完全可以忽略: 三角函数完全取决于三角形, 与圆弧无关。

不久, 一个名叫范鲁门 (Adriaan van Roomen, 拉丁文名字 Andrianus Romanus, 1561年—1615年) 的荷兰人决定仔细检查一下莱蒂库斯的三角函数表。他发现正切表问题最大, 而且角度越是接近90°, 莱蒂库斯给出的数值错得越多。显然莱蒂库斯是根据 $\tan\alpha=\dfrac{\sin\alpha}{\cos\alpha}$ 来计算正切值的; 而当角度 α 逼近90°时, $\cos\alpha$ 越来越接近于0。用接近于0的数去除接近于1的 $\sin\alpha$, 数值的误差就被放大了。范鲁门检查正切表的方法值得在这里讨论一下。范鲁门没有简单地重复莱蒂库斯的计算, 因为无论怎样计算总会有误差, 而且要花费大量时间。他利用一个自己找到的新恒等式来考察正切表。这个恒等式是

$$\sec\alpha+\tan\alpha=\tan\left[\alpha+\frac{1}{2}(90°-\alpha)\right]\text{。}\tag{23.14}$$

图23.9中, BC 是单位内角 α 的正切。延长 BC 至点 D, 使 $AC=CD$。$\angle ACB=90°-\alpha$, 且根据定义, $AC=\sec\alpha$ (图23.9)。$\angle ACD=180°-\angle ACB=90°+\alpha$。由于三角形 ACD 是等腰三角形, $\angle CAD=\dfrac{1}{2}(90°-\alpha)$, 由此可以证明 (23.14)。

式 (23.14) 中, $\sec\alpha=\dfrac{1}{\cos\alpha}$ 可以通过正弦表直接得到, 式中的两个正切值可从正切表里得到, 由此来检查式 (23.14) 中等号两侧与从莱蒂库斯表格里得到的数值是否吻合。比如当 $\alpha=80°$, $\alpha+\dfrac{1}{2}(90°-\alpha)=85°$。莱蒂库斯的表格给出 $\sec 80°=57\,587\,704\,831$, $\tan 80°=56\,712\,818\,196$, 这两个数值是很精确的, 读者不妨使用计算器来验证。它们的和, 也就是式 (23.14) 的左侧, 等于 $114\,300\,523\,027$, 也是很精确的。可是, 根据莱蒂库斯的正切表得到的 $\tan 85°=114\,300\,523\,091$, 在最后两位数上出现误差。两侧之间的差别随着角度增大而迅速增加。当 $\alpha=89°59'40''$,

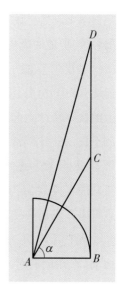

图23.9　范鲁门证明恒等式 (23.14) 的示意图。

$\alpha+\dfrac{1}{2}(90°-\alpha)=89°59'50''$。这时查表得到（23.14）左侧的值等于 206 264 882 815 762，而右侧对应的值是 206 264 670 327 177。可以看出，两个数字只有前六位数字相互一致。据此，范鲁门令人信服地证明，莱蒂库斯的表格不自洽。范鲁门根据自己的误差分析指出，如果正弦表的数值有五位有效数字，那么想达到同样的精度，在计算正切表时需要十位有效数字。读者不妨自己查找 tan 85° 和 tan 89°59'50'' 的标准值，看它们跟莱蒂库斯的数值有多大的差别。关于范鲁门，后面还有他的故事。

另一位德裔数学家担起了修正莱蒂库斯表格的任务。1607年，匹蒂斯库斯（Bartholomaeus Pitiscus，1561年—1613年）把0°到7°的正弦值（也就是90°到83°的余弦值）计算到20位有效数字，大大改进了莱蒂库斯的正切表。从那时起莱蒂库斯的表格被连续使用了300年，直到20世纪10年代才被更好的表格所代替。计算器出现以后，人们再也不必依赖表格了。

匹蒂斯库斯还留给我们另外一份遗产，那就是"三角学"（trigonometry）这个名字。

利用三角函数来把巨大数字的乘法计算转换为加减法的想法很快得到意想不到的新发展。1614年，苏格兰贵族纳皮尔（John Napier，1550年—1617年）发表了《奇妙的对数法则的描述》（拉丁文：*Mirifici Logarithmorum Canonis Descriptio*），介绍如何利用几何学来制造对数表，以改进计算速度。纳皮尔构造了这种看上去跟正弦表完全不同的数表，但他的最初目的是更有效地把正弦乘法转化为加法。

纳皮尔考虑两条标有数字的直线段，第一条线段上的数字从 O 点起按照算术序列递增，即 0, 1b, 2b, 3b, …，相邻数字之间的几何距离相等，无限向右延展。第二条线段上的数字从 O′ 点起按照几何序列递增，即 $ar, a^2r, \cdots, a^3r, \cdots$，这里 r 是这条直线段 O′S 的全长，a 是比例常数。从起始点 O′ 起算，把线段上的相应的点记为 $r-ar, r-a^2r, r-a^3r$ 等等，相邻数字之间的距离迅速缩短，如图23.10所示。纳皮尔取 r = 10 000 000，相当于圆的半径，取 a 为一个小于1但非常接近1的数（0.999 999）。这样，第二条线段上的点可以看成是某些角度的正弦值乘半径 r。

现在考虑第一条线段上一点 P 和第二条线段上一点 Q。P 在第一条线段上匀速运动，在相同的时间间隔内走过相等的距离间隔，也就是从 O 点到 1b，从 1b 到 2b，等等，需要相同的时间 T。而 Q 在第二条线段上作速度递减的运动，当 P 从 O 点走到 b 时，Q 从 O′ 走到 r-ar；当 P 从 1b 走到 2b 时，Q 从 r-ar 走到 $r-a^2r$，等等。所以 Q 点在每个给定的时间间隔内所走过的距离构成一个递减的几何序列 r(1-a), ar(1-a)，

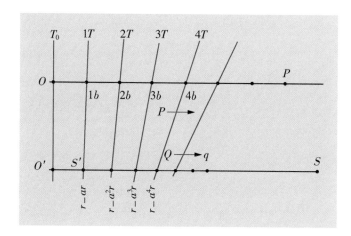

图23.10 纳皮尔对数的几何构造。由于 $a<1$，随着步数的增加，$O'S$ 上的点 Q 逐步向 S 移动；但永远达不到 S 点。红线表示等时线，P 和 Q 同时抵达通过给定的红线。

$a^2r(1-a)$，……这样，如果点 P 和 Q 分别从 O 和 O' 点开始以同样的初速度运动，而且点 P 做匀速运动，那么点 Q 的速度就按照几何规律递减。显然，P 可在第一条线段上没有限制地向右走下去；但无论 P 点走多远，第二条线段上的 Q 点永远不可能到达终点 S。在第 n 步时，P 和 Q 点到达的地点用了相同的时间 $n\times T$，P 点走过的距离是 $n\times b$，而 Q 点走过的距离是 $d_n=r-a^nr$。所以，从第 n 步到第 $n+1$ 步，Q 点离"终点"S 的距离之比就是

$$\frac{r-d_{n+1}}{r-d_n}=a 。 \tag{23.15}$$

由于式（23.15）左边分子分母都是随时间变化的，可以令

$$r-d_n=x(nT)， \tag{23.16}$$

于是式（23.15）又可写成 $\frac{x((n+1)T)}{x(nT)}=a$。从这个关系逐步反推到 $n=0$，得到

$$x(nT)=a^nx(0)=ra^n。 \tag{23.17a}$$

按照现代代数的思路，令 $t=nT$，则式（23.17a）便可写成我们比较熟悉的形式

$$x(t)=x(0)a^{\frac{t}{T}}=x(0)(\sqrt[T]{a})^t=Ak^t。 \tag{23.17b}$$

式（23.17b）的第二个等号是说，$\sqrt[T]{a}$ 可以看成是正比于另一个变量 k。根据问题的前提条件，在 $t=0$ 时，$x(t)=10^7$，所以 $A=10^7$。于是式（23.16）便可改写为

$$d(t)=r-x(t)=10^7(1-k^t)。 \tag{23.18}$$

到这里，纳皮尔成功地把匀速运动点在给定时间内走过的距离同一个幂指数一一对应地联系在一起。如果 Q 从 O' 开始到达第二条线段上一点 x，P 在第一条线段上对应地到达点 y，纳皮尔就称 y 是 x 的对数。"对数"（logarithm）这个名称来自中世纪拉丁文 logarithmus，其实是一对希腊字的组合：比值（logos）和数字（arithmos）。

以上是对纳皮尔创造对数的思路的一个大致介绍，不是数学推导。推导对数关系最为方便的手段是微积分，当时还没有建立起来，甚至连幂指数的代数表达方式如 $r=10\,000\,000=10^7$ 都还没出现。纳皮尔在这种情况下建立了对数关系，思路极为精彩。由于没有足够的数学工具来证明他的理论，他采用不等关系把结果可能的变化范围限制在极其微小的范围内。他的对数还很粗糙，跟现代的对数不完全一样。如果硬套现代的对数定义，他的对数的底数接近于后来发现的自然数 e 的倒数。

之后，纳皮尔以 10^{-7} 的步长计算每个数值 y 对应的对数值 x，从 10^7 起算，直到 0.5×10^7。这个范围相当于 $r\sin\theta$ 中的 θ 值从 90° 递减到 30°。这需要做 500 万个对数计算。为了减少计算量，同时避免从一点出发进行计算所导致的误差积累和传递，他先做了三个大步长的表格，计算出一套基本数值之后，在已知数值之间通过内插来填满最后的表格。这个表格有五百万对数值 (x,y)，x 是给定的数，y 是 x 的对数。得到这个 x-y 表格以后，他需要找到 y 值对应的正弦值来建立跟正弦表对应的对数表。当时已经有不少已发表的正弦表，纳皮尔可能是选择了经过反复修订的雷乔蒙塔纳的正弦表。把表内的正弦值跟自己表格内的 y 值相比较，选出最为接近的 y 值作为正弦值，它所对应的 x 值，就是该正弦值的对数。

这是历史上第一套对数表。为了完成这套表格，他花了整整 20 年的时间。

牛津大学的英格兰数学家布里格斯（Henry Briggs，1561 年—1630 年）在看到了纳皮尔的对数表以后，专程赶到爱丁堡，向他提出改进对数的建议。布里格斯建议以 10 为底数，这样 $\log_{10}10=1$，并定义 1 的对数等于 0。1616 年，布里格斯发表了以 10 为底的对数表，给出从 1 到 1 000 的对数值，到小数点后 14 位。这就是我们今天所谓的常用对数。

对数的引进极大地简化了科学与工程中的计算。对任何两个大数之间的乘法，先利用对数表查出它们的对数，把两个对数值相加，得到和以后，反查对数表，就可找到它们的积。大数的平方或平方根更简单，只需把该数的对数加倍或减半，再反查对数表即可。这种方法极大地减少了计算量。法国著名数学家兼天文学家拉普拉斯（Pierre-Simon Laplace，1749年—1827年）赞叹它是"一种令人钦佩的技巧，把数月的工作减少到几天，使天文学家的寿命翻了一番，并使他避免了长期计算所造成的不可避免的错误和厌恶"。后人根据纳皮尔的几何构筑概念（图23.10）制造了对数尺，把计算量减少到接近于0。这样的计算尺一直使用到20世纪七八十年代，才被电子计算器所取代。

本章主要参考文献

Azarian. M.K. A Study of Risāla al-Watar wa'l Jaib（"The Treatise on the Chord and Sine"）. Forum Geometricorum, 2015, 15: 229−242.

Cooke, R.L. The History of Mathematics, a brief course. 3rd edition. New Jersey: John Wiley & Sons, Inc, 2013: 615.

Van Brummelen, G. The Mathematics of the Heavens and the Earth: The Early History of Trigonometry. New Jersey: Princeton University Press, 2009: 329.

第二十四章　"武林秘籍"和擂台决斗

　　欧洲进入文艺复兴时代，数学与科学迅速成为考察人们智力的重要标准，科学家和数学家为了在社会中争得头筹，经常举行公开竞赛。资助这种竞赛的通常是王公贵胄或巨商富贾，他们的目的不一定在数学本身，更可能是借机在社会中建立和巩固自己的声望。对于参赛者来说，比赛的结局极为重要，因为它关乎名声和地位。胜者会得到丰厚和稳定的职位，而败者很可能丧失拥有的一切。因此，人们通常把这种竞赛比作决斗。

　　决斗是一个中世纪欧洲常见的现象。它来自早期战争中的单挑独斗，比如中国古代打仗时，先是双方派大将出马，在阵前捉对厮杀，一方的大将如果战败，整个大军就可能溃败。骑士阶层在欧洲出现以后，若是骑士之间出现口角纠纷，为了维护尊严，一般采用决斗的方式来解决。决斗者必须遵守规则，不准使用阴谋诡计。这种文化一直延续到很晚，据统计，法国在17、18世纪交接的30年里，一共发生过大约一万起决斗事件，估计有400人丧生。后来虽然各国纷纷宣布决斗非法，但是禁而不止。在法国作家大仲马的名著《三个火枪手》里，刚出场的主角达达尼昂跟三个火枪手在同日同地约了三场决斗，被红衣主教黎塞留和卫队撞上。黎塞留命令卫队把非法决斗的人全部逮捕，遭到四人联手反抗，以少胜多。达达尼昂还战胜了红衣主教的卫队长，一举成名。在美国，最著名的真实决斗事件发生在1804年，美国副总统伯尔（Aaron Burr Jr.，1756年—1836年）和财政部长汉密尔顿（Alexander Hamilton，1755年—1804年）于拂晓之前在哈德逊河畔用手枪非法决斗，造成后者死亡。在中国，虽然武侠小说里经常出现一对一比武挑战的场景，但在实际生活中，决斗很少发生。

　　《好看的数学故事：概率与统计卷》里介绍过丹麦天文学家第谷的故事。他在20岁时在舞会上跟人争论谁是当时最伟大的数学家，一言不合，拔剑决斗，在黑夜里被削去了鼻子。一般的数学比赛当然不会动武，通常是双方各自想出难题来，向对方发出挑战，要求在约定时间内交出答案。难题不可以随便出，出题者必须懂得如何解决挑战对方的难题。如果"决斗"双方在问题的解决上发生分歧，那就必须面对面对质，由裁判决定胜负。裁判一般是社会名流，但不一定懂得数学。要想赢得裁判的赏识，个性和口才占了很大的比重。所以从某种意义上说，这样的比赛确实很像决斗，最终的结果不在于谁是对的，而在于谁赢得了辩论。与通常意义下的决斗的不同之处在于，数学决斗一般都在大众的密切关注和评论下进行。从这一点来看，又像是武林的打擂台。由于胜负对参赛者的前途和"钱途"关系重大，"决斗者"的心理压力非同一般。这种文化使得数学家们把自己发现的成果深藏起来，不到出书之后绝不示人。那时，数学家的笔记有点像武侠小说里的武林秘籍：掌握秘籍者便可以战胜对手，挣得名和利。于是一些人想出各种手段来寻求秘籍，以便出人头地。欺骗、剽窃、陷害等各类事件也时有发生。

我们从1535年2月在威尼斯共和国的一次"擂台决斗"讲起。"决斗"的双方都已经不年轻了。塔塔利亚（Niccolò Fontana Tartaglia，1500年—1557年）时年35岁，来自威尼斯西面约200公里的古城布雷西亚（Brescia）。他的本姓是方塔纳（Fontana），但因为小时候在逃难中被乱军用刀砍碎腭骨，落下了口吃的毛病，所以被称为塔塔利亚，也就是"结巴"。他从维罗纳（Verona）搬到威尼斯还不到一年，只不过是个外来打工的。他的对手德尔菲奥雷（Antonio Maria del Fiore，生卒年不详）可能要年长他差不多20岁，是本地著名的算学家，毕业于号称文艺复兴时期数学最为著名的博洛尼亚大学。斐波那契的《计算之书》开创了数学的一门新科目财会学以后，欧洲金融市场的迅速发展使得财会人才奇缺。德尔菲奥雷在威尼斯享有"顶尖会计师"的称号，教授了大批学生，德高望重。

威尼斯原来有两所教会学校，一所以自然科学和哲学为主，另一所的重点在人文科学。1530年，威尼斯议会决定向大众教授数学。塔塔利亚在威尼斯的主要经济来源就是在各所学校教授数学。我们不知道塔塔利亚是怎么招惹了德尔菲奥雷，反正后者正式向他提出挑战。1535年2月13日，双方各自把密封的信封交给事先选定的公证人，每个信封里装有他们自己选择的30个数学难题。根据协议，双方必须在40天后提交答案，由公证人向整个共和国公布胜负结果。此外，失败者必须为获胜者安排30顿豪华晚宴，晚宴的地点和菜单由获胜者任选。

几十天后，不仅威尼斯，就连整个意大利都在谈论"决斗"的结果：塔塔利亚仅用了几个小时就解决了德尔菲奥雷的全部难题，而德尔菲奥雷竟然连一道塔塔利亚出的难题都没解出来。

于是一些人开始打听塔塔利亚的"武林秘籍"了。

塔塔利亚有个老乡叫达科伊（Zuanne de Tonini da Coi，生卒年不详），是布雷西亚大学（Brescia University）的数学教授。数年前，他曾经托人建议塔塔利亚解决两个一元三次方程问题，它们是

$$x^3 + 3x^2 = 5,$$
$$x^3 + 6x^2 + 8x = 1\,000。$$

这种建议含有挑战的意味，但由于达科伊自己也解不出上面的两个方程，不符合挑战的条件，只能用这种方式来"挑战"塔塔利亚。对这个不大光彩的行为，塔塔利亚没有理睬，不过在研究三次方程方面更下功夫了。现在达科伊听说塔塔利亚胜出的消息，马上赶到威尼斯来见塔塔利亚，询问挑战问题的内容，更想知道他的"武林秘籍"。他们的对话记录在塔塔利亚的回忆录里。

先用激将法。达科伊对塔塔利亚说，他不相信塔塔利亚能在几小时内解决30个数学难题。直率的塔塔利亚告诉他，所有德尔菲奥雷的难题都属于"立方加物等于数"类型（现代代数翻译：$x^3 + bx = d$）。达科伊听说，数十年前，著名的会计学之父帕乔利（Luca Pacioli，约1445年—1517年）曾经宣称，这类方程不存在普遍解。没想到塔塔利亚却在"决斗"的8天前找到了它的普遍解。

这在数学史上是一个划时代的发现。我们在本书的前面看到，对于一元二次方程，欧几里得和赵爽给出了几种特定形式方程的普遍代数解。可是在处理一元三次方程时，无论是古巴比伦、中国还是伊斯兰世界，一般都仅仅限于对一个给定的方程求出数值解。海亚姆把一元三次方程分成14类，对每一类给出利用几何方法求解的步骤，但仍然没有得到普遍代数解。塔塔利亚的发现将对后来一元三次方程的普遍代数解产生巨大影响。

在达科伊转弯抹角的询问下，塔塔利亚透露了一些细节，不过这些细节引出更多的疑问来。比如，德尔菲奥雷曾经吹牛说在30年前遇到一位高人，并从高人那里学会了如何处理一元三次方程。究竟有没有这么一位高人？如果有，他会是谁呢？很多数学史研究人员认为这个人确实存在，他就是博洛尼亚大学的数学教授德尔菲罗（Scipione del Ferro，1465年—1526年）。至于德尔菲奥雷是否从德尔菲罗那里学到了"绝技"，则该另当别论。

德尔菲罗曾在博洛尼亚大学教授算法和几何，达三十年之久。1501年—1502年

期间，帕乔利也到博洛尼亚大学教数学。两个人在同一个数学系，应该有过深入的讨论。德尔菲奥雷是德尔菲罗的学生，他在前面提到帕乔利认为一元三次方程问题没有普遍解的事，可能就是在此期间听到的。但是帕乔利离开博洛尼亚大学后，德尔菲罗对这个问题做了深入的研究，找到了一个切入点。

德尔菲罗考虑具有下述形式的一元三次方程：

$$x^3 + bx = c, \tag{24.1a}$$

$$x^3 = bx + c, \tag{24.1b}$$

$$x^3 + c = bx。 \tag{24.1c}$$

跟前人一样，德尔菲罗只研究 b 和 c 都是正数的情况，因为当时的欧洲对负数仍然没有认识。如果允许 b 和 c 是负数的话，这三个方程只需要用第一个来表示就可以了，那就是

$$x^3 + bx + c = 0。 \tag{24.2}$$

他首先选择用两个变量 u 和 v 来表达 x，令 $x = u + v$。把这个关系代入式（24.2），得到 $u^3 + v^3 + 3u^2v + 3uv^2 + b(u+v) + c = 0$。整理后变成

$$(u^3 + v^3) + 3uv(u+v) = -c - b(u+v)。 \tag{24.3}$$

式（24.3）含有两个变量 u 和 v，而式（24.2）里面只有一个变量，所以可以任意选择一个 u 和 v 之间的关系，以消去其中之一。德尔菲罗选择 $u^3 + v^3 = -c$ 和 $3uv = -b$，再把后面这个式子改写为立方的形式，也就是

$$u^3 + v^3 = -c, \tag{24.4a}$$

$$u^3 v^3 = -\frac{b^3}{27}。 \tag{24.4b}$$

处理这个方程组的方法古巴比伦人就已经知道了：把 u^3 和 v^3 分别用变数 y 和 z 来表示，再把其中的一个变量（比如 z）消去，得到一个一元二次方程

$$y^2 + cy - \frac{b^3}{27} = 0。 \tag{24.5}$$

这是非常关键的一步。一旦把三次方程化简成为二次方程，$y=u^3$的解就可以求出，然后通过式（24.4a）解出v^3，就得到了式（24.2）的解。

德尔菲罗把他的方法记在笔记本里，秘不示人。直到临终之际，他把笔记本郑重地交给女婿纳维（Hannival Nave，生卒年不详）。纳维继承了老丈人在博洛尼亚大学的教职，继续教授数学。德尔菲奥雷在当时正好是德尔菲罗的学生，估计他利用什么方法见到过老教授的"武林秘籍"，所以知道如何处理式（24.2）一类的问题。

德尔菲奥雷在"决斗"中把30个问题都押在解决式（24.2）的能力上，说明他如果不是过于自信轻敌，就是只会这一招。

在达科伊的不断追问下，塔塔利亚又透露了自己出给德尔菲奥雷的四道难题：

$$x^3+40x^2=n,$$
$$x^3+n=30x^2,$$
$$x^3+4x=13,$$
$$x^3=3x+10。$$

这里的n是一个正整数。请读者注意，第三题跟德尔菲奥雷提出的30道题属于同一类型，德尔菲奥雷居然做不出。这说明，他连德尔菲罗的那一招也没学会。看起来，德尔菲奥雷很可能是金庸小说里裘千丈式的人物。顺便说一句，塔塔利亚赢得这场"决斗"以后，志得意满，把预先说好的30场豪华宴会全部取消，也算给德尔菲奥雷节省了一大笔开销。历史上，德尔菲奥雷这个人再也没有出现过。

塔塔利亚的前两道题让达科伊更加惊异不已：塔塔利亚居然能够给出$x^3+ax^2=c$和$x^3+c=ax^2$这类方程的普遍解了，而其中之一正是几年前他转弯抹角挑战塔塔利亚的类型。事实上，正是达科伊动机不良的"挑战"促使塔塔利亚找到了解决这两类方程的方法。

为了得到塔塔利亚的秘诀，达科伊许诺用两个复杂的几何问题的解作为交换。可是他刚把这两个问题呈上桌面，塔塔利亚就嗤之以鼻："这种问题，我一个小时之内就能解决。"

达科伊只能百般央求。最终，塔塔利亚松了口，给了他方程$x^3+40x^2=2\,888$的一个解，$x=\sqrt{77}-1$，让达科伊去猜解决方法。一年以后，达科伊把自己的解决方法给了塔塔利亚，得到后者的肯定。但实际上，塔塔利亚也耍了一个花招。根据达科伊报告的解答，数学史专家们一致认为，在1535年，塔塔利亚还没有找到$x^3+ax^2=c$这类方程的普遍解。实际上，他对$x^3+40x^2=n$的解是靠改变n值凑出来的。怎么凑的呢？把$x=\sqrt{y}-1$带到方程里，展开后合并同类项，得到$y\sqrt{y}+37y-77\sqrt{y}+39=2\,888=n$。最简单的解是$y\sqrt{y}=77\sqrt{y}$，也就是$y=77$。这时三次方程的左侧就等于$37y+39$。由于$y=77$，方程的右侧必须是2 888。

虚虚实实，声东击西，正是武林江湖中常用的手段。

达科伊没有得逞，但很快又有人来打听武林秘籍了。1539年1月，一位自称为祖安南托尼奥（Zuanantonio）的书商登门造访，带来了米兰一位重要学者的信息，希望了解他的武林秘籍。那位学者是文艺复兴时期最重要也是最有争议的人士之一，拥有数不清的头衔：医生、数学家、自然科学家、哲学家、天文学家、观象家、音乐理论家、魔术师、剧作家、解梦专家、铁杆儿赌徒，等等。他的名字叫卡当诺（Gerolamo Cardano，1501年—1576年）。

关于卡当诺的逸事已经在《好看的数学故事：概率与统计卷》和另一本书《数学现场：另类世界史》里讲过不少了。1537到1538年间，卡当诺正在写一本数学应用方面的书（他一生写了100多本书），其中涉及算法、代数和几何。在代数方面，他计划只讨论线性和二次方程，因为帕乔利说过，三次方程没有普遍解。这时来了一位眼眶深陷、又高又瘦、橄榄肤色的不速之客，他告诉卡当诺，已经有人找到解决三次方程"立方加物等于数"即式（24.1a）的普遍解了。

这位访问者就是达科伊。他自己无法搞到塔塔利亚的秘籍，于是想到诡计多端的卡当诺，希望后者能够成功。卡当诺的书就要出版，这时候出现了三次方程的解，自己书的数学价值很可能一落千丈。于是，他请祖安南托尼奥去见塔塔利亚，希望能得到后者的解题方法。他希望在自己的著作中写入这个内容。作为对塔塔利亚工作的报酬，他提议二人为这部书的共同作者。

塔塔利亚的回答是否定的：他要自己写书，把自己的结果发表出来。这时，祖安南托尼奥掏出一个单子来，上面列了7个各类三次方程的问题："卡当诺先生希望你能给这些问题提供答案。"

塔塔利亚看了一眼，冷笑道："这些都是达科伊出的题。你代表的那位先生连'立方加物等于数'都不会解，他绝对不懂如何解决这七个问题。"实际上，塔塔利亚自己也不知道如何解决其中的一些问题。

信使没有达到目的，卡当诺开始直接给塔塔利亚写信，口吻先是具有强烈挑战性，使对方不得不回复，然后又变得热情洋溢，邀请对方到米兰访问。直到他许愿把米兰侯爵德阿瓦洛斯（Alfonso d'Avalos, 1502 年—1546 年）介绍给塔塔利亚，后者终于动心了。

1539 年 3 月 25 日，塔塔利亚抵达米兰，可是侯爵因事不在米兰。卡当诺跟一个十七八岁的少年学生一起接待了他。等待侯爵的三天里，卡当诺再次恳求塔塔利亚告诉他求解秘诀，并向上帝发誓，绝不把秘诀发表，死时也要把秘诀用密码的形式记下来，让后人无法解密。

塔塔利亚终于松口，交出了他的"武林秘籍"：一首二十几行的口诀，处理三种不同的三次方程。"我不得不把我的方法记下来，不然会在计算时忘记一些步骤。"塔塔利亚写下这个口诀，交给卡当诺，即刻告辞，上马离去。他没有再等侯爵，直接赶回威尼斯去了。

两周之后，卡当诺就写信给塔塔利亚，对"秘籍"处理的第一种方程"立方加物等于数"的内容，他就看不懂。塔塔利亚在回信中以 $x^3 + 3x = 10$ 为例做了解释，并给出一个解来。用现代代数表示法，这个解是 $x = \sqrt[3]{\sqrt{26} + 5} - \sqrt[3]{\sqrt{26} - 5}$。塔塔利亚还在信的末尾郑重提醒："请记住您的诺言。"

看到塔塔利亚的解释，卡当诺恍然大悟，接着举一反三，把秘诀中的三种情况都搞明白了。他清楚地意识到这个方法的奇妙能力和巨大潜力，赞赏不已。

塔塔利亚的秘诀是把方程（24.1a）转换成一个二元方程组

$$u' - v' = c, \qquad\qquad (24.6a)$$

$$u' \times v' = \left(\frac{b}{3}\right)^3。 \qquad\qquad (24.6b)$$

这个方程组同方程组（24.4a、b）是等价的，只不过变量的叫法不同而已：$u' = u^3$，$v' = v^3$。把这两个方程中的 u' 消去，得到一个二次方程

$$v'^2 + cv' = \left(\frac{b}{3}\right)^3。 \qquad\qquad (24.7)$$

这实际上就是式（24.5），所以塔塔利亚找到了跟德尔菲罗同样的方法。从式（24.7）解出 v'，然后可得 u'，它们是

$$u' = \sqrt{\left(\frac{c}{2}\right)^2 + \left(\frac{b}{3}\right)^3} + \frac{c}{2}, \tag{24.8a}$$

$$v' = \sqrt{\left(\frac{c}{2}\right)^2 + \left(\frac{b}{3}\right)^3} - \frac{c}{2}。 \tag{24.8b}$$

由此得到（24.1a）的一个解

$$x = \sqrt[3]{u'} - \sqrt[3]{v'}。 \tag{24.9}$$

对方程（24.1b），根据塔塔利亚的口诀，解法是令

$$u' + v' = c, \tag{24.10a}$$

$$u' \times v' = \left(\frac{b}{3}\right)^3。 \tag{24.10b}$$

对应的解是

$$x = \sqrt[3]{u'} + \sqrt[3]{v'} = \sqrt[3]{\sqrt{\left(\frac{c}{2}\right)^2 - \left(\frac{b}{3}\right)^3} + \frac{c}{2}} + \sqrt[3]{\sqrt{\left(\frac{c}{2}\right)^2 - \left(\frac{b}{3}\right)^3} - \frac{c}{2}}。 \tag{24.11}$$

塔塔利亚也是把方程（24.1）的三种形式分开处理，其中 a、b、c 都是正整数。其实，如果引入负数，以上两种情况可以用统一的形式表达出来。

卡当诺在赞赏和感叹之余，发现了一个问题：如果 $\left(\frac{c}{2}\right)^2 - \left(\frac{b}{3}\right)^3 < 0$，那么 $\sqrt{\left(\frac{c}{2}\right)^2 - \left(\frac{b}{3}\right)^3}$ 怎么能开平方呢？卡当诺寄给塔塔利亚一个例子：$x^3 = 9x + 10$。塔塔利亚的秘诀确实处理不了这个例子。为此，塔塔利亚有点恼羞成怒，回复卡当诺说是他在计算中出了错。这个行为似乎有点不大地道。

这时，达科伊不知从哪里打听到，卡当诺打算从学校的教席上退下来。为了得到这个空缺，本性不变的达科伊打算用一些数学难题来挑战卡当诺。他还宣称自己已经掌握了塔塔利亚的秘诀。其实，卡当诺早已找到了自己的接班人：他要让自己才华横溢的助手接替他的职位。那个助手就是塔塔利亚在米兰卡当诺家里遇到的少年，名叫菲拉利（Lodovico Ferrari，1522 年—1565 年）（图24.1）。

菲拉利的祖籍在米兰。当时意大利北部战争频繁，兵荒马乱，民不聊生。菲拉利的祖父被迫带领全家到博洛尼亚寻找生路。菲拉利在那里出生，从小丧失父母，寄居在叔父家里。叔父有个儿子名叫路加，与菲拉利年龄相仿，是个不安分的男孩，离家出

图 24.1　路德维格·菲拉利。

逃，到米兰的卡当诺家里签约当仆人。可是没过几天，他就厌烦了，又逃回家去。卡当诺派人送信给路加的父亲，要求他把儿子送回来，做满合同规定的年限。叔父不想让儿子受苦，又正为侄子带来的家庭负担发愁，便把 14 岁的菲拉利送过去顶替。

卡当诺很快就发现这个缺乏正式教育的少年不仅识字，而且极为聪慧，便让他做自己的私人秘书。后来卡当诺越来越欣赏菲拉利的才华，干脆收他为学生，教授他数学。几十年后，卡当诺在回忆录中说，他一直记得菲拉利来到他家的那天是 1536 年 11 月 30 日，因为有一只喜鹊在不断地大声唱，叫声极不寻常。卡当诺信天象，认为这预示着某些重大的事情将会发生。

卡当诺很快发现，这孩子性情极为暴烈，发起怒来是个拼命三郎，以至于卡当诺这个主人有时都不敢跟他主动交谈。17 岁时，菲拉利跟什么人结了怨，在一场恶斗中失去了右手的几根手指。尽管如此，卡当诺跟菲拉利的友谊越来越深厚。菲拉利聪明好学、融会贯通，很快就开始配合卡当诺进行数学研究，两个人紧密合作，相得益彰。

1540 年，菲拉利主动接过达科伊对卡当诺的挑战，而且用一招极漂亮的手法打得达科伊一败涂地，让卡当诺自叹不如。达科伊给出的问题之一是个四次方程 $x^4 + 6x^2 + 36 = 60x$。达科伊自己并不知道该怎么解决（这在当时的"决斗"规矩中属于违规），菲拉利却聪明地利用变换把它变成 y 的三次方程 $y^3 + 15y^2 + 36y = 450$。而卡当诺已经找到了一个方法，可以把这一类的三次方程进一步简化成为塔塔利亚秘诀中可以解决的形式。这个重大发现一下子把可解方程的幂次从 3 提升到 4。"决斗"之后，菲拉利不仅成功获得教席，更重要的是，他成为发现四次方程普遍解的第一人。

卡当诺和菲拉利看到这些令人振奋的结果，当然想尽快发表出去。但是卡当诺对塔塔利亚有保守秘密的承诺，不能食言（尽管他早已对菲拉利泄露了全部秘密）。

俩人憋了一年多，一件没想到的事情发生了。1542年，师徒俩到博洛尼亚访问那里地方学校里的一位数学教授。这位教授正是德尔菲罗的女婿纳维。会面中，纳维拿出一个德尔菲罗的笔记本。这正是德尔菲罗在16世纪初记下的解题笔记。武林秘籍终于露面了！德尔菲罗对自己的发现保守秘密，就像武林高手那样，不愿别人学到自己的高招。可是在科学和数学领域，知识不是攻击对手和自我防御的武器。他没有想到30年后，塔塔利亚、卡当诺和菲拉利通过一些蛛丝马迹发展了整个方程的理论，建立起现代数学的基石。

对卡当诺来说，德尔菲罗的"秘籍"充分证明，塔塔利亚不是发现这个方法的第一人。更重要的是，看到"秘籍"的一瞬间，他认为自己对塔塔利亚的诺言彻底失效。

两年多后（1545年），卡当诺的《伟大艺术，代数的法则》（拉丁文：*Ars Magnae, sive de regulis algebraicis*，简称 *Ars Magna*，译作《伟艺》或《大术》）在纽伦堡正式出版。这本著作向欧洲科学界引入了求解三阶和四阶方程的法则。它篇幅不长，却是一部划时代的代数巨著，标志着现代代数学的开端。

对三次方程，卡当诺指出，式（24.1）那三种不完全三次方程（depressed cubic）具有特殊的意义，因为任何一个三次方程

$$x^3 + ax^2 + bx + c = 0 \tag{24.12}$$

都可以化简成（24.1）的形式。今天我们知道，只需要改换一个变量 y，使 $x = y - \dfrac{a}{3}$，方程（24.12）就变成了

$$y^3 + my + n = 0, \tag{24.12a}$$

这就是一般的不完全三次方程（24.2）。读者可以容易地找到这个等式里面的 m 和 n 同式（24.12）中 a、b、c 的关系。知道了 m 和 n，找到它的普遍解，所有三次方程的问题迎刃而解。

卡当诺还给出这个代数解法的几何意义。他在《伟艺》中采用斐波那契的《计算之书》中的几何作图方法，以具体方程为例，演示如何把一个代表式（24.12）的三维长方体通过切割变为式（24.12a），然后找到问题的解。它的原理跟欧几里得和赵爽解决二次方程的几何方法是一样的，不过在三维空间里处理起来要复杂得多，这里就不多说了。

一时间，欧洲人人争相传说《伟艺》。这本书与哥白尼的《天体运行论》和维萨里（Andreas Vesalius，1514年—1564年）的《人体之结构》一起，被认为是文艺复兴时期三部最重要的科学著作。卡当诺当然非常自豪，他在书末用大写字母写了一句话，翻成中文是：

挥毫五载，致用千年。

塔塔利亚见到《伟艺》以后，勃然大怒。从卡当诺向他发誓保守秘密到《伟艺》发表，已经过了6年的时间，按说塔塔利亚应该有足够的时间把自己的结果在《伟艺》之前发表，但是他没有。他当时正在把《几何原本》翻译成意大利地方语（图24.2），那是世界上第一本非拉丁语译本。忙碌之外，可能更重要的原因是他在"秘诀"以后在方程理论上没有新的进展。尽管卡当诺在《伟艺》中提到塔塔利亚的贡献，但后者认为卡当诺违背了诺言，不可原谅。于是他发信向卡当诺提出挑战。

NICOLAVS TARTAGLIA, BRIXIANVS.

Diuitias patriæ cumulat Tartaglia linguæ,
Euclidem Etrusco dum docet ore loqui.
Hic certam tractare dedit tormenta per artem,
Et tonitru, & damnis æmula fulmineis.

卡当诺对塔塔利亚的指责和挑战一言不发，倒是他的徒弟菲拉利挺身而出，提议自己跟塔塔利亚面对面比试。菲拉利的"战书"末尾有三个证人的签名，其中之一是米兰大法官；另外还附有一个50位米兰著名数学家、科学家和人文学者的名单。菲拉利要把自己出的31道难题寄给这些名人，以备评判。塔塔利亚认为跟卡当诺的徒弟面对面比武有失身份，一定要师父亲自出马。

图24.2 塔塔利亚的肖像。来自1572年安特卫普刊行的拉丁文版《欧洲著名学者集》。画像下方用拉丁文介绍他把欧几里得的《几何原本》用本地语言介绍给意大利，并在弹道学上做出重要贡献。其实，他的弹道理论有很多问题。至于一元三次方程则没有提及。

至于通过邮寄的形式跟菲拉利比试几下，他倒也不惧，于是发出同样数目的题目给菲拉利。可菲拉利坚持塔塔利亚必须打败自己才能面对师父。双方战书频飞，恶语相向，各出难招，来往六个回合，最后塔塔利亚终于按捺不住了：好，咱们擂台上见！

1548年8月10日晚6时，"决斗"在米兰的圣玛丽亚花园教堂（Santa Maria del Giardino）（图24.3）正式开始。这个教堂的建筑不同于哥特式，它没有细高的尖顶，但有一个巨大的大厅，被称为带屋顶的广场。那天是个星期五，庞大的人群聚集在这里，包括整个米兰市的名流。主持人是不久前刚刚接替侯爵德阿瓦洛斯掌管米兰的贡萨加公爵（Ferrante I Gonzaga，1507年—1557年），显然这场"决斗"意义非常。而卡当诺则连个影子都不见。

陪同塔塔利亚参加这场"决斗"的只有他的弟弟。形单影只的兄弟俩下马走进教堂，面对充满敌意、喧嚣涌动的人群，不知作何感想。

图24.3　塔塔利亚同菲拉利"决斗"现场——米兰的圣玛丽亚花园教堂。这座教堂紧挨着著名的米兰斯卡拉大剧院，但已于1885年被拆毁。

不知为什么，米兰的官方档案里没有任何关于这场"决斗"的文字记录。几年后，塔塔利亚在回忆录里说，他在"决斗"开始时首先发言，对起因作了简单介绍。之后，双方对评判人的选择发生异议，争论了两个小时，这就至少是晚上8点多了。塔塔利亚开始解释菲拉利对自己难题解答的错误之处，但很快被听众打断，人群大声呼喊，要求菲拉利发言。菲拉利开始对塔塔利亚的一个不很重要的问题的答案进行攻击，讲了很长时间，估计已经过了十点钟，听众开始失去兴趣，慢慢散开，回家吃晚饭去了。塔塔利亚说，看到这种情况，他觉得自己无法再继续这场滑稽戏了，于是放弃了第二天的论战，起身回程。

弃权就意味着失败。很快，整个意大利都知道了这个消息。布雷西亚大学本来发给塔塔利亚一封聘书，请他做数学教授；"决斗"后不久，宣布聘书无效。塔塔利亚从此再也找不到教席，只能靠当账房和家庭教师来维持生活。1557年12月，他在贫困与孤独中去世。塔塔利亚死后不到三年，他的百科全书式的巨著《数与测量通论》（*General Treatise on Number and Measure*）正式问世。他继承了斐波那契的精神，总结了数学在各方面的应用，在欧洲广为流传。这本书中还出现了"塔塔利亚三角"，也就是贾宪三角。这比帕斯卡三角要早差不多整整100年。

菲拉利被认为是当时欧洲最有才华的数学家。后来的数学史专家在研读了他和塔塔利亚发出的62道难题以后一致认为，菲拉利拿出的问题比塔塔利亚要艰深得多，塔塔利亚可能看不到获胜的希望，才借口放弃"决斗"。"决斗"的胜利给菲拉利带来了无数的荣誉和聘书，他选择了贡萨加提供的职位——米兰土地注册处。这大概是个肥缺，财路宽广，但对数学的发展没有任何好处。卡当诺反对这个选择，但菲拉利不听。在土地注册处工作了不到几年，菲拉利就辞了职，回到博洛尼亚，跟姐姐住在一起，不久莫名其妙地死去。有证据证明，他是被姐姐下毒毒死的，为的是获得他赚得的巨大财富。除了《伟艺》当中的四次方程求解术，才华横溢的菲拉利没有留下其他数学遗产。

菲拉利求解一元四次方程的基本思路很简单：既然已经知道一元三次方程的普遍解，那么，如果有办法把四次方程变成三次，不就能解了吗？问题是能不能变和怎样变。菲拉利是第一个找到开启四次方程钥匙的人。由于当时代数符号和理论的限制，卡当诺在《伟艺》中只给出几个四次方程求根的例子，没有抽象的推导和证明。卡当诺和菲拉利分析了一个看起来非常简单的方程：

$$x^4 = x + 2,$$ （24.13）

我们就以此为例，看看他们师徒俩处理四次方程的具体步骤。

首先引入另一个未知数。在《伟艺》里，卡当诺把未知数称为"提议"（拉丁文：positio），意思大概是说，让我们先假定它是已知的，然后做代数运算。卡当诺有时同时使用同一个名字来表示两个以上未知数。为了避免困惑，让我们称第二个未知数为 y。在式（24.13）的两侧加上 $2yx^2+y^2$，使式左侧变成 x^2 和 y 的二项式平方：

$$x^4+2yx^2+y^2=(x^2+y)^2=2yx^2+x+(2+y^2)。 \tag{24.14}$$

通过选择 y 的具体形式，可以把式（24.14）也写成含有 x 的二项式平方的形式。我们知道，对于任何一个二阶多项式 $a'z^2+b'z+c'$，如果它可被写成 $(mz+n)^2$ 的形式，那么其系数 a'、b'、c' 之间必须满足 $b'^2-4a'c'=0$。对于式（24.14）等号的右端来说，$a'=2y$，$b'=1$，$c'=2+y^2$，对应于 $b'^2-4a'c'=0$ 的关系就是

$$1-8y(2+y^2)=0 \quad 或 \quad y^3+2y=\frac{1}{8}。 \tag{24.15}$$

套用公式（24.11），注意相对于式（24.1b），这里 $b=-2$，$c=\frac{1}{8}$，就得到 y 的一个根

$$
\begin{aligned}
y &= \sqrt[3]{\sqrt{\left(\frac{c}{2}\right)^2 - \left(\frac{b}{3}\right)^3} + \frac{c}{2}} + \sqrt[3]{\sqrt{\left(\frac{c}{2}\right)^2 - \left(\frac{b}{3}\right)^3} - \frac{c}{2}} \\
&= \sqrt[3]{\sqrt{\left(\frac{1}{16}\right)^2 + \left(\frac{2}{3}\right)^3} + \frac{1}{16}} + \sqrt[3]{\sqrt{\left(\frac{1}{16}\right)^2 + \left(\frac{2}{3}\right)^3} - \frac{1}{16}} \\
&= \sqrt[3]{\sqrt{\frac{2\,075}{6\,912}} + \frac{1}{16}} + \sqrt[3]{\sqrt{\frac{2\,075}{6\,912}} - \frac{1}{16}}。
\end{aligned}
\tag{24.16}
$$

找到了 y 的值，再回到式（24.14）。把它的等号右侧写成 $(mx+n)^2$ 的形式，其中 $m=\sqrt{a'}=\sqrt{2y}$，$n=\sqrt{c'}=\sqrt{2+y^2}$，式（24.14）就变成

$$(x^2+y)^2=(mx+n)^2。 \tag{24.17}$$

把式（24.17）两端开平方，取正值，得到 $x^2+y=mx+n$。这个方程的根我们都知道，它是

$$x=\frac{m}{2}+\frac{1}{2}\sqrt{m^2-4(y-n)}=\frac{m}{2}+\frac{1}{2}\sqrt{4n-2y}。 \tag{24.18}$$

要想把式（24.18）的具体结果写出来很不容易，其中

$$m = \sqrt{2\sqrt[3]{\sqrt{\frac{2\,075}{6\,912}} - \frac{1}{16}} + 2\sqrt[3]{\sqrt{\frac{2\,075}{6\,912}} + \frac{1}{16}}}, \tag{24.19}$$

$$4n - 2y = 4\sqrt{2 + 2\sqrt[3]{\frac{1\,024}{3\,456}} + \sqrt[3]{\frac{1\,051}{3\,456} - \frac{1}{8}\sqrt{\frac{2\,075}{6\,912}}} + \sqrt[3]{\frac{1\,051}{3\,456} + \frac{1}{8}\sqrt{\frac{2\,075}{6\,912}}}} -$$

$$2\sqrt[3]{\sqrt{\frac{2\,075}{6\,912}} - \frac{1}{16}} - 2\sqrt[3]{\sqrt{\frac{2\,075}{6\,912}} + \frac{1}{16}}\,。 \tag{24.20}$$

现在需要把式(24.19)和(24.20)代入式(24.18)，并化简，最终可以得到一个长长的非常复杂的表达式，我们就不花篇幅列出它来了。

方程(24.13)看上去是那么简单，而它的根却是那么复杂。卡当诺痛切地意识到这个方法寻求最终数值解的艰难。对于式(24.13)，可以采用一个简易的方法：两端同时减1，得到

$$x^4 - 1 = x + 1,$$

式左边可以写成$(x^2+1)(x^2-1) = (x^2+1)(x+1)(x-1)$，两端消去$(x+1)$，得到

$$x^3 - x^2 + x = 2\,。$$

利用卡当诺–塔塔利亚的三次方程的标准公式，得到一个正根，它是

$$x = \sqrt[3]{\sqrt{\frac{2\,241}{2\,916}} + \frac{47}{54}} - \sqrt[3]{\sqrt{\frac{2\,241}{2\,916}} - \frac{47}{54}} + \frac{1}{3}\,。 \tag{24.21}$$

卡当诺后来的故事在《好看的数学故事：概率与统计卷》里已经讲过了。总之，这三位16世纪著名数学"剑侠"的结局都很悲惨。不过他们的努力和发现激励了更多的人进一步钻研。既然四次方程可以用加减乘除和根号的形式给出普遍解，五次方程可不可以？六次、七次方程呢？

本章主要参考文献

Branson, W.B. Solving the Cubic with Cardano: Decomposing a Cube. Convergence (2013), DOI: 10.4169/convergence20131001.

Stedall, J. From Cardano's Great Art to Lagrange's Reflections: Filling a Gap in the History of Algebra. European Mathematical Society, 2011: 224.

Toscano, F. The Secret Formula: How a Mathematical Duel Inflamed Renaissance Italy and Uncovered the Cubic Equation. English translation by A. Sangalli. New Jersey: Princeton University Press, 2020: 161.

第二十五章 "精致而无用"的虚数

　　一元三次和四次方程的"秘诀"是方程理论的重大突破。但这个秘诀也暴露了一些问题。首先，在符号代数出现以前，秘诀在实际应用中极不方便，远远不如秦九韶的数值方法来得直接。就连塔塔利亚自己也需要靠编顺口溜来记住计算过程。其次，方程解的形式非常古怪。比如，按照卡当诺的法则，方程 $x^3+6x=20$ 的解是 $x = \sqrt[3]{\sqrt{108}+10} - \sqrt[3]{\sqrt{108}-10}$。为什么解的形式这么古怪？如此复杂的结果，怎样才能验证它是否正确呢？其实，读者可能不难看出，$x=2$ 就是方程的一个根。那么，$\sqrt[3]{\sqrt{108}+10} - \sqrt[3]{\sqrt{108}-10}$ 和2有什么关系？手勤的读者不妨拿出计算器来算算看，$\sqrt[3]{\sqrt{108}+10} - \sqrt[3]{\sqrt{108}-10}$ 确实等于2！为什么会是这样？在那些复杂的表达式后面又隐藏着什么秘密？第三，也是更重要的，卡当诺的"秘诀"对有些问题好像不能用，或者说它揭示了一类看起来不可能存在的数。举一个最简单的例子 $x^3=x$。这个方程属于（24.1b）类，其中 $b=1, c=0$。套用塔塔利亚－卡当诺的公式（24.11），得到

$$x = \sqrt[3]{\sqrt{-\left(\frac{1}{3}\right)^3}} + \sqrt[3]{\sqrt{-\left(\frac{1}{3}\right)^3}} = \frac{2}{\sqrt{3}}\sqrt[3]{\sqrt{-1}}。 \tag{25.1}$$

按照那时通常的做法，发现解中含有负数的平方根，马上宣布该方程无解。可是很容易验证，$x^3=x$ 其实有三个实数根，它们是 $x=0, 1$ 和 -1。那么，式（25.1）跟这些实数根又是什么关系呢？

　　在一元二次方程里也可能会遇到"不可能的数"。卡当诺在《伟艺》里举了下面这个例子：

$$x^2-10x+40=0。 \tag{25.2}$$

按照求根公式，这个方程的解是 $5+\sqrt{-15}$ 和 $5-\sqrt{-15}$。平方根内的负数有意义吗？要不要跟前人一样，宣布这个方程"无解"？卡当诺不很肯定，他把负数的平方根称为"错根"（false root），说假如我们把带负数根号的结果"设想"为方程的解，那么就可以认为所有二次方程都有解了。

卡当诺对这类"不可能的数"的想法非常粗浅，但他的《伟艺》把这些问题摆在了众人的面前。对大多数人来说，这个问题过于深奥，很难理解。《伟艺》问世不久，一位名叫邦贝利（Rafael Bombelli，1526年—1572年）的水利工程师决定写一本代数学的书，用当地语言直白地介绍这门科学。

邦贝利的祖先姓马佐利（Mazzoli），曾经是博洛尼亚一个颇有实力的家族。不过到了他祖父的那一辈，一场巨变改变了整个家族的命运。尽管一直处在教皇的统治之下，博洛尼亚从12世纪末起通过一系列战争和外交周旋成为相对自治的城邦。随着中产阶级的逐渐壮大，博洛尼亚越来越希望能像威尼斯、米兰、比萨、热那亚那样建立自治的城邦共和国。这种意愿造成城市与教皇之间的强烈冲突。1376年，博洛尼亚企图加入佛罗伦萨、比萨、米兰等共和国的联邦，但努力失败。幸亏当时出现天主教东西大分裂，教皇也没能完全控制住博洛尼亚。那时的博洛尼亚处于班迪弗里奥（Bentivoglio）家族的统治之下。这个家族号称传自斐波那契的"老领导"、神圣罗马帝国皇帝腓特烈二世的一个私生子，这是中产阶级试图进入贵族阶层时常见的做法。1506年，教皇尤利乌斯二世（Pope Julius Ⅱ，1443年—1513年）为了控制博洛尼亚，宣布惩罚班迪弗里奥，并处罚整个城市禁止教务。教皇军与协同讨伐的法兰西军队攻入博洛尼亚，班迪弗里奥家族逃亡。两年后，班迪弗里奥家族企图在城里发动政变失败，很多参加政变的人被处以绞刑，邦贝利的祖父也在其中。邦贝利的父亲逃出博洛尼亚，为了躲避追捕改名换姓，靠做羊毛生意为生。过了好几年，博洛尼亚情况好转，他才用假姓名得以返回老家，跟一个裁缝的女儿成了家。邦贝利是老大，下面还有五个弟妹。家境窘困，父母无力供他上学读书，他是从一位建筑师兼工程师那里学到了一些数学与工程知识。

在老师的帮助下，邦贝利找到一位经济资助人，罗马贵族鲁菲尼（Alessandro Rufini）。1549年，鲁菲尼得到教皇的许可，去接收基亚纳河谷（Val di Chiana）一片原本属于教皇国的土地。这片洼地位于罗马以北，佛罗伦萨之南，东西方向夹在台伯河（Tiber）与阿尔诺河（Arno）之间。从古罗马时代起，这片洼地就经常发水。为了治理洪涝，历代征服者不断建立水坝，阻断河流，但情况越来越糟糕，洼地变成沼泽，臭气熏天，虫蝇滋生，瘟疫不断，周围的百姓饱受其苦。基亚纳河谷的水利工程是个老大难问题，存在了上千年，许多人都试图解决它，连达·芬奇都参与过，还留下一张精致的地图（图25.1）。鲁菲尼邀请邦贝利想办法，希望能一劳永逸地解决这个问题。

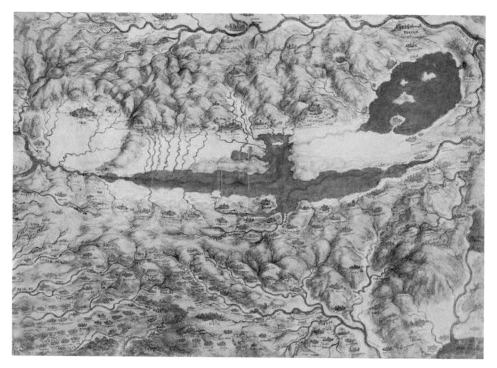

图25.1　达·芬奇在1502—1503年间制作的基亚纳河谷地图。佛罗伦萨在地图左侧之外，罗马在地图右侧之外。台伯河在图的正上方（基亚纳河谷东面）。河谷南北长约100公里。

　　邦贝利花了两年的时间进行测绘，可不知为什么，工程在1551年停顿下来。鲁菲尼显然是希望工程很快恢复工作，因为他请邦贝利住在自己的别墅里（图25.2），随时等待开工。这座别墅位于罗马城东南20公里的弗拉斯卡蒂（Frascati），风景秀丽，周围有许多教皇的豪华别墅。邦贝利从来没有享受过如此奢侈的生活，但他没有沉浸在享乐之中，而是利用这个天赐良机研究数学。

　　我们不知道洼地排水工程是什么时候重新启动的，不过整个工程于1560年结束，而且显然非常成功，邦贝利成为意大利著名的水利工程师，得到很多地方政府的邀请。1561年，他在罗马抢修台伯河上濒于倒塌的圣玛丽亚桥。这项工程很不成功。至今圣玛丽亚桥仍然没有修复，罗马人把它称为断桥（Ponte Rotto）。不过邦贝利的声誉并没有因此而受到影响，不久又被请到罗马东南部去治理庞提诺（Pontino）沼泽。这个地方跟基亚纳洼地相似，是千年以上的传染病发源地，常常造成霍乱的流行。这是一项非常棘手的工程，真正彻底地解决问题需要等到20世纪了。

图 25.2　邦贝利居住的鲁菲尼别墅。这里现在是意大利新威瓦里学院（拉丁文：Academia Vavarium Novum）的总部。新威瓦里学院是目前世界上唯一一所只能用古拉丁语和古希腊语教学的学院。

在繁忙的水利工程工作之余，邦贝利还是要研究数学。他基本上依靠自学，当他看到《伟艺》行文的啰嗦和逻辑上的不完善，于是决定用意大利文写一本通俗版《代数学》，让人们对这门美妙的科学有更好的了解。他计划把这本书分为五卷，前三卷专门介绍代数，后两卷介绍几何。

卡当诺的"啰嗦"在一定程度上是由于他没有系统的数学符号，所以在描述方程时只能用"立方加物等于数"之类的语言。在描述根号下的表达式时，他不得不采用拉丁文缩写的方式，加法用"*p.*"，减法用"*m.*"，求根用"*R.*"等。为了明确跟其他简写字母的区别，这些字母的头顶有时加上一条短曲线。比如，计算式（25.2）的两个根的乘积，他的表达方式是

$$5. \tilde{p}. \, R. \, \tilde{m}. \, 15.$$
$$5. \tilde{m}. \, R. \, \tilde{m}. \, 15.$$
$$\overline{25. \, m. \, m. \, 15. \; quad. \; est \; 40.}$$

这三行算式等价于今天的 $(5+\sqrt{-15})(5-\sqrt{-15})=25+15=40$，其中第三行"25. *m*. *m*. 15."中的第二个"*m*."表示一个"带减号的正数"，也就是今天我们所说的负数。但卡当诺对这个计算过程完全没有把握，并以他特有的故弄玄虚的方式说："算法就是这样神秘地发展着，这些结果真是既精致又没用。"卡当诺还看到，方程（25.2）的两个根之积等于方程的常数项40，两个根之和等于一次项系数加个减号（10）。这是巧合吗？关于这个问题的故事，我们后面再讲。最让他困扰的是为什么有些三次方程明明有实数解，可他的秘诀就是表达不出来。

实际上，只要一个三次方程有三个非零的实数解，卡当诺–塔塔利亚求解公式总是给出含有负数平方根的形式。举一个例子，

$$x^3 = 15x + 4, \tag{25.3}$$

它的一个解是 $\sqrt[3]{2+\sqrt{-121}} + \sqrt[3]{2-\sqrt{-121}}$。这个利用卡当诺–塔塔利亚公式得到的解的形式是由方程（25.3）中各项的系数来决定的。但卡当诺知道方程（25.3）有一个实数根 $x=4$。如果通过变量变换，把式（25.3）的系数改变，能得到 $x=4$ 吗？比如，假定 $\sqrt[3]{2+\sqrt{-121}} = y + \sqrt{-z}$，而且 $z>0$，把它两端立方，得到 $2+\sqrt{-121} = y^3 + 3y^2\sqrt{-z} + 3y(-z) + (\sqrt{-z})^3$。这个等式两端的实数项与非实数项必须分别相等，也就是

$$2 = y^3 - 3yz,$$
$$\sqrt{-121} = (3y^2 - z)\sqrt{-z}。$$

通过这个方程组可以把两个变量之一消去。一个做法是把两个方程两端都平方，得到

$$4 = y^6 - 6y^4 z + 9y^2 z^2,$$
$$-121 = -z(3y^2 - z)^2。$$

把第二个等式从第一个等式中减去，得到

$$y^6 + 3y^4 z + 3y^2 z^2 + z^3 = 125,$$

也就是

$$(y^2+z)^3 = 125 = 5^3,$$

所以 $y^2+z=5$。现在把 $z=5-y^2$ 代入 $2=y^3-3yz$，得到一个新的三次方程 $4y^3=15y+2$ 或 $y^3 = \dfrac{15}{4}y + \dfrac{1}{2}$。

　　系数确实改变了，但读者可以验证，套用卡当诺-塔塔利亚公式，得到的解不但没有简化，反而更复杂了。卡当诺把这种情况称为不可约情况（拉丁文：casus irreducibilis），他对此束手无措。

　　邦贝利研读了《伟艺》以后，想了很久，对卡当诺的代数做了一系列改进。首先，他发明了很多数学符号，使得计算式的步骤更简明清晰。在早期的一部手稿里，他写下方程 $900\tilde{m}1\mathrm{co}^{①}=1\mathrm{cu}^{③}$，这里，co 是拉丁文 cosa（物）的缩写，cu 是 cubo（立方）的缩写。虽然 $\mathrm{cu}^{③}$ 的写法有意义重复之嫌，但整个公式的形式跟现在的 $900-x=x^3$ 已经比较接近了。不过在《代数学》手稿里，他又采用另外一套符号。而且可能由于一些符号不大容易制造铅字，所以印刷版的符号跟手稿又有所不同（表25.1），如二次方根和三次方根的符号从 R 和 R^3 变成了 Rq 和 Rc。

表 25.1　邦贝利在《代数学》中采用的数学符号

现代符号	手稿中的符号	印刷版采用的符号
$5x$	$\underset{5}{\psi}$	$\underset{5}{\psi}$
$5x^2$	$\underset{5}{\psi}$	$\underset{5}{\psi}$
$\sqrt{4+\sqrt{6}}$	R⌊4pR6⌋	Rq⌊4pRq6⌋
$\sqrt[3]{2+\sqrt{0-121}}$	R³⌊2pR⌊0m121⌋⌋	Rc⌊2pRq⌊0m121⌋⌋

　　之后，他定义平方根内负数的计算方法。对于一个正数 s，他称 $\sqrt{-s}$ 为"正的负"，$-\sqrt{-s}$ 为"负的负"，规定如下"绕口令"（图25.3）：

　　正数乘"正的负"给出"正的负"；

　　负数乘"正的负"给出"负的负"；

　　正数乘"负的负"给出"负的负"；

　　负数乘"负的负"给出"正的负"；

　　"正的负"乘"正的负"给出负数；

图25.3　1576年版意大利文《代数学》中第169页。邦贝利在这一页的下方列出他的八行虚数乘法"绕口令"。

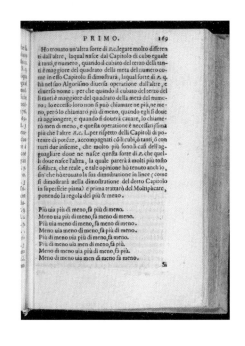

"正的负"乘"负的负"给出正数；

"负的负"乘"正的负"给出正数；

"负的负"乘"负的负"给出负数。

邦贝利后来说，他在研读卡当诺的《伟艺》时，感觉书中关于负数平方根的讨论似乎近于诡辩。后来他产生了一个"疯狂"的念头：他注意到卡当诺–塔塔利亚给出的三次方程解的表达式里总是包含两个立方根项，每个立方根内部又包含两项，这两项之间的关系不是加就是减，如式（24.11）。

仍然以方程（25.3）为例，邦贝利问同样的问题：$\sqrt[3]{2 + \sqrt{-121}} + \sqrt[3]{2 - \sqrt{-121}}$ 能等于4吗？他说，先让我们就假设它等于正整数4，如果第一个立方根可以化成 $a + \sqrt{-b}$ 的形式，那么第二个立方根必定具有 $a - \sqrt{-b}$ 形式，这样两项相加时才能把含有 $\sqrt{-b}$ 的部分抵消掉。换句话说，根据方程（25.3）的解的形式，邦贝利假定

$$\sqrt[3]{2 + \sqrt{-121}} = a + \sqrt{-b}, \tag{25.4a}$$

$$\sqrt[3]{2 - \sqrt{-121}} = a - \sqrt{-b}, \tag{25.4b}$$

如果（25.4a和b）是存在的，它们俩的和（2a）就是方程（25.3）的解的另一种表达方式。现在，把等式（25.4a）和（25.4b）相乘，得到 $\sqrt[3]{(2 + \sqrt{-121})(2 - \sqrt{-121})} = (a + \sqrt{-b})(a - \sqrt{-b})$。遵从前面给出的乘法"绕口令"准则，他得到

$$5 = a^2 + b。 \tag{25.5a}$$

再把式（25.4a）两侧同时立方，得到 $2 + \sqrt{-121} = a^3 + 3a^2\sqrt{-b} - 3ab + (\sqrt{-b})^3$。这个等式两端不含负数根号的部分必须相等，即

▼
故事外的故事 25.1

笛卡尔在著名的《关于方法的讨论》(*Discours de la méthode*)里对三次方程的复数解作了专门的评论,大致翻译如下:

真根(true roots)和错根(false roots)不一定都是真实存在的,有时仅仅是虚幻(imaginary):人们总可以靠想象对方程给出解来,但想象的解没有对应的实际的量。比如方程$x^3-6x^2+13x-10=0$,人们可以想象它有三个根,但它其实只有一个根,那就是2。其他两个根,不管怎么算来算去,都是虚幻的。

$$2=a^3-3ab=a(a^2-3b)。\quad (25.5b)$$

由式(25.5a 和 b)解出$a=2$,$b=1$,所以
$$\sqrt[3]{2+\sqrt{-121}}+\sqrt[3]{2-\sqrt{-121}}=2+\sqrt{-1}+2-\sqrt{-1}=4。$$

不过,邦贝利也指出,这个方法并不对所有的三次方程都适用。比如本章开头那个方程$x^3+6x=20$的解$x=\sqrt[3]{\sqrt{108}+10}-\sqrt[3]{\sqrt{108}-10}$。如果设$\sqrt[3]{\sqrt{108}+10}=a+\sqrt{b}$,$\sqrt[3]{\sqrt{108}-10}=a-\sqrt{b}$,二等式两端互乘,得到$2=a^2-b$。现在把$\sqrt[3]{\sqrt{108}+10}=a+\sqrt{b}$的两端立方,令两端不含平方根的各项相等,得到$10=a^3+3ab$,由此得到$a=1$,$b=3$。但这个"解"跟$2=a^2-b$不符。为了得到自洽的$a$和$b$,必须同时考虑$2=a^2-b$与$10=a^3+3ab$这个二元三次方程组。消去$b$以后,得到一个关于$a$的一元三次方程,问题并没有得到简化。不过,邦贝利用这类"精致又没用"的数来处理方程的方法为后来的数学家提供了早期的启示。

1573年,邦贝利《代数学》的前三卷出版。他在第三卷结尾处写道:"处理几何学的第四、五卷目前还没有完成,不过希望很快便可以问世。"可惜他没能完成这部划时代的著作。前三卷出版前,邦贝利与世长辞,享年46岁。

　　一位业余数学爱好者开启了对一种崭新类别的数的研究。可是在邦贝利身后最初的一百多年时间里，他的"平方根下的负数"受到专业数学家们的一致嘲笑。就连17世纪的法国哲学家笛卡尔也没有看到这种怪数的真实意义。"虚数"（imaginary number）这个名字来自笛卡尔，他的本意是说，这种数完全是子虚乌有，没有任何数学意义。比笛卡尔稍晚的瑞士裔大数学家欧拉提议用符号 i 来表示 $\sqrt{-1}$，把实数倍的 i 称为虚数，把一个实数同一个虚数的组合叫作复数（complex number）。给定一对实数 a 和 b，可以组成两个复数 $a+bi$ 和 $a-bi$，它们之间的关系称为共轭（conjugate）。

　　邦贝利（图25.4）是意大利文艺复兴时期最后一位数学家。他去世后不久，人们开始意识到，理论上，一个一元 n 次方程应该有 n 个解或根，尽管有时有几个解（根）可以是相等的。而卡当诺-塔塔利亚的方法似乎只给出一个解。比如遵从式（24.11），方程

$$x^3-7x+6=0 \qquad (25.6)$$

的解是

图25.4　邦贝利。

$$x = \sqrt[3]{3-\sqrt{-\frac{100}{27}}} - \sqrt[3]{3+\sqrt{-\frac{100}{27}}}。 \qquad (25.7)$$

但显然 $x=1,2,-3$ 是方程（25.6）的三个根。现在的问题是，如何理解式（25.7），并"勒令"它"说出" $x=1,2,-3$ 来。前面我们看到，邦贝利在知道实数根的情况下可以反推，证明卡当诺-塔塔利亚表示的根同这个实数根是一回事。但在不知道实数根的情况下，他的办法就不那么灵光了。

　　换一个思路来看方程问题，如果知道一个根，求解方程的问题可以大大简化。方程（25.6）是个简单的例子：知道了它的三个根，式（25.6）可以改写为

$$(x-1)(x-2)(x+3)=0。 \qquad (25.8)$$

对方程(25.3)来说，知道了一个根$x=4$，可以把它改写成$(x-4)(x^2+lx+m)=0$。把这个等式展开，得到$x^3+(l-4)x^2+(m-4l)x-4m=0$。对比式(25.3)可知$l=4$，$m=1$。于是(25.3)就分成了两个方程，$x=4$和

$$x^2+4x+1=0。\tag{25.9}$$

(25.9)这个方程我们都会解，它的两个根是

$$x=-2\pm\sqrt{3}。$$

所以，方程(25.3)有三个实数根。实际上，所有系数为实数的三次不可约方程都有三个实数根。

如何绕过卡当诺-塔塔利亚复杂的根的表达式找到实数根，成为邦贝利之后的数学爱好者们工作的重点，他们的努力大大推动了方程和"不可能的数"的理论的发展。1674年前后，刚刚踏入数学这个奇妙领域的28岁的莱布尼茨给惠更斯写了一封信，信中充满惊喜地报告说，$\sqrt{1+\sqrt{-3}}+\sqrt{1-\sqrt{-3}}$居然等于$\sqrt{6}$！他接着说："我想我是第一个发现复数乘积等于实数的。"那时他还不知道，邦贝利早在一个世纪之前就得到这个结果了。

随着对于方程式根理论研究的深入，我们知道，任意一个二次方程

$$ax^2+bx+c=0，\tag{25.10}$$

它的解的情况完全取决于系数$a(\neq 0)$、b、c。二次方程(25.10)的普遍解是

$$x=\frac{-b}{2a}\pm\frac{1}{2a}\sqrt{b^2-4ac}，\tag{25.11}$$

其中平方根内的$D=b^2-4ac$是二次方程根的判别式。如果$D=0$，方程(25.10)有两个相等的根；如果$D>0$且所有三个系数都是实数，方程(25.10)有两个不等的实数根；如果$D<0$且所有三个系数都是实数，则方程(25.10)有一对共轭复数根。

类似地，对于三次方程

$$ax^3+bx^2+cx+d=0，\tag{25.12}$$

它的解的情况也完全取决于系数$a(\neq 0)$、b、c、d。卡当诺找到了方程(25.12)的根的

判别式

$$D = 18abcd - 4b^3d + b^2c^2 - 4ac^3 - 27a^2d^2。\tag{25.13}$$

如果$D=0$，方程（25.12）至少有两个相等的根；如果$D>0$而且所有四个系数都是实数，方程（25.12）有三个不等的实数根；如果$D<0$，则方程（25.12）有一个实数根和一对共轭复数根。

　　虚数的运算存在很多沟沟坎坎，不小心很容易绊倒。就连历史上最伟大的数学家之一的欧拉也偶尔会困惑。他在1765年出版的《代数原理》（*Elements of Algebra*）里就接连犯了两个低级错误。在该书第148节里，他说两个虚数的乘积等于正实数，并举例说$\sqrt{-1}\ \sqrt{-4}=2$。这相当于是说，$\sqrt{-1}\ \sqrt{-4}=\sqrt{(-1)(-4)}$。但实际上$\sqrt{-1}\ \sqrt{-4}=(i)(2i)=2i^2=-2$。在第149节，欧拉又说，实数除以虚数等于虚数，并举例说，$\dfrac{\sqrt{1}}{\sqrt{-1}}=\sqrt{-1}$。实际上$\dfrac{\sqrt{1}}{\sqrt{-1}}=\dfrac{1}{i}=\dfrac{1\times i}{i\times i}=\dfrac{i}{-1}=-\sqrt{-1}$。欧拉把结果的正负号搞错了。我们看到在进行虚数和复数的计算时，使用符号i一步步按部就班地进行，有助于避免错误。

　　虚数乘法的"正正得负"让许多人感到玄而又玄。数学家斯特罗加茨（Steven Strogatz，1959年—）在他的通俗读物《*x*的喜悦》（*The Joy of x: A Guided Tour of Math, from One to Infinity*）里讲了这么一个故事：有一次，牛津大学的语言哲学家奥斯汀（J. L. Austin，1911年—1960年）在讲座里断言，许多语言用两次否定来表达肯定，但没有一种语言用两次肯定来表示否定，也就是正正得负。观众席中的哥伦比亚大学哲学家摩根拜瑟（Sidney Morgenbesser，1921年—2004年）应声说："那是，那是（Yeah right）。"当时一定全场轰然。

　　"精致而无用"的复数其实极为有用。现代物理学和电气工程简直离不开它。这里只举一个数论的例子。数论里有一个定理：给定四个整数a、b、c、d，它们当中任意两个数的平方之和乘另外两个数的平方之和可以用另外两个数u和v的平方之和来表示，即

$$(a^2+b^2)(c^2+d^2)=u^2+v^2，\tag{25.14}$$

而且等式右边一定有两种不同的表达形式。

利用复数的共轭性质,可以非常简洁地证明这个定理。根据虚数正正得负的乘法性质,任何一对整数的平方之和(n^2+m^2)都可以看成是一对共轭复数之积$(n^2+m^2)=$ $(n+\mathrm{i}m)(n-\mathrm{i}m)$。把式(25.14)中所有两数平方之和都写成复数形式,很容易得到

$$(u+\mathrm{i}v)=(ac-bd)+\mathrm{i}(bc+ad),$$

或

$$(u+\mathrm{i}v)=(ac+bd)+\mathrm{i}(bc-ad)。$$

所以有

$$u=|ac-bd|,\quad v=bc+ad,\tag{25.15a}$$

或

$$u=ac+bd,\quad v=|bc-ad|。\tag{25.15b}$$

这个证明其实也是具体问题的代数解决方法。比如,利用式(25.15)可以给出下面这个例子的结果:

$$(89^2+101^2)(111^2+133^2)=543\,841\,220=3\,554^2+23\,048^2=626^2+23\,312^2。$$

历史上第一位明确对虚数和复数做出令人信服的几何解释的,是挪威测绘专家韦塞尔(Caspar Wessel,1745年—1818年)。他家境贫寒,是14个孩子当中的老六,中学毕业后家里无力供他上大学,于是在19岁时加入丹麦皇家地形测量计划,成为测量员,同时靠绘制地图赚取外快。测量需要不断地对不同方向的直线做加减运算,这促使他研究矢量(向量)的运算方法,提出向量的加减法,并以此为工具进一步探究复数的几何意义。1799年,他在丹麦皇家科学与文学会的期刊上发表了自己唯一的一篇数学论文《论方向的分析表述》(On the Analytical Representation of Direction),其中解释了复数的几何意义(图25.5)。

在平面上选择两个相互垂直的方向,比如水平和竖直。水平方向(横轴)代表实数,以1为单位;竖直方向(纵轴)代表虚数,以i为单位。这样,任何一个复数$a+bi$(a和b为实数)就可以用平面上带箭头的线段来表示。根据勾股定理,这条线段的长度

等于 $\sqrt{a^2+b^2}$，是个实数，代表复数的"大小"，称为复数的模。任何一个复数都可以表达为它的模乘一个模为1的单位复数。那个单位复数是什么样子的呢？图25.5中，我们把代表复数的线段同横轴的夹角叫作 θ，根据三角函数的定义，很容易看出

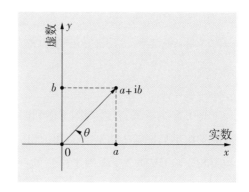

图 25.5 韦塞尔的复数几何表示法。

$$a + bi = \sqrt{a^2+b^2}\,(\cos\theta + i\sin\theta),$$
（25.16）

而且 $\cos^2\theta + \sin^2\theta \equiv 1$。你看，复数跟三角又联系上了。

有了韦塞尔的几何图象，现在可以清楚地看到 $\sqrt{-1}\,\sqrt{-4}$ 和 $\sqrt{(-1)(-4)}$ 的区别了。前者是两个纯虚数相乘，属于纵轴上的计算；而后者在平方根号内是两个实数相乘，属于横轴上的计算。所以，$\sqrt{(-1)(-4)} \neq \sqrt{-1}\,\sqrt{-4}$。

韦塞尔的论文是用丹麦文写成的（当时挪威是丹麦的一部分），丹麦皇家学会的期刊在国外又缺乏影响力，导致韦塞尔的工作被忽视了100多年。后来巴黎的一个书店老板阿尔冈（Jean-Robert Argand，1768年—1822年）在1806年产生了同样的想法。又过了25年，大数学家高斯再次发现这个结果，这才被人们广泛接受。

两位工程师在业余时间发现并开启了对"精致而无用"的复数的研究，遭到专业数学家们长期的嘲笑和忽视。而专业人士最终又不得不接受他们的结论，这个故事是不是很令人深思？

本章主要参考文献

Cajori, F.A History of Mathematical Notations. New York: Dover Publications, Inc., 1993: 367.

Cooke, R.L. The History of Mathematics. 3rd edition. New Jersey: John Wiley & Sons, Inc., 2013: 615.

Euler, L. Elements of Algebra, with Additional Material by Joseph-Louis Lagrange and Johann Bernoulli. Create Space, Inc. & Kindle Direct Publishing, 2015: 538.

Nahin, P.J. An Imaginary Tale: The Story of $\sqrt{-1}$. New Jersey: Princeton University Press, 1998: 267.

第二十六章　现代代数的曙光

　　1595年的一天，法兰西国王亨利四世（Henry Ⅳ of France，1553年—1610年）在枫丹白露接见尼德兰七省联合共和国（Republic of the Seven United Netherlands，荷兰共和国的前身）大使。这座国王狩猎的行宫建筑富丽堂皇，周围环绕着精美的花园，处处是花坛、喷泉、雕塑，还有若干鱼池和一条运河。巨大的行宫外面是野兽出没的巨大森林，国王可以随时出去狩猎。在展示了自己的财富、艺术、精美的建筑和秀丽的风光之后，亨利陪同大使回到宫殿的画廊内。身材高大的使节礼貌地表示感谢，并赞赏地说："显然，陛下的国度里有许多能工巧匠。"说到这里，他突然话锋一转："法国人在各方面都相当杰出，唯有数学不行。法国没有数学家。"说罢拿出一张纸片来。这是一位荷兰数学家在不久前出版的数学著作中的一道难题，在书中向全世界数学家挑战，请众人提交答案。傲慢的大使宣称，整个法国没人能解决这个问题。

　　纸片上是一个一元四十五次方程。用现代代数表示方法，方程是这样的：

$$x^{45} - 45x^{43} + 945x^{41} - 12\,300x^{39} + 111\,150x^{37} - 740\,259x^{35} + 3\,764\,565x^{33} - 14\,945\,040x^{31} +$$
$$46\,955\,700x^{29} - 117\,679\,100x^{27} + 236\,030\,652x^{25} - 378\,658\,800x^{23} + 483\,841\,800x^{21} -$$
$$488\,494\,125x^{19} + 384\,942\,375x^{17} - 232\,676\,280x^{15} + 105\,306\,075x^{13} - 34\,512\,075x^{11} +$$
$$7\,811\,375x^{9} - 1\,138\,500x^{7} + 95\,634x^{5} - 3\,795x^{3} + 45x = C, \tag{26.1}$$

方程后面写着：$C = \sqrt{\dfrac{7}{4} - \sqrt{\dfrac{5}{16} - \sqrt{\dfrac{15}{8} - \sqrt{\dfrac{45}{64}}}}}$。

　　这位挑战全世界的荷兰数学家就是第二十三章里检查正切表的范鲁门。

　　亨利四世身材瘦小，本来站在人高马大的荷兰使节面前就感觉有点不自在，现在见他如此出言不逊，不禁怒火中烧。突然，他想到了一个人，便对傲慢的使节说："有的！我们有一位很出色的人！"他转身对手下人大声说："马上去请维埃特先生！"说罢便转身离去，把大使留在身后。

　　风度翩翩的维埃特先生（图26.1）很快出现了。他接过纸片看了一眼，略加思索，便靠在画廊高大的窗户前提起笔，在纸片上飞快地写起来。仆人们见状，马上去通报亨利。亨利还没有回到画廊，维埃特已经把两个答案交到满脸不可置信的大使手上。"随读，随付账。（拉丁文：Ut legit, ut solvit）"维埃特俏皮地说，随后离开。

维埃特（François Viète，1540年—1603年）不是专业数学家，否则他那天就不会恰好也在枫丹白露的行宫里。他是国王顾问团里一位重要人物，主要职责是为国王出谋划策。

法兰西的国王历来有一个传统，在作出重大决策之前，要征求顾问团的意见。顾问团由已经成年的王子和教会及贵族当中有影响的人物组成。维埃特的父亲是法国城市拉罗歇尔（La Rochelle）有名的律师，母亲出身贵族家

图26.1 维埃特（韦达）肖像。

庭，他自己也是律师，曾经接手过一些要人的财务事务，其中包括法王弗朗索瓦一世（Francis Ⅰ，1494年—1547年）的遗孀和苏格兰女王玛丽一世（Mary I of Scotland，1542年—1587年）。关于玛丽的悲惨故事，《好看的数学故事：概率与统计卷》里有比较详细的介绍。

维埃特的父亲是胡格诺（Huguenot）教徒，而母亲则信奉天主教，表哥（母亲的侄子）是神圣同盟控制的议会的第一届主席。虽然维埃特在公开场合宣称信奉天主教，但一生为胡格诺教徒提供辩护和保护。他认为国家的稳定比国王的信仰更重要，甚至在临死前拒绝做天主教徒的临终忏悔。有人认为他可能是无神论者，只是在当时的环境中不得不假装作信徒。数学是维埃特一生的挚爱，但他只能在空闲的时间研究。24岁时，他成为一位胡格诺军事领袖夫人的法律代言人，并给她12岁的女儿帕尔特奈的凯瑟琳公主（Princess Catherine de Parthenay，1554年—1631年）讲授科学和数学。在那些高薪酬的家庭教师的日子里，维埃特有大量时间进行数学研究。他为凯瑟琳编写的教案有一部分保存到今天，其中十进位数字小数点的使用比公认的创始人斯蒂文

（Simon Stevin，1548年—1620年）还要早20年，教材里还提到行星运行的轨道应该是椭圆的，这比开普勒的著作早了40年。

在帕尔特奈家族的引荐下，维埃特首次进入法国王宫，结识了查理九世（Charles Ⅸ，1550年—1574年）。1568年，凯瑟琳嫁给一个胡格诺男爵，这又使维埃特结识了大多数胡格诺的上层人物，包括科利尼和纳瓦拉的亨利，也就是未来的亨利四世。但当凯瑟琳的父母借口男爵没有生殖能力要求女儿离婚时，维埃特认为理由不充分或者不正当，拒绝为他们服务。不久发生了圣巴多罗缪（St. Bartholomew）大屠杀，凯瑟琳的丈夫在事件中因救护查理九世的老师科利尼（Gaspard de Coligny，1519年—1572年）而被杀害。维埃特那时已是巴黎有名的律师，亲眼目睹了当时的疯狂和惨状。

1575年，查理九世的兄弟、亨利二世第四子继承王位，也就是亨利三世（Henry Ⅲ of France，1551年—1589年）。这位举止优雅、口若悬河、喜欢穿女人衣服、痛恨狩猎的年轻人在宗教方面采取中立立场，对胡格诺教派实行退让政策，引起极端的天主教徒们不满。吉斯公爵（Henry Ⅰ，Duke of Guise，1550年—1588年）借机创立天主教神圣同盟（Holy League），并组建军队与国王抗衡。在紧要关头，亨利三世任命维埃特为私人顾问，参加巴黎皇家议会活动，为国王出谋划策。1584年，亨利三世的弟弟去世，他的直系家族没有男性继承人。按照法兰西的皇家传统，下一个国王应该属于纳瓦拉的亨利，一个胡格诺信徒。吉斯同西班牙国王腓力二世（Phillip Ⅱ，1527年—1598年）结盟，力主波旁家族第八子、天主教的主教查理（Charles de Bourbon，1523年—1590年）为王储。虽然亨利三世这一次站在神圣同盟一侧，神圣同盟仍然在西班牙的资助和推动下试图推翻亨利三世，不断地同西班牙利用密码通信。维埃特花了大量时间破译密码。

在频繁而复杂的政治斗争的间隙，维埃特从未间断数学研究。1579年，他出版了《数学法则的普适途径》（拉丁文：*Universalium Inspectionum ad Canonem Mathematicum*）。这部著作的封面给出了他的拉丁文名字Franciscus Vieta，弗朗索瓦·韦达。我们后面就使用这个非常有名的名字。这部著作的本意是为天文学研究提供数学基础。在韦达看来，大多数天文学家的几何学基础太差，他特别批评了托勒密和哥白尼，并试图建立自己的几何天文模型。为此有必要对三角学进行深入研究。编写《数学法则的普适途径》的主要目的就是为三角学建立几何与代数学之间的联系。比如，在建立余弦定理时，他在几何问题中开始引入代数运算和符号。图26.2实际上就是雷乔蒙塔纳采用的图23.2，但*C*和*D*的位置互换。韦达在证明中直接利用勾股定理，并利用代数计算来得到下述等式：

$$AD^2 = AB^2 + BD^2 - 2BD \times BC,$$

（26.2a）

$$AB^2 = AD^2 + BD^2 - 2BD \times CD。$$

（26.2b）

读者应该很容易看到这两个等式同余
弦定理的关系。当然，韦达的代数语言
没有今天这么完善。他的拉丁文原文
是这样的（后面括号里是中文翻译）：

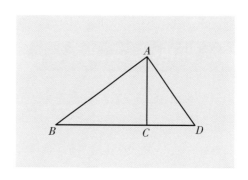

图26.2　韦达推导式（26.2a）和（26.2b）的
几何示意图。

　　（26.2a）：*AD* potest *AB* & *BD*, minùs *BD* in *CB* bis.（*AD* 的平方等于 *AB* 的平方
和 *BD* 的平方减去 *BD* 乘 *CB* 的二倍）；

　　（26.2b）：*AB* potest *AD* plus *BD*, minùs *BD* in *CD* bis.（*AB* 的平方等于 *AD* 的平
方和 *BD* 的平方减去 *BD* 乘 *CD* 的二倍）。

　　这里面，虽然 plus 和 minùs 同今天我们看到的英文中的加（plus）和减（minus）几
乎没有区别，但在当时的含义是不同的。它们分别表示"包括"和"刨除"，只能用在
非具体数字的情况下。比如，那时候7加5不能用plus，而必须说12；也就是说，plus 和
minus 还不真正属于算符。

　　不妨把韦达上述的表述同欧几里得的几何表述（见史苑撷英26.1）对比一下。我
们看到，采用代数语言，证明不仅简短，而且思路更为清晰明了，更容易追踪。建议读
者花一两分钟时间把推导式（26.2a和b）的代数过程写下来，再同欧几里得的证明比
较一下。今天对我们来说，代数语言似乎是天经地义的，可实际上，代数语言的进化花
了数百年的时间。韦达代数语言非常原始，但这在16世纪是数学史上一个革命性的
飞跃。没有代数语言的发展，很难想象我们能得到今天这样精深的数学成果。

　　同年，韦达还发表了《数学法则在三角中的应用》（拉丁文：*Canon Mathematicus
seu Ad Triangula*），这是西欧第一部系统讨论利用所有六种三角函数进行数学分析的
著作，后面还会谈到。这时，他由于经常为胡格诺教徒辩护而遭到神圣同盟与日俱增
的敌视。在神圣同盟不断的压力下，亨利三世不得不于1583年解除他顾问的职位。

史苑撷英 26.1

根据英国数学史专家希思的翻译，欧几里得在《几何原本》第二卷对命题13的证明是这样的（参阅图23.2）：

我说：方形 AC（即 AC 构成的正方形的面积；下同）同方形 BC 和 AB（之和）比起来，小了 BC 和 BD 构成的矩形的二倍。

这是因为线段 CB 被其上任意一点 D 所截断，而方形 CD 和 BD 等于 CB 和 BD 矩形的二倍。把方形 DA 加到问题中来，三个方形 BC、BD、AD（的面积）等于两倍的 BC 和 BD 构成的矩形以及 AD 和 CD 两个方形。

因为线段 AD 垂直于 BC，方形 AB 等于方形 BD 和 AD（之和）；而方形 AC 也等于方形 BC 和 BD，所以方形 BC 和 AB 等于方形 AC 与 BC 和 BD 构成的矩形，因此方形 AC 本身跟方形 BC 和 AB 比起来，小了两倍的 BC 和 BD 构成的矩形。

在没有代数符号的情况下，这么长的一段语言论述，只是给出了式（26.2a）。

纳瓦拉的亨利写了两封信给亨利三世，希望他收回成命，都没有成功。

韦达离开政治风暴的中心，在大西洋东岸布列塔尼地区的小镇滨海博瓦尔（Beauvoir-sur-Mer）隐居了四年。远离宗教的狂热、政治的尔虞我诈、人性的暴虐，他潜心数学。有故事说，为了一个数学问题，他曾经坐在桌前，双肘抵住桌面，三天三夜没挪地方。这是他一生最幸福的几年，写出了一系列划时代的数学著作。在某种意义上，韦达的政敌为数学发展立了一大功。

但在这段时间里，亨利三世同神圣同盟的纠纷不断升级。1588年5月，吉斯公爵率军攻入巴黎，亨利三世出逃，在卢瓦尔河谷的布卢瓦城堡里避祸。韦达马上放弃隐居，赶到那里为国王服务。同年12月，亨利三世在布卢瓦城堡宴开"鸿门"，到场的吉斯公爵在国王的观望下被45名卫士乱剑斩杀。次年8月1日，亨利三世也被一个假装提供情报的天主教多米尼克修士用短刀插入腹中。亨利三世死后，纳瓦拉的亨利即位，也就是亨利四世。新国王马上聘请韦达为私人顾问。韦达破译了腓力二世的通信密码，把所有企图干预法国内政，准备军事行动的密信都翻译成法文送到国王手上。亨利四世把一封神圣同盟企图联合西班牙推翻国王统治的密信公布于世。腓力二世见阴谋暴露，只好议和。这个事件对终止长达三十多年的法国宗教战争起到了重要作用。腓力二世坚信自己的密码不可能破译，竟然到宗教法庭诬告韦达非法使用巫术。亨利四世非常欣赏韦达的数学能力，后来干脆把所有的密信都交给他处理。

估计韦达从国王那里得到非常丰厚的报酬，因为他开始自费印刷出版自己的数学论著。1591年，他发表著名的《分析艺术引论》（拉丁文：*In Artem Analyticem Isagoge*），这是他的《新代数》（*Algebra Nova*）系列十部当中的第一部。此前，他在考虑代数问题时，思维常常局限在三维几何空间里。比如，他在处理三次方程时，必定考虑量纲。他用元音字母（A、E、O 等）表示未知数，用辅音字母（B、C、D 等）表示系数，举个例子，下面的拉丁文式子是韦达的表示法，拉丁文下面的楷体字是逐项的解释：

A cubus	+	*B* planum	in	*A*3	aequatur	*D* solido.
A 的立方	+	平面*B*	乘	3*A*	等于	三维体*D*。

这个式子相当于我们今天的 $x^3+3B^2x=D$，其中 B 和 D 都是常数，B 代表直线的长度，D 代表体积，也就是说，未知数总是作为未知线段的长度来处理的。

从《分析艺术引论》起，韦达跳出了三维几何空间内的思维，开始向四维、五维甚至更高维度进发。他的主要目的似乎是为了精确地制作三角函数表。我们在前几章看到，由于各方面应用的需要，对任意一个给定角度需要越来越精确的三角函数值。在处理这类问题时，几何的方法显得局促无力，符号代数成为必需。

在《数学法则在三角中的应用》里，韦达的主要目的是计算 $1'$ 角$\left(\text{即}\left(\dfrac{1}{60}\right)°\right)$的正弦值。有了这个角度的正弦值，其他角度的正弦值可以通过倍角与和角公式计算出来。他从 $\sin 30°=0.5$ 出发，连续 11 次应用半角公式 $\sin^2\dfrac{\theta}{2}=\dfrac{1}{2}\,\text{versin}\,\theta\,(\text{versin}\,\theta=1-\cos\theta)$，得到第 10 和第 11 次的计算结果是（采用今天的代数表达）

$$\sin^2\left(\frac{30°}{2^{10}}\right)=\sin^2\left(\frac{1\ 800'}{1\ 024}\right)=\sin^2(1.757\ 812\ 5')=0.000\ 000\ 261\ 455\ 205\ 834,$$

$$\sin^2\left(\frac{30°}{2^{11}}\right)=\sin^2\left(\frac{1\ 800'}{2\ 048}\right)=\sin^2(0.878\ 906\ 25')=0.000\ 000\ 065\ 363\ 805\ 733。$$

从上面两个式子，韦达得到一个不等式，把 $\sin 1'$ 的数值限制在一个很小的数值区间内，然后通过加权平均得到一个近似值为 $\sin 1'\approx0.000\ 290\ 888\ 204\ 2$。它的误差只在

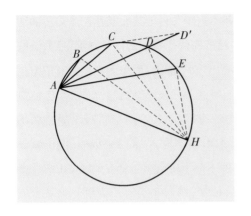

图26.3 韦达推导$n\theta$正弦和余弦关系的示意图。

小数点后最后一位。数值估算的具体内容不在本书之内，就不赘述了。

跳出三维空间的禁锢之后，韦达可以放开处理任何维度的数学问题而不必一一讨论每个数学关系的几何解释，这对于他寻找任何整数n情况下$\sin(n\theta)$和$\cos(n\theta)$之间的迭代关系至关重要。几十年后，韦达找到了一个新的代数方程计算法。这个方法不仅可以用来更迅速地计算三角函数值，还为避免卡当诺–塔塔利亚三次方程解的奇怪形式提供了新的思路。

从给定圆上一点A作直线AB交圆于点B，再从点A作AC交圆于点C，并使圆上的弧长$\overparen{AB} = \overparen{BC}$。按照这个方式继续作$AD$、$AE$，等等（图26.3）。因为$\overparen{AB} = \overparen{BC}$，三角形$ABC$是等腰三角形。延长$AD$至$D'$，使三角形$ACD'$为等腰三角形，显然$ACD'$与$ABC$相似，而且可以证明$AD' = AD + AB$。

现在令$AB = L_1$，$AC = L_2$，那么有$\dfrac{AB}{AC} = \dfrac{AC}{AD'}$，也就是$\dfrac{L_1}{L_2} = \dfrac{L_2}{AD + L_1}$。由此得到第三条线段$AD$的长度为

$$L_3 = \frac{L_2^2 - L_1^2}{L_1}。 \tag{26.3a}$$

这个过程可以一直继续下去，得到

$$L_4 = \frac{L_2^3 - 2L_1^2 L_2}{L_1^2}, \tag{26.3b}$$

$$L_5 = \frac{L_2^4 - 3L_1^2 L_2^2 + L_1^4}{L_1^3}, \tag{26.3c}$$

$$\cdots\cdots$$

$$L_{10} = \frac{L_2^9 - 8L_1^2 L_2^7 + 21L_1^4 L_2^5 - 20L_1^6 L_2^3 + 5L_1^8 L_2}{L_1^8}, \tag{26.3d}$$

等等。

从三角学的角度来看这个问题，半圆弧 $\overset{\frown}{AH}$ 被截成若干相等的圆弧 $\overset{\frown}{AB}$、$\overset{\frown}{BC}$、$\overset{\frown}{CD}$ 等，令它们对应的角 $\angle AHB$、$\angle BHC$、$\angle CHD$ 等于 θ，这个角是对应的圆弧的一半。AH 是圆的直径，所以三角形 ABH、ACH、ADH 等都是直角三角形。如果圆的半径等于 1，那么 $L_1 = AB = 2\sin\theta, L_2 = AC = 2\sin 2\theta$。韦达断言

$$\frac{L_1}{L_2} = \frac{L_{n-1}}{L_{n-2} + L_n}。\tag{26.4}$$

采用现代表述法，式（26.4）相当于

$$\frac{\sin\theta}{\sin 2\theta} = \frac{\sin[(n-1)\theta]}{\sin[(n-2)\theta] + \sin(n\theta)}。\tag{26.5}$$

他还导出了余弦的类似迭代关系

$$\frac{1}{2\cos\theta} = \frac{\cos[(n-1)\theta]}{\cos[(n-2)\theta] + \cos(n\theta)}。\tag{26.6}$$

这样，依次增加 n 的数值，在每一步计算出 $\sin(n\theta)$ 或 $\cos(n\theta)$，韦达就可以对任意的 n 计算出相应的三角函数值来。这里面，当然也包括了卡西和乌鲁伯格的三倍角公式。

从这里，韦达展示出代数与三角相结合的巨大威力。至此，他已大大超越了伊斯兰世界对三角学的理解。利用这个方法，他再次计算 $\sin 1'$ 的数值。这一次，他从 $\sin 18°$ 开始。他首先利用五倍关系算出 $\sin 3°36'$，这需要解一个一元五次方程，他采用数值解方法得到近似解。后面的步骤很清楚：先利用三分角公式从 $\sin 60°$ 得到 $\sin 20°$，再三分得到 $\sin 6°40'$，进一步半分得到 $\sin 3°20'$。利用二角差公式得到 $\sin 16'$，半分 4 次，最终得到 $\sin 1'$。大概由于时间关系，韦达自己没能完成整个计算过程。三十年后，英国数学家布里格斯按照这个方法完成了一套巨大的三角函数表。

韦达还注意到，类似于式（26.5）的迭代关系可以帮助解决高次方程的求根问题。他用一个简单的例子来说明。考虑方程

$$3x - x^3 = 1,\tag{26.7}$$

按照卡当诺-塔塔利亚的求解公式,它的一个根是

$$x = \sqrt[3]{\sqrt{\left(\frac{1}{2}\right)^2 - 1} - \frac{1}{2}} + \sqrt[3]{\sqrt{\left(\frac{1}{2}\right)^2 - 1} + \frac{1}{2}} 。 \tag{26.8}$$

这个表达式里面包含了 $-\frac{3}{4}$ 的平方根,很难计算它的实数值。韦达把方程(26.7)改写成

$$3R^2 x - x^3 = R^2 B , \tag{26.7a}$$

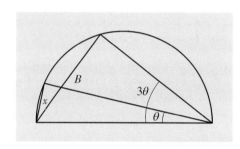

图26.4　对应于方程(26.7)的正弦关系。

其中 R 是三角问题里基圆的半径, x 是对应于未知角 θ 的弦长,而 B 则是对应于角 3θ 的弦长(图26.4)。如果选择 $R=1$,我们可以验证方程(26.7a)的解是 $x=2\sin\theta$,且 $B=2\sin 3\theta$。对方程(26.7)来说,可以看出 $B=1$,而这意味着 $\sin 3\theta = \frac{1}{2}$,对应的 $3\theta = 30°$ 或 $150°$。由此得到 $\theta = 10°$ 或 $50°$,故 $x=2\sin 10°$ 或 $2\sin 50°$。采用这个方法,韦达一下子给出两个根来。第三个根是负的,所以这个三角几何方法处理不了。对于这类三次方程,韦达的方法跟卡西-乌鲁伯格的方法是一样的。但韦达可以把他的方法推广到更高阶的方程,远远超出了卡当诺-塔塔利亚所能处理的范围。

　　现在可以回到本章开头的故事了。1593年,范鲁门向"全世界的数学家"提出了挑战,请高手对看上去无可救药的方程(26.1)求根(图26.5)。一对一决斗的事情少了,开始广发英雄帖,挑战天下武林了。读者可能已经注意到,方程(26.1)的右端不是单一给定的数值,而是 C。这个 C 可以有不同的形式,相应地,方程的根也不同。范鲁门在挑战书中先给出几个例子:

（a）如果 $C = \sqrt{2 + \sqrt{2 + \sqrt{2 + \sqrt{2}}}}$,那么 $x = \sqrt{2 - \sqrt{2 + \sqrt{2 + \sqrt{2 + \sqrt{3}}}}}$;

（b）如果 $C = \sqrt{2 - \sqrt{2 - \sqrt{2 + \sqrt{2 + \sqrt{2}}}}}$,那么 $x = \sqrt{2 - \sqrt{2 + \sqrt{2 + \sqrt{2 + \sqrt{2 + \sqrt{3}}}}}}$;

（c）如果 $C = \sqrt{2 + \sqrt{2}}$,那么 $x = \sqrt{2 - \sqrt{2 + \sqrt{2 + \sqrt{\frac{3}{16}} + \sqrt{\frac{15}{16}} + \sqrt{\frac{5}{8} - \sqrt{\frac{5}{64}}}}}}$;

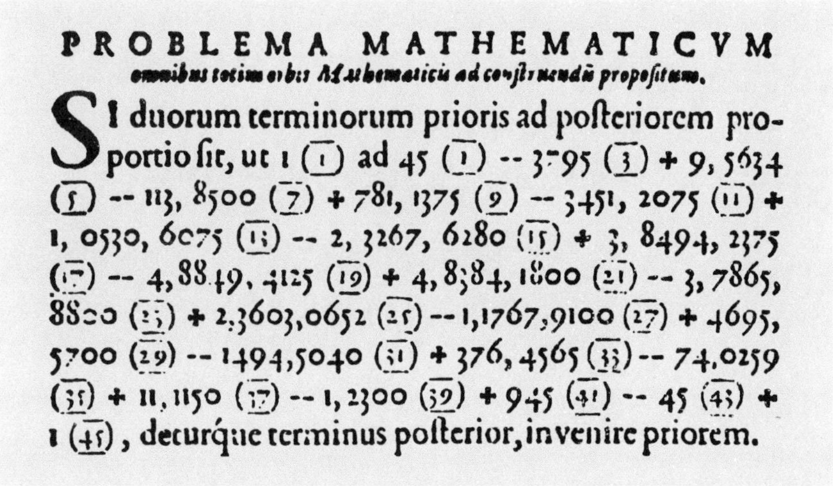
PROBLEMA MATHEMATICVM
omnibus totius orbis Mathematicis ad construendum propositum.

SI duorum terminorum prioris ad posteriorem proportio sit, ut 1 (1) ad 45 (1) -- 3795 (3) + 9,5634 (5) -- 113,8500 (7) + 781,1375 (9) -- 3451,2075 (11) + 1,0530,6075 (13) -- 2,3267,6280 (15) + 3,8494,2375 (17) -- 4,8849,4125 (19) + 4,8384,1800 (21) -- 3,7865,8800 (23) + 2,3603,0652 (25) -- 1,1767,9100 (27) + 4695,5700 (29) -- 1494,5040 (31) + 376,4565 (33) -- 74,0259 (35) + 11,1150 (37) -- 1,2300 (39) + 945 (41) -- 45 (43) + 1 (45), deturque terminus posterior, invenire priorem.

图26.5　范鲁门“挑战书”中给出的方程(26.1)。在这个代数表示式里，未知数没有正式的符号，而是通过未知数的幂次(圈圈里的数字)来表示的。

然后要求接受挑战者给出对应$C=\sqrt{\frac{7}{4}-\sqrt{\frac{5}{16}-\sqrt{\frac{15}{8}-\sqrt{\frac{45}{64}}}}}$的解。

荷兰共和国大使带着范鲁门的数学问题来访问亨利四世，这件事本身就很有意思。它似乎说明，荷兰政府对学术非常重视，甚至情愿帮助范鲁门向世界高手挑战，以提高这个新兴国家的威望。他们既然在法国寻找应战高手，可以想象也会在欧洲其他国家寻找。而大使来到枫丹白露时，范鲁门的“英雄帖”已经发出去两年多了。这又似乎说明，在两年多的时间里，还没有人敢出来应战，范鲁门看起来要不战而胜了。没想到，这时候会走出一位“扫地僧”来。

韦达不是专业数学家，最初可能没有听到“英雄帖”的消息。不过当他在枫丹白露王宫里看到这个方程的时候，可能马上就注意到这样一个事实：方程里的未知数的幂次全是奇数，而且相邻各项之间总是一加一减，非常规律。另外，常数C的表达式也泄露出一些信息。读者如果看过附录八的话，就会发现，这类平方根套平方根的表达式在三角计算中经常发生。韦达制作过巨大的正弦表，对这类计算极为熟悉。所以他马上意识到这个方程来自三角运算。计算$\sin 1'$的经验让他进一步看出，这是一个两次三分角加上一次五分角($3\times3\times5$)的三角分解问题。实际上，方程(26.1)的左侧只不过是$2\sin\left[45\arcsin\left(\frac{x}{2}\right)\right]$按照式(26.5)逐步迭代展开的结果，而其中的$x=2\sin\left(\frac{\alpha}{45}\right)$。

所以问题变成寻找那个 α 角,只要确定 $2\sin\left[45\arcsin\left(\dfrac{x}{2}\right)\right]$ 等于给定的 C 值即可得到问题的解。附录九给出建立方程(26.1)的一种方法,对三角学感兴趣的读者可以参考,应该对深入了解三角学问题有所帮助。

利用弧度来表示角度的值,前面范鲁门给出的三个例子分别是:

(a) $C = 2\sin\left(\dfrac{15\pi}{2^5}\right)$, $x = 2\sin\left(\dfrac{\pi}{2^5 \times 3}\right)$;

(b) $C = 2\sin\left(\dfrac{15\pi}{2^6}\right)$, $x = 2\sin\left(\dfrac{\pi}{2^6 \times 3}\right)$;

(c) $C = 2\sin\left(\dfrac{3\pi}{2^3}\right)$, $x = 2\sin\left(\dfrac{\pi}{2^3 \times 15}\right)$。

范鲁门挑战的具体问题是 $C = 2\sin\left(\dfrac{\pi}{15}\right)$,对应的一个解是 $x = 2\sin\left(\dfrac{\pi}{3^3 \times 5^2}\right)$。范鲁门似乎以为方程(26.1)只有这一个解,因为他的挑战要求给出"那个"解。韦达在当场给出两个解以后,当天晚上又派人送给大使21个解。后来,在正式发表对范鲁门挑战的回应时,韦达进一步指出,这个问题还有22个负数解。对于有今天三角函数知识的人来说,这是显然的,因为对任何 $n = 0, 1, 2, 3, \cdots$,$(\alpha + 2n\pi)$ 给出同样的正弦值。

在回复范鲁门的文章的引言里,韦达说:"我不是专业数学家,但只要有余暇,便在数学学习中寻求快乐。"韦达给出自己的答案之后,又送给范鲁门一个挑战:处理阿波罗尼乌斯垫片的几何问题,也就是作一个同另外三个已知圆都外切的圆(图7.14)。虽然对如何解决这个问题看法不一,但两人从此成为朋友,经常通信,切磋数学。1600年,韦达采用尺规方法分析阿波罗尼乌斯的问题,比范鲁门的方法简洁得多。范鲁门当时正在维尔茨堡大学(University of Würzburg)任数学教授,听到这个消息以后,马上赶到韦达居住的丰特奈勒孔特(Fontenay-le-Comte)。韦达热情地接待了这位客人,两人切磋畅谈了一个月。慷慨的韦达支付了范鲁门的全部费用,还为他付了返程的路费。

韦达这个解决高次方程的方法非常巧妙,但不可能对所有方程都适用。不过对于任何可用的方程,它都可以给出比较"正常"的不含立方根和复数的解来。这使韦达得到另一个重要发现:方程的解和系数之间有明确的关系。当初卡当诺感觉存在这样的关系,但他的解的表达方式过于复杂,难以得出普遍结论。韦达则可以对有实数解的方程进行验证了。先拿三次方程作为例子。如果 x_1, x_2, x_3 是三次方程

$$a_3 x^3 + a_2 x^2 + a_1 x + a_0 = 0 \, (a_3 \neq 0) \tag{26.9}$$

的三个根,那么

$$x_1 + x_2 + x_3 = -\frac{a_2}{a_3}, \tag{26.10-1}$$

$$x_1 x_2 + x_1 x_3 + x_2 x_3 = \frac{a_1}{a_3}, \tag{26.10-2}$$

$$x_1 x_2 x_3 = -\frac{a_0}{a_3} \, \circ \tag{26.10-3}$$

这是因为式(26.9)可以写成如下形式

$$a_3 (x - x_1)(x - x_2)(x - x_3) = 0 \, \circ \tag{26.11}$$

把式(26.11)展开,对比式(26.9),不难验证式(26.10-1)到式(26.10-3)的关系。

　　韦达还发现,类似于式(26.10)的关系对四次和五次方程也适用。后人把这个关系推广到任意 n 阶方程

$$a_n x^n + a_{n-1} x^{n-1} + \cdots + a_2 x^2 + a_1 x + a_0 = 0 \, (a_n \neq 0) \, \circ \tag{26.12a}$$

设这个方程的根是 $x_1, x_2, \cdots, x_n$,那么

$$x_1 + x_2 + x_3 + \cdots + x_n = -\frac{a_{n-1}}{a_n}, \tag{26.13-1}$$

$$x_1 (x_2 + x_3 + \cdots + x_n) + x_2 (x_3 + x_4 + \cdots + x_n) + \cdots + x_{n-1} x_n = \frac{a_{n-2}}{a_n}, \tag{26.13-2}$$

$$\cdots\cdots$$

$$x_1 x_2 \cdots x_n = (-1)^n \frac{a_0}{a_n} \, \circ \tag{26.13-n}$$

　　今天我们把这套关系称为韦达公式,它在代数发展史上占据重要的位置。看到这类关系的重要性和普遍性的第一人大概要数一个名叫吉拉尔德(Albert Girard,1595年—1632年)的法国人。

　　吉拉尔德也是胡格诺教徒,因为法国天主教的迫害,很小就移民到尼德兰。他进入莱顿大学(Leiden University),最初的兴趣是音乐,作过曲,而且可以专业演奏长笛。大学里,他很快在朋友的影响下开始对数学感兴趣,不过大学毕业后进入奥兰治王子拿骚的亨利(Frederick Henry,1584年—1647年)所掌管的新教陆军,成为一名工程师。

当时信奉新教的荷兰共和国正在努力争取从天主教的西班牙王国的统治下独立出来，战争不断，很多年轻人都在军队里面服役。

　　吉拉尔德仔细考察了类似于式（26.12a）的关系，他首先把最高阶幂次未知数的系数简化为1——这很简单，因为 $a_n \neq 0$，把式（26.12a）两端同时除以 a_n 即可。这就相当于式（26.12a）和（26.13）中所有的 a_n 都等于1[见式（26.12b）]。这样的方程叫作首一高次方程（monic polynomial equation）。之后，他把式（26.12）的幂次为偶数的项放在等号左面，幂次为奇数的各项移到右侧，这样就不必考虑（26.13）各式中等号右侧一正一负的符号变化了。按照这样的方程形式，吉拉尔德宣称，首先，任何一个一元 n 次方程一定有 n 个根，不能多也不能少；其次，所有这些根的和必定等于 x^{n-1} 的系数，把它们两两相乘之后再加起来，必定等于 x^{n-2} 的系数，等等，以此类推。不仅如此，任何一个首一方程

$$x^n + a_{n-1}x^{n-1} + \cdots + a_2 x^2 + a_1 x + a_0 = 0,\qquad(26.12b)$$

如果它的 n 个根是 $x_1, x_2, \cdots, x_n$，那么式（26.12b）一定可以写成如下形式

$$(x - x_1)(x - x_2)(x - x_3) \cdots (x - x_n) = 0。\qquad(26.14)$$

　　作为例子，他给出

$$x^4 - 7x^2 - 24x^0 = 4x^3 - 34x,\qquad(26.15)$$

按照幂次的定义，$x^0 \equiv 1$，所以 x^0 的系数对应着方程的常数项。吉拉尔德是最早采用这个定义的。他说，这个方程必定有4个根，它们的和等于4，也就是 x^3 的系数，两两之积的和等于 -7，三三相乘之和等于 -34，四个根相乘等于 -24。进一步，吉拉尔德推论说，对于任何一个形如式（26.15）的四次方程，设 x 的三次、二次、一次和零次幂的系数为 A、B、C、D，方程的根为 x_1, x_2, x_3, x_4，那么一定有

$$A = x_1 + x_2 + x_3 + x_4,\qquad(26.16a)$$

$$A^2 - 2B = x_1^2 + x_2^2 + x_3^2 + x_4^2,\qquad(26.16b)$$

$$A^3 - 3AB + 3C = x_1^3 + x_2^3 + x_3^3 + x_4^3,\qquad(26.16c)$$

$$A^4 - 4A^2B + 4AC + 2B^2 - 4D = x_1^4 + x_2^4 + x_3^4 + x_4^4。\qquad(26.16d)$$

利用四项式 $x_1+x_2+x_3+x_4$ 各个次幂的多项式展开，很容易验证式（26.16）。吉拉尔德从二项式开始这个展开，并得到一个副产品，那就是贾宪三角。他所发现的贾宪三角比帕斯卡还早了25年。我们看到式（26.16）的四个关系都有一个共同的特征：无论怎样置换四个根在等式右侧的位置，它们的结果不变。实际上，式（26.13）中所有等式的左侧也是如此，它们各项的位置与计算结果无关。对任意一个类似式（26.12）左侧的多项式，如果令它等于零求得的全部根满足置换不变性，则称该多项式为对称多项式。

1629年，吉拉尔德把他的发现写在一个薄薄的只有34页的小册子里，名叫《代数新发明》(*Invention Nouvelle en l'Algebre*)。他把式（26.13）和（26.16）称为定理，但并没有给出完整的证明。三年后，吉拉尔德去世，年仅37岁。而真正完全证明这个定理又花了200年的时间。

韦达和吉拉尔德的发现为后来的数学家们提供了重要的启示，不但改变了高次方程的研究方向，而且开启了代数的新领域。

卡当诺身后，许多数学家开始研究5次甚至更高次方程，希望得到类似2次到4次方程那样的通解公式：通过对方程的系数做四则运算和开方来表达方程所有的根。可是经过几代人的努力，毫无进展。于是人们开始问，4次以上的方程到底有没有这种形式的通解公式呢？这个问题的完整答案要等到200年以后了。

韦达在后半生紧紧跟随亨利四世。1593年，亨利为了得到多数法国人的拥戴再次转信天主教，韦达也跟着转教。两年后，亨利对西班牙的腓力宣战，同时在国内全面消除神圣同盟的反抗。韦达到处奔波，消除人们对国王的疑虑，一直工作到身心交瘁，被亨利四世送回家乡。临终前，他拒绝向上帝认罪，因此一些近代学者认为他是无神论者。无论他自己的信仰是什么，韦达利用法律辩护保护了许多忠诚的教徒，无论是天主教的，还是新教的。在这一点上，他也远远超出了他的时代。

17世纪的数学面临两个挑战：代数学需要如几何学那样坚固的理论和逻辑基础，几何学需要代数那种简洁的表达和分析方式。韦达对这两个挑战的回应充满了创意，为现代代数学的发展指出了方向。在他去世30多年之后，笛卡尔继续沿着他的方向走下去，发表了数学史上第一部现代数学著作《几何》（法文：*La Géométrie*）。他说：

我从韦达结束之处开始。

本章主要参考文献

Van Brummelen, G. The Doctorine of Triangles：A History of Modern Triggonometry. Prinston: Princeton University Press, 2021: 372.

Cooke, R.L. The History of Mathematics: A Brief Course. 3rd edition. New Jersey: John Wiley & Sons, Inc, 2013: 615.

Oaks, J.A. François Viète's revolution in algebra. Archives of History of Exact Science, 2018, 72: 245−302.

Tignol, J.P. Galois' Algebraic Equations. Singapore: World Scientific Publishing Co., Pte. Ltd., 2001: 324.

第二十七章　"光棍节"前夜的灵感　————————

　　11月11日是光棍节,如今在年轻人当中非常流行。它的起源没有什么历史文化背景,也没有固定的庆祝方式和规范的仪式,不同的人群用不同的方式庆祝这个所谓的节日,大概只是找个借口发泄一下。但随着电商的介入,光棍节逐渐变成了网络购物节,青年男女在前夜密切注视购物网站上的商品价格,希望杀个好价钱。

　　在过去的欧洲,双十一是个跟宗教有关的节日,叫作圣马丁节(St. Martinmas),历史相当悠久。据说,"圣马丁"这个名称来自一位名叫马丁的罗马士兵。大约4世纪时,这位士兵在天降大雪的时候遇到一个赤身裸体的乞丐。马丁把自己的战袍割下一半送给乞丐,使得他免于冻死。当天夜里,马丁梦到耶稣基督身披自己送给乞丐的半袭战袍,手指他说:"这是马丁,我为他施洗的罗马士兵;他为我披上了衣服。"我不知道这个故事是不是马丁自己编的。不管怎样,马丁改奉基督教,退伍隐修,后来成为都尔(Tours,在今天法国中部)的主教。他在某年的11月8日去世,三日后出殡。天主教廷把他封为圣人,他的葬礼日被定为圣马丁日。

　　1619年的圣马丁日的前夜,巴伐利亚中部也是一片冰天雪地。在古城多瑙河畔诺伊堡(Neuburg an der Donau)神圣罗马帝国军营的一间小屋里,23岁的笛卡尔也在做梦。

　　当时笛卡尔正在雇佣军中服役,隶属于巴伐利亚选帝侯马克西米利安一世(Maximilian Ⅰ,1573年—1651年)的军队。他们在今天捷克的首都布拉格附近的白山与波西米亚军队交战。此前一年多,他刚刚以雇佣兵的身份在信仰新教的荷兰执政官莫里茨(Maurice, Prince of Orange,1567年—1625年)麾下服务。笛卡尔体质孱弱,根本不适合当兵打仗。他母亲因肺结核去世时,他才一岁,并且也染上了肺结核。后来父亲把他托给外祖母,在经济上给予资助,但父子很少见面。1616年,他从普瓦捷大学(University of Poitiers)毕业后,在选择职业问题上拿不定主意,于是决定先去周游欧洲各地。当雇佣兵是他周游各国的方式。

　　事实证明,两次雇佣兵生涯虽然短暂,但对笛卡尔的一生极为重要。在荷兰当兵时,正好是休战期。他修习军事工程,数学知识得到很大进展。他还结识了当地一所学校的校董、比他年长8岁的著名学者贝克曼（Isaac Beekman，1588年—1637年）。据说,笛卡尔在布雷达市（Breda）的一个市场里看到一面招牌,上面写着一道数学题。笛卡尔不懂荷兰文,就请旁边的人帮忙翻成法语,那人就是贝克曼。后来两人经常见面,贝克曼给笛卡尔讲解自己的力学理论（这个理论把物体看成是由许多小颗粒构成的,即所谓小体论）,并鼓励他用数学方法研究自然。贝克曼还向他介绍了许多伽利略的科学思想。这些交流对未来笛卡尔思想的系统化产生了极为深刻的影响。贝克曼后来又成为德维特（Johan de Witt，1625年—1672年）的老师。读过《好看的数学故事：概率与统计卷》的读者应该记得德维特的悲壮故事。

1619年11月10日,得胜的神圣罗马军队在多瑙河畔诺伊堡休整,顺便庆祝圣马丁狂欢节,军营里一片节日气氛。然而笛卡尔却把自己关在小屋子里,整天没有出门。一个小火炉把屋子烤得暖洋洋,他昏昏沉沉不断地做梦。后来,在一个封面上标着"奥林匹亚"的笔记本里,笛卡尔记下了三个梦的内容。

直到今天,哲学家、心理学家、医生、科学家还在对笛卡尔三个梦的内容和寓意猜来猜去。前两个梦大致属于噩梦,他梦到鬼魂和旋风,把自己卷到教会的墙上。还梦到巨大的爆炸声,惊醒后满眼冒金花。有人认为,这些梦境跟创伤后压力症候群有关。我们这里只介绍他的第三个梦。

他环顾四周,看到桌上有一本书,时隐时现。打开来看时,发现是一部字典,心里欢喜。可是忽然发现字典下面还有一本书,是多位诗人作品的选集。他随手翻开,看到这一句："生命中,我该走什么样的道路（Quod vitae sectabor iter）？"这时,一个陌生人闪现出来,引用了一句以"是又不是（Est et non）"开头的诗,并赞美它。笛卡尔告诉那人,自己知道这诗句来自罗马诗人奥索尼乌斯（Ausonius，约310年—约395年）的田园诗,而且就在手中的诗集里。他想给那人找出奥索尼乌斯的诗句来,但书和陌生人都消失了。

为笛卡尔作传的作家拜耶（Adrien Baillet，1649年—1706年）自称读到了笛卡尔的笔记,并把它记录在传记里。拜耶说,笛卡尔没有醒来,反而在梦中开始对上述梦境进行解读了。笛卡尔判定,那部未完成的字典代表了当时人类所知的所有科学知识,而诗集则象征着哲学和其他智慧的综合。他认为诗人,即使是浪费生命的诗人,也常常能讲出哲学家表达不出的至理名言来。这是因为诗人拥有神圣的热情和想象力,他们比冷静推理的哲学家更能迸放出璀璨的智慧火花来。笛卡尔在梦中判定,"生命中,我该走什么样的道路"是一位智者甚或是道德神学给他的忠告。

这时他醒了，但继续梦中的思路。诗集中汇集着诗人们的启示和热情，他希望自己也会永远拥有这些品质；而来自毕达哥拉斯式的"是又不是"的断言则意味着人类知识的有限性，需要直接面对真和伪。刚刚开始在这些领域进行钻研的笛卡尔认为这些梦境是真理之神向自己展现所有科学的珍宝。

笛卡尔真的是做梦吗？估计不少搞研究的人都有过这样的经历：有个疑问在经过长期深入思考之后仍然得不到解答，而后来在某个毫不相干的时刻，突然一个念头闪现出来，疑问便得到了解答，正所谓"踏破铁鞋无觅处，得来全不费工夫"。笛卡尔是"日有所思，夜有所梦"，还是在深度冥想之中分不清梦与醒，甚或是商业炒作，编出故事来吸睛？反正在哲学史和数学史上，存在这样的记录：1619年双十一的前夜，在这个今天人们热衷于"薅羊毛"和网购的夜晚，一位年仅23岁的年轻人据说是在睡梦或者冥想中获得灵感，改变了哲学和数学的发展进程。

14年后，笛卡尔在给波西米亚公主伊丽莎白（Elisabeth, Princess Palatine of Bohemia，1618年—1680年）的信中骄傲地宣称，从那以后，他再也没有做过噩梦。

1620年，笛卡尔离开军队，在欧洲继续漫游。三年后，他变卖了父亲遗赠给他的房产，把钱财全部换为债券，从此完全依靠投资的收入生活，不再找工作。他结识了许多法国知识人士，讨论科学与哲学问题，最早创办科学沙龙的梅森（Marin Mersenne，1588年—1648年）成为他的好友。梅森的故事也在《好看的数学故事：概率与统计卷》里。笛卡尔认为所有学科的基础是哲学，然而前人的哲学缺乏确定性，因此需要先为哲学建立起确定性的基础。那么，什么学科最精确、最自洽、逻辑最严密呢？当然是数学。于是他决定在数学的基础上建立一个新的哲学体系。

1628年，笛卡尔写信给贝克曼，宣称在过去的九年里对算法和几何的研究大有长进，已经没有再往深处钻研的愿望了。作为例子，他列出通过双曲线求解三次和四次方程的规则。这暗示他直接延续了韦达的工作。1629年，笛卡尔动笔写第一部宏大的著作，力图构建起一个能够解释所有自然现象的统一学说。这套书的第一部分题为《世界》（法文：*Le Mond*），第二部分叫作《论人》（法文：*L'Homme*）。《世界》里面包含了日心说的假说，本来计划在1633年将初稿寄给梅森，但听到了伽利略由于日心说而被监禁的消息，笛卡尔害怕遭到同样的命运，放弃了出版。这部著作要等到他去世才得以出版。

LA

GEOMETRIE.

LIVRE PREMIER.

Des problesmes qu'on peut construire sans y employer que des cercles & des lignes droites.

TOus les Problesmes de Geometrie se peuuent facilement reduire a tels termes, qu'il n'est besoin par aprés que de connoistre la longeur de quelques lignes droites, pour les construire.

Et comme toute l'Arithmetique n'est composée, que de quatre ou cinq operations, qui sont l'Addition, la Soustraction, la Multiplication, la Diuision, & l'Extraction des racines, qu'on peut prendre pour vne espece de Diuision: Ainsi n'a-t'on autre chose a faire en Geometrie touchant les lignes qu'on cherche, pour les preparer a estre connuës, que leur en adiouster d'autres, ou en oster, Oubien en ayant vne, que ie nommeray l'vnité pour la rapporter d'autant mieux aux nombres, & qui peut ordinairement estre prise a discretion, puis en ayant encore deux autres, en trouuer vne quatriesme, qui soit à l'vne de ces deux, comme l'autre est a l'vnité, ce qui est le mesme que la Multiplication; oubien en trouuer vne quatriesme, qui soit a l'vne de ces deux, comme l'vnité

Commēt le calcul d'Arithmetique se rapporte aux operations de Geometrie.

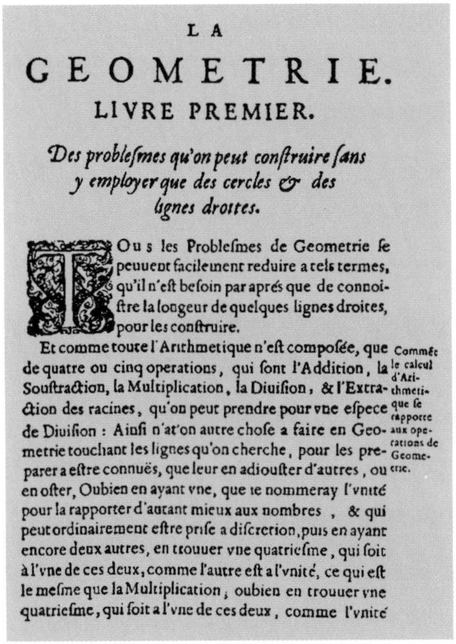

图27.1　笛卡尔《几何学》的首页。

1630年到1640这十年间，笛卡尔主要生活在荷兰，在那里写出了一系列重要著作，其中的精华是《论方法》(法文：*Discours de la méthode*)。顾名思义，这是一部讨论方法论的哲学著作。在对方法论做了理论探讨之后，笛卡尔在书后加了一些附录，用来说明他的方法论在不同领域当中的应用。其中一个附录的标题是“几何学”(La Géométrie)。这是笛卡尔唯一的一部纯数学著作，不到100页，而且它的起源颇为有趣。据说，他在荷兰安定下来不久，一位当地朋友介绍给他一个经典的几何问题，可能是来自亚历山大城的帕普斯(Pappus of Alexandria，约290年—约350年)。笛卡尔以为这是一个古人无法解决的问题，便采用自己的方法进行分析，很快得到了解答。这使他意识到自己方法的巨大潜力，于是写下了《几何学》(图27.1)。

《几何学》这个名字容易给人一个错误的印象，那就是书中处理的都是几何问题。确实书中充满了几何问题，但笛卡尔的兴趣在于利用方程的几何解来构造几何问题。他本人虽然看不上古希腊几何学，但却对圆锥曲线情有独钟，书中引入了大量用圆锥曲线解决方程的例子。《几何学》的目的是用韦达的代数方法处理经典的几何问题，结果在方法上独辟新径，创立了解析几何。

笛卡尔跟同时代的数学家不同，不大看重古希腊那种纯粹的几何学。他在写给梅森的一封信中这样说：

> 我决定不再探讨纯抽象的几何学，也就是那些仅仅考虑有助于思维练习的问题；我要研究另一类几何学，即目的在于解释自然现象的几何学。

笛卡尔需要建立几何问题的定量的代数关系。他在开篇中写道：

　　任何几何问题都可以轻而易举地简化成若干项，通过这些项，只要知道若干线段的长度，就足够可以构建几何问题。

　　这里所谓的"项"，应该就是代数意义的项。笛卡尔举了一个例子：计算两条线段BD和BC的乘积。他说，先用BD和BC构成任意一个角DBC（即二线段共享点B），然后在一条线段如BD上选择一点A，使得$AB=1$（任意长度单位）。现在连接AC，构成三角形ABC，再把BC延长至点E，使得DE平行于AC，如图27.2所示。显然，三角形DBE与ABC相似，所以有

$$\frac{BE}{BD} = \frac{BC}{AB},\qquad(27.1a)$$

而$AB=1$，所以得到

$$BC \times BD = BE。\qquad(27.1b)$$

　　第二个例子解释了一元二次方程的几何意义（图27.3）。考虑方程

$$x^2 = ax + b^2,\qquad(27.2)$$

笛卡尔令线段$LM=b$，然后在L点作LM的垂线NL，使得$NL=\frac{a}{2}$，并以N为圆心作半径为$r=\frac{a}{2}$的圆。现在作通过N和M点的直线，它交圆于两点O和P。根据平面几何中的勾股定理和圆幂定理（circle power theorem），

$$LM^2 = MN^2 - NL^2 = MP \times OM，$$

而$MP=OM-a$，令$x=OM$，则上式即可写成式（27.2）的形式。

　　这种几何与代数之间的转换今天看来毫不足奇，中学生都会做。但在当

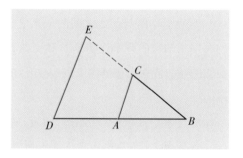

图27.2　笛卡尔变几何中线段相乘问题为代数问题示意图。

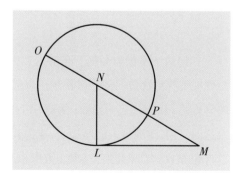

图27.3　笛卡尔利用几何关系建立一元二次方程示意图。

时应该是振聋发聩的，因为它开始把几何问题算法化、代数化。正是因此，加上17世纪的代数知识，几何学的研究有了新的方向。

不过，笛卡尔没有认识到方程（27.2）跟图27.3的几何问题并不完全等同。前者给出两个根

$$x = \frac{a}{2} \pm \sqrt{\left(\frac{a}{2}\right)^2 + b^2},$$

显然，正根对应的是 $r + NM = OM$。那么负根呢？它对应的是 $r - NM = -PM$。笛卡尔把这个负根也叫作"错根"，不去考虑。

《几何学》的第一节讨论算法与几何操作之间的关系，第二节讨论如何用几何方法进行乘除和求根运算。这里的内容跟花剌子米的做法类似，旨在提供四则运算和求根的几何背景。通过这些讨论，他对在几何问题中引入代数计算提供了依据。

明确了几何与代数之间的关系之后，笛卡尔开始用代数方法处理几何问题。他的利用未知数的理解比伊斯兰和文艺复兴时代数学家把未知量叫作"物"（来自阿拉伯文的shay或来自德语国家的cossist）的概念要清晰得多。他说：

> 解决任何一个（几何）问题，首先假定需要求解的关系成立，并给所有必要的线段命名，不论这些线段是已知还是未知。然后，在不区别已知和未知量的情况下，尽量采用最自然的方法建立这些线段之间的关系，直到找到一个单一量的两种不同表达方式。由于这两种方式是对同一个量的表达，（对于含有一个变量的问题来说）这两种方式就构成一个方程。

如何给这些量命名呢？在前人如丢番图、花剌子米和韦达的基础上，笛卡尔进一步发展了符号代数。他建议采用字母表最前面的字母如 a、b、c、d 等代表常数，用末尾的字母 x、y、z 等代表未知数；幂次用上角标数字来表达，如 10^3、a^n、x^b 等。这些规则比韦达的好用，逐渐被人们所接受，成为我们今天代数符号的普遍规则。

也是在这部《几何学》里，笛卡尔首次提议，采用轴线来描述直线任意一点的位置，这就是我们今天熟悉的坐标系的最初概念。然而纵观《几何学》全书，里面从未使用"坐标"（coordinate）这个术语，也没有对任何方程给出对应的曲线。因此，数学史

家对他的发明有不同的看法。有人说，他最初只使用一根轴，也就是数轴，但也有人说，他使用两根轴，而且这两根轴经常是相互不垂直的。在我看来，这两种说法并不像表面看来那样互相矛盾。笛卡尔只考虑正数，在处理几何问题时使用两根数轴是为了代数表达的方便。《几何学》里面不涉及角度，所有问题都通过线段的长度来计算，所以两根数轴相互垂直与否无关紧要。从某种意义上，笛卡尔的"坐标"是阿波罗尼乌斯（见第七章）在几何分析中引入的辅助线同代数数轴的结合，它同欧勒姆（第二十二章）的"坐标系"的关系似乎倒不那么密切。

今天我们在多数情况下采用轴线相互垂直的所谓直角坐标系，这是荷兰数学家舒藤（Frans van Schooten Jr.，1615年—1660年）在把《几何学》从法文翻译成拉丁文的时候提出来的。舒藤不仅翻译了文字，还对内容做了大量的补充。在坐标系里，把两根轴的交点作为零点（原点），整个平面就被分成四个区域（象限），原点右侧是横轴（x）的正值，上面是纵轴（y）的正值，左边和下边为负值。如此构成一个直角坐标系，又称笛卡尔坐标系（Cartesian coordinates），平面内的任意一点都可用一对数值(x, y)（坐标）来描述（图27.4）。笛卡尔在《几何学》里也从来没有使用过(x, y)这样的表达式。

引入负数以后，平面几何与代数的联系在笛卡尔坐标系里显得极为自然。比如，图27.4中红、蓝、绿三个点的位置和相应的坐标。采用图27.4中点的坐标，任何通过两个点的直线都可以用这两个点的已知坐标值与满足直线的变量x和y构成的代数方程表达出来。比如，要想知道通过蓝点和绿点的直线的代数表达，我们是需要写出直线的普遍方程形式

$$y = ax + b, \qquad (27.3)$$

然后把对应于蓝点和绿点的坐标(x, y)分别代入式（27.3），得到两个关于直线系数a和b的线性方程组：

蓝点：$-2.5 = -1.5a + b$，

绿点：$3 = 2a + b$。

古人早就知道这样的二元一次方程组

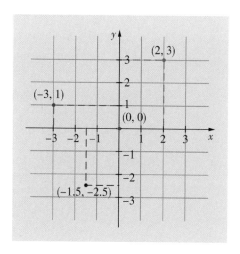

图27.4　平面内的笛卡尔坐标系。

的解法了，结果是 $a=\frac{11}{7}$，$b=-\frac{1}{7}$。红、蓝、绿三个点可以构成一个三角形，每一条边都可以用类似于（27.3）的方程来表达。对于曲线来说，需要知道至少三个点的位置，通过高次方程或其他非线性方程来描述，比如第七章里谈过的圆锥曲线（图7.10）。任何曲线，如果知道了它的基本类型以及其上足够的点的坐标，就可以利用根求解方程（27.3）类似的代数方法把该曲线的代数表达式确定下来。

《几何学》的第二部分主要分析阿波罗尼乌斯研究过的三线、四线轨迹问题。简单地说，这类问题大致是这样的：给定 $2n$ 或 $2n+1$ 条直线（它们不一定相互平行或垂直），寻求一个点的轨迹，这个点到 n 条直线的距离的乘积等于或者正比于该点到其他 n 或 $n+1$ 条直线距离之积。我们在第七章看到，当 $n=1$ 或 2 时，这类问题等价于二元二次方程。图27.5是一个四线轨迹问题，其中 A、B、C、D 是给定的直线，点 P 到这四条线的距离分别是 a、b、c、d。现在要求 P 点满足 $ac=1.4bd$。可以证明，P 点的轨迹可以是椭圆或双曲线。笛卡尔知道，帕普斯曾经研究过多达五线的轨迹问题；对六线以上的轨迹问题，帕普斯无法给出答案。通过分析，笛卡尔发现，五线和六线的轨迹（$n=2$ 或 3）对应着三次方程，并对其中的一类后来被称为"三叉戟"的方程尤其感兴趣。笛卡尔研究轨迹问题的目的，一是用代数法构建方程，二是证明这类曲线可以从简单得多的几条直线通过轨迹的方式衍生，三是利用它们求解高次方程的根。这方面的故事，我们后面再讲。

《几何学》的第三部分主要处理各类方程。笛卡尔对一元高次方程如式（26.12a），提出了一个有趣的符号法则（rule of signs）：

把实系数的一元高次方程的未知数各项按降幂方式排列，该方程的正根的个数等于相邻的非零系数的符号变化的次数，或是比它小于2的整倍数；而负根的个数则是把所有奇数次项的系数变号以后，所得到的方程中各项符号的变化次数，或比它小于2的整倍数。

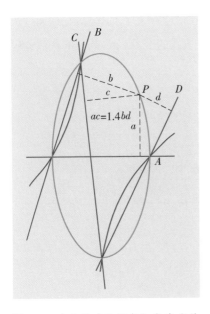

图27.5　点 P 相对于四条红色直线的轨迹是椭圆（绿色）和双曲线（蓝色）。

笛卡尔把正负实数根叫作"真根"（true roots），把含有虚数的根称为"错根"（false roots），因为他还没有认识到虚数和复数。

这里用一个例子来解释这个法则：

$$2x^5 - 4x^4 - 6x^3 + 5x^2 - 2 = 0。 \tag{27.4a}$$

这个方程有三次符号改变：5次幂与4次幂之间，3次幂与2次幂之间，2次幂与常数之间。根据符号法则这个方程或是有3个正实数根，或是有 $3-2=1$ 个正实数根。

有没有负实数根呢？我们把 $-x$ 代入（27.4a），得到

$$2(-x)^5 - 4(-x)^4 - 6(-x)^3 + 5(-x)^2 - 2 = 0，$$

也就是

$$-2x^5 - 4x^4 + 6x^3 + 5x^2 - 2 = 0。 \tag{27.4b}$$

方程（27.4b）里有两次变号：4次幂与3次幂之间，2次幂与0次幂之间，所以，式（27.4a）或者有2个负实数根，或者没有负实数根。

如今差不多人人都有电脑，很容易在平面笛卡尔坐标系中把多项式

$$y = 2x^5 - 4x^4 - 6x^3 + 5x^2 - 2 \tag{27.5}$$

的曲线画出来（图27.6）。我们看到，曲线三次穿过 x 轴，也就是说在这三个点处 $y=0$。其中两个点在 y 轴的左侧，即它们的 x 值小于0；一个在右侧，对应的 x 值大于0。这样，我们就证实了（27.4a）有一个正实数根和两个负实数根，尽管我们还不晓得这些根的准确数值。

图27.6 式（27.4a）在笛卡尔坐标系中的形貌。这里我们只画出了曲线在 $-2 < x < 3$ 的部分，曲线的 y 值在左侧随着 x 减小取绝对值越来越大的负值，在右侧随着 x 增大而越来越大。

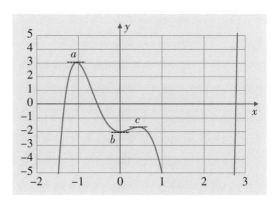

　　后来有人认为，在符号法则上，笛卡尔有抄袭之嫌，因为这些成果不少是来自韦达和英国数学家哈里奥特（Thomas Harriot，约1560年—1621年）。当然，笛卡尔也没有明确宣称这是他独立研究的成果。

　　为什么正实数根和负实数根的数目都有两种可能呢？这是因为有些高次方程有可能分解成若干个（比如m个）二次式和一个$n-2m$次式的乘积，于是方程的根对应的就是m个二次方程的两个根与那个$n-2m$次方程的$n-2m$个根的总和。每个二次方程的系数都可能是实数，而二次方程的判别式（见第二十五章）都可能小于零，在这种情况下每个二次方程都只有一对共轭复数根，使得方程（27.4）的实数根比符号变化的次数减少$2m$。

　　对五次和五次以上的方程，前人花了很多精力都找不出普遍解的代数表达式。笛卡尔的符号法则使我们不需求解方程便可以对根的性质有所了解，这对于求根来说很有帮助。具体到式（27.4a），它是个5次方程，所以应该有5个根。根据上述分析，我们知道它有三个实根，那么，这个方程的另外两个根应该是一对共轭复数根。

　　以上是笛卡尔方法的一个极为简短的介绍。这个方法就是我们今天所说的解析几何（analytic geometry）和代数几何（geometric algebra）。这是一个革命性的突破。解析几何把几何问题与代数问题互相自然转换，于是，一个方程组既可以用代数方法解决，也可以通过几何作图方法来解决。不仅如此，代数方法可以更灵活地处理同物理和其他科学有关的三维以上的几何问题。几何的公理化加上代数的定量化，使数学进入了现代时代。有了曲线的代数表示法，才会出现微积分，不过那是即将出版的《好看的数学故事：函数与分析卷》的故事了。

　　但笛卡尔不是真正的数学家，《几何学》中很多问题的讨论都缺乏完整的数学证明。他的主要兴趣在哲学，是现代哲学的开创者。他的眼界极为宽阔，数学在他眼里不过是了解从思维到现实世界整个哲学体系的一个微小部分。重新发现古希腊几何以后，多数欧洲数学家把思维限制在几何范畴之内。可是在笛卡尔看来，几何与代数之间的疆界微不足道。而数学体系的严密的逻辑和定理有助于他在此基础上逐步构建更加宏大的物质世界和思维世界的理论体系。

　　1649年，笛卡尔接受了瑞典女王克里斯蒂娜（Christina，1626年—1689年）的邀请，为她讲授哲学，并在斯德哥尔摩筹建瑞典科学院。女王派出一艘船把笛卡尔和他的2 000部藏书迎接到瑞典。但很快两个人就发现互相不能理解。克里斯蒂娜具有浓厚的宗教情结，一直想偷偷改信天主教。笛卡尔则力图用物质运动轨迹的机械原理来解释世界。他的哲学思想也遭到一些信仰虔诚的知名学者的反对，认为他宣扬无神论。比如帕斯卡就说过："我不能原谅笛卡尔；他在其全部的哲学之中都想能撇开上帝。然而他又不能不要上帝来轻轻碰一下，以便使世界运动起来；除此之外，他就再也用不着上帝了。"

1649年12月19日，女王生日的第二天，笛卡尔就开始正式授课。深冬季节，这个被笛卡尔称为"熊与冰雪"的国度天寒地冻，每天有18个小时在黑暗当中。年轻的女王作息安排非常苛刻，天生羸弱的笛卡尔必须早上五点赶到三王冠宫（瑞

图27.7 荷兰黄金时代肖像画家哈尔斯（Frans Hals，约1580年—1666年）所作的笛卡尔肖像。

典语：Tre Kronor），在撒气漏风的石头城堡里讲课，苦不堪言。1650年2月1日，笛卡尔染上风寒，十天后因肺炎而去世（图27.7）。女王因名而爱才，因爱才而害了这位天才。

跟笛卡尔同时，法兰西的南部有一位法官也在研究数学。这里靠近西地中海，气候温和，即使在深冬季节一般也不结冰。法兰西王国南部的事务主要由图卢兹议会负责处理，议会的高等刑事法庭里有一位法官议员，据说办事常常心不在焉，对案件不是漏报，就是错报。这位法官就是大名鼎鼎的费马（Pierre de Fermat，1601年—1665年），他比笛卡尔小几岁，但开始研究解析几何学的时间可能比笛卡尔还早了几年。

费马是一个皮货商的儿子，早年在奥尔良大学（Université d'Orléans）学习法律。在大学期间，他接触到了数学，从此迷上了这门学问，一辈子乐此不疲。1629年，他搬到波尔多，向当地数学家展示了自己对阿波罗尼乌斯遗著《平面轨迹》的"修复"。《平面轨迹》一书早已佚失，只是在帕普斯的数学文集中提到一些定理的细节。当时在欧洲，"修复"古希腊文本是一种很流行的活动，不仅有助于人们对古代遗产的收集和了解，同时还可以在经典基础上更进一步。费马采用韦达的代数符号体系，对轨迹问题进行了深入的研究。作为这个努力的副产品之一，费马提出了一个分析代数的基本原理：

只要在最后的方程里出现两个未知量，我们就得到一条轨迹，其末端所描述的是一条线，或直或曲。

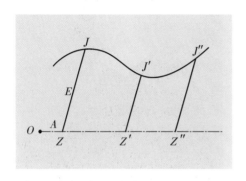

图27.8　费马的"坐标系"和点 J 的轨迹。

这句话出现在1636年的《平面与三维轨迹导论》（拉丁文：*Ad Locos Planos et Solidos Isagoge*），它在费马的朋友间传阅，比笛卡尔的《几何学》还早了一年。而根据手稿的记录来看，它写于1629年。跟笛卡尔一样，费马在使用"坐标系"时也受到几何学的桎梏，只考虑正数。不过他的解释比笛卡尔又清晰一些。图27.8是一例，这里，他考虑一个点 J 的轨迹。费马的水平的" x 轴"的原点在点 O，从点 J 作直线交" x 轴"于点 Z。OZ 的长度等于 A，这相当于我们今天所说的 x。JZ 的长度 E 相当于今天的 y。在费马的坐标系里，y 轴也不必与 x 轴垂直。现在把 JZ 向 x 轴的正方向平行移动，随着 A 的变化，E 做相应的变化，比如在点 J'，A 等于 OZ'，E 等于 $J'Z'$；而在点 J''，A 等于 OZ''，E 等于 $J''Z''$。

费马按照韦达的代数符号系统，把直线方程 $Dx=By$ 写为" D in A aequetur B in E"，这里元音字母 A 和 E 代表未知数，辅音字母 D 和 B 代表系数。根据这个"方程"，他在坐标系里画出原点正向直线（因为他不考虑负数）。他遵守韦达的规定，用几何思路构造方程，对一般的线性方程 $ax+by=c^2$，也画出对应的半条直线来。然后，他示范双曲线 $xy=k^2$，并证明 $xy+a^2=bx+cy$ 可以通过平移坐标系两个轴的位置而变成 $x'y'=k^2$ 的形式。这等于是做变量变换 $x'=x-c$，$y'=y-b$，而相应的 $k^2=cb-a^2$。之后，他还证明，$a^2 \pm x^2=by$ 是抛物线，$x^2+y^2+2ax+2by=c^2$ 是圆，$a^2-x^2=ky^2$ 是椭圆。费马甚至还旋转了坐标系的轴来把方程变成最简单的形式。在这本书的最后，他总结说：

给定任意数量的空间固定的直线，选择一个点，从该点到这些直线连接线段，使这些线段与直线的夹角相等；如果所有这些线段的平方之和保持常数，那么这个点的轨迹是一个三维曲面。

费马研究数学的主要动力是自娱。他沉默寡言，不善于交际，喜欢在一天的法律工作之后，独自坐在桌前琢磨数学问题以满足饥渴的好奇心。他从来不急着发表自己的成果，有了新发现，他也兴奋，但只是写信告诉朋友而已。很多费马的重要发现都是通过写给朋友的信件而流传下来的。数学占据了他很多时间，他所经手的案子有多少被"算着玩儿"给耽误了，恐怕永远也搞不清。

笛卡尔从未明确给出距离、斜率、两条直线之间夹角的代数公式，也没有明确意识到不定方程在解析几何中总是以轨迹的形式出现。费马则清楚地看到未知数的数目同解之间的关系，他说：

> 有些（平面）问题只涉及一个未知数，为了把它们同轨迹问题相区分，可将这类问题称为确定解问题。另外一些问题涉及两个未知数，而且不能被简化为单个未知数；这类问题属于轨迹问题。在前一类问题中，我们寻找的解是一个点，而在后一类问题中，我们寻找的是一条曲线。如果问题涉及三个未知数，我们需要寻找的就不是一个点或一条线，而是一个曲面。在这种情况下，轨迹面就出现了。等等。

上面引述的最后两句话显示，费马似乎考虑过三维甚至三维以上的轨迹问题，但没有留下具体的文字。三维直角坐标系中的几何理论要等到18世纪才有足够的发展。

《平面与三维轨迹导论》的末尾有一个附录，题为《利用轨迹解决三维问题》。这里费马继续阿基米德、海亚姆、韦达等人的寻求三次和双二次方程几何解的工作。双二次方程是一类特殊的四次方程，它们不含未知数的奇次幂项。在这个附录里，费马利用轨迹的特征解释了代数法消去某些变量的几何意义。系统的代数运算从此代替了奇思妙想的几何建构，只要懂得代数，人人都可以做。他证明，所有三次和四次问题都可以通过一条抛物线和一个圆来构建。作为例子，方程 $x^4 - c^3 x = d^4$（这里我们采用笛卡尔的代数符号）可以通过寻求抛物线 $y = \dfrac{x^2 - b^2}{\sqrt{2}\,b}$ 和圆 $2b^2 x^2 + 2b^2 y^2 = 2c^3 x + b^4 + d^4$ 的交点来解决。这个方法可以很容易扩展到其他问题上面去。费马在附录最后说了这么一句话："任何注意到上述过程的人都不会再去处理三等分角以及类似的问题。"这说

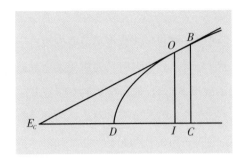

图27.9　费马分析抛物线切线的辅助图。

明费马已经意识到尺规作图无法解决三等分角和二倍立方的问题，可是没有证明。

早在1629年前后，费马就研究曲线的切线和极值问题了。这显然也跟他"修复"阿波罗尼乌斯的佚文有关。这里看看费马处理切线的方法，读者不妨跟阿波罗尼乌斯的方法（第七章）做个对比。

考虑一条抛物线，其顶点为D，对称轴为DC（图27.9）。在B点作切线，延长切线交轴线于点E_c，C是过B点作轴线的垂线与轴线的交点。由于抛物线是外凸曲线，在BE_c上位于B与E_c之间的任意一点O必落在抛物线的外面。过O作轴线的垂线，交于点I。费马由此得到$\dfrac{CD}{DI} > \dfrac{BC^2}{OI^2}$（见第七章）。又因为$\dfrac{BC}{OI} = \dfrac{CE_c}{IE_c}$，所以得到$\dfrac{CD}{DI} > \dfrac{CE_c^2}{IE_c^2}$。简化符号，令$CD=g$，$CE_c=s$，$CI=r$，则有$\dfrac{g}{g-r} > \dfrac{s^2}{s^2+r^2-2sr}$。这个不等式里两边的分母都大于零。两端分母互乘，得到$g(s^2+r^2-2sr)>s^2(g-r)$，即

$$gr-2gs > -s^2。 \tag{27.6}$$

这个不等式对任何正的r都适用，所以有$s^2 \geqslant 2gs$。于是对于正的s，有

$$s \geqslant 2g。 \tag{27.7}$$

根据这个不等式需要讨论两种不同的情况。（a）如果C位于I的右侧，$CE_c \geqslant 2CD$，且$IE_c \geqslant 2CD$。（b）如果C位于I的左侧，采用类似的论证可以得到$CE_c \leqslant 2CD$，且$IE_c \leqslant 2CD$。既然对（a）和（b）来说，IE_c分别不可能大于和小于$2CD$，在B越来越接近O的时候，便有$IE_c=2CD$。这个证明可以用极限的观点来理解，它象征着微分学的起点。实际上，O点的切线E_cO的斜率等于曲线在O点的"导数"，可以通过对曲线作微分来得到。

费马的证明引起一场有名的争论。他在附录的末尾宣称："这个方法总是有效……"这招致笛卡尔的抗议。笛卡尔也研究了曲线的切线，不过方法不同。作为挑战，笛卡尔作出一条叶形线（folium），让费马找到其上任意一点的切线。这条曲线的

方程是（图27.10）

$$x^3 + y^3 = 3axy。$$

笛卡尔在提出挑战的时候，连曲线的形貌都画错了。费马也没有考虑 x 和 y 取负值的情况，不过他证明了自己的办法仍然可用。最终笛卡尔颇不情愿地承认了费马的结果，然而费马的贡献没有得到足够的重视。

确定给定曲线上面各点的切线在代数里面很重要，其用处之一是帮助我们了解曲线的几何性质和变化趋势。比如方程（27.4a），它的等号左面是一个五次多项式 $p(x) = 2x^5 - 4x^4 - 6x^3 + 5x^2 - 2$。图27.6给出当 x 从 -2 到 3 变化时 $y = p(x)$ 的变化，不过把 $y < -5$ 的部分省略了。这条曲线上上下下，其中有三个地方出现"拐点"，在拐点处曲线 y 随着 x 值增加的变化趋势从增加到减小，从减小到增加，再从增加到减小。伴随这些变化的是曲线的切线，切线在这三个"拐点"处与 x 轴平行（图27.6中切点 a、b、c 处的三条短虚线）。而在 a 和 c 点附近，曲线的值以切点处为最大，在 b 点附近，曲线的值以切点处为最小。这说明，切线的斜率告诉我们曲线在切点附近的变化趋势。至于笛卡尔的叶形线（图27.10），曲线在原点存在两条切线，一条对应 $x=0$，另一条对应 $y=0$。费马能用自己的方法找到这两条切线很不容易。这种情况，通常需要微分知识，对曲线求导数才能确定。

费马还分析了如何计算曲线下方面积的问题。考虑图27.11中的简单曲线 $y = x^m$，如何计算这条曲线在横轴（x）从0到 a 的区域内覆盖的面积呢？

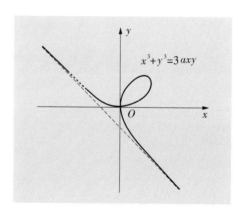

图27.10 笛卡尔的叶形线。

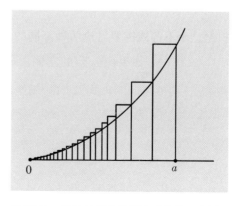

图27.11 费马计算曲线下方面积的示意图。

费马把横轴从0到a的这一段分成无穷多段，它们对应横轴上无穷多个点。从最右端起，这些点的位置分别是a，aE，aE^2，aE^3，等等。这里，E是一个小于1但非常接近于1的常数。通过这些点作横轴的垂线，交曲线于点$y=a^m$，$(aE)^m$，$(aE^2)^m$，$(aE^3)^m$，等等。现在通过这些交点对每一个横轴的小线段作矩形，它们的面积分别是$(a-aE)a^m$，$(aE-aE^2)(aE)^m$，$(aE^2-aE^3)(aE^2)^m$，等等（图27.11）。把这些小面积加起来，就是

$$(1-E)a^{m+1}+E^{m+1}(1-E)a^{m+1}+E^{2(m+1)}(1-E)a^{m+1}+\cdots$$
$$=a^{m+1}(1-E)\left[1+E^{m+1}+E^{2(m+1)}+E^{3(m+1)}+\cdots\right]。 \tag{27.8}$$

式（27.8）右边的方括号里是E^{m+1}的幂级数的和。如果令$E^{m+1}=z$，这个级数和就可以写成

$$S_n=1+z+z^2+\cdots+z^n。 \tag{27.9a}$$

很容易求得这个数列和的简单表达式。在式（27.9a）两端同时乘z，得到

$$zS_n=S_n-1+z^{n+1}，$$

整理后便有

$$S_n=\frac{1-z^{n+1}}{1-z}。 \tag{27.9b}$$

由于$0<z<1$，当n趋于无穷大时z^{n+1}趋于0，所以式（27.8），也就是图27.11中曲线从0到a的面积趋于

$$\frac{a^{m+1}(1-E)}{1-E^{m+1}}=\frac{a^{m+1}}{1+E+E^2+\cdots+E^m}。 \tag{27.10}$$

如果E无限地逼近于1，式（27.10）就给出面积的准确值$\dfrac{a^{m+1}}{m+1}$。费马用同样的方法进一步证明，当m等于正的非整数时，仍然有

$$曲线 y=x^m 的面积等于\frac{a^{m+1}}{m+1}。 \tag{27.11}$$

当$m<0$，结论（27.11）仍然成立。费马在证明中取$E>1$，曲线$y=x^m$的面积是从横轴的a点起算，直到无穷。

图27.12 法国雕塑家兼画家法尔吉耶尔
（Alexandre Falguière，1831年—1900年）所
作的费马雕像，现藏图卢兹市奥古斯汀博物馆。

　　费马的分析代数理论比笛卡尔理
论更为系统和清晰。可是他生前没有
正式发表这些结果，很长时间里"藏在
深闺人未知"。他去世14年后，儿子才
收集并发表了他的著作，那时笛卡尔的
《几何学》已经流行了42年，解析几何学
的迅速发展早就超出了费马的早期努
力，费马采用的韦达的代数符号也早已
被笛卡尔符号完全代替。这使得费马的
代数研究成果遭到忽视。而他最喜爱的
数论受代数符号的影响不大，所以后人
常常以为他的主要贡献在于数论。费马
的另一重要贡献是概率。在《好看的数学故事：概率与统计卷》里，我们介绍了他和帕
斯卡对概率学的讨论，那是经典概率的开端。

　　费马去世于1665年1月。为了纪念这位伟大的数学家，图卢兹市把全市最古老、
最有名的中学命名为费马中学。他的塑像和画像在图卢兹到处可见（如图27.12）。他
留下各种著名的定理、假说和猜想，至今让全世界数学家们绞尽脑汁。

　　笛卡尔的数学遗产则主要承蒙荷兰人传承。笛卡尔后半生的大部分时间在荷兰
度过，他的理论很快被那里的数学家所接受。1646年，莱顿大学数学教授舒藤把《几
何学》从法文翻译成拉丁文，并加以解释，这使得整个欧洲的数学家都得以了解笛卡
尔的数学思想。所以有人认为，舒藤的译文对推动笛卡尔解析几何的传播和发展起到
了关键的作用。

　　代数与几何的有机结合使得数学的发展从此突飞猛进。苏格兰数学家、科幻作
家贝尔（Eric Temple Bell，1883年—1960年）如此评价解析几何的巨大潜力：

　　这才是这个方法的真正威力：我们从任何任意复杂的方程出发，用几何方法

解释方程的代数和分析性质。这样，我们不但撤销了几何的导航员的作用，我们还在导航员的脖子上拴了一串砖头，把他推下船去了。从此以后，在无人到过的"空间"和它的"几何"的海洋里，代数和分析成了我们的导航员。

本章主要参考文献

Boyer, C.B. History of Analytic Geometry. New York: Scripta Mathematica, 1956: 291.

Cooke, R.L. The History of Mathematics: A Brief Course. 3rd edition. New Jersey: John Wiley & Sons, Inc, 2013: 615.

第二十八章　两段意外的小插曲

　　故事讲到这里，让我们从17世纪的欧洲做两个"穿越"，看看两个令现代数学家们颇感意外的发现。这两个发现，一个发生在韦达去世前约400年，一个在韦达身后约400年。希望读者能从这些发现中学到一些课堂里学不到的东西。

　　先看2019年发生在美国的一个故事。那年12月，专门收集公开论文预印本的网站arXiv.org上出现了一篇数学论文《一元二次方程求根公式的一个简单证明》（A simply proof of the quadratic formula）。我们知道，早在4 000多年前，古巴比伦人就知道如何求解某些简单的一元二次方程了，而二次方程的求根公式在两千年前就已开始出现雏形。现在都21世纪了，还讨论这个求根公式，有意义吗？有趣的是，这篇论文很快成为美国各大媒体的报道对象。比如2020年3月，《纽约时报》专文介绍这篇数学论文，说一位数学天才意外发现了二次方程求根法，比4 000年以来人们发现的任何方法都要便捷得多。

　　为了读者方便，先把一元二次方程的标准求根公式写在下面。方程

$$ax^2 + bx + c = 0\,(a \neq 0) \tag{28.1a}$$

的解（也就是根）是

$$x = \frac{-b \pm \sqrt{b^2 - 4ac}}{2a}。 \tag{28.1b}$$

所有学过初等代数的人都背过这个公式，但恐怕不是所有人都记得。对我来说，从初中起，"2a分之负b加减根号下b方减4ac"就深深印在脑子里了。

　　这篇论文的作者是国际数学奥林匹克竞赛美国队的总教练、卡耐基梅隆大学数学教授罗博深（Po-Sen Loh，1982年—）。他的父母是移民到美国的新加坡华人，父亲在威斯康星州立大学麦迪逊分校任教，罗博深就出生在麦迪逊。在父母的培养下，他从小对数学情有独钟，1999年曾经代表美国奥数队参赛并获得银牌，那年他17岁。罗博深在一次访谈中说，自己喜欢教授数学，目的不是为了让学生死记硬背公式，而是让

他们将来有机会有所创新。2013年，美国国际数学奥林匹克队邀请他担任总教练，他推辞说，假如自己当教练，美国队的成绩可能会下降，因为他教授数学的目的不是为了在比赛中得第一，而是希望二十年后在《纽约时报》上看到学生的重大发现或发明。美国数学奥林匹克队当即决定聘用他。从他在2014年担任总教练起，美国队在9年当中4年拿到世界冠军，成绩仅次于中国。我猜测，罗博深是在给学生们讲解代数时发现了这个更为简洁的一元二次方程求根方法。它的原理极为简单，有了我们这本书前面的知识，读者很容易理解。

首先把方程（28.1a）化成首一方程

$$x^2 + Bx + C = 0, \tag{28.2}$$

这里 $B = \dfrac{b}{a}$，$C = \dfrac{c}{a}$。根据韦达和笛卡尔的工作，从式（26.13）和（26.12），我们知道，当 $n=2$ 时，方程（28.2）的两个根 x_1 和 x_2 必须满足

$$x_1 + x_2 = -B, \tag{28.3a}$$
$$x_1 \times x_2 = C。 \tag{28.3b}$$

由（28.3a），两个根的平均值是 $-\dfrac{B}{2}$。那么，假如方程（28.3）有解，它的两个根必定可以写成如下形式：

$$x_1 = -\frac{B}{2} - u, \quad x_2 = -\frac{B}{2} + u。 \tag{28.4}$$

这时，式（28.3b）就变成

$$\left(-\frac{B}{2} - u\right)\left(-\frac{B}{2} + u\right) = \frac{B^2}{4} - u^2 = C, \tag{28.5}$$

由此得到

$$u = \pm\sqrt{\frac{B^2}{4} - C}。 \tag{28.6}$$

把式（28.6）中的两个解当中的任何一个代入式（28.4），即可得到方程（28.2）的两个根。

显然，如果把式（28.6）代入式（28.4），再把 B 和 C 用 a、b、c 来表示，就得到普遍求根公式（28.1b）。上面的思路，是在式（28.3a）和（28.3b）的前提下推出求根公式（28.1b）的。而这个思路对具体方程求根极为简便。比如下面这个方程：

$$2x^2 - 4x - 5 = 0。 \qquad (28.7a)$$

首先将它化为首一方程

$$x^2 - 2x - \frac{5}{2} = 0, \qquad (28.7b)$$

根据式（28.2），这里的 $B = -2$，$C = -\frac{5}{2}$。于是由式（28.3），

$$x_1 + x_2 = 2, \qquad (28.8a)$$
$$x_1 \times x_2 = -\frac{5}{2}。 \qquad (28.8b)$$

再根据式（28.4），令

$$x_1 = 1 - u, \quad x_2 = 1 + u, \qquad (28.8c)$$

则有 $1 - u^2 = -\frac{5}{2}$，由此得到 $u = \pm\sqrt{\frac{7}{2}}$。取 u 的正负两个值当中的任何一个，便可得到一对根

$$x = 1 \pm \frac{\sqrt{14}}{2}。$$

我们现在用这个具体的例子来看看罗博深求根法的几何意义。为此，我们令

$$y = x^2 - 2x - \frac{5}{2}, \qquad (28.9)$$

这是一条抛物线，它在笛卡尔坐标系里的形状如图28.1。抛物线关于直线 $x = 1$ 左右对称，且与 x 轴有两个交点。在这两个交点处 $y = 0$，使得式（28.9）变成式（28.7b）。这两个交点就是我们要找的根，它们的平均值是 $\frac{x_1 + x_2}{2} = 1$，换句话说，直线 $x = 1$ 把两个交点之间的线段分为相等的两段，每段的长度都等于 u。利用式（28.8b）找到 u，就找到了方程的根。

历史上，寻求一元二次方程的根的解析值大致有四种方法。一是猜解法，也就

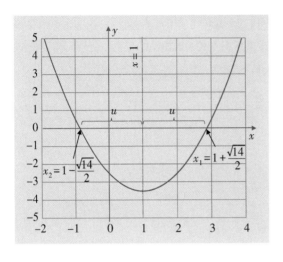

图28.1　多项式（28.9）在直角坐标系里的形态。方程（28.7b）的根是在这个多项式等于0时的x值。

是把猜想值代入方程去逐一检测，直到找到正确解为止。对于复杂的方程，这种方法显然不适用。二是凑方法，即把代数问题转换成平面几何问题，比如正方形或长方形的面积，继而求得边长。我们在第二、十五、十七章已经看到，不同的二次方程需要采用不同的方式来"凑"，想要记住不同形式方程的不同拼凑方法很不容易。三是因式分解法，也就是直接寻找适当的因子，把给定方程分解成$(x-x_1)(x-x_2)=0$的形式。对于根是无理数的情况，这种方法几乎是不可能的。四是公式法，也就是直接套用公式（28.1b），这是唯一能够对任何方程都能得到解析解的方法。罗博深方法跟公式法一样可以用于任何类型的二次方程，优点是计算更为简洁。罗博深在论文中说，他查阅了许多文献，没有找到前人关于这个新方法的记载。对此，他感到非常惊讶，因为这个想法看上去实在太简单了，难道在几百上千年里，真的没人想到吗？所以他总是说，自己不可能是发现这个方法的第一人；总有一天这个方法会从古籍中冒出来。

　　估计已经有不少人开始在故纸堆里翻找罗博深的方法了。不过对于我们来说，这个故事的真正意义在于如何善于利用已经学到的知识。罗博深说，他有一位攻读博士学位的同学，总是不断地这样追问自己：今天我学到了一些东西，如何把它们用来解决其他问题？

　　现在请读者想一想，罗博深的方法能用到一元三次方程上吗？

　　第二个故事发生在韦达去世前约400年的波斯。故事的主人翁名叫图西，但他不是我们在第十九章里面谈到的纳西尔丁·图西；他的名字叫沙拉夫丁·图西（Sharaf al-Din al-Tusi，约1135年—约1213年）。图西这个姓说明他跟纳西尔丁来自同一个城市图斯（Tus；《元史》中称它为徒思、途思），位于呼罗珊地区，靠近今天的土库曼斯坦。

两个图西有很深的渊源，不仅因为他们来自同一个城市，更因为这个故事里的图西是纳西尔丁·图西的师祖。为了避免混淆，我们就叫他沙拉夫丁好了。

大约在沙拉夫丁20岁的时候，塞尔柱突厥人占领了叙利亚的大马士革并以此作为自己帝国的首都。大马士革因此兴旺起来，吸引了许多渴求知识的人士。沙拉夫丁也移居到那里，从学习数学到教授数学。据说，沙拉夫丁最早的学生之一本来是个木匠，跟从他学习了几年后，成为当时颇有声望的数学家。十几年后，沙拉夫丁迁居到叙利亚第二大城市阿勒颇（Aleppo）。这个城市位于叙利亚的西北角，靠近地中海和土耳其，住着不少犹太居民。据说，沙拉夫丁曾经为城里重要的犹太人物讲授数学。几年后，他又从阿勒颇迁到伊拉克的摩苏尔，在那里收了一个有名的徒弟卡玛尔丁·尤努斯（Kamal al-Din bin Younis，？—1242年），此人后来成为纳西尔丁·图西的老师。这时的沙拉夫丁已经是老和尚撞钟——鸣声（名声）在外。许多人千里迢迢赶到摩苏尔，前来求教。

1174年，萨拉丁（Salah al-Din，1137年—1193年）率领库尔德族的逊尼派穆斯林军队攻占摩苏尔，并逐步建立了阿尤布王朝。沙拉夫丁离开摩苏尔，迁到以波斯人什叶派为主的地区，在巴格达教书。在他生命的最后阶段，沙拉夫丁写了一本《代数学》。这本书已经失传，只在后人的著作中留下一些蛛丝马迹，所以沙拉夫丁在他身后的七八百年里并没有引起数学史专家们的注意。1974年，一位在巴黎工作的阿拉伯裔数学史专家拉谢德（Roshdi Rashed，1935年—）在中世纪某位作者的阿拉伯文手稿中找到了关于沙拉夫丁《代数学》的详细记录。拉谢德宣称，沙拉夫丁关于代数的分析将改变我们所知道的世界数学发展史。人们等待了12年，直到1986年，拉谢德终于把中世纪的阿拉伯文手稿意译成法文出版，并添加了大量注释。

《代数学》的最重要的贡献在于一元三次方程方面。我们在第十七章里讲到，海亚姆按照外观的复杂程度把三次方程分为14种。实际上，在14种以外还有四种情况，是方程（17.4）中的常数项为0，在这些情况下，三次方程简化为二次方程。再考虑到一次和二次方程，海亚姆一共得到25种方程。这个分法是由于当时伊斯兰世界的数学家对负数没有认识，任何方程都必须用系数为正数的形式写出来。比如今天我们写出 $x^3+4x^2-7x-3=0$。那时代数的符号仍然处在初级阶段，列方程的过程采用符号和语言混合的方式，当时的人们想象不到这种形式，这个方程必须写成 $x^3+4x^2=7x+3$（未知数的立方加上四倍的未知数的平方等于7倍的未知数加3）。按照这种思考方式，海

亚姆把这类方程跟 $x^3 + 7x = 4x^2 + 3$ 分为两种不同的类型。沙拉夫丁的思路则更接近于现代代数，他按照三次方程是否有正的实数根这个判据来分类，指出在海亚姆的 25 种一次至三次的方程里面，有 20 种方程存在一个正的实数根。能够得到这个结论，说明他对于代数分析已经有相当的熟悉程度。以二次方程为例，他首先分析了 $x^2 + ax = b$ 一类的方程，然后转向另一类，$ax + b = x^2$。注意这里所有的系数都必须是正数。沙拉夫丁意识到，如果令 $y + a = x$，这第二类方程就变成 $y^2 + ay = b$。对于存在一个正数解的三次方程也可以这么做，于是沙拉夫丁得出结论：海亚姆的分类是不必要的。

尽管沙拉夫丁是通过分析具体的含有正系数的方程而得到这个结论的，但他的成果改写了数学发展史，因为此前数学史把类似的方程分类法放在 300 年后卡当诺等人的名下。但这还不是沙拉夫丁最重要的发现。他还指出，有五类三次方程，它们有无正数根取决于方程系数之间的关系。这五类方程是

$$x^3 + c = ax^2, \tag{28.10a}$$

$$x^3 + c = bx, \tag{28.10b}$$

$$x^3 + ax^2 + c = bx, \tag{28.10c}$$

$$x^3 + bx + c = ax^2, \tag{28.10d}$$

$$x^3 + c = ax^2 + bx。 \tag{28.10e}$$

以方程 (28.10a) 为例，沙拉夫丁首先证明，它必须满足 $x < a$ 才有正根。他把 x^3 看成是一个立方体，由于 $c > 0$，ax^2 所构成的体积必须大于 x^3 方程才能成立，也就是说 $a > x$；于是可以把式 (28.10a) 写成 $x^2(a - x) = c$。这里，他仍然根据几何的思路，把线段 a 分割成两段 $a - x$ 和 x，而把 c 看成是一个底面为 x^2、高为 $(a - x)$ 的柱体的体积。这是古希腊几何学的思路。

沙拉夫丁的下一步分析令现代数学史专家们大为意外。他证明，当 $x = \dfrac{2}{3}a$ 的时候，$x^2(a - x)$ 取最大值，且最大值等于 $\dfrac{4}{27}a^3$。由此，沙拉夫丁得到结论，为了让方程 (28.10a) 有正的实数解，系数 c 不可能大于 $\dfrac{4}{27}a^3$。他进一步证明，当 $c = \dfrac{4}{27}a^3$，方程 (28.10a) 只有一个正的实数根，也就是 $x = \dfrac{2}{3}a$；而当 $c < \dfrac{4}{27}a^3$，方程 (28.10a) 有两个实数根 x_1 和 x_2。他甚至确定了这两个根存在的范围，它们是 $0 < x_1 < \dfrac{2}{3}a$，$\dfrac{2}{3}a < x_2 < a$。你看，这种分析思路是不是跟韦达和笛卡尔很接近？当然，沙拉夫丁的分析是在系数 a、

b、c 等为具体数值的情况下进行的，他还没有对系数采用代数符号的能力。不过在我们下面的介绍中还是使用代数符号更方便。

运用跟上述类似的方法，沙拉夫丁对方程（28.10a）到（28.10e）做了系统的分析。他的分析结果可以大致总结如下。首先分别找到一个特殊值 m，满足下面的关系：

对（28.10a），$3m=2a$（见上面的介绍）；　　　　　　　　　　　　（28.11a）

对（28.10b），$3m^2=b$；　　　　　　　　　　　　　　　　　　　（28.11b）

对（28.10c），$3m^2+2a\times m=b$；　　　　　　　　　　　　　　（28.11c）

对（28.10d），$3m^2+b=2a\times m$，这里 m 是两个正根当中较大的那一个；　（28.11d）

对（28.10e），$3m^2=2a\times m+b$。　　　　　　　　　　　　　　（28.11e）

进一步证明，对于有解的方程（28.10a—e），式（28.11a—e）给出的 m 是 x 的允许值当中的最大值。如果采用现代代数的语言，把方程（28.10a—e）中的常数项移到等式右边，所有其他项都集中到等式的左边，这五个方程就可以统一地用

$$p(x)=c \tag{28.12}$$

来表示，其中 $p(x)$ 是不含常数 c 的三次多项式。这样可以大大简化我们的叙述。沙拉夫丁的结论是说，如果 $p(m)<c$，则方程（28.12）无解；如果 $p(m)=c$，则方程只有一个正的实数根，而且那个根就是 m。那么，要是 $p(m)>c$ 呢？

沙拉夫丁考虑下面的方程

$$y^3+hy^2=c-p(m)=d, \tag{28.13}$$

由于 m 已知，所以 $p(m)$ 是一个常数，故而可以把 $c-p(m)$ 用另外一个常数符号 d 来表示。对于（28.10）的五种方程，常数 h 的表达方式不同，它们是

对（28.10a），$h=a$；　　　　　　　　　　　　　　　　　　　　（28.14a）

对（28.10b），$h=3m$；　　　　　　　　　　　　　　　　　　　（28.14b）

对（28.10c），$h=3m+a$；　　　　　　　　　　　　　　　　　　（28.14c）

对（28.10d），$h=3m-a$；　　　　　　　　　　　　　　　　　　（28.14d）

对（28.10e），$h=3m-a$。　　　　　　　　　　　　　　　　　　（28.14e）

可以证明，在所有的五种情况下，h 总是大于 0。而方程（28.13）可以用海亚姆的圆锥曲线法来求解（见第十七章）。沙拉夫丁采用双曲线和抛物线求出方程（28.13）的根 y_1 以后，证明 $x' = m + y_1$ 是方程（28.12）的一个根。所以，当 $p(m) > c$，方程（28.12）至少还有一个根 x'，而且它大于根 m（即 $y_1 > 0$）。随后他又证明，除了 m 以外，方程（28.12）只能有这一个根 $x' = m + y_1$。

之后，沙拉夫丁证明在 $p(m) > c$ 情况下还存在一个小于 m 的正根。这个过程比较复杂，我们就不介绍具体步骤了。总体思路是，如果 $p(x) = c$ 的一个根可以写成两个正数之和 $r + s$，那么 $p(r + x) = c$ 的根是 s。这个结论在使用代数符号时是显然的，因为如果 $r + s$ 是方程（28.12）的根，那么就是 $p(r + s) = c$；而在这样的条件下，方程 $p(r + x) = c$ 当然在 $x = s$ 的情况下成立。可是沙拉夫丁还没有这种能力，他是对每个具体方程进行大量数值计算而得到这个结论的。不过沙拉夫丁的分析相当系统和完整，而且清楚地证明，五种方程（28.10a—e）其实都可以转化成式（28.12）的形式。在欧洲，这个事实要到 16 世纪才被人们认识到。

那时伊斯兰世界的数学计算使用沙盘算板，沙拉夫丁采用 10 进制数字反复计算。每当沙盘写满，就要把算板上的内容涂掉，重新使用。在原始书稿里面，他把沙盘的计算过程完整地记录到纸上；可惜抄写书稿的人没有看懂这些计算的重要意义，把它们全部略去了。这使得我们无法确切知道沙拉夫丁究竟是如何得到那些重要结论的。比如，他是如何得到式（28.11）的结果的？按照今天的数学思路，这些结果需要通过对方程（28.10）分别求导数而得到，对应的是五种多项式曲线在极大值点的情况。在欧洲，这种问题的研究是从费马和笛卡尔时期开始的，比如图 27.6 所显示的曲线在点 a 和 c 处取局部极大值。而较为完整的微分理论要到牛顿和莱布尼茨时代（第三十章）才能完成。那么，沙拉夫丁是否已经懂得对连续函数求切线，甚至发现微分了呢？

求极值的想法应该只有在把方程中的变量看成是连续变化的情况下才会出现。这说明沙拉夫丁很可能已经有了关于函数的初始概念。而我们在前两章里看到寻求极大值或极小值需要有一些初等微分学，特别是导数的概念。拉谢德由此推断，函数和导数的概念最早出现于伊斯兰世界，比费马和笛卡尔早了约五百年。不过更多的数学史专家警告说，人们在研究历史现象时，很容易（常常是不由自主地）用自己的知识、概念和标准来解释几百年数千年前发生的事件，而忽略一个重要的事实，那就是这些知识、概念和标准在事件发生时根本不存在。有人找到了一种几何的论证方法，可以用来解释沙拉夫丁的结果。由于几何论证的过程比较繁复，我们在这里只看一类方程（28.10c），并把几何论证转化为代数论证，来看看它的基本思路。

首先把方程（28.10c）改写成

$$p(x) = -x^3 - ax^2 + bx = c。 \tag{28.15}$$

假定有一个 $x = m$，使得 $p(m)$ 取极大值。那么对于任意一个满足 $m < y < \sqrt{b}$ 的 y，有

$$p(m) - p(y) = (y^2 - m^2)(m + a) - (b - y^2)(y - m)。 \tag{28.16}$$

等价于这个表达式的几何关系实际上出现于沙拉夫丁的文稿中。式（28.16）可以进一步改写为

$$p(m) - p(y) = (y - m)\left[(y + m)(m + a) - (b - y^2)\right]。 \tag{28.17}$$

因为 $y - m > 0$，要使 $p(m) - p(y) > 0$，需要 $(y + m)(m + a) - (b - y^2) > 0$，即 $(y + m)(m + a) > b - y^2$。可以从几何上证明，满足这个不等式的充分条件是

$$2m(m + a) \geqslant b - m^2。 \tag{28.18}$$

类似地，对于任意一个满足 $0 < y < m$ 的 y，满足 $p(m) - p(y) > 0$ 的充分条件是

$$2x(x + a) \leqslant b - x^2。 \tag{28.19}$$

综合上面两种情况，可以得出结论，同时满足 $y < m$ 和 $y > m$ 要求的 $p(m) > p(y)$，必须有

$$2m(m + a) = b - m^2。 \tag{28.20}$$

而这就是式（28.11c）。在后面第三十章里，我们将看到，式（28.20）实际上就是式（28.15）两端求导数得到的方程

$$-3x^2 - 2ax + b = 0, \tag{28.21}$$

在 $x = m$ 情况下的结果。式（28.11）中其他四种方程的结果也可以用类似方法得到。

罗博深的故事属于有了新知识以后向后看，然后对知识进行更新。但人们解了

4 000年的一元二次方程，似乎没有意识到罗博深方法。是他比别人都幸运吗？沙拉夫丁的故事属于前瞻，把学到的东西向更深处扩展。虽然不能完全确定他是否已经掌握了初等微分学的概念，但他分析三次方程实数根的思路前无古人。尤其是在没有作图和完整代数符号的情况下，仅仅依靠在沙盘上反复计算，能对方程做出如此深刻的理解，非常了不起。这两个故事都说明洞察力的重要性。而这样的洞察力是需要在完全跳出传统思维约束的状态下才能得到的。

本章主要参考文献

Berggren, J.L. Innovation and Tradition in Sharaf al-Dīn al-Tūsī's Muʿādalāt – Book review on: Sharaf al-Dīn al-Tūsī, oeuvres mathématiques: Algèbre et géométrie au XIIe siècle by Roshdi Rashed. Journal of the American Oriental Society, 1990, 110: 304−309.

Hogendijk, J.P. Sharaf al-Din al-Tiisi on the number of positive roots of cubic equations. Historia Mathematica, 1989, 16: 69−85.

Loh, P.S. A Simple Proof of the Quadratic Formula, arXiv: 1910.06709v2 [math.HO] 16 Dec 2019.

Rashed, R. The development of Arabic Mathematics: Between Arithmetic and Algebra. Translated from French by A.F.W. Armstrong. New York: Springer-Science+Business Media, A.V., 1994: 372.

第二十九章　东瀛和算的火花 ——————

中国数学对日本的影响源远流长。早在飞鸟时代末期的文武天皇（683年—707年）时期，日本受唐朝的影响，设立大学寮，算学为科目之一，称为算道，并规定采用九种中国算书进行数学教学，其中包括《周髀算经》《孙子算经》《五曹算书》《海岛算书》《九章算术》《缀术》。《缀术》在中国已经逸失，后来在日本也只留下一个书名。文武天皇早亡，他的母亲继承儿子的皇位，号元明天皇（661年—721年），是有文字记载的日本第二位女天皇。日本数学史专家三上义夫（1875年—1950年）认为，这个时期日本的数学只是盲目跟从中国数学，没有什么创新研究。从9世纪初起，天皇的权力逐渐削弱，国内战乱频仍，日本进入类似于欧洲中世纪的状态，算道也随之衰落，几乎失传。

随着人民对皇室和贵族的奢靡生活越来越不满，武将和武士阶层的势力不断扩大。原本为了征服北方虾夷人所设立的征夷大将军一职被军人首领利用，掌握实际政权，因为将军的办公地点称为幕府，日本进入所谓的幕府时代。将军（shogun）是能够统领各地诸侯和军人的将领，其权力仅在天皇以下，独一无二，不像中国历代的"将军"，遍地都是。到了镰仓时代（1185年—1333年），日本的土地控制权基本都落入幕府手中。后来武士阶层之间的权力斗争使日本同时出现两位天皇，进入南北朝时代（1336年—1392年）。短期统一之后，天下再次大乱，进入战国时代，掌握大片土地的庄主即所谓的大名们纷纷独自建立武装，各自为政。战国末期，最有势力的大名、国家的实际政治操纵者织田信长（1534年—1582年）推翻了历时200多年的足利幕府，挟持天皇。1582年，织田信长在京都的本能寺遭到自己的家臣明智光秀（1516年—1582年）突然袭击而死亡。织田信长的另外四个重要家臣柴田胜家（1522年—1583年）、丹羽长秀（1535年—1585年）、羽柴秀吉（即丰臣秀吉，1537年—1598年）、泷川一益（1525年—1586年）都企图利用这个时机成为控制整个日本的中心人物。羽柴秀吉讨伐明智光秀获胜之后，召集织田信长的旧部开会，商讨织田信长的后继问题，在继承人的问题上同柴田胜家发生争执。

1582年12月，羽柴秀吉兴兵攻打柴田胜家管辖之下的长滨城。次年正月，泷川一益加入柴田胜家一方，开始攻击羽柴秀吉，战争逐渐升级。二月下旬，柴田胜家趁冰雪融化之机进军近江国，征讨羽柴秀吉。四月十九（阳历6月9日），柴田胜家的部将佐久间盛政突袭驻守在大岩山的羽柴秀吉守军，守军将领中川清秀在混战中阵亡。佐久间盛政继续向驻守岩崎山的高山右近攻击，逼迫高山右近退到羽柴秀吉的弟弟羽柴秀长的驻地。此时佐久间盛政的部队已深入羽柴秀吉占据的地区，柴田胜家多次下令佐久间撤回，但佐久间盛政以为决胜在即，拒绝撤退。

　　1583年6月10日午后不久，羽柴秀吉帅两万精兵从大垣城（今岐阜县大垣市）的营寨里飞驰而出。有记载说，这支大军在五个小时之后，就抵达了50多公里外的贱岳山。这比一个马拉松赛程还要长，对扛着欧洲火绳枪的步兵来说，五小时完成是不大可能的。不过羽柴用兵之快在日本战争史中是出名的。佐久间盛政措手不及，仓促应战。羽柴秀长乘机出兵直接攻打柴田胜家本队。柴田胜家大败，撤到自己的居城北之庄城。羽柴秀吉把城池团团围住，柴田见大势已去，与妻子一同切腹自尽，自尽前还准备了炸药，让夫妻的尸骨与天守阁一起化为齑粉。

　　两年以后，后阳成天皇（1571年—1617年）正式任命羽柴秀吉为"关白"，统领全国军政事务，地位仅次于天皇，而权力实际上远远超过天皇。两个月以后，天皇又赐姓给羽柴，叫作"丰臣"，从此，日本历史上就永远留下了"丰臣秀吉"这个名字。

　　丰臣秀吉的小名叫藤吉郎，本无姓。他出身低微，六岁时就不得不出家当个小和尚，只为了可以混口饭吃。后来他逃出寺庙，成为流浪汉。投奔织田信长做仆人后，因为身材矮小，相貌丑陋，右手拇指还多出一指，被称为"猴面冠者"，也就是身穿衣冠的猴子。但此人极富眼界、胸怀和自制力，通过不断的努力，从最底层的仆人升为仆人小头目。成为武士后，取姓为木下。继续发迹后，改姓羽柴。这个姓是他为了避免势力强大的柴田胜家和丹羽长秀的妒忌，从二人的姓氏中各取一字而凑出来的。羽柴秀吉韬光养晦，奋斗数十年，最后将羽、柴二人制服，成了大业。

　　成为关白以后，只有德川家康（1542年—1616年）的势力能够与他抗衡。丰臣秀吉把自己的妹妹嫁给德川家康，甚至还把母亲送入德川府上作人质，终于获得德川暂时的信任和臣服。1590年，丰臣秀吉在小田原之战中降伏了最后一个大名北条氏政（1538年—1590年），使日本结束了将近一个半世纪的混战局面，进入安土桃山时代的和平时期。以一介平民，成为天下第一人，这在日本绝无仅有。

　　平定日本之后，丰臣秀吉希望把自己的宫廷打造成为世界文化的中心。为此，他派遣毛利勘兵卫（生卒年不详）到中国去学习最新的数学知识。据日本19世纪算学家福田理轩在其所著《算法玉手箱》的记载，毛利到了中国，却无人理睬。这可能是当时的中国朝廷无暇顾及，因为明朝神宗皇帝朱翊钧（1563年—1620年）万历二十年（1592年），宁夏发生了叛乱。1591年，鞑靼鄂尔多斯部侵犯甘肃，宁夏总标兵参将、蒙古人哱拜（1526年—1592年）自请出征获准。次年二月，远在边陲的哱拜背叛朝廷，自封为宁夏王，连陷河西四十七堡。朱翊钧屡次换将，又以黄河之水淹灌宁夏城（今天的银川），历时八个月，反复镇压才击垮叛军，整个宁夏地区遭到巨大灾难。这是所谓"万历三征"的第一征。

毛利空手而归，据说日本国内怀疑这是因为毛利出身布衣，得不到尊重。于是丰臣秀吉封他为"出羽守"，也就是掌管出羽的守将。日本古代确实有一个小国叫出羽，位于今天的山形县和秋田县。不过毛利的"出羽守"官衔似乎有丰臣秀吉开玩笑的味道，因为"出"是出走、离开，"羽"有羽毛、飞翔的意思。今天，"出羽守"成为一个俗语，特指那些向往海外的人。

顶着"出羽守"头衔的毛利再次来到中国，但这次他的运气更糟：丰臣秀吉发兵20万侵略朝鲜，一路畅通无阻，攻占汉城（今首尔）后直抵明朝边境。明神宗朱翊钧急派辽东总兵李如松统领明军八万进入朝鲜，与朝鲜三道水师提督李舜臣协同作战，抗住了侵略军，迫使丰臣秀吉议和。三年后，丰臣秀吉再次派兵入侵朝鲜，朱翊钧派兵八万进入朝鲜，再一次阻止了丰臣秀吉的扩张。这是万历三大征的第二征。

在缺乏外部制约的环境中，丰臣秀吉的自制力和判断力都急速衰退。他疯狂纵欲，滥杀无辜，搞得朝野怨声载道。这时的丰臣秀吉，最大的敌人是他自己。他的野心无限膨胀，统一日本的武功已经不能让他满足，他要吞并朝鲜，进一步以蛇吞象，征服明朝的中国，以至整个亚洲。他制定了疯狂的作战方案：自己率军渡海进入中国，驻扎宁波；之后攻取天竺（即印度），控制整个亚洲；功成之后，由外甥丰臣秀次（1568年—1595年）占驻北京，恭请正亲町天皇（1517年—1593年）迁都到那里。可是不久又怀疑丰臣秀次谋反，将他赐死，并杀其全家39口。第二次侵朝战争期间，丰臣秀吉病死于京都伏见城。日军隐而不报，在逐步撤军过程中损伤惨重。丰臣秀吉的死亡和侵朝的失败使丰臣家族元气大伤，觊觎已久的德川家康趁势取而代之，并将丰臣后裔铲除殆尽，创建幕藩体制，开启了长达260多年的江户时代。可叹丰臣秀吉奋斗一生，只因生命最后几年的错误搞得断子绝孙，成全了德川幕府。

丰臣秀吉侵朝期间，毛利一直居住在中国。他感到强烈的反日情绪，担心自己的安全，便返回日本，那时丰臣秀吉已经逝世了。毛利虽然没有完成使命，却带回大量中国的数学知识。至今不少日本人仍然认为是毛利从中国带来了算盘。毛利搬到丰臣秀吉居住过的大阪城，在那里著书教学，直到1615年德川家康攻下大阪城为止。此后，毛利迁到京都，在那里教授数学，据说有数百名学生在他那里受教。接近生命末年时，他又搬到江户（今天的东京），培养出以吉田光由（1598年—1672年）为首的"三算士"。三上义夫说，毛利等人第二次引入的中国数学极大地刺激了日本数学的发展。从这时起，休眠了近千年的日本数学终于苏醒，出现了和算，也就是日本独特的数学。

　　和算的一个独特而有趣的特征是算额，它们一般是长方形的，但也有其他形状如扇面等，挂在庙宇或神社里，类似中国的匾额。然而算额的内容都是数学问题，多数是几何。它们制作精美，图文并茂，用汉字描述问题并给出结果，至于解答方法则以"术曰"开头，相当简要，类似于中国古算书的风格。早期的算额如今很难看到了。18世纪时，和算家山口和（生卒年不详）走遍日本各地，到处收集算额，在《道中日记》中记录了300多枚，最早的可追溯到1668年。作为例子，图29.1是京都御苑西南角一个小小的菅原院天满宫神社里面曾经出现的算额。在这枚精美的算额上，工匠用刀雕出六个精致的几何图形，其中两个问题涉及立体几何。最左侧刻下的制作日期"嘉永七甲寅年"是1855年。

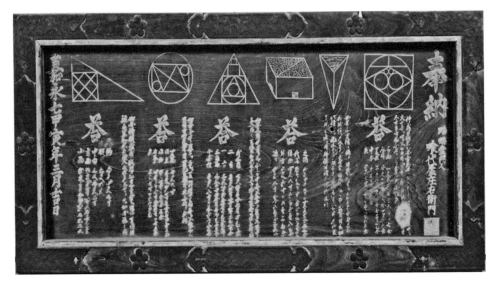

图29.1   京都御苑的菅原院天满宫神社里的算额。

从江户时代起，和算在一些下层武士和富裕的市民阶层流行，他们把学习成果以算额的形式捐赠给寺院，一来感谢神佛的恩赐，二来表示对和算教师的尊崇，同时显示自己的智慧和能力。寺庙是人群集中的地方，所以算额也是做广告的工具。据日本古籍记载，17世纪中期在江户各地的寺庙和神社都有奉纳算额，非常流行，对普及和算产生了巨大的推动作用。

17世纪日本最著名的数学家无疑是关孝和（约1642年—1708年）。他的生父名叫山田永明，是德川家康的孙子德川忠长（1606年—1633年）手下的一名武士。德川忠长相貌俊美，意气风发，深得父母喜爱；而他位居将军的长兄德川家光（1604年—1651年）则相貌平庸，体弱而且口吃，担心弟弟取而代之。1632年，德川家光以"乱行"（随便杀人）的罪名把德川忠长放逐到上野国；而且等到兄弟二人的父亲一去世，就下令忠长切腹自尽。失去主人的武士山田永明在上野国隐居了一段时间，于1639年被召回江户供职，于是全家移居江户。山田永明在孩子出生不久就把他过继给一个名叫关五郎左卫门的武士，从此改姓关（Seki）。孝和这两个汉字在日本有两种发音，Kowa是音读，接近于中国汉字读音；训读的发音是Takakazu。这孩子天性聪慧，据说在九岁的时候，关五郎的一个仆人给他讲述了一些基本的数学原理，发现这孩子理解能力极强。关孝和从此开始自学数学，而且很快就超过了"老师"，并开始搜集中国和日本的数学书籍进行研究。

关孝和长大后，继承了关氏家业，在甲府宰相德川纲重（1644年—1678年）及其子德川纲丰（1662年—1717年）治下做了多年的"勘定吟味役"，类似于财务审计官。1704年，德川纲丰被德川家族第五代幕府将军德川纲吉（1646年—1709年）收为养子并搬到江户城的西之丸，关孝和也跟着成为幕府直属的武士，这是地位比较高的武士。后来他官至御纳户组头，在幕府内管理衣物和用具，直到1706年退休。

1671年，大阪的一位和算家泽口一之（生卒年不详）出版《古今算法记》，其中详细讲述了日本国内对中国代数理论的研究，给出一些前人无法解决的问题的解法，并在书后列出十五道难题，大多属于多元高次代数方程问题。

关孝和一直在研究中国处理方程的方法和理论，并收有数百名学生。看到《古今算法记》后，他马上动手解决这些难题，并于1674年把结果发表在《发微算法》里。他在分析问题中采用了一些代数符号，比如用汉字来代表变量和未知数，但是没有等号、除号等符号。

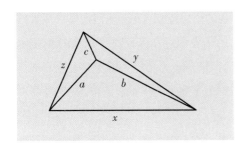

图29.2　关孝和处理的第12题。转换成代数问题以后，他的处理方法对应一个54次方程。

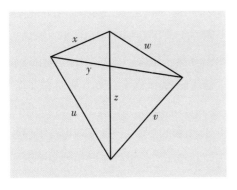

图29.3　关孝和处理的第14题。转换成代数问题以后，这个问题对应一个1458次方程。

这十五道难题都是几何问题，关孝和跟中国算学家一样，不大关心几何公理，而是把几何问题直接变成代数问题来处理，求出数值结果。比如其中第12题（图29.2）：三角形内三条线的长度是$a=4$、$b=6$、$c=1.477$；三角形最长边的立方与最短边的立方之和等于637；最长边的立方与中长边的立方之和等于855。求该三角形三边之长。关孝和导出一个一元54次方程来解决这个问题。

第14题更为复杂（图29.3）：四边形的边长分别为u、v、w、x，两条对角线为y、z。已知

$$z^3 - u^3 = 271, \qquad (29.1a)$$
$$u^3 - v^3 = 217, \qquad (29.1b)$$
$$v^3 - y^3 = 60.8, \qquad (29.1c)$$
$$y^3 - w^3 = 326.2, \qquad (29.1d)$$
$$w^3 - x^3 = 61。 \qquad (29.1e)$$

求所有六条线段的长度。关孝和在《发微算法》中没有列出具体方程来，他的描述大致如下（这里，为了行文简洁，我们用现代的代数未知数表达法来代替关孝和的汉字符号）：

计算z需要求解一个1458次方程。由于分析复杂，不可能用简单的方式来描述。我们这里略去细节，只给出解决方程的提示。

设z为天元，从这里u、v、w、x、y的立方都可以表达出来，然后消去x^3，得到一个18次方程。下一步消去w^3，得到一个54次方程。下一步消去y^3，得到一个162次方程。再下一步消去v^3，得到一个486次方程。最后消去u^3，得到1458次方程。

解此方程，得到 z。这个方法让我们一步步找到结果，可以作为处理困难问题的样本。

这个描述相当朦胧。式（29.1）只有5个方程，而问题有6个未知数，关孝和显然需要利用一些几何关系。如果整个图形落在一个平面内，那么根据几何定律，四边形和它的对角线满足一定关系，于是方程组（29.1）有唯一解。至于方程的导出，关孝和采用中国的天元术。在寻求数值解时，跟中国数学一样使用算筹。据说，当时日本算学家有比赛看谁的方程次数更高的趋势。有些数学家在家里的榻榻米上画满了筹算格子，用来进行过程繁复的计算。

所谓筹算格子应该是和算家的发明，图29.4 是一个例子。这是纸上或地面上的一张表格，首先按照数位的数目选择表格的列数，以未知数的幂次加上"商"作为行数。比如图29.4的格子有七行十列；从右边数第一列用来标明在筹算的不同行内所代表的未知数的幂次。"商"，也就是计算结果，总是在第一行，第二行（实）是方程中的常数项，第三、四、五等各行是计算未知数的一次方（"方"）、二次方（"广"）、三次方（"隅"）等。跟中国的规则一样，"三"表示未知数跟自己再乘三遍，也就是四次幂，"四"则表示五次幂。从右边数第二列开始，每列代表一个数。图29.4中，整数位到千，小数按照中国古代的称呼为分、厘、毫、丝、忽，一直到小数点后面五位。注意"实"的最右一位数上加了一道斜杠，表示负值，所以图29.4实际上是个一元五次方程

$$2x^5+4x^4+21.2x^3+1\,267x^2+1\,650x-4\,351.656\,66=0。$$

表格上方的"商"的一行里已经给出该方程解的最高位数值1。采用试算法可以逐步得到后面的数值。读者不妨验证一下，小数点后第一位数应该也是1。不断地试算下去，可以得到想要

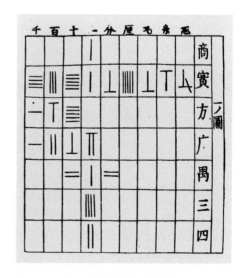

图29.4　帮助进行筹算的筹算格子。

的精度的数值结果。这种数值求解方法相当费时，因为每一步都需要把已知的"商"加上试算的那个数字按照给出的方程算一遍。

关孝和的1 458次方程好像还不是日本最高纪录。据说有人曾经解过次数高达3 000到4 000的方程。如果他们真是采用试算法来求解的话，那一定是一场数学马拉松，是对智力、定力和体力的严峻考验。但从另一个角度来看，把如图29.3那样的几何问题化为1 458次方程，未免有些荒唐可笑：如此简单的问题需要解1 458次方程，这样的数学有什么用呢？或许这只是传说而已，因为文献里好像没有解决这类方程的具体记录。

《发微算法》被认为是日本数学史上的里程碑，标志着日本不再单纯吸收消化中国数学，而是开始自创新径了。关孝和一生授徒无数，这些学生形成日本江户时期最大的数学流派，人称"关流"。虽然《发微算法》是他在世时发表的唯一著作，但关孝和去世后留下20多部手稿，其中最有名的是所谓《三部抄》，即《解见题之法》《解隐题之法》《解伏题之法》。其中第一部处理几何求积、圆锥曲线和阿基米德螺线问题，第二部讨论开方术和方程论，第三部主要求解多元高次方程组。

在1686年成稿的《解伏题之法》中，关孝和在处理多元高次方程组问题时发明了一个天才的方法。采用现代的代数符号，他的方法大致如下。

考虑二元二次方程组

$$a_1 x^2 + b_1 xy + c_1 y^2 + d_1 x + e_1 y + f_1 = 0, \tag{29.2a}$$

$$a_2 x^2 + b_2 xy + c_2 y^2 + d_2 x + e_2 y + f_2 = 0, \tag{29.2b}$$

$$a_3 x^2 + b_3 xy + c_3 y^2 + d_3 x + e_3 y + f_3 = 0。 \tag{29.2c}$$

先把（29.2）看成是x的一元二次方程组，将它们改写为如下形式：

$$a_1 x^2 + (b_1 y + d_1) x + (c_1 y^2 + e_1 y + f_1) = 0, \tag{29.3a}$$

$$a_2 x^2 + (b_2 y + d_2) x + (c_2 y^2 + e_2 y + f_2) = 0, \tag{29.3b}$$

$$a_3 x^2 + (b_3 y + d_3) x + (c_3 y^2 + e_3 y + f_3) = 0。 \tag{29.3c}$$

将上面三个式子中含有y的括号看成是方程组的"系数"，再采用类似中国古代的代数符号法，记为

$$甲\,x^2 + 乙\,x + 丙 = 0, \qquad\qquad (29.4a)$$

$$丁\,x^2 + 戊\,x + 己 = 0, \qquad\qquad (29.4b)$$

$$庚\,x^2 + 辛\,x + 壬 = 0。 \qquad\qquad (29.4c)$$

现在,把(29.4a)两端乘戊庚,(29.4b)乘甲辛,(29.4c)乘乙丁,得到

$$戊庚甲\,x^2 + 戊庚乙\,x + 戊庚丙 = 0, \qquad\qquad (29.5a)$$

$$甲辛丁\,x^2 + 甲辛戊\,x + 甲辛己 = 0, \qquad\qquad (29.5b)$$

$$乙丁庚\,x^2 + 乙丁辛\,x + 乙丁壬 = 0。 \qquad\qquad (29.5c)$$

以上三式,关孝和称之为"生"。三个"生"式相加,得到

$$(戊庚甲 + 甲辛丁 + 乙丁庚)x^2 + (戊庚乙 + 甲辛戊 + 乙丁辛)x +$$
$$(戊庚丙 + 甲辛己 + 乙丁壬) = 0。 \qquad\qquad (29.6)$$

再下一步,把(29.4a)两端乘丁辛,(29.4b)乘乙庚,(29.4c)乘甲戊,得到

$$丁辛甲\,x^2 + 丁辛乙\,x + 丁辛丙 = 0, \qquad\qquad (29.7a)$$

$$乙庚丁\,x^2 + 乙庚戊\,x + 乙庚己 = 0, \qquad\qquad (29.7b)$$

$$甲戊庚\,x^2 + 甲戊辛\,x + 甲戊壬 = 0。 \qquad\qquad (29.7c)$$

他把这三个式子称为"剋"。三个"剋"式相加,得到

$$(丁辛甲 + 乙庚丁 + 甲戊庚)x^2 + (丁辛乙 + 乙庚戊 + 甲戊辛)x +$$
$$(丁辛丙 + 乙庚己 + 甲戊壬) = 0。 \qquad\qquad (29.8)$$

对比式(29.6)和(29.8),可见它们当中 x^2 和 x 的"系数"分别相等。用"生"式(29.6)减去"剋"式(29.8),就可以消去所有含有 x 的各项,得到一个新的等式

$$(戊庚丙 + 甲辛己 + 壬乙丁) - (丁辛丙 + 乙庚己 + 甲戊壬) = 0。 \qquad\qquad (29.9)$$

式(29.9)是只含有未知数 y 的高次方程,原则上,可用高次方程求解法得到结果。把得到的 y 值代入(29.4)的三个方程中去,分别求得 x,摈弃相互不吻合的,剩下来的就是方程组(29.2)的解。

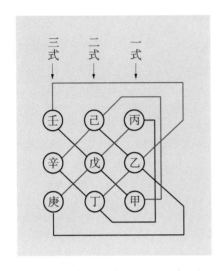

图 29.5 关孝和矩阵的"生"项与"剋"项的计算规则。

可是，式（29.9）含有六项，写出来一长串，费力费时费纸。关孝和想出一个列表的方式，把式（29.9）中的九项按照图 29.5 的样子摆放。用现代的术语来说，这是一个 3 行 3 列的矩阵。右面第一列从下到上对应着方程（29.4a）各项的系数，在图中记为"一式"。类似地，"二式""三式"对应的是方程（29.4b）和（29.4c）中各项的系数。进一步，关孝和定义这个矩阵的计算规则：把图中三条红线所连的三项分别相乘再加起来，便是式（29.9）左边括号里的三个"生"项；再把三条黑线所连的三项分别相乘，加起来就是第二个括号中的三个"剋"项。这样，方程（29.9）就简化为图 29.5 所示仅包括九个代数符号的矩阵。

学过一些线性代数的读者很容易看出，图 29.5 其实就是我们今天所说的行列式，只不过由于日本古代遵从中国的文字书写方式，从上到下，从右到左，所以关孝和的行列式的计算从右上到左下起算。按照今天的规则，方程（29.9）和图 29.5 的行列式应该记成

$$\begin{vmatrix} 甲 & 乙 & 丙 \\ 丁 & 戊 & 己 \\ 庚 & 辛 & 壬 \end{vmatrix}, \tag{29.10}$$

而且是从左上到右下起算。这只是规则稍有不同而已。（29.10）的表达方式要等到 200 多年后才会被英国数学家凯莱（Arthur Cayley，1821 年——1895 年）提出来。

关孝和的方法在解决多元高次方程中的功用可以从几个例子看出。

第一个例子很简单，解方程组

$$x^2 + y^2 - 1 = 0, \tag{29.11a}$$

$$4x^2 + y^2 - 4 = 0, \tag{29.11b}$$

$$y^2 - 4x + 4 = 0。 \tag{29.11c}$$

按照从（29.2）到（29.9）的过程，整理"系数"后得到

$$\begin{vmatrix} y^2-1 & 0 & 1 \\ y^2-4 & 0 & 4 \\ y^2+4 & -4 & 0 \end{vmatrix}=0 ,$$

根据计算规则，这个行列式的结果是$12y=0$，所以$y=0$。把$y=0$代入式（29.11a），得到$x=\pm1$。但$x=-1$不满足式（29.11c），故得到（29.11）的唯一解$x=1$。

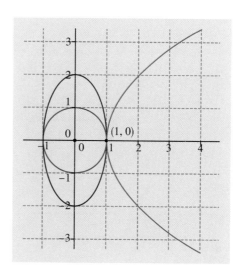

图 29.6　方程组（29.11）的坐标系作图表达。

如果我们采用笛卡尔坐标系的概念，可以把（29.11）的三个方程分别作图。图29.6显示，方程（29.11a）是圆，（29.11b）是椭圆，（29.11c）是抛物线，三条曲线交于一点（1，0）。

这个例子让我们看到，关孝和的方法可以非常便捷地求解二元二次方程组。对于三元、四元方程组，解决方法类似，但对应的行列式需要扩大到四阶、五阶，等等。关孝和解决了一些三元问题，可是对四元方程组，他在《解伏题之法》中的处理方法出现错误，后来被他的学生改正。

那么，这个方法是否对所有多元高次方程组都可用呢？我们看下面这个方程组：

$$(x-1)^2+(y-1)^2=1 , \tag{29.12a}$$

$$(x-2)^2+(y-2)^2=5 , \tag{29.12b}$$

$$(x-3)^2+(y-3)^2=13。 \tag{29.12c}$$

这个方程组对应的行列式是

$$\begin{vmatrix} y^2-2y+1 & -2 & 1 \\ y^2-4y+3 & -4 & 1 \\ y^2-6y+5 & -6 & 0 \end{vmatrix} ,$$

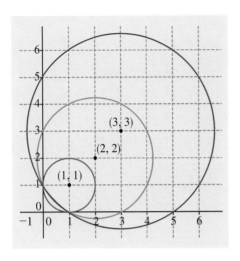

图 29.7　方程组（29.12）的坐标系作图表达。

展开后，行列式自身等于零，根据式（29.9），得到 $0=0$，无法建立起含有 y 的方程，方程组（29.12）也就无法求解。如果作图的话（图 29.7），我们看到三个方程对应三个圆，圆心分别在（1, 1）、（2, 2）和（3, 3），半径是 1、$\sqrt{5}$ 和 $\sqrt{13}$。显然问题是有解的，因为三个圆有两个共同的交点，（1, 0）和（0, 1）。可是关孝和的方法对这个问题行不通。为什么？

"行列式"这个中文名字虽然很形象直观，但容易给初学者造成误会，以为行列式只是一种把数字按照矩阵形式摆放的游戏。在英文里，行列式跟判别式（determinant）是同一个词，因为行列式的展开式就是它对应的方程组的解的判别式，比如第二十五章里提到的关于一元二次和三次方程根的判别式。第二十八章里，沙拉夫丁关于 $p(x)=c$ 是否存在正的实数根的分析也是在建立判别式。从方程理论的角度来看，这里的行列式只不过是判别式的简洁的数学表达形式而已，不妨称它为判别行列式。

回头仔细看一下方程组（29.12），你注意到没有，这三个方程有一个共同的特征，那就是每个方程里 x 项与 y 项的形式是相同的，或者说这个方程组关于 x 和 y 是对称的，如果把 x 和 y 对换，三个方程都保持不变。在图 29.7 里，这种对称性表现在图中的三个圆关于从原点到三个圆的圆心的连线左右对称。判别行列式等于零，好像在告诉我们："对您的这个问题，我分不出 x 和 y 来，所以没法继续。您另请高明吧！"

判别行列式还可能出现第三种情况，那就是式（29.9）左右两侧相互矛盾。比如这个方程组：

$$(x-1)^2+(y-1)^2=1, \tag{29.13a}$$

$$x^2+y^2=1, \tag{29.13b}$$

$$(x+1)^2+(y+1)^2=1。 \tag{29.13c}$$

该方程组的判别行列式是

$$\begin{vmatrix} y^2 - 2y + 1 & -2 & 1 \\ y^2 - 1 & 0 & 1 \\ y^2 + 2y + 1 & 2 & 1 \end{vmatrix} = 8 \text{。}$$

但根据式（29.9），我们的假定是这个行列式应该等于零，左右两侧矛盾，所以这个方程组无解。确实，如果把这三个圆在笛卡尔坐标系里画出来，我们就会发现，这三个圆没有共同的交点（图29.8），没有解。

讲到这里，"判别式"这个名称的意思应该比较清楚了。对于一组给定的方程，判别式为这些方程的解提供非常有用的信息。

还记得第十五章谈到的《九章算术》的三元一次方程组吗？利用消元法，可以逐个消去三元之中的

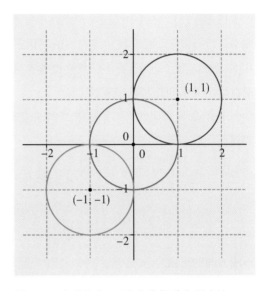

图 29.8　方程组（29.13）的坐标系作图表达。

两个，得到问题的解（见表15.2）。表15.2实际上就是一个矩阵。在这一点上，中文的单个文字表达具有特殊的优势，而丢番图到花剌子米那种半符号半句子的代数表达式都没能找到这样的解决方法。关孝和应该是从类似的中文数学矩阵以及李冶、秦九韶、朱世杰等人的代数工作得到灵感。

不过在17世纪的欧洲，代数符号已经有了很大的发展，人们开始意识到消元法。大约在1669—1670年间，英国剑桥大学一位年轻的讲师在准备讲授文艺复兴时期代数的讲稿里，写下这么一句话：

> 你们将看到，由于每个方程带有一个未知数，当未知数同方程的数目相当时，最终总可以把方程的数目减到一个，其中只含有一个未知数。

他还说："这个技巧一直被教授代数的人们所忽略，而我觉得把它引入教程不仅

是正当的，而且是必须的。"

这个年轻讲师就是牛顿，当时他还没有拿到教授的职位。牛顿的讲稿要到1707年才以拉丁文字印出，在1720年以英文发表，后来渐渐进入代数教科书。大约100年后，由于天文观测的进展，勒让德和高斯分别在1805和1809年发明最小二乘法，把方程数目多于变量数目的情况也考虑在内。关于这方面的故事请见《好看的数学故事：概率与统计卷》。对大数量的观测值利用最小二乘法优化理论模型的参数，需要处理几十、数百、数千，甚至更多的线性方程。高斯给出快速消元的方法和理论证明，所以现在这个方法叫作高斯消元法。

利用高斯消元法，解决表15.2给出的《九章算术》的问题非常简洁。这里我们按照现代代数的方式把三元一次方程组

$$a_{11}x + a_{12}y + a_{13}z = b_1, \tag{29.14a}$$

$$a_{21}x + a_{22}y + a_{23}z = b_2, \tag{29.14b}$$

$$a_{31}x + a_{32}y + a_{33}z = b_3, \tag{29.14c}$$

写成下面的形式

$$\begin{pmatrix} a_{11} & a_{12} & a_{13} \\ a_{21} & a_{22} & a_{23} \\ a_{31} & a_{32} & a_{33} \end{pmatrix} \begin{pmatrix} x \\ y \\ z \end{pmatrix} = \begin{pmatrix} b_1 \\ b_2 \\ b_3 \end{pmatrix}. \tag{29.14d}$$

注意式（29.14d）中圆括号内的三行三列不是行列式。这是一个三阶矩阵，其中每个元素都是相对独立的。它所对应的判别行列式通常记为

$$det \begin{pmatrix} a_{11} & a_{12} & a_{13} \\ a_{21} & a_{22} & a_{23} \\ a_{31} & a_{32} & a_{33} \end{pmatrix} = \begin{vmatrix} a_{11} & a_{12} & a_{13} \\ a_{21} & a_{22} & a_{23} \\ a_{31} & a_{32} & a_{33} \end{vmatrix}. \tag{29.15}$$

由三个元素排成一列的圆括号称为向量，(x, y, z)是三维直角坐标系里面从原点$(0, 0, 0)$到(x, y, z)点的连线以及连线在坐标系里所代表的方向。

消元时，为了方便，省去(x, y, z)，把（29.14d）改写为

$$\begin{bmatrix} a_{11} & a_{12} & a_{13} & | & b_1 \\ a_{21} & a_{22} & a_{23} & | & b_2 \\ a_{31} & a_{32} & a_{33} & | & b_3 \end{bmatrix}$$

的形式，然后逐行做消元运算。仍然以表15.2为例，起始方程组的矩阵形式是

$$\begin{bmatrix} 3 & 2 & 1 & | & 39 \\ 6 & 9 & 3 & | & 102 \\ 1 & 2 & 3 & | & 26 \end{bmatrix}。$$

把第二行各数减去第一行对应数值的2倍，得到

$$\begin{bmatrix} 3 & 2 & 1 & | & 39 \\ 0 & 5 & 1 & | & 24 \\ 1 & 2 & 3 & | & 26 \end{bmatrix}。$$

把上式第三行各数乘3再减去第一行对应的数，得到

$$\begin{bmatrix} 3 & 2 & 1 & | & 39 \\ 0 & 5 & 1 & | & 24 \\ 0 & 4 & 8 & | & 39 \end{bmatrix}。$$

把上式第三行各数乘5，再减去第二行对应数的4倍，得到

$$\begin{bmatrix} 3 & 2 & 1 & | & 39 \\ 0 & 5 & 1 & | & 24 \\ 0 & 0 & 36 & | & 99 \end{bmatrix}。$$

到这里，我们得到$36z = 99$，所以$z = \frac{99}{36} = 2\frac{3}{4}$。对比表15.2，可以说在公元170年前后的中国就预示到这种矩阵计算，可惜后来没能再进一步。

类似于（29.15）的判别行列式在处理多元线性方程组时的应用更为广泛。1693年，也就是关孝和写下式（29.9）、画出图29.5十年以后，德国数学家莱布尼茨在写给法国数学家洛必达（Guillaume de l'Hôpital，1661年—1704年）的一封信里明确地说，下

面这样的线性方程组

$$a_{10} + a_{11}x + a_{12}y = 0, \tag{29.16a}$$

$$a_{20} + a_{21}x + a_{22}y = 0, \tag{29.16b}$$

$$a_{30} + a_{31}x + a_{32}y = 0, \tag{29.16c}$$

在

$$a_{10}a_{21}a_{32} + a_{11}a_{22}a_{30} + a_{12}a_{20}a_{31} = a_{10}a_{22}a_{31} + a_{11}a_{20}a_{32} + a_{12}a_{21}a_{30} \tag{29.17}$$

的情况下有唯一解。

把式（29.17）等号右面的各项移到等号左边，就是判别式（29.9），不同的地方是式（29.17）里面只含有线性方程的系数而没有未知数，它是线性方程组（29.16）的判别式。方程组（29.16）有两个未知数，但有三个方程，它的解在通常情况下是超定的，只能在最小二乘的意义下寻求偏离这三个方程最小的近似解。但如果它的判别式等于零，那么三个方程里有两个是相关的，或是成比例的，等价于只有两个完全独立的方程，所以有唯一解。

随着和算的发展，各种新流派开始出现。其中一个流派叫作"最上流"，创建者是会田安明（1747年—1817年）。这个流派以代数为重点，在日本数学史上首次使用等号。"最上"这个名字据说来自会田安明的出生地最上川，地属前面提到的出羽国。不过这个名字显然一语双关。打从一问世，最上流就对关流发起攻击。当时关流汇集了算额的数学问题，出了一本书名叫《神壁算法》。会田安明批评关流在处理这些问题时有两个方面过于繁琐，一是代数问题的幂次高得没有必要（还记得关孝和的1458次方程吗），二是介绍"术"时文字冗长。为此，他写出《神壁算法真术》，把自己的解法与关流解法——对比，证明自己方法的长处。

图29.9是《神壁算法真术》中的第16题。这个问题的真正有趣之处在于，笛卡尔也研究过几乎相同的问题（图29.10），并建立了相互内切和外切的圆的笛卡尔定理。这个定理最早出现在1643年笛卡尔写给波西米亚公主伊丽莎白的信里面。笛卡尔利用曲率来处理这类问题。曲率（k）是曲线的弯曲程度。对任何一个圆来说，它的曲率是一个不变的常数，也就是半径（r）的倒数。考虑到从圆内和从圆外来看，曲线弯曲的方向相反，曲率的符号也就相反，所以每个圆的曲率有两种情况，即

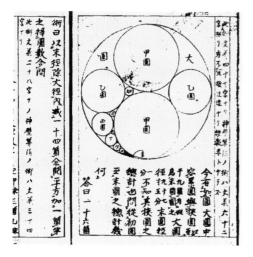

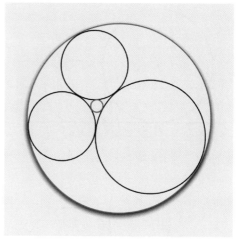

图 29.9 会田安明在《神壁算法真术》中处理 图 29.10 笛卡尔研究的内外互切圆问题。
的内外互切圆问题。

$$k = \pm \frac{1}{r} 。 \tag{29.18}$$

图 29.10 中的三个黑色的圆相互外切。如果加作第四个圆，使它与三个黑圆相切，显然
有两种可能，一是三个黑圆与其外切，即图中的红色小圆，或是黑色圆内切于它，即图
中的红色大圆。笛卡尔证明，在任何一种情况下，四个圆的曲率 k 都满足如下关系：

$$(k_1 + k_2 + k_3 + k_4)^2 = 2(k_1^2 + k_2^2 + k_3^2 + k_4^2) 。 \tag{29.19}$$

假设第四个圆的曲率是 k_4，那么从式（29.19）可知

$$k_4 = k_1 + k_2 + k_3 \pm 2\sqrt{k_1 k_2 + k_2 k_3 + k_3 k_1} 。 \tag{29.20}$$

其中 ± 对应的就是图 29.10 中的内切和外切两种情况。

笛卡尔互切圆定理在其中一个圆的半径是无穷大的时候也适用。半径无穷大的
圆是一条直线，曲率为零。在式（29.20）中令 $k_3 = 0$，得到

$$k_4 = k_1 + k_2 + 2\sqrt{k_1 k_2} 。 \tag{29.21}$$

这里我们只取加号，因为如果图 29.10 中的一个黑圆半径无穷大，它便不可能内切于红圆。
在这种情况下，图 29.10 变成图 29.11，不过为了方便，我们把编号为 4 的圆改成编号为 3。

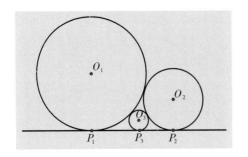

图 29.11 日本算额中的互切圆问题。

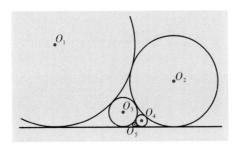

图 29.12 在图 29.11 的基础上可以不断作互切圆。

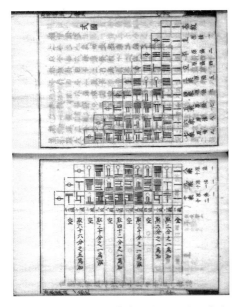

图 29.13 《括要算法》中列出的贾宪三角和伯努利数列。

群马县一个寺庙的算额上恰好有一个这样的问题（图 29.11）。通过对图 29.11 进行简单几何分析，可以得到

$$\sqrt{k_3} = \sqrt{k_2} + \sqrt{k_1}。$$

如果令 $F_i = \sqrt{k_i}$，那么就有

$$F_3 = F_2 + F_1。$$

实际上，图 29.11 可以无限地作下去。通过圆 2 和圆 3，以同样的办法作圆 4（图 29.12），得到 $F_4 = F_3 + F_2$；再利用圆 3 和 4，作圆 5，得到 $F_5 = F_4 + F_3$，等等。所以就得到一个数列，它满足

$$F_{i+2} = F_{i+1} + F_i, i = 1, 2, 3, \cdots \quad (29.22)$$

还记得这个表达式吗？没错，它就是式（18.1），有名的斐波那契数列。从工蜂的前世今生，到不同正方形的码放，再到这里外切圆曲率的平方根关系里，看起来似乎是风马牛不相及的现象最后都导致斐波那契数列。这不是很神奇吗？

说到数列，关孝和也找到一个，在欧洲称为伯努利数列 B_n，它的前几项乍看起来似乎完全没有规律：

$$B_0 = 1, B_1 = \frac{1}{2}, B_2 = \frac{1}{6}, B_3 = 0, B_4 = -\frac{1}{30}, B_5 = 0, B_6 = \frac{1}{42}, B_7 = 0，等等。$$

图 29.13 是关孝和去世后学生替他出版的《括要算法》中的一页。这一页的上部列出贾宪三角，一共算到二项式

的 12 次幂。可是紧接在后面（图中最后一行），关孝和列出伯努利数列的前 12 项。从右向左，第一项写作"全"也就是正数 1，后面第二、三、四项分别是"二分之一""六分之一""空"，等等。"空"就是零。

　　关孝和是怎么得到这个数列的呢？根据表上方的贾宪三角，他显然在考虑正整数的等幂之和

$$S_1(n) = 1 + 2 + 3 + \cdots + n,$$
$$S_2(n) = 1^2 + 2^2 + 3^2 + \cdots + n^2,$$
$$\cdots\cdots$$
$$S_m(n) = 1^m + 2^m + 3^m + \cdots + n^m$$

所构成的数列，其中 $n, m \geq 0$。$S_m(n)$ 称为伯努利多项式，它的通式可以用伯努利数列来表达：

$$S_m(n) = \frac{1}{n+m} \sum_{k=0}^{m} \binom{m+1}{k} B_n n^{m+1-k}, \tag{29.23}$$

其中，B_n 是伯努利数列；$\binom{m+1}{k} = \dfrac{(m+1)m(m-1)\cdots[m+1-(k-1)]}{k(k-1)(k-2)\cdots1}$ 是二项式展开的系数，也就是贾宪三角所给出的系数。这就是为什么图（29.13）先给出贾宪三角，然后列出伯努利数列。

　　雅各布·伯努利（Jacob Bernoulli, 1654 年—1705 年）寻找这个数列的主要目的就是计算非常大的数，这在数论里非常重要。他曾经非常兴奋地告诉朋友：

　　　　……有了这个工具以后，我只用了七八分钟就计算出 $m=10$ 的多项式的前 1 000 个数的和等于 91 409 924 241 424 243 424 241 924 242 500。

　　后来人们发现，伯努利数列的用处远不止于此。在即将出版的《好看的数学故事：函数与分析卷》中，我们将会看到，许多三角函数和双曲函数都可以通过伯努利数列展开为泰勒级数，而且在复分析中占有重要地位。

　　伯努利去世后，才在 1713 年出版的《猜度术》里发表了这个结果。关孝和也是

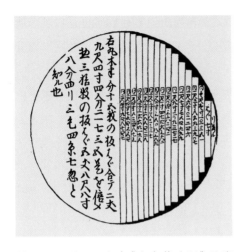

图29.14 泽口一之在《古今算法记》里演示圆面积计算方法示意图。

在去世后，于1712年才发表了《括要算法》。不过两人最大的不同在于伯努利给出了完整的表达式（29.23），而关孝和只是列出了数列的前12项。

在结束本章故事之前，让我们再回到前面提到的《古今算法记》。这本书的作者泽口一之原本是一位早期和算家的学生，但后来又成为关孝和的学生，或许是他看到关孝和在数学上的造诣吧。在《古今算法记》里，泽口一之提到一种计算圆面积的方法，如图29.14所示。这里，泽口一之把半个圆切成一系列细长的矩形，计算每个矩形的面积，然后把它们加起来。矩形越细，圆面积的计算就越准确。显然，这里隐含了微积分的原始思想。虽然日本不少人相信这样的想法来自关孝和，但有明确文字记载的是泽口一之的《古今算法记》，而这部书出现在泽口转到关孝和门下之前。也就是说，17世纪中叶的日本也已经萌发微积分运算的初芽了。不过，和算在这方面的工作明显不如费马的研究系统。

本章主要参考文献

Grcar, J.F. Mathematicians of Gaussian Elimination. Notices of the American Mathematical Society, 2011, 58: 782−792.

Mikami, Y. The Development of Mathematics in China and Japan. New York: Chelsea Publishing Company, 1913: 347.

Smith, D.E., Mikami,Y. A History of Japanese Mathematics. Chicago: The Open Court Publishing Company, 1914: 288.

Wimmer-Zagier, S., Zagier, D. Some questions and observations around the mathematics of Seiki Takakazu. In: Seki, Founder of Modrn Mathematics in Japan: A Commemoration on His Tecebttenary. Eds. E. Knobloch et al., Springer Proceedings in Matehmatics and Statistics. Springer Japan, 2013: 275−297.

黄俊伟：《江户日本的一场学论战》，《数理人文》，2016年第7期，第46—53页。

第三十章　大疫期间的天才迸发

1661年7月8日，18岁的牛顿来到剑桥大学的三一书院（Trinity College）。当时剑桥大学的录取程序跟现在不一样，书院只是剑桥大学的预科，通过预科考试之后才有资格进入大学。上预科不需要统考，有"可靠人"的推荐，通过口试就行了。牛顿的舅舅是三一书院毕业的，所以他很容易就被录取了。那时预科的男孩们多数没有正式进入大学的打算，三天打鱼两天晒网，根本没打算通过预科考试。

剑桥根据经济状况把学生分为三等，反映了英国当时的社会结构。家庭富裕、付得起学费和高级餐厅饭费的学生属于第一等，他们跟书院的院士们（fellows）一起在高桌上吃饭。这种高桌通常放置在高出地面的台子上，位于正餐大厅的尽头。在正式场合下，高桌进餐的人或穿燕尾服，或穿学术袍，自然风光无限。第二等学生自付学费和一般食堂饭费。第三等学生付不起学费和饭费，需要为别人提供服务，以换取学费和食物补贴。在剑桥，提供这种服务的学生有个特殊的名字，叫西札尔（sizar）。西札尔里面又分为两级，靠书院基金会直接资助的，叫正常西札尔；靠非基金会来源资助的称为次级西札尔（sub-sizar）。次级西札尔需要付部分学费和全部饭费。服务的内容一般是琐碎事务，如抄写、打饭、送信，等等，换句话说，就是打杂。牛顿就属于次级西札尔。

自打还在娘胎里，牛顿的命运就是沟沟坎坎。出生前三个月，他失去了父亲。母亲用父亲的名字艾萨克（Isaac）来命名他，大概希望他继承父亲的一切。按照英国的旧历，他出生在1642年圣诞节的后半夜，但当时整个欧洲大陆早已开始使用修正后的历法了。由于计算误差，旧历比新历晚十天，所以他的实际生日是1643年1月4日。牛顿后来回忆家里关于他出生的故事时说，自己是早产，又小又弱，小到几乎可以装进一品脱的啤酒杯里；弱到抬不起头来，需要给脖子装支架。出生以后，接生婆决定在牛顿家里观察一段时间，认为这孩子活不了，准备等他死了，处理完后再离开，省得大半夜再跑第二趟。没想到他居然活了。他3岁时，母亲改嫁，继父拒不收留这个孩子，母亲便把他托付给姥姥。没有父亲的孩子又失去了母爱，这对牛顿的一生影响很大。所幸的是，母亲的娘家是有文化的人，这使得牛顿得以接触书籍和文字。父亲的家族则世代都是农民。牛顿的父亲是家族里面第一个能在文书上签写自己名字的人，牛顿的叔叔还是文盲。假如三岁的牛顿进入叔叔的家庭，将来恐怕也就是个农民，数学史恐怕要大大改写。十岁的时候，牛顿的继父又去世了，母亲带着跟第二任丈夫生下的三个孩子回到娘家。母亲继承了继父的遗产，这时姥姥家的偏爱更加显现出来，牛顿感到自己从来没有受到公平的对待。不久，他被送到寄宿学校，一直到快17岁毕业，才又回到家里。母亲显然不愿把家产分给他，极力主张他做个自耕农，找人教给他务农的知识，还雇了一个仆人帮助他干杂活。牛顿对此毫无兴趣，整天不是啃书本就是设计新机械，常常连吃饭都忘记了，搞得仆人怨声载道。这时两位救星出现了。一位是三一书院毕业的舅舅，一位是寄宿学校的校董。二人劝说牛顿的母亲，让他离开庄园到伦敦去读书。特别是寄宿学校的校董，他从牛顿出类拔萃的学习成绩和一系列别出心裁的小实验小发明中看出这孩子异乎寻常，提出让牛顿住到自己家里，继续进修，然后投考剑桥。在这样的努力下，牛顿的母亲才不情愿地同意了，不过只为他提供每年不到10英镑的经济支持。牛顿付不起剑桥的学费，只能做次级西札尔，靠打杂支持学费和饭费。西札尔和次级西札尔是剑桥学生社会的最底层。

从小没有玩伴，后来又被母亲和异父弟妹们歧视，使牛顿养成了孤僻的性格，难以合群。加上三一书院预科的男孩一般都在十六七岁，牛顿的年龄偏大，而且地位低下，他总是独自一人在校园里漫步，一面冥思苦想。这样过了一年多，有一天在路上遇到一个名叫维金斯（John Wickins，？—1719年）的年轻人。维金斯也是在孤独之中出来散步，打过招呼以后，两人发现处境相似，决定抽空散步时再见。牛顿后来一直住在剑桥，直到1696年。35年的时间里，他只交了这么一个朋友。当牛顿的大名震响整个英国的时候，也没有一个同学出来说：我认识他，这是我朋友。为牛顿作传记的美国作家韦斯特福尔（Richard Westfall，1924年—1996年）说，牛顿是一个受过折磨，个性极度神经质的人；至少直到中年，他总是摇摇欲坠，处于心理破裂的边缘。他唯一的朋友就是维金斯，后来成为他的研究助手。

17世纪60年代的剑桥大学也正处在危机当中。教材老化，仍然以柏拉图、亚里士多德等人的自然哲学理论为主。教师老化，逐渐丧失了13、14世纪那种缜密思维、努力把知识系统化的精神。牛顿对学校规定的教材没有兴趣，许多书都没读完，只是在考试前临阵磨枪。好在学校非常宽容，对于学生选课也不大限制。当牛顿在书店里发现了笛卡尔的《论方法》，顿时眼前一亮。他从小就喜欢制造机械，对笛卡尔的机械宇宙论极感兴趣，阅读当中又产生很多疑问，记了大量笔记。在《论方法》的后面读到附录《几何学》，这使他一下子迷上了数学。进入三一书院之前，寄宿学校的教材主要是拉丁文、逻辑学和神学，牛顿从来没学过数学。有故事说，牛顿初读《几何学》时，刚读过两页就读不懂了，于是回过头从第一页开始重读。读过三四页，又读不懂了，再返回去从头读，如此反反复复，完全自学，直到全部弄懂为止。笛卡尔的几何学影响了牛顿一生。

在规定的课程上面，牛顿的成绩相当一般，连续两年没有入选表现奖（Exhibitions）。按照规矩，三一书院每年选出 62 名成绩突出的学生，授予奖学金。只有获得奖学金的学生才有希望留下来深造，有希望成为剑桥大学永久员工。第三年是牛顿的最后一次机会，而这时他的全部精力都在数学上面。他的导师看到了这一点，在申请奖学金时，邀请了数学教授对他进行口试。

当时的剑桥大学没有正规的数学课，牛顿预科毕业时的数学知识非常有限。不过在他入校后不久，从剑桥大学入选英国下议会的议员卢卡斯（Henry Lucas, 1610年—1663年）留下遗嘱和基金，在剑桥设立卢卡斯数学教授（Lucasian Professor of Mathematics）的位置。剑桥把这个历史上第一个数学教授的位置给了有名的巴罗（Isaac Barrow, 1630年—1677年）。在牛顿口试中，巴罗提问的数学问题基本上都来自欧几里得的《几何原本》，而牛顿的数学是"野狐禅"，全都来自自学笛卡尔的《几何学》，根本没读过欧氏几何。巴罗没有问到笛卡尔，牛顿也没有勇气提及。所以第一次见面，巴罗对牛顿似乎没有什么深刻印象。不过，牛顿总算考过了，在 1664 年 4 月 28 日得到表现奖。这使他获得全免学费和饭费的待遇，每年还有 13 先令 4 便士的零花钱，再也不需要给别人打杂了。

在衣食不愁的条件下，牛顿的创造力一下子爆发出来。维金斯注意到，牛顿养的猫突然胖得一塌糊涂。原来，牛顿经常忘记吃饭，馋猫都为他代劳了。牛顿甚至可以"忘记"睡觉，第二天谈到头天夜里的新发现时仍然兴奋异常，似乎不睡觉对他根本没有影响。这样的工作习惯一直保持到牛顿老年。他的仆人们通常在晚饭前半小时提醒他，可他一旦看到一本书或一张纸，晚饭就会被忘在一边，好几个小时一口未动。然后第二天早饭时吃昨晚的剩饭。

按照学校的规矩，牛顿将在 1665 年春天获得学士学位，但从头一年的圣马丁节之后，全国进入基督教的四旬节（Lent），需要守斋四十天，大学的研究和学习也都必须停

▼

故事外的故事 30.1

沃利斯是最早探索微积分规律的数学家之一，对牛顿之前的英国数学界影响巨大。他最有名的著作就是《无穷算法》，其中报告了他采用无穷级数对圆周率的表达式：

$$\frac{\pi}{2} = \frac{2}{1} \cdot \frac{2}{3} \cdot \frac{4}{3} \cdot \frac{4}{5} \cdot \frac{6}{5} \cdot \frac{6}{7} \cdot \frac{8}{7} \cdot \frac{8}{9} \cdot \frac{10}{9} \cdot \frac{10}{11} \cdot \frac{12}{11} \cdot \frac{12}{13} \cdots$$

对此，荷兰数学家惠更斯觉得不可置信，但是经过计算，上述数列确实越来越逼近于 $\frac{\pi}{2}$。读者可以算算看。

沃利斯的数学方法同笛卡尔的风格很接近，而且是英格兰最早使用这种技术的。沃利斯是英格兰皇家科学学会的早期发起人，还是发明用符号 ∞ 来表示无穷的人。

沃利斯患有严重的失眠症，睡不着时就做心算。有一夜，他对某个数用心算作开平方，一直算到小数点后第53位数，第二天早上醒来还记得27位。他根据记忆把这些数字告诉皇家学会的秘书奥登伯格（Henry Oldenburg，1618年—1677年），后者专门找了一位同事去了解沃利斯是如何做到的。这件事还出现在1685年皇家学会的一期会刊上。

止。牛顿很虔诚，但仍忍不住要考虑数学问题。他一面在笔记中用密码记录自己的"罪"（sin；类似于佛教的犯戒），表示忏悔；一面不断记录数学研究的新发现。四旬节期间，他的笔记中记下了关于曲线曲率的研究；不久之后，整个头脑都被二项式展开的问题所占据。

牛顿进入剑桥大学之前不久的1656年，牛津大学的几何学教授沃利斯（John Wallis，1616年—1703年）出版了《无穷算法》（拉丁文：*Arithmetica Infinitorum*），首次提出我们今天常用的正负幂指数和方根的符号，并计算了曲线 $y = x^m$ $(m>0)$ 在 x 轴上

方从 $x=0$ 到 $x=h$ 所覆盖的面积，得到了跟费马一样的结果（第二十七章）。由此他得出推论，对于曲线 $y=1+x+x^2+x^3+\cdots$ 来说，它在 x 轴上方从 0 到 x 所覆盖的面积应该是 $z=x+\dfrac{1}{2}x^2+\dfrac{1}{3}x^3+\dfrac{1}{4}x^4+\cdots$。按照后来的微积分理论，多项式 z 是 y 的积分，而 y 是 z 的导数。接下去，他计算了 $y=(x-x^2)^0=1$，$y=(x-x^2)$，$y=(x-x^2)^2$，$y=(x-x^2)^3$，等等从 $x=0$ 到 $x=1$ 的面积。这些曲线都可以展开成为 x 不同次幂的和，沃利斯用前面的结果证明它们的面积分别是 $1,\dfrac{1}{6},\dfrac{1}{30},\dfrac{1}{140}$，等等。接下来，他考虑 $y=x^{\frac{1}{m}}$ 一类的曲线，证明这种曲线从 $x=0$ 到 $x=1$ 所覆盖的面积等于底边为 1，高为 $\dfrac{m}{m+1}$ 的矩形。最后，他考虑 $y=\sqrt{1-x^2}$ 的面积。可是，他遇到无法克服的阻力，因为没法把带根号的表达式展开成为 x 不同次幂的数列。

牛顿注意到这个问题以后，日夜苦思冥想，整个四旬节期间的宗教活动中，他总是心不在焉，让组织者大伤脑筋。就在这时，英国再次发生了重大瘟疫。

从 14 世纪起，黑死病在欧洲时起时落。这方面的故事我们在《好看的数学故事：概率与统计卷》里讲了不少。1665 年伦敦的大流行是最后一次，属于黑死病，又名流行性淋巴腺鼠疫。疫情延续到 1666 年，超过 10 万人死于瘟疫，相当于伦敦当时人口的五分之一（图 30.1）。根据前几次瘟疫的经验，剑桥大学采取隔离措施，学生教师都被遣返，离开了校园。教师工资照发，学生学费酌免。牛顿回到母亲的庄园，那里人烟稀少，相对安全。这段时间里，他一直同巴罗教授保持着联系。牛顿废寝忘食工作了两年，不仅解决了沃利斯的问题，而且确立

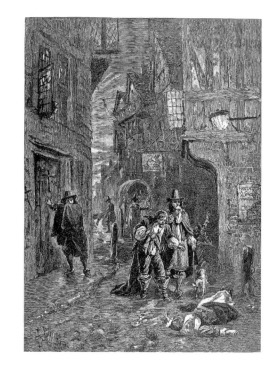

图 30.1 1665 年黑死病期间的伦敦街景，杰里科（John T. Jellicoe，1842 年—1914 年）根据雷尔顿（Herbert Railton，1857 年—1910 年）原作改制的版画。

了微积分的基础,彻底改变了数学的历史进程。

在疫情暴发之前的冬天,牛顿就开始计划想要解决一些重要的数学问题。他列出的单子从最初的12个问题开始,经过不断修正,有的消除,有的加上来,最后确定了22个问题,分为五大类。其中第一类包括曲线的轴线、直径、中心、渐近线、顶点、切线,等等;第三类是寻求曲线的长度、覆盖的面积、重心,等等。按照今天微积分的观点,第一类是微分和导数问题,第三类是积分问题。其他问题涉及力学、光学等。他还考虑了如何通过坐标系表达的方程来了解曲线的性质,并尝试了不同的坐标系,直角的,非直角的,极坐标,双极坐标,垂足坐标(pedal coordinates),以及不同坐标系之间的变换。在这些研究当中,几何同代数总是相互紧密纠缠在一起。

多年以后,牛顿同莱布尼茨为了微积分发明权而发生激烈争执,牛顿托人给莱布尼茨送去两封信。第一封信类似挑战书,里面列出了一系列困难的数学定理,向莱布尼茨显示自己的强大能力。莱布尼茨回信询问其中一些定理的来历,牛顿好像突然产生了浓厚的怀旧情绪,在第二封信里用温和得多的语言讲述了他发现这些定理的故事,特别是关于幂指数数列的故事。

牛顿告诉莱布尼茨,当他读到沃利斯的《无穷算法》后,马上开始考虑 $y = \sqrt{1-x^2}$ 的幂级数展开问题。读者应该已经看出,这条曲线是一个以原点 $(0,0)$ 为圆心,半径为1的圆,如图30.2所示。所以在第一象限里,也就是 x 和 y 都大于等于0的情况下,曲线 $y = \sqrt{1-x^2}$ 在 x 从0到1所覆盖的面积是整个圆面积的四分之一。根据圆面积同半径的关系,这个面积应该是 $\frac{\pi}{4}$,可是对于任何小于1的 x 值,阴影下的面积是多少呢?

牛顿没有直接去计算这个面积的值,而是转而考虑下列一系列曲线从0到 x 所覆盖的面积:

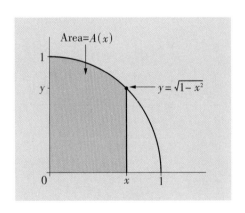

图30.2 半径为1的圆在 $0 \leqslant x \leqslant 1$ 和 $0 \leqslant y \leqslant 1$ 的部分。灰色部分是这四分之一圆弧在横轴的上方从0到 x 所覆盖的面积。

$$y = \left(1-x^2\right)^{\frac{0}{2}}, \qquad (30.1a)$$

$$y = \left(1-x^2\right)^{\frac{1}{2}}, \qquad (30.1b)$$

$$y = \left(1-x^2\right)^{\frac{2}{2}}, \qquad (30.1c)$$

$$y = \left(1 - x^2\right)^{\frac{3}{2}}, \qquad\qquad (30.1\mathrm{d})$$

$$y = \left(1 - x^2\right)^{\frac{4}{2}}, \qquad\qquad (30.1\mathrm{e})$$

$$y = \left(1 - x^2\right)^{\frac{5}{2}}, \qquad\qquad (30.1\mathrm{f})$$

$$y = \left(1 - x^2\right)^{\frac{6}{2}}, \qquad\qquad (30.1\mathrm{g})$$

$$y = \left(1 - x^2\right)^{\frac{7}{2}}, \qquad\qquad (30.1\mathrm{h})$$

等等。他的主要目标当然是 $y = \left(1 - x^2\right)^{\frac{1}{2}}$，这个半径为 1 的圆的面积等于 π，所以图 30.2 中的四分之一个圆的面积是 $\frac{\pi}{4}$。牛顿的最初想法是，如果找到 $y = \left(1 - x^2\right)^{\frac{1}{2}}$ 在任何 0 到 1 之间的 x 值对应的面积，就能找到一个无比精确的计算 π 的方法。

　　牛顿动手把这些方程按照 x 和 y 的值以坐标系的方式画出大致的曲线来，以便观察它们之间的规律。这很可能是数学史上最早的系统而尽量准确的曲线坐标图示，从此，方程变成可以直接观察的曲线。这种表示法很快被他的导师巴罗所采纳（图 30.3），

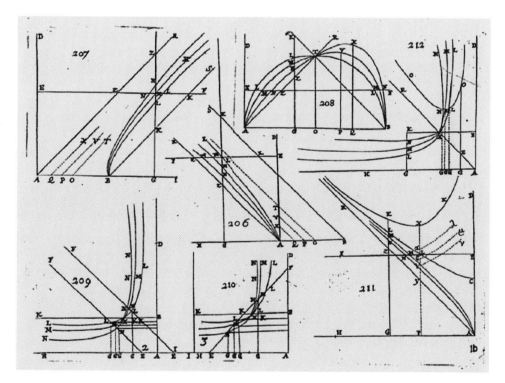

图 30.3　巴罗在《光学与几何教程》（拉丁文：*Lectiones Opticae et Geometricae*）中的“蛇形图”（1670 年版）。作图的最初想法来自学生牛顿。

在教科书里出现了"蛇形图"（因为很多曲线弯弯曲曲，有点像蛇）。这种做法很快就被其他英国数学家所采纳。

牛顿发现，当他把沃利斯的问题扩展到更为普遍的数学问题之后，不但解决了最初的问题，而且得到了更加普遍的结果：把复杂曲线变成一个简单的含有 x 的"模块"的无穷次幂数列，然后任何曲线的面积就都可以计算了。牛顿在给莱布尼茨的第二封信里详细介绍了他的思路。

对于 $(1-x^2)$ 的整数幂，如式（30.1a, c, e）等，它们展开后的表达式分别是 $1, 1-x^2$，$1-2x^2+x^4$，等等，这些曲线的面积可以按照沃利斯的方法来计算。可是，当 $(1-x^2)$ 的幂次是 $\frac{1}{2}, \frac{3}{2}, \frac{5}{2}$ 等的时候，沃利斯的方法就行不通了。牛顿把式（30.1）中可以计算的面积写在下面，把不可计算的面积按照顺序排列其中，希望从中找到一些规律：

$$A_0=x, \tag{30.2a}$$

$$A_1=?, \tag{30.2b}$$

$$A_2 = x - \frac{1}{3}x^3, \tag{30.2c}$$

$$A_3=?, \tag{30.2d}$$

$$A_4 = x - \frac{2}{3}x^3 + \frac{1}{5}x^5, \tag{30.2e}$$

$$A_5=?, \tag{30.2f}$$

$$A_6 = x - \frac{3}{3}x^3 + \frac{3}{5}x^5 - \frac{1}{7}x^7, \tag{30.2g}$$

$$A_7=?, \tag{30.2h}$$

等等。牛顿希望根据它们之间的规律来把 A_1、A_3、A_5、A_7 等的表达式猜出来。由于式（30.2）中可计算面积的表达式的第一项都是 x，而且第二项的符号都是负的，牛顿猜测，那些计算不出面积的各式应该含有同样的第一项，即

$$A_0=x-0, \tag{30.3a}$$

$$A_1=x-?, \tag{30.3b}$$

$$A_2 = x - \frac{1}{3}x^3, \tag{30.3c}$$

$$A_3=x-?, \tag{30.3d}$$

$$A_4 = x - \frac{2}{3}x^3 + \frac{1}{5}x^5, \tag{30.3e}$$

$$A_5=x-?, \tag{30.3f}$$

$$A_6 = x - \frac{3}{3}x^3 + \frac{3}{5}x^5 - \frac{1}{7}x^7, \qquad (30.3\text{g})$$

$$A_7 = x - ?。 \qquad (30.3\text{h})$$

牛顿在给莱布尼茨的信中说，对于式(30.3)中的那些问号，他注意到式(30.3)中第2项x^3的系数有明显的规律，它们是$\frac{0}{3}, \frac{1}{3}, \frac{2}{3}, \frac{3}{3}$等等，分子按照$0, 1, 2, 3, \cdots$等阶增加。据此，他猜测，式(30.3b,d,f,h)等的第二项的系数似乎应该是

$$A_0 = x, \qquad (30.3\text{a}')$$

$$A_1 = x - \frac{1}{3}\left(\frac{1}{2}\right)x^3 + ?, \qquad (30.3\text{b}')$$

$$A_2 = x - \frac{1}{3}x^3, \qquad (30.3\text{c}')$$

$$A_3 = x - \frac{1}{3}\left(\frac{5}{2}\right)x^3 + ?, \qquad (30.3\text{d}')$$

$$A_4 = x - \frac{2}{3}x^3 + \frac{1}{5}x^5, \qquad (30.3\text{e}')$$

$$A_5 = x - \frac{1}{3}\left(\frac{7}{2}\right)x^3 + ?, \qquad (30.3\text{f}')$$

$$A_6 = x - \frac{3}{3}x^3 + \frac{3}{5}x^5 - \frac{1}{7}x^7, \qquad (30.3\text{g}')$$

$$A_7 = x - \frac{1}{3}\left(\frac{9}{2}\right)x^3 + ?, \qquad (30.3\text{h}')$$

等等。得到了x^3的系数后，牛顿进一步寻找规律。他注意到，在A_n里面，当n为偶数时，x^3的系数的分母总是奇数。比如A_6中各项的分母分别是$1, 3, 5, 7, \cdots$。下一步，牛顿需要寻找分子的规律。他观察到，在n为偶数时，从第一项开始，不考虑正负号，它们的分子分别是

对$n=2$：分子为$1, 1$；

对$n=4$：分子为$1, 2, 1$；

对$n=6$：分子为$1, 3, 3, 1$；

等等。注意到它们的规律吗？是的，它们就是贾宪三角中的那些数值，现在称为二项式展开式系数。法国数学家帕斯卡在1665年发表了整数次幂下二项式$(a+b)^n$的系数公式

$$(a+b)^n = c_0 a^n + c_1 a^{n-1} b + c_2 a^{n-2} b^2 + \cdots + c_{n-1} a^1 b^{n-1} + c_n b^n, \tag{30.4}$$

其中

$$c_k = \frac{n!}{k!\,(n-k)!} = \frac{n(n-1)\cdot\cdots\cdot(n-k+1)}{k!}。 \tag{30.5}$$

帕斯卡的公式只允许正整数。牛顿很可能还没有看到帕斯卡的文章，而是自己推导出了类似的关系。然后，在未加证明的情况下，他就大胆地把式（30.5）扩展到次幂为 $m = \frac{1}{2}$。有了式（30.5），式（30.3）中所有的 A_i（$i = 0, 1, 2, \cdots$）就都知道了。于是图 30.2 中的面积就是

$$A(x) = A_0 + A_1 + A_2 + \cdots = \sum_{i=0}^{\infty} A_i。 \tag{30.6}$$

牛顿还没有这样的表示法，他在给莱布尼茨的信中是这么说的：

> 我发现，如果令 $m = \frac{1}{2}$，所有其他项都可以用连续相乘的系列来表示：$\frac{m-0}{1} \times \frac{m-1}{2} \times \frac{m-2}{3} \times \frac{m-3}{4} \times \frac{m-4}{5}$，等等。……我根据这个法则在系列里做内插；由于对圆来说，第二项（即 A_1）是 $\frac{1}{3}\left(\frac{1}{2}\right)x^3$，我把 $m = \frac{1}{2}$ 代入，展开后，$\left(A_1$ 后面各式对应的 $\frac{1}{3}x^3$ 的$\right)$后面的系数就是：$\frac{1}{2} \times \frac{\frac{1}{2}-1}{2} = -\frac{1}{8}$，$-\frac{1}{8} \times \frac{\frac{1}{2}-2}{3} = \frac{1}{16}$，$\frac{1}{16} \times \frac{\frac{1}{2}-3}{4} = -\frac{5}{128}$，如此等等，直到无穷。于是我知道，我要计算圆的那一部分的面积是：
>
> $$x - \frac{\frac{1}{2}x^3}{3} - \frac{\frac{1}{8}x^5}{5} - \frac{\frac{1}{16}x^7}{7} - \frac{\frac{5}{128}x^9}{9} - \cdots。$$

不但如此，这个面积的计算结果让牛顿马上意识到，$(1-x^2)^{\frac{1}{2}}$ 也可以展开为 x 次幂的无穷级数：

$$(1-x^2)^{\frac{1}{2}} = 1 - \frac{1}{2}x^3 - \frac{1}{8}x^5 - \frac{1}{16}x^7 - \frac{5}{128}x^9 - \cdots。 \tag{30.7}$$

为了检验自己的结果，牛顿把这个无穷数列自乘，确认引入的项数越多，自乘的结果越接近于 $1-x^2$。在式（30.7）中，令 $x=1$，就得到半径为 1 的圆的面积的四分之一，也就是

$$\frac{\pi}{4} = 1 - \frac{1}{2} - \frac{1}{8} - \frac{1}{16} - \frac{5}{128} - \cdots 。 \tag{30.8}$$

之后，牛顿又找到了 $(1-x^2)^{\frac{3}{2}}$ 和 $(1-x^2)^{\frac{1}{3}}$ 的展开式，它们是

$$(1 - x^2)^{\frac{3}{2}} = 1 - \frac{3}{2}x^2 + \frac{3}{8}x^4 - \frac{1}{16}x^6 + \cdots,$$

$$(1 - x^2)^{\frac{1}{3}} = 1 - \frac{1}{3}x^2 - \frac{1}{9}x^4 - \frac{5}{81}x^6 - \cdots 。$$

类似于（30.8）的展开式现在称为二项式级数，以区别于（30.4）那种 n 等于整数的二项式。前者是无穷级数，后者是有限多项式。不过两种情况可用统一的数列形式来表达：

$$(1 + x)^{-\alpha} = 1 + \alpha x + \frac{\alpha(\alpha + 1)}{2!}x^2 + \frac{\alpha(\alpha + 1)(\alpha + 2)}{3!}x^3 + \cdots$$
$$= \sum_{k=0}^{\infty} \binom{\alpha + k - 1}{k} x^k, \tag{30.9}$$

其中 $|x|<1$。当 $\alpha=n$ 为整数时，式（30.9）中第 $n+2$ 及其后面所有各项都等于 0，因为第 $n+2$ 的 $k=n+1$，而根据式（30.5），$(n-k+1)=0$，所以后面的各项系数也都是 0。我们在《好看的数学故事：概率与统计卷》里比较详细地介绍了当 α 为整数时二项式的系数，那些系数对经典概率的发展起到关键的作用，因为它们可以用来计算在同一类事件中不同结果可能发生的次数。当 $\alpha=n$ 为非整数时，这些系数就失去了排列组合的意义，主要是为了计算的方便。

　　在以上的分析中，牛顿并没有使用任何高深的数学理论。他通过变换并推广原始问题，得到了更为重要、更为有用的结果。当然，牛顿只是成功地猜到了解的形式，并没有给出这些无穷数列的理论证明。他也没有明确地讨论如此得到的无穷数列是否收敛。完整地解决这样的问题还要等差不多 200 年的时间。

　　无穷这个概念在微积分里以三种形式出现：导数、积分和无穷幂级数。早期的导数和积分的发展都是从幂级数开始的。年仅 22 岁，一年之前才刚接触数学的牛顿，就

这样在大灾疫期间一下子跃入数学的最前沿。他对数学有着常人难以想象的直觉，这在前面他对幂指数无穷数列的分析过程可见一斑。留下的笔记说明，牛顿从 1664 年春天起深深钻进笛卡尔的《几何学》和现代数学分析。他读的《几何学》是舒藤的拉丁文本，其中有许多舒藤根据自己和韦达的工作加进去的附加材料。他还认真钻研了沃利斯的无穷小的研究。开始学习数学之后不到六个月的时间，他的笔记不断变化，一年之内，他已经消化了 17 世纪数学分析的全部成就，并开始独立寻求更高等分析的途径了。

起初，他也像费马和沃利斯那样，把曲线面积看成是无数条无穷窄的静止的条带的组合。从大疫期间的 1665 年秋天起，他开始把曲线看成是动态的，看成是一个点在平面上运动形成的轨迹。从运动学的观点来看，每一条空间曲线都隐含着时间和速度。牛顿创造了流数（fluxion）的概念，根据这个概念，曲线上每个"无穷小的线段"所描述的是在一个瞬间该点运动的速度。这个点的速度可以用两个速度分量，也就是沿着 x 轴和 y 轴的分速度来描述。而该点处曲线的切线的斜率就是 y 方向分速度与 x 方向分速度的比值。时间的概念从此跟牛顿的数学密不可分。关于这方面的故事我们在即将出版的《好看的数学故事：函数与分析卷》里再细谈。

牛顿夜以继日地工作，把他的方法写成论文，题为《寻求曲线上物体的速度》。1665 年 11 月 13 日文稿完成，牛顿就像被吹灭的蜡烛一般，六个月内没有留下任何关于数学的笔记。第二年的五月，新的想法出现了，他在三天之内写出两篇论文，讨论点的运动。之后，蜡烛又熄灭了，直到十月，写出一篇更系统的论文，蜡烛第三次熄灭。好像每一个新思想迸发的火花都会把他烧成灰烬，然后再从涅槃中重生。这些论文完成后，他转去研究光学和天体运动，至少有两年再没有碰数学。

多年以后，当牛顿回忆这段短暂又极为多产的时光时说：

> 1665 年初，我发现了近似数列的方法和把任意二项式缩减到这类数列的规则。那年五月，我发现了格里高利（James Gregory，1638 年—1675 年）和德斯鲁斯（René-François de Sluse，1622 年—1685 年）的切线法；十一月，发现流数的正向法则。次年一月，发现光的颜色理论；五月我进入流数的反演法。同年，我开始考虑地球重力外延到月球轨道，并且在找到了如何估计月球围绕地球旋转在表面所施的力之后，通过开普勒的行星周期运行规律发现了引力与距离平方成反比

的规律……所有这些都发生在瘟疫大流行的 1665 年—1666 年里。那些年，我正处于发明的高峰年龄，对数学和自然哲学比任何时候都更关注。

牛顿确实是天才，但同时又极为刻苦，罕见地勤奋。后人评价说，17 世纪数学的飞跃式发展是一个奇迹，而创造奇迹的是一个年轻人，他是在私下里独自一人展开研究的。年轻人把整个一个世纪的数学进展都归总起来，并将自己放在了欧洲数学与其他科学的最前沿。韦斯特福尔把牛顿的传记命名为《从不停歇》(*Never at Rest*)。其实，这种永不停歇的状态并不限于在学术方面。牛顿自视极高，但又极度敏感，不愿看到别人超过自己，报复心极强，同时缺乏幽默感。不过，尽管有这些性格上的弱点，牛顿仍被认为是西方文明史上最为重要的人物。

1667 年 4 月，疫情过去，牛顿终于返校，并在当年十月被选为三一书院的院士。按照当时的规矩，院士必须通过跟神父一样的仪式，称为按立(ordination)。牛顿实际上不相信正统基督教的所谓三位一体（即把圣父、圣子、圣灵视为一体）的教义，设法躲避了按立。1668 年，他获得文学硕士(Master of Arts)学位。次年，巴罗自动请退，把卢卡斯数学教授这个极富声望的位置让给了年仅 26 岁的牛顿。

按照剑桥的规定，教授必须定期把讲课的教案上交学校存档。牛顿似乎是个不合格的教授，因为他几乎没有给学生上过课，成名以后也没人站出来宣称自己是他的学生。他没有教书的兴趣，一门心思都在自己的研究上。不过，自从担任教授以后，他记了大量笔记。直到 1683 年底，他的《卢卡斯代数讲座》(*Lucasian Lectures on Algebra*)才正式进入剑桥文库。1703 年，这套笔记以拉丁文首次出版，名为《通用算法》(*Arithmetica Universalis*)，之后不断被翻译成英文和其他语言。在这部著作里，牛顿讨论了代数符号、算法、几何与代数的关系、如何求方程的解。他指出笛卡尔的系数正负法则只限于有实数根的方程，并把这个法则扩展到复数根。他总结了一元高次方程求根理论的结果，给出对多项式分解因子寻找 $A + \sqrt{B}$ 形式的根的法则，讲授如何把二元方程消元变成一元方程，建立联系高次方程的系数和根的牛顿恒等式，给出估计根的"极限"的法则，介绍了求解含有方根的方程的技术。我们只看两个例子。

《通用算法》开篇不久，有一章题为《论寻找因子》，其中以举例的方式介绍了他寻找多项式因子的新方法。牛顿选择多项式

$$P(x) = x^3 - x^2 - 10x + 6, \tag{30.10}$$

给出寻找因子的具体步骤如下：

首先计算 $x = 1, 0, -1$ 时 $P(x)$ 的值，分别是 -4、6、14。之后把 x 和 $P(x)$ 的结果列表，如表30.1左侧两列所示。第三步，把 $P(x)$ 值的所有因子都写出来，放在表30.1的第三列，不论 $P(x)$ 值的正和负。比如 $P(1) = 4$，它的因子是1、2、4。把三个 $P(x)$ 的值的因子都找到以后，在其中寻找三个 x 值情况下所有因子当中互相只差1的那些因子，在这个例子里，它们是4、3、2，分别放入表30.1的第四列。牛顿说，第四列中等于3的因子提示，$x + 3$ 可能是 $P(x)$ 的一个因子。确实，可以验证，

$$x^3 - x^2 - 10x + 6 = (x + 3)(x^2 - 4x + 2)。$$

至于为什么这个办法对寻找多项式因子有效，牛顿没有说。

表30.1　牛顿寻找多项式因子方法的步骤

x	$P(x)$	$P(x)$值的因子	相差为1的因子
1	-4	1,2,4	4
0	6	1,2,3,6	3
-1	14	1,2,7,14	2

第二个例子是著名的牛顿恒等式。还记得第二十六章的韦达公式和吉拉尔德总结的高次方程根的规律吗？牛顿的处理方法更为系统和广泛。他考虑一元 n 次方程（为了便于叙述，我们采用现代代数符号）

$$c_0 x^n + c_1 x^{n-1} + c_2 x^{n-2} + \cdots + c_{n-1} x^1 + c_n = 0, \tag{30.11}$$

这里 $c_0 \neq 0$，否则式（30.11）就不是 n 次方程了。不失普遍性，可令 $c_0 = 1$，即式（30.11）是一个首一 n 次方程，它的 n 个根是 $x_1, x_2, \cdots, x_n$。对这些根来计算它们的"幂和"（power sum）：

$$p_1(x_1, x_2, \cdots, x_n) = x_1^1 + x_2^1 + \cdots + x_n^1, \tag{30.12-1}$$

$$p_2(x_1, x_2, \cdots, x_n) = x_1^2 + x_2^2 + \cdots + x_n^2, \tag{30.12-2}$$

$$\cdots\cdots$$

$$p_k(x_1, x_2, \cdots, x_n) = x_1^k + x_2^k + \cdots + x_n^k, \tag{30.12-k}$$

等等，$1 \leqslant k \leqslant n$。这些根也可以组成一系列初等对称多项式：

$$e_0(x_1, x_2, \cdots, x_n) = 1, \tag{30.13-0}$$

$$e_1(x_1, x_2, \cdots, x_n) = x_1 + x_2 + \cdots + x_n, \tag{30.13-1}$$

$$e_2(x_1, x_2, \cdots, x_n) = x_1 x_2 + x_2 x_3 + \cdots + x_{n-1} x_n, \tag{30.13-2}$$

$$e_3(x_1, x_2, \cdots, x_n) = x_1 x_2 x_3 + x_2 x_3 x_4 + \cdots + x_{n-2} x_{n-1} x_n, \tag{30.13-3}$$

$$\cdots\cdots$$

$$e_n(x_1, x_2, \cdots, x_n) = x_1 x_2 \cdots x_n。 \tag{30.13-n}$$

之所以称这些多项式为"对称"，是因为在上式中改变根的顺序不影响它们的最终结果。根据韦达公式（26.13），对于一个给定的首一的 n 次方程来说，初等对称方程 e_0、e_1、e_2、$\cdots$、e_{n-1}、e_n 对应着该方程第 n 次、$n-1$ 次、$n-2$ 次、$\cdots$、1 次和常数项的系数乘 $(-1)^i$，$i = 0, 1, 2, 3, \cdots, n$。

利用代数推导，牛顿得到结论说，幂和也就是牛顿和（Newton's sums）与初等对称多项式之间满足下述恒等式：

$$p_1 = e_1, \tag{30.14-1}$$

$$p_2 = e_1 p_1 - 2e_2 = e_1^2 - 2e_2, \tag{30.14-2}$$

$$p_3 = e_1 p_2 - e_2 p_1 + 3e_3 = e_1^3 - 3e_1 e_2 + 3e_3, \tag{30.14-3}$$

$$p_4 = e_1 p_3 - e_2 p_2 + e_3 p_1 - 4e_4 = e_1^4 - 4e_1^2 e_2 + 4e_1 e_3 + 2e_2^2 - 4e_4, \tag{30.14-4}$$

$$\cdots\cdots$$

这里我们省去了幂和 $p_i(x_1, x_2, \cdots, x_n)$ 后面的括号。式（30.14）实际上就是吉拉尔德发现的关系（26.16），不过（30.14）的表达更具有普遍性，使用起来也更方便。牛顿用一个例子来说明：

$$x^4 - x^3 - 19x^2 + 49x - 30 = 0。 \tag{30.15}$$

这个方程各项的系数对应的是 $c_0 = 1$，$c_1 = -1$，$c_2 = -19$，$c_3 = 49$，$c_4 = -30$。它有四个实数根 $x_1 = 1$，$x_2 = 2$，$x_3 = 3$，$x_4 = -5$，四个根之和 $p_1 = 1$，它们的平方和 $p_2 = 39$，立方和 $p_3 = -89$，

四次方的和 $p_4 = 723$。由此可知，$e_0 = 1, e_1 = 1, e_2 = -19, e_3 = -49, e_4 = -30$。很容易验证式（30.14）成立：

$$p_1 = e_1 = 1,$$
$$p_2 = e_1^2 - 2e_2 = 1^2 - 2 \times (-19) = 39,$$
$$p_3 = e_1^3 - 3e_1e_2 + 3e_3 = 1^3 - 3 \times 1 \times (-19) + 3 \times (-49) = -89,$$
$$p_4 = e_1^4 - 4e_1^2e_2 + 4e_1e_3 + 2e_2^2 - 4e_4 = 1^4 - 4 \times 1^2 \times (-19) + 4 \times 1 \times (-49) +$$
$$2 \times (-19)^2 - 4 \times (-30) = 723。$$

而且，方程的系数跟初等对称多项式的关系是

$$c_0 = 1,$$
$$c_1 = -e_1,$$
$$c_2 = e_2,$$
$$c_3 = -e_3,$$
$$c_4 = e_4。$$

实际上，幂和与初等对称多项式的关系不仅对 n 次方程的根成立，这些关系对任何 n 个变量也成立，因为式（30.14）是（30.12）和（30.13）所定义的多项式之间必然的代数联系。认识到这一点，可以从牛顿恒等式得到一系列其他恒等式和所谓的初等对称多项式的基本定理。通过这个定理得到一个重要推论，那就是把首一多项式的 n 个根代入一个初等对称多项式，等价于把原多项式的各项系数代入另外一个而且是唯一的多项式。比如，如果一个方程的系数都是整数，那么尽管该方程的根可能是复杂的无理数甚至复数，这些根的初等对称多项式的结果必定又回到整数。这个关系对后来彻底解决高次方程可否用加减乘除和根号表示的公式解起到了重要作用。不过，牛顿虽然列出了式（30.12）和（30.13），还是没有给出证明。完整的证明要等到150年后才被希尔维斯特（James Joseph Sylvester，1814年—1897年）完成。事实上，直到17世纪，欧洲的许多数学研究都是这样，找到规律，报告规律，不去说明或探究为什么。这跟中国古代的数学研究很类似。完整的证明要等到数学理论发展到一定程度才有可能。一些研究中国数学史的欧洲人笼统地抱怨中国数学缺乏理论证明，这是不公平的，要看是什么时代的数学。

牛顿在《通用算法》里还花了大量篇幅把解决的代数问题重新建构,使之与几何问题直接对等。这种做法颇为有趣,因为它展示出代数与几何之间的关系。比如对我们已经见过多次的三次方程

$$x^3+qx+r=0, \tag{30.16}$$

牛顿采用二刻尺作图法(neusis construction,也就是带有刻度的尺规作图法)来作几何建构(图30.4)。先作长度等于 n 的直线段 KA,然后将其延长至 B,使 $KB=\dfrac{q}{n}$。如果 q 是正的,向 KA 的一侧延长,如果 q 是负的,则向相反方向延长。再以 K 为圆心作圆弧 CX,使其交 KA 于点 C,且弦长 $CX=\dfrac{r}{n^2}$。连接 AX 并向其两端延长。最后,使用刻度尺,在 CX 和 AX 之间作线段 EY,使其长度等于 CA,且 EY 的延长线必须通过点 K。在图30.4里,牛顿给出三条不同的 EY,它们的端点分别是 $1E-1Y$,$2E-2Y$,$3E-3Y$。现在过 X 点作到三个 Y 点的连线,XY 就是方程(30.16)的根。这三个根里面,位于 X 与 C 之间的 $2E-2Y$ 是正根。另外两个根,如果 r 是正的,根为负;反之为正。在这个建构后面,有一个几何示范,证明这个建构解答了方程(30.15)。可是,牛顿没有说明他是如何想到这个建构的。

整部《通用算法》一共展示了100多张建构图。花如此多的篇幅介绍几何建构,为什么? 有人认为,这是因为牛顿后来对笛卡尔代数的态度发生了巨大转变。他不再认为代数与几何是对等的,而是把代数看成是计算的技术。代数只是为了求解(resolution),得到解之后,一定要建构出与之对等的几何问题(construction),分析工作才算彻底完成。事实上,当时数学界的主流人物多数轻视代数而崇拜古典几何学,其中原因之一恐怕是新的代数理论缺乏细致而完整的证明。《通用算法》里面涉及的重要定理都没有证明,牛顿只是给出一些例子来说明定理的内容。几何建构会不会是为了使重视几何的人更容易接受这些新的代数思想呢?

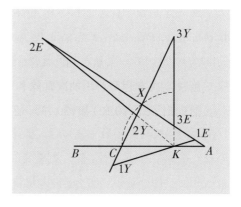

图30.4　1720年英文版《通用算法》中建构三次方程(30.16)的几何作图法。

当牛顿把数学应用到自然科学时，他碰到另一种阻力。有一个故事很说明这方面的问题。1672年，牛顿向伦敦皇家学会报告了自己的光学新发现：白色光实际上是由各种颜色的光混合而成的。牛顿的实验完全离开了几何光学的领域，开始研究光的性质。文稿的第一句话是：

> 我这部书的设计不是利用假说来解释光的性质，而是利用推理和试验提出并证明这些性质。

在"关键实验"一章里，牛顿指出，白光所分解出来的颜色只取决于折射角，而折射角不会被附加的反射、折射或过滤镜所改变。通过实验观察，牛顿推论说，光是由微小粒子构成的，而光的颜色之间成和谐比值，类似于音乐的音阶。按照今天的话说，光的颜色跟频率有关。

报告一出，马上遭到英格兰和欧洲大陆许多实验科学家的反对。这些实验科学家秉承培根的经验主义哲学，认为必须从实验现象的重复观察来评估现象出现的统计学意义，并以此检验某个假说是否成立。其中最有代表性的是著名英国科学家胡克（Robert Hooke，1635年—1703年）。胡克认为，牛顿仅凭几个实验就断定光的性质过于武断。胡克是皇家学会的实验监护员，由于他的反对，牛顿的报告无法在会刊上发表。牛顿感觉到自己依靠数学推理在光学上的发现遭到错误的歧视，所以在很长时间内，他拒绝在会刊上发表论文。

最终建立数学在自然科学中重要地位的是牛顿的《自然哲学的数学原理》（*The Mathematical Principles of Natural Philosophy*）（图30.5）。在这部1687年出版的划时代的巨著中，牛顿第一次令人信服地展示数学在建立天体运行规律中的关键作用。从那以后，研究自然科学再不可能没有数学了。

但《自然哲学的数学原理》其实是一部非常难懂的书。由于成书时间短促（牛顿只用了两年就写出了第一版），后人批评该书逻辑松散，文字冗长，论证模糊重复，一些内容似乎同主旨缺乏相关性。更重要的是，全书的数学语言是欧几里得式的，而在古希腊几何学的外观下，他放进去大量自己的数学成果，包括无穷小量的分析，比泰勒（Brook Taylor，1685年—1731年）还要早的泰勒展开式，单重、双重积分，等等。而这些都是在没有给出明确证明的背景下引入的。难怪当时流传一个故事说，牛顿在剑桥散

图 30.5 英国画家奈勒（Godfrey Kneller，1646 年—1723 年）所作的牛顿肖像之一。这幅肖像作于 1689 年，也就是《自然哲学的数学原理》发表两年以后，是公认的牛顿的最佳肖像。肖像中，牛顿一反当时的传统，不带假发。这种"披头散发"的样子似乎暗示着他打破科学常规的勇气和力量。

步，有学生指着他说："瞧，这就是那位教授，写的书连他自己都看不懂。"

还有人说，当时全世界恐怕只有半打人能看懂这部书，如惠更斯、约翰·伯努利（Johann Bernoulli，1667 年—1748 年）、莱布尼茨、瓦历农（Pierre Varignon，1654 年—1722 年）、棣莫弗（Abraham De Moivre，1667 年—1754 年）和后来帮助牛顿编辑这部书更新版的蔻茨（Roger Cotes，1682 年—1716 年），这几个人的故事大都出现在《好看的数学故事：概率与统计卷》里。

牛顿为什么这样安排自己最重要的著作呢？这恐怕要从牛顿自己的话里找答案。在《自然哲学的数学原理》一书中，他说：

因为几何的力量及其所有的优点在于它所关事项的绝对确定性，以及它那些精彩的演示的确定性。

(For the force of geometry and its every merit laid in the utter certainty of its matters, and that certainty in its splendidly composed demonstrations.)

随着代数学的发展，抽象思维逐渐代替了纸面上的图示。到了拉格朗日的年代，有时整部数学著作里连一张图都没有。

本章主要参考文献

Guicciardini, N. Isaac Newton on Mathematical Certainty and Method. Massachusetts: The MIT Press, 2009: 422.

Newton, I. Universal Arithmetick: Or, a Treatise of Arithmetical Composition and Resolution. To Which is Added, Dr. Halley's Method of Finding the Roots of Equations Arithmetically. Translated by the late Ralphson [Joseph Raphson], rev. and corr. by Samuel Cunn. London: Printed for J. Senex, 1728: 272.

Stedall, J. From Cardano's Great Art to Lagrange's Reflections: Filling a Gap in the History of Algebra. European Mathematical Society, 2011: 224.

Westfall, R. The Life of Isaac Newton. Cambridge: Cambridge University Press, 1993: 328.

Whiteside, D.T. The mathematical principles underlying Newton's Principia Mathematica. Journal for the History of Astronomy, 1970, 1: 116−138.

第三十一章 尾声：继往开来的"独眼巨人" ————

1770年，一部德文版代数教科书问世。这是最早的代数教科书之一，也是最著名的教科书之一。有人甚至说，这是欧几里得《几何原本》以后最为成功的数学教科书。这部书的作者几乎完全失明，全书靠着雇人按照他的话语记录完成，而记录的人是个裁缝的儿子，完全没受过数学教育。这部书的德文名字叫《完整代数导引》（德文：*Vollständige Anleitung zur Algebra*；英文：*Complete Guide to Algebra*），后来翻译成英文时改名为《代数基本原理》（*Elements of Algebra*）。它的作者，就是历代最伟大的数学家之一欧拉。

我在读英文版《代数基本原理》的前半部分时，被它深深地吸引住。它不同于我们今天的教科书，作者以聊天一般的口吻，以例子为主，不讲枯燥的理论证明，逐步深入，有一点点代数知识就可以读懂。他用例题来介绍各种巧妙的解题方法，常常让我赞叹。其行文如浮云流水，引人入胜，虽然有许多细节，但丝毫没有繁琐冗长之感，只是情不自禁地想继续读下去。

有人说，欧拉是历史上第一位现代数学家。他一生的工作涉及数学的几乎所有领域，几何、代数、三角、数论、微积分，其他方面还包括连续介质力学、天体理论和另外一些物理领域。他思路极为开阔，如天马行空，对复杂的问题常常给出出其不意的解答，令人叹为观止。但他在处理许多问题时，使用的基本就是本书所涉及的几何和代数的基础知识。我选择欧拉的故事来结束本卷，因为下面讲到的欧拉分析的几何与代数问题，可以说是对这一卷所有成果的总结。当然欧拉也开拓了更深入的数学理论，不过，那是即将出版的《好看的数学故事：函数与分析卷》的内容了。

欧拉出生在瑞士巴塞尔一个加尔文教派（Calvinist）的牧师家庭，是6个兄弟姐妹中的老大。长子的地位使他从小就养成了慷慨包容的性格。他最早从父亲那里学到一些初等数学知识，很感兴趣。中学时期，所在的学校不教授数学，他便找到一位大学生，利用课余时间学习。他天性聪慧，13岁就进入巴塞尔大学。欧拉的父亲希望儿子将来当牧师，所以欧拉主要是学习神学、希腊语和希伯来语。幸亏欧拉的父亲有一位朋友，也就是瑞士当时最好的数学家约翰·伯努利，而伯努利恰好在巴塞尔大学任教授。欧拉后来说，他曾经请求伯努利给自己做课外数学辅导，被当场拒绝，因为数学教授的工作非常忙。不过伯努利给他介绍了很多数学方面的书，并允许他每周六下午找自己来答疑解惑。欧拉说，每次有问题，伯努利总是耐心细致地讲解，使他深深受益。欧拉16岁（1723年）便取得了哲学硕士学位，论文的内容是笛卡尔哲学和牛顿哲学的比较研究。后来，约翰·伯努利说服了欧拉的父亲，使他相信欧拉注定会成为一位伟大的数学家。1726年，欧拉以研究声音传播的论文获得博士学位；同年，法国科学院有奖征集确定帆船桅杆最佳位置的问题，欧拉获得第二名，当时还不到20岁。第一名是以研究重力著名并且有"船舰建造之父"之称的法国科学家布格（Pierre Bouguer，1698年—1758年）。

1725年，约翰·伯努利的两个儿子丹尼尔（Daniel Bernoulli，1700年—1782年）和尼古拉（Nicolaus Ⅱ Bernoulli，1695年—1726年）都转到圣彼得堡的俄国皇家科学院工作。尼古拉不幸因阑尾炎去世后，丹尼尔接替了他在数学物理学所的职位，并推荐欧拉来替补自己在生理学所空出的位置。欧拉于1727年5月抵达圣彼得堡，在丹尼尔等人的运作下，欧拉转到数学物理学所工作，研究他最喜爱的数学。

俄国皇家科学院创建于彼得大帝（Peter Ⅰ，1672年—1725年）末年。在凯瑟琳一世（Catherine Ⅰ，1684年—1727年；也就是叶卡捷琳娜女皇）时代，科学院享有充足的资金和规模庞大的综合图书馆，不但只招非常少的学生，以减轻教授们的教学负担，还给予教授们充分的时间，让他们自由研究科学问题，所以对外国学者具有相当的吸引力。可是不巧，凯瑟琳女皇在欧拉到达圣彼得堡的当天去世了，她的继承人彼得二世（Peter Ⅱ Alexeyevich，1715年—1730年）是个孩子，王室的实际权力被俄国贵族掌握。那些贵族对科学院的外国科学家心存戒心，科学院的财政资助受到不小的影响。彼得二世在1730年去世后，安娜女王（Anna Ioannovna，1693年—1740年）即位，情况大有好转，欧拉在科学院的地位也迅速提升，于1731年获得物理学教授的职位。

最早让欧拉出名的工作之一是无穷数列。约翰·伯努利的哥哥雅各布生前对无穷数列非常入迷，找到许多无穷数列之和的有限解。比如，他研究过这样一类数列的和：

$$\frac{a}{b} + \frac{a+c}{bd} + \frac{a+2c}{bd^2} + \frac{a+3c}{bd^3} + \cdots + \frac{a+kc}{bd^k} + \cdots = \sum_{k=0}^{\infty} \frac{a+kc}{bd^k} \text{。} \tag{31.1}$$

雅各布把这个看上去非常复杂的数列逐项分解，比如改写 $\dfrac{a+kc}{bd^k} = \dfrac{a}{bd^k} + \dfrac{kc}{bd^k} = \dfrac{a}{bd^k} + \dfrac{c}{bd^{k-1}}\left(\dfrac{1}{d} + \dfrac{1}{d} + \cdots + \dfrac{1}{d}\right)$，其中括号里是 $k(>1)$ 个 $\dfrac{1}{d}$ 连加。把不同 k 值的 $\dfrac{a+kc}{bd^k}$ 如此展开，重新组合后，得到一系列无穷数列之和

$$\sum_{k=0}^{\infty} \frac{a+kc}{bd^k} = \frac{a}{b}\left(1 + \frac{1}{d} + \frac{1}{d^2} + \frac{1}{d^3} + \cdots\right) + \frac{c}{b}\left(\frac{1}{d} + \frac{1}{d^2} + \frac{1}{d^3} + \frac{1}{d^4} + \cdots\right)$$
$$+ \frac{c}{b}\left(\frac{1}{d^2} + \frac{1}{d^3} + \frac{1}{d^4} + \cdots\right)$$
$$+ \frac{c}{b}\left(\frac{1}{d^3} + \frac{1}{d^4} + \cdots\right)$$
$$+ \frac{c}{b}\left(\frac{1}{d^4} + \cdots\right)$$
$$+ \cdots。 \quad (31.2)$$

式 (31.2) 中每个括号里的无穷数列都是 $\left(1 + \dfrac{1}{d} + \dfrac{1}{d^2} + \dfrac{1}{d^3} + \cdots\right)$ 乘上一个因子 $\dfrac{1}{d^k}$ $(k=0, 1, 2, \cdots)$。这个数列我们在第二十七章里见到过。根据式 (27.9a, b)，我们知道，当 $d>1$ 时，这个数列收敛到 $\dfrac{1}{1-\dfrac{1}{d}}$。于是式 (31.2) 可以改写成

$$\sum_{k=0}^{\infty} \frac{a+kc}{bd^k} = \frac{a}{b}\frac{1}{1-\dfrac{1}{d}} + \frac{c}{bd}\frac{1}{1-\dfrac{1}{d}} + \frac{c}{bd^2}\frac{1}{1-\dfrac{1}{d}} + \frac{c}{bd^3}\frac{1}{1-\dfrac{1}{d}} + \cdots$$
$$= \frac{a}{b}\frac{1}{1-\dfrac{1}{d}} + \frac{c}{bd}\frac{1}{1-\dfrac{1}{d}}\left(1 + \frac{1}{d} + \frac{1}{d^2} + \frac{1}{d^3} + \cdots\right)$$
$$= \frac{ad}{b}\frac{1}{d-1} + \frac{c}{b}\frac{1}{d-1}\frac{1}{1-\dfrac{1}{d}} = \frac{ad^2 - ad + cd}{bd^2 - 2bd + b}。 \quad (31.3)$$

这个结果可以用来计算很多复杂的无穷数列之和。比如，当 $a=1, b=3, c=5, d=7$，无穷数列的和是 $\dfrac{77}{108}$。雅各布还计算了其他许多如下数列之和：

$$\sum_{k=1}^{\infty} \frac{k^2}{2^k} = 6, \sum_{k=1}^{\infty} \frac{k^3}{2^k} = 26,$$

等等。接下来，他考虑

$$\sum_{k=1}^{\infty} \frac{1}{k^p} = \frac{1}{1^p} + \frac{1}{2^p} + \frac{1}{3^p} + \cdots, \tag{31.4}$$

这在今天叫作p系列无穷数列。我们已经看到，当$p=1$，数列发散（第二十二章）。那么在$p=2$时，数列的和有没有有限的确定值呢？雅各布花了很大精力，只能证明这个数列是收敛的，而且它的和小于2，再往下就做不下去了，直到他去世。这个问题后来以"巴塞尔难题"在欧洲各国数学家当中流传，不知有多少人试图解决它，都没有成功。

欧拉可能是从约翰·伯努利那里知道了这个难题。他从1731年开始着手分析，那时雅各布已经去世26年了。欧拉想到了好几种方法，发表了一系列文章，但总是感觉不够完美。到了1735年，他灵感忽至，给出一个漂亮的答案。

他从一个当时人们熟知的正弦函数展开数列入手：

$$\sin(x) = x - \frac{x^3}{3!} + \frac{x^5}{5!} - \frac{x^7}{7!} + \cdots。 \tag{31.5}$$

历史上，这个展开式最早出现在14—15世纪活跃于印度最南端喀拉拉邦（Kerala）的数学兼天文学家马德哈瓦（Mādhava of Sangamagrāma，约1340年—约1425年）的文献里。马德哈瓦的学生在天文学中利用这个展开式的前几项来近似正弦值的计算，不过他们只给出计算公式，没有提供证明。一般认为，要得到这个展开式需要一些初级微分的知识，所以人们估计喀拉拉地区的数学家们可能已经掌握了初级微分的知识。可是没有留存下来的文献证明这一点。到了17世纪，欧洲已经有不少人可以证明式（31.5）了，包括牛顿、莱布尼茨、麦克劳林（Colin Maclaurin，1698年—1746年）、泰勒等。欧拉曾使用多种方法来证明它。

为了计算$\sum_{k=1}^{\infty} \frac{1}{k^2}$，欧拉选择一个多项式

$$P(x) = 1 - \frac{x^2}{3!} + \frac{x^4}{5!} - \frac{x^6}{7!} + \cdots, \tag{31.6}$$

这个欧拉称为"无穷多项式"的数列跟式（31.5）的关系是显而易见的（见第三十章沃利斯的工作）。笛卡尔和牛顿已经知道，如果一个一元n次方程$P(x)=0$有n个非零的根$x_1, x_2, \cdots, x_n$，那么$P(x)$可以写成如下形式：

$$P(x) = (x_1 - x)(x_2 - x) \cdots (x_n - x)。 \tag{31.7a}$$

如果 $P(0)=1$，则 $P(x)$ 可以进一步改写为

$$P(x) = \left(1 - \frac{x}{x_1}\right)\left(1 - \frac{x}{x_2}\right)\cdots\left(1 - \frac{x}{x_n}\right)。 \tag{31.7b}$$

欧拉把有限高次方程的结果直接应用到他的无穷多项式上。式（31.6）显然满足 $P(0)=$ 1。那么对于 $x \neq 0$，式（31.6）便可以写成如下形式：

$$P(x) = \frac{x - \frac{x^3}{3!} + \frac{x^5}{5!} - \frac{x^7}{7!} + \cdots}{x}， \tag{31.8}$$

这就是说，式（31.6）其实等于 $\frac{\sin x}{x}$。于是当 $x = \pm k\pi$（$k=1,2,3,\cdots$）时，$P(x) = \frac{\sin x}{x} = 0$。所有这些 x 值都是式（31.6）给出的无穷多项式的根。进一步，欧拉断言，根据有限的 n 个根的理论式（31.7a），也可以把具有无穷个根的式（31.8）写成类似的因式之积，即

$$P(x) = \left(1 - \frac{x}{\pi}\right)\left(1 - \frac{x}{-\pi}\right)\left(1 - \frac{x}{2\pi}\right)\left(1 - \frac{x}{-2\pi}\right)\left(1 - \frac{x}{3\pi}\right)\left(1 - \frac{x}{-3\pi}\right)\cdots$$

$$= \left[1 - \frac{x^2}{\pi^2}\right]\left[1 - \frac{x^2}{(2\pi)^2}\right]\left[1 - \frac{x^2}{(3\pi)^2}\right]\cdots。 \tag{31.9}$$

到这里，欧拉迈出了重要一步，得到

$$1 - \frac{x^2}{3!} + \frac{x^4}{5!} - \frac{x^6}{7!} + \cdots = \left[1 - \frac{x^2}{\pi^2}\right]\left[1 - \frac{x^2}{(2\pi)^2}\right]\left[1 - \frac{x^2}{(3\pi)^2}\right]\cdots。 \tag{31.10}$$

下一步呢？欧拉意识到，既然式（31.10）对任何 x 值都成立，那么等式两端 x 的每个幂次对应的系数都必须各自相等。他只需要看 x^2 的系数，其左端是 $-\frac{1}{3!}$，右端是 $-\frac{1}{\pi^2} - \frac{1}{4\pi^2} - \frac{1}{9\pi^2} - \cdots$。于是欧拉得到下面的等式：

$$-\frac{1}{3!} = -\frac{1}{\pi^2}\left(1 + \frac{1}{4} + \frac{1}{9} + \frac{1}{16} + \cdots\right)，$$

也就是

$$\frac{1}{1^2} + \frac{1}{2^2} + \frac{1}{3^2} + \frac{1}{4^2}\cdots = \frac{\pi^2}{6}。 \tag{31.11}$$

当欧拉把这个结果寄给约翰·伯努利时，后者读后大为感叹，写道："假如我哥哥能活到今天，看到这个结果该有多好啊！"

应该指出，欧拉在推导中做了几次逻辑上的跳跃，但没有给出这些跳跃的理论证明。其中之一就是把有限 n 次多项式的结果直接拿来用到无穷数列上。不过后来的理论证明，这种跳跃是"合法"的。

欧拉并没有停止在这里。他注意到，当 $x = \dfrac{\pi}{2}$ 时，式（31.9）变成

$$P\left(\frac{\pi}{2}\right) = \left[1 - \frac{1}{4}\right]\left[1 - \frac{1}{16}\right]\left[1 - \frac{1}{36}\right]\cdots = \frac{3}{4} \times \frac{15}{16} \times \frac{35}{36} \times \cdots$$

$$= \frac{1}{2} \times \frac{3}{2} \times \frac{3}{4} \times \frac{5}{4} \times \frac{5}{6} \times \frac{7}{6} \times \cdots, \tag{31.12}$$

而 $P\left(\dfrac{\pi}{2}\right) = \dfrac{\sin\dfrac{\pi}{2}}{\dfrac{\pi}{2}} = \dfrac{2}{\pi}$，于是就得到

$$\frac{2}{\pi} = \frac{1}{2} \times \frac{3}{2} \times \frac{3}{4} \times \frac{5}{4} \times \frac{5}{6} \times \frac{7}{6}\cdots,$$

这正是沃利斯早期发现的让惠更斯感觉不可思议的结果（见故事外的故事30.1）。

欧拉进一步计算式（31.4）中 $p = 4, 6, 8, \cdots$ 的数列之和。这些努力断断续续花了他差不多20年的时间。后来，他把著名的牛顿 n 次多项式恒等式（第三十章）推广到"无穷多项式"，并利用微分学知识，给出令人炫目的结果，比如：

$$\sum_{k=1}^{\infty} \frac{1}{k^4} = \frac{\pi^4}{90},$$

$$\sum_{k=1}^{\infty} \frac{1}{k^6} = \frac{\pi^6}{945},$$

$$\cdots\cdots$$

$$\sum_{k=1}^{\infty} \frac{1}{k^{26}} = \frac{1\,315\,862\pi^{26}}{11\,094\,481\,976\,030\,578\,125},$$

$$\cdots\cdots$$

1733年，丹尼尔·伯努利因为受不了俄国的种种审查和歧视，辞职返回巴塞尔，欧拉接替他成为数学所所长。不久欧拉又到科学院地理所兼职，协助编制俄国第一张全国地图。1735年，俄国皇家科学院悬赏世界各国学者解决一个天文学问题。好

图 31.1　瑞士肖像画家汉德曼（Jakob Emanuel Handmann，1718 年—1781 年）在 1753 年所作的欧拉肖像。那年欧拉 46 岁。

几位当时知名的科学家花了几个月的时间来解决这个问题，而欧拉只用了三天。可是，没日没夜的苦干使他大病一场，高烧之后，右眼永远失明。欧拉认为失明的原因是制图用眼过度，但最近有研究认为，欧拉经常发烧，很可能是染上布鲁氏杆菌病（brucellosis）所致。俄国人有饮用生牛奶的习惯，布鲁氏杆菌很容易经牛奶从牲畜传染到人身上，直到今天布鲁氏杆菌病仍然是俄国各地长期流行的地方病。这种病又称地中海弛张热、马耳他热、波浪热等，发病时病人的体温剧烈波动，高温常常超过 40 摄氏度。欧拉右眼的失明可能是高烧造成的神经损伤所致。从欧拉的画像（图 31.1）中我们可以看到，他的右眼不但失明，而且眼角明显下坠，估计是面部神经损伤所致。

　　但这并没有影响他的工作。1736 年，欧拉发表二卷本名著《力学》（*Mechanica*）。他把牛顿力学的原理用微积分的形式清晰地表达出来，被后人称为物理学史上的里程碑。

　　安娜女王于 1740 年去世，俄国王室各派嫡系争夺皇位，胆小的欧拉感到情况不妙。正好普鲁士国王腓特烈二世（Frederick II，1712 年—1786 年）刚刚登基，建立了柏林科学院，邀请他加入。欧拉在 1741 年 6 月到柏林科学院就职，此后在柏林生活了 25 年。1755 年，欧拉同时成为瑞典皇家科学院和法国科学院的外籍院士，可以说闻名世界了。据说，有一次普鲁士王后问欧拉，像他这样成果累累世界知名的数学家，为什么总是谨小慎微？欧拉的回答非常出人意料："王后陛下，从我来的地方（指俄国），随便讲话是要被吊死的。"王后对欧拉友好和善，但腓特烈二世却不喜欢欧拉，认为他是个土包子。

　　欧拉确实有点不入流。他不喜欢跟名人聚会，每天晚上必把全家拢在一起，读一章《圣经》。他在宗教方面极为虔诚，严格遵守最严厉的加尔文教派的教规，这跟腓特烈周围的其他学者有点格格不入。腓特烈还抱怨他缺乏实际机械设计的能力。腓特烈曾经要欧拉为无忧宫设计一套水车灌溉系统，结果抽不出水来。"虚荣啊虚荣！虚荣的几何学！"腓特烈也属于那种自视很高，看不起别人的类型，他针对欧拉的缺陷给他取了个外号，叫独眼巨人（Cyclops）。在古希腊诗人赫西俄德（Hesiod，约公元前8世纪）的长诗《神谱》（*Theogony*）里，有三个半人半神的巨人兄弟，每人额头上长着一只圆圆的眼睛。他们跟泰坦是兄弟关系，负责为宙斯制造闪电。

欧拉不仅缺乏实际的工程设计能力，而且拙口笨舌，不善于争辩。腓特烈大帝的身边经常围绕着一大群知识阶层的名人，其中法国人伏尔泰（M. de Voltaire；本名 François-Marie Arouet，1695年—1778年）最喜欢把欧拉作为争论的目标，因为欧拉是个虔诚的教徒，从来不怀疑社会结构的合理性。两个人无论从理念上还是从个性上都截然相反。欧拉似乎对这些不以为意，他与世无争，心无旁骛。在柏林的25年是研究的高峰时期，欧拉一共写出了380多篇论文，其中280篇被接受发表，还出版了两部最有名的书：《无穷小分析引论》（拉丁文：*Introductio in analysin infinitorum*）和《微积分概论》（拉丁文：*Institutiones calculi differentialis*）。

1751年，欧拉发文讨论"单位数的根"，也就是跟数值1有关的方程的根。我们都知道，方程 $x^2-1=0$ 的根是 ±1。$x^3-1=0$ 呢？欧拉注意到

$$x^3-1=(x-1)(x^2+x+1)=0,$$

其中第一个因子给出根 $x=1$，第二个因子是个二次方程，它的根是一对共轭复数 $x=\dfrac{1}{2}(-1\pm\sqrt{-3})$。接着做下去，$x^4-1=0$，$x^5-1=0$ 呢？欧拉找到的5次方程的根，除了1以外还有两对共轭复数：$\dfrac{-1-\sqrt{5}\pm\sqrt{-10+2\sqrt{5}}}{4}$ 和 $\dfrac{-1+\sqrt{5}\pm\sqrt{-10+2\sqrt{5}}}{4}$。欧拉对这样的结果一点也不感到惊奇，他说：

尽管它们（指虚数）只存在于我们的想象之中，但我们对它们有足够的了解；……什么也阻止不了我们使用这些复数，在计算中利用它们。

进而得到一个重要推论：

任何一个量一定有两个平方根，三个立方根，四个四次方根，等等。

这个论断的证明依赖于所谓的棣莫弗定理，因为是棣莫弗最早提出它的雏形。而最早理解它的功能，并以现代方式充分发挥它的作用的，是欧拉。欧拉在1748年出版的《无穷小分析引论》里，从对三角函数进行复数因式分解开始，比如

$$1=\cos^2\theta+\sin^2\theta=(\cos\theta+\mathrm{i}\sin\theta)(\cos\theta-\mathrm{i}\sin\theta)。\qquad(31.13)$$

这里i代表单位虚数$\sqrt{-1}$，这个符号也是欧拉提出来的。(31.13)这样的关系式具有乘法的稳定性，因为根据已知的三角关系式，可以得到

$$(\cos\theta\pm\mathrm{i}\sin\theta)(\cos\varphi\pm\mathrm{i}\sin\varphi)=(\cos\theta\cos\varphi-\sin\theta\sin\varphi)\pm\mathrm{i}(\sin\theta\cos\varphi+\cos\theta\sin\varphi)$$
$$=\cos(\theta+\varphi)\pm\mathrm{i}\sin(\theta+\varphi)。\qquad(31.14)$$

当$\theta=\varphi$，就有$(\cos\theta\pm\mathrm{i}\sin\theta)^2=\cos(2\theta)\pm\mathrm{i}\sin(2\theta)$。这样的推导可以不断做下去，最后得到

$$(\cos\theta\pm\mathrm{i}\sin\theta)^n=\cos(n\theta)\pm\mathrm{i}\sin(n\theta)，n\geq1。\qquad(31.15)$$

式(31.15)就是棣莫弗定理。欧拉十分巧妙地使用这个定理，对高次方程求根，对正弦和余弦函数做无穷数列展开，还确定了著名的欧拉恒等式。通过这些工作，使人们意识到虚数在数学中的巨大用途。

在1749年发表的《关于方程虚数根的研究》（法文：Recherches sur les racines imaginaires des équations）一文中，欧拉讨论如何求复数$z=a+bi$的n次根，其中a和b是两个任意实数。他引入$c=\sqrt{a^2+b^2}$，然后定义$\sin\theta=\dfrac{b}{c}$，$-\dfrac{\pi}{2}\leq\theta\leq\dfrac{\pi}{2}$，于是$\cos\theta=\sqrt{1-\sin^2\theta}=\dfrac{a}{c}$，所以有

$$z=a+bi=c(\cos\theta+\mathrm{i}\sin\theta)。$$

这个表达式实际上就是韦塞尔在复平面（图25.5）表达复数的几何意义的三角函数表达。图25.5中带箭头线段的长度是c，线段与横轴的夹角是θ。韦塞尔给出图25.5是在1799年，比欧拉晚了整整50年。欧拉根据式(31.15)断言，z的根可以写成

$$\sqrt[n]{c}\left(\cos\frac{\theta+2k\pi}{n}+\mathrm{i}\sin\frac{\theta+2k\pi}{n}\right),k=0,1,2,\cdots,n-1,\qquad(31.16\mathrm{a})$$

或

$$\sqrt[n]{c}\left(\cos\frac{\theta-2k\pi}{n}-\mathrm{i}\sin\frac{\theta-2k\pi}{n}\right),k=0,1,2,\cdots,n-1\,。\qquad(31.16\mathrm{b})$$

从这里，他进一步推论说，所有的根 $\sqrt[n]{a+b\mathrm{i}}$ 都具有 $M+\mathrm{i}N$ 的形式。换句话说，复数的根也是复数。用现代术语来说，在复数域里，求根运算是闭合的。这是复数最重要的代数性质，明显有别于整数、有理数和实数。例如对整数求根，结果可以是非整数，甚至是无理数。

欧拉的上述工作使求复数根变得非常简单。再回头看单位数1。它可以写成 $z=1=1+0\mathrm{i}$，对应的 $c=1,\theta=0$。而根据式（31.16），1的 n 次根 $\omega_k(k=0,1,2,\cdots,n-1)$ 就是

$$\omega_k=\cos\frac{2k\pi}{n}+\mathrm{i}\sin\frac{2k\pi}{n}\,。\qquad(31.17)$$

在第二十五章里，我们提到莱布尼茨惊喜于发现 $\sqrt{1+\sqrt{-3}}+\sqrt{1-\sqrt{-3}}=\sqrt{6}$。利用式（31.16）很容易看出，莱布尼茨也对也不对。先看这个表达式的第一项 $\sqrt{1+\sqrt{-3}}$ 也就是 $\sqrt{1+\mathrm{i}\sqrt{3}}$，它对应的是 $n=2,a=1,b=\sqrt{3}$，我们得到 $c=2,\cos\theta=\frac{1}{2},\sin\theta=\frac{\sqrt{3}}{2}$，也就是说，$\theta=60°=\frac{\pi}{3}$。由此可知，$\sqrt{1+\mathrm{i}\sqrt{3}}$ 的两个根是 $\sqrt{2}\left(\cos\frac{\pi}{6}+\mathrm{i}\sin\frac{\pi}{6}\right)=\left(\frac{\sqrt{6}}{2}+\mathrm{i}\frac{\sqrt{2}}{2}\right)$ 和 $\sqrt{2}\left(\cos\frac{3\pi}{6}+\mathrm{i}\sin\frac{3\pi}{6}\right)=\mathrm{i}\sqrt{2}$。同理，表达式的第二项 $\sqrt{1-\sqrt{-3}}=\sqrt{1-\mathrm{i}\sqrt{3}}$ 也有两个根，它们是 $\sqrt{2}\left(\cos\frac{\pi}{6}-\mathrm{i}\sin\frac{\pi}{6}\right)=\left(\frac{\sqrt{6}}{2}-\mathrm{i}\frac{\sqrt{2}}{2}\right)$ 和 $\sqrt{2}\left(\cos\frac{3\pi}{6}-\mathrm{i}\sin\frac{3\pi}{6}\right)=-\mathrm{i}\sqrt{2}$。把第一项与第二项的两个根分别相加，得到三个非零的根，是 $\sqrt{6}$ 和 $\frac{\sqrt{6}}{2}\pm\mathrm{i}\frac{\sqrt{2}}{2}$。莱布尼茨只找到一个。

欧拉利用式（30.15）还导出 $\cos x$ 和 $\sin x$ 的无穷数列，它们是

$$\cos x=1-\frac{x^2}{2!}+\frac{x^4}{4!}-\frac{x^6}{6!}+\cdots,\qquad(31.18\mathrm{a})$$

$$\sin x=x-\frac{x^3}{3!}+\frac{x^5}{5!}-\frac{x^7}{7!}+\cdots,\qquad(31.18\mathrm{b})$$

我们把他的证明放在附录十里面。

利用棣莫弗定理（31.15）欧拉还推导出著名的欧拉公式：

$$e^{ix} = \cos(x) + i\sin(x), \qquad (31.19)$$

这里 x 是任意一个实数。这个公式极为有用，频繁出现于数学、物理和工程理论当中。著名美国物理学家费曼称它是"我们的宝石""数学中最为出色的公式"。在谈欧拉的推导之前，先谈谈式（31.19）里面那个"e"，也就是著名的欧拉常数。

这个常数不是欧拉最先发现的。1683年前后，荷兰正处于黄金时代，金融业起飞，雅各布·伯努利开始研究关于银行利率的问题。假设一个放债人借出1块钱，收100%的年息。到年底回收存款时，借款人所欠的总数是 $1 \times (1+1) = 2$ 块钱，很简单。在等式左侧，第一个1代表借款人所借的款项，第二个1代表计算利息时本金的全部，即100%，第三个1则是利息。如果把年息换成复利，也就是我们常说的"利滚利"，结果如何呢？

如果每半年算一次利息，把一年的100%利息分成两半，每次算50%，那么半年时借债人所欠的款项是 $1 \times (1+0.5) = 1.5$ 元，到年底就变成了 $1 \times (1+0.5) \times (1+0.5) = 1 \times (1+0.5)^2 = 2.25$ 元。如果每季度按照25%利息算账，那么，到年底欠账总数就是 $1 \times (1+0.25)^4 = 2.441\,406\,25$ 元。每月算账呢，总数是 $\left(1 + \dfrac{1}{12}\right)^{12} = 2.613\,035\cdots$ 元。雅各布·伯努利注意到，继续减少分红利的时间间隔，总数的增加越来越慢，最后趋于一个常数。比如，如果每周计算利息，一年（52周）后的总数是 $\left(1 + \dfrac{1}{52}\right)^{52} = 2.692\,596\cdots$ 元；如果每天计算利息，365天后的总数是 $\left(1 + \dfrac{1}{365}\right)^{365} = 2.714\,567\cdots$ 元。这比按周算利息只多了两分钱。当 n 趋于无穷大时，$\left(1 + \dfrac{1}{n}\right)^n$ 逼近一个常数 $2.718\,281\,828\cdots$。

最早使用这个常数的是莱布尼茨。他在1690年前后写给惠更斯的信里，用b来表示这个常数。1727年前后，欧拉开始在笔记中采用字母e来表示这个常数，并证明它可以用一个无穷数列来表达：

$$e = 1 + 1 + \frac{1}{2!} + \frac{1}{3!} + \frac{1}{4!} + \cdots, \qquad (31.20)$$

而且

$$e^y = 1 + y + \frac{y^2}{2!} + \frac{y^3}{3!} + \frac{y^4}{4!} + \cdots。 \qquad (31.21)$$

因为 e 是欧拉名字的第一个字母，所以有人以为欧拉用自己的名字来命名这个常数，但这不符合他谦和的性格。现在一般认为，欧拉选取字母 e 是用来暗示指数（exponential）。e 后来成为广泛接受的符号，称为欧拉常数，跟欧拉受到广泛的尊重和爱戴恐怕不无关系。

欧拉常数相当奇妙，它出现在数不清的数学和自然现象的理论当中，尤其是以 e 为底数的幂指数。含有 e 常数的数学关系无数，而其中最为奇妙的恐怕当属欧拉公式了。欧拉给出好几种推导的途径，这里我们只看一种。

根据棣莫弗定理（31.15），

$$(\cos\theta + i\sin\theta)^n = \cos(n\theta) + i\sin(n\theta), \tag{31.15a}$$

$$(\cos\theta - i\sin\theta)^n = \cos(n\theta) - i\sin(n\theta), \tag{31.15b}$$

两式相加，消去 $i\sin(n\theta)$，得到

$$\cos(n\theta) = \frac{(\cos\theta + i\sin\theta)^n + (\cos\theta - i\sin\theta)^n}{2}。 \tag{31.22}$$

令 $x = n\theta$。当 n 趋于无穷大时，$\theta = \dfrac{x}{n}$ 趋于无穷小。根据式（31.18b），$\sin(\theta)$ 可用 $\theta = \dfrac{x}{n}$ 来近似，而 $\cos(\theta) = 1 - \dfrac{\theta^2}{2!} + \cdots$ 趋于 1。于是式（31.22）可以写成

$$\cos(x) = \frac{\left(1 + \dfrac{ix}{n}\right)^n + \left(1 - \dfrac{ix}{n}\right)^n}{2}。 \tag{31.23}$$

根据式（31.21），当 y 非常小时，$e^y = 1 + y$。把式（31.23）中的 $\dfrac{ix}{n}$ 看成是 y，式（31.23）就变成

$$\cos(x) = \frac{(e^{\frac{ix}{n}})^n + (e^{-\frac{ix}{n}})^n}{2} = \frac{e^{ix} + e^{-ix}}{2}。 \tag{31.24a}$$

类似地可以得到

$$\sin(x) = \frac{(e^{\frac{ix}{n}})^n - (e^{-\frac{ix}{n}})^n}{2i} = \frac{e^{ix} - e^{-ix}}{2i}。 \tag{31.24b}$$

综合式（31.24a）和（31.24b）就得到（31.19）。

当 $x = \pi$ 时，由式（31.19）给出 $e^{i\pi} = \cos(\pi) + i\sin(\pi) = -1$。这是又一个著名的

欧拉恒等式,它可以写成两种形式:

$$e^{i\pi} = -1 \quad 或 \quad e^{i\pi} + 1 = 0。 \tag{31.25}$$

这个恒等式把五个数学里极为重要的数连在一起,它们是:

0:加法单位元(0加上任何一个数等于该数本身);

1:乘法单位元(1乘任何一个数等于该数本身);

π:圆周率;

e:自然对数的底;

i:单位虚数。

在欧拉看来,式(31.25)所显示的令人诧异的简洁与和谐之美是上帝存在的明证。

1762年,凯瑟琳二世女皇(Catherine Ⅱ,1729年—1796年)登基,她就是俄国历史上著名的叶卡捷琳娜大帝。女皇邀请欧拉再次回到圣彼得堡的皇家科学院。在1766年被查出有白内障的几个星期后,欧拉就完全失明了,但这似乎丝毫没有影响到他的数学研究。欧拉依靠惊人的记忆力继续了17年的研究,不断发表论文,直到去世。有人统计,在1775年,欧拉平均每个星期发表一篇论文。即使是不失明的人也很难如此高产。

在这17年里,欧拉研究过许许多多数学、天文学、力学和其他物理学问题。他还考虑了一系列经典几何学问题。1906年瑞士科学院汇总欧拉的几何研究,构成四卷,多达1600多页。在18世纪,平面几何学已经不是前沿科学,因为它从欧几里得时代起就被认为是近乎完善的,除了平行公设(见第五、十七章)以外,两千多年以来几乎没有新的发现。而欧拉却发现了新的定理。特别是当他双目失明以后,几何构图对他来说已经没有意义;他必须在脑子里构建图形,完全依靠自己惊人的记忆力逐步进行推理分析。这里只讲一个关于三角形的故事。

古希腊数学家对三角形有充分的研究,认识到任意一个三角形拥有若干特殊的点,例如(图31.2):

1. 垂心(orthocenter)又称阿基米德点,E:三角形三条边的垂线必交于这一点[图31.2(a)]。

2. 几何中心(centroid),F:三条边的中点同对角的连线交于这一点。它也是三角形的重心[图31.2(b)]。

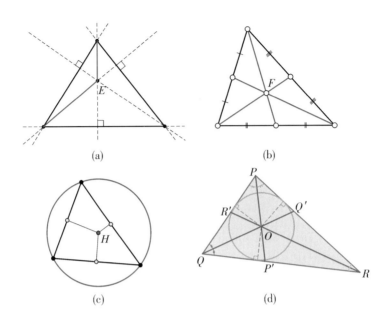

(a)　　　　　　　　　(b)

(c)　　　　　　　　　(d)

图31.2　任意三角形的四个特征点：垂心、几何中心、外接圆圆心、内切圆圆心。

3. 外接圆圆心（circumcenter），H：从三角形各边的中点作垂线，三条垂线的交点即为外接圆圆心［图31.2（c）］。

4. 内切圆圆心（incenter），O：从内切圆圆心连接三角形的三个顶点，对应的连线等分它所连的角［图31.2（d）］。

在一篇1767年的论文里，欧拉证明，任意三角形的垂心、几何中心和外接圆圆心共享一条直线。这个发现很令人惊奇，因为三角形被无数人研究了2 000多年，从未发现这个奇特的性质。今天，这四个点所定义的直线就被称为"欧拉线"。欧拉之所以能发现这个性质，是因为他引入了笛卡尔直角坐标系，把几何跟代数结合起来考察三角形。他的证明如下。

首先引入直角坐标系，把任意一个三角形的一条边放到x轴上，如图31.3所示。接下来从著名的希罗定理出发开始证明。早在欧拉生前1 600年，亚历山大城的希罗（Hero of Alexandria，10年—70年）证明，任意三角形的面积K是由三条边的边长决定的，而且$K = \sqrt{\dfrac{a+b+c}{2} \times \dfrac{-a+b+c}{2} \times \dfrac{a-b+c}{2} \times \dfrac{a+b-c}{2}}$。欧拉把这个公式两端平方，再重新安置，得到

$$16K^2 = 2a^2b^2 + 2a^2c^2 + 2b^2c^2 - a^4 - b^4 - c^4 。 \tag{31.26}$$

从这里，欧拉要找到三角形三个端点的坐标，然后逐个找到上面四个特征点之间的关系。

先考虑垂心（图31.4）。过点 A 和 C 作 a 边（BC）和 c 边（AB）的垂线，分别交两边于点 M 和 P。根据余弦定理，有 $a^2 = b^2 + c^2 - 2bc\cos\alpha = b^2 + c^2 - 2bc\left(\dfrac{AP}{b}\right) = b^2 + c^2 - 2c \times AP$。由此得到

$$AP = \frac{b^2 + c^2 - a^2}{2c} 。 \tag{31.27a}$$

这是 E 的横坐标值。类似地，可得

$$BM = \frac{a^2 + c^2 - b^2}{2a} 。 \tag{31.27b}$$

同时，我们知道三角形的面积等于底边与高之积的一半，即 $K = \dfrac{1}{2}BC \times AM$，所以

$$AM = \frac{2K}{BC} = \frac{2K}{a} 。 \tag{31.27c}$$

由于三角形 ABM 同 AEP 相似，$\dfrac{BM}{AM} = \dfrac{EP}{AP}$，所以 $EP = \dfrac{BM}{AM}AP = \left(\dfrac{a^2 + c^2 - b^2}{2a}\right)\left(\dfrac{b^2 + c^2 - a^2}{2c}\right) \Big/ \left(\dfrac{2K}{a}\right)$，整理并应用式（31.26），得到

$$EP = \frac{2K}{c} + \frac{c(c^2 - a^2 - b^2)}{4K} , \tag{31.27d}$$

这是 E 的纵坐标。所以 E 的坐标是：

$$(x_E, y_E) = \left(\frac{b^2 + c^2 - a^2}{2c}, \frac{2K}{c} + \frac{c(c^2 - a^2 - b^2)}{4K}\right) 。$$

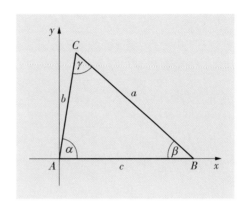

图31.3　放置在笛卡尔坐标系里的任意三角形。

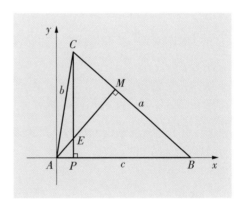

图31.4　垂心坐标计算辅助图。

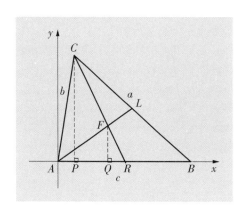

图 31.5　几何中心坐标计算辅助图。

下面考察几何中心 F（图31.5）。R 是 AB 的中点，L 是 BC 的中点。图中的点 C、P 同图31.4，且 $CP = \dfrac{2K}{c}$。

几何中心把三条中线各分成两段，两段的比值是 $\dfrac{1}{2}$，这是早已证明了的。根据这个定理，对于中线 CR 来说，$\dfrac{FR}{CR} = \dfrac{1}{3}$。现在作 FQ 垂直于 AB，三角形 RQF 相似于 RPC，于是有 $\dfrac{RQ}{RP} = \dfrac{RF}{RC} = \dfrac{1}{3}$。由此得到 $AQ = AR - RQ = \dfrac{1}{2}AB - \dfrac{1}{3}RP =$

$\dfrac{c}{2} - \dfrac{1}{3}(AR - AP)$。利用式（31.27a），得到

$$AQ = \frac{3c^2 + b^2 - a^2}{6c}, \qquad (31.27\text{e})$$

这是几何中心的横坐标。至于纵坐标，回到相似三角形 RQF 和 RPC，有 $\dfrac{FQ}{CP} = \dfrac{RF}{RC} = \dfrac{1}{3}$。所以纵坐标是

$$FQ = \frac{1}{3}CP = \frac{2K}{3c}。 \qquad (31.27\text{f})$$

所以 F 的坐标是：$(x_F, y_F) = \left(\dfrac{3c^2 + b^2 - a^2}{6c}, \dfrac{2K}{3c}\right)$。

现在考虑外接圆圆心（图31.6）。其中点 R 跟图31.5相同，D 是 AC 的中点。过点 R 和 D，作 AB 和 AC 的垂线，根据外接圆心的定义，它们交于点 H。点 M 与图31.4中的 M 相同，H 的横坐标显然是 $AR = \dfrac{c}{2}$。

再次应用余弦定理，$c^2 = a^2 + b^2 - 2ab\cos \gamma = a^2 + b^2 - 2ab\left(\dfrac{CM}{b}\right) = a^2 + b^2 - 2a \times CM$，得到

$$CM = \frac{a^2 + b^2 - c^2}{2a}。 \qquad (31.27\text{g})$$

外接于大圆的 $\angle ACB = \gamma$ 对应外接圆的弧 AXB，而 $\angle AHR$ 对应圆弧 AXB 的一半，所以 $\angle ACB = \angle AHR$。由此得知三角形 ACM 与 AHR 相似，于是 $\dfrac{HR}{AR} = \dfrac{CM}{AM}$，便得到点 H 的纵坐标

$$HR = \frac{\dfrac{c}{2} \times \dfrac{a^2 + b^2 - c^2}{2a}}{\dfrac{2K}{a}} = \frac{c(a^2 + b^2 - c^2)}{8K} 。$$

（31.27h）

于是 H 的坐标是：$(x_H, y_H) = \left(\dfrac{c}{2},\right.$
$\left.\dfrac{c(a^2 + b^2 - c^2)}{8K}\right)$。

　　至此，欧拉得到了垂心、几何中心、外接圆圆心的坐标。要证明这三点共线，只需证明

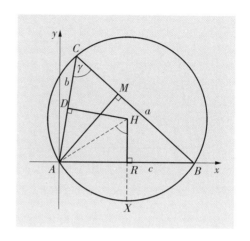

图31.6　外接圆坐标计算辅助图。

$$\frac{y_H - y_F}{x_H - x_F} = \frac{y_F - y_E}{x_F - x_E} 。$$

　　下面，欧拉计算了图31.4到31.6中三个点 E、F、H 之间的长度。我们知道，平面里任意两点 (x_1, y_1) 和 (x_2, y_2) 的距离是 $\sqrt{(x_1 - x_2)^2 + (y_1 - y_2)^2}$，三个点之间，任意两个点的距离都是可以计算的，不过有些繁琐。读者有兴趣不妨自己试一下，我们在这里只给出结果，它们是

$$EF^2 = \frac{(b^2 - a^2)^2 + 16K^2}{9c^2} - \frac{2a^2 + 2b^2 + c^2}{3} + \frac{a^2 b^2 c^2}{4K^2} ,$$

$$EH^2 = \frac{(b^2 - a^2)^2 + 16K^2}{4c^2} - \frac{6a^2 + 6a^2 + 3c^2}{4} + \frac{9a^2 b^2 c^2}{16K^2} ,$$

$$FH^2 = \frac{(b^2 - a^2)^2 + 16K^2}{36c^2} - \frac{2a^2 + 2a^2 + c^2}{12} + \frac{a^2 b^2 c^2}{16K^2} 。$$

如果令 $FH = d$，我们发现，$EH = 3d$，$EF = 2d$。换句话说，对任意三角形，F 到 E 的距离总是 F 到 H 的两倍（图31.7）。

　　欧拉的这个发现带动了一系列新兴的几何学研究，一些意想不到的定理被发现。作为例子，我们看看图31.8。这里使用的符号跟图31.4到31.7相同，比如，R、L、D 是三角形 ABC 三条边的中点，P、M、Y 是垂线与各边的交点。只有 M_1、M_2、M_3 还没有交代过：它们分别是线段 AE、BE、CE 的中点。1821年，法国数学家彭赛列（Jean-Victor

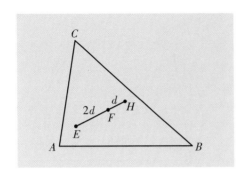

图31.7　三角形的垂心、几何中心和外接圆心之间的关系。

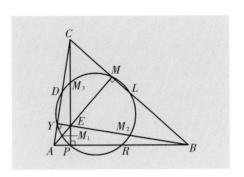

图31.8　神奇的九点共圆。

Poncelet，1788年—1867年）和布利安生（Charles-Julien Brianchon，1783年—1864年）发现，这9个点居然都落在同一个圆上！

　　欧拉跟本卷有关的另外一部分研究，是一元高次方程的根的性质和求解方法。对于这类问题，欧拉没有做出长期不懈的努力，而是时断时续。他注意到，牛顿提出的判断高次方程虚数根存在的判据是必要的但不充分，但欧拉自己在研究中也跟前人一样，假定方程中的系数都是实数，这就失去了普遍性。而欧拉的工作习惯是从简单的具体问题出发，逐步扩展到更复杂更普遍的问题。但从一次到四次方程的成果实际上无法扩展到五次以上的方程，这使得欧拉几次扩展到五次以上方程的努力都不了了之。这恐怕是欧拉最大的遗憾。

　　1783年9月18日上午，早已双目失明的欧拉陪着孙儿孙女玩了一阵之后，开始考虑一个气球飞行的数学问题。午饭后，又开始计算冥王星的运行轨道。接近傍晚时，脑出血突然发作，欧拉一头栽倒。他只说了一句："我要死了"，便与世长辞。

　　消息从俄国传来，欧洲各国的数学家纷纷哀悼这位数学奇才。孔多塞侯爵（Marquis de Condorcet，1743年—1794年）在法国科学院的讣告中写道：

　　　　他停止了计算，也停止了生命。

　　数学家里面常出怪人。牛顿不招人喜欢，缺乏幽默感，想法深藏在心，秘不告人，而且报复心理极强。比如，在他的忏悔簿里，记载着他在十岁时跟母亲与继父吵架，就说要把他们夫妇二人烧死在庄园里。高斯待人严峻冷淡，很少夸赞，经常挑刺儿。不少数学家都有某种程度的自闭症倾向，在日常生活中与人交流有困难。欧拉则是个例外。与他同时代的人们把他描绘成一个慷慨、热心、充满爱心的人。他和妻子一共育有13个孩子。孩子小的时候，他的很多论文都是在怀里抱着幼婴，脚边还爬着若干孩子的情况下完成的。对于同行的工作，他总是称赞有加，所以后辈数学家喜欢跟他讨教，拉格朗日就是一例。俄国人尤其对欧拉崇拜有加。1760年，欧拉在普鲁士工作时，俄国与奥地利联军入侵普鲁士，攻入柏林。俄国士兵掳掠了欧拉在柏林郊区的庄园。当俄国指挥官得知这是欧拉的庄园，他用自己的钱财补偿了欧拉的损失。俄国的伊丽莎白女皇（Elizabeth Ⅰ，1709年—1762年）得知这件事，又给欧拉送去大量金钱作为补偿。

从1725年到1783年的58年间，欧拉平均每年发表800页论文。据说，欧拉去世以后，他在圣彼得堡的科学院留下的论文继续发表，持续了差不多50年。瑞士科学院从1907年起陆续编辑欧拉的数学、物理学和天文学论文，到2022年为止已经刊出80卷，平均每卷400多页。数学和物理领域有许许多多以欧拉命名的东西，比如欧拉假说（3个）、欧拉方程（包括常微分和偏微分方程，共6种）、欧拉公式（9种）、欧拉数（10种）、欧拉定理（11种）、欧拉运动定律（2个）。此外，如定义空间位置的欧拉角、对一些函数进行积分的欧拉积分、数论中的欧拉判据、图论中的欧拉图和欧拉路径、流体力学中的欧拉数和守恒方程，等等，难以统计完全。不过欧拉最受欢迎的作品当属他与普鲁士公主夏洛特（Friederike Charlotte Leopoldine Louise of Brandenburg-Schwedt，1745年—1808年）的通信集，其中收集了200多封欧拉的信，用通俗的语言描述和解释广泛的自然现象，涉及力学、光学、声学、磁场等，此外信中还讨论逻辑、哲学和宗教理念，如善与恶等。这本书在全世界被译成许多种语言，其读者群比数学专论要大多了。

从本章的故事我们看到，欧拉的工作方式是把精力集中在一个具体问题上，解决之后，再考虑所有跟这个问题有关联的其他问题，逐步展开。他在处理具体数学问题的方法上有罕见的灵活性和技巧性。法国数学家、曾经担任法兰西共和国总理的阿拉戈（Francois Arago，1786年—1853年）这样赞叹欧拉的数学能力：

欧拉计算起来毫不费力，如人呼吸，如鹰翔天际。

不过，随着数学理论的发展，对具体数学问题的分析逐渐变得不够令人满意了。

数学需要系统化，理论需要完整化。欧拉为这些发展开了一个好头，所以拉普拉斯总是说：

> 去读欧拉，去读欧拉吧。他是大家中的大家。

而真正开始把数学理论化、系统化的，是受到欧拉极大鼓励的后辈拉格朗日。不过这些故事都属于即将出版的《好看的数学故事：函数与分析卷》的内容了。

本章主要参考文献

Bullock, J.D., Warwar, R.E., Hawley, H.B. Why was Leonhard Euler blind? British Journal for the History of Mathematics, 2022, 37: 24-42.

Cajori, F. A History of Mathematics. New York: The McMillan Company, 1909: 500.

Dunham, W. Euler, The Master of Us All. The Dolciani Mathematics Exposition Series, No. 22. The Mathematical Association of America, MAA Service Center, Washington, DC, 1999: 185.

Maronne, S., Panza, M. Euler, reader of Newton: mechanics and algebraic analysis. Advances in Historical Studies, 2014, 3: 12-21.

Stedall, J. From Cardano's Great Art to Lagrange's Reflections: Filling a Gap in the History of Algebra. European Mathematical Society, 2011: 224.

附
录

附录一　利用多边形周长逼近圆周周长的一般算法

我们从图6.4开始（即图F1.1）。内接六边形由六个等边三角形组成，每条边正好是圆的半径R。所以内接六边形的周长是

$$c_6 = 6R = 3D。 \tag{F1.1}$$

这里我们用小写的c来代表内接多边形的周长，用角标来表示多边形边长的数目。外切六边形也由六个等边三角形构成，每个三角形的高等于圆的半径。利用勾股定理，可以很容易算出每一个外切等边三角形的边长为$\dfrac{D}{\sqrt{3}}$，所以外切六边形的周长是

$$C_6 = \frac{6D}{\sqrt{3}}。 \tag{F1.2}$$

这里我们用大写的C来代表外切多边形的周长，用角标来表示多边形边长的数目。

下一步，阿基米德把六边形的每个三角形半分，构造内接和外切12边形。我们可以按照勾股定理和多边形各边所对应的内角的关系一步一步往下算，但这样做太麻烦了，而且容易出错。实际上，n边多边形边长与$2n$边多边形边长存在如图F1.2的关系。

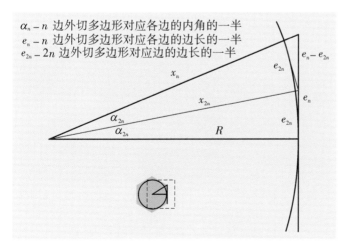

图F1.1　外切多边形边长计算示意图。

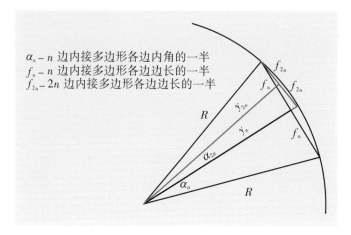

α_n — n 边内接多边形各边内角的一半
f_n — n 边内接多边形各边边长的一半
f_{2n} — $2n$ 边内接多边形各边边长的一半

图 F1.2　内接多边形边长
计算示意图。

$$\frac{x_n}{R} = \frac{e_n - e_{2n}}{e_{2n}}, \tag{F1.3a}$$

$$\frac{x_n + R}{R} = \frac{e_n}{e_{2n}}, \tag{F1.3b}$$

$$\frac{x_n + R}{e_n} = \frac{R}{e_{2n}}, \tag{F1.3c}$$

$$x_n^2 = R^2 + e_n^2, \tag{F1.3d}$$

这里，x_n 是 n 边外切多边形的边所对应的三角形的高，e_n 是该边的半边长。式（F1.3a）来自相似三角形的定理，式（F1.3b）和（F1.3c）是对式（F1.3a）的简单代数转换，式（F1.3d）是勾股定理。把式（F1.3c）和（F1.3d）结合起来，就得到下述关系：

$$\frac{R}{e_{2n}} = \frac{x_n + R}{e_n} = \frac{R + \sqrt{R^2 + e_n^2}}{e_n} = \frac{R}{e_n} + \sqrt{\left(\frac{R}{e_n}\right)^2 + 1}。 \tag{F1.4}$$

这是一个迭代关系，因为如果我们定义 $a_n \equiv \dfrac{R}{e_n}$，式（F1.4）就可以写成

$$a_{2n} = a_n + \sqrt{a_n^2 + 1}。 \tag{F1.5}$$

后面的计算就很容易了。我们选 $R = 1$。对 $n = 6$，$e_n = \dfrac{\sqrt{3}}{3}$，所以 $a_6 = \sqrt{3}$，而 $C_6 = 2 \times 6 \times e_n = 4\sqrt{3} \approx 6.928\,203$。从式（F1.5）得到 $a_{12} = 2 + \sqrt{3}$，而 $e_{12} = \dfrac{1}{a_{12}}$，所以外切 12 边形的周长是 $\dfrac{2 \times 12}{2 + \sqrt{3}} = 24\dfrac{\sqrt{2 - \sqrt{3}}}{\sqrt{2 + \sqrt{3}}} \approx 6.430\,781$。按照这个方式一直做下去，得到外切 24

边、48边、96边等等多边形的周长如表F1.1。这里用到一个小技巧：$1 = 4 - 3 = 2^2 - (\sqrt{3})^2 = (2 + \sqrt{3})(2 - \sqrt{3})$。

对于内接多边形也可以做类似的工作。根据图F1.2和勾股定理，我们得到下述关系：

$$f_n^2 + y_n^2 = R^2, \tag{F1.6a}$$

$$f_{2n}^2 + y_{2n}^2 = R^2, \tag{F1.6b}$$

$$(R - y_n)^2 + f_n^2 = (2f_{2n})^2。 \tag{F1.6c}$$

由此得到

$$f_{2n} = \frac{\sqrt{(R - \sqrt{R^2 - f_n^2})^2 + f_n^2}}{2}。 \tag{F1.7}$$

利用式（F1.7）很容易从n边内接多边形的周长计算出$2n$边多边形的周长。对于$n = 6$，$f_6 = \dfrac{1}{2}$（仍然取$R = 1$），所以$c_6 = 2 \times 6 \times f_6 = 6$。对于$n = 12$，$f_{12} = \dfrac{\sqrt{\left(1 - \sqrt{1 - \dfrac{1}{4}}\right)^2 + \dfrac{1}{4}}}{2} = \dfrac{\sqrt{2 - \sqrt{3}}}{2}$，所以$c_{12} = 2 \times 12 \times f_{12} \approx 6.211\,657$。表F.1.1列出$n = 24, 48, 96$的内接和外切多边形的周长。我们看到，内接和外切多边形随着n的增加呈现出精致而有规律的变化。

表F1.1　$R = 1$情况下内接和外切多边形周长和它们给出的对应的圆周率近似值

n值	c_n	π值的内接近似（c_n）	C_n	π值的外切近似（C_n）
3×2	6	3	$4\sqrt{3}$	$3.464\,101\,6$
3×2^2	$12\sqrt{2 - \sqrt{3}}$	$3.105\,828\,5$	$24\dfrac{\sqrt{2 - \sqrt{3}}}{\sqrt{2 + \sqrt{3}}}$	$3.215\,390\,3$
3×2^3	$24\sqrt{2 - \sqrt{2 + \sqrt{3}}}$	$3.132\,628\,6$	$48\dfrac{\sqrt{2 - \sqrt{2 + \sqrt{3}}}}{\sqrt{2 + \sqrt{2 + \sqrt{3}}}}$	$3.159\,659\,9$
3×2^4	$48\sqrt{2 - \sqrt{2 + \sqrt{2 + \sqrt{3}}}}$	$3.139\,350\,2$	$96\dfrac{\sqrt{2 - \sqrt{2 + \sqrt{2 + \sqrt{3}}}}}{\sqrt{2 + \sqrt{2 + \sqrt{2 + \sqrt{3}}}}}$	$3.145\,086\,2$
3×2^5	$96\sqrt{2 - \sqrt{2 + \sqrt{2 + \sqrt{2 + \sqrt{3}}}}}$	$3.141\,032\,0$	$96\dfrac{\sqrt{2 - \sqrt{2 + \sqrt{2 + \sqrt{2 + \sqrt{3}}}}}}{\sqrt{2 + \sqrt{2 + \sqrt{2 + \sqrt{2 + \sqrt{3}}}}}}$	$3.142\,714\,6$

附录二　求解大鹏金翅鸟祭坛的不定方程组 ⸺

让我们从式（8.3a和b）开始，也就是

$$x+y+z+w=200, \tag{8.3a}$$

$$\frac{x}{m}+\frac{y}{n}+\frac{z}{p}+\frac{w}{q}=7\frac{1}{2}。 \tag{8.3b}$$

这里，x、y、z、w分别是四种不同大小的方砖的数目。与它们对应的砖的面积分别是$\frac{1}{m}$、$\frac{1}{n}$、$\frac{1}{p}$、$\frac{1}{q}$。

令$\frac{x}{m}=k_1$，$\frac{y}{n}=k_2$，于是式（8.3a）和（8.3b）分别变成

$$z+w=200-mk_1-nk_2, \tag{F2.1}$$

和

$$\frac{z}{p}+\frac{w}{q}=7.5-k_1-k_2。 \tag{F2.2}$$

根据问题的性质，$q>0$。把式（F2.1）除以q，得到

$$\frac{z}{q}+\frac{w}{q}=\frac{200-mk_1-nk_2}{q}, \tag{F2.3}$$

式（F2.2）与（F2.3）相减，并经过简单运算，得到

$$z=\frac{p[q(7.5-k_1-k_2)-(200-mk_1-nk_2)]}{q-p}。 \tag{F2.4}$$

取决于对(m,n,p,q)这四个值的选取，（F2.4）有许多个可能的解。但既然使用的都是方砖，这四个数都是平方数，也就是1、4、9、16、25、36，等等。比如，如果我们选$(m,n,p,q)=(16,25,36,100)$，那么这四个数代入式（F2.4），就有

$$z=\frac{9}{16}(550-84k_1-75k_2), \tag{F2.4a}$$

对应的 $x=16k_1, y=25k_2$。

　　现在，如果选择 $k_1=\dfrac{3}{2}$，$k_2=\dfrac{24}{5}$，便可以得到 $x=24, y=120$。将 $k_1=\dfrac{3}{2}$，$k_2=\dfrac{24}{5}$ 代入（F2.4），得到 $z=36$。在从（8.3a）得到 $w=20$。于是我们得到不定方程组（8.3a和b）的一个解：

$$(x,y,z,w)=(24,120,36,20);\ (m,n,p,q)=(16,25,36,100)。$$

　　现在，如果我们仍然选择 $(m,n,p,q)=(16,25,36,100)$，但是选择 $k_1=\dfrac{3}{4}$，$k_2=5$，通过同上述类似的计算，得到 $(x,y,z,w)=(12,125,63,0)$。

　　这两个解恰恰就是宝多衍那给出的答案。

　　当然还有许多不同的选择方案。理论上说，我们可以在合理的范围内任意变换6个未知数，也就是 (m,n,p,q)、k_1 和 k_2，这是因为我们的问题一共有八个未知数 (x,y,z,w) 和 (m,n,p,q)，而只有两个方程。

附录三 "修鞋刀"与勾股定理

我们先把"修鞋刀"复制在这里（图F3.1a）。这里，绿色的是"修鞋刀"的面积，我们需要证明它等于橙色的小圆的面积。证明方法有许多种，这里只看一种。为了看起来方便，我们把小圆画在"修鞋刀"的下方了。之所以可以这样做，是因为我们可以想象把图（F3.1a）中的线段AC上侧的"修鞋刀"以AC为镜面折射到AC的下侧，两侧完全相等。

还记得第五章里欧几里得关于勾股定理的推论，也就是图5.5和式（5.2）吗？利用直角三角形的这个性质，可以很容易得到这个证明。

先看图F3.1b。首先，我们知道△ABC、△ADB和△BDC都是直角三角形。如果我们以AB和BC为直径作两个半圆，如F3.1b中橙色半圆（它们的面积分别是H_4和

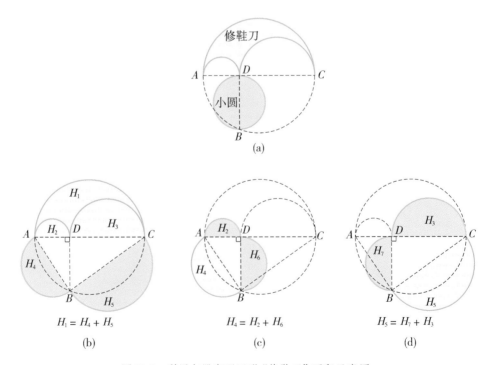

图 F3.1 利用勾股定理证明"修鞋刀"面积示意图。

H_5），那么，根据式（5.2），这两个半圆之和一定等于以 AC 为直径的半圆（绿色；面积等于 H_1）：

$$H_1 = H_4 + H_5 。 \qquad\qquad (F3.1)$$

同理，根据图 F3.1c，我们有

$$H_4 = H_2 + H_6 。 \qquad\qquad (F3.2)$$

根据图 F3.1d，我们有

$$H_5 = H_7 + H_3 。 \qquad\qquad (F3.3)$$

根据式（F3.1）到（F3.3），"修鞋刀"的面积应该是 $H_1 - H_2 - H_3 = (H_4 + H_5) - H_2 - H_3 = H_2 + H_6 + H_7 + H_3 - H_2 - H_3 = H_6 + H_7$，而 $H_6 + H_7$ 正是小圆的面积（图 F3.1c 和 d）。

附录四　构建希帕恰斯弦长表的几何方法 ————

我们已经知道，60°的弦长等于给定圆的半径 R，而 90°的弦长等于 $\sqrt{2}R$（图 F4.1a，b）。我们还知道，以圆的直径为底边，从圆上任意一点连接到该直径两端得到的三角形是直角三角形（图 F4.1c）。那么，根据勾股定理，就有

$$Crd\,(180°-\theta)=\sqrt{(2R)^2-(Crd\theta)^2}\,。\tag{F4.1}$$

阿基米德割圆的多边形边长倍增法可以用图 F4.2 来概括。图中 $CB=Crd\theta$，$DB=Crd\left(\dfrac{\theta}{2}\right)$，$OD$ 是 CB 的垂线，所以 OD 把 θ 角二等分。很容易证明，$\angle COB=2\angle CAB$，$\angle DOB=2\angle DAB$，所以直线 AD 把 $\angle CAB$ 二等分。由此我们知道三角形 ADB 与三角形 ACE 和三角形 BDE 互为相似三角形。因此，

$$\frac{AD}{DB}=\frac{AC}{CE}=\frac{AB}{BE}=\frac{AB+AC}{BE+CE}=\frac{AB+AC}{BC}\,。\tag{F4.2}$$

这个等式其实就是我们在第六章见到过的式（6.9）。

由于 $AB=2R$，$AC=Crd\,(180°-\theta)$，$BC=Crd\theta$，$AD=\sqrt{AB^2-DB^2}$，经过简单代数运算可以得到

$$Crd\left(\frac{\theta}{2}\right)=DB=\frac{2R\times Crd\theta}{\sqrt{(2R+Crd\,(180°-\theta))^2+(Crd\theta)^2}}\,。\tag{F4.3}$$

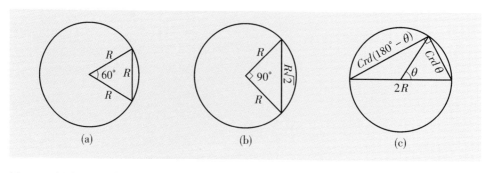

图 F4.1　圆的弦长与半径的关系。

式（F4.3）实际上等价于我们已知的正
弦半角公式,证明如下。

　　从图 F4.2,我们知道

$$BC = Crd\theta = 2R\sin\frac{\theta}{2}, \qquad (\text{F4.4a})$$
$$AC = Crd(180° - \theta) = 2R\cos\frac{\theta}{2}。$$
$$(\text{F4.4b})$$

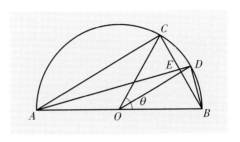

图 F4.2　证明式（F4.3）的辅助图。

同理,

$$BD = Crd\frac{\theta}{2} = 2R\sin\frac{\theta}{4}。 \qquad (\text{F4.4c})$$

令 $\alpha = \dfrac{\theta}{2}$,把式（F4.4a, b, c）代入式（F4.3）,经过整理简化,得到

$$\sin\frac{\alpha}{2} = \frac{1}{\sqrt{2}}\frac{\sin\alpha}{\sqrt{1+\cos\alpha}} = \frac{1}{\sqrt{2}}\sqrt{1-\cos\alpha}。$$

附录五　海亚姆求解一元三次方程一例

对于方程

$$x^3 + bx + c = ax^2, \tag{17.4j}$$

其中 a、b、c 都是正数，海亚姆的处理方法是这样的：首先如第十七章里介绍的那样，把式（17.4j）中的各项改写成三维体积的表达方式，令 $b = \beta^2$，$c = \gamma^3$，于是（17.4j）变成

$$x^3 + \beta^2 x + \gamma^3 = ax^2, \tag{F5.1}$$

它的几何意义很清楚，每一项对应的是三个相互垂直的长度所构成的立体体积。

为了用几何方法求解（F5.1），海亚姆考虑另外两条线段，长度分别为 z 和 m，使得它们满足

$$\frac{\beta}{\gamma} = \frac{\gamma}{z}, \tag{F5.2a}$$

$$\frac{\beta}{z} = \frac{\gamma}{m}。 \tag{F5.2b}$$

显然，

$$m = \frac{\gamma^3}{\beta^2}。 \tag{F5.2c}$$

以 m 为直径作半圆，如图 F5.1 中的 AC，在其上截取线段 $BC = a$。在 B 点作 AC 的垂线，交圆弧于点 D，并在 BD 上截取 $BE = \beta$。过点 E 作 AC 的平行线，交圆弧于点 F。在 BC 上找到点 G，使得 $\frac{ED}{BE} = \frac{AB}{BG}$，再通过构造矩形 $DBGH$ 确定点 H。

下一步，通过点 H 构造一条以 EF 和 ED 为渐近线的双曲线。关于双曲线的具体性质见第七章。用现代代数语言来说，这里的双曲线对应于方程 $xy = $ 常数，x 和 y 相当于从 E 点起分别向右和向上延伸的距离。这条双曲线交圆弧于点 J；过点 J 作 DB 的平行线，交 EF 于点 K，交 AC 于点 L。

为什么做如此复杂的几何构造呢？让我们一步步看下来：

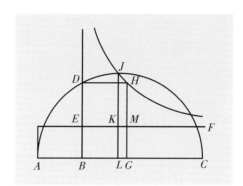

1. J 和 H 在双曲线上，故有 $EK \times KJ = EM \times MH$；

2. 因为 $\dfrac{ED}{BE} = \dfrac{AB}{BG}$，所以 $BG \times ED = AB \times BE$；

3. 由此得到 $EK \times KJ = EM \times MH = BG \times ED = BE \times AB$；

4. 因为 $BL \times LJ = EK \times (BE + KJ) = EK \times BE + EK \times KJ = EK \times BE + AB \times$

图 F5.1　海亚姆用几何方法求解一元三次方程（F5.1）示意图。

$BE = BE \times (EK + AB) = BE \times AL$，所以 $BL^2 \times LJ^2 = BE^2 \times AL^2$；

5. 根据圆内截线的性质，$LJ^2 = AL \times LC$；

6. 于是得到 $BE^2 \times AL = BL^2 \times LC$，也就是 $BE^2 \times (BL + AB) = BL^2 \times (BC - BL)$。

7. 现在，在上一步的等式里令 $BE = \beta$，$AB = \dfrac{\gamma^3}{\beta^2}$，$BC = a$，得到 $\beta^2 \left(BL + \dfrac{\gamma^3}{\beta^2} \right) = BL^2 (a - BL)$。

8. 把上式展开，得到 $BL^3 + \beta^2 \times BL + \gamma^3 = a \times BL^2$。如果把 BL 看作是 x，这不就是式（F5.1）吗？

所以，解决方程（F5.1）的几何方法是，作直径为 $\dfrac{\gamma^3}{\beta^2} + a = AC$ 的半圆，利用 $AB = \dfrac{\gamma^3}{\beta^2}$ 找到直径上的点 B，过 B 点作 AC 的垂线找到点 D，也就是 BD 的长，利用 $BE = \beta$ 找到 BD 上的点 E，由此确定 $DE = MH$。通过 $BG \times ED = AB \times BE$ 计算 $BG = EM$，然后只需要找到点 J 在双曲线上的位置以确定 BL。所以，后面的工作就是如何确定这条双曲线。

海亚姆指出，可以用作图法求解。如果 N 是直线 EF 上任一点，过 N 作 EF 的垂线，设垂线交双曲线于点 P，那么就有 $EM \times MH = EN \times NP$。这样我们就可以确定双曲线上的点 P：它到 E 点的横向距离为 EN，到 N 点的纵向距离是 $NP = \dfrac{EM \times MH}{EN}$。利用这个方法在 EF 上选择很多点，每个点对应双曲线上一个点，可以作出一段近乎连续的双曲线，直到找到双曲线与圆弧的交点 J 为止。

观察图 F5.1，还可以看到，双曲线有可能跟半圆弧有两个交点。这意味着有时候式（F5.1）一类的方程会有不止一个正根。有兴趣的读者不妨利用海亚姆的方法处理一下这个方程：

$$x^3 + 2x + 8 = 5x^2,\qquad\qquad\qquad\text{（F5.3）}$$

你应该能找到两个正根。

附录六　列奥纳多处理不定方程的方法

三人共有一盘金币，甲、乙、丙各拥有其中的 $\frac{1}{2}$、$\frac{1}{3}$ 和 $\frac{1}{6}$。每人从这盘金币中取出若干，直到盘空为止。甲把他取出的金币的 $\frac{1}{2}$ 放回盘内，乙把他取出的 $\frac{1}{3}$ 放回盘内，丙把他取出的 $\frac{1}{6}$ 放回盘内。现在把盘中的金币平分给三人，每人手中的金币恰好是他们应该拥有的。问：最初盘中有多少金币？每个人取出的金币又是多少？

问题提供的信息不能唯一确定金币的总数（定义为 T），我们只能确定三个人从 T 中提出的金币数量的比值。因此，我们对 T 的选择有某种任意性。

设甲、乙、丙从盘中取出的金币数分别为 a、b、c，故

$$T = a + b + c。 \tag{F6.1}$$

再设三人从盘中拿出的金币总数为 $3x$，那么三人在每人拿到盘中剩下的金币的 $\frac{1}{3}$ 之前，他们手中的币数分别是 $\frac{T}{2} - x$，$\frac{T}{3} - x$，$\frac{T}{6} - x$。因为这是他们向盘中放回各自取出的 $\frac{1}{2}$、$\frac{1}{3}$、$\frac{1}{6}$ 之前的金币，而他们最初所拥有的金币数应该是

$$a = \frac{\frac{T}{2} - x}{\left(1 - \frac{1}{2}\right)} = 2\left(\frac{T}{2} - x\right), \tag{F6.2a}$$

$$b = \frac{\frac{T}{3} - x}{\left(1 - \frac{1}{3}\right)} = \frac{3}{2}\left(\frac{T}{3} - x\right), \tag{F6.2b}$$

$$c = \frac{\frac{T}{6} - x}{\left(1 - \frac{1}{6}\right)} = \frac{6}{5}\left(\frac{T}{6} - x\right)。 \tag{F6.2c}$$

把式（F6.2）代入式（F6.1），得到 $T = 2\left(\dfrac{T}{2} - x\right) + \dfrac{3}{2}\left(\dfrac{T}{3} - x\right) + \dfrac{6}{5}\left(\dfrac{T}{6} - x\right)$。化简后得到

$$7T = 47x。 \tag{F6.3}$$

这是一个不定方程，列奥纳多选择了最小的整数解 $T = 47$，$x = 7$。这意味着 $a = 33$，$b = 13$，$c = 1$。但如果这三个人手中的金币没有零钱的话，他们拿不出各自金额的 $\dfrac{1}{2}$、$\dfrac{1}{3}$、$\dfrac{1}{6}$ 来。最小的整数解是把所有的解乘 6，得到三人最初拥有的金币数为

$$a = 198，$$
$$b = 78，$$
$$c = 6，$$

盘中金币总数是 $T = 282$，他们取出的金币数分别是 99、26、1。

附录七　利用现代几何与代数理论证明李冶的 勾股弦与内切圆直径的关系

李冶给出勾股弦长 a、b、c 与内切圆直径 d 的两个关系：

$$a+b=c+d,\qquad\qquad(20.3\text{a})$$

$$(c-a)(c-b)=\frac{1}{2}d^2。\qquad\qquad(20.3\text{b})$$

"圆城图示"采用具体线段长度画出，所以他应该是通过圆城图示里具体长度的计算得到式（20.3a）和（20.3b）的。

作为式（20.3a）的普遍证明，让我们看图 F7.1。左边的矩形由两个全等直角三角形构成，三角的勾和股分别为 a 和 b，弦也就是矩形的对角线长为 c。内切圆的半径为 $r=\dfrac{d}{2}$。在每个直角三角形内，从内切圆的圆心向三角形两个非直角的顶端作连线，这两条连线把两个非直角等分。于是每个起初的直角三角形内出现两个全等的红色直角三角形和两个全等的绿色直角三角形。这些直角三角形的"勾"都等于 r，红色和绿色三角形的"股"分别等于 $a-r$ 和 $b-r$。而从图 F7.1 可见，起初的直角三角形的弦长应是红色与绿色三角形的"股"之和，即 $c=a-r+b-r=a+b-d$，这就证明了式（20.3a）。

对于式（20.3b），把它左边的乘积展开，得到

$$(c-a)(c-b)=c^2-ac-bc+ab,\qquad\qquad(\text{F7.1})$$

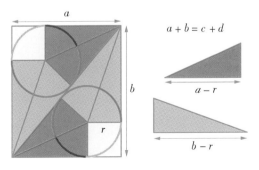

图 F7.1　证明式（20.3a）的辅助图。

从式 $(20.3\mathrm{a})$，$d=a+b-c$，得

$$d^2=a^2+b^2+c^2+2ab-2ac-2bc=2c^2+2ab-2ac-2bc。$$

这个结果恰是式 $(\mathrm{F}7.1)$ 的 2 倍。证明完毕。

　　式 $(20.3\mathrm{b})$ 的几何意义如图 F7.2 所示。仍旧用两个全等直角三角形构造一个矩形。内切圆的直径可以用来定义一个正方形（黄色）。延长这个正方形的两条边，用来定义一个矩形（红色）。根据式 $(20.3\mathrm{b})$，红色矩形的面积恰好是黄色正方形面积的一半。

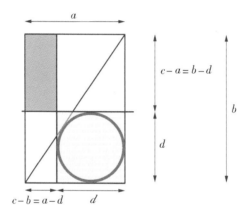

图 F7.2　式 $(20.3\mathrm{b})$ 的几何意义。

附录八　利用三角恒等式和初等代数计算 sin（3°）——

根据恒等式

$$\sin(\alpha \pm \beta) = \sin\alpha\cos\beta \pm \cos\alpha\sin\beta, \tag{F8.1}$$

$$\cos(\alpha \pm \beta) = \cos\alpha\cos\beta \mp \sin\alpha\sin\beta, \tag{F8.2}$$

我们知道，只要求得15°和18°正弦和余弦，把3°＝18°－15°代入式（F8.1）即可得到 sin 3°。

求解15°的正弦和余弦比较简单。从式（F8.1）和式（F8.2），$\cos(30°) = \dfrac{\sqrt{3}}{2} = \cos^2(15°) - \sin^2(15°) = 1 - 2\sin^2(15°) = 2\cos^2 15° - 1$，所以，

$$\sin(15°) = \frac{1}{2}\sqrt{2 - \sqrt{3}}, \quad \cos 15° = \frac{1}{2}\sqrt{2 + \sqrt{3}}。 \tag{F8.3}$$

对于18°，我们注意到

$$\sin(36°) = \sin(2 \times 18°) = \cos 54° = \cos(3 \times 18°),$$

利用恒等式（F8.1）和（F8.2），上式可写为

$$2\sin(18°)\cos(18°) = 4\cos^3(18°) - 3\cos(18°)。$$

由于 $\cos(18°) \neq 0$，可以把它从等式两端消去，得到

$$2\sin(18°) = 4\cos^2(18°) - 3。 \tag{F8.4}$$

又因为 $\cos^2(18°) = 1 - \sin^2(18°)$，式（F8.4）可改写为

$$4\sin^2(18°) + 2\sin(18°) - 1 = 0。 \tag{F8.5}$$

这是一个关于 sin（18°）的一元二次方程，它的正根是

$$\sin(18°) = \frac{1}{4}(\sqrt{5} - 1)。 \tag{F8.6}$$

有了 $\sin(18°)$，很容易通过 $\cos^2(18°) = 1 - \sin^2(18°)$ 求得

$$\cos(18°) = \frac{1}{4}\sqrt{10 + 2\sqrt{5}} \,。 \tag{F8.7}$$

利用式（F8.1），把式（F8.3）、（F8.6）和（F8.7）代入，得到

$$\sin(3°) = \sin(18° - 15°) = \frac{1}{8}\left[(\sqrt{5} - 1)\sqrt{2 + \sqrt{3}} - \sqrt{2(2 - \sqrt{3})(5 + \sqrt{5})}\right]。$$

另外，利用式（F8.1）和（F8.2），通过简单代数运算就可以得到式（23.8），而不必采用第二十三章中的几何过程。读者不妨自己验证。

附录九　范鲁门构造的45次方程

通过（F8.1）和（F8.2）这两个恒等式，可以得到下述两个恒等式：

$$\sin 3\alpha = 3\sin \alpha - 4\sin^3\alpha, \tag{F9.1}$$

$$\sin 5\alpha = 5\sin \alpha - 20\sin^3\alpha + 16\sin^5\alpha。 \tag{F9.2}$$

现在考虑下述关系：

$$C = 2\sin 45\theta, \tag{F9.3}$$

$$y = 2\sin 15\theta, \tag{F9.4}$$

$$z = 2\sin 5\theta, \tag{F9.5}$$

$$x = 2\sin \theta。 \tag{F9.6}$$

范鲁门的问题等价于对给定的 C 来求 x。

在式（F9.1）里，令 $\alpha = 15\theta$，得到

$$\begin{aligned}
C &= 2\sin 45\theta \\
&= 6\sin 15\theta - 8\sin^3 15\theta \\
&= 3y - y^3。
\end{aligned} \tag{F9.7}$$

对 $\alpha = 5\theta$，恒等式（F9.1）变成

$$\begin{aligned}
y &= 2\sin 15\theta \\
&= 6\sin 5\theta - 8\sin^3 5\theta \\
&= 3z - z^3。
\end{aligned} \tag{F9.8}$$

由于 $x = 2\sin \theta$，可利用式（F9.2）把 z 改写为

$$\begin{aligned}
z &= 2\sin 5\theta \\
&= 10\sin \theta - 40\sin^3\theta + 32\sin^5\theta
\end{aligned}$$

$$= 5x - 5x^3 + x^5 。 \tag{F9.9}$$

现在可以把 y 用 z 表达出来：

$$
\begin{aligned}
y &= 3z - z^3 \\
&= 3\left[5x - 5x^3 + x^5 \right] - \left[5x - 5x^3 + x^5 \right]^3 \\
&= -x^{15} + 15x^{13} - 90x^{11} + 275x^9 - 450x^7 + 378x^5 - 140x^3 + 15x 。
\end{aligned} \tag{F9.10}
$$

耐心地把式（F9.10）代入（F9.7）并展开，最终就得到范鲁门的 45 次方程：

$$
\begin{aligned}
C &= 3y - y^3 \\
&= 3\left[-x^{15} + 15x^{13} - 90x^{11} + 275x^9 - 450x^7 + 378x^5 - 140x^3 + 15x \right] - \\
&\quad \left[-x^{15} + 15x^{13} - 90x^{11} + 275x^9 - 450x^7 + 378x^5 - 140x^3 + 15x \right]^3 \\
&= x^{45} - 45x^{43} + 945x^{41} - 12\,300x^{39} + 111\,150x^{37} - 740\,259x^{35} + 3\,764\,565x^{33} - \\
&\quad 14\,945\,040x^{31} + 46\,955\,700x^{29} - 117\,679\,100x^{27} + 236\,030\,652x^{25} - \\
&\quad 378\,658\,800x^{23} + 483\,841\,800x^{21} - 488\,494\,125x^{19} + 384\,942\,375x^{17} - \\
&\quad 232\,676\,280x^{15} + 105\,306\,075x^{13} - 34\,512\,075x^{11} + 7\,811\,375x^9 - \\
&\quad 1\,138\,500x^7 + 95\,634x^5 - 3\,795x^3 + 45x 。
\end{aligned}
$$

附录十 欧拉对正弦和余弦函数的无穷数列展开 ——

欧拉从式(31.15)出发,

$$(\cos\theta + \mathrm{i}\sin\theta)^n = \cos(n\theta) + \mathrm{i}\sin(n\theta), \tag{31.15a}$$

$$(\cos\theta - \mathrm{i}\sin\theta)^n = \cos(n\theta) - \mathrm{i}\sin(n\theta), \tag{31.15b}$$

两式相加再除以2,也就是

$$\cos(n\theta) = \frac{(\cos\theta + \mathrm{i}\sin\theta)^n + (\cos\theta - \mathrm{i}\sin\theta)^n}{2}。 \tag{F10.1}$$

他把(F10.1)的两个 n 次二项式展开,利用帕斯卡三角,也就是贾宪三角系数的公式,得到

$$\begin{aligned}
\cos(n\theta) = {} & \frac{1}{2}\left[\cos^n\theta + \frac{n\mathrm{i}\cos^{n-1}\theta\sin\theta}{1!} - \frac{n(n-1)\cos^{n-2}\theta\sin^2\theta}{2!} - \right.\\
& \left. \frac{n(n-1)(n-2)\mathrm{i}\cos^{n-3}\theta\sin^3\theta}{3!} + \cdots\right] + \frac{1}{2}\left[\cos^n\theta - \right.\\
& \frac{n\mathrm{i}\cos^{n-1}\theta\sin\theta}{1!} - \frac{n(n-1)\cos^{n-2}\theta\sin^2\theta}{2!} + \\
& \left. \frac{n(n-1)(n-2)\mathrm{i}\cos^{n-3}\theta\sin^3\theta}{3!} - \cdots\right]。
\end{aligned} \tag{F10.2}$$

考虑到 $(\mathrm{i})^2 = -1$, $(\mathrm{i})^3 = -\mathrm{i}$, $(\mathrm{i})^4 = 1$, 等等,而(F10.2)中两个括号里面 $n-1$, $n-3$, $n-5$ 等各项一正一负,相加后抵消,所以

$$\begin{aligned}
\cos(n\theta) = {} & \cos^n\theta - \frac{n(n-1)\cos^{n-2}\theta\sin^2\theta}{2!} + \\
& \frac{n(n-1)(n-2)(n-3)\cos^{n-4}\theta\sin^4\theta}{4!} - \cdots。
\end{aligned} \tag{F10.3}$$

到这里,欧拉再次使用他惯用的"无穷"绝技,像推导欧拉公式(31.24)那样,令 $x = n\theta$。当 n 趋于无穷时,$\theta = \dfrac{x}{n}$ 就趋于零或无穷小。在这样的情况下,$\cos\theta$ 趋于1,

$\sin \theta$ 趋于 $\theta = \dfrac{x}{n}$。而当 n 无穷大时，$n-1, n-2, n-3, \cdots$ 等同 n 本身的区别可以忽略不计，所以式（F10.3）可以写成

$$\cos(n\theta) = (1)^{n} - \frac{n \times n \times (1)^{n-2}\left(\dfrac{x}{n}\right)^{2}}{2!} + \frac{n \times n \times n \times n \times (1)^{n-4}\left(\dfrac{x}{n}\right)^{4}}{4!} - \cdots,$$

也就是

$$\cos(x) = 1 - \frac{x^{2}}{2!} + \frac{x^{4}}{4!} - \frac{x^{6}}{6!} + \cdots。 \tag{F10.4}$$

如果把式（31.15a）和（31.15b）相减，采用类似的步骤可以得到

$$\sin(x) = x - \frac{x^{3}}{3!} + \frac{x^{5}}{5!} - \frac{x^{7}}{7!} + \cdots。 \tag{F10.5}$$

　　从现代代数的角度来看，欧拉的这个“证明”有很多逻辑上的缺陷。在现代数学中，这样的证明是过不了关的。但是请不要忘记，欧拉生活的时代代数理论还没有系统化。欧拉和牛顿等人是现代代数理论的开路人。他们创立的极限思想开启了微积分的先河。有了微积分理论，要证明这些无穷数列易如反掌：只要对正弦和余弦求导数，作泰勒展开，即可得到式（F10.4）和（F10.5）。